新世纪土木工程专业系列教材

# 工程结构鉴定与加固改造技术

## ——方法·实践

敬登虎　曹双寅　编著

U0380147

东南大学出版社
SOUTHEAST UNIVERSITY PRESS

## 内 容 摘 要

本书内容包括两大部分：第一部分为工程结构的鉴定与加固改造方法，第二部分为具体的工程案例。主要包括：建筑物/构筑物可靠性鉴定，抗震鉴定与抗震加固，锈蚀混凝土构件的受力性能与治理措施，火灾后结构构件的受力性能与鉴定方法，混凝土结构加固，砌体结构加固，钢结构加固，木结构加固，建筑物改造与地基基础加固，以及七个具体的工程案例分析。针对加固方法，本书主要从其概念和应用特点加以介绍，并且提供了一些有代表性的试验研究内容，以便读者更加直观地理解和掌握所述加固方法的有效性。本书的内容简明实用、可读性和操作性强，一方面可为初学者打开工程结构鉴定与加固改造技术领域的大门，另一方面也可拓宽正在从事该领域工作技术人员的视野。

本书可供高等院校土木工程专业的高年级本科生、研究生以及从事工程结构鉴定与加固改造技术的技术或研究人员使用和参考。

**图书在版编目(CIP)数据**

工程结构鉴定与加固改造技术：方法·实践/敬登虎，
曹双寅编著 . —南京：东南大学出版社，2015.6（2021.8 重印）
新世纪土木工程专业系列教材
ISBN 978-7-5641-5742-5

Ⅰ.①工… Ⅱ①敬…②曹… Ⅲ.①工程结构—
鉴定—高等学校—教材②工程结构—加固—高等学校—
教材 Ⅳ.①TU3②TU746.3

中国版本图书馆 CIP 数据核字(2015)第 102767 号

| | | |
|---|---|---|
| 编　著 | 敬登虎　曹双寅 | |
| 责任编辑 | 张　莺 | |
| 出版发行 | 东南大学出版社 | |
| 社　址 | 南京市四牌楼 2 号　邮编：210096 | |
| 出 版 人 | 江建中 | |
| 网　址 | http://www.seupress.com | |
| 电子邮箱 | press@seupress.com | |
| 经　销 | 全国各地新华书店 | |
| 印　刷 | 大丰市科星印刷有限责任公司 | |
| 版　次 | 2015 年 6 月第 1 版 | |
| 印　次 | 2021 年 8 月第 2 次印刷 | |
| 开　本 | 787mm×1092mm　1/16 | |
| 印　张 | 30 | |
| 字　数 | 730 千 | |
| 书　号 | ISBN 978-7-5641-5742-5 | |
| 定　价 | 56.00 元 | |

# 新世纪土木工程专业系列教材编委会

顾　问　丁大钧　容柏生　沙庆林

主　任　吕志涛

副主任　蒋永生　陈荣生　邱洪兴　黄晓明

委　员　（以姓氏笔画为序）

丁大钧　王　炜　冯　健　叶见曙　石名磊　刘松玉　吕志涛

成　虎　李峻利　李爱群　沈　杰　沙庆林　邱洪兴　陆可人

舒赣平　陈荣生　单　建　周明华　胡伍生　唐人卫　郭正兴

钱培舒　曹双寅　黄晓明　龚维民　程建川　容柏生　蒋永生

# 序

东南大学是教育部直属重点高等学校,在20世纪90年代后期,作为主持单位开展了国家级"20世纪土建类专业人才培养方案及教学内容体系改革的研究与实践"课题的研究,提出了由土木工程专业指导委员会采纳的"土木工程专业人才培养的知识结构和能力结构"的建议。在此基础上,根据土木工程专业指导委员会提出的"土木工程专业本科(四年制)培养方案",修订了土木工程专业教学计划,确立了新的课程体系,明确了教学内容,开展了教学实践,组织了教材编写。这一改革成果,获得了2000年教学成果国家级二等奖。

这套新世纪土木工程专业系列教材的编写和出版是教学改革的继续和深化,编写的宗旨是:根据土木工程专业知识结构中关于学科和专业基础知识、专业知识以及相邻学科知识的要求,实现课程体系的整体优化;拓宽专业口径,实现学科和专业基础课程的通用化;将专业课程作为一种载体,使学生获得工程训练和能力的培养。

新世纪土木工程专业系列教材具有下列特色:

**1. 符合新世纪对土木工程专业的要求**

土木工程专业毕业生应能在房屋建筑、隧道与地下建筑、公路与城市道路、铁道工程、交通工程、桥梁、矿山建筑等的设计、施工、管理、研究、教育、投资和开发部门从事技术或管理工作,这是新世纪对土木工程专业的要求。面对如此宽广的领域,只能从终身教育观念出发,把对学生未来发展起重要作用的基础知识作为优先选择的内容。因此,本系列的专业基础课教材,既打通了工程类各学科基础,又打通了力学、土木工程、交通运输工程、水利工程等大类学科基础,以基本原理为主,实现了通用化、综合化。例如工程结构设计原理教材,既整合了建筑结构和桥梁结构等内容,又将混凝土、钢、砌体等不同材料结构有机地综合在一起。

**2. 专业课程教材分为建筑工程类、交通土建类、地下工程类三个系列**

由于各校原有基础和条件的不同,按土木工程要求开设专业课程的困难较大。本系列专业课教材从实际出发,与设课群组相结合,将专业课程教材分为建筑工程类、交通土建类、地下工程类三个系列。每一系列包括有工程项目的规划、选型或选线设计、结构设计、施工、检测或试验等专业课系列,使自然科学、工程技术、管理、人文学科乃至艺术交叉综合,并强调了工程综合训练。不同课群组可以交叉选课。专业系列课程十分强调贯彻理论联系实际的教学原则,融知识和能力为一体,避免成为职业的界定,而主要成为能力培养的载体。

**3. 教材内容具有现代性,用整合方法大力精减**

对本系列教材的内容,本编委会特别要求不仅具有原理性、基础性,还要求具有现代性,纳入最新知识及发展趋向。例如,现代施工技术教材包括了当代最先进的施工技术。

在土木工程专业教学计划中,专业基础课(平台课)及专业课的学时较少。对此,除了少而精的方法外,本系列教材通过整合的方法有效地进行了精减。整合的面较宽,包括了土木工程各领域共性内容的整合,不同材料在结构、施工等教材中的整合,还包括课堂教学内容与实践环节的整合,可以认为其整合力度在国内是最大的。这样做,不只是为了精减学时,更主要的是可淡化细节了解,强化学习概念和综合思维,有助于知识与能力的协调发展。

### 4. 发挥东南大学的办学优势

东南大学原有的建筑工程、交通土建专业具有 80 年的历史,有一批国内外著名的专家、教授。他们一贯严谨治学,代代相传。按土木工程专业办学,有土木工程和交通运输工程两个一级学科博士点、土木工程学科博士后流动站及教育部重点实验室的支撑。近十年已编写出版教材及参考书 40 余本,其中 9 本教材获国家和部、省级奖,4 门课程列为江苏省一类优秀课程,5 本教材被列为全国推荐教材。在本系列教材编写过程中,实行了老中青相结合,老教师主要担任主审,有丰富教学经验的中青年教授、教学骨干担任主编,从而保证了原有优势的发挥,继承和发扬了东南大学原有的办学传统。

新世纪土木工程专业系列教材肩负着"教育要面向现代化,面向世界,面向未来"的重任。因此,为了出精品,一方面对整合力度大的教材坚持经过试用修改后出版,另一方面希望大家在积极选用本系列教材中,提出宝贵的意见和建议。

愿广大读者与我们一起把握时代的脉搏,使本系列教材不断充实、更新并适应形势的发展,为培养新世纪土木工程高级专门人才作出贡献。

最后,在这里特别指出,这套系列教材,在编写出版过程中,得到了其他高校教师的大力支持,还受到作为本系列教材顾问的专家、院士的指点。在此,我们向他们一并致以深深的谢意。同时,对东南大学出版社所作出的努力表示感谢。

中国工程院院士 吕志涛

2001 年 9 月

2

# 前　言

随着我国城市化发展的推进和社会对建筑功能及安全要求的不断提高,需要进行结构鉴定与加固改造的建筑物越来越多,这就要求在校的本科生、研究生以及相关技术人员应该掌握一些工程结构鉴定与加固改造技术方面的专业知识。一方面可以拓宽自己在土木工程领域的知识范围,另一方面也有助于今后的职业发展规划。

笔者长期以来一直在东南大学工程结构可靠性鉴定与加固技术研究开发中心从事研究与工程实践工作。该中心成立于1990年,是我国最早一批主要从事建筑物与构筑物结构损伤识别、安全性监测及结构可靠性检测鉴定、结构加固与改造、古建筑维护及加固修复等方面的科学研究和教学以及对外技术服务的科研单位。

本书的整个框架分为两大部分,即方法与实践。首先介绍建筑物/构筑物的可靠性鉴定、抗震鉴定、锈蚀混凝土构件以及火灾后结构构件鉴定的主要内容与技术要点。鉴于国内关于工程结构加固改造技术方面的书籍较多,现行相关规范与标准中也给出了详细的加固设计方法与步骤,在介绍加固方法时,本书对于计算理论与步骤将不再重复,而是主要从加固方法的概念和应用特点加以介绍,并且介绍了一些有代表性的试验研究内容,以便读者更加直观地理解和掌握所述加固方法的有效性。需要强调的是,由于各种试验的条件不完全相同,个别试验结果可能不完全一致,希望读者朋友们求大同存小异。此外,作者遴选了几个有代表性的工程案例以飨读者,工程案例中的依据规范或标准仍按项目实施时的标准,读者在参考时务必加以区分。

本书的出版有助于在校的本科生、研究生以及从事这方面工作的技术人员对工程结构的鉴定与加固改造技术有较为直观的认识和理解,能够帮助和提高他们在工程结构鉴定和加固改造技术方面的工作能力。诚然,本书在编写的过程中时间有限,笔者纵然有几十年从事这方面的科研与工程实践的经验,也难免考虑不周,自觉有一些不满之处,敬请读者批评指正。在编写过程中,笔者汲取了一些相关文献资料的精华,以及得到了南京东南建设工程安全鉴定有限公司、江苏东南特种技术工程有限公司在工程案例方面的资料支持,在此向他们表示诚挚的感谢。此外,感谢笔者科研团队的研究生为本书完成的相关研究内容与校对工作。

敬登虎　曹双寅

2014 年 10 月于东南大学

# 目　录

# 第1章 绪 论

## 1.1 工程结构鉴定与加固的发展历程

我国工程结构鉴定与加固改造技术学科的蓬勃发展开始于 20 世纪 90 年代初,历经二十多年所取得的成就十分令人瞩目。鉴于本书的适用范围,下面主要针对既有工业与民用建筑,介绍其在鉴定、加固与治理改造方面二十多年来的发展情况[1]。

### 1.1.1 建筑物可靠性鉴定技术的发展

建筑物可靠性鉴定在二十多年间的发展一直较为平稳,其标准化效果也十分显著。以现行国家标准《工业建筑可靠性鉴定标准》(GB 50144—2008)、《民用建筑可靠性鉴定标准》(GB 50292—2014)、《建筑抗震鉴定标准》(GB 50023—2009)和《建筑结构检测技术标准》(GB/T 50344—2004)为基本架构,辅以约 15 本相关标准、规程的配套实施,已形成了一个以现代结构可靠性概念为基础,辅以工程经验判断并表达为实用模式的鉴定标准体系,在新、旧建筑物安全使用的保障上起到了重要作用。与此同时,我国建筑物可靠性鉴定队伍也日益壮大,在人员素质、技术水平和理论储备上逐年都有显著的提高。由住房和城乡建设部标准定额司委托上述各规范管理组对检测、鉴定人员所进行的宣讲、培训,更对这支队伍的成长起到很好的促进作用。

### 1.1.2 建筑物加固技术的发展

我国结构加固技术的第一本国家标准发布于 1992 年,同年我国加固专业的协会标准也开始正式实施,迄今已二十多年。在此期间,大量加固技术从研发走向成熟。为了使这些加固技术能在工程上得到安全使用,国家陆续发布了一系列国家标准,如《混凝土结构加固设计规范》(GB 50367—2006)、《建筑结构加固工程施工质量验收规范》(GB 50550—2010)、《砌体结构加固设计规范》(GB 50702—2011)和《工程结构加固材料应用安全性鉴定规范》(GB 50728—2011)等,加上协会发布的《钢结构加固技术规范》(CECS 77—96)、《砖混结构房屋加层技术规范》(CECS 78—96)和《水泥复合砂浆钢筋网加固混凝土结构技术规程》(CECS 242—2008)以及近十本配套使用的国家标准、行业标准和协会标准,已基本形成一个加固专业的标准体系。这不仅促进了加固市场的蓬勃发展,而且对工程结构的加固设计和施工起到了安全保障的作用。若以结构胶的年用量来粗略测算结构加固发展的态势,则可以发现结构胶的年用量已从 1992 年的 1 000 余吨增加到 2010 年的 10 万吨,由此可以发现加固行业发展之潜力。

### 1.1.3 既有建筑物治理改造技术的发展

20 世纪 90 年代,美国劳工部门曾做出"建筑维护改造业在 21 世纪将是世界各国最受欢迎的九大行业之一"的预测。当时由于我国这一行业还仅限于一般的改、扩建工程,因而有不少专家还不认同这项预测。但时隔二十多年再回顾这一往事时,不禁使人感受到其正确的前瞻性。近几年来,我国的加固行业也开始往这方向发展,具体表现在:为建筑物安全质量事故进行的加固比重略趋下降,而为建筑物功能改变和性能提升进行现代化改造的综合治理比重正在冉冉上升，这一微动的信号标志着我国的加固改造业已悄然步入一个新时代。

根据德国相关资料统计，为建筑物治理改造而对既有结构进行的加固，其工程费用仅占总造价的 12%～20%，而屋面和围护系统的维修与节能改造费用占 47% 以上，耗能、耗水设施的治理改造费用占 37% 左右。丹麦的粗略统计数字也很接近，即用于结构加固和建筑物治理改造的费用比例是 1：6。最近我国个别发达城市的初步统计大致为：用于结构加固的费用占总造价的 10%～15%，用于屋面和围护系统改造的费用占 25%～30%，其他服务设施的改造和更新约占 36%，建筑物外部整体环境改造费用占 8%。以上统计数据显示了本行业正在开辟可持续发展的新途径，可为建设资源节约型社会做出新贡献。这些现象值得大家关注、思考和筹划。

## 1.2 工程结构鉴定、加固改造的必要性

### 1.2.1 材料劣化造成性能下降

建筑材料随着时间的增长，其耐久性能、力学性能会发生不同程度的降低。影响混凝土的耐久性因素主要涉及内部和外部两个方面，内部因素包括混凝土强度、密实性、水泥用量、水灰比、氯离子及碱含量、外加剂、保护层厚度等；外部因素包括温度、湿度、二氧化碳含量、侵蚀性介质等环境问题。此外还有设计不合理、施工质量差或使用过程中维修不当，所有这些因素共同起作用时，耐久性下降得很快。其中，混凝土的碳化及钢筋锈蚀是影响混凝土结构耐久性下降的最主要因素。碳化是混凝土中性化的常见形式，大气中的二氧化碳不断向混凝土内部扩散，并与其中的碱性水化物发生反应，使 pH 值下降。当混凝土的碳化深度达到钢筋表面时，钢筋表面的钝化膜会被破坏，之后钢筋会逐渐锈蚀。钢筋锈蚀一旦发生，就会产生多孔的氧化铁，并且在阳极区域内堆积。这些锈蚀的产物是原来钢铁体积的 2～6 倍，由此在混凝土内部产生膨胀力。当混凝土构件出现沿主要受力钢筋的锈胀裂缝，则意味着混凝土构件的承载能力急剧下降。图 1-1 是民国期间陪都重庆的中央银行办公楼，距今使用时间已超过 80 年，且在使用过程中完全被装修层覆盖，当混凝土结构出现明显劣化时没有被及时发现；后来在装修过程中，主体结构才发现存在严重的安全隐患。图 1-2 是混凝土结构典型的锈胀劣化损伤。

图 1-1　混凝土框架结构的劣化

钢材会生锈，这个问题就像钢结构本身一样古老，钢材锈蚀后其有效截面减少，对应的承载能力自然就降低。这里需要强调的是，即便再好的防锈涂料，也抵不住周边恶劣使用环境的长时间侵害，如生产氯化物的化工厂等。

(a) 混凝土沿纵筋方向裂缝            (b) 混凝土剥落

图 1-2   混凝土结构中钢筋锈胀

木材可能受到虫蛀或干湿交替的快速腐烂,行业内有一说法:"干千年,湿万年,不干不湿就半年"最能体现木材的腐烂特点。2008 年,我国云南剑川海门口遗址发现三千多年前的"干栏式"木建筑群,木房桩柱在隔绝氧气的环境下保存了三千多年没有腐化。图 1-3 是江苏省泰州市北山寺屋面结构中木材的腐烂与虫蛀,该寺始建于唐宝历元年(公元 825 年)。

砌体随着时间的推移也会发生劣化,最常见的劣化现象有:①砌块风化、片状脱落、开裂;②粘结材料受侵蚀。主要原因在于水分渗透和冻融循环等环境作用。图 1-4 是修建于明代的南京城墙表面风化现象。文献[2]通过对西安碑林博物馆历史建筑砖砌体的耐久性现状调查,以及砖表面物质的 X-ray 衍射分析,发现这些历史建筑普遍存在砖砌体耐久性劣化现象,并且随环境条件和建筑材料的不同,劣化程度存在明显差异。

图 1-3   木材的腐烂与虫蛀                图 1-4   条石砌体的风化

### 1.2.2  建筑行业的整体发展趋势

建筑行业的整体发展趋势大体上可以分为三个阶段:第一个阶段为大规模新建或全面复建阶段,比如城市的整体搬迁,选择一片空旷之地或人口较少的城市进行全部新建或重新规划,如巴西的首都由原来的里约热内卢迁往现在的巴西利亚;战后或自然灾害后的建设,世界第一、第二次世界大战之后,少数城市几乎夷为平地,这样的城市需要大规模的恢复重建;我国 2008 年汶川 5·12 地震灾害之后,极个别受损特别严重的城市灾后也整体搬迁重建,如北川县城被整体搬迁至距此处20 km的新址,此时基本都是新建。第二阶段为新建与既有建筑物的改造与加固并重阶段,此时新建与既有建筑物的改造与加固之间的比重旗鼓相当,我国目前或今后的30年间基本处于这样的格局;但以拆建为主的建筑更新仍然是城市目前更新发展的主流方式,我国每年因此拆除的旧建筑占新建建筑面积的40%,而且大量被拆除建筑的使用年限还不到30年。第三阶段为既有建筑的维修与改造为主,即新建很少,主要是对既有建筑物进行维修与翻新改造。目前,很多发达国家基本处于这个阶段,如在英、美以及北欧等国家,新建房屋的行业市场开始萧条,而维修改造业比较兴旺发达(这些国家的建筑、结构大师们只能到世界其余欠发达国家或地区施展才华)。我国今后也必然会走上这一阶段,随着人口总数的降低,既有建筑物数量的饱和,根本没有必要再投入资金进行建筑物的新建。截至2010年的统计数据,我国城镇已使用15年和25年以上的需中修和大修的住宅总量将分别达到52亿 m² 和21亿 m²,再加上需要维修、改造的旧工业建筑物和公共建筑物等,既有建筑物已达到相当规模。

### 1.2.3 可持续发展

近年来,我国住房和城乡建设发展迅速,城乡一体化进程加快,城市规模也在不断扩大。据统计,我国现存建筑400多亿 m²,每年新建约20亿 m²。当建筑物总量达到一个临界点时,既有建筑物的处理就面临个问题,即拆除旧的在原址新建,还是针对既有建筑物进行翻新与加固改造。如果大面积地拆除既有建筑物,其必然会产生数量庞大的建筑垃圾,并且造成很多不必要的浪费。诚然,目前社会上有一些再生资源利用的公司将部分建筑垃圾得以重新利用,但在产生建筑垃圾的同时,粉尘、噪音等危害也是层出不穷。因此,最好的保护环境和可持续性发展方针应该是尽量地延长建筑物的使用寿命,提高建筑物的维修与加固改造技术而不是大拆大建。在这里,有必要将我国建筑物的寿命与欧、美等国家进行对比,英国建筑物的平均寿命可达到132年,在世界上居首位,当你身处于英国的部分城市时,百年以上的房屋随处可见并且保存得非常完好;法国建筑物的平均寿命达到102年;欧洲其他国家建筑物的平均寿命普遍在80年以上;美国建筑物的寿命达到了74年。反观我国的建筑物寿命,2010年我国住建部副部长仇保兴在第六届国际绿色建筑与建筑节能大会上说我国是世界上每年新建建筑量最大的国家,每年20亿 m² 新建面积,相当于消耗了全世界40%的水泥和钢材,但这些建筑只持续了25~30年。如此短寿的建筑每年将产生数以亿吨计的建筑垃圾,给中国乃至世界带来巨大的环境威胁。根据公布的统计数据,截至2013年我国建筑垃圾的数量已占到城市垃圾总量的30%~40%。根据对砖混结构、混凝土现浇结构等建筑物的施工材料损耗的粗略统计,在每万 m² 建筑物的施工过程中,仅建筑垃圾就会产生500~600 t;而每万 m² 拆除的旧建筑中,将产生7 000~11 500 t 建筑垃圾,更何况我国每年拆毁的既有建筑占建筑总量的40%。由上面的信息可以看出,我国的建筑物寿命相对于发达国家显的很短,主要根源并不在于我国建筑物本身的质量问题,而是人为拆除的部分所占比重较大。此外,部分建筑物在后期使用过程中未能得到正常维护也是原因之一。

值得庆幸的是,目前在城市建设中既有建筑物的"保护"和"改造再利用"已引起各界高度重视,具体体现在:文物建筑和历史性建筑的保护和再利用已引起社会各界的广泛重视。从20世纪80年代开始,管理部门等认识到了近代建筑的历史价值,对中国近代建筑的研究和保护纳入视野。20世纪90年代以来,随着城市建设迅猛发展和产业结构的调整,城市中大量既有工业与民用建筑已不能满足现代的功能需要,对这些既有建筑的改造和再利用也逐渐引起各界的重视,许多研究探讨和工程实践已开始实施。例如,上海市在 2010 年承办 53 届世界博览会时,园区内约有 2 万 m² 历史建筑得以保留与保护,世博会博物馆与城市足迹馆都设在原江南造船厂的老建筑内;全国很多城市为了发展文化产业与旅游服务业等,越来越重视历史建筑物的保护与修缮工作,例如南京的 1912 街区、1860 工业园区,昆明的文明街历史街区,平遥古城等。

## 1.3　工程结构鉴定、加固的原因

结合我国目前工程结构鉴定与加固的现状以及笔者多年来的工程实践经验,下面就工程结构鉴定、加固的主要原因进行简单的阐述,让读者对周边存在的一些现象与问题有个宏观上的掌握。

### 1.3.1　设计和施工缺陷

现行《工程结构可靠性设计统一标准》(GB 50153)中规定建筑结构必须满足下列各项功能要求:能承受在正常施工和正常使用时可能出现的各种作用;在正常使用时具有良好的工作性能;在正常维护下具有足够的耐久性能;在偶然事件发生时及发生后,仍能保持必需的整体稳定性。同时,美国著名的结构工程师 James E. Amrhein 曾经说过如下这段原话:"Structural engineering is the art of molding materials we don't wholly understand, into shapes we can't fully analyze, so as to withstand forces we can't really assess, in such a way that the community at large has no reason to suspect the extent of our ignorance."在此引用上述关于结构工程的功能要求与一位著名结构工程师对结构工程的理解,目的是想说明在工程结构的设计过程中,错误的出现是很难完全避免的。这种设计错误有可能是设计人员本身的粗心大意与盲目自信,也有可能是设计人员所掌握的专业技术能力有限导致的。错误的设计内容涉及上部结构与地基基础,如图 1-5 中的钢屋架发生垮塌,原因在于钢屋架的上弦压杆设计时选取截面不当,造成受压承载力不足,引起屋架端部连接件的破坏。在图 1-6 中,由于房屋地基的埋置深度与基础形式选择不当,造成主体结构在修建的过程中就发生不均匀沉降,导致上部砖砌体墙产生明显的斜裂缝。此外,错误设计导致的工程问题有时也包括施工过程中的脚手架设计错误或者根本就没有进行设计等。目前,我国的个体承包施工单位较多,这些单位在施工时往往缺乏科学的管理制度与专业的技术人才,大多数施工行为都是基于已掌握的经验。图 1-7 是南京江宁区的某工地在浇筑混凝土时脚手架发

图 1-5　钢结构屋架垮塌

图 1-6　地基的不均匀沉降

图 1-7　脚手架设计错误的垮塌

生垮塌,倒塌处位于该工程主体结构的主入口,主入口的大厅是普通层高的三倍。施工单位在搭设脚手架、支模板浇筑混凝土时,脚手架未进行专门的计算与设计,依旧按照普通相邻上下楼层施工时的脚手架进行布置,致使脚手架竖向受压杆件的稳定性出现问题,最终导致该部分脚手架发生整体垮塌。

这里所述的施工缺陷指的是施工质量达不到现行规范与标准对工程结构的安全性要求,此时造成的后果比仅仅未满足原设计要求的施工后果可能更严重。诚然,所有的施工质量应该首先要满足原图纸设计要求。但是,鉴于设计人员个体的差异,不同结构的图纸设计所反映的结构安全储备是不一样的。因此,在平时的工程结构鉴定过程中,一定会遇到一些工程结构的施工质量虽然未能满足原设计图纸的要求,如 C40 的混凝土强度等级,最后检测结果表明混凝土的强度推定值仅为35 MPa;但是,该结构可能依然满足现行相关设计规范与标准的安全性与使用性要求,只是其耐久性等方面相对略有欠缺。如果某工程结构一旦出现低劣的施工,则往往会给结构的安全性带来很大的安全隐患,甚至直接导致工程事故的发生。如图 1-8 中的砖砌体柱采用包芯砌法,降低构件的稳定性与承载能力,使得砖柱在雪荷载作用下发生倒塌。图 1-9 中混凝土梯段板施工完毕,模板拆除后发现梯段板跨中的空洞率太大,使得混凝土梯段板的有效面积严重降低,从而导致其承载能力降幅较大,存在安全隐患。图 1-10 为混凝土施工过程中水泥含量太低,造成局部混凝土严重疏松;该工程质量问题出现后,甲方隐瞒问题并将房屋墙面粉刷后交付给购房业主,业主在装修过程中才发现多处这样的问题。图 1-10 中出现的问题,使得底部受力钢筋与混凝土之间失去有效的粘结,此时混凝土抗弯承载力计算所采用的平截面假定则不成立,构件的抗弯承载力会降低。图 1-11 所反映的问题表明,在施工过程中施工组织与管理非常重要,由于地基土的开挖步骤与土体堆放管理不到位,造成上部主体结构发生不可弥补的整体倾倒,即使上部主体结构的工程质量再好也是无济于事。

图 1-8　砌体结构的包芯砌法

图 1-9　混凝土中的空洞

图 1-10 混凝土严重疏松 图 1-11 上海某高层倾倒

### 1.3.2 建筑物的功能改造

随着我国既有建筑物的存量越来越高,更为了可持续发展与低能耗、低碳与环保的生活理念,对既有建筑物进行功能改造与提升是很有必要的。但是对既有建筑物进行功能改造时,必须要建立在科学的鉴定与合理的加固设计与施工基础之上,方能达到理想的效果。我国现行《混凝土结构设计规范》(GB 50010—2010)中 3.1.7 条(强制性条文)明确指出"设计应明确结构的用途,在设计使用年限内未经技术鉴定或设计许可,不得改变结构的用途和使用环境"。改变用途和使用环境的情况(如超载使用、结构开洞、改变使用功能、使用环境恶化等)均会影响其安全性与使用年限。任何对结构的改变(无论是在建结构还是既有结构)均须经设计许可或技术鉴定,以保证结构在设计使用年限内的安全和使用功能。《混凝土结构设计规范》是结构工程师们从事结构设计所需要遵循的主要设计规范之一,这也就表明工程结构的技术鉴定工作有其不可撼动的重要性。基于技术鉴定的结果,最终才能决定相关结构构件是否需要进行加固或耐久性处理,即鉴定结论中明确结构构件不符合现行相关设计规范与标准时,则应进行加固或耐久性处理;否则,就不需要采取措施。在进行结构构件的鉴定时,主要依赖功能改造后荷载大小的变化、荷载传递路线的改变、既有结构材料的性能、既有结构的几何参数、后续使用年限等技术参数。下面就几个建筑物功能改造的成功案例与施工过程中应当避免的做法进行简单介绍。

图 1-12 为南京某两层既有砖混办公楼的改造,该房屋建造于 1960 年左右,业主单位希望通过改造使得底部变为大空间停车库。图 1-12(a)为该办公楼改造前的状况,图 1-12(b)为改造施工中的状况,图 1-12(c)为改造后的现状。该工程是由某专业鉴定机构进行技术鉴定,并由专业设计部门进行加固设计,最后业主单位通过公开招标完成的。2010 年 1 月份该工程开始施工,年底正式投入使用,目前使用状况良好。

图 1-13 为南京某酒店裙楼 4 层会议室的抽柱大空间改造(将其中一根框架柱抽掉,原来 8.0 m×8.2 m 的柱网变为 16.0 m×16.4 m),该酒店修建于 1998 年,塔楼共 51 层,裙楼共 6 层。该工程由专业鉴定机构鉴定与设计,并于 2007 年 9 月底由专业加固施工队伍完成竣工,已投入正常使用至今。

(a) 改造前状况        (b) 改造施工中

(c) 改造后现状

图 1-12　南京某两层砖混结构房屋改造

　　图 1-14 分别是两处既有砖混结构房屋在进行大空间改造时非常不合理与野蛮的施工。图 1-14(a)所示在拆除预制板支承处承重墙的过程中,没有采取任何的临时支承与保护措施。此时,预制楼板仅依靠上部现浇混凝土面层以及预制板之间的填缝勉强维持该部分楼面的整体性,该部分楼板在受到外荷载的干扰下随时可能发生垮塌的危险。图 1-14(b)所示在进行改造时,业主单位委托其装饰公司提供结构改造设计方案,该装饰公司为节约成本或图省事没有进行任何的技术鉴定和专业的加固设计,仅凭借自己不成熟的经验进行改造设计。当现浇楼板下的承重墙被拆除后,该区域现浇楼板的受力方式发生了根本变化,即原本是支承在墙体上的连续板(支座位置的顶部受力钢筋承担了很大一部分弯矩);现在,当承重墙被移除后,底部所需受力钢筋的数量以及构造措施发生了明显的变化。此时,如不采取有效的加固处理措施,该部分楼板就存在很大的安全隐患。

　　图 1-15 为江苏无锡惠山区某个建筑面积 400 多平方米的老办公楼在进行装修时瞬间坍塌,倒塌时间为 2011 年 6 月 19 日上午,当时现场有 16 名施工人员被埋。该房屋为 20 世纪 80 年代所建的老式办公用房,属于砖混结构。图 1-16 为浙江奉化市大成路居敬小区一幢 5 层居民住宅楼在使用过程中发生整体倒塌,倒塌时间为 2014 年 4 月 4 日上午,该小区的建造历史为 17～18 年。

(a) 抽柱前原状　　　　　　　　　　　(b) 托梁施工完毕

(c) 抽柱施工完毕

图 1-13　南京某酒店托梁抽柱

(a) 预制板支承处承重墙拆除

(b) 现浇板下承重墙拆除

图 1-14　既有砖混结构房屋功能改造中的错误案例

图 1-15　砖混办公楼装修时整体倒塌　　　　　图 1-16　砖混住宅楼使用时整体倒塌

上述一些项目为国内比较典型的功能改造失败案例。那么在国外,由于不适当的功能改造导致房屋发生局部甚至整体垮塌的也屡见不鲜,下面就两个影响力很大的房屋倒塌案例进行介绍。

韩国首都首尔的三丰百货大楼垮塌事故。三丰百货大楼于 1989 年下半年竣工,1990年 7 月投入正常使用。1995 年 6 月 29 日,大楼几乎在 20 s 内发生倒塌,共造成 502 人死亡,900 多人受伤,是韩国历史上由于房屋倒塌伤亡最严重的一起工程事故。根据当时的技术分析资料与新闻报道,导致三丰百货大楼发生垮塌的原因较多,但是部分楼层的擅自改造使得荷载增加是其中重要原因之一。

图 1-17　孟加拉国 4·24 大楼倒塌现场

另外一件就是发生于 2013 年 4 月 24日上午 9 时许(孟加拉当地时间),萨瓦尔镇一栋名为拉纳购物中心的八层商用楼房突然倒塌(图 1-17)。楼内有数百间商铺、五家制衣厂和一家银行,共有 3 000 多名工作人员。根据当地媒体报道,该楼房建于2006 年,楼房初期建造时不到八层,后期擅自加层并改变其使用功能,即使用荷载大幅增加。据报道,这栋楼房 3 月 23 日已出现裂缝,当局要求停止使用、禁止人员出入,但制衣厂厂主无视上述要求,仍然要求工人继续工作。该楼房的倒塌造成的死亡人数超过 1 000 人,属于截至目前世界上建筑物因工程质量问题发生倒塌而产生伤亡最严重的一次事故。

### 1.3.3　地震、火灾以及爆炸等灾害

地震、火灾以及爆炸等灾害发生后(图 1-18、图 1-19),受损建筑物是否能直接继续投入使用,如果不能直接投入使用,需要采取何种加固措施进行处理等,都需要进行科学的技术鉴定与加固设计、施工。对于受损特别严重的建筑物,还需要进行受损建筑物的适修性评估,即进行建筑物加固维修的经济指标分析。

(a) 砌体墙

(b) 混凝土柱　　　　　　　　　　　(c) 混凝土梁

图 1-18　地震灾害建筑物损伤

(a) 钢屋架　　　　　　　　　　　　(b) 钢屋架与混凝土柱

(c) 混凝土柱、梁与板

图 1-19　火灾后建筑物损伤

此外,对于一般受到火灾损害的建筑物,如果发生火灾时建筑物是处于出租状态,那么此时还存在业主单位与承租人之间的经济纠纷,在双方进入司法程序时,法院为了客观处理案情,需要找专业的技术鉴定单位进行技术鉴定,并委托专业的设计单位提出加固维修方案,协助法院作出公正、合理的理赔数目。

### 1.3.4 结构设计标准的提高

每个国家关于结构工程的设计标准与其经济水平是密切相关的。在新中国刚成立时期,经济水平比较落后,当时解决温饱问题是头等大事,在房屋设计时可能就不会去关注抗震方面的问题。1976 年 7 月 28 日,我国唐山市发生了 7.8 级大地震,唐山市顷刻间夷为平地,造成 24 万多人死亡,重伤 16 万多人。自此,我国逐渐重视工程结构的抗震设防。比如,砌体结构提出了增设圈梁、构造柱等要求。

随着经济发展水平的不断提高,工程结构设计的安全度也越来越高,主要体现在分项系数、荷载取值等方面的调整。例如,现行《建筑结构荷载规范》(GB 50009)中增加恒荷载的分项系数 1.35 的组合;混凝土材料分项系数由 1.35 调整为 1.4;楼面一般活荷载标准值由 1.5 kN/m² 调整为 2.0 kN/m² 等。目前,我国现行设计规范与标准相对发达国家而言,其安全度水平可能还偏低,例如在美国,恒荷载的分项系数取 1.4,活荷载的分项系数取 1.7;我国按活荷载效应控制组合时,恒荷载的分项系数取 1.2,活荷载的分项系数取 1.4。

图 1-20　2008 年 5·12 汶川地震中未受损的幼儿园

既然结构设计安全度是逐渐提高的,那么采用现行的规范与标准去判定既有建筑物(按照早期设计规范与标准进行设计与施工),则很多既有建筑物可能存在或多或少的缺陷;尤其是早期没有进行抗震设计的建筑物,其抗震鉴定基本上是不满足要求的。当然,对于不满足现行抗震鉴定要求的房屋,如果进行必要的抗震加固设计,则完全能够保证建筑物在地震(不高于设防烈度)发生时处于安全状态。图 1-20 就是一个有力的证明,该幼儿园教学楼在发生汶川 5·12 大地震之前进行了抗震加固,在地震发生后几乎没有出现任何明显的结构损伤。这也从另一个方面证明了工程结构进行鉴定与加固是很有必要的。

### 1.3.5 优秀历史建筑的保护

中国优秀的历史建筑蕴藏着深厚的历史价值、科学价值和艺术价值。根据每个建筑所承载的不同背景,对此进行加固修复的原则也是不相同的。2005 年 7 月,天津市人大常委会通过《天津市历史风貌建筑保护条例》(于 2005 年 9 月 1 日起施行)。在该条例中,首次对历史风貌建筑的概念进行了法律界定,并将其分为特殊保护、重点保护和一般保护三个保护等级。《天津市历史风貌建筑保护条例》规定,对于特殊保护的历史风貌建筑,不得改变建筑的外部造型,不得改变内部的主体结构、平面布局和重要装饰;重点保护的历史风貌建筑,不得改变建筑的外部造型,不得改变内部的重要结构和重要装饰;一般保护的历史风貌建筑,不得改变建筑的外部造型、色彩和重要饰面材料。这就表明,在对历史建筑进行保护修缮的过程中,常规土木工程中的一些加固改造技术(如增大截面法、钢筋网混凝土面层等)可能会受到很多限制而难以实施。因此,既要达到"修旧如故"或"修旧如旧"的相对高标准,又要保证能有效提高既有历史建筑的安全度,这就要求我国的工程结构加固技术人员不断探索与创新,发现并完善适用于历史建筑保护和修缮的加固改造技术。

历史建筑由于年代久远,如果保护和修缮不及时,其结构或部分构件不可避免地存在一定的破损和安全隐患,大体上表现为以下几种类型问题:①环境侵蚀、风化或虫蛀(木结构)等外部因素削弱了构件的断面,从而降低其承载能力;②材料的老化,降低了构件或结构的承载能力;③构件连接处的不牢固,降低了结构的整体性;④地基基础的下陷引起上部结构的附加应力造成其破坏;⑤地震等偶然作用造成结构或构件的严重破损或倒塌;⑥使用功能的调整以及其他不利因素带来的结构或构件的承载力不足。

《中华人民共和国文物保护法》于1982年11月19日第五届全国人民代表大会常务委员会第二十五次会议通过,之后分别于1991年、2007年作过两次修改。目前,在我国很多历史文化名城里,优秀的历史建筑物、构筑物数量比较多,再加上生活水平在不断地提高,市民对历史建筑物、构筑物的保护意识也在逐渐增强。下面结合笔者近几年完成的位于南京的几个典型项目进行简单介绍。此外,也介绍两个国外项目的保护供参考。

图1-21为江苏邮政管理局旧址,位于南京市下关区大马路六十二号。南京邮政事业始于光绪二十三年(1897年),南京辟为通商口岸后,光绪二十五年(1899年)正式在下关设立南京邮政局。民国元年(1912年),中华民国临时政府成立后,改大清邮传部为交通部,改大清邮政局为中华邮政局。民国三年(1914年)南京邮政局改称为江苏邮务管理局,地址在大石桥,管辖除上海及其附近地区以外的江苏省内各地邮政局所447处。民国七年(1918年),由于人员及邮局业务的发展,遂于下关大马路建造新局,新局建筑为钢筋混凝土结构,主体为三层、

图1-21 南京重要近现代建筑

部分为两层。1929年江苏邮务管理局更名为江苏邮政管理局;该建筑物属于江苏省省级文物保护单位。

图1-22是位于南京秦淮区的七桥瓮桥早期现状,目前已完成维修与加固,并于2013年被列入国家文物保护单位。七桥瓮桥始建于明代正统五年(公元1440年),距今已接近600年,属于砖石砌筑的拱桥。由于其桥拱如瓮,一共有七个,因此人们称之为"七桥瓮桥"。

图1-23是位于南京江宁区方山西北麓的方山定林寺塔,1982年被批准为江苏省省级文物保护单位。于1995年起,相关部门曾对该塔进行过测绘,发现塔身由于地基问题造成的倾斜比较严重,随后开展加固设计、施工等维修保护工作。该塔始建于南宋乾道九年(公元1173年),塔高约14.50 m,属于七级八面仿木结构楼阁式砖塔。之前由于年久失修,塔身最大倾斜达到7.59度。2003年经过一次纠偏与加固后,目前的倾斜度基本保留在5.5度左右,超过举世闻名的比萨斜塔目前的倾斜角(比萨斜塔最大倾斜角于1990—2001年间为5.5度,现为3.99度)。

图 1-22　南京七桥瓮桥

图 1-23　方山定林寺塔

图 1-24 是位于南京江宁区东山镇上坊东北角的一座古墓。该古墓经考古专家鉴定后，确定其修建于六朝时代，距今 1 500 年至 1 800 年，故在此称之为江宁上坊六朝古墓。江宁上坊六朝古墓发掘后发现，古墓结构存在破损缺失，墓坑渗水积水严重。为了再现六朝时期墓室修建的土工技术，彰显当时的建筑形制，以及更好地保护历史文物。南京市相关文物管理部门委托笔者所在部门对江宁上坊六朝古墓的结构现状进行勘察，并对拟复原后结构在不同工况(覆土)下的安全性进行模拟分析，并根据分析结果，提出古墓结构保护和墓坑渗水的治理方案。

图 1-24　江宁上坊六朝古墓

图 1-25 为南京午朝门的修缮工程。午朝门位于中山门内、御道街北端,正名为午门,是明朝时期传达圣旨的地方,也是皇帝处分大臣之处。明朝的宫廷之变,给连午门在内的宫城造成重创,接着清初、清咸丰和同治年间接二连三的战火,辛亥革命时期的盗抢,给这块昔日皇家之地造成了巨大的破坏,门上建筑荡然无存。午朝门是明故宫现存唯一的地面建筑,距今已有六百多年的历史,有着十分重要的历史价值。

图 1-25　午朝门修缮工程

图 1-26 所示的 Albert 纪念钟塔位于北爱尔兰首府贝尔法斯特的女王广场,其竣工于 1869 年,总高度为 34.44 m,是贝尔法斯特的地标之一。Albert 纪念钟塔是建在靠近 Farset 河的软土和农垦地上,基础采用的是木桩。竣工后,由于地基的不均匀沉降造成塔顶倾斜偏离中心线的最大距离为 122 cm。2002 年,为了控制不断发展的倾斜,管理部门对 Albert 塔的木桩地基进行了加固。

关于优秀历史建筑的修缮与保护,通常有不同的观点发生碰撞。一种观点就是对其进行维修加固,甚至复建,在具体实施过程中努力使其外表做到"修旧如旧",甚至"修旧如故";另一种观点就是属于遗迹保护,只要被保护对象不发生倒塌,则不采取任何措施对其进行变动,这样也会给参观者一种很好的历史沧桑感。图 1-27 是位于北爱尔兰的 Dunluce 城堡,图 1-28 是位于英格兰的 Penrith 城堡。这些城堡属于典型的遗迹保护,当地管理部门没有进行复建和任何大规模的维修,只是尽量保护现状并延续其寿命。

图 1-26　Albert 纪念钟塔

图 1-27　爱尔兰(Dunluce)城堡遗迹现状

图 1-28　英格兰(Penrith)城堡遗迹现状

对于历史建筑,什么时候应该修复,什么时候更适宜于拆除重建。在一些有经验的建筑师看来,历史性建筑的修复可能比新建花费还要大。尽管如此,当建筑物以其历史地位著称时,即使已完全荒废不适宜预期的用途,也很难将其完全拆除[3]。

## 参考文献

[1] 王德华,梁爽.建筑物鉴定与加固改造学科蓬勃发展二十年回顾与前景展望[C]//土木工程结构检测鉴定与加固改造新进展——第十一届全国建筑物鉴定与加固改造学术交流会议论文集.北京:中国建材工业出版社,2012:3-5.

[2] 刘西光,董振平,王庆霖.历史建筑砖砌体耐久性研究[J].四川建筑科学研究,2012,38(2):96-100.

[3] (美)亚历山大·纽曼.建筑物的结构修复:方法·细部·设计实例[M].惠云玲,郝挺宇,等译.北京:中国建筑工业出版社,2008.

# 第 2 章　建筑物/构筑物可靠性鉴定

工业与民用建筑或构筑物在使用过程中,不仅需要正常的管理与维护,而且在经过若干年正常使用后,还需要及时的修缮,这样才能使其有效地完成原设计所赋予的功能。然而,实际工程中不可避免地存在一些结构构件,或因设计、施工、使用不当而需要加固,或因用途变更而需要改造,或因使用环境变化而需要处理等。为了做好上述这些工作,首先必须对建筑物/构筑物在安全性、使用性和耐久性方面出现的问题有全面的了解,从而作出安全、合理、经济、可行的方案。本章所阐述的内容就是对这些问题进行正确评价的要点。诚然,要想对工程结构的鉴定工作进行全面的掌握,绝不是通过阅读一本或两本书籍就可以实现的,这是一个首先掌握相关的理论知识,然后在长期的工程实践中逐步应用与积累经验的过程。

## 2.1　鉴定的分类、依据和程序

### 2.1.1　鉴定的分类

(1) 按委托单位的性质可分为司法鉴定与社会鉴定。

司法鉴定:司法鉴定通常是指司法鉴定机构根据审判机关的授权,委托法定技术鉴定单位对工程造价、工程质量、机电设备、房地产、国有资产、有价证券等进行的鉴定和评估活动。司法鉴定机构要求对技术鉴定的全过程、技术鉴定单位及鉴定人的执业资格、鉴定项目的项目资料及检测与鉴定的方法、鉴定的依据、鉴定的标准等,进行合法性审查和监督。审判机关对司法鉴定结果进行质证和认证。技术鉴定由具备相关鉴定资格的技术单位完成,司法鉴定机构派出监督员对技术鉴定的全过程进行合法性监督。

司法鉴定实行公开制度。公开的内容包括:技术鉴定单位的名称及资质、鉴定人和监督员的姓名及资料、鉴定日程、鉴定方法、鉴定标准、鉴定资料(应当保密的除外)、鉴定所依据的法规和技术规范、鉴定的结果等。凡是进入司法鉴定程序,审判机关应当依照法定程序出具委托书,委托司法鉴定机构进行司法鉴定。委托书应当提出明确、具体的鉴定要求,并附鉴定所需要的相关资料和法律文书。审判机关和当事人对司法鉴定工作应当给予配合。

对审判机关委托的鉴定,凡是鉴定要求明确具体、鉴定资料基本齐全、能够开展鉴定工作的,司法鉴定机构应当接受委托,并与委托单位签订接受鉴定委托协议书。凡是不具备鉴定条件、无法开展鉴定工作的,司法鉴定机构应当说明理由,及时退回委托。司法鉴定机构接受委托后,需要选定技术鉴定单位(该类单位一般应在省高级人民法院入册备案)。司法鉴定机构每次确定技术鉴定单位时,应从若干选定技术鉴定单位中进行非人为主观因素干扰的随机确定。

工程结构司法鉴定的主要功能是专业的技术鉴定单位协助审判机关处理民事诉讼案件,使得案件的判决结果更加公正、公平、合理与科学。目前随着我国公民的法律意识急剧增强,司法鉴定项目在整个鉴定项目中所占的比例也逐渐提高。在国外,与我国工程结构司法鉴定相类似的 Forensic Engineering 同样也越来越受到政府和工程界的重视。

社会鉴定：社会鉴定是指除了上述司法鉴定之外的工程结构鉴定项目。例如，个人对自己所居住房屋的工程质量不放心或在进行建筑物功能改造时，通过委托专业的技术鉴定单位对其进行安全性、使用性或结构改造可行性评定。

（2）按鉴定项目的内容可以分为工程质量、相邻施工影响、既有建筑物/构筑物安全现状、建筑物/构筑物改造可行性、工程事故原因及影响、灾后鉴定等。

图 2-1　仿古木构架中梁柱节点脱榫

工程质量：这里的工程质量主要指工程结构在设计与施工过程中存在的缺陷所导致的。施工质量一般表现为未按照规范和设计要求进行施工，如材料规格或强度达不到设计要求等。设计质量一般指设计方案不合理、结构或构件的计算模型选择不对，包括计算单元、计算简图、荷载三个方面。地基的沉降问题，尤其是地基的不均匀沉降，可能是设计问题也可能是施工问题或者两者共同影响所导致的问题。例如，南京某仿古木构架塔，建造于 2000 年，总高度约 21 m，由于其结构方案不合理，主要表现为竖向承重木柱存在明显的不连续性，使得上部荷载传递路径不明确，该塔建成不久即出现梁柱节点脱榫（图 2-1）。

相邻施工影响：相邻施工影响的问题在近几年数量增加较大，主要由于多数房屋是相邻建造，如果地基处理不好，后期建造的房屋靠近或压在早期建造房屋的地基或基础上，使得早期修建房屋的承重墙体（砌体结构）或填充墙（框架结构）甚至框架本身产生附加应力，导致墙体或框架出现裂缝损伤。图 2-2(a)为某相邻房立面图，左边为早期修建的房屋，右边为后期修建的房屋。在后期修建房屋竣工投入使用后不久，早期修建的房屋墙体上出现明显的斜裂缝损伤（图 2-2(b)）。两者之间因房屋损伤最终发生经济纠纷并诉诸当地法院。

(a) 相邻房立面图

(b) 墙体斜裂缝损伤

图 2-2　相邻房影响

既有建筑物/构筑物安全现状:一般建筑物/构筑物有规定的设计使用年限,例如普通的民用住宅楼,其设计使用年限为50年。当建筑物/构筑物的实际使用年限超过设计使用年限后,并不意味着结构立即丧失功能或报废,而是结构的失效概率将比设计预期值增大。为了保证超过设计使用年限的建筑物/构筑物仍然具有较高或预期的可靠性,应对其现状进行可靠性鉴定,当满足不了要求时应进行加固或采取其他处理措施。

一些既有建筑物/构筑物在改变其使用功能或增层改造之前,也应对主体结构的现状进行可靠性(通常只委托其中的安全性)鉴定。该鉴定结果可以为项目改造的决策提供可行性分析,以及为后期的加固设计提供技术参数。当建筑物/构筑物进行了较大规模的改造后,如既有砖混结构房屋的底部大空间改造(图2-3),房屋的荷载传递路径发生了很大的改变,同时底层与二层之间的层间刚度比也发生了很大的变化,在水平地震作用下可能会出现薄弱层(如果在加固设计时考虑不充分)。少数业主单位在工程项目竣工后,为了确保工程结构的安全性,以及验收加固工程的施工质量,也会委托专业的技术鉴定单位对建筑物/构筑物改造后的主体结构进行可靠性鉴定。

(a) 底层拆墙之前　　　　　　　　　　　(b) 底层拆墙之后

图2-3　江苏省射阳某砖混办公楼底部大空间改造

此外,少数建筑物/构筑物在使用过程中,由于环境影响或没有得到正常的维护,结构或构件存在一定的损伤。业主单位为了保证房屋的安全或延长房屋的寿命,也会进行其现状的可靠性鉴定。

这里需要强调的是,既有建筑物/构筑物的现状鉴定是依据目前已掌握的检测技术与现行相关规范与标准,对房屋结构的现状进行鉴定。由于受到检测技术水平与工程的实际情况限制,尤其是后期功能改造的既有房屋,鉴定结论中所提供的技术参数对于后期的加固设计可能存在不完整性,此时要求后期的加固设计人员具备较高的专业素质与处理此类工程的实践经验,结合工程实际情况作出科学的判断与合理的设计,从而确保房屋结构的安全性。例如,对于一个既有的三层框架结构房屋,所有相关资料全无,要想全面获取其地基的配筋情况比较困难,此时就不能以一个完全新建房屋的角度来进行加固设计。

工程事故原因及影响:由于工程项目在整个实施过程中,涉及勘察、设计、施工以及后期的使用与维护管理等多个部门,其中任何一个环节出现严重违规行为,都会导致工程结构的局部甚至整体出现问题,严重时甚至会发生倒塌。图2-4为江苏省某市钢筋混凝土框架外

图 2-4 后锚固与混凝土框架上
悬挑部分垮塌

侧采用后锚固技术固定的钢结构悬挑部分发生部分垮塌。工程事故发生之后，需要解决的问题之一就是查找事故发生的原因，以便追究事故责任方承担相应的经济赔偿或法律责任。为此，需要委托专业的技术鉴定单位进行事故现场调查、检测以及复核计算与分析，评定事故发生的主要原因。

灾后鉴定：这里所提到的灾后鉴定，主要针对火灾、爆炸、雪灾、风灾和地震灾害等，如图 2-5 所示。发生上述灾难之后，房屋结构如果遭受严重破坏或整体垮塌，绝大多数情况下是推倒重来，没必要再进行任何鉴定；但是在极少数情况下，例如发生雪灾，结构主体发生垮塌，此时如果雪荷载严重超过《建筑结构荷载规范》中规定的荷载值，则可能会划归为自然灾害；如果雪荷载属于正常范围内，则此时的结构倒塌原因在于结构本身的质量问题，随之就产生责任追究与经济赔偿的问题，这时候同样需要专业的技术鉴定单位进行评定到底属于何种情况。此外，房屋结构如果遭受的破坏程度并不严重，对于工业厂房而言，则需要尽快恢复生产；对于民用建筑，则希望能够尽快恢复使用，或者在进行局部维修或加固后能够恢复原来的使用功能，此时也需要进行相应的专业技术鉴定。

(a) 火灾

(b) 液化气爆炸

(c) 雪灾

(d) 地震

图 2-5　灾后工程结构受损

### 2.1.2　鉴定的依据

鉴定的依据包括规范与标准、委托单位提供的相关资料以及现场检查与检测的结果。目前,我国关于可靠性鉴定已经颁布了两本主要的国家标准,即《民用建筑可靠性鉴定标准》(GB 50292)[1]、《工业建筑可靠性鉴定标准》(GB 50144)[2]。关于工程结构的鉴定依据,过去在这个问题上一直存在两种不同的观点:一种认为,鉴定应以原设计、施工规范为依据;另一种则认为,必须以现行设计、施工规范为依据。目前,几乎所有的工程结构鉴定都应以现行《民用建筑可靠性鉴定标准》、《工业建筑可靠性鉴定标准》为主要依据,在《民用建筑可靠性鉴定标准》中给出的理由如下:①由于既有建筑物绝大多数在鉴定并采取措施后还要继续使用,因为不论从保证其下一目标使用期所必需的可靠度或是从标准规范的适用性和合法性来说,均不宜直接采用已被废止的原规范作为鉴定的依据。对既有建筑物的鉴定,原设计规范只能作为参考性的指导文件。但是有一种情况除外,即评定既有建筑物当时工程质量,涉及司法纠纷与赔偿问题。②以现行设计、施工标准规范作为既有建筑物鉴定的依据之一,是无可非议的,但若认为它们是鉴定的唯一依据则欠妥。因为现行设计、施工规范毕竟是以拟建的工程为对象制定的,不可能系统地考虑既有建筑物所遇到的各种问题。此外,拟建的建筑物与既有建筑物之间的随机变量存在差异。③现行建筑可靠性鉴定标准较为全面地考虑了现行设计、施工规范中的有关规定,以及原设计、施工规范中尚行之有效但由于某种原因已被现行规范删去的有关规定,此外对于既有建筑物的特点和工作条件,还作出了一些专门规定。

现行的《火灾后建筑结构鉴定标准》[3](CECS 252,适用于工业与民用建筑中混凝土结构、钢结构、砌体结构火灾后的结构检测与鉴定)、《古建筑木结构维护与加固技术规范》[4](GB 50165,适用于古建筑木结构及其相关工程的检查、维护与加固)、《建筑抗震鉴定标准》[5]等也是常用的鉴定依据,关于建筑物的抗震鉴定在后面有专门一章进行阐述。在这里需要强调的是,既有建筑物/构筑物当时设计所采用的规范与标准或现行相关规范与标准在鉴定时往往也是较为重要的鉴定依据之一。例如在进行一些老的建筑物/构筑物鉴定时,经常相关资料全部丢失,此时要对该建筑物/构筑物结构主体中的每一个构件细节进行检查是很难实现的,如果通过抽查发现结果都能符合当时的设计规范,从而可以推断该房屋结构在当时设计时的水平。另外,对于极少数工程结构在鉴定时,如果现行的鉴定标准中没有明确规定的评定指标,则可以采用现行相关设计规范与标准进行评定,确保工程结构的安全。

除此之外,我国住建部也颁布了《危险房屋鉴定标准》(JGJ 125)[6]。但是,目前关于危房鉴定的项目在整个建筑物/构筑物鉴定项目中所占的比重不大。

### 2.1.3　鉴定的程序

工程结构鉴定的程序基本大同小异,涉及初步调查、详细调查与检测,鉴定时需要明确鉴定目的、范围和鉴定内容,依据委托单位的要求进行安全性、使用性或可靠性鉴定,最后撰写鉴定报告,鉴定报告中应包括明确的鉴定结论(根据委托方要求可增加处理建议等)。对于需要进行适修性评估的项目,鉴定报告中尚应包含适修性评估的内容和结论。目前,我国现行《民用建筑可靠性鉴定标准》给出的鉴定程序见图 2-6 所示。

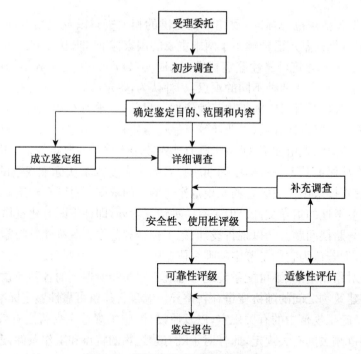

图 2-6　民用建筑的可靠性鉴定流程

1）初步调查宜包括下列基本内容：

（1）查阅图纸资料：包括岩土工程勘察报告、设计计算书、设计变更记录、施工图、施工及施工变更记录、竣工图、竣工质检及验收文件（包括隐蔽工程验收记录）、定点观测记录、事故处理报告、维修记录、历次加固改造图纸等。

（2）查询建筑物历史：如原始施工、历次修缮、加固、改造、用途变更、使用条件改变以及受灾等情况。

（3）考察现场：按资料核对实物现状，调查建筑物实际使用条件和内外环境、查看已发现的问题、听取有关人员的意见等。

（4）填写初步调查表。

（5）制定详细调查计划及检测、试验工作大纲，并且提出需要委托方完成的准备工作以及需要委托方在详细调查过程中给予配合的工作人员和设施（如脚手架、水、电）等。

2）详细调查宜根据实际需要选择下列工作内容：

（1）结构体系基本情况检查：

① 结构布置及结构形式；

② 圈梁、构造柱、拉结件、支撑（或其他抗侧力系统）的布置；

③ 结构支承（支座）构造、构件及其连接构造；

④ 结构细部尺寸及其他有关的几何参数。

（2）结构使用条件调查与核实：

① 结构上的作用（荷载）；

② 建筑物内外环境；

③ 使用史(含荷载史、灾害史)。

(3) 地基基础(包括桩基础)调查与检测：

① 场地类别与地基土(包括土层分布及下卧层情况)；

② 地基稳定性(斜坡)；

③ 地基变形及其上部结构中的反应；

④ 地基承载力的原位测试及室内物理力学性质试验；

⑤ 基础和桩的工作状态评估(必要时，可对开裂、腐蚀和其他损伤等情况进行开挖检查)；

⑥ 其他因素(如地下水抽降、地基浸水、水质、土壤腐蚀等)的影响或作用。

(4) 材料性能检测分析：

① 结构构件材料；

② 连接材料；

③ 其他材料。

(5) 承重结构检查：

① 构件(含连接)的几何参数；

② 构件及其连接工作情况；

③ 结构支承(支座)工作情况；

④ 建筑物的裂缝及其他损伤的情况；

⑤ 结构整体性；

⑥ 建筑物侧向位移(包括基础转动)和局部变形；

⑦ 结构动力特性。

(6) 围护系统的安全状况和使用功能调查。

(7) 易受结构位移、变形影响的管道系统调查。

## 2.2 民用建筑可靠性鉴定要点

下面针对我国《民用建筑可靠性鉴定标准》中的要点内容进行阐述与讲解。首先，民用建筑可靠性鉴定中经常遇到的几个专业术语应该熟悉。具体的专业术语及其定义分别为：①民用建筑：已建成可验收的和已投入使用的非生产性的居住建筑和公共建筑。②既有结构：既有建筑物中的承重结构及其相关部分的总称。③重要结构：其破坏可能产生很严重后果的结构；在可靠度设计中指安全等级为一级的重要建筑物的结构。④一般结构：其破坏可能产生严重后果的结构；在可靠度设计中指安全等级为二级的一般建筑物的结构。⑤次要结构：其破坏可能产生的后果不严重的结构；在可靠度设计中指安全等级为三级的次要建筑物的结构。⑥安全性鉴定：对民用建筑的结构承载能力和结构整体稳定性所进行的调查、检测、验算、分析和评定等一系列活动。⑦使用性鉴定：对民用建筑使用功能的适用性和耐久性所进行的调查、检测、验算、分析和评定等一系列活动。⑧可靠性鉴定：对民用建筑的安全性(包括承载能力和整体稳定性)和使用性(包括适用性和耐久性)所进行的调查、检测、分析、验算和评定等一系列活动。⑨专项鉴定：针对既有结构某特定问题或某特定要求所进行的鉴定，例如仅针对某建筑中楼层的振动问题所进行的鉴定。⑩结构适修性：残损的或承载能力不足的结构适于采取修复措施所应具备的技术可行性与经济合理性的总称,结构的适修性往往是决策层定夺最终实施方法的主要依据。

现行《民用建筑可靠性鉴定标准》适用于民用建筑下列情况下的检测与鉴定:①建筑的安全鉴定(其中包括安全现状的鉴定、危房鉴定及其他应急鉴定);②建筑物使用功能鉴定及日常维护检查;③建筑物耐久性评估;④建筑物改变用途、改变使用条件或改造前的专门鉴定;⑤建筑物灾害损伤修复、处理前的鉴定。抗震设防区和其他抗灾设防区、特殊地基土地区、特殊环境或灾害后的民用建筑可靠性鉴定,尚应遵守国家现行有关标准的规定。

### 2.2.1 鉴定要求与目标使用年限

民用建筑的可靠性鉴定包括安全性和使用性,根据委托方的要求以及工程结构的实际情况与特点,实施鉴定时可能进行可靠性鉴定,也可能只进行安全性或使用性鉴定,有特殊要求时尚应作专项鉴定。具体采用哪个级别的鉴定,通常按照以下原则进行选择。

1) 在下列情况下,应进行可靠性鉴定:

(1) 建筑物大修前;

(2) 建筑物改造、改建或扩建前;

(3) 建筑物改变用途或使用环境时;

(4) 建筑物达到设计使用年限拟继续使用时。

2) 在下列情况下,可仅进行安全性鉴定:

(1) 危房鉴定及各种应急鉴定;

(2) 国家法规规定的房屋安全性定期统一检查;

(3) 临时性房屋需延长使用期限;

(4) 使用性鉴定中发现安全问题。

3) 在下列情况下,可仅进行使用性鉴定:

(1) 建筑物使用维护的常规检查;

(2) 建筑物有较高舒适度要求。

4) 在下列情况下,应进行专项鉴定:

(1) 对维修改造有专门要求时;

(2) 结构需进行耐久性问题治理时;

(3) 结构存在明显的振动影响时;

(4) 结构需进行长期监测时。

鉴定的目标使用年限,应根据该民用建筑的使用史、当前技术水平和今后使用需求,由建筑物的产权人和技术鉴定单位共同商定。一般对于尚未达到设计使用年限的建筑,宜根据剩余使用年限,且不少于30年确定其目标使用年限;对超过设计使用年限的建筑,其目标使用年限的确定不宜少于10年。鉴定对象可以是整幢建筑或所划分的相对独立的鉴定单元;也可以是其中某一子单元或某种构件集。

### 2.2.2 鉴定调查与检测

民用建筑的可靠性鉴定应对建筑物的使用条件、使用环境和结构现状进行调查与检测,调查的内容、范围和技术要求应当明确。必要时,应由委托方和受委托方共同确定,但不论鉴定范围大小,均应包括对结构整体牢固性现状的调查。调查和检测的工作深度,应能满足结构可靠性鉴定及相关工作的需要。必要时,应进行补充调查和检测,以保证鉴定的质量。对于相关图纸资料不全的工程项目,应对建(构)筑物的结构布置、结构体系、构件材料强度、混凝土构件的配筋、结构与构件几何尺寸等进行检测,必要时应当绘制工程的现状图。

1) 使用条件和环境的调查与检测

使用条件和环境的调查与检测应包括结构上的作用、建筑所处环境与使用历史情况等。其中,结构上作用的调查与检测,可根据建筑物的具体情况以及鉴定的内容和要求进行,选择表 2-1 中的调查项目。建筑物的使用环境应包括周围的气象环境、地质环境、结构工作环境和灾害作用环境,可按表 2-2 进行调查。建筑物结构与构件所处的环境类别、环境条件和作用等级,可按表 2-3 所列项目进行调查。建筑物使用历史的调查,包括建筑物设计与施工、用途和使用年限、历次检测、维修与加固、用途变更与改扩建、使用荷载与动荷载作用以及遭受灾害和事故情况。

**表 2-1 结构上作用的调查项目**

| 作用类别 | 调查项目 |
|---|---|
| 永久作用 | ① 结构构件、建筑配件、地面装修等自重;<br>② 土压力、水压力、地基变形、预应力等作用 |
| 可变作用 | ① 楼面活荷载;<br>② 屋面活荷载;<br>③ 工业区民用建筑屋面积灰荷载;<br>④ 雪、冰荷载;<br>⑤ 风荷载;<br>⑥ 温度作用;<br>⑦ 动力荷载 |
| 灾害作用 | ① 地震作用;<br>② 爆炸、撞击、火灾;<br>③ 洪水、滑坡、泥石流等地质灾害;<br>④ 飓风、龙卷风等 |

**表 2-2 建筑物的使用环境调查**

| 项次 | 环境类别 | 调查项目 |
|---|---|---|
| 1 | 气象环境 | 大气温度变化、大气湿度变化、降雨量、降雪量、霜冻期、风作用、土壤冻结深度等 |
| 2 | 地质环境 | 地形、地貌、工程地质、地下水位深度、周围高大建筑物的影响等 |
| 3 | 建筑结构工作环境 | 结构、构件所处环境:潮湿环境、滨海大气环境、邻近工业区大气环境、建筑周围的振动环境等 |
| 4 | 灾害使用环境 | 地震、冰雪、飓风、洪水;建筑周围存在的爆炸、火灾、撞击源;可能发生滑坡、泥石流等地质灾害的地段 |

表 2-3　民用建筑环境类别、条件和作用等级

| 环境类别 | | 作用等级 | 环境条件 | 说明与示例 | 腐蚀机理 |
|---|---|---|---|---|---|
| Ⅰ | 一般大气环境 | A | 室内正常环境 | 居住及公共建筑的上部结构构件 | 由混凝土碳化引起钢筋锈蚀;砌体风化、腐蚀 |
| | | B | 室内高湿环境、露天环境 | 地下室构件、露天结构构件 | |
| | | C | 干湿交替环境 | 频繁受水蒸气或冷凝水作用的构件,以及开敞式房屋易遭飘雨部位的构件 | |
| Ⅱ | 冻融环境 | C | 轻度 | 微冻地区混凝土或砌体构件高度饱水,无盐环境;严寒和寒冷地区混凝土或砌体构件中度饱水,无盐环境 | 反复冻融导致混凝土或砌体由表及里损伤 |
| | | D | 中度 | 微冻地区盐冻;严寒和寒冷地区混凝土或砌体构件高度饱水,无盐环境;混凝土或砌体构件中度饱水,有盐环境 | |
| | | E | 重度 | 严寒和寒冷地区盐冻环境;混凝土或砌体构件高度饱水,有盐环境 | |
| Ⅲ | 临海环境 | C | 土中区域 | 基础、地下室 | 氯盐引起钢筋、钢材锈蚀 |
| | | D | 大气区(轻度盐雾) | 涨潮岸线 100～300 m 以内,室外无遮挡构件 | |
| | | E | 大气区(重度盐雾) | 涨潮岸线 100 m 以内,室外无遮挡构件 | |
| | | F | 炎热地带潮汐区;浪溅区 | 同上 | |
| Ⅳ | 接触除冰盐环境 | C | 轻度 | 受除冰盐雾轻度作用 | 氯盐引起钢筋、钢材锈蚀 |
| | | D | 中度 | 受除冰盐水溶液溅射作用 | |
| | | E | 重度 | 直接接触除冰盐水溶液 | |
| Ⅴ | 化学介质侵蚀环境 | C | 轻度 | 大气污染环境 | 化学物质引起混凝土或砌体腐蚀 |
| | | D | 中度 | 酸雨 pH＞4.5;盐渍土环境 | |
| | | E | 重度 | 酸雨 pH≤4.5;盐渍土环境 | |

注:冻融环境按当地最低月平均气温划分为微冻地区、寒冷地区和严寒地区,其月平均气温分别为:−3～2.5℃、−8～−3℃和−8℃以下。最低月平均气温在 2.5℃以上地区的结构可不考虑冻融作用。

2) 建筑物现状的调查与检测

建筑物现状的调查与检测,应包括地基基础、上部结构和围护结构三个部分。

(1) 地基基础现状调查与检测应进行下列工作:

① 查阅岩土工程勘察报告以及有关图纸资料,调查建筑实际使用荷载、沉降量和沉降稳定情况、沉降差、上部结构倾斜、扭曲、裂缝,地下室和管线情况。当地基资料不足时,可根据建筑物上部结构是否存在地基不均匀沉降的反应进行评估;必要时,可对场地地基进行原位勘察或沉降观测。

② 当需通过调查确定地基的岩土性能标准值和地基承载力特征值时,应根据调查和补充勘察结果按国家现行有关标准的规定以及原设计所做的调整进行确定。

③ 基础的种类和材料性能,可通过查阅图纸资料确定;当资料不足或资料虽然基本齐全但有怀疑时,可开挖个别基础检测,查明基础类型、尺寸、埋深;有条件的情况下尽可能地检验基础材料强度,并检测基础变位、开裂、腐蚀和损伤等情况。

(2) 上部结构现状调查与检测,应根据结构的具体情况和鉴定内容、要求,按下列规定进行:

① 结构体系及其整体性的调查,应包括结构平面布置、竖向和水平向承重构件布置、结构抗侧力作用体系(支撑体系)、抗侧力构件平面布置的对称性、竖向抗侧力构件的连续性、房屋有无错层、结构间的联系构造等;对砌体结构还应包括圈梁和构造柱体系。

② 结构构件及其连接的调查,应包括材料强度、结构、构件几何参数、承载能力、稳定性、抗裂性、延性与刚度,预埋件、紧固件与构件连接,结构间的联系等;对混凝土结构还应包括短柱、深梁的承载性能;对砌体结构还应包括局部承压与局部尺寸;对钢结构还应包括构件的长细比等。

③ 结构缺陷、损伤和腐蚀的调查,应包括材料和施工缺陷、施工偏差、构件及其连接、节点的裂缝、损伤和腐蚀(包括钢筋和钢构件的锈蚀、砌体块体和砂浆的酥碱、粉化,木材的腐朽等)。

④ 结构位移和变形的调查,应包括结构顶点和层间位移,受弯构件的挠度与侧弯,墙、柱的侧倾等。

(3) 结构、构件的材料性能、几何尺寸、变形、缺陷和损伤等调查,可按下列原则进行:

① 对结构、构件材料的性能,当档案资料完整、齐全时,可仅进行校核性检测;符合原设计要求时,可采用原设计资料给出的结果;当缺少资料或有怀疑时,应进行现场详细检测。

② 对结构、构件的几何尺寸,当图纸资料完整时,可仅进行现场抽样复核;当缺少资料或有怀疑时,应按现行国家标准《建筑结构检测技术标准》GB/T 50344 的规定进行现场检测。

③ 对结构、构件的变形,应在普查的基础上,对整体结构和其中有明显变形的构件,应按《建筑变形测量规范》JGJ 8 进行检测。

④ 对结构、构件的缺陷、损伤和腐蚀,应进行全面检测,并详细记录缺陷、损伤和腐蚀部位、范围、程度和形态;必要时尚应绘制其分布图。

⑤ 当需要进行结构承载能力和结构动力特性测试时,应按《建筑结构检测技术标准》GB/T 50344 等有关检测标准的规定进行现场测试。

(4) 混凝土结构和砌体结构检测时,应区分重点部位和一般部位,以结构的整体倾斜和局部外闪、构件酥裂、老化、构造连接损伤,结构、构件的材质与强度为主要检测项目。

(5) 钢结构和木结构检测时,除应以材料性能、构件及节点、连接的变形、裂缝、损伤、缺陷为主要检测项目外,尚应重点检查下列部位的腐蚀或腐朽的状况:

① 埋入地下构件的接近地面部位;

② 易积水或遭受水蒸气侵袭部位;

③ 受干湿交替作用的构件或节点、连接；

④ 易积灰的潮湿部位；

⑤ 组合截面空隙小于 20 mm 的难喷刷涂层的部位；

⑥ 钢索节点、锚塞部位。

（6）围护结构的现状检查，应在查阅资料和普查的基础上，针对不同围护结构的特点进行重要部件及其与主体结构连接的检测；必要时，尚应按现行有关围护系统设计、施工标准的要求进行抽样检测。

（7）结构、构件可靠性鉴定采用的检测数据，应符合下列要求：

① 检测方法应按国家现行有关标准采用。当需采用不止一种检测方法同时进行测试时，应事先约定综合确定检测值的规则，不得事后随意处理。

② 当怀疑检测数据有异常值时，其判断和处理应符合《数据的统计处理和解释——正态样本离群值的判断和处理》GB 4883 的规定，不得随意舍弃或调整数据。

3）振动对结构影响的检测

当需要考虑振动对承重结构安全和正常使用的影响时，应进行下列调查工作：①应查明振源的类型、频率范围以及相关振动工程的概况；②应查明振源与被鉴定建筑物的地理位置、相对距离以及场地的地质情况。

对振动影响的调查和检测，应符合下列要求：①应根据待测振动的振源特性、频率范围、幅值、动态范围、持续时间等制订一个合理的测量计划，以通过测试获得足够的振动数据；②应根据现行有关标准中已确定的振动参数或相关技术要求进行待测参数的选择（如位移、速度、加速度、应力等）。当选择与结构损伤相关性较显著的振动速度为待测参数时，可通过连续测量建筑物所在地的质点峰值振动速度来确定振动的特性；③振动测试所使用的测量系统，其幅值频响特性应能覆盖所测振动的范围；测量系统应定期进行校准与检定；④监测交通运输、打桩、爆破所引起的结构振动，其检测点的位置应设在基础上，也可设置在建筑物底层平面主要承重外墙或柱的底部；⑤传感器的安装和固定，应能真实反映结构地基基础处的振动，而不致引入支承层系统的附加响应；⑥当可能存在共振现象时，应进行结构动力特性的检测；⑦当确定振源对结构振动的影响时，应在振动出现的前后过程中，对上部结构构件的损伤进行跟踪观测和检查。

### 2.2.3 可靠性鉴定的步骤与评级标准

完整的可靠性鉴定步骤是先确定单个构件等级，以此为基础确定子单元等级，最后综合确定鉴定单元等级。各层次可靠性评级以该层次安全性和正常使用性的评定结果为依据综合确定，每一层次的可靠性等级分为四级。

建筑物的安全性和正常使用性鉴定评级，应按构件（含节点、连接）、子单元和鉴定单元三个层次，每一个层次分为四个安全等级和三个使用等级，从第一层开始，分层进行。其中，鉴定单元是指根据被鉴定建筑物的构造特点和承重体系的种类，将该建筑物划分成若干个可以独立进行鉴定的区段，每一区段为一个鉴定单元。

民用建筑安全性鉴定评级的各层次分级标准见表 2-4；民用建筑正常使用性鉴定评级的各层次分级标准见表 2-5；民用建筑可靠性鉴定评级的各层次分级标准见表 2-6。

### 表 2-4　安全性鉴定分级标准

| 层次 | 鉴定对象 | 等级 | 分级标准 | 处理要求 |
|---|---|---|---|---|
| 一 | 单个构件或其检查项目 | $a_u$ | 安全性符合本标准对 $a_u$ 级的要求,具有足够的承载能力 | 不必采取措施 |
| | | $b_u$ | 安全性略低于本标准对 $a_u$ 级的要求,尚不显著影响承载能力 | 可不采取措施 |
| | | $c_u$ | 安全性不符合本标准对 $a_u$ 级的要求,显著影响承载能力 | 应采取措施 |
| | | $d_u$ | 安全性极不符合本标准对 $a_u$ 级的要求,已严重影响承载能力 | 必须及时或立即采取措施 |
| 二 | 子单元的检查项目 | $A_u$ | 安全性符合本标准对 $A_u$ 级的要求,具有足够的承载能力 | 不必采取措施 |
| | | $B_u$ | 安全性略低于本标准对 $A_u$ 级的要求,尚不显著影响承载能力 | 可不采取措施 |
| | | $C_u$ | 安全性不符合本标准对 $A_u$ 级的要求,显著影响承载能力 | 应采取措施 |
| | | $D_u$ | 安全性极不符合本标准对 $A_u$ 级的要求,已严重影响承载能力 | 必须及时或立即采取措施 |
| 二 | 子单元的每种构件 | $A_u$ | 安全性符合本标准对 $A_u$ 级的要求,不影响整体承载 | 可不采取措施 |
| | | $B_u$ | 安全性略低于本标准对 $A_u$ 级的要求,尚不显著影响整体承载 | 可能有极个别构件应采取措施 |
| | | $C_u$ | 安全性不符合本标准对 $A_u$ 级的要求,显著影响整体承载 | 应采取措施,且可能有个别构件必须立即采取措施 |
| | | $D_u$ | 安全性极不符合本标准对 $A_u$ 级的要求,已严重影响整体承载 | 必须立即采取措施 |
| 二 | 子单元 | $A_u$ | 安全性符合本标准对 $A_u$ 级的要求,不影响整体承载 | 可能有个别一般构件应采取措施 |
| | | $B_u$ | 安全性略低于本标准对 $A_u$ 级的要求,尚不显著影响整体承载 | 可能有极少数构件应采取措施 |
| | | $C_u$ | 安全性不符合本标准对 $A_u$ 级的要求,显著影响整体承载 | 应采取措施,且可能有极少数构件必须立即采取措施 |
| | | $D_u$ | 安全性极不符合本标准对 $A_u$ 级的要求,严重影响整体承载 | 必须立即采取措施 |
| 三 | 鉴定单元 | $A_{su}$ | 安全性符合本标准对 $A_{su}$ 级的要求,不影响整体承载 | 可能有极少数一般构件应采取措施 |
| | | $B_{su}$ | 安全性略低于本标准对 $A_{su}$ 级的要求,尚不显著影响整体承载 | 可能有极少数构件应采取措施 |
| | | $C_{su}$ | 安全性不符合本标准对 $A_{su}$ 级的要求,显著影响整体承载 | 应采取措施,且可能有少数构件必须立即采取措施 |
| | | $D_{su}$ | 安全性严重不符合本标准对 $A_{su}$ 级的要求,严重影响整体承载 | 必须立即采取措施 |

注:表中关于"不必采取措施"和"可不采取措施"的规定,仅对安全性鉴定而言,不包括正常使用性鉴定所要求采取的措施。

表 2-5　使用性鉴定分级标准

| 层次 | 鉴定对象 | 等级 | 分级标准 | 处理要求 |
|---|---|---|---|---|
| 一 | 单个构件或其检查项目 | $a_s$ | 使用性符合本标准对 $a_s$ 级的要求,具有正常的使用功能 | 不必采取措施 |
| | | $b_s$ | 使用性略低于本标准对 $a_s$ 级的要求,尚不显著影响使用功能 | 可不采取措施 |
| | | $c_s$ | 使用性不符合本标准对 $a_s$ 级的要求,显著影响使用功能 | 应采取措施 |
| 二 | 子单元的检查项目 | $A_s$ | 使用性符合本标准对 $A_s$ 级的要求,具有正常的使用功能 | 不必采取措施 |
| | | $B_s$ | 使用性略低于本标准对 $A_s$ 级的要求,尚不显著影响使用功能 | 可不采取措施 |
| | | $C_s$ | 使用性不符合本标准对 $A_s$ 级的要求,显著影响使用功能 | 应采取措施 |
| 二 | 子单元的每种构件 | $A_s$ | 使用性符合本标准对 $A_s$ 级的要求,不影响整体使用功能 | 可不采取措施 |
| | | $B_s$ | 使用性略低于本标准对 $A_s$ 级的要求,尚不显著影响整体使用功能 | 可能有极少数构件应采取措施 |
| | | $C_s$ | 使用性不符合本标准对 $A_s$ 级的要求,显著影响整体使用功能 | 应采取措施 |
| 二 | 子单元 | $A_s$ | 使用性符合本标准对 $A_s$ 级的要求,不影响整体使用功能 | 可能有极少数一般构件应采取措施 |
| | | $B_s$ | 使用性略低于本标准对 $A_s$ 级的要求,尚不显著影响整体使用功能 | 可能有极少数构件应采取措施 |
| | | $C_s$ | 使用性不符合本标准对 $A_s$ 级的要求,显著影响整体使用功能 | 应采取措施 |
| 三 | 鉴定单元 | $A_{ss}$ | 使用性符合本标准对 $A_{ss}$ 级的要求,不影响整体使用功能 | 可能有极少数一般构件应采取措施 |
| | | $B_{ss}$ | 使用性略低于本标准对 $A_{ss}$ 级的要求,尚不显著影响整体使用功能 | 可能有极少数构件应采取措施 |
| | | $C_{ss}$ | 使用性不符合本标准对 $A_{ss}$ 级的要求,显著影响整体使用功能 | 应采取措施 |

注:表中关于"不必采取措施"和"可不采取措施"的规定,仅对正常使用性鉴定而言,不包括安全性鉴定所要求采取的措施。

表 2-6 可靠性鉴定的分级标准

| 层次 | 鉴定对象 | 等级 | 分级标准 | 处理要求 |
|---|---|---|---|---|
| 一 | 单个构件 | a | 可靠性符合本标准对 a 级的要求,具有正常的承载功能和使用功能 | 不必采取措施 |
| | | b | 可靠性略低于本标准对 a 级的要求,尚不显著影响承载功能和使用功能 | 可不采取措施 |
| | | c | 可靠性不符合本标准对 a 级的要求,显著影响承载功能和使用功能 | 应采取措施 |
| | | d | 可靠性极不符合本标准对 a 级的要求,已严重影响安全 | 必须及时或立即采取措施 |
| 二 | 子单元中的每种构件 | A | 可靠性符合本标准对 A 级的要求,不影响整体的承载功能和使用功能 | 可不采取措施 |
| | | B | 可靠性略低于本标准对 A 级的要求,但尚不显著影响整体的承载功能和使用功能 | 可能有个别或极少数构件应采取措施 |
| | | C | 可靠性不符合本标准对 A 级的要求,显著影响整体承载功能和使用功能 | 应采取措施,且可能有个别构件必须立即采取措施 |
| | | D | 可靠性极不符合本标准对 A 级的要求,已严重影响安全 | 必须立即采取措施 |
| | 子单元 | A | 可靠性符合本标准对 A 级的要求,不影响整体承载功能和使用功能 | 可能有极少数一般构件应采取措施 |
| | | B | 可靠性略低于本标准对 A 级的要求,但尚不显著影响整体承载功能和使用功能 | 可能有极少数构件应采取措施 |
| | | C | 可靠性不符合本标准对 A 级的要求,显著影响整体承载功能和使用功能 | 应采取措施,且可能有极少数构件必须立即采取措施 |
| | | D | 可靠性极不符合本标准对 A 级的要求,已严重影响安全 | 必须立即采取措施 |
| 三 | 鉴定单元 | I | 可靠性符合本标准对 I 级的要求,不影响整体承载功能和使用功能 | 可能有极少数一般构件应在使用性或安全性方面采取措施 |
| | | II | 可靠性略低于本标准对 I 级的要求,尚不显著影响整体承载功能和使用功能 | 可能有极少数构件应在安全性或使用性方面采取措施 |
| | | III | 可靠性不符合本标准对 I 级的要求,显著影响整体承载功能和使用功能 | 应采取措施,且可能有少数构件必须立即采取措施 |
| | | IV | 可靠性极不符合本标准对 I 级的要求,已严重影响安全 | 必须立即采取措施 |

上述这些级别的具体分级界限以及不符合该要求的允许程度,《民用建筑可靠性鉴定标准》中均有明确的规定,本书不再赘述。例如,一般混凝土构件当以承载能力评定时,$R/\gamma_0 S$($R$ 和 $S$ 分别为结构构件的抗力和作用效应,$\gamma_0$ 为结构重要性系数)不小于 1.0,则安全性鉴定等级为 $a_u$。

2.2.4 构件的安全性鉴定评级方法

混凝土结构构件、钢结构构件、砌体结构构件和木结构构件是目前工程结构中最常用、最主要的构件形式,下面对此分别进行详细的阐述。

1) 混凝土结构构件

混凝土结构构件的安全性鉴定应按承载能力、构造、不适于继续承载的位移(或变形)和裂缝四个检查项目进行,分别评定每一受检构件的等级,并取其中最低一级作为该构件安全性等级。

(1) 承载能力

当混凝土结构构件的安全性按承载能力评定时,即按照结构构件的抗力和作用效应的比值来确定构件的安全性鉴定分级(即 $R/\gamma_0 S$)。例如对于一般混凝土结构构件,当 $R/\gamma_0 S$ 小于 0.85 时,其安全性等级应评为 $d_u$ 级。

结构构件的抗力与构件的截面尺寸、材料的强度等级和配筋情况有关,其中截面尺寸较易获取。混凝土的强度推定值可以采用回弹法、钻芯法(图2-7、图2-8)等检测技术获取,其中采用回弹法检测混凝土强度时,还需要实测混凝土的碳化深度对其现场回弹强度进行修正,并注意回弹法的适用范围。

图 2-7　数字显示回弹仪　　　　　图 2-8　现场钻取混凝土芯样

为了得到钢筋的力学性能,可以现场从试件截取部分或者寻找同批钢材带回试验室进行拉伸试验甚至冷弯性能试验。对于一些年代久远、相关资料全无的建筑物,要想找到同批钢材是很难的;另外,在构件上截取样品回实验室进行力学性能试验也是较难实现的。目前,常用的方法如下:凿除混凝土露出钢筋,对钢筋进行局部磨平,用里氏硬度计回弹硬度,换算得到钢筋的强度。上述方法都行不通时,检测与鉴定技术人员则需要结合不同时期修建房屋的常用钢筋种类、钢筋的外貌特征进行有依据的保守推断,目的在于确保工程结构的安全性。

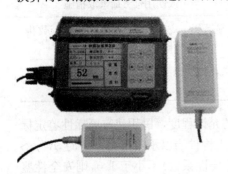

图 2-9　钢筋保护层厚度测定仪

关于混凝土构件的配筋情况,可以采用钢筋保护层厚度测定仪进行检测(图2-9),该仪器可以检测钢筋混凝土构件内部的钢筋直径、位置分布及钢筋的混凝土保护层厚度。就目前的技术水平而言,该仪器对钢筋直径的检测精度相对较差。因此,在具体工程检测时,往往还是需要采取局部凿除混凝土使钢筋外露,并采用游标卡尺进行辅助测量。

现行荷载规范中给定的活荷载标准值及分项系数取值一般是基于 50 年的设计基准期进行的,但是对于既有建筑物的鉴定,其后续使用年限一般等于或小于原设计使用年限,因此荷载的标准值与分项系数与现行设计规范有所不同。如果不考虑后续使用年限的问题,而是按照现行设计规范给定的值进行作用效应计算,对于鉴定结论而言是偏安全的(现行《民用建筑可靠性鉴定标准》中对作用的组合、作用的分项系数及组合值系数就是要求按现行国家标准《建筑结构荷载规范》的规定执行),同时也可能带来后续加固费用的增加。关于荷载标准值以及分项系数的确定见后面 2.5 节、2.8 节内容。

此外,在验算被鉴定结构构件的承载力时,需要重点注意以下几个方面:①若原设计文件有效,且不怀疑结构有严重的性能退化或设计、施工偏差,构件材料强度的标准值可采用原设计的标准值,否则应采用现场实测值;②结构构件的几何参数应采用实测值,并应计入锈蚀、腐蚀、虫蛀、风化、局部缺陷或缺损及施工偏差等的影响;③当需要检查设计责任时,应按原设计计算书、施工图及竣工图,重新进行一次复核。

(2)构造

当混凝土结构构件的安全性按构造评定时,主要从连接(或节点)构造和受力预埋件两个检查项目进行评定。例如钢筋的锚固长度、钢筋的搭接长度与钢筋搭接接头面积百分率、预埋件有无变形与松动等。依据上述检查项目的现状与《民用建筑可靠性鉴定标准》中给定的参考标准分别进行评定,然后取其中较低一级作为该构件构造的安全性等级。例如连接方式不当、构造有明显缺陷时,预埋件已发生变形、滑移、松动,根据其实际严重程度可评为 $c_u$ 级或 $d_u$ 级。

(3)位移(或变形)

当混凝土结构构件的安全性按不适于继续承载的位移或变形评定时,主要是指水平结构构件(屋架、托架和其他受弯构件)的挠度或施工偏差造成的侧向弯曲与竖向构件(柱、墙)的水平位移(或倾斜)。依据测定的位移或变形值与《民用建筑可靠性鉴定标准》中给定的参考值进行安全性等级评定。例如主梁、托梁的跨内挠度实测值大于其计算跨度的 1/250 时,根据其实际严重程度可评为 $c_u$ 级或 $d_u$ 级;单层高度为 4.5 m 的砌体结构房屋,当其顶点位移大于 25 mm,且该位移尚在发展时,应直接定为 $d_u$ 级。

(4)裂缝

当混凝土结构构件的安全性按出现裂缝的宽度进行评定时,涉及受力裂缝与非受力裂缝两种情况。依据测定的裂缝宽度与《民用建筑可靠性鉴定标准》中给定的参考值进行安全性等级评定。例如在室内正常环境情况下,钢筋混凝土主要构件上出现的受力裂缝宽度大于 0.50 mm 时,根据其实际严重程度可评为 $c_u$ 级或 $d_u$ 级。

当混凝土结构构件出现下列情况之一的非受力裂缝时,也应视为不适于继续承载的裂缝,并应根据其严重程度定为 $c_u$ 级或 $d_u$ 级:①因主筋锈蚀(或腐蚀),导致混凝土产生沿主筋方向开裂、保护层脱落或掉角(图 2-10);②因温度、收缩等作用产生的裂缝,其宽度比《民用建筑可靠性鉴定标准》规定的弯曲裂缝宽度值超过 50%,且分析表明已显著影响结构的受力。此外,当混凝土结构构件中受压区混凝土有压坏迹象时,不论其裂缝宽度大小,应直接定为 $d_u$ 级。

关于钢筋混凝土构件中钢筋锈蚀的危害以及受力特性等,本书第四章结合众多学者的研究成果进行详细阐述。另外,混凝土在遭遇酸性介质时,混凝土会被很快腐蚀成为废渣,完全丧失其强度,该现象在一些化工厂的厂房里可能会遇到。

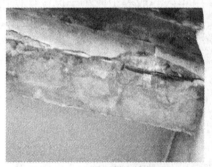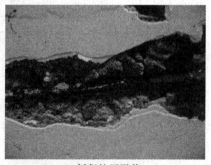

(a) 梁混凝土掉角                    (b) 板保护层脱落

(c) 柱保护层脱落与掉角

图 2-10　钢筋锈蚀导致混凝土脱落、掉角

2) 钢结构构件

钢结构构件的安全性鉴定应按承载能力、构造以及不适于继续承载的位移(或变形)等三个检查项目,分别评定每一受检构件等级;对冷弯薄壁型钢结构、轻钢结构、钢桩以及地处有腐蚀性介质的工业区,或高温、临海地区的钢结构,尚应以不适于继续承载的锈蚀作为检查项目评定其等级;然后取其中最低一级作为该构件的安全性等级。

(1) 承载能力

当钢结构构件(含连接)的安全性按承载能力评定时,同样按照结构构件的抗力和作用效应的比值来确定构件的安全性鉴定分级。

结构构件的抗力与材料的强度等级有关。钢结构构件中钢材的强度等级可以通过现场取样带回实验室进行力学性能测试,对于钢结构而言,现场取样的可行性较高。此外,也可以采用里氏硬度计现场无损检测建筑钢结构的强度。关于计算作用效应用到的荷载标准值和分项系数同混凝土结构构件,应当考虑后续使用年限的影响。

(2) 构造

当钢结构构件的安全性按构造评定时,主要从其连接方式是否正确,构造有无缺陷,构造或连接是否有裂缝或锐角切口,焊缝、铆钉、螺栓是否有变形、滑移或其他损坏等。例如,当构件组成形式、长细比(或高跨比)、宽厚比(或高厚比)等不符合国家现行设计规范及验收规范要求;或符合要求,但存在明显缺陷,已影响或显著影响正常工作时,应根据其实际严重程度定为 $c_u$ 级或 $d_u$ 级。

（3）位移（或变形）

当钢结构构件的安全性按不适于继续承载的位移或变形评定时，主要从水平构件的跨中挠度、侧向位移或弯曲和竖向构件的顶点侧移等与《民用建筑可靠性鉴定标准》中给定的允许值进行比较评定。例如，主要构件中钢梁的挠度大于计算跨度的 1/300 时，应根据其实际严重程度定为 $c_u$ 级或 $d_u$ 级。

（4）锈蚀

当钢结构构件的安全性按不适于继续承载的锈蚀评定时，一方面锈蚀部分削弱了构件的断面尺寸，降低其承载能力；另一方面在结构的主要受力部位，当构件截面平均锈蚀深度超过《民用建筑可靠性鉴定标准》中给定的允许值后，考虑其应力集中与疲劳性能，该构件直接评定为 $c_u$ 或 $d_u$ 级。此外，锈蚀钢构件按剩余完好截面验算构件的承载能力时，应考虑锈蚀产生的偏心效应。

3）砌体结构构件

砌体结构构件的安全性鉴定，应按承载能力、构造以及不适于继续承载的位移和裂缝（或其他损伤）等四个检查项目，分别评定每一受检构件等级，并取其中最低一级作为该构件的安全性等级。

（1）承载能力

当砌体结构构件的安全性按承载能力评定时，同样按照结构构件的抗力和作用效应的比值来确定构件的安全性鉴定分级。

砌体结构构件在进行承载能力计算时，构件高厚比是个非常重要的参数。构件高厚比的改变对构件的承载能力影响较大，在后面的工程实践内容中，将通过一个房屋倒塌的工程事故来说明这个问题。

（2）构造

当砌体结构构件的安全性按构造评定时，主要针对墙、柱的高厚比和连接及构造两个项目进行评定，然后取其中较低一级作为该构件构造的安全性等级。例如，墙、柱的高厚比不符合国家现行设计规范的要求，且已超过限值的 10%，应根据其实际严重程度定为 $c_u$ 级或 $d_u$ 级。

（3）位移或变形

当砌体结构构件的安全性按不适于继续承载的位移或变形评定时，涉及墙、柱的水平位移（或倾斜）、砌体柱由于偏差或其他原因造成的弯曲变形、砌体拱或壳体结构的支座位移以及拱轴线或曲面的变形等几个方面。例如当砌体拱脚或壳的边梁出现水平位移，或拱轴线发生变形时，应根据其实际严重程度定为 $c_u$ 级或 $d_u$ 级。

（4）裂缝

当砌体结构构件的安全性按不适于继续承载的裂缝评定时，该裂缝包括受力裂缝与非受力裂缝。当砌体结构的承重构件出现下列受力裂缝时，应视为不适于继续承载的裂缝，并应根据其实际严重程度评定为 $c_u$ 级或 $d_u$ 级。这些受力裂缝包括：①桁架、主梁支座下的墙、柱的端部或中部出现沿块材（砖或砌块）断裂（贯通）的竖向裂缝或斜裂缝。②空旷房屋承重外墙的变截面处，出现水平裂缝或沿块材断裂的斜向裂缝。③砌体过梁的跨中或支座出现裂缝；或虽未出现肉眼可见的裂缝，但发现其跨度范围内有集中荷载。④筒拱、双曲筒拱、扁壳等的拱面、壳面，出现沿拱顶母线或对角线的裂缝。⑤拱、壳支座附近或支承的墙体上出现沿块材断裂的斜裂缝。⑥其他明显的受压、受弯或受剪裂缝。

当砌体结构构件出现下列非受力裂缝(温度、收缩、变形或地基不均匀沉降等引起的裂缝)时,也应视为不适于继续承载的裂缝,并根据其实际严重程度评定为 $c_u$ 级或 $d_u$ 级。即①纵横墙连接处出现通长的竖向裂缝。②承重墙体墙身裂缝严重,且最大裂缝宽度已大于5 mm。③独立柱已出现宽度大于 1.5 mm 的裂缝,或有断裂、错位现象。④其他显著影响结构整体性的裂缝。

在工程实践中,当砌体结构构件出现受压的裂缝损伤后,构件的实际残余承载力尚存多大,此时需要技术鉴定人员有较强的专业知识能力和经验来进行判断。为了更好地理解与掌握砌体结构构件中竖向受压裂缝的发展特性,此处基于文献[7]中砖砌体受压破坏的试验研究成果进行介绍。

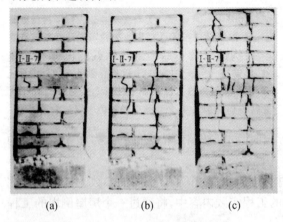

(a)　　　　(b)　　　　(c)

图 2-11　砖砌体受压破坏过程

图 2-11 为湖南大学施楚贤教授所完成的页岩粉煤灰砖砌体轴心受压试验。试验结果表明,砌体从开始受压直到破坏,按照裂缝的出现和发展等特点可以分为三个阶段:①第一阶段是从砌体开始受压,到出现第一批裂缝。即随着荷载的增大,裂缝出现在单块砖内(图 2-11(a))。如不增加荷载,砖上裂缝也不发展。根据试验结果,砖砌体内第一批裂缝发生于破坏荷载的 50%～70% 时。②第二阶段是随着荷载再增大,单块砖内裂缝不断发展,并逐渐连接成一段段的裂缝,沿竖向通过若干皮砖(图2-11(b))。这时甚至不增加荷载,裂缝仍继续发展。此时的荷载为破坏荷载的 80%～90%,在实际结构中如发生这种情况,应看作是结构处于危险状态的特征。③第三阶段是继续增加荷载,裂缝很快加长、加宽,砌体最终被压碎或因丧失稳定而全破坏(图 2-11(c))。此时砌体材料的强度称为砌体的破坏强度。

分析上述试验结果可看出,砖砌体在受压破坏时,一个重要的特征是单块砖先开裂,且砌体的抗压强度总是低于它所用砖的抗压强度。如图 2-11 的试验砌体,所用砖的强度为25.5 MPa,砂浆强度为 12.8 MPa,而砌体的抗压强度仅为 6.79 MPa。这是因为砌体虽然承受轴向均匀分布的压力,但通过试验观测和分析,在砌体的单块砖内却产生复杂的应力状态。

首先,砌体内灰缝的厚薄,砂浆的饱满度和密实性的不均匀,以及砖的表面不完全规整,使得砖受弯、受剪。由于砖的脆性性质,其抗弯、抗剪强度很低,因而单块砖弯曲所产生的弯、剪应力引起砌体中第一批裂缝的出现。同时,在确定砖的抗压强度时,系用115 mm×115 mm×120 mm 的小试块,中间只用一道且经仔细抹平的水平灰缝连接。这种试块的受压工作情况,远比砌体中砖的受压工作情况来得有利,因而砌体的抗压强度较它所用砖的抗压强度低。此外,砂浆和砖这两种材料的弹性模量和横向变形的不相等,也是引起这种强度差别的原因。砖的横向变形一般较砂浆的横向变形小。砌体受压后,它们相互约束,砖内产生横向拉应力;砂浆的弹性性质使每块砖如同弹性地基上的梁,基底的弹性模量愈小,砖的变形愈大,砖内产生的弯、剪应力也愈高;在砌筑砌体时,竖向灰缝一般都不能很好地填实,砖在竖向灰缝处易产生应力集中现象。显然这些原因也导致砌体强度降低。

综上所述,在均匀压应力作用下,砌体内的砖块并非均匀受压,而是处于复杂的受力状态,受到较大的弯曲、剪切和拉应力的共同作用。砖砌体的破坏不是砖先被压坏,而是砖受弯、受剪或受拉破坏的结果;砖砌体的抗压强度远低于砖的抗压强度。

对于砌体的抗压性能,最可靠与简便的检测方法是采用原位压力机(图 2-12),但是该方法对墙体有局部破损。对于砌筑砂浆的强度等级常用的检测方法有回弹法、射钉法(图 2-13)等;对于烧结普通砖的强度等级也可以采用回弹法进行检测。

图 2-12　砌体原位压力机　　　　图 2-13　检测砌筑砂浆强度的射钉枪

除此之外,砌体拱结构在历史建筑物中较为常见,对于此类结构的安全性评定一般不同于普通的砌体结构(可以很方便地采用常用的设计软件进行建模进行计算分析)。为此,这里建议采用图形静力学的方法进行判断与分析,具体介绍详见本章 2.4 小节。

4)木结构构件

木结构构件的安全性鉴定应按承载能力、构造、不适于继续承载的位移(或变形)、裂缝以及危险性的腐朽或虫蛀等五个检查项目,分别评定每一受检构件的等级,并取其中最低一级作为该构件的安全性等级。

(1)承载能力

当木结构构件及其连接的安全性按承载能力评定时,同样按照结构构件的抗力和作用效应的比值来确定构件的安全性鉴定分级。

(2)构造

当木结构构件的安全性按构造评定时,主要针对构件构造和节点、连接构造两个项目进行评定,并取其中较低一级作为该构件构造的安全性等级。例如,节点、连接方式不当,构造有明显缺陷(包括通风不良),已导致连接松弛变形、滑移、沿剪面开裂或其他损坏(图 2-14),应根据其实际严重程度评定为 $c_u$ 级或 $d_u$ 级。

在木结构的安全事故中,由于构件构造或节点连接构造不当所引起的各种破坏(如构件失稳、缺口应力集中、连接劈裂、桁架端节点剪坏、封闭部位腐朽等)占有很大的比例。这是因为在任何情况下,结构构造的正确性与可靠性总是木结构构件保持承载能力的最重要保证;一旦构造出现了严重问题,将会直接危及结构整体安全。

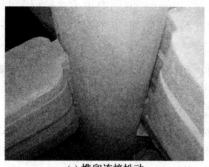
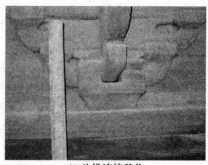

(a) 榫卯连接松动　　　　　　　　(b) 斗拱连接移位

图 2-14　木结构构件变形

（3）位移或变形

当木结构构件的安全性按不适于继续承载的位移或变形评定时,主要检查水平受弯构件的挠度、柱或其他受压构件的倾斜率以及矩形截面梁侧向弯曲的矢高。

木结构构件不适于继续承载的位移评定标准,是以现行《木结构设计规范》和《古建筑木结构维护与加固技术规范》两个管理组所作的调查与试验资料为背景,并参照德、日等国有关文献制定的。例如,木屋架或托架的挠度超过计算跨度的 1/200 时,根据其实际严重程度可评定为 $c_u$ 级或 $d_u$ 级。

（4）裂缝

根据《民用建筑可靠性鉴定标准》管理组整理的资料,随着木纹倾斜角度的增大,木材的强度将很快下降,如果伴有裂缝,则强度将更低。因此,在木结构构件安全性鉴定中应考虑斜纹及斜裂缝对其承载能力的严重影响。

当木结构构件具有下列斜率($\rho$)的斜纹理或斜裂缝时,应根据其严重程度定为 $c_u$ 级或 $d_u$ 级,即对受拉构件及拉弯构件:$\rho > 10\%$;对受弯构件及偏压构件:$\rho > 15\%$;对受压构件:$\rho > 20\%$。

（5）腐朽或虫蛀

当木结构构件的安全性按危险性腐朽或虫蛀评定时,应从木构件的表层腐朽、心腐与虫蛀等三个项目进行检查。例如,当截面上的腐朽面积大于原截面面积的 5%,或按剩余截面验算不合格;有心腐,有新蛀孔,或未见蛀孔但敲击有空鼓音,或用仪器探测内有蛀洞时,应根据其实际严重程度可评定为 $c_u$ 级或 $d_u$ 级。此外,当封入墙、保护层内的木构件或其连接已受潮时,即使木材尚未腐朽,也应直接定为 $c_u$ 级。

鉴于木结构的相关内容不像混凝土结构、钢结构与砌体结构一样被绝大多数读者所熟悉,这里针对木结构的检查有必要进行详细的介绍[8]。

① 结构的变形检查

木结构在工作状态下的变形,随时间的增长而增加,当发展到一定程度时,就会影响结构的安全。引起木结构产生变形的因素较多,一般常见的原因有:木材的收缩、腐朽、局部损坏,刚度不足或支撑不够,制作安装存在偏差,设计及使用中形成的缺陷等。木结构变形的检查,对于桁架及水平受弯构件,主要测定其最大挠度和挠度曲线。对竖向构件,应测定其倾斜和侧向弯曲变形及曲线。

— 38 —

② 结构的整体稳定性检查

木结构的整体稳定,是靠支撑系统和其他构造措施来保证的。如支撑不完善,布置不适当或锚固不牢,就会在垂直于结构平面的外力作用下产生倾斜和侧向变形。此外,由于施工误差(如桁架上弦接头抵触面有偏心等)或材质存在缺陷(如压杆翘曲、材质不匀)等原因,在垂直荷载作用下,就会使受压构件向桁架平面外凸出。这些情况都会导致结构丧失稳定而破坏。在木结构整体稳定的检查中,对于木柱及桁架,主要观测其倾斜及侧向挠曲度,桁架上弦及接头部位有无外凸现象;对于木屋盖,应检查其是否符合设计及验收规范的要求,空间支撑的布置能否保证屋面刚度;对支撑系统应检查锚固措施有无松脱失效等情况。

③ 结构的受力状况检查

木结构中个别受力构件强度或稳定性不足,就会发生构件的损坏或退出工作状态的现象,致使其他构件超载工作。而对于整个结构,若连接受损、节点松脱、局部变形等,也会使一部分构件退出工作,致使结构的承载力下降,甚至使整个结构破坏。因此对木结构在使用过程中的受力状况检查,是一项重要内容。对于受拉构件,要检查其有无断裂现象;而受压和受弯构件要检查其是否有过大的屈折。对于结构的整体受力检查主要是:连接的受剪面是否有裂缝;受拉接头是否有过量的滑移;栓孔(销孔)是否出现裂缝;节点承压面是否产生挤压变形等。

④ 腐朽或蛀蚀检查

木结构发生腐朽或蛀蚀后,就会改变其力学性能,严重影响结构的承载能力,甚至引起结构的破坏。木结构腐朽病害的常见部位主要有:处于通风不良及经常受潮的部位;木材干湿交替的部位;温度、湿度较高房屋中的木构件;结构使用的木材易受菌害、耐腐性差,如马尾松、桦木等。木材腐朽的外观检查主要有:(Ⅰ)颜色:由黄变深,年代越久越深,最后呈黑褐色;(Ⅱ)外形:木材干缩,龟裂成块,呈碎粉状,自然脱落,使木材断面缩小。木结构易受蛀蚀的常见部位:木梁、木格栅的端部,木梁与木柱的交接处以及木屋架端节点等处,木柱脚、木门框角、木地板、楼梯等处。

木材的蛀蚀表面一般没有形迹,偶尔会发现:表面有蚁迹、蚁路;截面较大的木梁,被蛀蚀一侧的木材表面有隆起现象。

由于木材的腐朽往往是从木材的内部(髓心)开始,表面不易直接观察到,而蛀蚀的木材表面一般也没有痕迹。因此,检查鉴定木结构的腐蚀、蛀蚀是通过内部检查的方法进行的。用铁锤敲击被检查木料,若发出"扑扑"的声响,则木材内部多数已发生腐朽或被蛀蚀。若要进一步确定,可用木钻钻入木材的可疑部位,根据内部松紧程度及钻出木屑的软硬程度来判断内部材质状态。此方法较准确,但缺点是造成构件断面减小,必须有选择地采用,并应采取补救办法。

⑤ 木材缺陷检查

对受力构件上存在木节、斜纹、髓心等疵病、缺陷的部位,应进行重点检查。查明有无影响受力的裂缝,是否出现异常变形现象。特别对受拉构件、受弯构件的受拉区、连接以及接头处的剪切面等部位上存在的缺陷,必须进行分析鉴定,对受力影响较大的,应采取加固措施。

上述构件安全性鉴定评级的具体判断依据计算分析结果、现场检测与检查结果和《民用建筑可靠性鉴定标准》中规定的限值进行对比,本书在此不再一一列举。

### 2.2.5　构件的正常使用性鉴定评级方法

正常使用性鉴定评级主要以现场调查、检测结果为基本依据；若遇到下列情形之一时，结构构件的鉴定尚应按正常使用极限状态的要求进行计算分析和验算：

（1）检测结果需与计算值比较。出于某种要求，需要进行现场的检测结果与理论验算值进行比较时，应按正常使用极限状态的要求进行计算分析和验算。

（2）检测只能获取部分数据，需通过计算分析进行鉴定。当被检测与鉴定对象的面积很大，完全基于现场检测数据进行使用性鉴定评级难度很大或者说投入的人力、物力与财力太多，或者现场受工作条件限制，只能获取部分数据。此时，可以比较获取部分的检测数据与理论验算的结果，然后基于对比分析结果的规律，通过理论计算分析其余未检测部分的使用鉴定评级。一般而言，纯计算分析得到的结果偏于保守。要想得到更加合理并与实际情况吻合的结果，之前的比较分析结果务必准确。

（3）为改变建筑物/构筑物用途、使用条件或使用要求而进行鉴定。当改变建筑物/构筑物用途、使用条件或使用要求时，通常为一般的可行性鉴定与分析。此时被鉴定分析对象后期所承担的荷载还没有作用在上面，现场是无法进行调查与检测的，因此必须按正常使用极限状态的要求进行计算分析。

构件的正常使用性鉴定评级，其工作思路与方法与构件的安全性鉴定评级相似。下面针对混凝土结构构件、钢结构构件、砌体结构构件以及木结构构件分别进行简述。

**1）混凝土构件**

混凝土结构构件的正常使用性鉴定，应按位移和裂缝两个检查项目，分别评定每一受检构件的等级，并取其中较低一级作为该构件使用等级。此处，混凝土结构构件炭化深度的测定结果，主要用于鉴定分析，不参与评级。但若构件主筋已处于碳化区内，则应在鉴定报告中指出，并应结合其他项目的检测结果提出处理的建议。

**2）钢结构构件**

钢结构构件的正常使用性鉴定，应按位移和锈蚀（或腐蚀）两个检查项目，分别评定每一受检构件的等级，并以其中较低一级作为该构件使用性等级。对钢结构受拉构件，尚应以长细比作为检查项目参与上述评级，受拉构件限制其长细比，这是为了保证构件在使用过程中的刚度。

**3）砌体结构构件**

砌体结构构件的正常使用性鉴定，应按位移、非受力裂缝和风化（或粉化）三个检查项目，分别评定每一受检构件的等级，并取其中最低一级作为该构件使用性等级。

砖砌体墙出现的粉化脱落现象，属于冻融性破坏较严重的潮湿环境和干湿交替的循环作用的结果。砌体墙出现粉化后，对其耐久性影响很大，严重时降低构件的承载能力，图2-15为典型的砖砌体墙面风化现象。关于砌体结构中的非受力裂缝特征，详见本章的2.6小节。

**4）木结构构件**

木结构构件的正常使用性鉴定，应按位移、干缩裂缝（图2-16）和初期腐朽等三个检查项目的检测结果，分别评定每一受检构件的等级，并取其中最低一级作为该构件的使用性等级。当发现木结构构件有初期腐朽迹象，或虽未腐朽，但所处环境较潮湿时，应直接定为 $c_s$ 级，并应在鉴定报告中提出防腐处理和防潮通风措施的建议。

(a) 建于1980年砖墙　　　　　　　　(b) 南京明城墙

图 2-15　砖砌体墙面风化

(a) 木梁　　　　　　　　　　　(b) 木柱

图 2-16　木构件上干缩裂缝

此外,木材中所含水分多少,直接影响木材强度,并在干燥过程中使木材产生裂缝和变形。木材的含水率过高会削弱木构件的刚度使其变形增大;同时木构件的耐久性也将会降低,严重缩短其使用年限。现行《木结构设计规范》中,对用于制作木屋架和梁柱所用的木材都应严格控制其含水率:①现场制作的原木或方木结构不应大于 25%;②规格材不应大于 20%;③受拉构件的连接板不应大于 18%。④作为连接件不应大于 15%;⑤胶合木层板不应大于 15%,且同一构件各层木板间的含水率差别不应大于 5%。

### 2.2.6　子单元的安全鉴定评级方法

民用建筑安全性的第二层次鉴定评级,子单元的安全鉴定评级应按地基基础(含桩基和桩,以下同)、上部承重结构和围护系统的承重部分划分为三个子单元。若不要求评定围护系统可靠性,也可不将围护系统承重部分列为子单元,而将其安全性鉴定并入上部承重结构中。

1) 地基基础

地基基础(子单元)的安全性鉴定,包括地基变形(或地基承载力)和地基稳定性(斜坡)等两个检查项目,以及基础和桩两种构件(必要时)。

鉴于绝大多数读者对建筑工程地基基础方面的了解相对于上部主体结构而言偏少,本书整理了文献[9-13]的研究资料,对地基基础发生的事故类型及其原因进行详细的阐述。

我国地员辽阔,地质条件复杂,不同地区的土质性状差别很大。东南沿海地区和沿长江流域的一些城市以及海南岛的沿海地区,多为高含水量深厚淤泥质土或饱和软粘土地基;西北和华北、中南地区是大面积湿陷性黄土地基;东北、华北、西南等丘陵地区或铁路、公路等交通沿线,经常采用大面积开挖和厚薄不均的回填土作为建筑物地基。具体一个地基应视建筑场地的条件而定,一旦确定了场址,只能由其具体条件来选用合适的基础类型,而基础类型的选择,要按建筑场地的工程地质状况、结构的种类与荷载、建筑地区的气候条件和外界作用(如变形与侵蚀作用等)以及施工技术水平等因素来确定。

地基基础是建筑工程的重要组成部分,在建筑结构的生命周期中,地基基础的工程质量直接关系到整个建筑物的结构安全与人民生命财产安全。一方面,大多数地基土由于自然沉积而表现为非匀质性和各向异性,各地的地质条件又千变万化,令设计人员难以准确把握;另一方面,地基基础属于地下隐蔽工程,建筑工程竣工后难以检查,事故出现苗头也不易察觉。因此,地基基础工程质量一直备受建设、设计、施工、勘察、监理各方面以及建设行政主管部门的关注。大量统计数据表明,由于地基基础引起的建筑工程质量事故约占建筑工程质量事故总数的20%以上。

常见的地基基础工程事故包括:地基失稳、地基变形、土坡滑动、地基溶蚀或管涌、地震引起的事故、特殊土地基工程事故等。

(1) 地基失稳(也称地基滑动)事故。此类事故是由地基土的抗剪强度不足而引起的地基整体失稳破坏,具体形式有整体剪切破坏、局部剪切破坏、冲切破坏,其结果是建筑物倾斜、开裂、破坏,严重时可能导致建筑物整体倒塌。典型的工程案例:①加拿大 Transcona Grain Elevator 地基滑动破坏,见图 2-17 所示,其由 65 个圆柱形筒仓组成,长度 59.44 m,宽度 23.47 m,高度 31.0 m,容积 36 368 m³;基础为钢筋混凝土片筏基础,板厚 0.61 m,埋深 3.66 m。该谷仓于 1911 年开始施工,1913 年秋完工。谷仓自重 20 000 t,相当于装满谷物后满载总重量的 42.5%。1913 年 9 月起往谷仓装谷物,装载过程中使谷物均匀分布;10月份,当谷仓装了 31 822 m³ 谷物时,发现 1 小时内谷仓垂直下沉 305 mm,没有引起足够重视;24 小时之内,谷仓西端下沉 7.32 m,东端上抬 1.52 m,整个谷仓倾斜 26°53′。1913 年 10 月 18 日谷仓倾斜之后,上部钢筋混凝土筒仓坚如磐石仍保持完整,表面仅有极少数裂缝。事故的主要原因在于谷仓地基土层未进行勘察、试验与研究,最终的实际荷载超过地基土的抗剪强度。②美国纽约某水泥仓库的倾斜,这座水泥仓库位于纽约市汉森河旁。地基土分四层:表层为黄色黏土,厚度 5.5 m;第二层为青色黏土,承载力为 84～105 kPa,厚度 17.0 m;第三层为碎石夹黏土,厚度 1.8 m;第四层为岩石。水泥仓库上部结构为圆筒形,直

(a) 破坏之前          (b) 破坏之后

图 2-17　加拿大 Transcona Grain Elevator 地基滑动

径为 13 m,基础为整块板式基础,基础埋深 2.8 m,位于表层黄色黏土中部。1940 年水泥筒仓地基软黏土严重超载,引起地基土剪切破坏而滑动。地基滑动使水泥筒仓倾倒呈 45°,地基土被挤出地面,高达 5.18 m。同时,离筒仓净距离 23 m 以外的办公楼受地基滑动的影响也发生了倾斜。

(2)地基变形事故。当同一建筑物各部分地基土软硬不同,或受压层范围内压缩性高的土层厚薄不均,基岩面倾斜与上覆盖土层厚薄悬殊,以及上部建筑层数不一、结构荷载轻重变化较大时,地基将发生不均匀沉降,从而导致建筑物的局部变形、开裂甚至倒塌。典型的工程案例:①意大利 Pisa 斜塔,该塔自 1173 年动工修建,当塔砌筑到 24 m 高时发生倾斜,限于当时技术水平,不知其原因而停工。一百年后续建至塔顶,高约 55 m。塔北侧沉降 1 m 多,南侧下沉近 3 m,沉降差达 1.8 m。经考证,该塔造在了古代的海岸边缘,地基下面有好几层不同材质的土层,各种软质粉土的沉淀物和非常软的黏土相间形成。②苏州虎丘塔,该塔落成于宋太祖建隆二年(公元 961 年),七层,高 47.5 m。塔平面呈八角形,由外壁、回廊与塔心三部分组成。塔身全部砖砌,外形完全模仿楼阁式木塔。1980 年 6 月,塔身已严重倾斜、开裂,塔身东北面有若干垂直裂缝,而西南面塔身裂缝都呈水平方向。经勘察,塔基覆盖土层西南为 2.8 m,东北深达 5.8 m,在塔底层直径 13.7 m 范围内,土层厚度相差 3.0 m。一旦地基发生不均匀沉降,就会在上部主体结构中产生裂缝损伤。此外,对于砖混结构房屋或者带砌体填充墙的框架结构房屋。当地基产生不均匀沉降变形时,其上部的砌体墙会产生如图 2-18 所示的斜裂缝,并且裂缝深度贯穿整个墙体厚度。

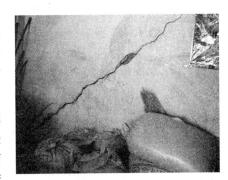

图 2-18　地基不均匀沉降引起的墙体贯穿斜裂缝

(3)土坡滑动事故。工程实际中的土坡包括天然土坡和人工土坡,天然土坡是指天然形成的山坡和江河湖海的岸坡,人工土坡则是指人工开挖基坑、基槽、路堑或填筑路堤、土坝形成的边坡。土坡滑动失稳一般有以下两种情况:①外界力的作用破坏了土体内原来的应力平衡状态。如基坑的开挖,由于地基内自身重力发生变化,改变了土体原来的应力平衡状态;又如路堤的填筑、土坡顶面上作用外荷载、土体内水的渗透、地震作用等也都会破坏土体内原有的应力平衡状态,导致土坡坍塌。②土的抗剪强度由于受到外界各种因素的影响而降低,促使土坡失稳破坏。如外界气候等自然条件的变化,使土时干时湿、收缩膨胀、冻结、融化等,从而使土变松,强度降低;土坡内因雨水的浸入使土湿化,强度降低;土坡附近因打桩、爆破或地震作用将引起土的液化或触变,使土的强度降低。

(4)地基溶蚀或管涌事故。地基土在地下水长期作用下,可能形成土洞、溶洞,由于地下水流动使土体结构改变导致流砂、管涌而产生的地基破坏事故。

(5)地震引起的事故。主要与地震烈度、场地效应、基础形式、上部结构的体型、结构形式、刚度等因素有关。例如 1976 年唐山市发生地震时,该市某高校四层楼的图书馆书库发生震沉,使整个一层楼全部沉入地面以下。

(6)特殊土地基工程事故。由于对特殊土地基的工程性质缺乏了解而导致的事故也不在少数。常见的特殊土包括:湿陷性黄土、膨胀土、冻土、盐渍土等。

地基与基础工程发生事故的主要原因包括工程勘察、设计、施工技术和环境条件改变，其中大部分是属于"主观性"错误。当严格遵守勘察、设计与施工标准文件中的规定和相应要求时，"主观性"错误是可以避免的。至于"客观性"错误，通常是由于前面某阶段的"主观性"错误引起下一阶段工作时产生的；也可能由于缺乏足够精确的试验仪器、计算模式和计算方法所引起的。此外，对于有缺陷的既有地基基础如果采取不合理的处理方案，则会使得地基基础事故变得更加严重。

（1）勘察原因

建筑工程勘察主要是提供工程建设的有关地形、地质、水文等资料，以满足规划选址、设计、地基基础处理等需要。勘察资料的精确性，将直接关系工程的安全性和经济性，因此它在工程中是起着先行和保证作用的，工程勘察工作不符合规范要求或精度不够，可能造成严重的后果。常见的勘察问题有：

① 以估算替代测试。某市新建的一栋医疗大楼地基土质复杂，但承担这项工程勘察的单位，在勘察中既不取土样做土工试验；又不在现场做动力触探测试，所提供的物理力学指标全是想当然的估算值，资料极不准确。勘察资料中的数据是可使桩尖穿入持力层 2 m 以上，但实际却因持力层坚硬而不能使桩尖穿入，致使数百根钢筋混凝土预制桩均高出地面 3～5 m。这种情况目前虽然很少但绝不是没有，尤其在一些较为落后的乡镇地区。

② 以点代面。某县新建水泥厂的五个砖砌原料筒仓（高 21 m）在 40 秒内一次倒塌，并压毁附近的一些厂房和设备。这座水泥厂在设计之前，只在附近挖了一个深坑，并以此探坑的勘察代替全长地基土质的勘察。筒仓倒塌后，经再次全面勘察，才知该构筑物地基土是膨胀土。由于设计和施工没有防范措施，雨水又积于周围，致使地基土因遇水浸泡而膨胀塑化，承载力迅速减弱，最终造成倒塌。

③ 精度差、深度不够。有的工程虽然进行了工程地质勘察，但由于勘察工作质量问题，勘察的精度差、深度不够，使得地基的土质情况并没有完全探明，给设计和施工带来很多困难，甚至给工程也带来危害。某市新建的一栋多层钢筋混凝土框架结构仓库，曾先后委托两个勘察单位进行了三次勘察，但由于勘察工作的精度差、深度不够，致使该工程的地基土质情况仍未探明。当灌注桩（桩径 0.8～1.0 m）施工完毕后，经取芯抽检，发现桩体混凝土质量很好，桩尖也嵌入持力层内，嵌入深度也符合要求。但是，桩尖下不深处（300～400 mm）的持力层中却有软弱夹层（300～1 000 mm）。

（2）设计原因

基础的强度与稳定性不仅与地基土质有关，还与它的形状以及依据作用力而计算的尺寸有关。因此地基基础设计时，必须要把地基土质情况搞清楚；同时使基底的压力小于地基土的容许承载力，沉陷值小于允许变形值。许多设计人员对地基基础问题的重要性认识不足，常把复杂的地基问题简单化处理。依据 1993 年至 1996 年的重大工程事故统计，因设计工作失误导致建筑物发生质量事故的约占总数 40%。常见的设计问题有：

① 不勘察、盲目自定地基承载力。某县在池塘边新建一栋三层钢筋混凝土框架结构的办公楼，在主体工程完成后，即发现该工程向池塘的一边倾斜。正当施工单位试图纠偏时，整个建筑物倒塌于池塘中，造成一起重大伤亡事故。这栋办公楼没有经过勘察，设计者盲目自定地基土的承载力为 115 kN/m²。倒塌后，经勘察单位勘察，该工程基础坐落在 8～10 m 厚度的淤泥层上，其承载力只有 50 kN/m²，且压缩性较大。由于设计盲目自定

的承载力大于实际承载力的 1.3 倍,致使地基土超载而产生不均匀沉降,导致整个建筑物倾斜倒塌。

② 设计计算错误或忽视计算、强度严重不足。基础是将上部荷载传给地基的纽带,因此它必须坚固,必须具有足够的强度和稳定性。有些设计者在设计地基基础时,设计计算错误(如荷载计算偏小等)或忽视计算,致使有的工程地基基础安全系数过大,造成严重浪费;有的强度和稳定性严重欠缺,造成重大质量事故。某县新建的一栋七层钢筋混凝土结构的旅馆,在交付使用前突然整体倒塌。经调查,该工程没有按规范要求进行结构计算,上部荷载是估算值,致使基础底面积设计过小,基底最大边缘压力高达 180 kN/m²,高出地基允许承载力 50 kN/m² 的 2.6 倍。由于地基土严重超载,引起建筑物不均匀沉降,造成上部结构及基础破坏,引起整体倒塌。

此外,对于一般土质地基上高度变化较大、体型复杂的建筑物,有些设计人员忽视按照变形与强度双控条件进行地基基础设计,以确保建筑物的整体均匀沉降,仅对地基进行强度验算;在进行高层建筑基础设计时,总荷载的偏心距过大,超过规范规定的范围。

③ 设计方案不合理、基础过于薄弱。基础设计要依据地基土质和上部结构等情况选用类型,以使其强度和稳定性能够满足安全性要求,并与上部结构相应。有的工程基础与上部结构的强度和稳定性不相应,基础过于薄弱,以致造成基础首先破坏而引起倒塌。某县新建的一栋三层砖混结构办公楼,当即将竣工时突然坍塌于湖水中,造成一起 40 多人伤亡的重大事故。这栋建于湖水中办公楼的坍塌原因主要是选定方案错误,基础过于薄弱。该工程是由 20 根砖砌独立柱基支承着上部三层楼房,由于砖柱高度大(5.3~5.7 m)、断面小,柱间又无纵横墙联系,致使这个工程很明显是个不稳定的结构。倒塌后,经结构验算砖柱基础高厚比达 20 以上,同时砖柱基础安全系数也只有 0.92。如此薄弱基础,必然会使基础首先破坏,而引起整个建筑物的坍塌。

此外,在深厚淤泥地基土上错误选用沉管灌注桩基础,以致发生颈缩、断桩或桩长达不到持力层等事故;在填土地基上采用条形或筏板基础方案,使基底下残留填土层厚薄不均,而导致事故发生;在采用强夯技术方案处理地基时,由于夯击能量不足,影响深度不够,没有消除填土或黄土的湿陷性,埋下很大的安全隐患;对欠固结的填土、淤泥软土地基,地面大量回填或堆载地基,饱和粉细砂易发生振动液化地基,地下水位严重下降的地基,采用桩基方案时,忽视桩的负摩擦力作用,常发生桩基过量沉降、断桩等严重事故;在基础设计时,对同一栋建筑物错误地选用两种以上基础方案或置于刚度不均的地基土层上,而发生严重事故。

(3) 施工原因

有些施工企业对基础工程质量不重视,认为基础埋入土中看不见,质量差点没事。因此在施工中,少数施工单位往往不按设计图纸、施工规范要求进行施工。例如随便减少配筋,降低混凝土强度等级,采用劣质钢材乃至缩小基础尺寸,减少基础埋深,基础施工放线不准确等。常见的施工问题如下:

① 随意改变设计。某市化工厂厂房系 25 m 高的钢筋混凝土框架结构,地基土经勘察是湿陷性黄土。设计要求在基础施工前,先对地基土进行重锤夯实,以提高夯击地面下 1.2~2.0 m 深度范围内的土壤密度,降低透水性。但施工单位为了抢进度,没有按设计要求进行重锤夯实,而只在桩基下增加了 350 mm 厚的混凝土垫层。回填土时,也不分层夯实,致

使地基土遭水浸泡后,产生不均匀沉降,使得上部结构出现严重倾斜和裂缝。

② 违反施工程序。某市新建的一栋2万多 m² 的厂房,在施工组织设计中,对这个工程地基基础的施工方案和施工程序进行了制定。但在施工中,为了赶工期,就不顾原定的施工程序,而采取边制桩、边打桩、边挖土。并在打桩时随意加大锤重,加快锤击速度,致使桩身周围因土壤超孔隙水压力急剧增加,土壤结构破坏,影响边坡稳定导致塌方。由于塌方使桩体侧向受压、桩位偏移。在148根桩中:偏移 1.5~2.0 m 的有5根;偏移 1.0~1.5 m 的有25根;偏移 0.5~1.0 m 的有60根。

图 2-19　上海市一小高层倒塌

2009年6月27日,上海市闵行区莲花南路"莲花河畔景苑"一幢在建13层小高层轰然横卧倒塌(图2-19),上海市政府7月3日举行专题新闻发布会宣布,在建大楼倾倒主要原因是,楼房北侧在短期内堆土高达10 m,南侧正在开挖4.6 m 深的地下车库基坑。两侧压力差导致土体产生水平位移,过大的水平力超过了桩基(预应力混凝土管桩)的抗侧能力,房屋结构设计等符合要求。

③ 不按规范施工。地基基础是建筑物的重要部位,因此必须按照施工规范的规定要求施工,以切实保证工程质量。但总是存在少数施工队伍违背施工规范要求,甚至胡乱蛮干,致使施工质量不能保证,带来严重安全隐患。

某市一座规模较大的多层厂房,设计565根直径为350 mm 的灌注桩,单桩承载力要求达到200 kN。施工后,选取桩作静载测试,其单桩实际承载力仅达到设计的50%~70%。经抽检,该工程桩体普遍缩径,平均桩径只达到270 mm,平均缩径率是设计桩径的25%。产生上述原因主要是:拔管过猛,拔管速度较规定快1倍以上,致使出现严重后果。

④ 混凝土强度严重不足。桩体混凝土强度严重不足也是常见的质量事故之一。这主要是现场管理混乱,混凝土在制备时,原材料不计量、搅拌不匀、砂石与水泥浆离析,加上振捣不实,致使混凝土强度低,达不到设计要求。

某市新建一座20层大厦,桩基是直径1.8 m、深18~20 m 的挖孔灌注桩,混凝土设计强度等级是C20。但由于混凝土配合比随意设计,振捣不实,致使桩体混凝土松散,强度严重不足,甚至取芯都取不出来,不得不爆破凿除,返工重做。

⑤ 偷工减料、损害质量。这种情况目前而言很少出现,20世纪出现的概率相对较大。某市新建的一座高层宾馆在主体结构完成后发现严重倾斜。经检查是在该工程桩基施工中偷工减料。该工程地基当时采用振冲碎石桩进行加固,但在整个工程桩的填料中,总共少填碎石约5 000 t,比试桩填料少了39%。由于桩体松散起不到加固地基要求,造成沉降速率过快,沉降量过大的情况,严重影响建筑物的安全性和使用性。

⑥ 打桩记录不实。极个别企业不是通过加强管理提高质量,而是采取弄虚作假,以次充好。某市一厂房地基基础共打3 256根钢筋混凝土预制桩,由于施工单位对桩的贯入度记录不实,经检查发现有106根桩并没有穿入持力层,有239根桩虽穿入持力层,但深度小于设计的500 mm 要求。为了保证建筑物的安全,对不合格的桩又进行了复打;其中已做了承台的,把承台去除掉再进行复打及补桩,造成不必要的损失。

⑦ 技术人员素质不高。我国建筑行业这些年来发展很快,但是拥有技术人员的比例远远低于发达国家技术人员不少于30%的比例,总的技术素质不高。在地基基础设计、施工时轻率的处置,常常给建筑物造成难以挽回的损失。

⑧ 技术措施不当,支护结构倒塌或变形。在高层建筑基础工程施工中,由于深基坑的开挖、支护、降水、止水、监测等技术措施不当,造成支护结构倒塌或过大变形,基坑大量漏水、涌土失稳,桩头侧移变位、折断,基础施工被迫中断;引起基坑周边地面塌陷,使相邻建筑物开裂、倾斜甚至倒塌,以及相邻地下管线、道路交通被严重损坏等。

(4) 环境条件改变

环境条件改变主要是指建筑物靠得太近,处理不当时会对相邻建筑物地基产生附加应力(上部使用荷载的异常增加同样会造成地基土附加应力);地下或深坑工程施工引起周边土体松动、应力平衡被打破或应力重分布产生过大变形;或者基础由于地下水浸泡等其他环境条件改变造成的地基基础工程事故等。常见的问题如下:

① 政府建筑规划或土地主管部门工作失误。在批准建筑用地时,常使相邻建筑物相距甚近,如江浙沿海或海南地区,造成相邻建筑物基底应力严重叠加,施工时相互影响,引起建筑物相互倾斜变形,严重者完全丧失使用条件。此类事故目前数量相对较多,造成不少的民事纠纷。

② 地面建筑物下沉。由于城市修建、开挖地铁等地下建筑物,或者矿区开挖、地下采矿、采煤巷道引发地面沉降,造成地面建筑物的下沉、开裂、倾斜等损害。

③ 超量开采地下水造成地面下陷。我国已有360多个城市严重缺水,由于大量超限开采地下水,造成地面严重下陷(截至1998年,上海已下沉2 m,天津下沉1.5 m),致使地基下沉。此外,由于修建水库、地下挡水工程等使地下水位上升地区,也会导致地基土性质改变,引发基础下沉。

④ 已建成的建筑物使用维护不当发生地基基础事故。如上下水管道破裂长期不修,造成地基沉水湿陷;随意在建筑物室内外大量堆载,改变原设计的承载条件;错误进行增层改造工程,使原建筑物的地基基础承载压力过大;破坏结构承载条件,改变传力路径等,都会导致建筑发生严重损坏或倒塌。具体的工程案例如下:

宁波市某老厂房改造工程,原厂房层高达9 m,属于混凝土排架结构,改造后在厂房内做夹层扩建两层钢筋混凝土框架结构。原厂房为柱下独立基础,扩建部分采用钢筋混凝土条形基础。由于设计时没有处理好新老部分之间的连接,该工程投入使用后不久发现扩建部分房屋沉降较大(图2-20),相邻部分的梁、墙上出现裂缝,局部墙体有明显的倾斜现象。

除此之外,文献[11]列出了我国20世纪末30栋建筑物地基基础质量事故的统计结果(表2-7),得出了发生工程事故的常见5种地基类型。虽然该数据与目前新结构设计现状有所出入,但是对于既有建筑物地基基础质量问题的鉴定与分析有很好的参考价值。

图2-20 宁波某厂房不均匀沉降

表 2-7　30 例地基基础事故引起建筑物损坏与处理情况

| 序号 | 工程名称 | 地基基础事故 | 处理建议或结果 |
|---|---|---|---|
| 1 | 贵州遵义朝阳井 32♯住宅楼(9 层) | 基础置于厚薄不均填土地基上,房屋倾斜 600 mm | 拆除 |
| 2 | 大连锦绣住宅区 37 号、43 号住宅楼(7 层) | 基础位于厚薄不均填土地基上,最大倾斜 390 mm | 采用综合法纠倾扶正 |
| 3 | 温州永嘉两栋 6 层居民楼 | 基础相邻甚近,基底压力叠加引起相互倾斜 380 mm | 纠倾扶正并加固 |
| 4 | 江西宜春两栋 7 层铁路住宅楼 | 碎石振冲桩长不足,桩下有厚薄不均软土层,倾斜 240 mm | 纠倾加固 |
| 5 | 河北三河市交警大队水塔 30 m 高,储水 50 t | 与相邻 6 层房屋基础相压,倾斜 390 mm | 拆除重建 |
| 6 | 河南新乡市化纤厂两栋 6 层居民楼 | 基础置于厚薄不均填土上,浸水湿陷建筑物中间下凹开裂 | 用双灰井桩加固恢复正常 |
| 7 | 吉林石油管理局长山屯炼油厂 4 层住宅楼 | 基础置于厚薄不均的填土地基上,倾斜475 mm | 纠倾扶正 |
| 8 | 哈尔滨齐鲁大厦 28 层 | 设计荷载偏心,基础尺寸不足,地基浸水软化,倾斜 524 mm | 纠倾扶正并加固恢复正常使用 |
| 9 | 三门峡市工务段 4 层住宅楼 | 桩尖下有软土层,引起房屋下沉,倾斜280 mm | 顶升纠倾扶正 |
| 10 | 武汉市武昌区 B 栋 18 层住宅楼 | 夯扩桩整体失稳,断桩,倾斜 2 884 mm | 爆破拆除 |
| 11 | 深圳腾龙宾馆 11 层 | 灌注桩下有厚薄不均残渣,布桩不合理,倾斜 420 mm | 局部拆除 |
| 12 | 石狮市前廊 A4 综合楼 13 层 | 钻孔灌注桩桩基质量不合格,倾斜 500 mm | 拆除 |
| 13 | 海口市海事法院 7 层住宅楼 | 沉管灌注桩负摩擦力过大,桩未到位,相邻基坑施工降水,布桩 116 根,房屋倾斜280 mm | 桩土整体转动,纠倾扶正 |
| 14 | 山西化肥厂 100 m 高烟囱 | 黄土地基浸水湿陷,基础埋置较浅,倾斜1 550 mm | 纠倾并用双灰桩加固 |
| 15 | 大同市桥西铁路 7 号、13 号两栋 6 层住宅楼 | 分别为筏板、桩基,黄土地基浸水湿陷,倾斜 250 mm | 注水法扶正,石灰桩加固 |
| 16 | 山东济南市钢厂 8 层住宅楼 | 建于地下人防通道上,地基塌陷倾斜280 mm | 纠偏加固 |
| 17 | 海口海甸岛某 4 层住宅楼 | 沉管桩长 19 m,承受负摩擦力过大,桩布置不合理,沉桩质量不佳,倾斜 390 mm | 纠倾加固 |
| 18 | 上海远东金饰品厂绍兴分厂两栋 3 层、15 层综合楼 | 因地基承载力不足,突然地基下沉,相向倾斜 | 树根桩纠倾加固 |

| 序号 | 工程名称 | 地基基础事故 | 处理建议或结果 |
|---|---|---|---|
| 19 | 江西涂家埠车站两栋 4 层住宅楼 | 因火车振动,地基侧向滑移倾斜 200 mm | 加固 |
| 20 | 天津大港油田上古林基地,4 栋 4 层住宅楼 | 因软弱下卧层厚薄不均使房屋下沉,倾斜 240 mm | 纠倾加固 |
| 21 | 海口市海甸岛 7 层居民楼 | 在深厚淤泥地基上,桩的入土深度不足,结构荷载偏心,倾斜 620 mm | 纠倾加固 |
| 22 | 贵州六盘水市斜山区川心派出所 | 6 层框架结构,1 340 m²,筏板基础,无勘察资料,地基承载力不足,倾斜 350 mm | 拆除 |
| 23 | 广州市广州大道某 5 层居民楼 | 深厚淤泥地基软硬不均,4 m 木桩入土不足,倾斜 400 mm | 纠倾 |
| 24 | 深圳保安区永福小学 4 层教学楼 | 基础落在回填土地基上,浸水后地基湿陷,房屋下沉开裂 | 锚杆静压桩加固 |
| 25 | 海南三亚市三栋 7 层居民楼 | 因淤泥地基软弱,房屋紧临建造,地基下沉,房屋相向倾斜,楼顶已挤裂 | 相互牵连,难于纠倾处理 |
| 26 | 广东东莞市石龙镇临街商业楼 | 各栋相距 1 m,相互影响相互倾斜,屋顶相挤压 | 纠倾加固处理 |
| 27 | 温州乐清市某 4 层居民楼 | 软土地基,建筑荷载偏心引起倾斜 500 mm | 未纠倾处理 |
| 28 | 青岛市黄岛中美友谊纺织厂 50 m 烟囱 | 沉管桩未到预定深度,断桩,刮风后烟囱倾斜 1 120 mm | 拆除、重建 |
| 29 | 哈尔滨市某 18 层写字楼 | 灌注桩质量低劣,未到持力层,严重倾斜 | 停建后处理 |
| 30 | 南京火车站 200 m³ 水塔 | 因地基软弱,下卧层厚薄不均,附近施工降水,地面堆载与住宅楼相距仅 2.6 m,引起倾斜 590 mm | 纠倾加固 |

通过表 2-7 可以看出,发生地基基础事故较多,造成损坏的建筑物地基,按其严重程度依次是:①采用沉管灌注桩(或夯扩桩),成桩质量不良的建筑物,事故发生率占统计资料的 30%;②基础置于填土或软土厚薄不均地基上的建筑物,事故发生率占统计资料的 26.6%;③两栋相距甚近且建于填土、软土地基上的建筑物事故发生率占统计资料的 13.4%;④湿陷性黄土地基浸水,导致建筑物倾斜、破损,事故发生率占统计资料的 6.7%;⑤相邻基坑施工降水引起地基事故的建筑物,事故发生率占统计资料的 6.7%;⑥其他事故:包括设计荷载偏心过大、地基处理方法不当、勘察失误等建筑物占 16.6%。对于前 5 类地基基础,建议设计与施工人员应当十分谨慎,避免类似事故再发生。

上面是关于建筑工程中地基基础事故的讨论。在针对具体地基基础事故时该如何评价地基基础是否存在安全隐患,需要从下列几个方面进行考虑。

(1)地基变形

由于地基基础埋置于地表以下,属于隐蔽工程,因此地基变形是衡量地基基础状况的主要指标,地基基础事故一般也是通过上部墙体或构件的裂缝或变形反映出来。我国现行的《建筑地基基础设计规范》[14]有强制性条文,对地基变形的允许值有明确规定。该规范从编制 1974 年版开始，收集了大量建筑物的沉降观测资料，加以整理分析，统计其变形特征值，从而确定各类建筑物能够允许的地基变形，见表 2-8 所示。当超过表 2-8 中规定的允许值后，可能在上部结构产生较大的附加应力，此时需要判定上部结构构件是否满足现行相关设计规范的安全要求，即需要进行考虑地基附加变形的上部主体结构内力复核计算。

表 2-8　建筑物的地基变形允许值

| 变形特征 | | 地基土类别 | |
| --- | --- | --- | --- |
| | | 中、低压缩性土 | 高压缩性土 |
| 砌体承重结构基础的局部倾斜 | | 0.002 | 0.003 |
| 工业与民用建筑相邻桩基的沉降差 | 框架结构 | $0.002l$ | $0.003l$ |
| | 砌体墙填充的边排柱 | $0.000\,7l$ | $0.001l$ |
| | 当基础不均匀沉降时不产生附加应力的结构 | $0.005l$ | $0.005l$ |
| 单层排架结构（柱距为 6 m）柱基的沉降量/mm | | (120) | 200 |
| 桥式吊车轨面的倾斜（按不调整轨道考虑） | 纵向 | 0.004 | |
| | 横向 | 0.003 | |
| 多层和高层建筑的整体倾斜 | $H_g \leqslant 24$ | 0.004 | |
| | $24 < H_g \leqslant 60$ | 0.003 | |
| | $60 < H_g \leqslant 100$ | 0.002 5 | |
| | $H_g > 100$ | 0.002 | |
| 体型简单的高层建筑基础的平均沉降量/mm | | 200 | |
| 高耸结构基础的倾斜 | $H_g \leqslant 20$ | 0.008 | |
| | $20 < H_g \leqslant 50$ | 0.006 | |
| 高耸结构基础的倾斜 | $50 < H_g \leqslant 100$ | 0.005 | |
| | $100 < H_g \leqslant 150$ | 0.004 | |
| | $150 < H_g \leqslant 200$ | 0.003 | |
| | $200 < H_g \leqslant 250$ | 0.002 | |
| 高耸结构基础的沉降量/mm | $H_g \leqslant 100$ | 400 | |
| | $100 < H_g \leqslant 200$ | 300 | |
| | $200 < H_g \leqslant 250$ | 200 | |

注：① 本表数值为建筑物地基实际最终变形允许值；
② 有括号者仅适用于中压缩性土；
③ $l$ 为相邻柱基的中心距离(mm)；$H_g$ 为自室外地面起算的建筑物高度(m)；
④ 倾斜指基础倾斜方向两端点的沉降差与其距离的比值；
⑤ 局部倾斜指砌体承重结构沿纵向 6～10 m 内基础两点的沉降差与其距离的比值。

根据现行《民用建筑可靠性鉴定标准》中的规定要求，当地基（或桩基）基础的安全性

按地基变形(建筑物沉降)观测资料或其上部结构反应的检查结果评定时,应按下列规定评级:

$A_u$级,不均匀沉降小于现行国家标准《建筑地基基础设计规范》规定的允许沉降差,沉降速率小于 0.01 mm/d,建筑物无沉降裂缝、变形或位移。

$B_u$级,不均匀沉降不大于表 2-8 规定的允许沉降差,沉降速率小于 0.05 mm/d,连续两个月地基沉降量小于每月 2 mm,建筑物的上部结构虽有轻微裂缝,但无发展迹象。

$C_u$级,不均匀沉降远大于表 2-8 规定的允许沉降差,沉降速率大于 0.05 mm/d,建筑物上部结构的沉降裂缝有继续发展趋势。

$D_u$级,不均匀沉降远大于表 2-8 规定的允许沉降差,沉降速率大于 0.05 mm/d,且尚有变快趋势,建筑物上部结构的沉降裂缝发展显著,砌体的裂缝宽度大于 3 mm,现浇结构也开始出现沉降裂缝。

该规定的沉降标准,仅适用于建成已 2 年以上,且建于一般地基土上的建筑物;对于建在高压缩性黏性土或其他特殊性土地基上的建筑物,此年限宜根据当地经验适当加长。

(2)荷重长期作用下地基强度和变形特征

既有建筑物在静荷载的长期作用下,基础下的地基土会产生不同程度的压密并固结,土体的强度和变形模量均有一定程度的提高。具体的提高幅度与基底压力、荷载作用时间、土质情况等密切相关。一般情况下,砂性土强度变化主要依靠地基土的压密作用,使内摩擦角增大,从而提高地基土的承载力;黏性土由于压密和固结作用使粘聚力变大,从而提高地基土的承载力。例如 2008 年 3 月份某地基土分布情况如下:①层填土:灰黄色,填龄约小于 5 年松散,厚度 3.5 m;②-2 层淤泥质粉土:灰色,饱和、流塑,高压缩性,厚度 9.5 m;②-3 层粉土:灰色,饱和,中密,厚度 2.0 m;③层粉砂:灰色,饱和,中密,厚度 5.5 m。上面建造两层框架结构房屋,于 2008 年 11 月份再次勘察时,②-2 层淤泥质粉土的弹性模量提高了 5.6%;②-3 层粉土的弹性模量提高了 24.9%;③层粉砂的弹性模量提高 29.2%。

此外,依据现行《建筑物移位纠倾增层改造技术规范》[15]中的规定,对于沉降稳定的建筑物,其地基承载力特征值可适当提高,地基承载力提高系数见表 2-9 所示。对于表 2-9 需要注意的是,①对湿陷性黄土地基、地下水位上升引起承载力下降的地基、原始地基承载力特征值低于 80 kPa 的地基,该表不适用;②对于砂土和碎石土地基,提高系数值不宜超过 1.25;③当有成熟经验时,可采用其他方法确定提高系数值;④当原建筑物为桩基础且已使用 10 年以上时,原桩基础的承载力可提高 10%~20%。

表 2-9　地基承载力提高系数

| 已建时间/年 | 5~10 | 10~20 | 20~30 | 30~50 |
|---|---|---|---|---|
| 提高系数 | 1.05~1.15 | 1.15~1.25 | 1.25~1.35 | 1.35~1.45 |

(3)既有建筑物地基承载力的确定

在鉴定的过程中,对于增层改造等增加荷载较大的情况,需要确定既有建筑物当前地基承载力时,可采用现场实测,如井探、静力触探、动力触探等;或者采用经验公式结合早期的地质勘察报告结果进行计算,但是目前国内外关于确定既有建筑物地基承载力的经验公式有多种,具体采取哪一个计算方法需要根据地基土类别作进一步研究与筛选。

2) 上部承重结构

上部承重结构(子单元)的安全性鉴定评级,应根据其所含的各种构件集的安全性等级、结构的整体性等级以及结构侧向位移等级等评定结果进行综合确定。

构件集中具体某个构件的安全性等级鉴定同前面的评定方法。关于某种类型的构件或者整个上部承重结构的安全性等级鉴定应根据现行《民用建筑可靠性鉴定标准》中给定的评定标准,即对应子单元等级 $A_u$、$B_u$、$C_u$、$D_u$,每种等级依据所包含构件等级 $a_u$、$b_u$、$c_u$、$d_u$ 的比例进行确定,分主要构件与一般构件两大类。

当评定结构整体性等级时,按照结构布置及构造(如结构选型、传力路线设计是否合理等)、支承系统或其他抗侧力体系的构造(构件长细比、连接构造是否符合设计规范,有无明显残损或施工缺陷等)、结构及构件之间的联系、砌体结构中圈梁及构造柱的布置与构造等几个方面进行综合评定。其中每个项目评定结果取 $A_u$ 或 $B_u$ 级时,应根据其实际完好程度确定;取 $C_u$ 或 $D_u$ 级时,应根据其实际严重程度确定。

对于上部承重结构不适于继续承载的侧向位移,应根据其检测结果按下列规定评级:

① 当检测值已超出现行《民用建筑可靠性鉴定标准》中给出的规定时,且有部分构件(含连接、节点域)出现裂缝、变形或其他局部损坏迹象时,应根据实际严重程度定为 $C_u$ 或 $D_u$ 级。

② 当检测值虽已超过标准给定的规定值,但尚未发现构件(含连接、节点域)出现裂缝、变形或其他局部损坏迹象时,应进一步作计入该位移影响的结构内力计算分析,验算各个构件的承载能力,若验算结果均不低于 $b_u$ 级,仍可将该结构定为 $B_u$ 级,但宜附加观察使用一段时间的限制。若构件承载能力的验算结果有低于 $b_u$ 级的,应定为 $C_u$ 级。

此外,对于构造复杂的砌体结构,若按规定②要求进行计算分析有困难时,也可直接按标准中规定的:各类结构不适于继续承载的侧向位移限值直接进行评级。

3) 围护系统的承重部分

围护系统承重部分(子单元)的安全性,应根据该系统专设的和参与该系统工作的各种承重构件的安全性等级,以及该部分结构整体性的安全性等级进行综合评定。具体每种承重构件的安全性等级以及结构整体性的安全性等级评定方法同前面。需要注意的是,围护系统承重部分评定的安全性等级,不得高于上部承重结构的等级。

### 2.2.7 子单元的正常使用性鉴定评级方法

民用建筑使用性的第二层次鉴定评级,子单元的正常使用性应按地基基础、上部承重结构和围护系统划分为三个子单元。当仅要求某个子单元的使用性进行鉴定时,该子单元与其他相邻子单元之间的交叉部位,也应进行检查,并应在鉴定报告中提出处理意见。当需按正常使用极限状态的要求对鉴定结构进行验算时,其所采用的分析方法和基本数据,应符合下列要求:①对构件材料的弹性模量、剪切模量和泊松比等物理性能指标,可根据鉴定确认的材料品种和强度等级,按现行设计规范规定的数值采用;②验算结果应按现行标准、规范规定的限值进行评级。若验算合格,可根据其实际完好程度评为 $a_s$ 级或 $b_s$ 级;若验算不合格,应定为 $c_s$ 级;③若验算结果与观察不符,应进一步检查设计和施工方面可能存在的差错。

1) 地基基础

地基基础的使用性,可根据其上部承重结构或围护系统的工作状态进行评估。当上部承重结构和围护系统的使用性检查未发现问题,或所发现问题与地基基础无关时,可根据实际情况定为 $A_s$ 级或 $B_s$ 级;当上部承重结构和围护系统所发现的问题与地基基础有关时,可根据上部承重结构和围护系统所评的等级,取其中较低一级作为地基基础使用性等级。

2)上部承重结构

上部承重结构(子单元)的使用性鉴定评级,应根据其所含各种构件集的使用性等级和结构的侧向位移等级进行评定。当建筑物的使用要求对振动有限制时,还应评估振动(颤动)的影响。具体的评定步骤与方法类似于上部承重结构的安全性鉴定评级,只是所依据的评价标准有所不同。

3)围护系统

围护系统(子单元)的使用性鉴定评级,应根据该系统的使用功能及其承重部分的使用性等级进行综合评定,按较低的等级确定。

围护系统使用功能的检查项目包括屋面防水、吊顶(天棚)、非承重内墙(含隔墙)、外墙(自承重墙或填充墙)、门窗、地下防水与其他防护设施。

围护系统承重部分的使用性鉴定评级,具体的评定步骤与方法类似于上部承重结构的安全性鉴定评级,不同之处在于所依据的评价标准有所不同。

### 2.2.8 鉴定单元的安全性及使用性鉴定评级方法

民用建筑鉴定单元的安全性鉴定评级,应根据其地基基础、上部承重结构和围护系统承重部分等的安全性等级,以及与整幢建筑有关的其他安全问题进行评定。鉴定单元的安全性等级,应根据子单元的安全性鉴定评级结果,按下列原则规定:①一般情况下,应根据地基基础和上部承重结构的评定结果按其中较低等级确定;②当鉴定单元的安全性等级评为 $A_u$ 级或 $B_u$ 级但围护系统承重部分的等级为 $C_u$ 级或 $D_u$ 级时,可根据实际情况将鉴定单元所评等级降低一级或二级,但最后所定的等级不得低于 $C_u$ 级。对下列任何一种情况,可直接评为 $D_u$ 级建筑:①建筑物处于有危房的建筑群中,且直接受到其威胁;②建筑物朝一方向倾斜,且速度开始变快。此外,当新测定的建筑物动力特性与原先记录或理论分析的计算相比,有下列变化时,可判其承重结构可能有异常,但应经进一步检查、鉴定后再评定该建筑物的安全性等级:①建筑物基本周期显著变长(或基本频率显著下降);②建筑物振型有明显改变(或振幅分布无规律)。

民用建筑鉴定单元的使用性鉴定评级,应根据地基基础、上部承重结构和围护系统的使用性等级,以及与整幢建筑有关的其他使用功能问题进行评定。鉴定单元的使用性等级,应根据子单元使用性鉴定评级的评定结果,按三个子单元中最低的等级确定。当鉴定单元的使用性等级按三个子单元中最低的等级评定为 $A_s$ 或 $B_s$ 级,但若遇到下列情况之一时,宜将所评等级降为 $C_s$ 级:①房屋内外装修已大部分老化或残损;②房屋管道、设备已需全部更新。

### 2.2.9 民用建筑的可靠性鉴定评级方法

民用建筑的可靠性鉴定,应按照划分的层次(构件、子单元和鉴定单元),以其安全性和正常使用性的鉴定结果为依据逐层进行。当不要求给出可靠性等级时,民用建筑各层次的可靠性,可采取直接列出安全性等级和使用性等级的形式予以表示。当需要给出民用建筑各层次的可靠性等级时,可根据其安全性和正常使用性的评定结果,按下列原则确定:①当该层次安全性等级低于 $b_u$ 级、$B_u$ 级时,应按安全性等级确定;②除①之外,可按安全性等级和正常使用性等级中较低的一个等级确定;③当考虑鉴定对象的重要性或特殊性时,允许对②的评定结果作不大于一级的调整。

2.2.10　民用建筑的适修性评估方法

民用建筑的适修性评估分构件和单元两个层次,每次层次有四个等级。

构件的四个等级分别为:①构件易加固或易更换,所涉及的相关构造问题易处理,适修性好,修后可恢复原功能。②构件稍难加固或稍难更换,所涉及的相关构造问题尚可处理。适修性尚好,修后尚能恢复或接近恢复原功能。③构件难加固,亦难更换,或所涉及的相关构造问题较难处理。适修性差,修后对原功能有一定影响,应分别作出修复与拆换两方案,经技术、经济评估后再作选择。④构件很难加固,或很难更换,或所涉及的相关构造问题很难处理。适修性极差,只能从安全性出发采取必要的措施,可能损害建筑物的局部使用功能,宜考虑拆换或重建。

单元(子单元或鉴定单元)的四个等级分别为:①易修,修后功能可达到现行设计标准的要求,且所需总费用远低于新建的造价,适修性好,应予修复。②稍难修,但修后尚能恢复或接近恢复原功能,且所需总费用不到新建造价的 70%,适修性尚好,宜予修复。③难修,修后需降低使用功能,或限制使用条件,或所需总费用为新建造价 70% 以上,适修性差,是否有保留价值,取决于其重要性和使用要求。④该鉴定对象已严重残损,或修后功能极差,已无利用价值,或所需总费用接近,甚至超过新建的造价,适修性很差,宜予拆除重建。

但是,对于有文物、历史、艺术价值或有纪念意义的建筑物,不进行适修性评估,而应予以修复或保存。

## 2.3　工业建筑可靠性鉴定要点

下面针对我国《工业建筑可靠性鉴定标准》中的要点内容进行阐述与讲解。首先,工业建筑可靠性鉴定中特有的几个专业术语需要熟悉,分别为:①既有工业建筑:已存在的、为工业生产服务可以进行和实现各种生产工艺过程的建筑物和构筑物。②既有结构:既有工业建筑中的各类承重结构。③目标使用年限:既有工业建筑鉴定所期望的使用年限。

现行《工业建筑可靠性鉴定标准》适用于下列既有工业建筑的可靠性鉴定:①以混凝土结构、钢结构、砌体结构为承重结构的单层和多层厂房等建筑物;②烟囱、贮仓、通廊、水池等构筑物。地震区、特殊地基土地区、特殊环境中或灾害后的工业建筑的可靠性鉴定,还应遵守国家现行有关标准规范的规定。

依据《工业建筑可靠性鉴定标准》的主编单位等所完成的大量工业建筑工程技术鉴定(包括工程技术服务和技术咨询)项目的统计结果,95% 以上的鉴定项目是以解决安全性(包括整体稳定性)问题为主并注重适用性和耐久性问题,包括工程事故处理或满足技术改造、增产增容的需要以及抗震加固,还有一部分为维持延长工作寿命,需要解决安全性和耐久性问题等,以确保工业生产的安全正常运行;只有不到 5% 的工程项目仅为了解决结构的裂缝或变形等使用性问题进行鉴定。这个分析结果是由工业生产的使用要求,工业建筑的荷载条件、使用环境、结构类型(以杆系结构居多)等决定的。实践表明:对既有工业建筑的可靠性鉴定不必再分为安全性鉴定和正常使用性鉴定,应统一进行以安全性为主并注重正常使用性的可靠性鉴定(即常规鉴定);对于结构存在的某些方面的突出问题(包括结构剩余耐久年限评估问题等),可就这些问题采用比常规的可靠性鉴定更深入、更细致、更有针对性的专项鉴定(深化鉴定)来解决。

### 2.3.1 鉴定要求与目标使用年限

工业建筑的可靠性鉴定,应符合下列要求:

1)在下列情况下,应进行可靠性鉴定:

(1)达到设计使用年限拟继续使用时;

(2)用途或使用环境改变时;

(3)进行改造或增容、改建或扩建时;

(4)遭受灾害或事故时;

(5)存在较严重的质量缺陷或者出现较严重的腐蚀、损伤、变形时。

2)在下列情况下,宜进行可靠性鉴定:

(1)使用维护中需要进行常规检测鉴定时;

(2)需要进行全面、大规模维修时;

(3)其他需要掌握结构可靠性水平时。

3)当结构存在下列问题且仅为局部的不影响建、构筑物整体时,可根据需要进行专项鉴定:

(1)结构进行维修改造有专门要求时;

(2)结构存在耐久性损伤影响其耐久年限时;

(3)结构存在疲劳问题影响其疲劳寿命时;

(4)结构存在明显振动影响时;

(5)结构需要进行长期监测时;

(6)结构受到一般腐蚀或存在其他问题时。

工业建筑可靠性鉴定的目标使用年限,应根据工业建筑的使用历史、当前的技术状况和今后的维修使用计划,由委托方和鉴定方共同商定。对鉴定对象的不同鉴定单元,可确定不同的目标使用年限。如鉴定对象建成使用时间较短、环境条件较好或需要进行改建、扩建,目标使用年限可考虑取较长时间,20~30 年;如鉴定对象已使用时间较长、环境条件较差,需再维持很短时间即进行全面维修或工艺改造和设备更新,目标使用年限可考虑取较短时间,3~5 年;对于其他情况,目标使用年限一般可考虑不超过 10 年等。

### 2.3.2 可靠性鉴定的步骤与标准

工业建筑物的可靠性鉴定评级应划分为构件、结构系统、鉴定单元三个层次;其中结构系统和构件两个层次的鉴定评级,应包括安全性等级和使用性等级评定,需要时可由此综合评定其可靠性等级;安全性分四个等级、使用性分三个等级,各层次的可靠性分四个等级,一般情况下按表 2-10 规定的评定项目分层次进行评定。当不要求评定可靠性等级时,可直接给出安全性和正常使用性评定结果。关于工业建筑的可靠性鉴定工作中的一般规定、鉴定程序及其工作内容、鉴定评级标准,以及调查与检测的项目与民用建筑的可靠性鉴定基本相似,在此就不再赘述。

表 2-10　工业建筑物可靠性鉴定评级的层次、等级划分及项目内容

| 层次 | I | | II | | | III |
|---|---|---|---|---|---|---|
| 层名 | 鉴定单元 | | 结构系统 | | | 构件 |
| 可靠性鉴定 | 可靠性等级 | 一、二、三、四 | 安全性评定 | 等级 | A、B、C、D | a、b、c、d |
| | 建筑物整体或某一区段 | | | 地基基础 | 地基变形、斜坡稳定性 | — |
| | | | | | 承载力 | |
| | | | | 上部承重结构 | 整体性 | |
| | | | | | 承载功能 | 承载能力构造和连接 |
| | | | | 围护结构 | 承载功能构造连接 | — |
| | | | 正常使用性评定 | 等级 | A、B、C | a、b、c |
| | | | | 地基基础 | 影响上部结构正常使用的地基变形 | |
| | | | | 上部承重结构 | 使用状况 | 变形裂缝缺陷、损伤腐蚀 |
| | | | | | 水平位移 | |
| | | | | 围护系统 | 功能与状况 | |

　　在构件的鉴定评级中,混凝土构件的安全性等级应按承载能力、构造和连接两个项目评定,并取其中较低等级作为构件的安全性等级;混凝土构件的使用性等级应按裂缝、变形、缺陷和损伤、腐蚀四个项目评定,并取其中的最低等级作为构件的使用性等级。钢构件的安全性等级应按承载能力(包括构造和连接)项目评定,并取其中最低等级作为构件的安全性等级;钢构件的使用性等级应按变形、偏差、一般构造和腐蚀等项目进行评定,并取其中最低等级作为构件的使用性等级。砌体构件的安全性等级应按承载能力、构造和连接两个项目评定,并取其中的较低等级作为构件的安全性等级;砌体构件的使用性能等级应按裂缝、缺陷和损伤、腐蚀三个项目评定,并取其中的最低等级作为构件的使用性等级。

　　在工业建筑鉴定第二层次即结构系统的鉴定评级中,应对其安全性等级和使用性等级进行评定,需要评定其可靠性等级时,应按《工业建筑可靠性鉴定标准》中列出的规定,分别根据每个结构系统的安全性等级和使用性等级评定结果进行综合评定。地基基础的安全性等级评定应遵循下列原则:①一般情况下,宜根据地基变形观测资料和建、构筑物现状进行评定;必要时,可按地基基础的承载力进行评定。②建在斜坡场地上的工业建筑,尚应对边坡场地的稳定性进行检测评定。③对有大面积地面荷载或软弱地基上的工业建筑,尚应评价地面荷载、相邻建筑以及循环工作荷载引起的附加沉降或桩基侧移对工业建筑安全使用的影响。当场地地下水位、水质或土压力等有较大改变时,应对此类变化产生的不利影响进

行评价。地基基础的安全性等级,应结合上述内容的评定结果按最低等级确定;地基基础的使用性等级宜根据上部承重结构和围护结构使用状况评定。上部承重结构的安全性等级,应按结构整体性(结构布置和构造、支撑系统布置、支承杆件长细比等)和承载功能两个项目评定,并取其中较低的评定等级作为上部承重结构的安全性等级,必要时尚应考虑过大水平位移或明显振动对该结构系统或其中部分结构安全性的影响;上部承重结构的使用性等级应按上部承重结构使用状况和结构水平位移两个项目评定,并取其中较低的评定等级作为上部承重结构的使用性等级,必要时尚应考虑振动对该结构系统或其中部分结构正常使用性的影响。围护结构系统的安全性等级,应按承重围护结构的承载功能和非承重围护结构的构造连接两个项目进行评定,并取两个项目中较低的评定等级作为该围护结构系统的安全性等级;围护结构系统的使用性等级,应根据围护结构的使用状况、围护系统的使用功能(屋面系统、墙体及门窗、地下防水、其他防护设施)两个项目评定,并取两个项目中较低评定等级作为该围护结构系统的使用性等级。

工业建筑物的可靠性综合鉴定评级,可按所划分的鉴定单元进行可靠性等级评定。鉴定单元的可靠性等级,应根据其地基基础、上部承重结构和围护结构系统的可靠性等级评定结果,以地基基础、上部承重结构为主,按下列原则确定:①当围护结构系统与地基基础和上部承重结构的等级相差不大于一级时,可按地基基础和上部承重结构中的较低等级作为该鉴定单元的可靠性等级;②当围护结构系统比地基基础和上部承重结构中的较低等级低二级时,可按地基基础和上部承重结构中的较低等级降一级作为该鉴定单元的可靠性等级;③当围护结构系统比地基基础和上部承重结构中的较低等级低三级时,可根据②的原则和实际具体情况,按地基基础和上部承重结构中的较低等级降一级或二级作为该鉴定单元的可靠性等级。

除此之外,现行《工业建筑可靠性鉴定标准》还针对工业构筑物的鉴定评级作了明确规定。常见的工业构筑物包括:烟囱、贮仓、通廊、水池,鉴定工作的内容与评定项目与工业建筑物大同小异。另外,工业建筑可靠性鉴定报告宜包括的内容与民用建筑相同。

### 2.3.3 结构分析与校核

结构分析与校核所采用的是极限状态分析方法。结构作用效应分析,是确定结构或截面上的作用效应,通常包括截面内力以及变形和裂缝。结构或构件校核应进行承载能力极限状态的校核,当结构构件的变形或裂缝较大或对其有怀疑时,还应进行正常使用极限状态的校核。承载能力极限状态的校核是将截面内力与结构抗力相比较,以验证结构或构件是否安全可靠;正常使用极限状态的校核是变形和裂缝与规定的限值相比较,以验证结构或构件能否正常使用。

在工业建筑的可靠性鉴定中,结构分析与结构构件的校核,是一项十分重要的工作。为了力求得到科学和合理的结果,有必要在分析和校核所需的数据和资料采集及利用上,给出如下规定:

(1)结构分析与结构或构件的校核方法,应符合国家现行设计规范的规定。对于受力复杂或国家现行设计规范没有明确规定时,可根据国家现行设计规范规定的原则进行分析验算。

(2)结构分析与结构或构件的校核所采用的计算模型,应符合结构的实际受力和构造状况。

(3)结构上的作用标准值:经调查符合现行国家标准《建筑结构荷载规范》规定取值者,

应按规范选用;当现行国家标准《建筑结构荷载规范》未作规定或按实际情况难以直接选用时,可根据现行国家标准《建筑结构可靠度设计统一标准》有关的原则规定确定。

(4) 作用效应的分项系数和组合系数,一般情况下应按《建筑结构荷载规范》的规定确定(偏安全考虑)。当现行荷载规范没有明确规定,且有充分工程经验和理论依据时,也可以结合实际按《建筑结构可靠度设计统一标准》的原则规定进行分析判断。

同时还要考虑既有建筑物在时间参数上不同于新建建筑物的特点和今后不同的目标使用年限,风荷载和雪荷载是随着时间参数变化的,一般鉴定的目标使用年限比新建的结构设计使用年限短,按照不同期间内具有相同安全概率的原则,对风荷载和雪荷载的荷载分项系数进行适当折减,采用的折减系数见表 2-11。楼面活荷载是依据工艺条件和实际使用情况确定的,与时间参数变化小,因此对于楼面活荷载不需折减。这里需要强调的是,工业建筑与民用建筑在折减系数方面存在差异。

表 2-11　折减系数取值

| 目标使用年限 $t$/年 | 10 | 20 | 30～50 |
|---|---|---|---|
| 折减系数 | 0.90 | 0.95 | 1.0 |

注:对表中未列出的中间值,允许按插值确定,当 $t<10$ 时,按 $t=10$ 确定。

(5) 当结构构件受到不可忽略的温度、地基变形等作用时,应考虑它们产生的附加作用效应。

(6) 材料强度的标准值,应根据构件的实际状况和已获得的检测数据按下列原则取值:

① 当材料的种类和性能符合原设计要求时,可按原设计标准值取值。

② 当材料的种类和性能与原设计不符或材料性能已显著退化时,应根据实测数据按国家现行有关检测技术标准的规定确定。例如《建筑结构检测技术标准》GB/T 50344、《回弹法检测混凝土抗压强度技术规程》JGJ/T 23(注意适用龄期)、《钻芯法检测混凝土强度技术规程》CECS 03 等。

(7) 当混凝土结构表面温度长期高于 60℃,钢结构表面温度长期高于 150℃时,应按现行专门的标准规范计入由温度产生的附加内力。例如,根据《冶金工业厂房钢筋混凝土结构抗热设计规程》,温度在 80℃及以上时,应考虑温度对强度的影响。在温度 100℃时,混凝土设计强度的折减系数为 0.8 左右,混凝土弹性模量折减系数为 0.7。钢结构表面温度长期高于 150℃时,应当采取措施进行隔热处理,以避免钢结构表面温度超过 150℃。采取隔热措施后钢结构的计算可按常规进行分析。

(8) 结构或构件的几何参数应取实测值,并应考虑结构实际的变形、施工偏差以及裂缝、缺陷、损伤、腐蚀等影响。

此外,当结构分析条件不允许时,可通过结构构件的载荷试验验证其承载性能和使用性能。结构构件的载荷试验应按专门标准进行,例如《建筑结构检测技术标准》GB/T 50344,《混凝土结构试验方法标准》GB 50152 等。当没有结构试验方法标准可依据时,可参照国外标准或按自行设计的方法进行检验,但务必慎重考虑,因为国外所采用的检验参数或自行设计方法不一定能与我国现行标准有关规定接轨,这一点应特别注意。

## 2.4　砌体拱的检查与图形静力学分析

砌体拱是砌体结构中一个重要的水平构件,常见于早期的城门、房屋建筑和桥梁中(图

2-21)。根据拱券的形状,常见的砌体拱有半圆拱与弧拱。

对于带有砌体拱结构进行鉴定时,拱券的整体性是重点检查对象。已有的案例表明,带有砌体拱的历史建筑物发生垮塌往往是由于拱券发生整体失稳所致,很少会由于拱券部位局部砌体的受压承载能力不足而引起破坏[16]。

(a) 午朝门

(b) 民国扬子饭店

(c) 圣保罗教堂

(d) 明代拱桥

图 2-21　南京的砌体拱结构

对于砌体拱券的损伤检查,应着重从下列几个方面开展。

1) 拱券形状

众所周知,砌体的抗拉强度相对于其抗压强度很低,因此在进行结构设计时,基本不考虑砌体本身的抗拉强度(配筋砌体除外)。砌体拱在外荷载作用下要保证其安全性,则需要使得主拱券上的砌体处于受压状态,尽量减少拉应力的出现,甚至避免出现拉应力。对于既有砌体拱结构,通常其已经正常投入使用多年,也就是说刚开始设计的主拱券是安全可靠的。后来,在使用的过程中,由于使用荷载与周围环境的改变,可能使得拱券支座产生不均匀沉降,或者上部荷载使得拱券的变形出现异常。此时,拱券形状都会发生较为明显的变化(图 2-22)。通常有两种结果:①原本为弧形对称的拱券变形后成不对称状;②原本就不对称的拱券变形后,局部光滑弧形变的不连续,同时与相邻拱券形状不一致。

2) 黏结材料

在砌体主拱券中,黏结材料一方面发挥其粘结性能将砌块形成一个整体来参与工作;另一方面黏结材料本身能够填充块体之间的空隙,使得相邻砌块之间紧密接触、相互挤压不出现受拉和松动状态。因此,在检查砌体拱结构时,发现灰缝中的黏结材料流失(图 2-23),应做好记录,在后期的维修与加固建议中应提出。

图 2-22　拱券变形　　　　　　　　图 2-23　黏结材料流失

3）裂缝

除了上述两种常见的损伤外，裂缝也是砌体拱结构中的常见现象。砌体拱券中裂缝形成的因素可以归纳以下几种：①拱券变形，使得原本全截面受压的拱券上出现了拉应力，在受力分析时，当拱券中推力线越过截面中间三分之一区域时，就会在拱券上产生拉应力；一旦所产生的拉应力超过砌体的抗拉强度，就会在砌体上产生裂缝。②灰缝内的黏结材料流失，使得砌块松动，容易形成裂缝。③水平向抗力不足，在拱脚处产生水平剪切裂缝；拱券相对于水平梁而言，很大的不同点在于拱券支座处会产生很大的推力。具体裂缝的形成可能归咎于其中的某一个影响因素，也可能是多个影响因素之间共同作用的结果。

普通砌体结构或砖混（砌体构件形式为墙与柱）的复核计算，依据现场检测得到的材料强度和委托单位提供的图纸资料或者现场测绘得到的几何参数等技术信息，可以采用常用的设计软件（如 PKPM 等）很容易实现。然而，对于砌体拱结构而言，采用一般的设计软件无法进行计算与判断结构的安全性。当然，我们可以采用有限元分析软件（如 ANSYS、ABAQUS 等）来完成，但是在使用有限元软件进行分析时，如果采用线弹性分析方法，则在分析结果中仅能观察到材料的应力状态和拱券的变形，不能直观地得到拱券的整体稳定性和是否倒塌的结果；如果采用弹塑性分析，所得到的结果是可以看到裂缝开展等，但所需要的材料信息和整个分析过程相对较为复杂。依据文献[17]，这里介绍一种简便可行的基于推力线概念的极限状态分析图形法，该方法主要针对砌体拱和穹顶结构而开发出来的。

图形静力学是 19 世纪结构工程领域平衡问题分析很强大的方法，通过力的多边形，对很多问题可以快速直观地加以解决。后来，随着三维结构的不断出现，图形静力学方法通过手算就显得过于繁琐。但是，目前来自美国 MIT 的研究团队开始利用计算机开发图形静力学的计算方法，使得图形静力学又显示了活力，其开发的计算程序互动性好且结果更加直观。

在采用上述方法分析砖砌体拱时需要利用以下三个假定：

（1）忽略砌体的抗拉强度，也就是说砌体只能承受压应力，不能传递拉应力。

（2）砌体的抗压强度高，即砌体不会发生由于抗压强度不足而被压碎破坏。

（3）砌块之间不会发生滑移破坏，即砌块之间的摩擦力足够大，能够有效地防止砌块之间发生滑移。

这里需要用到一个平面几何软件 Cabri Geometry Ⅱ Plus 进行建模，Cabri Geometry Ⅱ Plus 是一个动态互动的几何软件。只要把模型与相关荷载参数在软件中生成，在修改模型中的任何一个参数后，可以很直观地得到结果，从而判断砌体拱结构是否处于稳定状态或发生倒塌。关于平面几何软件 Cabri Geometry Ⅱ Plus 的学习,大家可以参考相关书籍或网上资料(http://www.cabri.com)进行学习。

本书在此利用图 2-24 所示的一个简单的砌体拱模型进行介绍。其中,*ABCD* 所围成的区域为砌体拱,图中的虚线为推力线。首先,这是一个超静定结构,有无数个解。也就是说只要能保证推力线处于砌体拱截面的内部,该砌体拱就处于安全的状态;通常在设计与计算复核时,为了使得拱断面处于全截面受压状态,必须使得推力线位于断面的中间三分之一区内,见图 2-24(a);当超出三分之一区时,见图 2-24(b),即存在非受压区。如果当推力线接触到拱券断面的边缘时,在此点位置会形成铰,见图 2-24(c),该铰具有沿一个方向发生转动的能力。依据已掌握的结构力学知识,砌体拱当中只出现一个铰时,还不足以形成机动体,即不会发生失稳与垮塌。如果当多个铰形成,使得拱券成为一个机动体时,拱券就发生整体失稳而垮塌,此时的推力线就会超出砌体拱断面,见图 2-24(d)。

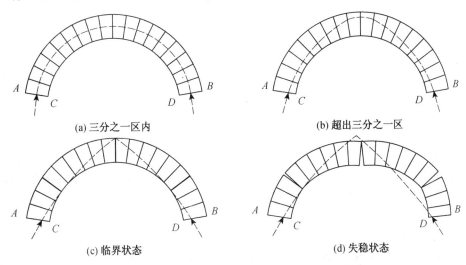

(a) 三分之一区内　　　　　　　　　　(b) 超出三分之一区

(c) 临界状态　　　　　　　　　　　　(d) 失稳状态

图 2-24　砌体拱不同受力状态下推力线

## 2.5　民用建筑可靠性鉴定的材料强度与荷载取值

1) 既有结构构件材料强度标准值的确定

在工程结构的鉴定分析时,往往需要知道被鉴定结构构件的材料强度等级。当需要从既有建筑物中检测某种构件的材料性能时,除应按该类材料结构现行检测标准的要求选择适用的检测方法外,尚应遵守下列规定:①受检构件应随机地选自同一总体(同批);②在受检构件上选择的检测强度部位应不影响该构件承载;③当按检测结果推定每一受检构件材料强度值(即单个构件的强度推定值)时,应符合该现行检测方法的规定。

依据被检测构件的数量,在确定构件材料强度的标准值时应遵守下列规定:①当受检构件仅 2～4 个,且检测结果仅用于鉴定这些构件时,允许取受检构件强度推定值中的最低值作为材料强度标准值。②当受检构件数量(n)不少于 5 个,且检测结果用于鉴定一种构件时,应按式(2-1)确定其强度标准值($f_k$):

$$f_k = m_f - k \cdot s \tag{2-1}$$

式(2-1)中：$m_f$ 为按 $n$ 个构件算得的材料强度均值；$s$ 为按 $n$ 个构件算得的材料强度标准差；$k$ 为与 $\alpha$、$\gamma$ 和 $n$ 有关的材料标准强度计算系数，可由表 2-12 查得；$\alpha$ 为确定材料强度标准值所取的概率分布下分位数，一般取 $\alpha=0.05$；$\gamma$ 为检测所取的置信水平，对钢材，可取 $\gamma=0.90$；对混凝土和木材，可取 $\gamma=0.75$；对砌体，可取 $\gamma=0.60$。

表 2-12　计算系数 $k$ 值

| $n$ | $k$ 值 | | | $n$ | $k$ 值 | | |
|---|---|---|---|---|---|---|---|
| | $\gamma=0.90$ | $\gamma=0.75$ | $\gamma=0.60$ | | $\gamma=0.90$ | $\gamma=0.75$ | $\gamma=0.60$ |
| 5 | 3.400 | 2.463 | 2.005 | 18 | 2.249 | 1.951 | 1.773 |
| 6 | 3.092 | 2.336 | 1.947 | 20 | 2.208 | 1.933 | 1.764 |
| 7 | 2.894 | 2.250 | 1.908 | 25 | 2.132 | 1.895 | 1.748 |
| 8 | 2.754 | 2.190 | 1.880 | 30 | 2.080 | 1.869 | 1.736 |
| 9 | 2.650 | 2.141 | 1.858 | 35 | 2.041 | 1.849 | 1.728 |
| 10 | 2.568 | 2.103 | 1.841 | 40 | 2.010 | 1.834 | 1.721 |
| 12 | 2.448 | 2.048 | 1.816 | 45 | 1.986 | 1.821 | 1.716 |
| 15 | 2.329 | 1.991 | 1.790 | 50 | 1.965 | 1.811 | 1.712 |

当按 $n$ 个受检构件材料强度检测值计算的变异系数出现异常，即对钢材大于 0.10，混凝土、砌体和木材大于 0.20 时，不宜直接按式(2-1)计算构件材料的强度标准值，而应先检查导致离散性增大的原因。若查明系混入不同总体（不同批）的样本所致，宜分别进行统计，并分别按式(2-1)确定其强度标准值。

2) 既有结构上荷载标准值的确定

既有结构上荷载标准值的确定适用于既有建筑物下列情况的验算：①结构构件的可靠性鉴定及其加固设计；②与建筑物改变用途或改造有关的结构可靠性鉴定及加固设计。既有结构上的荷载标准值的取值，除应符合现行国家标准《建筑结构荷载规范》的规定外，尚应遵守下面的一些规定。

结构和构件自重的标准值，应根据构件和连接的实际尺寸，按材料或构件单位自重的标准值计算确定。对不便实测的某些连接构造尺寸，允许按结构详图估算。

常用材料和构件的单位自重标准值，应按现行荷载规范的规定采用。当规范规定值有上、下限时，如果其效应对结构不利时，取上限值；如果其效应对结构有利（验算倾覆、抗滑移、抗浮起等）时，取下限值。

当遇到下列情况之一时，材料和构件的自重标准值应按现场抽样称量确定：①现行荷载规范尚无规定；②自重变异较大的材料或构件，如现场制作的保温材料、混凝土薄壁构件等；③有理由怀疑规定值与实际情况有显著出入时。现场抽样检测的样本数量应符合相关规定要求。

当对结构或构件进行可靠性（安全性或使用性）验算时，其基本雪压和风压值应按现行荷载规范采用。当对结构构件进行加固设计验算时，其基本雪压值、基本风压值和楼面活荷载的标准值，除应按现行荷载规范的规定采用外，尚应按下一目标使用期，乘以本表 2-13 的修正系数予以修正。下一目标使用期,应由委托方和鉴定方共同商定。

表 2-13　基本雪压、基本风压及楼面活荷载的修正系数

| 下一目标使用年限 $t$/年 | 10 | 20 | 30~50 |
|---|---|---|---|
| 雪荷载或风荷载 | 0.85 | 0.95 | 1.0 |
| 楼面活荷载 | 0.85 | 0.90 | 1.0 |

注:对表中未列出的中间值,允许按插值确定,当 $t<10$ 年时按 10 年考虑。

## 2.6　工程结构的裂缝分析

裂缝是工程结构中一个非常重要的损伤症状之一,几乎所有的工程结构在出现问题时或之前总是以裂缝损伤的形式发出警告;这就好比人在生病时,经常会伴随着发热、无精打采等外部症状。裂缝出现后,其裂缝的位置、长度、宽度及分布特征(中间宽两头窄或宽度均匀等)、走势、是否贯穿整个构件等信息在鉴定时能够帮助技术鉴定人员判断出裂缝产生的原因、裂缝的类型以及裂缝的危害性等。通常我们把裂缝划分为两大类,即受力裂缝与非受力裂缝。受力裂缝是指由外荷载直接作用引起的裂缝;非受力裂缝一般指由材料收缩、温度变化和不均匀沉降等非荷载因素产生的裂缝。下面就工程结构鉴定中经常遇到的混凝土与砌体损伤裂缝进行阐述。

1) 混凝土结构构件中裂缝

(1) 裂缝的类型及产生原因

受力裂缝由拉、压、弯、剪、扭影响因素之一或相互组合在混凝土构件上产生的裂缝。一旦构件上出现此类裂缝,且裂缝宽度超过规范相应的限值时,则表明构件的承载力不足。

沉降裂缝通常指地基基础的不均匀沉降,造成上部结构中产生附加内力,这个附加内力在结构设计时是没有考虑的。当这个附加内力达到一定程度后,就在主体结构中产生不同类型的裂缝。例如某多层钢筋混凝土房屋,由于桩基设计时未考虑上浮的抗拔力,在雨季桩基出现不同程度的上浮,中间大四周小。此时框架梁端部出现了弯曲、剪切裂缝(图 2-25(a)),柱端出现竖向受压裂缝以及水平的受拉裂缝(图 2-25(b)),混凝土板中也出现贯穿的受拉裂缝等。

(a) 框架梁端部

(b) 框架柱根部

图 2-25　桩基上浮造成的沉降裂缝

干缩裂缝(又称龟裂)发生在混凝土结硬前最初几个小时。裂缝呈无规则状,纵横交错。

裂缝宽度较小,大多为 0.05~0.15 mm。

沉缩裂缝是指混凝土在结硬前没有沉实或沉实能力不足而产生的裂缝,通常发生在混凝土梁与板构件中。

混凝土构件中温度裂缝有表面温度裂缝和贯穿温度裂缝两种。前者多数发生在大体积混凝土中,水泥在水化过程中要释放出一定的热量,而大体积混凝土结构构件断面较大,表面系数相对较小,所以水泥水化产生的热量聚集在结构内部不易散失,外部与自然环境直接接触容易降温,随着内部热量的越积越高,内外温差增大,容易在混凝土表面产生裂缝。贯穿温度裂缝通常发生在构件由于温度骤降产生收缩,但是其端部受到一定程度的约束不能自由移动,因此在构件中产生拉伸变形,导致贯穿裂缝的形成。

张拉裂缝是指在预应力混凝土张拉过程中,由于反拱过大,端部的局部承载力、受拉边承载力不足等原因引起的裂缝。

锈胀裂缝是由于混凝土构件中的钢筋发生锈蚀,锈蚀部分的体积膨胀在外围混凝土中产生拉应变。当混凝土中的拉应变超过混凝土的极限拉应变时,则产生锈胀裂缝。此部分内容详见第四章。

除了上述产生混凝土裂缝的原因外,还有很多因素,例如水泥的体积安定性、碱-集料反应等[22]。体积安定性是指水泥硬化过程中体积变化的均匀性,如果水泥中含有较多的游离 $CaO$、$MgO$ 或 $SO_3$,就会使水泥的结构产生不均匀变形甚至破坏。游离的 $CaO$ 和 $MgO$ 水化作用很慢,它们往往在水泥凝结硬化后还继续进行水化作用,使得已经发生均匀体积变化而凝结(水泥在水化过程中一般都会产生均匀体积变化,这时对凝结后的混凝土质量并无影响)的水泥浆体继续产生剧烈的不均匀体积变化。这种再生的体积变化,严重时会发生使混凝土开裂甚至崩溃的质量事故。游离的 $SO_3$ 能在水泥凝结硬化后继续与水化酸铝钙作用,形成大量体积膨胀的水化硫铝酸钙(钙矾石)晶体,在凝结后的水泥浆体内产生膨胀应力,破坏水泥浆体结构。碱-集料反应是指水泥中的碱,如 $Ca(OH)_2$ 和易生成 $NaOH$ 的 $Na_2O$,与集料中的活性 $SiO_2$ 发生反应,生成碱的硅酸盐凝胶体,吸水膨胀,引起混凝土开裂的现象;它使混凝土的耐久性下降,严重时还会使混凝土失去使用价值。

(2) 裂缝状态的判定

混凝土结构构件中出现裂缝之后,判定裂缝的状态即裂缝是否稳定以及裂缝是否有害非常重要。在鉴定结论中,如果确定裂缝是稳定的,则可以采取相应的有效修补或加固方法;如果裂缝是不稳定的,在采取针对裂缝的修补或加固方法之前,应采取有效的措施治理产生裂缝的原因,如控制不均匀沉降的继续发展等。判定混凝土结构构件中的裂缝是否稳定,可以通过观测或计算手段来确定。观测最常用的办法就是采用带刻痕的玻璃片粘贴在裂缝处,如果裂缝继续发展则会拉断带刻痕的玻璃片;如果位于室内非潮湿环境,也可以在裂缝处涂抹石灰膏来判断裂缝是否处于发展阶段。计算的手段主要是依据混凝土结构构件发生裂缝处的钢筋应力水平,例如普通的钢筋混凝土受弯梁,跨中弯曲裂缝的宽度与梁底受拉钢筋的应力水平是成正比的。如果此处钢筋的应力水平处于屈服阶段以下,同时所受的荷载处于正常水平,则裂缝基本处在一个较为稳定的状态。

混凝土结构构件上一旦出现裂缝,对混凝土构件的使用性、耐久性甚至其安全性都有不同程度的损害。一般认为以下裂缝是有害的:①损害建筑物使用功能的裂缝;②裂缝宽度超过规范的限值;③沿钢筋的纵向裂缝;④混凝土梁受压区出现受压裂缝;⑤严重降低结构刚度或影响建筑整体性的裂缝;⑥严重损害建筑结构美观的裂缝。

(3) 典型裂缝分布特征

上面对裂缝的类型以及成形原因进行了简单的介绍,下面给出典型的裂缝分布特征(图2-26),以便在工程实践的鉴定过程中,能够快速地识别这些裂缝。

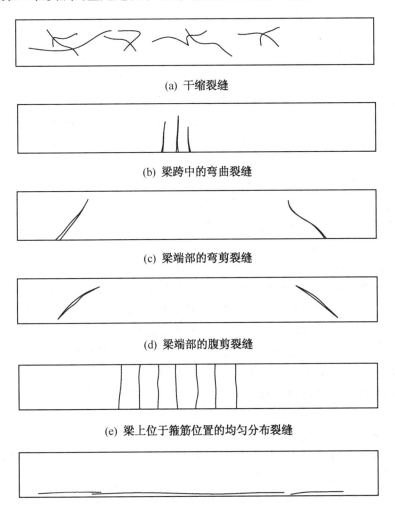

(a) 干缩裂缝

(b) 梁跨中的弯曲裂缝

(c) 梁端部的弯剪裂缝

(d) 梁端部的腹剪裂缝

(e) 梁上位于箍筋位置的均匀分布裂缝

(f) 梁底部钢筋锈胀裂缝

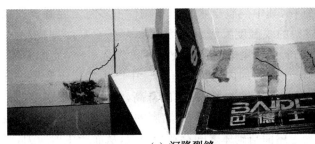

(g) 沉降裂缝

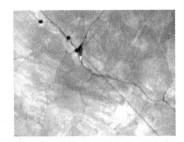

(h) 板底部近似沿塑性铰线分布裂缝

图 2-26 典型裂缝的分布特征

图 2-26(a)为混凝土构件表面的干缩裂缝,属于非受力裂缝,裂缝分布杂乱无章,没什么规律,裂缝宽度也很小,裂缝宽度大多为 0.05～0.15 mm。

图 2-26(b)为混凝土梁的弯曲裂缝,属于受力裂缝,裂缝主要集中分布在混凝土梁弯矩较大的位置(跨中正弯矩和端部负弯矩)。裂缝基本与梁的轴线相垂直,对于跨中弯曲裂缝而言,裂缝宽度呈下面大、上面小状态。

图 2-26(c)为梁端部的弯剪裂缝,属于受力裂缝,裂缝主要分布在混凝土梁端部的弯剪区,裂缝与梁的轴线近似按 45 度角斜交。裂缝宽度呈下面大、上面小状态。

图 2-26(d)为梁端部的腹剪裂缝,属于受力裂缝,裂缝主要分布在混凝土梁端部的弯剪区,裂缝与梁的轴线同样近似按 45 度角斜交。裂缝宽度呈中间大、两端小状态,腹剪裂缝主要出现在混凝土薄腹梁上。为了减轻混凝土梁的自重,矩形截面混凝土梁的腹部混凝土可以部分扣除,最终断面呈Ⅰ形,此时混凝土梁的腹部抗剪承载力降低,如果设计不当或随着材料力学性能的退化,在此类构件中容易产生腹剪裂缝。

图 2-26(e)为混凝土梁上位于箍筋位置的均匀分布裂缝,属于非受力裂缝,此类裂缝宽度均匀(一般在 0.05～0.2 mm),裂缝间距基本与箍筋相同。此类裂缝形成的原因主要由于箍筋位置的混凝土保护层厚度过薄,当混凝土发生收缩与温度变形时,对应箍筋位置的混凝土最薄弱,容易产生裂缝。

图 2-26(f)为梁底部钢筋的锈胀裂缝,严重时部分混凝土会发生剥落。此类裂缝基本沿着混凝土梁中纵向钢筋方向发展,裂缝宽度的大小取决于内部钢筋的锈蚀程度。

图 2-26(g)为某工程中地基的不均匀沉降造成相邻混凝土梁上出现弯曲、弯剪裂缝;图 2-26(h)为某工程中混凝土板底部近似沿塑性铰线方向发展的裂缝。这里需要强调一点的是,在实际工程中,板的安全储备相对较高。这点可以通过楼板现场载荷试验和这些年发生的工程事故可以看出,很少有混凝土楼板出现承载力不足而发生局部垮塌的。因此,如果在工程现场能够发现混凝土板上出现近似塑性铰线的裂缝特征,至少说明该楼板已严重超载。

2) 砌体结构构件中裂缝

砌体结构构件中的裂缝同样包含了受力裂缝与非受力裂缝,对于受力裂缝的特点与混凝土相似,这里主要讲解非受力裂缝。

砌体结构构件中的非受力裂缝指温度、收缩、变形或地基不均匀沉降等引起的裂缝。纯粹的砌体结构是极个别的,绝大部分砌体建筑物/构筑物是混合结构,即竖向承重构件为砌体,水平承重构件为混凝土、木材或者钢材,其中混凝土水平承重构件占多数。混凝土的线温度膨胀系数为 $1.0 \times 10^{-5}/\text{℃}$,砌体材料的线温度膨胀系数为 $0.5 \times 10^{-5}/\text{℃}$,两者相差一倍。由于两种材料的线温度膨胀系数不同,而房屋中的各部分构件联结成为一个空间整体,当温度变化时,各部分必然会相互制约而产生附加内力。如果构件中产生的拉应变超过混凝土或砌体的极限拉应变,就会出现裂缝。图 2-27(a)是温度的升高,混凝土的膨胀变形大于砌体部分,使得房屋的顶部砌体出现正八字形裂缝,如果是温度的降低,则呈倒八字形裂缝;图 2-27(b)是由于温度的变化,混凝土屋面与砌体之间存在变形差,从而产生剪应力,当该剪应力超过水平灰缝的抗剪强度时则产生沿灰缝的水平裂缝。

当房屋的长度愈长,在墙体中由于温度和材料收缩引起的拉应力就愈大。因此,当房屋过长时需要设置伸缩缝将房屋划分成若干长度较小的单元以减小墙体因温度和收缩产生的拉应力,从而避免或减少墙体开裂(图2-27(c))。

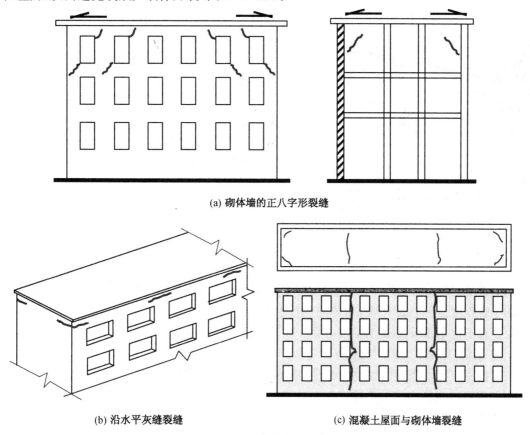

(a) 砌体墙的正八字形裂缝

(b) 沿水平灰缝裂缝

(c) 混凝土屋面与砌体墙裂缝

图2-27　温度变化与材料收缩导致上部墙体裂缝

在砌体或砌体混合结构房屋中,温度裂缝形成后具备如下特点:①温度裂缝一般是对称分布的;②温度裂缝始自房屋的顶层,偶尔才向下发展;③温度裂缝经一年后基本稳定,不再扩展。

砌体结构房屋(或砌体作为填充墙的框架结构房屋)当地基不均匀沉降时,整个房屋就像梁一样受弯、受剪,因而在墙体内将引起较大的附加应力,当产生的拉应变超过砌体的极限拉应变,墙体就会出现裂缝(图2-28)。

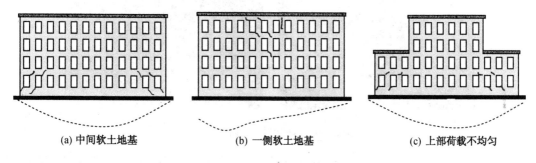

(a) 中间软土地基

(b) 一侧软土地基

(c) 上部荷载不均匀

图2-28　地基的不均匀沉降导致上部墙体裂缝

图 2-29　植物根系膨胀作用

地基不均匀沉降引起上部结构构件产生的裂缝一般具备如下特点：①沉降裂缝一般呈 45°的斜向发展；②多层房屋中下部的裂缝较上部的裂缝大，有时甚至仅在底层出现裂缝；③沉降斜裂缝上端对应的地基位置，那里的沉降量通常是较大侧。

除此之外，砌体结构构件中还会因为植物根系发展（膨胀作用）导致裂缝（图 2-29），对于此类裂缝的鉴定评级，可以参考非受力裂缝的性质依据《民用建筑可靠性鉴定标准》中的相关规定进行。

## 2.7　木材的损坏与缺陷

自然界有很多作用可以毁坏木材，这些作用力可分为两大类，即生物介质和非生物介质。在很多情况下，生物介质在破坏木材的同时也为其他介质破坏木材制造了有利条件[19]。

对遭受损坏木材的检测、鉴定效率在很大程度上取决于技术人员对引起木材损坏的介质的了解程度。一个缺少训练或经验的技术人员，有时会注意不到木材已遭受损坏的明显迹象。鉴于这个原因，在此有必要介绍一下这方面的内容[18]。

1）细菌、昆虫引起的木材损坏

可使木材遭受破坏的生物介质有：细菌、昆虫、船蛆和真菌（由于真菌的多样性和其在木材破坏的过程中的重要性将在下面对其单独讨论）。由于这些生物介质都是活生生的有机体，因而它们需要一定的生存条件：合适的湿度、充足的氧气、适宜的温度和足够的食物，只要木材提供的环境不满足上述条件中的任何一种，木材就不会受到生物介质的影响。

细菌。在非常潮湿的环境下，细菌将会对未经防腐处理的木材产生很大的损坏（图 2-30）。细菌造成的损坏包括：使木材表面软化、增大木材的渗透性，甚至能够依靠自身的耐药性分解木材中的化学防腐剂。细菌的破坏速度通常非常慢，但持续时间足够长，也将会产生很大的危害。

图 2-30　木柱根部的腐朽与虫蛀

昆虫。有很多昆虫以木头为食，或以木头为藏身之处。昆虫在树皮内或木材细胞中产卵，孵化成幼虫，幼虫蛀蚀木材，形成大小不一的虫孔（图 2-30、图 2-31）。能够破坏木材的最常见的昆虫有：白蚁、甲虫、蜜蜂、黄蜂和蚂蚁。它们在木材中打洞、蛀洞，使木材遭受破坏。白蚁可以把木材内部完全蛀空吃尽，使木材只剩下一层很薄的外壳（外表仍然完好，看不到明显痕迹而使木结构破坏）。从遭受白蚁破坏的木材纵断面可以发现：白蚁蛀蚀的洞是沿着木材的纹理方向的，蛀洞里面塞满了泥土和蛀屑（虫粪）。白蚁为害的特点是：面广、隐蔽，严重时能造成房屋倒塌和堤坝决口等灾害性事故。世界上已知危害房屋建筑的白蚁 100 多种，主要危害品种有 47 种。我们常见危害房屋建筑的白蚁有黄胸散白蚁、家白蚁、木白蚁、黑翅土白蚁等[8]。

图 2-31　白蚁蛀蚀木楼面
（南京原扬子饭店）

2) 真菌引起的木材损坏

在适当的环境条件下，大多数的木材会变成那些能够腐蚀木材的真菌的可口食物。在湿度大于或等于 19%、有足够氧气并且温度适宜的环境条件下，这些真菌会变得很活跃。当温度在 10～35℃之间时，真菌腐蚀木材的速度最快；当温度不在这个范围时，真菌的腐蚀速度会减慢；当温度低于 2℃或高于 38℃时，真菌腐蚀会完全停止。当木材很潮湿时，也不会发生真菌腐蚀，例如那些泡在水中的木材不能为引起腐蚀的真菌提供足够的氧气，因而不会发生腐蚀。所以，只要适宜的温度、足够的氧气和合适的湿度这三个条件有一个不满足，真菌就不会开始腐蚀木材，而那些正在进行的腐蚀也会停止。

在正常使用条件下，有很多木材保护得很好。例如我国山西的应县木塔（距今约 1 000 年历史）之所以能够保留至今，就是因为那些木构件一直保持干燥。相反，由于处于饱和状态下的木材也能够很好地保存下来。

真菌引起的腐蚀可以分为两大类：褐腐和白斑腐。它们可以通过被腐蚀的木材的外观来加以区分。由于褐腐时真菌只腐蚀木纤维的纤维素和半纤维素，而不会影响到木质素，所以发生褐腐的木材最后就只剩下了木质素，而木质素的颜色是褐色的，所以发生褐腐的木材表面看起来更暗一些。在褐腐的晚期，木材会出现顺着纹理方向和相较于纹理方向的裂纹，形成小立方体的孔洞。在所有由真菌引起的腐蚀中，褐腐产生的破坏最大，这是由于褐腐包含了一类特别有害的腐蚀——干腐。

干腐是最常见的腐蚀。在非常干燥的环境下，发生干腐的木材在变成褐色的同时质地变得疏松。其实"干腐"这个名字有点名不副实，由于在干腐刚开始的阶段，还是需要一些水分的。由于多种原因干腐很难从木料中根除：第一，在木材的含水量很低的时候，引起干腐的真菌就处于休眠状态，而一旦有水分，它们会立刻开始腐蚀；第二，有些真菌有引水管（菌丝），能够从土中把足够的水分传送到木建筑物中或木堆中，从而引发干腐，干腐真菌甚至可以穿过砌墙和抹灰层直接腐蚀相邻的干燥木材；第三，引起干腐的真菌在腐蚀木材时会生成副产品——水。在一些情况下，这些真菌就可以自身维持干腐的进行。

发生白斑腐的木材从外观上看颜色较淡，直到白斑腐的晚期，木材上才会出现相交于纹理方向的裂缝。与褐腐不同，引起白斑腐的真菌既破坏木纤维的纤维素，也破坏木质素，使发生白斑腐的木材从外表上看是完好的，只是颜色像被漂白了或是白色的。这种外观极具欺骗性，实际上是白斑腐的木材几乎丧失了承载能力。与软木相比，白斑腐更喜欢腐蚀硬木,因而相对于结构构件,地板和贴面处的木材经常发生白斑腐,而干腐既腐蚀硬木也腐蚀软木。

由真菌引起的另外一种腐蚀是所谓的湿腐。在有持续的水分供应的地方才有可能发生湿腐,因而湿腐一般出现在潮湿区域,例如地下室、储藏室和出现渗漏的屋顶。只要截断水的供应,湿腐就会停止。

即使木材上涂有保护层,在木材内部也可能发生腐蚀。这是由于那些经过表面处理的木材上的裂缝可以扩展到木材的内部(木材内部没有经过防腐处理),从而让水进入木材内部。水分也可以通过真菌的菌丝进入那些经过表面处理的木材的内部。在这两种情况下,只要有足够的水分进入木材的内部,真菌引起的腐蚀就会非常严重。

3) 腐蚀对木材的物理力学性能的影响

真菌产生的腐蚀可使木材产生如下特性的改变:①木材颜色的改变;②木材气味的改变;③木材的重量减轻;④木材的强度降低;⑤木材的刚度降低;⑥木材的吸水性加强(更易吸收水分);⑦木材的可燃性增加;⑧木材更易遭到昆虫侵袭的影响。

真菌腐蚀木材的开始阶段一般只会引起木材颜色的改变(可能还有气味的改变)。在初始阶段,从外观上很难发现木材已经遭受腐蚀,而且此时木材的强度和硬度还未发生改变,因而抽样检查和其他的表面检测方法也没有什么用处。遗憾的是,在腐蚀能被检测出来的时候,木材的强度和刚度已经遭受了显著地削弱。当能通过外部观察到木材发生腐蚀时,几乎已经到了真菌腐蚀的晚期,此时木材已经变软、腐朽或者变得疏松易碎。当通过外部观察或者通过木材重量的改变发现木材发生了腐蚀时,木材已经被破坏了,失去了大部分的承载能力(木材单位重量的减轻将会引起木材强度的降低和几乎所有力学性能的削弱,特别是木材垂直于纹理方向的抗压强度将受到极大削弱)。当褐腐引起可观察到的木材质量损失时,木材的力学性能将会降低 10%;当褐腐引起的木材质量损失在 5%～10% 之间时,木材的力学性能将会降低 20%～80%,特别情况下,此时木材的抗弯承载能力将会降低 50%～70%,断裂模量和弹性模量将会降低 60%～70%。

4) 物理介质引起的木材破坏

可造成木材破坏的物理介质有磨损、力学撞击、金属腐蚀的副产品、强酸、强碱和紫外线。物理介质对木材的破坏不像生物介质引起的腐蚀那么常见,但有时它们产生的后果很严重。物理介质的作用既可降低木材的承载能力,也可能破坏木材的防腐处理,从而使木材变得更易遭受生物介质的腐蚀。下面简要介绍一下几种常见的可造成木材破坏的物理介质。

水:当木构件与水有关的膨胀收缩不能和相邻的结构构件相协调时,木构件就会变形。对于那些变形严重的木构件,变形可能进入塑性阶段(含有不可恢复的变形)。此外,水还可引起木构件的腐蚀。在潮湿的环境下,楼板上出现了严重的白斑腐,使楼板的强度大幅度降低,从而一直保持隆起的变形状态。水引起的另外一个问题是:水分可使胶合层积材梁的梳形连接处的粘结强度减小,甚至使粘结完全破坏。20 世纪 40 年代之前生产的胶合层积材用的粘结剂是不防水的,因而对那些老的使用胶合层积材建造的建筑物,这种由水分引起的粘结破坏的问题更常见。还有不少使用现代胶合层积材建造的工程实例出现了这种由水分引起的粘结破坏的问题,这些问题是由于屋顶未及时安装,致使建筑物暴露在持续了几个月的强劲降雨引起的。长期与水接触可使三合板壁板和定向长条刨花壁板膨胀变形,当壁板干燥时,将造成连接处的钉头爆裂破坏。虽然仅满足高湿度环境这一个条件一般不能使木材潮湿到发生腐蚀的地步,但在木板下部和木框架上的凝结水也可引起木材的腐蚀。

力学损失:引起木材力学损失的因素很多,且它们对结构的影响也各不相同。磨损、振动、超载和基础沉降是产生力学损坏最常见的因素。

金属腐蚀:当木材中的金属扣件腐蚀时,被腐蚀的金属扣件中释放的三价铁离子会攻击木材的细胞壁并使木材的力学性能遭到削弱。这种攻击能够严重削弱受攻击区木材的强度,使木材的颜色变黑、木质变软(可以通过使用镀锌扣件或不锈钢扣件来减轻这种"木材—金属"腐蚀)。

化学侵蚀:强酸和强碱能够对木材造成化学侵蚀。酸能够老化纤维素和半纤维素,减轻木材的重量并削弱木材的强度;而强碱可以老化半纤维素和木质素。遭到酸侵蚀的木材表观是黑色的,看起来像是被火烧焦了似的;而那些与碱接触的木料,从外表上看则像是被漂白了一样。木结构一般不会受到强腐蚀性化学物质的侵蚀,除非偶尔不小心将有强腐蚀性的化学物质洒到木结构上。但当水渗进旧砌墙上支撑处的凹槽时,将会发生中度的化学侵蚀。在这种情况下,水和砂浆中的石灰反应,生成氢氧化钙(一种 pH 值高达 12.4 的碱性腐蚀性溶液)。支承在砌墙凹槽上的木梁将会出现变色、重量减轻和皱色现象。最终,梁的底部(最容易遭受到水汽渗透的部位)将会失去承载能力,在荷载作用下发生破坏,并使梁沿着槽向下移动或变得松动。

紫外线引起的老化:紫外线能和木材表面的木质素发生反应,因而由紫外线造成的破坏很容易从木材外观上发现。紫外线引起的老化会改变木材的颜色:浅色的木材颜色会变黑,而深色的木材颜色会变浅。但是这种反应只在木材的表面进行,因而对木材的强度削弱很小。

此外,木结构在长期使用后一般均有变形开裂现象产生。木材的变形开裂主要是由于木材有着干缩开裂的缺点以及具有木节、斜纹理等疵病。这些缺陷的存在,使木材在使用过程中改变了力学性能,对结构的安全产生危害,甚至使结构发生破坏[9]。

(1)干缩开裂

木材在干燥过程中,因为水分蒸发而发生变形收缩。由于其所含水分沿截面内外分布和蒸发速度不匀,因而收缩时沿年轮切线方向产生拉应力,使木材产生翘曲甚至开裂,即干缩开裂。木材干缩开裂的规律是:一般裂缝均为径向,由表及里向髓心发展。

干缩裂缝的大小、轻重程度及其位置与木材的树种、制作时的含水率和选材措施等因素有关。一般密度较大的木材,因其收缩变形较大而易于干裂;制作时含水率低,干缩就轻;在锯料中由于木材年轮被切断,其裂缝较圆木少。有髓心的木材,裂缝较严重;没髓心的木材,裂缝较轻微。制作时,可采用"破心下料"的方法,将木材从髓心处锯开,获得径向材,减小了木材干缩时的内应力,大大降低了裂缝出现的可能性。需要强调的是,在构件剪切面上的干缩裂缝是最危险的,因为剪力面的削弱会使构件或连接处遭受破坏。

(2)疵病

木材由于构造不正常,或加工时受到损害,或由于外来因素,使正常材质发生改变,以致降低了木材的利用价值,甚至完全不能使用,称为木材的疵病,又称为木材的缺陷。其主要有木节和斜纹理两种。

木节指包围在树干中的树枝基部,是一种天然缺陷,分为活节、死节、漏节三种。木节破坏木材的均匀性和完整性,在很多情况下会降低木材的力学性质。木节对顺纹抗拉强度的影响最大,而对顺纹抗压强度影响最小。木节对抗弯强度的影响很大程度上取决于木节的构件截面高度上的位置,越接近受拉侧,影响越大;位于受压区时,影响较小。木节的存在,却使木材的横纹抗压强度、顺纹和横纹抗剪强度增大。活节由于其周围木质紧密相连,故对木材强度影响较小。

斜纹理是木材的一种常见缺陷,简称斜纹或扭纹。斜纹理的存在,使木材的强度有着各向异形的特点,如力的作用方向与木纹方向之间的角度不同,它的强度有很大的差别。因此,使用木材时应特别说明木纹的方向。

## 2.8 可靠性鉴定的计算模式

工程结构在长期的自然环境和使用环境的双重作用下,其功能将逐渐减弱,这是一个不可逆转的客观规律。因此,如果能够通过科学可靠的检测鉴定,通过维修加固改造,使得一批老建筑能够继续发挥它们的功能,使既有建筑物能够始终保持其使用的安全性和可靠性,将对建设资源节约型、环境友好型社会具有最现实的贡献[19]。

1) 可靠性鉴定的理论依据

结构的可靠性鉴定是对结构实际的可靠状态作出评价,结构的可靠性属于体系的可靠性问题。结构的可靠性可以用结构体系出现破坏(失效)概率来表示,这需要分析结构的各种倒塌机制。体系失效与组成构件的失效既有联系又有区别。体系失效模式与单个构件失效模式之间存在着复杂的逻辑关系,这种关系通常用串、并联来模拟。体系失效模式呈现出明显的层次性,即上一层次的失效模式与下一层次的失效模式有关[20]。

当单个失效模式之间存在相关性时,串、并联系统的可靠性分析相当复杂,实际上仅能估计失效概率的范围。直接用结构体系失效概率来衡量结构可靠性的困难还在于,某些用于判别结构是否失效的极限状态尚无法用数学方程式表示,即设计破坏准则的确定。对于既有建筑,损伤构件材料性能的统计特性、损伤结构内力分析的计算模型等也有待进一步研究。

由于以上原因,用在结构的可靠性鉴定大多采用评级的方法,而不是直接计算结构体系的可靠性。目前正式颁布的民用建筑或工业建筑可靠性鉴定标准都不是完全以某一种理论为依据的,而是综合了多种理论,最后通过专家讨论以调整当时考虑尚不完善的理论成果。

2) 既有结构构件的安全性分析[21]

目前,我国对既有结构构件承载能力的验算仍然沿用设计规范规定的极限状态表达式,荷载和抗力分项系数的取值也与设计规范的取值相同。然而,设计规范的相关准则是针对拟建结构而言的,用于既有结构是不合理的。世界上很多国家都开始根据既有结构自身的特点,从经济合理的角度出发,逐步确立适用于既有结构构件的鉴定准则。众所周知,在既有结构中,一些参数的不确定性要少于拟建结构,比如实测得到的永久荷载、构件的几何尺寸等。

(1) 永久荷载

结构自重是最常见的永久荷载,在设计阶段由于各种不确定因素的影响,应按随机变量处理。对于既有结构而言,这些不确定因素不再存在,结构自重在客观上是确定的,应按确定性量处理。在实际工程中,永久荷载可按构件和连接的实际尺寸与荷载规范中规定的材料单位体积的自重计算确定,若怀疑规定值与实际情况有出入时,构件和材料自重的标准值可在现场抽样称量确定。

（2）可变荷载

民用建筑的楼面活荷载、风荷载和雪荷载经统计假设检验均服从极值Ⅰ型分布。文献[21]给出了部分可变荷载随着不同目标使用期内的标准值,见表2-14所示。其中,风、雪压的取值以上海地区为例。

**表 2-14  可变荷载的标准值**

| 目标使用期/年 | 10 | 20 | 30 | 40 | 50 | 60 | 70 | 80 | 90 | 100 |
|---|---|---|---|---|---|---|---|---|---|---|
| 办公楼楼面活载/$kN \cdot m^{-2}$ | 1.69 | 1.83 | 1.90 | 1.96 | 2.00 | 2.03 | 2.06 | 2.09 | 2.11 | 2.13 |
| 住宅楼面活载/$kN \cdot m^{-2}$ | 1.69 | 1.82 | 1.90 | 1.96 | 2.00 | 2.04 | 2.07 | 2.09 | 2.12 | 2.14 |
| 基本风压/$kN \cdot m^{-2}$ | 0.40 | 0.46 | 0.50 | 0.52 | 0.55 | 0.56 | 0.57 | 0.58 | 0.59 | 0.60 |
| 基本雪压/$kN \cdot m^{-2}$ | 0.100 | 0.145 | 0.172 | 0.190 | 0.200 | 0.217 | 0.227 | 0.235 | 0.243 | 0.250 |

（3）既有建筑结构的抗力模型

影响结构构件抗力的因素很多,在设计阶段经常考虑的主要因素有三个:材料性能的不定性、几何参数的不定性和计算模式的不定性。既有结构相当于拟建结构一个具体的样本实现,其抗力大小在理论上是一个确定性的量;但实际上,既有结构的抗力是无法直接得到的,只能通过检测得到结构的材料性能和几何参数。这样在消除了材料性能的不定性和几何参数不定性后,既有结构抗力概率模型的建立就只需考虑计算模式不定性的影响。

文献[21]的计算结果表明:对于目标使用期在 10～100 年的既有结构构件,荷载分项系数可统一取 $\gamma_G = 1.0$, $\gamma_Q = 1.3$;对于永久荷载和可变荷载效应异号的情况,认为 $\gamma_G = 0.6$, $\gamma_Q = 1.3$ 的效果最好。

抗力的分项系数可以根据目标可靠指标和选定的荷载分项系数,以使相对总误差最小为原则,通过计算确定。表 2-15 给出了经优化后不同类型结构构件抗力的分项系数 $\gamma_R$。

**表 2-15  不同可靠指标下抗力的分项系数及 $b$, $c$ 值**

| 序号 | 结构构件种类 | | $\gamma_R$ | | | $b$ | $c$ |
|---|---|---|---|---|---|---|---|
| | | | $\beta$ | $\beta - 0.25$ | $\beta - 0.5$ | | |
| 1 | 钢 | 轴心受压 | 1.145 289 | 1.099 293 | 1.056 394 | 0.959 839 | 0.922 382 |
| 2 | | 偏心受压 | 1.112 120 | 1.064 524 | 1.020 041 | 0.957 202 | 0.917 204 |
| 3 | 薄钢 | 轴心受压 | 1.157 049 | 1.098 042 | 1.043 238 | 0.949 002 | 0.901 637 |
| 4 | | 偏心受压 | 1.115 303 | 1.057 448 | 1.003 727 | 0.948 126 | 0.899 959 |
| 5 | 砖石 | 轴心受压 | 1.497 568 | 1.434 054 | 1.373 893 | 0.957 589 | 0.917 416 |
| 6 | | 偏心受压 | 1.823 504 | 1.717 732 | 1.618 437 | 0.941 995 | 0.887 542 |
| 7 | | 受剪 | 1.444 802 | 1.388 500 | 1.335 148 | 0.961 031 | 0.924 104 |

| 序号 | 结构构件种类 | | $\gamma_R$ | | | $b$ | $c$ |
| --- | --- | --- | --- | --- | --- | --- | --- |
| | | | $\beta$ | $\beta-0.25$ | $\beta-0.5$ | | |
| 8 | 木 | 轴心受压 | 1.139 407 | 1.098 799 | 1.060 939 | 0.964 360 | 0.931 133 |
| 9 | | 受弯 | 1.139 407 | 1.098 799 | 1.060 939 | 0.964 360 | 0.931 133 |
| 10 | 钢筋混凝土 | 轴心受拉 | 1.127 975 | 1.089 465 | 1.053 512 | 0.965 859 | 0.933 985 |
| 11 | | 轴心受压 | 1.230 858 | 1.185 772 | 1.143 406 | 0.963 370 | 0.928 950 |
| 12 | | 大偏心受压 | 1.143 406 | 1.103 702 | 1.066 590 | 0.965 276 | 0.932 818 |
| 13 | | 受弯 | 1.127 975 | 1.089 465 | 1.053 512 | 0.965 859 | 0.933 985 |
| 14 | | 受剪 | 1.570 282 | 1.494 662 | 1.423 606 | 0.951 843 | 0.906 593 |

（4）结构构件承载能力的分级原则

当荷载效应的统计参数为已知时，可靠指标是结构构件抗力均值及其标准差的函数，而结构构件的抗力又与材料或构件的质量密切相关。文献[21]采取了下列结构构件承载能力的分级原则。

$a_u$ 级：既有结构构件的可靠度达到目标可靠指标 $\beta$，其验算表达式为 $R/(\gamma_0 \cdot \gamma_R \cdot S) \geqslant 1.0$。对这类构件，不必采取措施。

$b_u$ 级：既有结构构件的可靠度没有达到目标可靠指标 $\beta$，但尚可达到或超过相当于工程质量下限的可靠度水平。即可靠指标 $\beta_1 = \beta-0.25$，该类结构构件仍可继续使用，其验算表达式为 $b \leqslant R/(\gamma_0 \cdot \gamma_R \cdot S) < 1.0$（其中 $b$ 值根据可靠性分析结果确定，见表 2-15 所示）。对这类构件，可不采取措施。

$c_u$ 级：既有结构构件的可靠度没有达到目标可靠指标 $\beta$，其可靠指标已超过工程质量下限，但未达到随时有破坏可能的程度。因此，其可靠指标的下浮可按构件的失效概率增大一个数量级估计：$\beta-0.5 \leqslant \beta_1 < \beta-0.25$。该类结构构件的验算表达式为 $c \leqslant R/(\gamma_0 \cdot \gamma_R \cdot S) < b$（其中 $c$ 值根据可靠性分析结果确定，见表 2-15 所示）。对这类构件，应采取措施。

$d_u$ 级：既有结构构件的可靠指标的下降已超过 0.5，其失效概率大幅提高，结构构件可能处于危险的状态。该类结构构件的验算表达式为 $R/(\gamma_0 \cdot \gamma_R \cdot S) < c$。对这类构件，必须立即采取措施。

为了工程应用方便，可取表 2-15 中 $b$、$c$ 的均值作为其代表值，即 $b = 0.96$，$c = 0.92$。

3）部分修正系数

基于文献[19]、[21]的研究成果，对应于不同的后续使用年限，设计规范的极限状态表达式中的荷载、作用的分项系数以及组合系数应乘以相应的修正系数，部分修正系数可按表 2-16 查得。

表 2-16　部分修正系数

| 后续使用年限/年 | 荷载修正系数 | | | 荷载分项系数 | | 钢筋混凝土抗力分项系数 | | | |
|---|---|---|---|---|---|---|---|---|---|
| | 楼面活荷载 | 风荷载 | 雪荷载 | $\gamma_G$ | $\gamma_Q$ | 轴心受拉、受弯 | 轴心受压 | 大偏心受压 | 受剪 |
| 10 | 0.85 | 0.76 | 0.72 | 1.0 | 1.3 | 1.13 | 1.23 | 1.14 | 1.57 |
| 20 | 0.92 | 0.86 | 0.84 | | | | | | |
| 30 | 0.96 | 0.92 | 0.92 | | | | | | |
| 40 | 0.98 | 0.97 | 0.97 | | | | | | |

# 参考文献

[1] GB 50292—2014.民用建筑可靠性鉴定标准[S].北京:中国计划出版社,2014.

[2] GB 50144—2008.工业建筑可靠性鉴定标准[S].北京:中国计划出版社,2008.

[3] CECS 252:2009.火灾后建筑结构鉴定标准[S].北京:中国计划出版社,2009.

[4] GB 50165—92.古建筑木结构维护与加固技术规范[S].北京:中国建筑工业出版社,1992.

[5] GB 50023—2009.建筑抗震鉴定标准[S].北京:中国建筑工业出版社,2009.

[6] JGJ 125—99.危险房屋鉴定标准[S].北京:中国建筑工业出版社,2000.

[7] 施楚贤.砌体结构理论与设计[M].2版.北京:中国建筑工业出版社,2003.

[8] 手册编委会.建筑结构试验检测技术与鉴定加固修复实用手册[M].北京:世图音像电子出版社,2002.

[9] 铁天石.地基基础工程事故综述[J].建筑结构,1987(2):18-23.

[10] 张津伟,刘育民.地基基础工程事故防治的初步研究[J].岩土工程界,2009,12(11):47-49.

[11] 唐业清.地基基础质量事故引起的建筑物损坏与挽救[J].土木工程学报,1998,31(2):3-11.

[12] 何健安,郭万清.引以为戒 吸取教训——对近几年发生的地基基础质量事故分析[J].施工技术,1988(4):6-9.

[13] 陈希哲.国内外地基基础事故原因分析与处理[J].建筑技术,1986(12):5-8,31.

[14] GB 50007—2011.建筑地基基础设计规范[S].北京:中国建筑工业出版社,2011.

[15] CECS 225:2007.建筑物移位纠倾增层改造技术规范[S].北京:中国计划出版社,2007.

[16] Heyman J. The stone skeleton: structural engineering of masonry architecture [M]. Cambridge: Cambridge University Press, 1995.

[17] Block P, Ciblac T, Ochsendorf J. Real-time limit analysis of vaulted masonry buildings[J]. Computers and Structures, 2006(84):1841-1852.

[18] (美)亚历山大·纽曼.建筑物的结构修复:方法·细部·设计实例[M].惠云玲,郝挺宇,等译.北京:中国建筑工业出版社,2008.

[19] 蒋济同,郭红秋,杜德润.不同后续使用年限结构的鉴定加固问题[J].工业建筑,2011,41(S1):894-898.

[20] 曹双寅,邱洪兴,王恒华.结构可靠性鉴定与加固技术[M].北京:中国水利水电出版社,2002.

[21] 顾祥林,许勇,张伟平.既有建筑结构构件的安全性分析[J].建筑结构学报,2004,25(6):117-122.

[22] 罗福午,江见鲸,陈希哲,等.建筑结构缺陷事故的分析及防治[M].北京:清华大学出版社,1996.

# 第3章 抗震鉴定与抗震加固

抗震鉴定是指通过检查现有建筑的设计、施工质量和现状，按规定的抗震设防要求，对其综合抗震能力和在地震作用下的安全性进行评估；抗震加固是使现有建筑达到抗震鉴定的要求所进行的设计及施工。此处，现有建筑是除古建筑、在建建筑、危险建筑以外，迄今仍在使用的既有建筑，综合抗震能力是整个建筑结构综合考虑其构造和承载力等因素所具有的抵抗地震作用的能力。

抗震鉴定是一种专项鉴定，是在工程结构满足可靠性鉴定的基础上更高的要求。可靠性鉴定的重点在于结构的安全性和正常使用性；抗震鉴定的重点是结构的综合抗震能力及整体性。鉴于土木工程结构涉及的领域太广，本书仅针对现有建筑，对《建筑抗震鉴定标准》（GB 50023）进行重点内容的讲解[1-2]。本章的抗震加固主要从加固设计的整体方案角度出发进行简述[3-4]，具体的加固方法介绍见本书的后面章节。

## 3.1 抗震鉴定与加固的意义

根据中国建筑科学研究院工程抗震研究所提供的《建筑抗震鉴定标准》和《建筑抗震加固技术规程》宣贯资料：在 1966 年 3 月 8 日和 3 月 22 日，河北邢台分别发生 6.5 级和 7.2 级地震。当时有些村民在 3 月 8 日地震后用铁丝将外闪的前后外墙拉结起来，后来在 22 日发现再次地震时这些房屋没有倒塌，而没有采用铁丝拉结的房屋发生倒塌。此后，历次地震灾害调查结果均表明，震前加固的效果十分明显，抗震鉴定与加固是减轻地震灾害的有效手段之一。具体工程案例如下：

（1）天津发电设备厂在海城地震后加固了主要建筑物 64 项，约 6 万多 m²，仅用钢材 40 t。经唐山地震考验（厂区地震烈度为 8 度），全厂没有一座车间倒塌，没有一榀屋架塌落，保护了上千台机器设备的安全，震后三天就恢复了生产。而相邻的天津重机厂，震前没有按设防烈度进行加固，唐山地震后厂房破坏严重，部分屋架塌落、大型屋面板脱落、支撑破坏、围护墙体倒塌和外闪等，到 1979 年元旦才部分恢复生产，修复与加固耗费了 700 t 钢材。

（2）1975 年内蒙古五原县发生 6.0 级地震，县第二中学 32 栋完全相同的单层教室中，震前加固的 12 栋震后基本完好，未加固的 20 栋震后遭到了严重破坏。

（3）1981 年四川道孚发生 6.8 级地震，邮电局机房于 1980 年进行了抗震加固，在纵横墙交接处增加了构造柱和拉杆，外墙增设了圈梁，地震后（烈度为 8 度）该机房安然无恙，电信仅中断 10 min。相距 10 m 处的同类结构、同样高度、同一单位施工的柴油机房，因震前未进行抗震加固，遭到严重破坏。

（4）1985 年四川自贡发生 4.8 级地震，全市震前加固的 54 万 m² 建筑物的完好率达到 92%。其中，于 1954 年建造的自贡第二医院 3 栋相同的砖木结构病房楼，有两栋震前采用钢筋混凝土圈梁进行了加固，震后完好无损；而未加固的病房楼震后砖墙开裂严重成为危房，震后拆除重建。

(5) 1988 年云南澜沧-耿马发生 7.6 级地震,震前加固的县医院住院楼,震后完好正常使用,而未加固的门诊楼遭到严重破坏;震前加固的耿马糖厂蒸馏塔、澜沧铅矿水泵机房均在地震中完好无损。

(6) 1996 年云南丽江发生 7.0 级地震,震前加固和未加固房屋的震害也有明显的对照。该县震前花费 70 多万元加固的基础设施和公共建筑基本完好,这些建筑的价值约 2 000 多万元,即加固费用仅占房屋总价值的 3.5%,震后不需维修或稍加维修即投入使用,极大地减轻了地震造成的经济损失。

(7) 2008 年四川汶川发生 8.0 级地震,震前进行加固过的幼儿园教学楼,震后几乎没有出现任何明显的结构损伤,见图 1-20 所示。

## 3.2 抗震鉴定的基本要求

### 3.2.1 抗震鉴定的基本程序

根据《建筑抗震鉴定标准》(GB 50023)主编单位中国建筑科学研究院的修订介绍资料,现有建筑抗震鉴定的基本程序如图 3-1 所示。

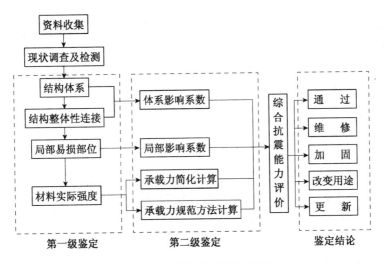

图 3-1 抗震鉴定的基本程序

### 3.2.2 后续使用年限的确定

现有建筑抗震鉴定时,首先应确定其后续使用年限。后续使用年限不同,采用的鉴定方法不同,鉴定的内容与要求也不同,鉴定结论可能会有所不同,达到的设防目标也会略有差异。《建筑抗震鉴定标准》依据房屋的建造年代和设计依据的规范系列,将现有建筑的后续使用年限分为 30 年(A 类建筑)、40 年(B 类建筑)、50 年(C 类建筑)三个层次,具体划分时的规定如下:

(1) 在 20 世纪 70 年代及以前建造、经耐久性鉴定可继续使用的现有建筑,其后续使用年限不应少于 30 年;在 80 年代建造的现有建筑,宜采用 40 年或更长,且不得少于 30 年。

(2) 在 20 世纪 90 年代(按当时施行的抗震设计规范系列设计)建造的现有建筑,后续使用年限不宜少于 40 年,条件许可时应采用 50 年。

（3）2001 年以后（按当时施行的抗震设计规范系列设计）建造的现有建筑，后续使用年限宜采用 50 年。

上述给出的后续使用年限是最低要求，当经济技术条件许可时可采用更高的要求来鉴定，具体的后续使用年限可由业主和技术鉴定单位协商确定。

### 3.2.3 建筑抗震鉴定方法

现有建筑的抗震鉴定分两级，即第一级鉴定和第二级鉴定。在第一级鉴定阶段，主要从宏观控制与构造鉴定角度进行；在第二级鉴定阶段，主要从抗震验算与构造影响角度进行，即进行综合抗震能力评价，确保被鉴定建筑物的主体结构具有足够的承载能力或变形能力。在具体开展鉴定工作时，当被鉴定结构的承载能力较高时，可以适当放宽其构造措施；当被鉴定结构的构造措施较好时，可适当降低其承载力要求。这里的构造措施与变形能力是相对应的，例如在砌体结构中，当圈梁与构造柱等构造措施较好的情况下，主体结构的整体性就较高，其变形耗能能力可以得到有效提高。

不同后续使用年限的现有建筑物，其抗震鉴定方法应符合下列要求：

（1）后续使用年限 30 年的建筑（简称 A 类建筑），应采用现行《建筑抗震鉴定标准》中规定的 A 类建筑抗震鉴定方法。

（2）后续使用年限 40 年的建筑（简称 B 类建筑），应采用现行《建筑抗震鉴定标准》中规定的 B 类建筑抗震鉴定方法。

（3）后续使用年限 50 年的建筑（简称 C 类建筑），应按现行国家标准《建筑抗震设计规范》的要求进行抗震鉴定。

对于 A 类建筑，需要进行逐级鉴定、综合评定；对于 B 类建筑，需要进行并行鉴定、综合评定。

### 3.2.4 需要进行抗震鉴定的现有建筑

通常情况下，以下几种情况的现有建筑需要进行抗震鉴定：

（1）接近或超过设计使用年限需要继续使用的建筑。

（2）原设计未考虑抗震设防或抗震设防要求提高的建筑。

（3）需要改变结构的用途和使用环境的建筑。

（4）其他有必要进行抗震鉴定的建筑。

## 3.3 现有建筑的抗震设防标准

现有建筑与新建建筑工程有所不同，因此《建筑抗震鉴定标准》对各类建筑的设防标准规定与《建筑工程抗震设防分类标准》、《建筑抗震设计规范》的提法也略有不同，主要是在重点设防类、特殊设防类和适度设防类建筑上，在此仅对重点设防类建筑的设防标准进行简单介绍，对特殊与适度设防类建筑可参考规范相关内容。

重点设防类的建筑，按照《建筑抗震鉴定标准》中的规定，6～8 度应按比本地区设防烈度提高一度的要求核查其抗震措施，9 度时应适当提高要求；抗震验算应按不低于本地区设防烈度的要求采用。这里，9 度区现有建筑抗震措施的核查应适当提高要求，是指 A 类建筑按 B 类建筑的要求进行抗震措施核查，B 类建筑按 C 类建筑的要求进行抗震措施核查。抗震验算按不低于本地区设防烈度的要求采用，也就意味着在鉴定时可适当提高地震作用影响，以提高重点设防类建筑的抗震能力。

现有建筑的设防标准还应根据建筑存在的有利或不利因素进行适当调整：

（1）Ⅰ类场地时，重点设防类建筑的构造措施可按当地设防烈度的要求鉴定，标准设防类建筑的构造措施可按降低一度的要求鉴定。

（2）Ⅳ类场地、复杂地形、严重不均匀土层上的建筑以及同一建筑单元存在不同类型基础时，应适当提高上部结构的抗震鉴定要求，上部结构的抗震能力应更富裕、整体性应更强，如地基梁、圈梁宜按提高一度的要求鉴定。

（3）7度(0.15g)和8度(0.30g)设防区的现有建筑，其设防标准与设防类别、场地条件有关。对于丙类建筑，Ⅰ类场地时可分别按6、7度的要求核查抗震构造措施，Ⅱ类场地时可分别按7、8度的要求核查，Ⅲ、Ⅳ类场地时，可分别按8、9度的要求核查；对于乙类建筑，Ⅰ类场地时可分别按7、8度的要求核查抗震构造措施，Ⅱ类场地时可分别按8、9度的要求核查，Ⅲ、Ⅳ类场地时，可分别按8、9度更高的要求核查。

乙、丙类建筑在不同设防烈度、不同场地类别情况下的抗震措施、抗震构造及抗震验算标准是不相同的，具体见表3-1所示。

表3-1　乙、丙类设防建筑的抗震措施、抗震构造和抗震验算标准

| 设防烈度 | 场地类别 | 乙类设防 | | | 丙类设防 | | |
|---|---|---|---|---|---|---|---|
| | | 抗震措施 | 抗震构造 | 抗震验算 | 抗震措施 | 抗震构造 | 抗震验算 |
| 6度 | Ⅰ | 7 | 6 | ≥0.05g | 6 | 6 | 0.05g |
| | Ⅱ～Ⅳ | | 7 | | | 6 | |
| 7度(0.10g) | Ⅰ | 8 | 7 | ≥0.10g | 7 | 6 | 0.10g |
| | Ⅱ～Ⅳ | | 8 | | | 7 | |
| 7度(0.15g) | Ⅰ | 8 | 7 | ≥0.15g | 7 | 6 | 0.15g |
| | Ⅱ | | 8 | | | 7 | |
| | Ⅲ、Ⅳ | | 8* | | | 8 | |
| 8度(0.20g) | Ⅰ | 9 | 8 | ≥0.20g | 8 | 7 | 0.20g |
| | Ⅱ～Ⅳ | | 9 | | | 8 | |
| 8度(0.30g) | Ⅰ | 9 | 8 | ≥0.30g | 8 | 7 | 0.30g |
| | Ⅱ | | 9 | | | 8 | |
| | Ⅲ、Ⅳ | | 9* | | | 9 | |
| 9度 | Ⅰ | 9* | 9 | ≥0.40g | 9 | 8 | 0.40g |
| | Ⅱ～Ⅳ | | 9* | | | 9 | |

备注：＊表示需要采用更高的鉴定要求，即A类建筑按B类建筑要求进行抗震措施鉴定，B类建筑按C类建筑要求进行抗震措施鉴定。

（4）有全地下室、箱基、筏基和桩基的建筑，可放宽对上部结构的部分构造措施要求（如圈梁可按降低一度的要求鉴定），但构造措施不得全部降低。

（5）对密集建筑群中的建筑（房屋间距小于8 m或房屋高度的一半），包括防震缝两侧的建筑，应提高相关部位的抗震鉴定要求，如密集建筑群较高建筑物相关部位、防震缝两侧

局部区域的构造措施按提高一度考虑。

(6) 对于规模很小的变电站、泵房等工业建筑,采用抗震性能较好的结构材料时,仍可按丙类建筑的要求检查结构体系和抗震措施。

此处需要强调的是,应注意抗震措施与抗震构造措施的区别。抗震措施是指除地震作用计算和抗力计算以外的抗震设计内容,包括抗震构造措施。在《建筑抗震设计规范》的目录中,一般规定及计算要点中的地震作用效应(内力和变形)调整的规定均属于抗震措施;而设计要求中的规定,可能包含有抗震措施和抗震构造措施。例如多高层钢筋混凝土房屋的总高度限值、结构的选型、防震缝的宽度、地基的抗液化措施等。抗震等级划分属于抗震措施的宏观控制,对于重点设防类建筑,应按高于本地区抗震设防烈度一度的要求加强其抗震措施,其本质不是抗震设防烈度提高了一度,而是结构本身的抗震等级提高一级。抗震构造措施是指根据抗震概念设计原则,一般不需要计算而对结构和非结构各部分必须采取的各种细部要求,例如混凝土构件的截面尺寸、配筋率、加密区长度、多层砌体房屋中圈梁与构造柱的设置要求等。

## 3.4  建筑抗震能力的评定

对于 A 类建筑,当其符合第一级鉴定的各项要求时,可评为满足抗震鉴定要求,不再进行第二级鉴定;当不符合第一级鉴定要求时,应根据不符合第一级鉴定要求的具体情况,判定是否满足抗震鉴定要求,或是否需要进行第二级鉴定。例如,在进行第一级鉴定时,如果发现多层砌体房屋高宽比大于 3,或横墙间距超过刚性体系最大值 4 m 时,可不再进行第二级鉴定,直接评为综合抗震能力不满足抗震鉴定要求,且要求对房屋采取加固或其他相应措施。

对于 B 类建筑,需要进行抗震措施鉴定和抗震承载力验算后再进行综合判断。当抗震措施不满足鉴定要求而现有抗震承载力较高时,可通过构造影响系数进行综合抗震能力的评定;当抗震措施满足鉴定要求时,主要抗侧力构件的抗震承载力不低于规定的 95%、次要抗侧力构件的抗震承载力不低于规定的 90% 时,也可评定为满足抗震鉴定要求,不需要进行加固处理。

第一级鉴定一般从结构体系、材料实际达到的强度等级、结构整体性连接构造及局部易损易倒部位四个方面进行,根据结构体系、材料实际强度等级、整体性连接不符合鉴定要求的程度,得到整体影响系数,根据局部易损易倒部位不符合鉴定要求的程度,得到局部影响系数。

第二级鉴定中,A 类建筑一般采用简化方法(如砌体结构的面积率方法、钢筋混凝土结构的屈服强度系数法)计算楼层平均抗震能力指数,结合体系影响系数与局部影响系数得到楼层综合抗震能力指数;B 类建筑一般情况下按设计规范的方法进行构件承载力验算,同 A 类建筑一样,构件承载力计算时可计入构造的影响(整体影响系数与局部影响系数)得到构件的综合抗震承载力。对于 B 类砌体结构,也可按 A 类砌体结构采用面积率简化方法计算楼层综合抗震能力指数。

A 类砌体房屋的体系影响系数与局部影响系数的取值分别见表 3-2、表 3-4 所示。表 3-3 为 A 类砌体房屋刚性体系抗震横墙的最大间距。

表 3-2 体系影响系数 $\psi_1$ 值

| 项 目 | 不符合的程度 | $\psi_1$ | 影响范围 |
|---|---|---|---|
| 房屋高宽比 $\eta$ | $2.2 < \eta < 2.6$ | 0.85 | 上部 1/3 楼层 |
| | $2.6 < \eta < 3.0$ | 0.75 | 下部 1/3 楼层 |
| 横墙间距 | 超过表 3-3 最大值 4 m 以内 | 0.90 | 楼层的综合抗震能力指数 |
| | | 1.00 | 墙段的综合抗震能力指数 |
| 错层高度 | $> 0.5$ m | 0.90 | 错层上下 |
| 立面高度变化 | 超过一层 | 0.90 | 所有变化的楼层 |
| 相邻楼层的墙体刚度比 $\lambda$ | $2 < \lambda < 3$ | 0.85 | 刚度小的楼层 |
| | $\lambda > 3$ | 0.75 | 刚度小的楼层 |
| 楼、屋盖构件的支承长度 | 比规定少 15% 以内 | 0.90 | 不满足的楼层 |
| | 比规定少 15%~25% | 0.80 | 不满足的楼层 |
| 圈梁布置和构造 | 屋盖外墙不符合 | 0.70 | 顶层 |
| | 楼盖外墙一道不符合 | 0.90 | 缺圈梁的上、下楼层 |
| | 楼盖外墙二道不符合 | 0.80 | 所有楼层 |
| | 内墙不符合 | 0.90 | 不满足的上、下楼层 |

备注:单项不符合的程度超过表内规定或不符合的项目超过 3 项,应采取加固或其他相应措施。

表 3-3 A 类砌体房屋刚性体系抗震横墙的最大间距(m)

| 楼、屋盖类别 | 墙体类别 | 墙体厚度/mm | 6、7 度 | 8 度 | 9 度 |
|---|---|---|---|---|---|
| 现浇或装配整体式混凝土 | 砖实心墙 | ≥240 | 15 | 15 | 11 |
| | 其他墙体 | ≥180 | 13 | 10 | |
| 装配式混凝土 | 砖实心墙 | ≥240 | 11 | 11 | 7 |
| | 其他墙体 | ≥180 | 10 | 7 | |
| 木、砖拱 | 砖实心墙 | ≥240 | 7 | 7 | 4 |

表 3-4 局部影响系数 $\psi_2$ 值

| 项 目 | 不符合的程度 | $\psi_2$ | 影响范围 |
|---|---|---|---|
| 墙体局部尺寸 | 比规定少 10% 以内 | 0.95 | 不满足的楼层 |
| | 比规定少 10%~20% | 0.90 | 不满足的楼层 |
| 楼梯间等大梁的支承长度 $l$ | 370 mm $< l <$ 490 mm | 0.80 | 该楼层的综合抗震能力指数 |
| | | 0.70 | 该墙段的综合抗震能力指数 |
| 出屋面小房间 | | 0.33 | 出屋面小房间 |
| 支承悬挑结构构件的承重墙体 | | 0.80 | 该楼层和墙段 |
| 房屋尽端设过街楼或楼梯间 | | 0.80 | 该楼层和墙段 |
| 有独立砌体柱承重的房屋 | 柱顶有拉结 | 0.80 | 楼层、柱两侧相邻墙段 |
| | 柱顶无拉结 | 0.60 | 楼层、柱两侧相邻墙段 |

A类钢筋混凝土房屋的体系影响系数可根据结构体系、梁柱箍筋、轴压比等符合第一级鉴定要求的程度和部位,按下列情况确定:

(1) 当《建筑抗震鉴定标准》中规定的各项构造均符合现行国家标准《建筑抗震设计规范》GB 50011 的规定时,可取 1.4。

(2) 当《建筑抗震鉴定标准》中规定的各项构造均符合该标准中 B 类建筑的规定时,可取 1.25。

(3) 当《建筑抗震鉴定标准》中规定的各项构造均符合第一级鉴定的规定时,可取 1.0。

(4) 当《建筑抗震鉴定标准》中规定的各项构造均符合非抗震设计规定时,可取 0.8。

(5) 当结构受损伤或发生倾斜但已修复纠正,上述数值尚宜乘以 0.8~1.0。

A类钢筋混凝土房屋的局部影响系数可根据局部构造不符合第一级鉴定要求的程度,采用下列三项系数选定后的最小值:

(1) 与承重砌体结构相连的框架,取 0.8~0.95。

(2) 填充墙等与框架的连接不符合第一级鉴定要求,取 0.7~0.95。

(3) 抗震墙之间楼、屋盖长宽比超过规定的限值,可按超过的程度,取 0.6~0.9。

B类钢筋混凝土房屋的体系影响系数,可根据结构体系、梁柱箍筋、轴压比、墙体边缘构件等符合鉴定要求的程度和部位,按下列情况确定:

(1) 当《建筑抗震鉴定标准》中规定的各项构造均符合现行国家标准《建筑抗震设计规范》GB 50011 的规定时,可取 1.1。

(2) 当《建筑抗震鉴定标准》中规定的各项构造均符合 B 类房屋的规定时,可取 1.0。

(3) 当《建筑抗震鉴定标准》中规定的各项构造均符合 A 类房屋的规定时,可取 0.8。

(4) 当结构受损伤或发生倾斜但已修复纠正,上述数值尚宜乘以 0.8~1.0。

## 3.5　地基和基础抗震鉴定

地基基础现状的抗震鉴定,应着重调查上部结构的不均匀沉降裂缝和倾斜,基础有无腐蚀、酥碱、松散和剥落,上部结构的裂缝、倾斜以及有无发展趋势。当符合下列情况之一的现有建筑,可不进行其地基基础的抗震鉴定:①丁类建筑;②地基主要受力层范围内不存在软弱土、饱和砂土和饱和粉土或严重不均匀土层的乙类、丙类建筑;③6 度时的各类建筑;④7 度时,地基基础现状无严重静载缺陷的乙类、丙类建筑。当基础无腐蚀、酥碱、松散和剥落,上部结构无不均匀沉降裂缝和倾斜,或虽有裂缝、倾斜但不严重且无发展趋势,该地基基础可评为无严重静载缺陷。

存在软弱土、饱和砂土和饱和粉土的地基基础,应根据烈度、场地类别、建筑现状和基础类型,进行液化、震陷及抗震承载力的两级鉴定。符合第一级鉴定的规定时,应评为地基符合抗震要求,不再进行第二级鉴定。对于静载下已出现严重缺陷的地基基础,应同时审核其静载下的承载力。

地基基础的第一级鉴定应符合下列要求:

(1) 基础下主要受力层存在饱和砂土或饱和粉土时,对下列情况可不进行液化影响的判别:

① 对液化沉陷不敏感的丙类建筑;

② 符合现行国家标准《建筑抗震设计规范》GB 50011 液化初步判别要求的建筑。

（2）基础下主要受力层存在软弱土时，对下列情况可不进行建筑在地震作用下沉陷的估算：

① 8、9度时，地基土静承载力特征值分别大于80 kPa和100 kPa；

② 8度时，基础底面以下的软弱土层厚度不大于5 m。

（3）采用桩基的建筑，对下列情况可不进行桩基的抗震验算：

① 现行国家标准《建筑抗震设计规范》GB 50011规定可不进行桩基抗震验算的建筑；

② 位于斜坡但地震时土体稳定的建筑。

地基基础的第二级鉴定应符合下列要求：

（1）饱和土液化的第二级判别，应按现行国家标准《建筑抗震设计规范》GB 50011的规定，采用标准贯入试验判别法，在判别时，可计入地基附加应力对土体抗液化强度的影响。存在液化土时，应确定液化指数和液化等级，并提出相应的抗液化措施。

（2）软弱土地基及8、9度时Ⅲ、Ⅳ类场地上的高层建筑和高耸结构，应进行地基和基础的抗震承载力验算。

现有天然地基的抗震承载力验算，应符合下列要求：

（1）天然地基的竖向承载力，可按现行国家标准《建筑抗震设计规范》GB 50011规定的方法验算，其中，地基土静承载力特征值应改用长期压密地基土静承载力特征值，其值可按下式计算：

$$f_{sE} = \zeta_s f_{sc} \tag{3-1}$$

$$f_{sc} = \zeta_c f_s \tag{3-2}$$

式(3-1)、式(3-2)中：$f_{sE}$为调整后的地基土抗震承载力特征值(kPa)；$\zeta_s$为地基土抗震承载力调整系数，可按现行国家标准《建筑抗震设计规范》GB 50011采用；$f_{sc}$为长期压密地基土静承载力特征值(kPa)；$f_s$为地基土静承载力特征值(kPa)，其值可按现行国家标准《建筑地基基础设计规范》GB 50007采用；$\zeta_c$为地基土静承载力长期压密提高系数，其值可按表3-5采用。

表3-5　地基土承载力长期压密提高系数

| 年限与岩土类别 | $p_0/f_s$ | | | |
|---|---|---|---|---|
| | 1.0 | 0.8 | 0.4 | <0.4 |
| 2年以上的砾、粗、中、细、粉砂 | 1.2 | 1.1 | 1.05 | 1.0 |
| 5年以上的粉土和粉质黏土 | | | | |
| 8年以上地基土静承载力标准值大于100 kPa的黏土 | | | | |

备注：①$p_0$指基础底面实际平均压应力(kPa)；②使用期不够或岩石、碎石土、其他软弱土，提高系数值可取1.0。

（2）承受水平力为主的天然地基验算水平抗滑时，抗滑阻力可采用基础底面摩擦力和基础正侧面土的水平抗力之和；基础正侧面土的水平抗力，可取其被动土压力的1/3；抗滑安全系数不宜小于1.1；当刚性地坪的宽度不小于地坪孔口承压面宽度的3倍时，尚可利用刚性地坪的抗滑能力。

此外，桩基的抗震承载力验算，可按现行国家标准《建筑抗震设计规范》GB 50011规定的方法进行。

关于7～9度时山区建筑的挡土结构、地下室或半地下室外墙的稳定性验算,可采用现行国家标准《建筑地基基础设计规范》GB 50007 规定的方法;抗滑安全系数不应小于1.1,抗倾覆安全系数不应小于1.2。验算时,土的重度应除以地震角的余弦,墙背填土的内摩擦角和墙背摩擦角应分别减去地震角和增加地震角。地震角可按表3-6采用。

表3-6 挡土结构的地震角

| 类别 | 7度 | | 8度 | | 9度 |
| --- | --- | --- | --- | --- | --- |
| | 0.1g | 0.15g | 0.2g | 0.3g | 0.4g |
| 水上 | 1.5° | 2.3° | 3° | 4.5° | — | 6° |
| 水下 | 2.5° | 3.8° | 5° | 7.5° | 10° |

当同一建筑单元存在不同类型基础或基础埋深不同时,宜根据地震时可能产生的最不利影响,估算地震导致两部分地基的差异沉降,检查基础抵抗差异沉降的能力,并检查上部结构相应部位的构造抵抗附加地震作用和差异沉降的能力。

## 3.6 抗震鉴定结论

现有建筑根据两级鉴定的情况,可以给出以下几种处理意见:

(1) 通过:指满足抗震鉴定要求无需进行抗震加固,此时应特别注明其后续使用年限。

(2) 维修:指不满足抗震鉴定要求,但仅需对不满足要求的非结构构件进行加固处理。此时,对位于人流通道处易倒塌伤人的非结构构件应立即采取措施,其他非结构构件可结合日常维修处理即可。

(3) 加固:指不满足抗震鉴定要求,需进行抗震加固使其达到应有的抗震设防要求。

(4) 改变用途:指不满足抗震鉴定要求,且加固费用过高,但可通过改变用途的方法降低其设防类别,使其达到或通过抗震加固达到新用途的抗震设防要求。

(5) 更新:指不满足抗震鉴定要求,无加固价值,或是结构体系极不利于抗震,此时可结合城市规划采取拆除的处理意见,短期需继续使用的需改变用途并采取应急的安全措施。

## 3.7 抗震加固

### 3.7.1 抗震加固方案与要求

现有建筑的抗震加固方案与要求具体如下:

(1) 现有建筑抗震加固前必须进行抗震鉴定。抗震鉴定结果是进行抗震加固设计的主要依据。

(2) 在加固设计之前,仍应对建筑物的现状进行深入的调查,查明建筑物是否存在局部损伤,并对原有建筑的缺陷损伤进行专门分析,在抗震加固时一并处理。

(3) 加固方案应根据抗震鉴定结果综合确定,可包括整体房屋加固、区段加固或构件加固。

(4) 当建筑面临维修,或使用布局在近期需要调整,或建筑外观需要改变等,抗震加固宜结合维修改造一并处理,改善使用功能,且注意美观,避免加固后再维修改造,损坏现有建筑。或为了保持外立面的原有建筑风貌,应尽量采用室内加固的方法。

(5) 加固方法应便于施工,并应减少对生产、生活的影响,如考虑外加固以减少对内部人员的干扰。

### 3.7.2 抗震验算原则

(1) 加固后的建筑,其地震作用、结构抗震计算方法、重力代表值、地震影响系数和地震作用效应组合等应依据改造与加固后的结构形式、高度和规则程度等,根据后续使用年限分别按照《建筑抗震加固技术规程》或《建筑抗震设计规范》的相关规定执行。

(2) 加固后建筑的抗震等级,应根据烈度、改造与加固后的结构类型和高度,按照《建筑抗震加固技术规程》或《建筑抗震设计规范》的规定确定。

(3) 加固后的建筑结构抗震验算,一般采用《建筑抗震设计规范》规定的方法。对于 A 类建筑,也可采用《建筑抗震加固技术规程》规定的"综合抗震能力指数的方法"。当采用《建筑抗震设计规范》的方法进行抗震验算时,对 C 类建筑,其材料性能设计指标、地震作用、地震作用效应调整、结构构件承载力抗震调整系数均应按照《建筑抗震设计规范》的规定执行;对 A、B 类建筑,其设计特征周期、原结构构件的材料性能指标、地震作用效应调整等应按《建筑抗震鉴定标准》的规定采用,结构构件"承载力抗震调整系数"应按下列规定:

① A 类建筑,加固后的构件仍应依据原有构件按《建筑抗震鉴定标准》的规定的"抗震鉴定的承载力调整系数"值采用;新增钢筋混凝土构件、砌体墙体可仍按原有构件对待。

② B 类建筑,宜按《建筑抗震设计规范》规定的"承载力抗震调整系数"值采用。

(4) 仅进行抗震加固的建筑,一般可不进行抗震变形验算;对增层改造的建筑,应进行抗震变形验算,验算方法和要求等应按照《建筑抗震设计规范》的相关规定执行。

(5) 对砖砌体房屋,采用钢筋网砂浆面层或钢筋混凝土夹板墙加固后,当其层数、加固墙体的间距等抗震措施符合《建筑抗震设计规范》的要求时,一般可不进行抗震验算。

(6) 在采用原有结构体系进行抗震加固,加固后结构刚度和重力代表值的变化分别不超过 10% 和 5% 时,可不计入地震作用变化的影响。

(7) 对加固时改变了原有结构体系,或虽然没有改变原有结构体系但加固部分结构的刚度、质量等产生明显变化的建筑,应按照加固后的实际情况进行结构整体抗震复核计算。

(8) 加固后改变了原有结构的传力路线,或虽然没有改变传力路线但结构质量增加超过 5% 时,应对地基基础进行必要验算。

### 3.7.3 抗震加固的结构布置和连接构造

建筑物抗震加固的结构布置和连接构造应符合下列要求:

(1) 加固的总体布局,应优先采用增强结构整体性能的方案,应有利于消除不利因素,例如结合建筑物的维修改造,将不利于抗震的建筑平面形状分割成规则单元。

(2) 改善构件的受力状况。抗震加固时,应注意防止结构的脆性破坏,避免结构的局部加强使结构承载力和刚度发生突然变化。框架结构经加固后宜尽量消除强梁弱柱不利于抗震的受力状态。

(3) 加固或新增构件的布置,宜使加固后结构质量和刚度分布较均匀、对称,减少扭转效应,应避免局部的加强,导致结构刚度或强度突变。

(4) 减少场地效应。加固方案宜考虑建筑场地情况和现有建筑的类型,尽可能选择地震反应较小的结构体系,避免加固后地震作用的增大超过结构抗震能力的提高。

（5）加固方案中宜减少地基基础的加固工程量，因为地基处理耗费巨大，且比较困难。此时，应尽量采取增强上部结构整体性等提高抵抗不均匀沉降能力的措施。

（6）加强抗震薄弱部位的抗震构造措施。如房屋的局部凸出部分易产生附加地震效应，成为易损部位。又如不同类型结构相接处，由于两种结构地震反应的不协调、互相作用，其连接部位震害较大。在抗震加固这些部位时，应使其承载力或变形能力比一般部位增强。

（7）新增构件与原有构件之间应有可靠连接。因为抗震加固时，新、旧构件的连接是保证加固后结构整体协同工作的关键。

（8）新增的抗震墙、柱等竖向构件应有可靠的基础。因为这些构件，既是传递竖向荷载，也是直接抵抗水平地震作用的主要构件，应该自上而下连续设置并落在基础上，不允许直接支承在楼层梁板上。对于基础的埋深和宽度，新建墙、柱的基础应根据计算确定，并符合相应的设计规范与标准要求。贴附于原墙、柱的加固面层（如板墙、围套等）、构架的基础深度，一般宜与原构件相同。对于地震承载力有富余或加固面层承受的地震作用较少，其基础的深度也可比原构件提高设置，或搁置于原基础台阶上，至少应确保能够有效地传递竖向荷载和水平作用力。

（9）女儿墙、门脸、出屋顶烟囱等易倒塌伤人的非结构构件，不符合鉴定要求时，宜拆除或拆矮，或改为轻质材料或栅栏。当需保留时，应进行抗震加固。

### 3.7.4 常用的抗震加固方法

基于后面章节会专门进行相关构件的加固方法介绍，这里仅对加固方法的整体思路进行概括与分类。

1）构件补强加固方法

构件补强加固法是为了加强结构构件自身，使其恢复或提高构件的承载能力和抗震能力。常用的构件补强加固方法有以下几种：

（1）裂缝损伤修补

裂缝损伤修补主要用于修补震前结构裂缝缺陷和震后出现裂缝的结构构件，具体措施如下：

① 压力灌注水泥浆加固法：可以用来灌注砖墙裂缝和混凝土构件的裂缝，也可以用来提高砌筑砂浆强度等级≤M1 以下砖墙的抗震承载力。

② 压力灌注环氧树脂浆加固法：可以用于加固有裂缝的钢筋混凝土构件，最小裂缝宽度可为 0.1 mm，最大可达 6 mm。裂缝较宽时可在浆液中加入适量水泥，从而节省环氧树脂的用量。

③ 铁把锯加固法：此法用来加固有裂缝的砖墙。铁把锯可用 φ6 钢筋弯成，其长度应超过裂缝两侧 200 mm，两端弯成 100 mm 的直钩。

（2）外包加固法

外包加固法指在结构构件外面增设加强层，以提高结构构件的抗震承载力、变形能力和整体性。这种加固方法适用于结构构件破坏严重或要求较多地提高结构构件抗震承载力，一般做法有：

① 外包钢筋混凝土面层加固法：这是加固钢筋混凝土梁、柱，和砖柱、砖墙和筒壁的有效办法，如钢筋混凝土围套、钢筋混凝土板墙等，可以支模板浇筑混凝土或喷射混凝土加固。尤其适用于湿度高的地区。

② 钢筋网水泥砂浆面层加固法:此法主要用于加固砖柱、砖墙与砖筒壁,可以不用支模板,铺设钢筋网后分层抹水泥砂浆,施工比较方便。

③ 水泥砂浆面层加固法:适用于不要过多地提高抗震强度的砖墙加固。

④ 钢构件加固法:适用于加固砖柱、砖烟囱和钢筋混凝土梁、柱及桁架杆件,其优点是施工方便,但须采取防锈措施,在有害气体侵蚀和湿度高的环境中不宜采用。

⑤ 其他有效的面层加固法。

(3) 粘贴加固法

粘贴加固法通常是指在结构构件外面通过粘结剂(目前常用的为环氧树脂系列结构胶)粘贴性能更优的材料,以提高结构构件的抗震承载力和变形能力。这种加固方法相对外包加固法最大的优点是构件截面尺寸增加较小,其不足之处在于对承载能力的提高幅度有限。一般做法有:

① 粘贴钢板加固钢筋混凝土、钢以及砌体构件。

② 粘贴纤维增强复合材料(FRP)加固钢筋混凝土、钢、木以及砌体构件。

2) 增设构件加固方法

在原有结构构件以外增设构件是提高结构抗震承载力、变形能力和整体性的有效措施之一。在进行增设构件的加固设计时,应考虑增设构件对结构计算简图和动力特性的影响,具体措施如下:

(1) 增设墙体加固法:当抗震横墙间距超过规定或墙体抗震承载力严重不足时,宜采用增设墙体的方法加固。增设的墙体可为钢筋混凝土墙,也可为砌体墙。

(2) 增设柱子加固法:设置外加柱可以增加其抗倾覆能力,当抗震墙承载力差值不大,可采用外加钢筋混凝土柱(与圈梁、钢拉杆形成整体)进行加固。内框架房屋沿外纵墙增设钢筋混凝土外加柱是提高这类结构抗震承载力的一种有效方法。增设的柱子应与原有圈梁可靠连接。

(3) 增设拉杆加固法:此法多用于受弯构件(如梁、桁架、檩条等)的加固和纵横墙连接部位的加固,也可用来代替沿内墙的圈梁。

(4) 增设支撑加固法:增设屋盖支撑、天窗架支撑和柱间支撑,可以提高结构的抗震承载力和整体性,并可增加结构的赘余度,起二道防线作用。

(5) 增设圈梁加固法:当抗震圈梁设置不符合规定时,可采用钢筋混凝土外加圈梁、板底钢筋混凝土夹内墙圈梁或钢板-砌体组合圈梁进行加固。沿内墙圈梁也可用钢拉杆代替。外墙圈梁沿房屋四周应形成封闭,并与内墙圈梁或钢拉杆共同约束房屋墙体及楼、屋盖构件。

(6) 增设支托加固法:当屋盖构件(如檩条、屋面板)的支承长度不足时,宜加支托,以防止构件在地震时塌落。

(7) 增设刚架加固法:当原应增设墙体加固时,由于受使用净空要求的限制,也可增设刚度较大的刚架来提高抗震承载力。

(8) 增设门窗框加固法:当承重窗间墙宽度过小或承载力不满足要求时,可增设钢筋混凝土门框或窗框来加固。

3) 材料替换加固法

对于原有强度低、韧性差的构件,抗震加固时可用强度高、韧性好的材料进行替换。需

要强调的是,替换后应做好新构件与原构件的连接。通常采用的方法有:

(1)钢筋混凝土替换砖。例如:钢筋混凝土柱替换砖柱;钢筋混凝土墙替换砖墙。

(2)钢构件替换木构件。

(3)砌体结构中,采用性能好的粘结材料替换灰缝中的砂浆,或者嵌入钢筋。

4)增强构件连接法

震害调查表明,构件的连接属于薄弱环节。各结构构件之间的连接采用下列各种方法进行加固,能够保证各构件之间的抗震承载力、提高变形能力、保障结构的整体稳定性。这种加固方法适用于结构构件承载力能够满足,但构件之间连接差。其他各种加固方法也必须采取措施增强其连接。

(1)拉结钢筋加固法:砖墙与钢筋混凝土、梁之间的连接可增设拉筋加强,一端弯折后锚入墙体的灰缝内,一端用环氧树脂砂浆锚入梁、柱的预留孔中或与梁、柱的膨胀螺栓焊接。新增外加柱与墙体的连接也可采用拉结钢筋,以加强柱和墙体之间的连接。

(2)压浆锚杆加固法:适用于纵横墙之间没有马牙槎砌筑、连接很差的部位。采用长锚杆,一端嵌入内横墙,另一端嵌固于外纵墙上(或外加柱),其做法是先钻孔,贯通内外墙,嵌入锚杆后,用水玻璃砂浆压灌。

(3)钢夹套加固法:适用于隔墙与顶板和梁连接不良时,可采用镶边型钢夹套上与板底连接并夹住砖墙或在砖墙顶与梁间增设钢夹套,以防止砖墙平面外倒塌。

(4)综合加固也可增强连接:如增设构件加固法的钢拉杆可以代替压浆锚杆,也对砖墙平面外倒塌起约束作用;增设圈梁可以增强横墙与纵墙之间连接。

## 3.7.5　地基基础抗震加固措施与要点

当地基基础需要加固时,其主要加固技术措施与注意要点如下:

(1)进行抗震加固设计时,宜首先考虑易于实施的、加强上部结构构造措施的方案,必要时才进行地基处理。若液化层为基础的持力层,一般需采取地基加固措施。

(2)对于建筑物下的液化土层,可选用下列方法对地基或基础进行处理,以消除或减轻因液化而带来的危害:

① 增设桩基或增加桩数。

② 降低地下水位或改善排水条件。

③ 对可液化的土,可在基础外侧设碎石排水桩,而在室内设钢筋混凝土地坪。

④ 可液化土层较浅且厚度不大时,可采用基础托换法加深基础,并穿过液化土层,置于非液化土层。

(3)对于可液化地基、软土地基或不均匀地基,可采用下列方法加强上部结构的刚度,以减轻因地震时不均匀沉降带来的危害:

① 结合上部结构抗震加固提高建筑物的整体刚度,并合理调整荷载分布。

② 对于砖墙承重房屋,应增设圈梁并加强圈梁与墙体的连接,在地坪处增设圈梁或增加墙体的抗震能力。对于单层厂房、仓库等柱子承重房屋,可适当加强或增设地基梁。

③ 若同一建筑单元内基础埋深不同,或虽埋深相同,但土质不均匀而引起明显的沉降差异时,应增加该处圈梁配筋及加强圈梁与墙体的连接。

(4)当地基承载力设计值不满足抗震要求时,可采取下列加固措施:

① 当承载力设计值比要求的差值大于20%时,或基础在加固前已出现不容许的沉降及

裂缝时,应采取加大基础面积或加固地基、减小荷载等措施。

② 当承载力设计值与要求的差值不大于20%时,应采用适当提高上部结构抵抗不均匀沉降能力和减少外荷载等措施。

(5) 托换加固基础时,每一托换段的长度不宜超过 2 m,坑壁应随挖随加支撑,且不宜在地下水位以下进行。

### 3.7.6 RC框架梁抗震加固中楼板的考虑

RC框架(尤其带现浇楼板)在地震灾害中经常出现柱端塑性铰(楼层屈服机制)破坏模式(图3-2),主要原因之一在于,早期的建筑物抗震设计规范中(如我国的《建筑抗震设计规范》GB 50011—2001[5]、美国的 ACI 318-83[6]),计算框架梁端部的负弯矩承载力时并没有考虑现浇楼板中配筋的贡献。因此,使得节点位置的柱端抗弯承载能力之和与梁端抗弯承载能力之和的比值降低,甚至会出现小于1的不利情况。文献[7]认为梁翼缘板上、下层钢筋参与梁端抗弯、支座负屈服弯矩可提高30%左右,易成"强梁弱柱"。已有关于RC框架带楼板的边节点与中节点试验研究表明[8-19],现浇楼板内的钢筋对框架梁端的负弯矩承载力有明显的影响,相应的影响程度可见表3-7中给出的两组试验研究结果。由此可见,楼板内的钢筋对框架梁端的影响可以达到接近30%左右。这同时也表明设计规范中给出的弯矩比系数如果小于1.3,还不能有效地保证其实际比值是大于1.0的。

(a) 中柱      (b) 边柱      (c) 角柱

图 3-2 RC框架中柱端破坏

表 3-7 现浇楼板对 RC 梁柱节点弯矩比系数的影响

| 参考文献 | 节点类型 | 构件编号 | 没有楼板 | 有现浇楼板 | 降低幅度/% |
|---|---|---|---|---|---|
| Ehsani and Wight[8] | 边节点 | 1S | 1.1 | 0.89 | 19 |
| | | 2S | 1.1 | 0.87 | 21 |
| | | 3S | 1.5 | 1.17 | 22 |
| | | 4S | 1.5 | 1.16 | 23 |
| | | 5S | 2.0 | 1.58 | 21 |
| | | 6S | 1.5 | 1.17 | 22 |
| Durrani and Wight[9] | 中节点 | S1 | 1.82 | 1.25 | 31 |
| | | S2 | 1.81 | 1.26 | 30 |
| | | S3 | 1.96 | 1.25 | 36 |

Kappos 还指出了以下一些重要影响因素[20]：钢筋的应变强化会使得 RC 构件的极限强度提高；正交框架梁在沿着斜向 45 度承受地震作用时，节点区梁端抗弯承载力之和会放大 41%，而此时的柱端弯矩承载力之和基本不变；框架柱端部抗弯承载力之和与框架柱对应的竖向荷载密切相关，并且竖向荷载在地震时是个变量。此外，文献[21]对钢筋混凝土框强柱弱梁的屈服机制问题进行了概括性地分析。

虽然，在现行《建筑抗震设计规范》(GB 50011—2010)[22]中，在计算节点左右梁端截面反时针或顺时针方向实配的正截面抗震受弯承载力时应考虑相关楼板内钢筋的贡献，但《建筑抗震设计规范》正文和条文说明里都没有给出明确的考虑依据和执行方法；现行的美国 (ACI-318 2008)[23]、新西兰(NZS-3101 2006)[24]、欧洲规范(Eurocode-8 2005)[25]都给出明确考虑板内钢筋参与贡献的计算原则。例如，在美国的 ACI-318 规范和新西兰的 NZS-3101 规范里，整个有效受拉翼缘宽度取值为下面三个值的最小值：①梁跨度的 1/4；②16 倍板厚加上梁的宽度；③梁的宽度加上两侧各自相邻梁的净间距一半。

综上所述，在带现浇楼板 RC 框架结构的抗震加固设计时，应当考虑梁端负弯矩承载力接近 30% 的提高幅度。在此基础上，优化梁端的加固设计；为了达到"强柱弱梁"的延性破坏目的，还需要辅以柱端抗弯承载力的加固措施。在此应明确的是，现浇板内配筋对梁端负弯矩的贡献值更应在水平地震作用下进行考虑，因为表 3-7 中板内钢筋的贡献幅度是在构件发生一定水平侧移情况下所产生的。

# 参考文献

[ 1 ] 程绍革，史铁花，戴国莹. 现有建筑抗震鉴定的基本规定[J]. 建筑结构，2010，40(5)：1-7.

[ 2 ] GB 50023—2009. 建筑抗震鉴定标准[S]. 北京：中国建筑工业出版社，2009.

[ 3 ] 《江苏省房屋建筑工程抗震设防审查细则》编写组. 江苏省房屋建筑工程抗震设防审查细则[M]. 北京：中国建筑工业出版社，2012

[ 4 ] 手册编委会. 建筑结构试验检测技术与鉴定加固修复实用手册[M]. 北京：世图音像电子出版社，2002.

[ 5 ] GB 50011—2001. 建筑抗震设计规范[S]. 北京：中国建筑工业出版社，2001.

[ 6 ] ACI-318. Building Code Requirements for Structural Concrete and Commentary (ACI 318-83)[S]. ACI Committee 318，American Concrete Institute，Farmington Hills，MI，1983.

[ 7 ] 陈忠范. 高层建筑结构[M]. 南京：东南大学出版社，2008.

[ 8 ] Ehsani M R and Wight J K. Effect of transverse beams and slab on behavior of reinforced concrete beam to column connections [J]. ACI Journal，1985，82(2)：188-195.

[ 9 ] Durrani A J and Wight J K. Earthquake resistance of reinforced concrete interior connections including a floor slab [J]. ACI Journal，1987，84(5)：400-406.

[10] Pantazopoulou S J and Moehle J P. Identification of effect of slabs on flexural behavior of beams [J]. Journal of Engineering Mechanics，ASCE，1990，116(1)：91-106.

[11] Pantazopoulou S J and French C W. Slab participation in practical earthquake design of reinforced concrete frames [J]. ACI Structural Journal，2001，98(4)：479-489.

[12] Zerbe H E and Durrani A J. Seismic response of connections in two-bay reinforced concrete frame subassemblies with a floor slab [J]. ACI Structural Journal，1990，87(4)：406-415.

[13] Guimaraes G N，Kreger M E and Jirsa J O. Evaluation of joint-shear provisions for interior beam-column-slab connections using high-strength materials [J]. ACI Structural Journal，1992，89(1)：89

-98.

[14] Siao W B. Reinforced concrete column strength at beam/slab and column intersection [J]. ACI Structural Journal, 1994, 91(1): 3-8.

[15] LaFave J M and Wight J K. Reinforced concrete exterior wide beam-column-slab connections subjected to lateral earthquake loading [J]. ACI Structural Journal, 1999, 96(4): 577-587.

[16] Shin M and LaFave J M. Seismic performance of reinforced concrete eccentric beam-column connections with floor slabs [J]. ACI Structural Journal, 2004, 101(3): 403-412.

[17] Shin M and LaFave J M. Reinforced concrete edge beam-column-slab connections subjected to earthquake loading [J]. Magazine of Concrete Research, 2004, 55(6): 273-291.

[18] Canbolat B B and Wight J K. Experimental investigation on seismic behavior of eccentric reinforced concrete beam-column-slab connections [J]. ACI Structural Journal, 2008, 105(2):154-162.

[19] 蒋永生,陈忠范,周绪平,等.整浇梁板的框架节点抗震研究[J].建筑结构学报,1994,15(6):11-16.

[20] Kappos A J. Influence of capacity design method on the seismic response of R/C columns [J]. Journal of Earthquake Engineering, 1997, 1(2): 341-399.

[21] 敬登虎.钢筋混凝土框架强柱弱梁屈服机制问题的分析[J].土木工程与管理学报,2011,28(3):254-258.

[22] GB 50011—2010.建筑抗震设计规范[S].北京:中国建筑工业出版社,2010.

[23] ACI-318. Building Code Requirements for Structural Concrete and Commentary (ACI 318-08)[S]. ACI Committee 318, American Concrete Institute, Farmington Hills, MI, 2008.

[24] NZS-3101. Concrete Structures Standard [S]. Standards New Zealand, Wellington, New Zealand, 2006.

[25] Eurocode-8. Design of Structures for Earthquake Resistance—Part 1: General Rules, Seismic Actions and Rules for Buildings[S]. European Committee for Standardization, 2005.

# 第4章 锈蚀混凝土构件的受力性能与治理措施

混凝土构件中的钢筋一旦发生锈蚀以后,其产生的铁锈体积是相应钢筋体积的 2~6 倍,将向四周膨胀,此时钢筋四周的混凝土会限制它的膨胀,产生了交界面上的压力,这种压力称之为钢筋锈胀力。随着钢筋锈蚀率的增加,钢筋锈胀力将导致混凝土保护层开裂、剥落、握裹力下降,进而使结构承载力下降或失效。钢筋锈胀裂缝出现后,混凝土对钢筋的保护作用大大减弱,二氧化碳等有害介质可以直接接触到钢筋,使得钢筋锈蚀速度加快[1]。钢筋锈蚀以后,锈蚀钢筋的力学性能、锈蚀钢筋与混凝土的粘结性能、锈蚀钢筋的混凝土梁与柱的受力性能等均将发生不同程度的退化[2-3]。

混凝土构件的锈蚀问题不仅发生在工业与民用的建筑物中,尤其是化工车间、酸洗车间等处于侵蚀环境的建筑,同样也存在于水工、海工、港工及道路桥梁等结构中。在世界所有的桥梁中,混凝土桥梁占绝大多数,我国混凝土桥梁所占比重高达 90% 以上。我国目前有相当数量的钢筋混凝土桥梁相继进入老化期,关于混凝土桥梁病害和破坏事故的报道也屡见不鲜,其数量远远超过钢结构桥[4-6]。混凝土中钢筋锈蚀是混凝土结构耐久性失效的主要原因之一,全世界混凝土结构每年因钢筋锈蚀引起的维护加固费用超过 1 000 亿美元。作为一名专业从事工程结构鉴定的技术人员,非常有必要对钢筋混凝土构件发生钢筋锈蚀的原因、锈蚀后各方面的性能有很好的了解,以便鉴定工作更好地开展,所给出的鉴定结论更加科学与准确。

## 4.1 钢筋锈蚀分类与机理

### 4.1.1 钢筋锈蚀的分类

在混凝土结构中钢筋锈蚀可以分为自然电化学腐蚀、杂散电流腐蚀、应力腐蚀及氢脆腐蚀[7]。

1) 自然电化学腐蚀

当钢筋在强碱性环境中(pH 值为 12.5~13.2),表面会生成一层致密的薄膜呈钝化状态保护钢筋免受腐蚀。通常周围混凝土对钢筋的这种碱性保护作用在很长时间内也都是有效的。然而一旦钝化膜遭到破坏,钢筋就处于活化状态,就有受到腐蚀的可能性。

使钢筋的钝化膜破坏的主要因素有四点:①当无其他有害杂质时,由于碳化作用破坏钢筋钝化膜;②由 $Cl^-$ 作用破坏钢筋钝化膜;③由于 $SO_4^{2-}$ 或其他酸性介质侵蚀而使混凝土碱度降低,破坏钝化膜;④混凝土中掺加大量活性混合材料或采用低碱度水泥,导致钝化膜破坏或根本不生成钝化膜。

钢筋生锈的内部条件是钝化膜遭到破坏,产生活化点;钢筋锈蚀的外部条件是必须有水及氧的作用。当这几个条件同时存在时,则构件内部存在电位差,可以产生局部腐蚀电池,钢筋就会产生锈蚀。

2) 杂散电流腐蚀

杂散电流腐蚀是由于漏电引起的,一般发生于电解车间,在其他厂房中由于在结构上违章接电或系统绝缘不良等,也会出现漏电现象。直流电解系统漏泄到地下的电流,对钢筋混凝土结构所造成的腐蚀破坏,其实质是一种电解作用。根据杂散电流流动方向和路径的不同可以分为阳极腐蚀和阴极腐蚀。当混凝土中的钢筋处于阳极时,就发生氧化而出现阳极腐蚀,钢筋锈蚀膨胀,混凝土开裂。当钢筋处于阴极时,根据阴极保护理论,当阴极电流较小时,一般不会发生腐蚀。但当阴极电流较大时,钢筋表面阴极反应速度加快,氧的去极化反应产生大量的 $OH^-$,使钢筋表面的混凝土过度碱化,并导致大量氢气析出,破坏钢筋与混凝土的粘结力,使混凝土开裂。钢筋表面尽管轻度锈蚀,但会增加氢脆的危险。

在杂散电流作用下,混凝土中电位发生大幅度变化。阳极部位电位正向变化且腐蚀速度较大,在短期内就可能造成危险性破坏;阴极部位的电位负向变化。遭受杂散电流作用的钢筋具有局部缩颈,在锈蚀处呈针尖状的锈蚀状态。

3) 应力腐蚀

应力腐蚀是一种在腐蚀和拉应力共同作用下钢筋产生晶粒间或跨晶粒断裂现象。随着预应力钢筋混凝土结构的采用,高强钢筋出现的一种特殊形式的腐蚀就是应力腐蚀。应力金属的普通腐蚀比非应力金属更快。

应力状态下高强钢材腐蚀断裂过程产生局部的电化学腐蚀,然后钢筋产生横向裂缝,其方向垂直于主拉应力。裂缝的形成与均匀腐蚀或坑腐蚀的发展无关,当表面只有轻微损害或根本看不出损害就出现应力腐蚀。随着裂缝发展,钢筋最后产生脆断。

4) 氢脆

钢材的氢脆具有与应力腐蚀开裂相同的外表,也是形成横向裂缝,并且使应力状态的试件脆性、无缩颈地断裂,但是其破坏机理却不相同。氢脆是由于某些本身并不具备危险性的表面腐蚀过程产生了氢原子造成的。由于硫化氢($H_2S$)与铁作用以及杂散电流的阴极大电流腐蚀产生氢原子或放出氢气。氢原子渗入钢材内部并重新结合成分子,失去了能溶于钢中的能力并形成很大的内应力。而此相当大的局部应力与高强钢材的低变形性能及高拉应力等因素组合在一起,使钢筋裂缝迅速发展,最后导致脆断。

在一般混凝土结构中产生的钢筋腐蚀通常为电化学腐蚀,应力腐蚀和氢脆一般出现在预应力混凝土结构中。

另外,工业厂房几种典型的腐蚀特征如下,可供鉴定此类厂房时参考[7]。

(1) 对于侵蚀性介质较少的厂房(炼钢厂房、轧钢厂房),混凝土结构中钢筋锈蚀容易发生的部位一般位于屋面板及柱根处。这些部位构件容易受到水的浸淋、浸泡,经常处于潮湿状态,这些构件的锈蚀都是在混凝土碳化后发生,一般混凝土表面没有保护措施,锈蚀的特征通常是在屋面板大肋及柱角沿钢筋出现纵向裂缝。

(2) 对于酸洗车间这些有酸性介质侵入的厂房,未作防护的结构构件破坏一般由酸液的跑、冒、滴、漏引起。由于酸液侵蚀,不仅混凝土变成酸性,结构疏松,强度降低以致消失,而且也失去对钢筋的保护作用,使钢筋发生锈蚀,通常并不出现沿钢筋的纵向裂缝,但钢筋已经严重锈蚀。

(3) 对于造纸机厂房及浴室等这种湿度较大的工业与民用建筑,当未作防护或防护措施不适当时,使用一定时期后,钢筋通常会发生锈蚀。屋面板及楼板中的钢筋一般直径较细且处于半无限约束状态,钢筋锈蚀需要较大的膨胀位移才能使混凝土开裂,出现锈蚀的特征是混凝土表面出现锈迹,混凝土膨胀,开裂以及表面脱落。当出现混凝土膨胀、表面脱落时,钢筋损伤已非常严重,一般截面削弱在30%~65%以上,有些已经锈烂、锈断。

### 4.1.2 钢筋电化学腐蚀的机理

在无杂散电流的环境中,有两个因素可能导致钢筋钝化膜破坏:混凝土中性化(主要形式是碳化)使钢筋位置的pH值降低;或足够浓度的$Cl^-$扩散到钢筋表面使钝化膜"溶解"[8]。

脱钝后混凝土中钢筋的锈蚀是一个电化学过程。

在阳极区发生氧化反应:

$$2Fe - 4e^- = 2Fe^{2+}$$

在阴极区发生还原反应:

$$O_2 + 2H_2O + 4e^- = 4OH^-$$

阳极区释放的电子通过钢筋流向阴极区,同时生成的$Fe^{2+}$向四周迁移、扩散,与阴极区生成的$OH^-$反应,生成$Fe(OH)_2$。氧气充分时,$Fe(OH)_2$被进一步氧化成$Fe(OH)_3$,脱水后变成疏松多孔的红锈$Fe_2O_3$;少氧条件下,$Fe(OH)_2$氧化不完全,部分生成黑锈$Fe_3O_4$。

$$4Fe(OH)_2 + O_2 + 2H_2O = 4Fe(OH)_3$$
$$6Fe(OH)_2 + O_2 = 2Fe_3O_4 + 6H_2O$$

**1) 混凝土的碳化[9]**

大气中的$CO_2$能和混凝土的碱性物质发生反应,从而中和混凝土中的碱,使得混凝土逐渐"中性化"(俗称"碳化")。文献[10]总结了混凝土碳化的影响规律如下:

(1) 钢筋脱钝只是钢筋锈蚀的一个必要条件,混凝土中有水和氧气的供应也是钢筋锈蚀的必要条件,如果混凝土过于干燥或氧气向钢筋表面扩散困难,钢筋都不会发生锈蚀。

(2) 混凝土横向裂缝可以造成钢筋在裂缝附近的局部锈蚀。但锈蚀的速度不是由表面裂缝宽度控制,与裂缝尖端距钢筋表面和混凝土的脱开长度有关,还与裂缝间距、混凝土中水分供应和氧气的扩散速率有关。试验和工程经验表明,合理限制横向裂缝宽度,设计使用年限一般可以保证。

(3) 碳化速率可以反映混凝土中气体扩散的快慢。当混凝土中碱含量相同时,碳化速率代表了混凝土的密实度,可以一定程度上反映钢筋锈蚀的速度。混凝土碳化深度的测试比钢筋锈蚀的测定简单得多,可以用碳化速率作为钢筋锈蚀速度的参数。

(4) 混凝土保护层厚度可以从两方面缓解钢筋锈蚀。首先,保护层厚度加大,碳化引起的钢筋锈蚀开始时间就可以推后;其次,不论对何原因引起的钢筋锈蚀,只要是氧气扩散控制的锈蚀过程,保护层厚度加大,都会减慢锈蚀速率。采用密实性好的混凝土和设置各类覆盖层都可减缓锈蚀速率,提高耐久性。

此外,混凝土碳化在空气湿度为50%~70%时发展速度更快;同时温度对碳化影响也很大,温度越高二氧化碳渗入越快[11]。

**2) $Cl^-$的侵蚀**

从电化学反应的过程可以看出,$Cl^-$并没有直接参加电化学过程,它只是起到化学反应中的催化剂作用,主要体现在以下四个方面[12]:

(1) 局部酸化作用。虽然氯化物是中性盐,它的侵入不会引起整个混凝土微孔水溶液

pH 值的变化,但是当其中的氯离子与其他阴离子(如 $OH^-$、$O^{2-}$ 等)共存并竞相被吸附时,$Cl^-$ 具有优先被吸附的趋势。所以,钢筋钝化膜表面附近的 $OH^-$ 浓度将远低于微孔水中 $OH^-$ 的平均含量。这说明,钢筋钝化层表面附近已被 $Cl^-$ 局部酸化。相关研究资料表明,由于 $Cl^-$ 的局部酸化作用,钢筋表面阳极电解液的 pH 值被局部降低到 3.5 左右。显然,在如此低的碱度下,钝化膜易被溶解。

(2) 形成"活化-钝化膜"腐蚀原电池。$Cl^-$ 半径小、活性大,常常从膜结构的缺陷处(如晶界、位错等)渗进去将钝化膜击穿,直接与金属原子发生反应。这样,露出的金属便成了"活化-钝化膜"腐蚀电池的阳极,而未被击穿的大面积钝化膜区域便是"活化-钝化膜"腐蚀电池的阴极。这种小阳极、大阴极的腐蚀电池促成了所谓的小孔腐蚀,即坑蚀现象。

(3) 催化剂作用。$Cl^-$ 在钢筋腐蚀过程中,其本身不被消耗,只起到加速腐蚀进程的催化剂作用。在 $Cl^-$ 的催化作用下,钢筋表面腐蚀(坑蚀)微观电池的阳极反应产物 $Fe^{2+}$ 被及时地"搬运"出去,不使其在阳极区堆积下来。这样就大大加速了钢筋的腐蚀进程。由于 $Cl^-$ 在钢筋腐蚀过程中本身不被消耗,而是重复循环地被利用,因此氯化物侵蚀一旦发生,就很难补救。

(4) 降低混凝土电阻的作用。氯化物侵入混凝土后,其中的氯离子($Cl^-$)及钠离子($Na^+$)、钙离子($Ca^{2+}$)等阳离子都会参与混凝土中的离子导电,降低钢筋表面微观腐蚀电池阴、阳极之间的混凝土电阻,提高腐蚀电池的效率,从而加速了钢筋电化学腐蚀的进程。

从上述原理可知,对于混凝土中钢筋锈蚀的电化学反应,$Cl^-$ 并没有直接参与,只是加速了这一过程。因此在工程中,可以采用对混凝土表面进行密封处理,以隔绝水和空气进入混凝土内部。此外,$Cl^-$ 进入钢筋表面,只有达到一定浓度时才会发生前述四个方面的作用,这个浓度就是引起钢筋锈蚀的"临界值"。该临界值与混凝土的 pH 有关,一般当 $Cl^-$/$OH^-$ > 0.61 时,钢筋开始锈蚀[13]。

氯盐在自然环境和工业、生活条件下,都是广泛存在的。氯离子进入混凝土中一般通过如下途径[9]:①施工过程混入或掺入:如使用含氯盐骨料(海砂等)、含氯盐施工用水、含盐水(海水等),以及人为掺入含氯盐外加剂等(氯盐防冻剂、早强剂等);②环境中氯盐的渗入:海洋环境和近海的钢筋混凝土结构物,直接受到海风、海雾、海水的侵袭,盐碱地区、盐湖区域也存在氯盐的侵蚀,都是通过氯盐离子逐步渗透到钢筋表面,造成钢筋锈蚀而引起的腐蚀破坏;③人为造成的盐侵蚀环境:如冬季向道路桥梁上撒氯盐熔化冰雪,以保证交通畅达,但却酿成了"盐"条件,某些工业用盐环境、盐生产条件下,对钢筋混凝土结构物也造成腐蚀破坏。

### 4.1.3 钢筋电化学腐蚀的影响参数

前面提到,钢筋锈胀后会导致保护层混凝土开裂,保护层的裂缝又会加剧钢筋的进一步锈蚀。这里需要强调的是,并不是混凝土构件上的所有裂缝都能明显导致钢筋加速锈蚀。日本相关学者曾就钢筋混凝土裂缝宽度对钢筋锈蚀速度的影响进行过专门的试验研究,通过长达 20 年的观察发现,对于宽度较小的裂缝(≤0.1 mm),锈蚀初期 1~2 年裂缝宽度对锈蚀发展有很小的影响,后期则无影响;较宽的裂缝(≥0.25 mm),其初期对锈蚀发展的影响非常明显,直到 10 年后这种影响才变得很小。我国的调查结果表明处于露天或潮湿的环境下,裂缝宽度达到 0.2 mm 以上时,裂缝处钢筋锈蚀严重;而处于室内干燥的环境下,即使有裂缝,钢筋也基本无锈蚀或锈蚀较轻[14]。文献[15]研究结果表明,0.5 mm 宽度裂缝底部暴露的铁丝表面的锈蚀过程为持续锈蚀,而 0.2 mm 宽度裂缝底部的锈蚀过程呈明显的封填机理。

关于裂缝宽度对 $Cl^-$ 引起锈蚀的影响,文献[16]基于 8 根开裂(预制裂缝和受弯裂缝)

的钢筋混凝土梁试件进行了盐溶液干湿循环试验,并采用 ADINA 有限元软件对开裂混凝土内氯离子的二维扩散行为进行模拟分析。试验和有限元模拟结果表明:①裂缝加速了氯离子的侵入,导致钢筋过早地开始锈蚀,且为局部氯离子的二维扩散提供了条件。②随着裂缝宽度的增大或间距的减小,其对氯离子在混凝土内扩散的程度影响越大;当与裂缝截面的距离大于一定值后,氯离子的侵蚀分布不受裂缝影响。

文献[17]指出溶液中氧气含量的适当降低有效减缓了钢筋钝化膜的破坏速度,但对钢筋钝化膜破坏的临界氯离子浓度未产生影响。文献[18]的研究结果表明,降低水灰比可以延长钢筋开始锈蚀的时间,同时也可以有效地降低钢筋锈蚀速率。

关于钢筋锈蚀速度的问题,文献[19]根据试验研究得出如下结论:①环境温度对钢筋锈蚀速度影响较大。无论氯离子侵蚀还是碳化情况,随着温度的升高,钢筋锈蚀速度有明显的提高。氯离子侵蚀和碳化情况下,温度平均每升高 10℃,钢筋锈蚀电流密度分别提高了2.19 倍和 0.45 倍,使得钢筋锈蚀速度提高约 1 倍。②环境湿度对钢筋锈蚀速度同样有明显影响。相对湿度平均每提高 10%,氯离子侵蚀和碳化情况下钢筋锈蚀电流密度分别提高了 1.58 倍和 1.16 倍。③氯离子侵蚀情况下钢筋锈蚀速度明显高于碳化情况下的速度。不同温度、湿度条件下进行平均,氯离子侵蚀情况下钢筋锈蚀电流密度比碳化情况下提高了3.5 倍。文献[69]认为钢筋锈蚀速度与环境条件有很大的关系。在气候干燥的地区,如北京、兰州、西宁地区,当室内没有腐蚀性物质且构件不受水的干扰时,构件钢筋锈蚀的速度较慢,如西宁室内,裸露在外的钢筋,经 4～5 年的时间,钢筋也不会锈蚀。北京室内,裸露在外的钢筋,经 4～5 年的时间,钢筋表面也只有一层浮锈。在气候比较潮湿的南方地区,混凝土中钢筋锈蚀较快。在常温范围内(20℃左右),钢铁在开敞水中的锈蚀量为 0.25 mm/年;水温高,钢铁锈蚀速度加快,温度升高 10℃,钢铁的锈蚀速度约增加 0.025 mm/年。

在评估钢筋混凝土结构的钢筋锈蚀量时,根据平均锈蚀裂缝宽度来评定某处钢筋的平均重量损失率是比较现实的,而在计算锈蚀钢筋的力学性能时,用截面损失率来考虑更合理。总之两者之间不是对等关系,在评价钢筋锈蚀损失程度时,应注明是重量损失还是截面损失。文献[20]从实际结构和构件中取出的 63 根锈蚀钢筋进行了统计分析,给出重量损失率 $\lambda$ 与截面损失率 $\rho$ 两者之间的换算公式,见表 4-1 所示。其中重量损失率用 $\lambda$ 的计算方法见式(4-1)。

$$重量损失率 \lambda = \left( \frac{原始重量-锈蚀后重量}{原始重量} \right) \times 100\% \tag{4-1}$$

**表 4-1 截面损失率与重量损失率之间的关系**

| 重量损失率/% | 重量损失率 $\lambda$ 与截面损失率 $\rho$ 关系 |
| --- | --- |
| 小于 10 | $\rho = 0.013 + 0.987\lambda$ |
| 10～20 | $\rho = 0.061 + 0.939\lambda$ |
| 20～30 | $\rho = 0.129 + 0.871\lambda$ |
| 30～40 | $\rho = 0.199 + 0.801\lambda$ |

由表 4-1 可以看出,随着钢筋锈蚀量的增大,锈蚀的不均匀性、离散型更大,重量损失与截面损失的差异越大。钢筋的截面损失率通常大于其重量损失率。

## 4.2　混凝土构件锈胀的理论分析

在《民用建筑可靠性鉴定标准》里，混凝土构件因主筋锈蚀（或腐蚀）导致混凝土产生沿主筋方向开裂、保护层脱落或掉角时，应视为不适于继续承载的裂缝，并应根据其实际严重程度安全性评定为 $c_u$ 级或 $d_u$ 级。文献[21]的研究结果认为，混凝土构件由于中性化钢筋锈胀使得混凝土保护层的裂缝宽度达到 $0.3 \sim 0.4$ mm 时，才能判定构件的正常使用寿命终止；并且混凝土构件中裂缝宽度发展到 0.3 mm 所需要的时间比钢筋从钝化膜破坏至出现第一条裂缝这段时间要长。从这里可以看出，混凝土保护层出现锈胀裂缝并不意味该构件就失效了，只要裂缝宽度在可控范围内，及时采取治理措施，其仍然可以继续投入使用。那么此时需要关注的问题就是，一般混凝土构件中保护层出现锈胀裂缝时，钢筋的锈蚀损失率应处于多大的范围及其计算模型。

文献[22]应用弹性力学理论建立了由于钢筋锈蚀导致的混凝土保护层胀裂时的钢筋锈蚀率的解析表达式。

令 $\rho$ 为钢筋锈蚀率（按钢筋截面损失率计算），得到混凝土保护层胀裂时钢筋锈蚀率 $\rho_c$ 的计算式（4-2）。

$$\rho_c = \frac{\left[ \sqrt[3]{-\dfrac{N_2}{2} + \sqrt{\left(\dfrac{N_2}{2}\right)^2 + \left(\dfrac{N_1}{3}\right)^3}} + \sqrt[3]{-\dfrac{N_2}{2} - \sqrt{\left(\dfrac{N_2}{2}\right)^2 + \left(\dfrac{N_1}{3}\right)^3}} - \dfrac{a_2}{3a_1} \right]^2 - 1}{(n-1)} \tag{4-2}$$

式中：

$$N_1 = \frac{a_3}{a_1} - \frac{1}{3}\left(\frac{a_2}{a_1}\right)^2 \tag{4-3}$$

$$N_2 = \frac{2}{27}\left(\frac{a_2}{a_1}\right)^3 - \frac{1}{3}\left(\frac{a_2}{a_1}\right)\left(\frac{a_3}{a_1}\right) + \frac{a_4}{a_1} \tag{4-4}$$

$$a_1 = M_2 - t_1 \tag{4-5}$$

$$a_2 = t_1 + M_1 M_3 \tag{4-6}$$

$$a_3 = t_1 - M_2 - t_2 \tag{4-7}$$

$$a_4 = 2M_1(n-1) + t_2 - M_1 M_3 - t_1 \tag{4-8}$$

$$M_1 = \frac{(1+\nu_c)(R+c)^2 + (1-\nu_c)R^2}{E_c(2Rc + c^2)} \tag{4-9}$$

$$M_2 = \frac{n(1-\nu_r^2)}{E_r} \tag{4-10}$$

$$M_3 = (1+\nu_r)n - 2 \tag{4-11}$$

$$t_1 = \frac{M_3}{q^*} \tag{4-12}$$

$$t_2 = \frac{2(n-1)}{q^*} \tag{4-13}$$

上式中，$q^* = (0.3 + 0.6c/d)f_{tk}$ 为混凝土保护层开裂时钢筋锈胀力；$c$ 为混凝土保护层厚度；$d$ 为钢筋直径；$f_{tk}$ 为混凝土抗拉强度标准值；$n$ 为铁锈膨胀率；$\nu_r = 0.49$ 和 $E_r = (1 - 2\nu_r)6\,000$ 分别为铁锈的泊松比和弹性模量，依据文献[23]确定。

基于上述的理论计算公式，针对直径为 8～25 mm 的钢筋，铁锈膨胀率为 2.0～4.0、保护层厚度为 15～35 mm、混凝土强度等级为 C20～C40 的混凝土构件，当其构件的表面出现裂缝时，钢筋的锈蚀率介于 0.003 9%～0.062 5%。此外还应该指出的是，由于实际上混凝土与钢筋交界面上混凝土表面的空隙率，以及混凝土内部存在微小孔隙，有部分铁锈在对外围混凝土产生应力之前会渗入到混凝土的孔隙中去，而使得混凝土保护层胀裂时的钢筋锈蚀理论计算偏于保守。综上所述，混凝土表面产生受拉裂缝时，钢筋的锈蚀率是很低的；当然，理论计算的受拉裂缝是根据抗拉强度标准值计算的临界值，通常是肉眼不易观察到的。该文献还得到以下一些结论：①随混凝土保护层厚度的增加，混凝土保护层胀裂时的钢筋锈蚀率增大；②钢筋直径越小，混凝土保护层胀裂时的钢筋锈蚀率增大；③随混凝土等级的提高，混凝土保护层胀裂时的钢筋锈蚀率增大；④铁锈膨胀率减小，混凝土保护层胀裂时的钢筋锈蚀率增大，因此，确定某环境下的钢筋铁锈膨胀率，对确定该环境下混凝土保护层胀裂时的钢筋锈蚀率有重要的意义；⑤铁锈性质对混凝土保护层胀裂时的钢筋锈蚀率影响很小。后来，文献[24]推导出综合考虑混凝土塑性性能及混凝土与钢筋界面裂隙等因素的混凝土保护层锈胀开裂时钢筋锈蚀率的计算公式，相对文献[22]，其理论计算值更接近试验值。文献[25]在已有研究工作的基础上，假设钢筋表面均匀锈蚀，基于弹塑性力学和断裂力学理论，采用以 $c/d_0$（$c$ 为混凝土保护层厚度，$d_0$ 为钢筋的原始直径）作为控制指标，计算混凝土保护层开裂时刻的锈蚀深度。但是该模型是在假设钢筋锈蚀为均匀的前提下，与实际情况也存在一定的差异。

根据文献[21]的试验研究（电化学快速锈蚀：通过控制腐蚀电流密度和腐蚀时间来快速实现钢筋的锈蚀率）结果，钢筋直径为 16 mm，保护层厚度 20～30 mm，抗拉强度为 3.55 MPa，当构件表面出现宽度为 0.05～0.1 mm 裂缝时，钢筋的锈蚀率（截面锈蚀率）约为 0.5%；出现宽度为 0.2～0.3 mm 裂缝时，钢筋的锈蚀率约为 2.5%；裂缝宽度达到 0.5 mm 时，钢筋的锈蚀率约为 3.4%。

## 4.3　钢筋锈蚀后力学性能

钢筋锈蚀后的力学性能可用钢筋锈蚀后的实际力学性能和钢筋锈蚀后的名义力学性能两类数据反映。①钢筋锈蚀后的实际力学性能是指在考虑锈蚀钢筋截面减小的前提下，对剩余截面的力学性能所进行的研究；钢筋锈蚀后实际力学性能指标主要包括钢筋锈蚀后实际屈服强度、钢筋锈蚀后实际极限强度及钢筋锈蚀后实际伸长率。由于锈蚀钢筋截面损失极不规则，一般要在分析中引入锈蚀影响参数。②钢筋锈蚀后名义力学性能是最为常用的反映钢筋锈蚀后力学性能的指标。钢筋锈蚀后，其截面面积减小，截面损失会产生应力集中，导致钢筋承载能力降低；但是，由于钢筋锈后截面面积难以确定（锈蚀的不均匀性），因此在工程中常用钢筋锈蚀前截面面积作为计算参数。这种不考虑锈蚀钢筋截面损失而确定的力学性能称为钢筋的名义力学性能。钢筋锈蚀后的名义力学性能指标主要包括：钢筋锈蚀后的名义屈服强度、钢筋锈蚀后的名义极限强度及钢筋的伸长率。钢筋的名义屈服强度和名义极限强度是钢筋锈蚀后的屈服荷载、极限荷载与钢筋原有截面面积的比值，是对锈蚀钢筋承载能力的一种综合考虑与计算,结果简单且便于工程应用。钢筋的名义屈服强度显然小于钢筋未锈时的屈服强度。从宏观上看,名义屈服强度下降的原因主要有两点:一是钢筋锈蚀以后有效截面面积变小,从而使其所能抵抗的拉力减小;二是锈蚀钢筋的表面凹凸不平,受力以后严重的应力集中使其所抗拉力进一步减小,且钢筋锈蚀越严重,应力集中等引起的屈服强度的降低越多[26]。

由于混凝土中钢筋的自然锈蚀过程持续时间很长,目前研究者们大都采用外加电流加速锈蚀法获得锈蚀构件。外加电流加速锈蚀通常有两种做法,一种是将混凝土试件置于大气中,部分区段内掺氯盐或外浇盐溶液,利用预埋不锈钢筋充当阴极进行通电锈蚀;另一种做法将混凝土试件浸泡在溶液中,利用浸入溶液的铜片充当阴极进行通电加速锈蚀。两种方法的原理都是将拟锈蚀钢筋作为阳极,通过外加电流使其发生阳极反应,整根钢筋外表面均产生 $Fe^{2+}$,发生比较均匀的锈蚀。

文献[27]根据钢筋锈蚀的电化学原理,对 HPB235(直径 8 mm、10 mm,光圆外形)、HRB335(直径 16 mm、22 mm,月牙肋外形)、HRB400(直径 8 mm、16 mm、25 mm,月牙肋外形)和 HRB500(直径 10 mm、16 mm、25 mm,月牙肋外形)等四类钢筋进行了实验室通电加速锈蚀,得到了各类钢筋,特别是高强钢筋的锈蚀情况及不同锈蚀程度钢筋的力学性能指标。试验结果表明:①随着钢筋锈蚀率的增加,弹性阶段逐渐缩短,屈服阶段逐渐不明显直至无明显屈服阶段,强化阶段也逐渐缩短,锈后曲线高度明显降低,断后钢筋伸长率明显减小。②在同等锈蚀条件下,高强钢筋的耐腐蚀性较强,较难发生锈蚀,但其锈后名义力学性能的退化情况较普通钢筋略微严重,特别表现在其锈后伸长率的退化上。

文献[26]对 87 根未冷拉的Ⅰ级钢光面钢筋试件、41 根 5 号钢试件以及 45 根Ⅱ级钢筋试件进行了试验研究。试件的直径从 $\phi6$ 到 $\phi25$,截面锈蚀率从 0 到 60%。试验结果表明:随着锈蚀量的增大,钢筋的应力-应变曲线的屈服平台逐渐减小,锈蚀越严重,颈缩越不明显。这说明锈蚀钢筋的塑性随着锈蚀率的增大而变差。钢筋锈蚀以后塑性降低会使结构破坏前失去预兆。

此外,文献[26]基于 242 根试件的试验数据进行回归分析,给出钢筋名义屈服强度相对值 $\alpha_s$(相对于未锈蚀钢筋的屈服强度)的计算式(4-14)。钢筋锈蚀以后,极限强度也会变小,原因与屈服强度的降低相似。基于 263 根试件的试验数据进行回归分析,该文献得到名义极限强度相对值 $\alpha_{su}$ 的计算式(4-15)。另外,基于 242 根试验构件的结果发现,钢筋锈蚀以后屈强比也可能有所改变。其原因与屈服强度和极限强度降低幅度不同有关,极限强度下降的幅度相对大一些。

$$\alpha_s = 0.986 - 1.038\rho \tag{4-14}$$

$$\alpha_{su} = 0.981 - 1.052\rho \tag{4-15}$$

文献[28]采用了四种热轧带肋钢筋和一种冷轧带肋钢筋,热轧带肋钢筋级别为Ⅱ级,直径分别为 12 mm、16 mm、20 mm、25 mm,冷轧带肋钢筋级别为 LL800 级,直径为 5 mm,产地均为首钢。其中热轧带肋钢筋试样取长 500 mm,冷轧带肋钢筋取长 300 mm,均以 3 根为一组,各取 60 组试样。在对钢筋的加速锈蚀处理过程中,采用提高钢筋周围环境相对湿度,加大氯离子含量等办法加速钢筋锈蚀。随着锈蚀的加剧,可以清楚地看到,试样由于铁锈而剧烈膨胀,并产生顺筋方向的裂缝,轻轻敲打即有铁锈脱落。试样局部截面有较大的截面损失。在进行力学试验前，对试样进行了除锈处理，目的在确定钢筋的锈蚀程度或重量损失率λ。依据试验结果，分别给出了不同直径钢筋锈蚀后的屈服强度或极限强度计算公式，并且认为细钢筋对锈蚀更加敏感；在同样的使用环境下，原始强度相对高的钢筋由于其强度储备大，对于锈蚀有一定的减缓作用。

Φ12 热轧带肋钢筋的屈服强度与其锈蚀损失率 λ(%)之间的统计拟合方程见式(4-16)：

$$\sigma_s = \sigma_{s0} \times (1 - 0.931 \times 10^{-2}\lambda) \tag{4-16}$$

Φ16 热轧带肋钢筋的屈服强度与其锈蚀损失率 λ(%)之间的统计拟合方程见式(4-17)：

$$\sigma_s = \sigma_{s0} \times (1 - 0.557 \times 10^{-2}\lambda) \tag{4-17}$$

Φ20 热轧带肋钢筋的屈服强度与其锈蚀损失率 λ(%)之间的统计拟合方程见式(4-18)：

$$\sigma_s = \sigma_{s0} \times (1 - 0.895 \times 10^{-2}\lambda) \tag{4-18}$$

Φ25 热轧带肋钢筋的屈服强度与其锈蚀损失率 λ(%)之间的统计拟合方程见式(4-19)：

$$\sigma_s = \sigma_{s0} \times (1 - 0.771 \times 10^{-2}\lambda) \tag{4-19}$$

式(4-16)、式(4-17)、式(4-18)、式(4-19)中：$\sigma_s$ 为锈蚀后的屈服强度；$\sigma_{s0}$ 为锈蚀前的屈服强度。

Φ5 冷轧带肋钢筋的极限强度与其锈蚀损失率 λ(%)之间的统计拟合方程见式(4-20)：

$$\sigma_b = \sigma_{b0} \times (1 - 1.36 \times 10^{-2}\lambda) \tag{4-20}$$

式(4-20)中：$\sigma_b$ 为锈蚀后的极限强度；$\sigma_{b0}$ 为锈蚀前的极限强度。

文献[29]将配置有Φ12 钢筋的混凝土试件暴露在室外自然环境中，8～10 年后产生裂缝，在宽度小于 0.1 mm 时，钢筋的重量锈蚀损失率约 0.8%，并且力学性能中仅延伸率降低约 10%。

众所周知，在正常的工艺制度和化学成分范围内生产出的热轧钢筋都有明显的屈服点和一定长度的屈服台阶，并且抗拉强度与屈服强度之比一般在 1.25～1.5 倍以上。然而当钢筋严重锈蚀后，应力-应变曲线发生很大变化，屈服点开始消失，屈服强度与抗拉强度非常接近，容易引起结构的突然破坏。文献[20]通过对 95 根已经锈蚀的热轧钢筋（损失率 0.5%～75.6%）的试验曲线分析可以得到，当截面锈蚀损失率在 10%以内时，热轧钢筋还具有较为明显的屈服点。

文献[8]基于国内外学者的试验研究结果可以得到：随着钢筋锈蚀率的增大，名义屈服强度、极限强度和极限延伸率降低，屈服平台缩短甚至消失。但是，锈蚀钢筋的弹性模量未见明显变化。此外，钢筋锈蚀后，由于有效截面积减小及屈服强度和变形能力降低等因素，其疲劳强度明显降低。同时，锈蚀钢筋的疲劳性能不仅与疲劳荷载的应力水平、应力比有关，还与锈坑的形态相关，而锈坑的形态因钢筋种类、钢筋锈蚀率、钢筋锈蚀原因的不同而异。

文献[30]的研究结果表明，锈蚀钢筋的力学性能退化主要表现在屈服强度下降和延伸率下降，退化原因是钢筋坑蚀引起的应力集中。当钢筋平均锈蚀重量损失率小于 5%时，由于坑蚀影响较小,退化影响不明显;随锈蚀率的增大,坑蚀逐渐明显,退化影响增大。

## 4.4　锈蚀后钢筋混凝土粘结性能

钢筋与混凝土之间的有效粘结是钢筋与混凝土能够共同工作的重要保证。一旦钢筋与混凝土之间粘结性能降低,将会导致钢筋端部锚固的失效,构件的原始承载能力计算的平截面假定不再成立且承载能力下降,严重时可能导致结构构件的局部垮塌。因此,非常有必要掌握锈蚀后钢筋混凝土的粘结性能。

文献[31]对某轧钢车间已使用了 36 年的屋面钢筋混凝土挡风支架梁进行了试验研究。在相当一批构件中出现宽度不等的锈胀裂缝,严重的已有保护层脱落。钢筋混凝土支架梁为 T 形截面,肋宽 70 mm,梁肋下部配置单根 φ12 光面钢筋。由于施工偏差,保护层厚度从 8.5 mm 到 30.5 mm 不等。应用手提式混凝土切割机截取梁肋作为锚固试件,截面为 70 mm×70 mm 左右,钢筋锚固长度 $l_a$ 与钢筋直径 $d$ 的比值在 14.1～16.2 之间。试件共计 27 个。其中混凝土未开裂的 10 个,钢筋的最小保护层厚度在 10～30.5 mm 之间,钢筋均有轻度浮锈,个别试件已有锈层;锈胀裂缝宽度在 0.05～0.2 mm 之间的试件 4 个,钢筋普遍有浮锈,有的已有锈坑,深度在 0.02～0.3 mm 之间;锈胀裂缝宽度在 0.25～0.65 mm 之间的试件 4 个,钢筋普遍有锈层,厚度为 0.06 mm 左右;锈胀裂缝宽度在 0.8～1.5 mm 之间的试件 4 个,钢筋全部均有锈坑,深度在 0.06～0.6 mm 之间;钢筋沿周长裸露(1/3～1/2 周长)的试件 5 个。经取芯检测试验,支架梁的混凝土立方体强度为 21.2 MPa。下面是其主要的试验结果与分析。

1) 破坏形态

试件状况不同,发生的破坏形态也不相同。无锈胀裂缝的试件,破坏全部表现为钢筋拔出,其中保护层较小或拔出力很大的试件,在拔出孔洞周边有一些微裂缝。锈胀裂缝宽度小于 0.2 mm 的试件,视其保护层厚度的大小,钢筋可能拔出,也可能发生混凝土劈裂破坏。锈胀裂缝宽度更大时,所有试件均为混凝土劈裂破坏。

2) 荷载-滑移曲线

试验结果表明,光面钢筋锈蚀后的荷载-滑移曲线具有以下特点:

(1) 在拉拔荷载很小时,自由端即出现滑动,自由端与拉拔端的荷载-滑移曲线十分接近,表明构件在使用过程中钢筋锈蚀使水泥凝胶体与钢筋表面的化学胶着力遭到破坏,锈后钢筋的粘结力主要通过摩擦和机械咬合作用提供。

(2) 拉拔荷载达到最大值后,荷载急剧减小,荷载-滑移曲线出现陡降的下降段,锈后钢筋的粘结延性很差。

(3) 对应最大拉拔荷载的滑移值随锈胀裂缝宽度的增加急剧减小,后期粘结强度衰减较快,拔出时的极限滑移值也相应减小(图 4-1)。

3) 粘结性能的影响因素

(1) 保护层厚度

试验结果表明:在混凝土保护层未开裂前,相对保护层厚度 $c/d$($c$ 为保护层厚度)对光面钢筋粘结强度的影

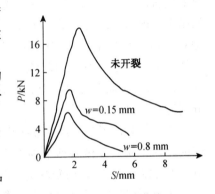

图 4-1　荷载-滑移曲线

响很小。对混凝土保护层已有锈胀裂缝的构件,除保护层较厚且裂缝宽度很小的以外,均为混凝土劈裂破坏,破坏形态与变形钢筋的锚固试件相似,此时粘结强度与保护层厚度大致呈线性关系。

(2) 锈胀裂缝宽度

混凝土保护层在钢筋锈胀力作用下一旦开裂,径向压力得到某种程度的释放,使摩阻力减小,粘结强度降低。同时由于锈胀裂缝的存在又大大降低了混凝土保护层在拉拔过程中的抗劈裂能力,而钢筋锈蚀后表面凹凸不平,在拉拔力作用下,混凝土保护层往往产生较大的横向拉应力,造成混凝土劈裂破坏,是粘结力下降的重要原因。试验结果表明:混凝土保护层沿钢筋开裂后,极限粘结力急剧下降,随裂缝宽度增加,下降速度逐渐变缓。

4) 极限粘结应力

对 22 个试件的试验结果进行统计分析,极限粘结应力可用回归拟合分析的式(4-21)进行计算:

$$\tau_b = 2.94 e^{-2.1w} \left( 0.13 + 0.5 \frac{c}{d} \right) \quad w \leqslant 1.5 \text{ mm} \qquad (4\text{-}21)$$

式(4-21)中:$w$ 为锈胀裂缝宽度(mm)。

当锈胀裂缝宽度大于 1.5 mm,直至钢筋部分裸露的试件,其粘结强度已基本丧失;5 个钢筋部分裸露试件的平均粘结强度为 0.127 MPa,仅为无锈胀裂缝试件的 3.5%～5.5%。

文献[32]完成 6 个粘结试件的试验研究,混凝土的立方体抗压强度为 32.47 MPa,钢筋为直径 22 mm 的变形钢筋。得到以下结论:①锈蚀率不同的钢筋与混凝土之间的粘结应力在锚固区的不同位置上显现出较大的差异;随着荷载的增大,粘结应力的峰值有向自由端漂移的趋势。②钢筋锈蚀重量损失率在 5% 左右时,锈蚀产物增大了钢筋与混凝土之间的摩阻力,混凝土对钢筋的约束增大,使粘结应力有部分提高。随着钢筋锈蚀率的进一步增大,胶着力下降,锈蚀产物疏松,体积变大,对周围混凝土产生径向膨胀力,导致混凝土开裂,降低了对钢筋的约束力。钢筋锈蚀重量损失率达到 20% 左右时,机械咬合力丧失,混凝土试件受力性能严重受损。③钢筋锈蚀重量损失率较大时(>8%),变形肋严重受损,达到粘结应力峰值后,粘结-滑移曲线下降较平缓,无明显的劈裂段。锈蚀重量损失率在 20% 左右时,钢筋与混凝土之间的粘结力基本丧失,较小的滑移就能使试件达到破坏状态。

光面钢筋与混凝土的粘结机理与变形钢筋是有本质区别的。文献[33]通过光面钢筋和变形钢筋在混凝土试块中的拔出试验,研究了钢筋锈蚀量对两种钢筋与混凝土的粘结强度的影响。拔出试件的混凝土材料为 425♯ 硅酸盐水泥、中沙和最大粒径小于 40 mm 的碎石。按 C25 要求的混凝土配合比为水泥:砂:石:水 = 1:1.8:3.4:0.55,混凝土 28 天的立方体抗压强度测得为 22.13 MPa。光面钢筋和变形钢筋分别采用直径为 12 mm 的 Ⅰ 级钢和 Ⅱ 级钢,分别测得其强度为 389 MPa 和 427 MPa。光面钢筋与变形钢筋的拔出试验结果分别见表 4-2、表 4-3 所示。

表 4-2 列出了各光面钢筋拔出试件 P1～P14 的极限粘结强度、极限粘结强度实测值与理论计算无锈试件极限粘结强度之比,以及对应的钢筋锈蚀率和换算后的钢筋锈层厚度。由此表可以看出,随着钢筋锈层厚度的增加,光面钢筋与混凝土的极限粘结强度有较大幅度的提高(最大值可达到未锈时的 3 倍以上),而一旦构件出现锈胀裂缝以后,粘结强度立即开

始降低;在构件出现胀裂前光面钢筋与混凝土的极限粘结强度达到最大值。光面钢筋锈蚀以后,钢筋与混凝土粘结力的提高可以从光面钢筋与混凝土之间的摩擦力和两者之间的径向力来考虑。首先,随着钢筋锈蚀量的增加,钢筋的锈蚀在钢筋表面形成大大小小的蚀坑,从而使光面钢筋的表面状况发生变化,使光面钢筋与混凝土的摩擦系数从未锈到重锈,可以提高2倍或3倍。由于铁锈体积大于原钢筋体积,随着钢筋锈蚀量的增加,光面钢筋与混凝土之间的径向压力也会增加,增加的径向压力就是所谓的锈胀力。外围混凝土未被铁锈胀裂之前,锈胀力越大,钢筋与混凝土之间的径向压力就越大。如一旦混凝土保护层胀裂,由于能量的释放,会导致径向压力的突变,使得光面钢筋与混凝土的粘结力开始下降。因此,随着光面钢筋锈蚀量的增加,其与混凝土的粘结强度会有所增加,但这种趋势达到外围混凝土出现胀裂时刻就发生了变化,这时钢筋锈蚀的增加,导致胀裂裂缝的扩大,钢筋与混凝土的粘结强度减小。

表 4-2　光面钢筋拔出试验结果

| 试件编号 | 极限粘结强度/MPa | 粘结强度之比 | 钢筋锈蚀截面损失率/% | 钢筋锈层厚度/mm |
|---|---|---|---|---|
| P1 | 2.653 9 | 1.228 6 | 0.27 | 0.016 2 |
| P2 | 3.231 2 | 1.009 1 | 0.29 | 0.017 4 |
| P3 | 5.971 3 | 2.270 5 | 0.92 | 0.054 9 |
| P4 | 5.838 6 | 2.175 9 | 1.13 | 0.067 4 |
| P5 | 7.414 4 | 2.819 2 | 0.78 | 0.046 6 |
| P6 | 8.625 3 | 3.279 6 | 1.47 | 0.087 6 |
| P7 | 7.298 3 | 2.775 1 | 1.85 | 0.110 0 |
| P8 | 7.961 8 | 3.027 3 | 1.50 | 0.089 3 |
| P9 | 9.288 7 | 3.531 8 | 1.99 | 0.118 2 |
| P10 | 10.257 4 | 3.900 2 | 1.04 | 0.121 2 |
| P11 | 5.971 3 | 2.270 5 | 2.75 | 0.162 8 |
| P12 | 4.843 4 | 1.841 6 | 2.43 | 0.202 4 |
| P13 | 3.748 7 | 1.425 4 | 4.77 | 0.279 7 |
| P14 | 1.625 5 | 0.618 1 | 5.01 | 0.293 4 |

　　表 4-3 列出了变形钢筋拔出试件 D1~D14 的极限粘结强度、极限粘结强度实测值与理论计算无锈试件极限粘结强度之比,以及对应的钢筋锈蚀率和换算后的钢筋锈层厚度。由此表可以看出,随着钢筋锈蚀量的增加,变形钢筋与混凝土的极限粘结强度在略有提高以后就开始降低。而混凝土保护层的胀裂与否对变形钢筋与混凝土的粘结没有太大的影响。钢筋锈蚀会影响变形钢筋与混凝土的粘结,其主要因素之一是和光面钢筋相似的钢筋与混凝土之间摩擦力的变化,这就是在钢筋锈蚀量较小时,变形钢筋与混凝土粘结强度会略有提高的原因。由于变形钢筋与混凝土的粘结强度主要来源于钢筋变形肋与混凝土的咬合力,因此更为重要的影响因素是钢筋变形肋与混凝土咬合面积的变化。随着钢筋锈蚀量的增加,钢筋变形肋与混凝土的咬合面积越来越小,导致了两者粘结强度的衰退。在构件外围混凝

土保护层发生锈胀开裂时刻的前后,钢筋变形肋与混凝土的咬合面积并未发生突变。因此,变形钢筋拔出试件外围混凝土的胀裂与否,并不会产生试件粘结强度的突变。

**表 4-3　变形钢筋拔出试验数据**

| 试件编号 | 极限粘结强度/MPa | 粘结强度之比 | 钢筋锈蚀率/% | 钢筋锈层厚/mm |
|---|---|---|---|---|
| D1 | 8.923 8 | 1.070 8 | 0.12 | 0.007 2 |
| D2 | 9.487 9 | 1.122 4 | 0.16 | 0.009 2 |
| D3 | 7.364 6 | 0.871 5 | 0.24 | 0.014 4 |
| D4 | 8.459 4 | 1.001 2 | 0.32 | 0.019 2 |
| D5 | 8.393 0 | 0.994 0 | 0.43 | 0.025 7 |
| D6 | 10.615 7 | 1.266 9 | 0.62 | 0.037 1 |
| D7 | 11.345 5 | 1.343 3 | 0.81 | 0.048 4 |
| D8 | 9.985 4 | 1.182 5 | 1.40 | 0.083 4 |
| D9 | 9.952 2 | 1.177 7 | 2.54 | 0.150 5 |
| D10 | 8.592 1 | 1.016 8 | 3.75 | 0.220 9 |
| D11 | 8.697 3 | 1.060 0 | 4.45 | 0.260 3 |
| D12 | 5.971 3 | 0.352 9 | 5.68 | 0.331 6 |
| D13 | 4.644 4 | 0.669 9 | 7.50 | 0.434 3 |
| D14 | 1.658 7 | 0.196 8 | 9.72 | 0.517 7 |

文献[34]为了获得不同锈蚀程度钢筋与混凝土的粘结滑移特性,制作了 6 根钢筋混凝土梁进行了试验研究,试验梁的截面尺寸为 150 mm×250 mm,采用钢筋开槽、内贴片的半梁式粘结试验。钢筋为直径 16 mm 的Ⅱ级钢,采用外加电流加速锈蚀,控制试件表面混凝土的不同锈胀裂缝宽度,分别对应未锈、胀裂前、胀裂时(0.05 mm)及胀裂宽度为 0.15 mm、0.3 mm、0.6 mm 等六种工况;采用直径为 16 mm 的Ⅱ级钢筋,混凝土的保护层厚度为25 mm。该研究结果表明:在加载过程中,随着荷载的加大,加载端附近粘结应力增大,没有出现一般中心拉拔试验中粘结应力随加载过程逐渐内移的现象,但胀裂宽度越大,粘结强度越低,内移的趋势越明显。比较不同胀裂状况试件钢筋锚固区粘结应力分布规律,可以发现胀裂宽度达 0.3 mm、0.6 mm 时,锚固区长度内粘结应力分布比较均匀,说明钢筋锈蚀后混凝土中水泥胶体与钢筋表面之间的化学胶着力遭到彻底破坏,在荷载较小时,自由端就出现滑移;此时,粘结力由摩擦力和机械咬合力组成,沿锚固区长度基本相等。

文献[30]基于钢筋混凝土简支梁试验的破坏过程来看,对钢筋锈蚀重量损失率小于6%的试件,在达到滑移粘结强度后,仍具有一段较明显的劈裂段;钢筋锈蚀重量损失率大于6%的试件,钢筋变形肋受到严重锈蚀,在达到滑移粘结强度后,无明显劈裂。并认为锈蚀钢筋的粘结性能退化主要表现在粘结应力与粘结剪切刚度下降,主要表现在结构承载能力下降、延性下降;当钢筋的锈蚀发展到一定程度,梁的破坏形式从延性破坏转化为脆性破坏。性能退化主要由钢筋平均锈蚀重量损失率、钢筋直径和混凝土保护层厚度控制。当平均锈蚀重量损失率大于 5%时,性能退化程度较明显。此外,该文献给出锈蚀钢筋的粘结性能退化机理:①钢筋的锈蚀产物是一层结构疏松的氧化物,在钢筋与混凝土之间形成一层疏松隔离层,明显地改变了钢筋与混凝土的接触表面,从而降低了钢筋与混凝土之间的胶结作用。②钢筋的锈蚀产物比被锈蚀的钢材占据更大的体积,从而对包围在钢筋周围的混凝土产生径向膨胀力,当径向膨胀力达到一定程度时,会引起混凝土开裂。混凝土开裂导致混凝土对钢筋的约束作用减弱。混凝土开裂所需要的锈蚀率与钢筋直径和保护层厚度有关。③变形钢筋锈蚀后,钢筋变形肋将逐渐退化。在锈蚀较严重的情况下,变形肋与混凝土之间的机械咬合作用基本消失。

文献[35]在考虑钢筋锈蚀后,钢筋与混凝土之间粘结强度降低,钢筋锈蚀后构件的承载力介于未锈蚀构件与无粘结构件之间,建议锈蚀后钢筋强度利用系数应在0.7~1.0之间。

文献[36]研究了钢筋锈蚀对自密实轻骨料钢筋混凝土粘结退化的影响。在该试验中,采用外加恒电流法对埋置于自密实轻骨料混凝土试件中的钢筋进行加速锈蚀,探索钢筋直径和混凝土保护层厚度对试件锈蚀程度、钢筋粘结力退化以及混凝土锈胀起裂时间的影响。自密实轻骨料混凝土水灰比为0.36,轻骨料为600级陶粒(堆积密度为560 kg/m³,吸水率7.5%),水泥为32.5普通硅酸盐水泥。自密实轻骨料混凝土28 d的立方体抗压强度为35 MPa,劈裂强度为2.3 MPa。试验共制作4种类型试件,试件尺寸及锈蚀程度见表4-4所示。为了连续地观察构件表面的裂缝,将LC1、LC2、LC3和LC4在达到计划锈蚀率后分别切割成100 mm厚的切片。切片中的钢筋用以通过拔出试验测定锈蚀对粘结强度的影响。

**表4-4　试件尺寸及钢筋锈蚀损失率**

| 试件编号 | 尺寸/mm | | 钢筋锈蚀重量损失率/% | | | |
|---|---|---|---|---|---|---|
| | 保护层厚度 | 钢筋直径 | 168 h | 336 h | 504 h | 672 h |
| LC1 | 20 | 12 | 3 | 6 | 9 | 12 |
| LC2 | 60 | 12 | 3 | 6 | 9 | 12 |
| LC3 | 20 | 20 | 3 | 6 | 9 | 12 |
| LC4 | 60 | 20 | 3 | 6 | 9 | 12 |

试验研究结果表明:①试件LC1在240 h左右出现第一条可见裂缝;试件LC2在600 h左右出现第一条可见裂缝;试件LC3在140 h左右出现第一条可见裂缝;试件LC4在420 h左右出现第一条可见裂缝。②增大混凝土保护层厚度能有效地增强钢筋和混凝土的粘结强度以及构件的耐久性。在钢筋直径不变的情况下,大保护层厚度试件粘结强度的降低要小于小保护层厚度试件;这不仅是由于大保护层厚度试件具有更大的抗裂强度,而是由于大的保护层厚度可以有效阻止锈蚀进一步发展。此外,对于小保护层厚度的试件,锈蚀对大直径钢筋粘结退化的影响要比其对小直径钢筋的影响明显。

文献[37]对反复荷载作用下锈蚀钢筋与混凝土的粘结滑移性能进行试验研究,钢筋采用电化学快速锈蚀方法,验证钢筋锈蚀率、侧向约束和荷载作用次数对粘结滑移的影响。试验设计制作了直径为100 mm,高为148 mm的混凝土圆柱体,将直径为16 mm的带肋钢筋放置于圆柱体中心位置,设计粘结长度为48 mm;在粘结中部设置直径为6 mm的圆形箍筋一道,两端采取塑料套管模拟无粘结段。混凝土标准养护28 d后,其平均抗压强度实测为31.5 MPa。采用电化学加速锈蚀对混凝土中钢筋进行锈蚀试验,钢筋锈蚀截面损失率为0、3.5%、6.6%和9.2%。试验采用MTS810试验机进行反复荷载作用下的加载,加载全程采用位移控制方法,反复加载的位移幅值为±1.5 mm,加载速度为 0.01 mm/min,反复加载为 10 次循环加载。

　　试验研究结果表明:①当钢筋锈蚀率为 3.5% 时,铁锈填充了钢筋与混凝土的缝隙,增加了混凝土握裹力,相同循环次数下,其峰值粘结力和滞回曲线面积大于无锈蚀试件,表明耗能能力提高。②当锈蚀率大于 3.5% 时,混凝土结构中钢筋生锈引起周围混凝土开裂,降低了混凝土的握裹力,严重降低钢筋与混凝土之间的粘结力,相同循环次数下,随着锈蚀率的增加,峰值粘结力均大幅度降低,其峰值粘结力和滞回曲线面积明显减小,表明耗能能力降低。十次反复荷载作用后,当锈蚀率为 0 时,其粘结力为 4.11 MPa;当锈蚀率为 9.2% 时,其粘结力仅为 1.42 MPa,相当于未锈蚀时的 34.5%。③相同钢筋锈蚀率试件,反复荷载作用显著降低其粘结力,并随着荷载作用次数增多,粘结力逐渐降低,尤其第一次循环荷载作用时,粘结力损失最大。

　　法国学者 Ouglova 等基于钢筋混凝土拔出试验的研究结果,认为当钢筋锈蚀的重量损失率小于 0.4% 时,可以增强钢筋与混凝土之间的粘结应力;当钢筋锈蚀的重量损失率超过 0.4% 后,会使得钢筋与混凝土之间的粘结应力降低[73]。英国学者 Law 等通过直径为 12 mm、16 mm 变形钢筋在侧向有无约束箍筋两种情况下的试验,对钢筋的粘结强度与钢筋锈蚀产生混凝土表面裂缝之间的关系进行了研究[74]。在该试验中,钢筋的拉伸强度标准值为 500 MPa,混凝土的保护层厚度为钢筋直径的 3 倍。研究结果表明:①钢筋与混凝土之间的粘结强度与混凝土表面最大裂缝宽度之间存在线性关系。②在有侧向约束箍筋情况下,混凝土表面刚开裂时,钢筋与混凝土之间的粘结强度有一定的提高;当没有侧向约束箍筋时,则没有这样的现象。

## 4.5　锈蚀钢筋混凝土梁受力性能

　　前面几节主要针对锈蚀钢筋的力学性能以及锈蚀钢筋与混凝土之间的粘结性能退化进行了阐述。本节就锈蚀钢筋混凝土梁构件的相关受力性能,结合国内学者已完成的试验研究成果进行探讨。

　　文献[38]为了分析受弯和受压构件在其钢筋锈蚀前后的基本受力性能,共进行了 24 根梁和 9 根柱的试验,考虑了钢筋直径、钢筋种类以及同类钢筋在不同锈蚀状态下对结构性能的影响;混凝土强度按 C25 设计,同类钢筋均是采用同批钢筋。受弯构件均采用矩形截面 $b \times h = 150 \text{ mm} \times 150 \text{ mm}$,长度为 2 400 mm;纯弯段内所配箍筋为 $\phi 6 @ 200$ 和 $\phi 8 @ 200$,架立钢筋采用 $2 \phi 10$,构件的配筋率从 0.577% 至 1.517%。受压构件矩形截面 $b \times h = 160 \text{ mm} \times 200 \text{ mm}$,试件长度为 1 200 mm,采用对称配筋,两侧钢筋均为 $2 \phi 14$。为了在短期内(3~5年)模拟结构在使用一定时期后(例如 20 年以后)的锈蚀状态,对构件掺加了不同的含盐(氯化钙)量来实现上述的目的。试验时,正常构件外观完好,所有掺加不同量氯化钙的构件均出现了不同程度的锈蚀。梁:沿钢筋纵向锈蚀的裂缝宽度为 0.25~2.5 mm,受力钢筋锈蚀截面损失率为 2.2%~10.99%;柱:沿钢筋纵向锈蚀的裂缝宽度为 0.4~3.0 mm,受力钢筋锈蚀截面损失率为 3.0%~9.05%。

　　根据试验研究结果,对于受弯构件主要结论是:

　　(1) 裂缝发展

　　受弯构件在钢筋锈蚀后出现的垂直裂缝及其发展与正常梁不同,受力裂缝的出现与正常梁相比有所推迟,裂缝间距大于正常构件。根据试验结果分析,当锈蚀纵向裂缝开展宽度为 0.6～1.5 mm 时,裂缝间距是正常构件的 1.52 倍,受力裂缝宽度是正常构件的 1.57 倍。

（2）平截面应变

根据平均应变沿截面高度的分析表明,在同级荷载作用下,锈蚀梁的应变大于正常梁的应变,中和轴高度低于正常梁。对在使用荷载范围内锈蚀梁进行受力分析和截面承载力计算时,宏观上仍然可以采用平截面假定。

（3）挠度

挠度分析表明,由于锈蚀构件有纵向裂缝,刚度低于正常构件,因而挠度大于正常构件。当锈蚀构件的挠度计算仍采用正常构件的计算方法时,当钢筋锈蚀截面损失率小于 4.5％时,取挠度增大系数为 1.4;当钢筋截面损失率大于 4.5％小于 12％时,取挠度增大系数为 1.8。

（4）破坏特征

钢筋锈蚀后,受弯构件的破坏特征与正常构件也有所区别。锈蚀梁在钢筋屈服前,受较高的明显的受力裂缝,构件即将处于破坏状态。而配筋处于适筋梁的正常构件即使有明显的受力裂缝,构件仍然处于正常使用状态。由于钢筋锈蚀构件延性降低很大,构件破坏时的塑性性质明显降低,脆性性质明显增加。试验结果表明,当钢筋锈蚀,粘结力大大降低,压区锈蚀纵向裂缝宽度大于 2 mm 时,在钢筋刚刚屈服的上部混凝土会出现被压碎的现象,破坏形态处于超筋梁和适筋梁的界限破坏状态。而当受拉区钢筋锈蚀量增大到一定程度时,构件会由适筋梁变为少筋梁。不管是出现超筋梁的破坏还是少筋梁的破坏,结构的破坏形态都是从有预兆的塑性破坏变为无预兆的脆性破坏。

（5）抗弯强度

在钢筋锈蚀后,受弯构件的抗弯强度有所降低。受弯构件的破坏是在一定区段内发生的。钢筋锈蚀引起结构强度降低的原因,除了钢筋本身截面减少这个因素外,另一个主要原因就是由于锈蚀粘结力降低,使得破坏区段内锈蚀构件的混凝土和钢筋的平均应变大于正常构件,不能充分地进行应力应变重分布所致。由于粘结力降低使得构件强度降低系数在正常构件和无粘结构件之间。该批试验中极限承载力的最大降低幅度为 23.5％,可见钢筋锈蚀对构件抗弯能力有较大的影响。

对于受压构件,主要结论包括:

（1）轴心受压构件

锈蚀开裂的轴心受压构件,其破坏过程与完好的构件没有明显的差别,只是在同级荷载下,应变值均大于未锈蚀构件。锈蚀构件的承载能力与正常构件的相比,有较大程度的降低,当钢筋锈蚀截面损失率为 4.05％～9.05％时,承载力降低已达 22％～30％。

（2）大、小偏心受压构件

钢筋锈蚀后偏心受压构件的裂缝出现和发展、侧向挠度变化、混凝土应变以及破坏特征、破坏荷载均与正常构件有所差异。

① 大偏心受压锈蚀构件

由于钢筋锈蚀已产生沿筋纵向裂缝的大偏心受压构件,当拉区横向受力裂缝到达纵向锈蚀裂缝位置处,在使用荷载范围内,裂缝高度就在锈蚀裂缝附近,不像正常构件那样有规律地向上发展。同时,裂缝分布很不均匀,裂缝间距是正常构件的 2 倍以上,受力裂缝宽度也相应增大。同级荷载下锈蚀构件的钢筋和混凝土的应变值、挠度均大于正常构件。锈蚀构件开裂荷载与破坏荷载的比值明显大于正常构件,在钢筋刚刚屈服后不久,压区混凝土即被压碎,构件破坏。说明构件延性和塑性性能明显降低,脆性性能明显增加。此外,大偏心锈蚀构件的破坏荷载明显低于正常构件。

② 小偏心受压锈蚀构件

小偏心受压锈蚀构件破坏前没有明显预兆,受拉钢筋应力较小。当受压区钢筋屈服,混凝土达到抗压强度而破坏,具有脆性破坏性质。锈蚀构件在同级荷载作用下的钢筋和混凝土的应变和侧向挠度同样均明显大于正常构件。拉区裂缝发展不明显,破坏过程与正常构件类似,脆性性能更加明显。破坏荷载明显低于正常构件。

对于钢筋锈蚀的受弯构件和受压构件,当用正常构件的计算方法进行承载力计算时,应根据锈蚀开裂和损伤程度的不同来考虑钢筋截面损失、屈服强度损失以及混凝土的截面损失和粘结应力的损失等所引起的构件强度降低,在计算中可根据如下原则考虑:

(1) 对于外观完好,钢筋锈蚀较小,混凝土保护层尚未开裂的构件,在计算承载能力时可以不考虑粘结力损失引起的强度降低。

(2) 对于钢筋锈蚀混凝土保护层已经开裂的受弯构件,除应考虑钢筋截面损失和屈服强度降低外,还应考虑由于粘结力损失引起的强度降低。粘结力损失引起的强度降低系数 $\eta$,按如下原则取值:

① 当纵向裂缝宽度 $w \leqslant 0.5$ mm 时,取 $\eta = 1.0$;

② 当纵向裂缝宽度 $0.5$ mm $< w < 2.0$ mm 时,取 $\eta = (1.1 - 0.09d/10)(1.12 - w/9.4)$,其中:当 $d \leqslant 16$ mm 时,取 $\eta = 0.95$;$\eta > 0.95$ 时,取 $\eta = 0.95$。

③ 当纵向裂缝宽度 $w > 2.0$ mm 至保护层完全脱落的构件,当能够保证钢筋端头有效锚固时,参照无粘结构件试验结果,$\eta$ 位于 $0.7 \sim 0.8$ 之间,并应考虑构件截面的损伤。

(3) 对于钢筋锈蚀混凝土保护层已经开裂的受压构件,除应考虑钢筋截面损失和屈服强度降低外,必须考虑截面几何损伤对承载能力的影响。偏心受压构件还应考虑粘结力损失引起的强度降低,粘结力损失引起的强度降低系数 $\eta$ 按上述受弯构件的分析考虑。考虑几何损伤后的截面尺寸采用式(4-22)计算:

$$h' = h - (c_1 + c_2)\alpha$$
$$b' = b - (c_3 + c_4)\alpha \qquad (4\text{-}22)$$

式(4-22)中:$h$、$b$ 分别为截面原有高度和宽度(mm);$h'$、$b'$ 分别为损伤后截面计算高度和计算宽度(mm);$c_1$、$c_2$ 分别为构件长度方向两侧保护层厚度(mm);$c_3$、$c_4$ 分别为构件宽度方向两侧保护层厚度(mm);$\alpha$ 为几何损伤系数建议值,按表 4-5 取值。

表 4-5  几何损伤系数 $\alpha$ 建议值

| 构件类型 | 纵向裂缝宽度/mm | |
|---|---|---|
| | $0 < w < 2$ | $w = 2 \sim 3$ |
| 大偏心 | $\alpha = 0.15w$ | $\alpha = 0.45$ |
| 小偏心 | $\alpha = 0.25w$ | $\alpha = 0.55$ |
| 轴心 | $\alpha = 0.30w$ | $\alpha = 0.65$ |

综合上述三个因素能较好地计算受损构件的承载力,上述受压构件试验值与考虑损伤后计算值之比的均值为 1.027。

文献[30]、[39]对锈蚀钢筋混凝土简支梁进行了试验研究,三根钢筋混凝土简支梁的截面尺寸为 120 mm×200 mm,梁长度为 1 900 mm,主筋混凝土保护层厚度为 25 mm。底部纵向受力钢筋为 2 根直径 14 mm 的Ⅱ级钢筋,架立钢筋为 2φ10 光圆钢筋,箍筋为 φ6@150。

三根梁的钢筋锈蚀重量损失率设计为 0、5% 和 10%,分别用 B-1、B-2 与 B-3 表示。用恒电流法进行加速锈蚀。

试验梁的承载能力与延性,见表 4-6 所示:

表 4-6　试验梁的承载能力与延性

| 梁编号 | 锈蚀率/% | 极限荷载/kN | 延性比 |
| --- | --- | --- | --- |
| B-1 | 0 | 54 | 1.512 |
| B-2 | 5 | 47 | 1.332 |
| B-3 | 10 | 40 | 1.000 |

注:延性比等于试验梁破坏时跨中挠度与梁钢筋屈服时跨中挠度之比。

试验梁的裂缝发展情况如下:试件 B-1 中钢筋没发生锈蚀,粘结性能良好,梁跨中纯弯段出现了较密的裂缝,在弯剪区出现较为完全的斜裂缝;最后,在纯弯区段,混凝土受压破坏,结构表现为正截面弯曲破坏。试件 B-2 中裂缝开展情况较接近于试件 B-1,但是,裂缝分布较试件 B-1 稀一些;其原因是锈蚀使钢筋和混凝土之间的粘结性能产生退化,减弱了钢筋与混凝土的应力传递;尽管粘结性能产生了退化,但尚能建立起较有效的粘结,最后的破坏形式仍为混凝土受压破坏。试件 B-3 的钢筋锈蚀量较大,导致钢筋和混凝土之间粘结性能产生较大的退化,而且钢筋的截面积也产生了较明显地减少;裂缝发展情况与试件 B-1 比较有了较明显的变化,垂直裂缝明显变得稀疏,斜裂缝的发展区域向跨中靠近,最后粘结破坏,导致钢筋滑移过大,混凝土折断,结构破坏。

从试验结果可以看出,锈蚀钢筋混凝土梁的结构性能发生如下三点的改变:①梁的承载能力降低:钢筋锈蚀率为 5% 和 10% 的混凝土梁,其极限承载能力分别是钢筋没有锈蚀混凝土梁极限承载能力的 87% 和 74%;②梁的延性性能退化:钢筋锈蚀率为 5% 的混凝土梁,其延性为钢筋没有锈蚀混凝土梁延性的 88%,钢筋锈蚀率为 10% 的混凝土梁发生脆性破坏;③梁的加载全过程及破坏形态发生变化:随钢筋锈蚀率的增加,梁的垂直裂缝间距变大,接近支座处斜裂缝逐渐与沿受拉主筋方向的纵向裂缝连接,其破坏形式由适筋延性破坏转为钢筋粘结撕裂的脆性破坏。

文献[40]通过电化学腐蚀的方法进行了锈蚀钢筋混凝土梁抗弯强度的试验研究。试验梁的混凝土材料采用 425 号硅酸盐水泥、中砂和最大粒径小于 40 mm 的碎石。按 C25 要求的混凝土配合比为水泥:砂:石:水＝1:1.8:3.4:0.55,测得混凝土的立方体抗压强度为 22.13 MPa。受力纵筋采用直径为 12 mm 的Ⅱ级钢筋,测其屈服强度为 427 MPa。试验梁的截面为 150 mm×150 mm,梁长为 1 140 mm,梁底部钢筋采用两根直径为 12 mm 的Ⅱ级钢筋,架立钢筋和箍筋均采用直径为 6 mm 的Ⅰ级钢筋,箍筋间距取 100 mm,以防止试验梁受剪破坏。试验梁分两类:一类受力纵筋满足规范锚固要求的梁(BD)共 14 根,其锚固长度为 360 mm,由 BD1 到 BD14 梁内钢筋的锈蚀量逐渐增加,主要用来研究钢筋锈蚀率对构件性能的影响;另一类是锚固长度不满足规范要求的梁(BDU)共 3 根,其锚固长度为 100 mm,主要用来与 BD 梁做对比。

所有试验梁均为受弯破坏,随着钢筋锈蚀率的增加,梁底部出现裂缝的时间基本一致,也就是说钢筋锈蚀率并不影响钢筋混凝土梁的开裂荷载。但是,随着钢筋锈蚀率的增加,钢筋混凝土梁的受弯破坏形态从适筋破坏转变为类似于少筋破坏的情况。对于钢筋锈蚀率较小的构件,构件底部分布若干裂缝,随荷载增加,各裂缝均有一定的发展,到破坏时各裂缝均较明显;而钢筋锈蚀率较大的构件,往往仅某一处的裂缝发展,最终构件破坏时,仅此处的裂缝很明显。随纵筋锈蚀率的增加,钢筋混凝土梁的强度和刚度都在下降。

为了方便计算锈蚀钢筋混凝土梁的抗弯强度,根据试验数据给出锈蚀钢筋混凝土梁的抗弯强度 $M_u$ 计算式(4-23):

$$M_u = \eta' M_{u0} \qquad w \leqslant 1.5 \text{ mm} \tag{4-23}$$

式(4-23)中:$M_{u0}$ 为未锈蚀钢筋混凝土梁的抗弯强度;$\eta'$ 为考虑了钢筋锈蚀以后的综合折减系数,其表达式见式(4-24):

$$\eta' = \begin{cases} 1, & \text{当 } \rho < 1.2 \\ 1.045\,14 - 0.037\,62\rho, & \text{当 } 1.2 \leqslant \rho \leqslant 6 \end{cases} \tag{4-24}$$

式(4-24)中:$\rho$ 为钢筋锈蚀截面损失率(%)。

这里需要注意的是,公式(4-24)的适用范围。当钢筋锈蚀率大于 6% 时,这种情况下构件通常已经出现纵向裂缝,此时可以采用文献[38]推荐的随纵向裂缝宽度变化的钢筋与混凝土协同工作系数表达。此外,文献[41]也提出了锈蚀钢筋混凝土梁正截面抗弯承载力计算方法,其中的协同工作系数计算公式同样基于锈胀裂缝宽度建立的。

文献[42]共制作了 22 根钢筋混凝土梁。试件的水泥采用的是 32.5#普通硅酸盐水泥,粗骨料为河卵石,细骨料为河砂。混凝土强度等级按 C20 设计,混凝土配合比为水泥：砂：卵石：水＝1：1.88：4.85：0.46。所有的梁试件具有相同的长度(2 200 mm)、截面高度(180 mm)和截面宽度(100 mm)。试验梁的锈胀特征统计结果见表 4-7 所示。

表 4-7　试验梁锈胀特征统计

| 构件编号 | 锈蚀区域 | 钢筋锈蚀平均质量损失率/% | 锈胀裂缝平均宽度/mm | 实测/计算抗弯承载力极限值/(kN·m) | 下降率/% |
|---|---|---|---|---|---|
| AL2G16_Ls0 | — | — | — | 19 | — |
| AL2G16_Ls500 | 跨中 500 mm | 5 | 1.41 | 17.5 | 7.9 |
| AL2G16_Ls1000 | 跨中 1 000 mm | 5 | 1.38 | 16.59 | 12.6 |
| AL2G16_Ls2000 | 跨中 2 000 mm | 5 | 1.38 | 15 | 21.1 |
| BL3G12_Ls0 | — | — | — | 15.49 | — |
| BL3G12_Ls500 | 跨中 500 mm | 5 | 1.32 | 14.4 | 7.0 |
| BL3G12_Ls1000 | 跨中 1 000 mm | 5 | 整层破坏 | 12.7 | 18.0 |

| 构件编号 | 锈蚀区域 | 钢筋锈蚀平均质量损失率/% | 锈胀裂缝平均宽度/mm | 实测/计算抗弯承载力极限值/(kN·m) | 下降率/% |
|---|---|---|---|---|---|
| BL3G12_Ls2000 | 跨中 2 000 mm | 5 | 1.33 | 12.0 | 22.5 |
| CY2G12_C00 | — | — | — | 计算值:18.5 | — |
| CY2G12_C1.5 | 纯弯段受压区 | 1.5 | 0.61 | 18.6 | −0.5 |
| CY2G12_C05 | 纯弯段受压区 | 5 | 1.65 | 17.5 | 5.4 |
| CY2G12_C10 | 纯弯段受压区 | 10 | 2.14 | 15.5 | 16.2 |
| DY2G10_C00 | | — | — | 计算值:10.6 | — |
| DY2G10_C1.5 | 纯弯段受压区 | 1.5 | 0.39 | 10.7 | −0.9 |
| DY2G10_C05 | 纯弯段受压区 | 5 | 0.7 | 10.3 | 2.8 |
| DY2G10_C10 | 纯弯段受压区 | 10 | 1.52 | 9.6 | 9.4 |
| EY3G10_C00 | | — | — | 计算值:17.6 | — |
| EY3G10_C1.5 | 纯弯段受压区 | 1.5 | 0.7 | 16.9 | 4.0 |
| EY3G10_C05 | 纯弯段受压区 | 5 | 1.37 | 15.2 | 13.6 |
| EY3G10_C10 | 纯弯段受压区 | 10 | 2.11 | 12.8 | 27.3 |
| F2G12_2G16_C05 | 整个纯弯段 | 5 | 受拉:1.64;受压:1.66 | 16.1 | 13.0 |
| F2G12_2G16_C10 | 整个纯弯段 | 10 | 受拉:2.59;受压:2.1 | 13.5 | 27.0 |

注:F 组弯矩计算值为 18.5 kN·m;A、B 组的弯矩计算值分别为 18.5 kN·m、14.9 kN·m。

研究结果表明,在横向裂缝相似的条件下,锈蚀率达到 5% 时,锈损梁区段刚度将降低为非锈损梁的 50%～60%,严重降低了试验梁的短期刚度。此外,纵向钢筋生锈对试验梁承受静力荷载作用下横向裂缝的产生和发展都有着较大的影响。当受压区钢筋生锈时,对横向开裂最显著的影响是降低了开裂荷载值。一旦受压区保护层混凝土锈胀开裂,混凝土梁即便是在较小的持续荷载水平下,也会随后在梁底很快地出现横线裂缝。而受拉区钢筋生锈将导致横向裂缝在局部截面的集中发展,主要体现在最大裂缝宽度的显著增大和裂缝间距的增大,裂缝形态向部分无粘结混凝土梁的裂缝形态发展。

文献[43]对 12 根钢筋混凝土梁进行快速锈蚀和抗弯性能试验研究。试验钢筋混凝土梁的截面尺寸为 100 mm×100 mm,梁长 500 mm,其中计算跨度为 400 mm。混凝土强度等级采用 C30,纵向钢筋的混凝土厚度为 15 mm。混凝土选用强度等级为 32.5 MPa 的普通硅酸盐水泥、中砂和最大粒径小于 25 mm 的碎石配置。水灰比为 0.43,砂率为 33%,设计配合比为水泥∶砂∶石∶水＝1∶1.12∶2.25∶0.43。纵向受力钢筋采用 HRB335 级钢筋,架立钢筋、箍筋采用 HPB235 级钢筋。

试验梁采用恒电流密度控制法进行快速锈蚀处理,梁的抗弯性能试验采用四分点加载方案,梁跨中 1/3 部分即为纯弯段。试验结果表明:①少量锈蚀对阻止梁的裂缝发展有利,而超过一定量后,由于钢筋截面的损失、强度的降低以及钢筋与混凝土之间粘结强度的降低,相同荷载等级下的裂缝宽度又会随着锈蚀率的增加而增大;②纵筋锈蚀后梁的开裂荷载、屈服荷载、极限荷载都有不同程度的下降。随着锈蚀率的增大,相同荷载下梁的挠度明显增大,梁的刚度逐渐减小。相同荷载作用下钢筋应变随着锈蚀率的增加呈现先减小后增大的趋势。

文献[44]对钢筋混凝土受弯构件受压区钢筋锈蚀的影响开展了试验研究,基于试验研究发现,受压区钢筋锈蚀的影响主要是在混凝土发生纵向开裂之前。试验梁的挠度在变形稳定后,随时间向上发展,受压钢筋加速锈蚀后,挠度曲线逐渐转向下凹,梁的挠度有一明显的转折点,这是受压区钢筋锈胀力的作用,截面受到损伤,刚度下降,使梁的挠度明显增加,并随着锈蚀试件的延长而增加,其挠度曲线几乎接近水平,说明梁的刚度下降较大。当锈蚀增加到一定的值时,梁产生纵向裂缝后,梁的挠度的发展速度减缓,其发展趋势有恢复纵向受压钢筋锈蚀前的趋势,这是因为混凝土受压区发生纵向裂缝后,因锈胀在混凝土中产生的拉应力得到释放,且开裂后的混凝土仍具有较大的抗压强度,使开裂后的混凝土比开裂前的刚度有所增加。虽然钢筋继续锈蚀,但由于混凝土已开裂,锈胀力对混凝土强度的损伤已不大。

文献[45]对于主筋锈蚀重量损失率为 $0\sim9\%$ 的钢筋混凝土短梁进行了中点加载试验研究与分析。梁的截面宽度为 150 mm,混凝土立方体抗压强度平均值为 24.73 MPa,主筋是直径为 18 mm 的 Ⅱ 级螺纹钢筋,屈服强度为 368.92 MPa;箍筋是直径为 6 mm 的 Ⅰ 级光圆钢筋,屈服强度为 331.52 MPa;混凝土保护层厚度为 35 mm。钢筋锈蚀重量损失率为 0,1%,…,9% 的梁,分别以编号 0~9 代表,其中钢筋锈蚀率为 0 即未锈蚀。所有梁均为剪切破坏,梁的承载能力见表 4-8 所示:

表 4-8 试验梁承载力汇总

| 试验梁 | 0 | 1 | 2 | 3 | 4 | 5 | 6 | 7 | 8 | 9 |
|---|---|---|---|---|---|---|---|---|---|---|
| 承载力/kN | 120 | 120 | 130 | 135 | 138 | 136 | 144 | 140 | 133 | 123 |

由表 4-8 可见,梁的承载能力不受锈蚀率(小于 9%)的明显影响,或者说,锈蚀钢筋对短梁承载能力的影响小于混凝土强度差异的影响。此外,该试验结果表明:在钢筋轻度锈蚀时,短梁整体刚度有所上升;当钢筋严重锈蚀时,短梁整体刚度明显下降,钢筋锈蚀对梁刚度的影响在严重锈蚀时表现出来。钢筋锈蚀对于弯曲裂缝的出现没有明显影响,但对于弯曲裂缝的开展有着明显影响,钢筋锈蚀率越高,对弯曲裂缝的抑制作用越弱。

文献[46]试验研究结果还表明钢筋锈蚀导致混凝土梁的刚度降低,进而使得梁的固有频率降低。工程实践中,可以通过动测方法得到结构固有频率的变化,从而推断钢筋锈蚀的发展。

文献[47]依据钢筋发生锈蚀后其受力性能的变化规律和钢筋混凝土结构的基本原理,得到钢筋锈蚀对塑性转动能力的影响规律如下:①非锈蚀状态下,塑性铰的转动能力受截面尺寸、正负纵筋的配筋率等因素有关。在锈蚀状态下,其转动能力不仅受这些因素影响,而且还受锈蚀率大小的影响。②钢筋锈蚀截面损失率达到 3% 之前,纵筋屈服时的截面曲率 $\Phi_y$ 与极限承载力时的截面曲率 $\Phi_u$ 的变化很小,可以忽略不计。但当钢筋锈蚀截面损失率达到 7.5% 左右时,$\Phi_u < \Phi_y$,即意味着梁上将不会出现塑性铰。③极限转角 $\theta_u$ 受钢筋锈蚀率的

影响较小。钢筋锈蚀截面损失率小于5%时，极限转角还有少量上升；但到了5%以后，极限转角会随锈蚀率的增加而减小。相比之下，塑性转角$\theta_y$受锈蚀率的影响要大得多。这是因为由于锈蚀的存在，延缓了钢筋的屈服，这时其塑性变形能力大大受限。④截面的延性系数$\Phi_u/\Phi_y$也受到钢筋锈蚀率所影响。在钢筋锈蚀初期，其延性系数会随锈蚀率的增加而略微增大，但锈蚀严重滞后，延性系数便会显著降低。

文献[48]针对锈蚀钢筋混凝土纯扭构件的开裂扭矩及裂缝倾角进行了试验研究。试验梁采用商品混凝土浇筑，碎石最大粒径为20 mm，混凝土设计强度为C30，纵向受力钢筋采用直径为12 mm的HRB335级钢筋，箍筋采用直径为8 mm的HRB235级钢筋，箍筋间距为70 mm，保护层厚度30 mm。钢筋采用快速锈蚀，电流密度控制在2 mA/cm²左右。试验完后砸开构件，取出纵向受力钢筋和箍筋，并刮去钢筋表面附着物，用5%~6%的盐酸溶液进行酸洗后用清水漂净。把钢筋取出后晾干再用电子天平称重，根据结果计算钢筋锈蚀的重量损失率。该试验测定了试件的纵筋锈蚀、箍筋锈蚀两种情况下试件的开裂扭矩和开裂倾角，加载过程中保持匀速加载。试验结果见表4-9、表4-10所示。

表4-9　纵向钢筋锈蚀构件的锈蚀率与开裂扭矩、倾角

| 锈蚀率/% | 开裂荷载试验值/(kN·m) | 相对比值 | 开裂倾角/(°) | 相对比值 |
| --- | --- | --- | --- | --- |
| 0 | 5.59 | 1 | 36 | 1 |
| 1.121 | 5.59 | 1 | 36 | 1 |
| 2.040 | 5.20 | 0.93 | 36 | 1 |
| 2.750 | 5.20 | 0.93 | 37 | 1.03 |
| 2.960 | 5.46 | 0.98 | 38 | 1.06 |
| 6.870 | 5.20 | 0.93 | 38 | 1.06 |
| 8.000 | 4.875 | 0.87 | 39 | 1.08 |

表4-10　箍筋锈蚀构件的锈蚀率与开裂扭矩、倾角

| 锈蚀率/% | 开裂荷载试验值/(kN·m) | 相对比值 | 开裂倾角/(°) | 相对比值 |
| --- | --- | --- | --- | --- |
| 0 | 5.59 | 1 | 36 | 1 |
| 0.789 | 5.49 | 0.98 | 35 | 0.97 |
| 2.456 | 5.49 | 0.98 | 35 | 0.97 |
| 3.569 | 5.39 | 0.96 | 35 | 0.97 |
| 4.689 | 5.33 | 0.95 | 34 | 0.94 |
| 8.956 | 4.875 | 0.87 | 33 | 0.92 |
| 11.865 | 4.22 | 0.75 | 32 | 0.89 |

由表4-9、表4-10的对比结果可以看出，锈蚀钢筋混凝土梁的开裂荷载要比钢筋未锈蚀的构件小，也就是说纵筋锈蚀与箍筋锈蚀都降低了构件自身的开裂荷载，钢筋锈蚀率越大构件的开裂扭矩呈下降趋势。当钢筋锈蚀率超过8%后，构件开裂扭矩下降幅度明显加大。这是因为随着钢筋锈蚀率的提高，锈胀裂缝降低了抗扭性能。此外，纵筋锈蚀构件的裂缝倾角随钢筋锈蚀率的升高而加大，箍筋锈蚀构件的裂缝倾角随钢筋锈蚀率的升高而减小。

上述关于锈蚀钢筋混凝土的试验研究,绝大多数是通过外加电流加速腐蚀来实现钢筋的锈蚀。那么外加电流加速锈蚀与实际工程中自然条件下锈蚀两者之间是否可以等同,文献[49]对此问题进行了比较试验研究:3 根自然锈蚀与 4 根外加电流加速锈蚀钢筋混凝土梁,截面尺寸、配筋参数等见表 4-11。其中,钢筋锈蚀率指的是钢筋锈蚀重量损失率。

表 4-11　自然锈蚀梁与加速锈蚀梁参数对比

| 梁编号 | 自然锈蚀梁 | | | 外加电流加速锈蚀梁 | | | |
|---|---|---|---|---|---|---|---|
| | L1 | L2 | L3 | B1 | B2 | B3 | B4 |
| 截面尺寸/mm×mm | 164×175 | 148×191 | 147×187 | 150×200 | | | |
| 长度/m | 2.680 | 2.685 | 2.638 | 2.2 | | | |
| 混凝土强度/MPa | 25.6 | 19.3 | 20.7 | 30.12 | | | |
| 梁底纵筋/mm | 2φ12,光圆钢筋 | | | 2φ14,变形钢筋 | | | |
| 梁顶纵筋/mm | 2φ12,光圆钢筋 | | | 2φ10,光圆钢筋 | | | |
| 最大锈蚀率/% | 5.93 | 14.03 | 19.28 | 0 | 10.08 | 12.41 | 25.27 |
| 破坏模式 | 混凝土压碎 | 混凝土压碎 | 钢筋拉断 | 混凝土压碎 | 混凝土压碎 | 混凝土压碎 | 混凝土压碎 |
| 裂缝间距/mm | 60 | 103 | 119 | 93 | 129 | 100 | 156 |

通过观测发现,自然锈蚀条件下,锈蚀产物呈现赤褐色、酥松分层多孔;外加电流加速锈蚀条件下,锈蚀产物呈现黑色,不少锈蚀产物以液态的形式流出。因为自然条件下,钢筋锈蚀持续时间很长,期间干湿交替、温度变化使钢筋表面有足够的氧气,锈蚀产物氧化充分。外加电流加速锈蚀持续时间较短,锈蚀产物氧化不充分,导致两种条件下锈蚀产物的不同。自然条件下钢筋锈蚀主要以坑蚀为主,且因钢筋靠近保护层一侧首先受到侵蚀性介质的影响,氧气和水比较充分,所以锈蚀从外侧开始,外侧锈蚀明显比内侧严重;外加电流锈蚀条件下,钢筋则是沿圆周方向均匀锈蚀。因此,同等重量锈蚀率下自然锈蚀梁中钢筋力学性能退化更为严重。此外,由于自然环境锈蚀梁同时受到荷载作用,跨中微裂缝使侵蚀性介质更容易到达钢筋表面,因此跨中钢筋锈蚀最为严重,向两端的钢筋锈蚀逐渐减轻。

自然锈蚀条件下,混凝土中钢筋的锈蚀以坑蚀为主,而且由于锈蚀持续时间长,过程缓慢,锈蚀产物充分氧化并堆积,对周围混凝土产生较大的锈胀力。相比之下,加速锈蚀由于时间短,锈蚀产物氧化不充分,且易于沿混凝土孔隙与微裂缝扩散流出,对周围混凝土保护层的锈胀力较小。锈蚀的局部发展使自然锈蚀环境中混凝土保护层相对更易于剥离。该文献中给出的自然锈蚀梁,当锈蚀率达到 10% 左右时保护层已经开始出现局部脱落,且脱落范围及高度随锈蚀率增大而增大。

自然锈蚀梁 L1 与 L2 以及所有外加电流加速锈蚀梁的破坏模式一致,均表现出正截面受弯的适筋梁破坏特征,跨中纯弯段顶部受压区混凝土压碎。自然锈蚀条件下,钢筋锈蚀重量损失率达到 19.28%(L3)时,梁 L3 的破坏模式发生了变化,梁底纵筋拉断,表现出脆性破坏特征;与此相比,加速锈蚀条件下,外加电流加速锈蚀梁 B4 钢筋锈蚀重量损失率虽然达到 25.27%,但梁仍发生钢筋屈服、混凝土压碎的延性破坏。因此,自然锈蚀条件下,锈蚀的局部发展使梁的破坏形式对锈蚀率更为敏感。锈蚀梁的平均受弯裂缝间距见表 4-11 所示，随钢筋锈蚀的发展，自然锈蚀梁与加速锈蚀梁均表现为裂缝数量减少，间距增大。

自然锈蚀条件下钢筋锈蚀在跨中最为严重，向两侧逐渐减轻；而外加电流加速锈蚀梁中，钢筋锈蚀沿纵向均匀分布。两种情况下钢筋力学性能差异和这种锈蚀分布的不同导致同等锈蚀率下自然锈蚀梁的极限变形能力退化更为严重，加速锈蚀梁的刚度退化更为严重（相比于自然锈蚀梁，由于钢筋沿纵向均匀锈蚀，钢筋与混凝土之间粘结退化严重，因此外加电流加速锈蚀梁的刚度退化较大）。

由于钢筋的快速锈蚀或人为损伤的构件不能最真实地反映实际结构的特点，国内的部分学者已开始针对实际结构构件进行了相关试验研究。文献[50]通过三块钢筋锈蚀混凝土预制板的试验研究，探讨了钢筋锈蚀和混凝土保护层脱落后的混凝土板承载力及破坏形态。混凝土预制板选自重庆市某工业厂房（原为皮革车间），该厂建于 1980 年，1981 年竣工后投入使用，其使用环境为重庆一般大气环境。混凝土预制板为钢筋混凝土槽板，槽板的宽度为590 mm，有效长度为 3 720 mm。所选择的三块槽板，混凝土保护层脱落，局部钢筋与混凝土完全脱离。为了掌握钢筋的实际锈蚀情况，将其中一块槽板的两根钢筋全部剥出，每根钢筋截成 3 段带回试验室，在试验室将钢筋试样截成 6 段 500 mm 左右长的试件，用硫酸除去锈渣后，测量钢筋重量，得到钢筋的锈蚀重量损失率为 12.4%～25.7%。试验研究表明：钢筋锈蚀引起混凝土保护层顺筋完全脱落后，槽板的极限承载力下降 14%～25%，破坏形态为锚固失效。

文献[51]对一批老化的服役钢筋混凝土构件进行了承载力试验，研究服役受弯、偏压构件的受力性能和破坏形态。试验所用构件为某轧钢车间已使用了 36 年的天窗钢筋混凝土挡风支架梁和挡风支架立柱，根据不同的损伤状况，选取 10 根受弯构件和 10 根偏压构件。构件长期受室外自然环境的影响，发生了不同程度的损伤，钢筋锈蚀、混凝土保护层脱落比较严重。梁跨度 3 m，截面为 T 形，梁高 300 mm，受拉区采用双排单根配筋，受拉钢筋配筋率为 0.7%。柱高 2.15 m，截面为 200 mm×200 mm 方形截面，受拉、受压钢筋配筋率均为0.68%。试件中梁的受压翼缘混凝土均有脱落，受拉区架立钢筋外露较多，具体损伤描述见表 4-12 所示。

表 4-12　混凝土梁、柱损伤情况汇总

| 试件编号 | 损 伤 描 述 |
| --- | --- |
| 梁：<br>L-1、L-6、L-8、L-9 | 腹板混凝土基本无损伤，跨中底排钢筋锈蚀截面损失率($\rho$)为 0.9%～3.4% |
| 梁：<br>L-5、L-7 | 底排钢筋局部外露，外露长度分别为 470 mm、1 060 mm，跨中钢筋 $\rho$ 约为6.9% |
| 梁：<br>L-2、L-3、L-4、L-10 | 底排钢筋外露很多，外露长度为 2 010～2 420 mm，腹板混凝土脱落较多，跨中底排钢筋 $\rho$ 为 8.5%～29.9% |
| 柱：<br>Z-4、Z-5、Z-8 | 受压区混凝土基本无损伤，中部钢筋截面损失率 $\rho$ 为 1.4%～4.4% |

| 试件编号 | 损伤描述 |
|---|---|
| 柱：<br>Z-1、Z-2、Z-3、Z-6、Z-7、Z-9 | 受压区混凝土沿一角有脱落,中部钢筋 $\rho$ 为 2.2%～6.4% |
| 柱：<br>Z-1、Z-2、Z-4、Z-5 | 受拉区混凝土有局部脱落,钢筋外露总长为 330～775 mm,中部钢筋 $\rho$ 为 0.5%～2.9% |
| 柱：<br>Z-3、Z-7 | 受拉区混凝土脱落较多,钢筋外露总长分别为 1 100 mm、900 mm,中部钢筋 $\rho$ 为 4.0%～5.8% |
| 柱：<br>Z-6、Z-8、Z-9 | 受拉区混凝土脱落严重,中部钢筋 $\rho$ 为 6.1%～9.0%,其中 Z-6 混凝土脱落至主筋,箍筋几乎全部外露 |

试验采用液压加载装置,梁采用三分点对称加载方式,柱试验在长柱试验机上进行,加载采用分级加载制度。梁的受拉钢筋为 φ14 光圆钢筋,柱的主筋均为 φ12 光圆钢筋。在试件破坏后,从各试件端部对每根主筋各截取一段钢筋进行拉伸试验。试验结果见表 4-13 所示。此外,从同批梁柱构件上共取出 15 个芯样,推算出标准立方体抗压强度平均值为 21.2 MPa。此外,取芯处混凝土的碳化深度平均值为 22.5 mm。

表 4-13　钢筋材性试验结果

| 构件类型 | 屈服强度/MPa | | 极限强度/MPa | | 伸长率/% | |
|---|---|---|---|---|---|---|
| | 平均值 | 方差 | 平均值 | 方差 | 平均值 | 方差 |
| 梁 | 387 | 26.0 | 559 | 23.6 | 24.9 | 9.2 |
| 柱 | 350 | 60.5 | 444 | 58.8 | 25.4 | 5.6 |

在试验过程中,记录了开裂荷载,并观察了裂缝的发展。试件的开裂荷载与破坏荷载的比值见表 4-14。基本完好的试件,其裂缝与同类一般构件的裂缝分布特征一致;对保护层脱落严重、局部钢筋裸露的试件,钢筋与混凝土的粘结作用严重削弱,裂缝分布范围稍小且很不均匀。其中 L-1、Z-3 为比较完好的试件;L-10、Z-6 为破损严重的试件;L-5、Z-1 为破损一般的试件。

表 4-14　试件的开裂荷载与破坏荷载的比值

| 构件编号 | L-1 | L-2 | L-3 | L-4 | L-5 | L-6 | L-7 | L-8 | L-9 | L-10 |
|---|---|---|---|---|---|---|---|---|---|---|
| 比值/% | 47.4 | 58.3 | 68.0 | 83.0 | 51.9 | 51.9 | 53.7 | 49.0 | 48.3 | 41.7 |
| 构件编号 | Z-1 | Z-2 | Z-3 | Z-4 | Z-5 | Z-6 | Z-7 | Z-8 | Z-9 | Z-10 |
| 比值/% | 18.5 | 25.8 | 25.9 | 17.5 | 24.4 | 48.0 | 28.7 | 39.2 | 46.4 | — |

试验梁均为适筋梁的受弯破坏,试验柱均为大偏压破坏。试验结果表明:构件的损伤程度对构件的承载力有明显影响,损伤越多,承载力就越低。分析结果表明:影响服役构件承载力的因素主要有以下三个方面:

（1）构件的截面变化

由于钢筋锈蚀和混凝土保护层的脱落，钢筋和混凝土的截面会有不同程度的损失，所以计算承载力时必须考虑截面损失对构件承载力的影响。

（2）材料力学性能的变化

在使用荷载和环境等因素作用下，钢筋混凝土构件存在材料老化、腐蚀等问题。一般来说，混凝土强度在初期随时间增大，但增长速度逐渐减慢，在后期则随时间下降。随着时间的推移，混凝土的腐蚀又将引起钢筋的锈蚀。钢筋锈蚀后，塑性性能变差。锈蚀钢筋的锈坑产生的缺口效应和应力集中引起钢筋屈服强度的变化，所以锈蚀钢筋的屈服力比未锈钢筋的屈服力低，并且降低率大于截面损失率。

（3）钢筋与混凝土协同工作性能的变化

根据该文献的试验结果，对基本完好、钢筋锈蚀量小于 5% 的构件，采用实际材料强度和现行规范的计算公式能正确地估算出服役构件的承载力；对损伤较重、钢筋锈蚀量较大的构件，则必须考虑构件破损、钢筋锈蚀的影响；对钢筋裸露严重的构件，即使考虑了断面削弱、屈服强度降低的影响，由于钢筋与混凝土的粘结力严重削弱，已不能保证钢筋与混凝土的协同工作，承载力试验值仍低于计算结果。

根据该文献的试验结果和已有的研究成果，建议对损伤严重的构件、对锈蚀钢筋考虑一定的钢筋与混凝土的协同工作系数。考虑到当钢筋严重锈蚀，引起较宽锈胀裂缝时，尽管混凝土保护层尚未脱落，已难以保证钢筋与混凝土的协同工作，因此以锈胀裂缝宽度或钢筋截面裸露周长作为协同工作系数为参数是比较合适的。为此，对沿钢筋开裂或钢筋裸露（开裂或裸露长度大于钢筋全长一半）的构件，给出钢筋的协同工作系数，见式（4-25）：

$$K_s = 1 - 0.3 \frac{w}{\pi d} \qquad (4-25)$$

式（4-25）中：$w$ 为钢筋截面的裸露周长（mm），当已有锈胀裂缝但混凝土保护层尚未脱落时，可用锈胀裂缝宽度代替；裂缝宽度小于 2 mm 时，可取 $K_s = 1$；$d$ 为钢筋直径（mm）。

此时，钢筋混凝土构件的承载力计算可用无损时的承载力计算方法，但是钢筋的屈服力 $F_s$ 应乘以协同工作系数 $K_s$，即按式（4-26）进行计算：

$$F_s = f_{ycor} A_{scor} K_s \qquad (4-26)$$

式（4-26）中：$A_{scor}$ 为钢筋还未锈蚀时的截面面积；$f_{ycor}$ 为锈蚀钢筋的名义屈服强度，即屈服荷载与公称面积（钢筋还未锈蚀时的截面面积）之比。其取值采纳文献[26]给出的回归分析公式（4-27）：

$$f_{ycor} = (0.986 - 1.038\eta_s) f_y \qquad (4-27)$$

式（4-27）中：$f_y$ 为未锈蚀钢筋的屈服强度。

基于上述三个因素（构件的截面变化、材料力学性能的变化和钢筋与混凝土协同工作性能的变化）进行破坏荷载的理论计算，破坏荷载试验值与理论计算值之比见表 4-15 所示，由此可见该计算方法的准确度较高。需要强调的是，该文献中未考虑因钢筋锈蚀、粘结力不足发生锚固破坏的情况。

表 4-15　破坏荷载试验值与理论计算值之比

| 构件编号 | L-1 | L-2 | L-3 | L-4 | L-5 | L-6 | L-7 | L-8 | L-9 | L-10 | 均值 | 方差 |
|---|---|---|---|---|---|---|---|---|---|---|---|---|
| 比值 | 1.068 | 1.051 | 0.909 | 1.021 | 1.002 | 1.080 | 1.125 | 1.006 | 1.079 | 1.093 | 1.043 | 0.058 |
| 构件编号 | Z-1 | Z-2 | Z-3 | Z-4 | Z-5 | Z-6 | Z-7 | Z-8 | Z-9 | Z-10 | 均值 | 方差 |
| 比值 | 0.903 | 1.004 | 1.084 | 1.044 | 1.050 | 0.930 | 1.079 | 0.954 | 1.011 | 0.814 | 1.007 | 0.061 |

注：鉴于柱 Z-10 拉区混凝土试验前已断裂，柱的均值、方差统计未考虑该试件。

文献[52]对非预应力钢筋混凝土大型屋面板进行了试验研究，该板选自某大型冶金企业铸铁车间，车间建于 20 世纪 60 年代，服役期已达 40 年。在多年的使用过程中，屋面板钢筋产生锈蚀、板肋产生不同程度的开裂。共 6 块屋面板试件，分为两组，即 A 组板 3 块，外形尺寸为 6.0 m×1.1 m×0.3 m；C 组板 3 块，外形尺寸为 6.0 m×1.5 m×0.3 m。A 组 3 块屋面板，钢筋出现不同程度的锈蚀，共同特征是一侧大肋主筋严重锈蚀，另一侧大肋主筋锈蚀相对较轻，板肋混凝土均出现沿主筋方向的纵向裂缝和竖向裂缝，混凝土保护层剥落。竖向裂缝宽度多在 0.15 mm 左右，个别达 0.4 mm，沿主筋方向的纵向裂缝宽度及长度差别较大，宽度在 0.5~1.0 mm。竖向裂缝多数出现在跨中，斜裂缝则集中载板端部，保护层脱落的板肋竖向裂缝和斜裂缝明显多于保护层未脱落的板肋。

试验结果表明：①混凝土破损轻微的板肋处钢筋应力明显大于破损严重的板肋处钢筋应力，且钢筋率先屈服；②主筋屈服前，混凝土破损轻微的板肋的变形大于混凝土破损严重的板肋的变形，主筋屈服后则相反；③随着钢筋锈蚀重量损失率的增加，屋面板的刚度减小，变形在增大；④随着荷载增加，由于钢筋与混凝土的粘结滑移，顺筋处裂缝宽度略有增加；⑤破损严重的板肋平均裂缝间距大于破损轻微的板肋。

文献[53]将 6 根已长期在硫酸盐介质环境下工作，经历 10 余年腐蚀的钢筋混凝土构件从原结构中拆卸下来，进行承载力试验研究。6 根构件原是某化肥厂亚硫酸铵装车平台的框架梁。该结构建于 1983 年，于 1994 年 3 月拆卸下来。在 1983 年至 1994 年间，构件一直受到二氧化硫气体、氯气、亚硫酸盐、硫酸盐等有害介质的侵蚀。据资料记载，这些构件初建时混凝土强度等级为 C20。试验中，将这些构件按 FL-1~FL-6 编号。6 根试件的截面尺寸、配筋及跨度见表 4-16 所示。根据试件跨度、截面尺寸及各梁实际情况，合理地选择加载方案。

表 4-16　试件描述

| 试件编号 | 截面尺寸/mm×mm | 截面配筋 | 梁跨/m |
|---|---|---|---|
| FL-1 | 170×225 | 上 2Φ8（Ⅰ级）<br>箍筋 φ8@200<br>下 3Φ16（Ⅱ级） | 1.49 |
| FL-2 | 160×210 | 上 2Φ8（Ⅰ级）<br>箍筋 φ8@200<br>下 3Φ16（Ⅱ级） | 1.34 |

| 试件编号 | 截面尺寸/mm×mm | 截面配筋 | 梁跨/m |
|---|---|---|---|
| FL-3 | 200×305 | 上 2Φ16(Ⅱ级)<br>箍筋 φ8@200<br>下 3Φ18(Ⅱ级) | 1.25 |
| FL-4 | 200×310 | 上 2Φ14(Ⅱ级)<br>箍筋 φ8@200<br>下 3Φ16(Ⅱ级) | 1.60 |
| FL-5 | 300×410 | 上 2Φ14(Ⅱ级)<br>箍筋 φ8@200<br>下 3Φ18(Ⅱ级) | 1.92 |
| FL-6 | 300×370 | 上 2Φ14(Ⅱ级)<br>箍筋 φ8@200<br>下 3Φ18(Ⅱ级) | 2.18 |

试验中试件 FL-1～FL-3 发生剪切破坏。在荷载作用下,混凝土处于塑性状态(如同橡皮一样)。在预定开裂荷载处,试件没有开裂,当荷载增加到一定数值时,在纯弯段发生弯曲裂缝。随荷载增加弯曲裂缝发展不快,在斜截面处出现斜截面裂缝,但斜裂缝一旦产生,迅速开展,最后沿斜截面剪切破坏。试件 FL-4～FL-6 发生弯曲破坏。试验中,随荷载增加,首先在纯弯段出现弯曲裂缝。弯曲裂缝一旦出现,开展很快,且数目增加。

试件的开裂荷载试验值与其计算值见表 4-17 所示。从表 4-17 可以看出,受硫酸盐腐蚀的钢筋混凝土构件,在腐蚀后开裂荷载较腐蚀前有所提高(1.7～4 倍),这是因为硫酸盐腐蚀后混凝土内部存在膨胀内应力,在荷载作用下,受拉区应先抵消混凝土内部存在的膨胀内应力才能使混凝土受拉。另外,膨胀作用使混凝土密实度增加。这样,混凝土抗压强度也有所增加,腐蚀后混凝土内部的膨胀内应力推迟了裂缝的出现,使构件在荷载作用下开裂荷载增加。

表 4-17 试件开裂荷载试验值与计算值

| 试件编号 | FL-1 | FL-2 | FL-3 | FL-4 | FL-5 | FL-6 |
|---|---|---|---|---|---|---|
| 腐蚀后开裂荷载试验值 $P_{cr}^{试}$/kN | 70 | 125 | 120 | 140 | 280 | 210 |
| 未腐蚀开裂荷载计算值 $P_{cr}^{计}$/kN | 23.37 | 24.56 | 42.44 | 38.94 | 66.71 | 49.97 |
| $\dfrac{P_{cr}^{试}-P_{cr}^{计}}{P_{cr}^{计}}$ | 2.00 | 4.09 | 1.69 | 2.60 | 3.20 | 3.20 |

注:未腐蚀开裂荷载计算值按钢筋、混凝土强度标准值计算。

试件的破坏荷载试验值与其计算值见表 4-18 所示。从表 4-18 中可以看出,硫酸盐腐蚀后钢筋混凝土构件承载力较腐蚀前提高 25%～60%。此外,试验结果还表明,硫酸盐腐蚀后钢筋混凝土构件在荷载作用下,破坏模式与受腐蚀前相同,即原来为剪切或弯曲破坏的梁,腐蚀后其同样为剪切或弯曲破坏。

表 4-18　试件破坏荷载试验值与计算值

| 试件编号 | FL-1 | FL-2 | FL-3 | FL-4 | FL-5 | FL-6 |
|---|---|---|---|---|---|---|
| 腐蚀后破坏荷载试验值 $P_u^{试}$/kN | 160 | 150 | 210 | 220 | 340 | 270 |
| 未腐蚀破坏荷载计算值 $P_u^{计}$/kN | 103.88 | 96.76 | 170.03 | 168.37 | 217.25 | 173.09 |
| $\dfrac{P_u^{试}-P_u^{计}}{P_u^{计}}$/% | 54.02 | 55.02 | 23.51 | 29.87 | 56.50 | 55.99 |

注:未腐蚀破坏荷载计算值按钢筋、混凝土强度标准值计算。

## 4.6　锈蚀钢筋混凝土柱受力性能

关于锈蚀钢筋混凝土柱的受力性能,考虑到文献介绍的完整性,前面 4.5 节中已涉及部分内容。这里,针对部分专门锈蚀钢筋混凝土柱的试验研究进行补充介绍。

文献[54]对 18 根偏心受压柱进行了试验研究。试件采用对称配筋,混凝土强度等级按C25 设计(普通硅酸盐水泥),为了加速钢筋的锈蚀,取水灰比为 0.55。试件中纵筋采用Ⅱ级变形钢筋,配筋率分别为 0.757%(3 根直径 12 mm)、1.036%(3 根直径 14 mm)和1.358%(3 根直径 16 mm),箍筋采用Ⅰ级钢筋(直径 6 mm,间距 200 mm);构件截面为200 mm×250 mm。试验分大偏心受压和小偏心受压两种情况,大偏心受压时初始偏心距为 160 mm,小偏心受压时初始偏心距为 40 mm;具体试件情况见表 4-19 所示:

表 4-19　试验构件一览表

| 构件编号 | 钢筋锈蚀重量损失率/% | | 钢筋锈蚀截面损失率/% | | 钢筋抗拉屈服强度/MPa | | 混凝土立方体抗压强度/MPa |
|---|---|---|---|---|---|---|---|
| | 受拉区 | 受压区 | 受拉区 | 受压区 | 受拉区 | 受压区 | |
| Z-1 | 0 | 0 | 0 | 0 | 415.6 | 415.6 | 31.1 |
| Z-2 | 0 | 0 | 0 | 0 | 396.3 | 404.9 | 28.2 |
| Z-3 | 1.8 | 1 | 3.1 | 2.3 | 402.2 | 398.9 | 31.1 |
| Z-4 | 6.3 | 5.7 | 7.5 | 6.7 | 395.6 | 431.7 | 31.1 |
| Z-5 | 6.7 | 7.3 | 7.9 | 8.5 | 402.0 | 383.4 | 28.2 |
| Z-6 | 8.6 | 6.1 | 9.8 | 7.3 | 421.3 | 399.4 | 31.1 |
| Z-7 | 12.4 | 5.7 | 17.7 | 6.9 | 418.3 | 383.8 | 31.1 |
| Z-8 | 9.25 | 9.25 | 10.4 | 10.4 | 391.6 | 391.6 | 28.2 |
| Z-9 | 14.5 | 8.5 | 19.7 | 9.7 | 436.8 | 413.6 | 28.2 |
| Z-10 | 18 | 12.5 | 23 | 17.8 | 362.6 | 368.1 | 31.1 |
| Z-11 | 15.7 | 11.5 | 20.6 | 16.9 | 441.0 | 339.0 | 28.2 |
| Z-12 | 0 | 0 | 0 | 0 | 415.6 | 415.6 | 28.2 |
| Z-13 | 0 | 0 | 0 | 0 | 411.4 | 409.3 | 31.1 |
| Z-14 | 1.03 | 0 | 2.3 | 0 | 398.9 | 400.6 | 31.1 |
| Z-15 | 5.7 | 4.26 | 6.9 | 5.5 | 353.4 | 346.4 | 28.2 |
| Z-16 | 5.7 | 5.7 | 6.9 | 6.9 | 413.1 | 422.1 | 28.2 |
| Z-17 | 10.45 | 6.85 | 15.9 | 8.1 | 396.5 | 384.0 | 31.1 |
| Z-18 | 15.4 | 16.1 | 20.6 | 21.2 | 414.1 | 422.3 | 28.2 |

对大偏心受压构件,因钢筋锈蚀状态不同,当加载到100~140 kN时,混凝土受拉区开裂,随着荷载的增大,受拉区裂缝不断发展,首先受拉区钢筋达到屈服强度,继续加载受压区钢筋也达到屈服,最后受压区混凝土压碎,构件达到极限荷载。表4-20列出了大偏心受压构件各阶段荷载试验值,表明锈蚀钢筋截面损失率越大,构件开裂荷载与屈服荷载的比值稍大,屈服荷载与极限荷载的比值也越大。说明屈服荷载与极限荷载值比较接近,即受拉钢筋达到屈服后受压区混凝土很快达到极限压应变,因此锈蚀构件的延性和塑性性能明显降低,脆性性能明显增加。其中,开裂荷载是指构件受拉区刚出现裂缝时的荷载值,屈服荷载为对应于受拉区钢筋达到屈服时的荷载。同时,随着钢筋锈蚀截面损失率的增大,构件的承载力和延性有不同程度的降低。

**表4-20　大偏心受压构件各阶段荷载试验值**

| 试件编号 | 开裂荷载 $N_c$/kN | 屈服荷载 $N_y$/kN | 极限荷载 $N_u$/kN | $N_c/N_y$ | $N_y/N_u$ |
|---|---|---|---|---|---|
| Z-1 | 120 | 251 | 382 | 0.478 | 0.657 |
| Z-2 | 140 | 331 | 364 | 0.423 | 0.909 |
| Z-3 | 100 | 335 | 403 | 0.299 | 0.831 |
| Z-4 | 110 | 332 | 396 | 0.331 | 0.838 |
| Z-5 | 100 | 263 | 365 | 0.380 | 0.721 |
| Z-6 | 120 | | 344 | | |
| Z-7 | 130 | 334 | 338 | 0.389 | 0.988 |
| Z-8 | 120 | 252 | 260 | 0.476 | 0.969 |
| Z-9 | 130 | 338 | 384 | 0.384 | 0.880 |
| Z-10 | 140 | 275 | 378 | 0.509 | 0.727 |
| Z-11 | 120 | | 287 | | |

小偏心受压构件,由于偏心距较小,截面大部分受压,受拉区较小,在试验过程中未发现受拉区出现裂缝。当受压区钢筋达到屈服时,混凝土随后即达到极限压应变而发生破坏,破坏具有明显的脆性,尤其是锈蚀后的构件。在配筋和混凝土强度等级都相同的条件下,锈蚀后构件的承载力和刚度均有较大的降低,承载力降低为10%~20%。除此之外,在加载后期,截面受压区的应力出现了更大程度的应力重分布,即受压区钢筋承受更大的压应力,受压区边缘混凝土出现较大的卸荷。表4-21列出了小偏心受压构件的极限荷载试验值。

**表4-21　小偏心受压构件的极限荷载试验值**

| 构件编号 | Z-12 | Z-13 | Z-14 | Z-15 | Z-16 | Z-17 | Z-18 |
|---|---|---|---|---|---|---|---|
| 承载力/kN | 1 080 | 1 190 | 1 070 | 1 070 | 880 | 1 018 | 930 |

基于采集到的试验数据,结果表明锈蚀构件的平均应变分布与平截面假定有出入。其中,小偏心受压构件在同级荷载下,锈蚀构件的混凝土和钢筋应变值均大于完好构件。

此外,目前耐久性研究中钢筋锈蚀通常大都指纵向钢筋,实际上箍筋首先锈蚀,尤其是在纵筋与箍筋相交点处箍筋锈蚀更加严重,当纵筋锈蚀截面损失率在5%~10%范围内时,箍筋已有很多锈断。箍筋的锈蚀不仅直接影响构件的抗剪承载力,对受压构件的承载力也有间接的影响,因为锈蚀箍筋不能有效地约束混凝土使其强度提高,锈蚀膨胀力会引起混凝土保护层的疏松剥落,箍筋间距越密,这种影响越大。

文献[55]完成了 15 根混凝土短柱的试验研究,试件尺寸 $b$、$h$、$H$ 分别为 180 mm、220 mm、1 300 mm。截面采用对称配筋 2φ12,箍筋采用 φ6 的 I 级钢筋。试件编号、保护层厚度、箍筋间距见表 4-22 所示。采用半干法通电加速锈蚀方法,锈蚀时间通过构件的锈胀裂缝的宽度来控制。根据计算,140 mm 属于大偏心受压,50 mm、65 mm 属于小偏心受压,90 mm 接近大小偏心的理论临界值(实际试验时发生了小偏心破坏)。

表 4-22  试验设计及参数

| 试件编号 | 保护层厚度/mm | | 箍筋间距/mm | | 偏心距/mm |
|---|---|---|---|---|---|
| | 压区 | 拉区 | 柱身段 | 搭接区 | |
| Z1~Z5 | 20 | 20 | 100 | 50 | 140 |
| Z6~Z7 | 20 | 20 | 100 | 50 | 90 |
| Z8~Z10 | 20 | 20 | 100 | 50 | 50 |
| Z11~Z12 | 35 | 40 | 100 | 50 | 90 |
| Z13~15 | 35 | 40 | 100 | 50 | 65 |

研究结果表明:①锈蚀偏心构件的破坏形态与未锈蚀构件基本相同;大偏心构件表现为受拉区破坏,小偏心构件表现为混凝土受压破坏;试验未发生由钢筋锈蚀导致的破坏形式的转变,即设计成小偏心构件转成大偏心破坏的现象。②锈蚀重量损失率较小(＜6%)时,钢筋锈蚀不会对偏压构件的抗弯刚度产生明显影响;锈蚀重量损失率大时(＞6%),才会有明显影响。③钢筋锈蚀对大偏心构件抗弯刚度的影响要比对小偏心构件抗弯刚度的影响明显。

文献[56]就钢筋锈蚀对反复荷载下压弯构件延性的影响进行了试验研究。试验柱的截面尺寸为 200 mm×200 mm,配置 6 根直径为 14 mm 的 HRB335 级热轧带肋钢筋。试件高度为 1 500 mm,混凝土强度等级按 C25 设计,混凝土保护层厚度为 20 mm。各试件柱的参数与延性结果见表 4-23 所示。由于锈蚀钢筋的截面积减小和力学性能退化、钢筋与混凝土的粘结性能退化、混凝土劣化和箍筋约束混凝土能力的降低,锈蚀试件柱的延性随锈蚀程度的增加而降低。

表 4-23  各试件柱的参数与延性结果

| 试件编号 | 实际锈胀裂缝宽度/mm | 钢筋锈蚀重量损失率/% | 设计轴压比 | 位移延性系数平均值 | 相对延性系数 |
|---|---|---|---|---|---|
| Z-A | 0 | 0 | 0.3 | 3.51 | 1.00 |
| XZ-A1 | 0.09 | 1.52 | 0.3 | 3.41 | 0.97 |
| XZ-A2 | 0.17 | 2.18 | 0.3 | 3.28 | 0.93 |
| XZ-A3 | 0.25 | 2.43 | 0.3 | 3.21 | 0.91 |

| 试件编号 | 实际锈胀裂缝宽度/mm | 钢筋锈蚀重量损失率/% | 设计轴压比 | 位移延性系数平均值 | 相对延性系数 |
|---|---|---|---|---|---|
| Z-B | 0 | 0 | 0.5 | 2.82 | 1.00 |
| XZ-B1 | 0.11 | 1.55 | 0.5 | 2.76 | 0.98 |
| XZ-B2 | 0.16 | 2.16 | 0.5 | 2.68 | 0.95 |
| XZ-B3 | 0.26 | 2.45 | 0.5 | 2.61 | 0.93 |

文献[57]就钢筋锈蚀对混凝土抗压强度的影响进行了试验研究。试件为边长 100 mm 的立方体试块,在试块中央埋置一根长为 80 mm、直径为 20 mm 的钢筋,钢筋端部焊有导线。混凝土设计强度等级为 C20。试件内钢筋采用直流稳压稳流电源作为加速锈蚀电源,阴极采用铜板,阳极连接于与试件中钢筋相连的导线,电解液采用 5% 的 $CaCl_2$ 溶液。

表 4-24、表 4-25 分别给出了钢筋锈蚀前后的混凝土抗压强度试验结果。由此可见,锈蚀后但未开裂的试件,抗压强度比锈蚀前混凝土的抗压强度明显降低,平均下降了 25.7%(基本符合双向异号应力状态下的混凝土受力特点)。混凝土刚开裂时的钢筋锈蚀量很小,一般小于 1%,当钢筋锈蚀接近或超过 1%,混凝土就有可能开裂,初始裂缝宽度一般为 0.02 mm。开裂后的混凝土抗压强度有所回升,原因是开裂后拉应力得到了部分释放,裂缝虽然把试件分为较小的柱体,但各柱体仍然完整,其单向抗压强度仍然很高。开裂后的混凝土抗压强度平均值为 28.61 MPa,与未锈蚀的混凝土平均抗压强度 31.1 MPa 相近,仅下降 8%。

**表 4-24　钢筋锈蚀前混凝土抗压强度试验结果**

| 试件编号 | 1 | 2 | 3 | 4 | 5 | 6 | 7 | 8 | 9 | 10 | 平均值 |
|---|---|---|---|---|---|---|---|---|---|---|---|
| 抗压强度（MPa） | 31.3 | 30.7 | 32.4 | 32.4 | 29.7 | 29.9 | 30.6 | 33.6 | 28.2 | 32.6 | 31.1 |

**表 4-25　钢筋锈蚀后混凝土抗压强度试验结果**

| 试件编号 | 钢筋锈蚀重量损失率/% | 混凝土强度/MPa | 试件受压前状态 |
|---|---|---|---|
| 1 | 0.224 802 | 27.5 | 未开裂 |
| 2 | 0.330 482 | 22.2 | 未开裂 |
| 3 | 0.355 693 | 23.4 | 未开裂 |
| 4 | 0.356 607 | 19.9 | 未开裂 |
| 5 | 0.462 826 | 24.1 | 开裂 0.02 mm |
| 6 | 0.469 675 | 24.5 | 未开裂 |
| 7 | 0.498 796 | 24.3 | 未开裂 |
| 8 | 0.514 587 | 25.6 | 未开裂 |
| 9 | 0.534 867 | 26.0 | 未开裂 |
| 10 | 0.587 351 | 24.0 | 未开裂 |

| 试件编号 | 钢筋锈蚀重量损失率/% | 混凝土强度/MPa | 试件受压前状态 |
|---|---|---|---|
| 11 | 0.598 863 | 21.5 | 未开裂 |
| 12 | 0.727 175 | 19.1 | 未开裂 |
| 13 | 0.736 358 | 25.3 | 开裂 0.02 mm |
| 14 | 0.813 963 | 24.8 | 未开裂 |
| 15 | 0.986 162 | 36.5 | 开裂 0.06 mm |
| 16 | 2.409 456 | 30.0 | 开裂 0.12 mm |
| 17 | 2.547 543 | 31.6 | 开裂 0.12 mm |
| 18 | 2.590 909 | 31.9 | 开裂 0.12 mm |
| 19 | 4.206 521 | 30.3 | 开裂 0.20 mm |
| 20 | 5.808 903 | 34.5 | 开裂 0.23 mm |

　　文献[58]就杂散电流下钢筋锈蚀特征对混凝土强度的影响开展了试验研究。混凝土强度的试验结果表明,杂散电流单独作用时,其对混凝土力学性能的破坏作用有限,电流强度较小时,混凝土强度甚至会有所增加。但当杂散电流与氯离子共存时,混凝土强度随着电流强度、氯离子浓度以及腐蚀时间的延长出现明显的下降,其下降程度与钢筋锈蚀程度有关。

　　文献[59]通过有限元方法模拟锈蚀钢筋混凝土桥墩的滞回性能,研究结果表明:①随着钢筋锈蚀率的增加,滞回曲线所围面积逐渐减小,捏拢效应越来越明显,说明桥墩的吸震能力随着锈蚀程度的增加而降低;②随着锈蚀率的增加,骨架曲线弹性范围减小,桥墩刚度降低,更为快速地进入塑性阶段;③桥墩的抗震耗能性能随着锈蚀程度的增加而加剧下降。

## 4.7　锈蚀钢筋检测评定方法

　　混凝土中钢筋锈蚀的非破损检测方法有分析法、物理法和电化学方法三大类。分析法根据现场实测的钢筋直径、保护层厚度、混凝土强度、有害离子的侵入深度及其含量、纵向裂缝宽度等数据,综合考虑构件所处的环境情况推断钢筋锈蚀程度;物理方法主要通过测定钢筋锈蚀引起电阻、电磁、热传导、声波传播等物理特性的变化来反映钢筋锈蚀情况;电化学方法通过测定钢筋/混凝土腐蚀体系的电化学特性来确定混凝土中钢筋锈蚀程度或速度。分析法的应用有赖于建立合理适用的数学模型,物理法主要还停留在实验室阶段,电化学方法是一种反映其本质的有力手段。电化学检测方法中自然电位法最简单、应用最广泛,可用于实验室研究和现场检测,但不能定量地给出钢筋锈蚀程度或锈蚀速度[60]。

　　文献[61]通过三类 180 根锈蚀试件的观察和 258 根钢筋的破坏型试验分析,提出了对混凝土构件中钢筋锈蚀程度进行宏观、定量评定和预测的方法,得出了钢筋锈蚀与纵向裂缝宽度、保护层厚度、钢筋直径和混凝土强度之间的关系。

　　1) 钢筋锈蚀重量损失率计算方法

　　当混凝土结构中钢筋锈蚀到一定程度,最常见的外观表现形式是混凝土沿钢筋出现纵向锈蚀裂缝。当钢筋锈蚀混凝土刚刚开裂时,钢筋的锈蚀程度主要与钢筋直径、类型、保护层厚度、混凝土强度和钢筋所处的位置有关;当钢筋锈蚀开裂以后,其锈蚀程度主要与钢筋直径和锈蚀裂缝开展宽度有关。

钢筋的锈蚀程度可以用钢筋的重量损失率 $\lambda$ 来表示,钢筋锈蚀重量损失率 $\lambda$ 可以按下列各式进行计算。

位于角部的Ⅰ级圆钢筋:

$$\lambda = \frac{32.43 + 0.303f_{cu} + 0.65c + 27.45w}{d} \tag{4-28}$$

式(4-28)中:$\lambda$ 为重量损失率(%);$d$ 为钢筋直径(mm);$f_{cu}$ 为混凝土立方体抗压强度(MPa);$w$ 为沿钢筋的纵向裂缝宽度(mm);$c$ 为混凝土保护层厚度(mm)。

对于式(4-28),试验与计算值之比的统计结果为:$n=115$,$\bar{x}=1.008$,$\sigma=0.277$。

处于箍筋位置的Ⅰ级圆钢筋:

$$\lambda = \frac{59.45 + 1.07f_{cu} + 276w}{d} \tag{4-29}$$

其中,$c=15\sim25$ mm。

对于式(4-29),试验与计算值之比的统计结果为:$n=25$,$\bar{x}=0.98$,$\sigma=0.150$。

位于角部的螺纹钢筋,当 $c=20\sim40$ mm 时:

$$\lambda = \frac{34.486w + 0.789f_{cu} - 1.763}{d} \tag{4-30}$$

对于式(4-30),试验与计算值之比的统计结果为:$n=96$,$\bar{x}=1.002$,$\sigma=0.478$。

2) 混凝土刚开裂时钢筋重量损失率

在常用的混凝土保护层厚度和混凝土强度等级条件下,混凝土刚开裂时的钢筋锈蚀程度因钢筋所处的位置、钢筋的种类和直径的不同而差别很大。表4-26列出了几种常见钢筋锈蚀混凝土刚开裂时的重量损失率。由此可以看出,钢筋锈蚀混凝土刚开裂时位于角部的Ⅱ级直径为18 mm的螺纹钢筋,其钢筋锈蚀重量损失率小于2%,而位于箍筋位置处的Ⅱ级直径为8 mm的螺纹钢筋,其钢筋锈蚀重量损失率已大于15%,因而不能仅以锈蚀开裂定出混凝土的耐久性极限状态,而应综合考虑。

表 4-26　混凝土刚开裂时钢筋锈蚀重量损失率

| 钢筋直径/mm | | 位于角部 | | | | | | 箍筋位置、板 | |
|---|---|---|---|---|---|---|---|---|---|
| | | Ⅰ级 8 | Ⅰ级 10 | Ⅰ级 14 | Ⅱ级 14 | Ⅱ级 16 | Ⅱ级 18 | Ⅱ级 6 | Ⅱ级 8 |
| 重量损失率/% | 计算85%保证率 | 9.56 | 9.15 | 5.83 | 2.64 | 3.39 | 1.75 | 16.1 | 15.4 |
| | 实际最大 | 8.2 | 6.0 | 6.2 | 3.0 | 2.0 | 0.4 | 15.2 | — |

注:Ⅰ级圆钢筋,Ⅱ级螺纹钢筋。

3) 不同钢筋直径对锈蚀的敏感性

钢筋锈蚀的重量损失速度与时间成正比,与钢筋直径成反比,因此钢筋的直径对锈蚀非常敏感。裂缝扩展初期,钢筋直径小于16 mm时,直径越小,裂缝扩展越快。钻芯取样结果表明,当锈蚀裂缝宽度相同时,直径越小,重量损失率越大。分析表明,同样环境条件下,当钢筋锈蚀重量损失率为 5% 时,φ18 钢筋锈蚀的时间是 φ8 钢筋的 10 倍以上。表 4-27 列出了当钢筋锈蚀重量损失率为 5% 时,不同直径钢筋锈蚀开裂宽度与相应时间及时间比的关系。

表 4-27　钢筋锈蚀重量损失率为 5% 时钢筋开裂程度与时间关系

| 钢筋直径/mm | Ⅰ级 8 | Ⅰ级 10 | Ⅰ级 14 | Ⅱ级 14 | Ⅱ级 16 | Ⅱ级 18 |
|---|---|---|---|---|---|---|
| 开裂宽度/mm | 0~开裂 | 刚刚开裂 | 0~0.49 | 0.58~0.95 | 0.67~1.42 | 2.35~2.98 |
| 相应时间/月 | <5.8 | 16.2~23.1 | 31.4~38.8 | 39.4~54.9 | 67.8~76.1 | |
| 时间比(与 φ8) | 1.0 | — | 2.8~4.0 | 5.4~6.7 | 6.8~10.2 | 11.7~13.1 |

注:以上钢筋均为角部钢筋;Ⅰ级光面钢筋,Ⅱ级螺纹钢筋。

除此之外,还可以通过半电池电位及电阻的测量来评定钢筋的锈蚀性[62]。通常,钝化膜完好处于保护状态下钢筋的电动势与处于腐蚀状态下钢筋的电动势不同。钢筋腐蚀是一个电化学过程,反应过程与带电的离子通过混凝土内部微孔液体的运动有关。离子的同方向运动使混凝土成为电导体,测量其导电性(或电阻),可以得到腐蚀电流流动的难易性。钢筋腐蚀状态的自然电位判别准则见表 4-28 所示。由于钢筋腐蚀与混凝土的电阻率有关,英国制定出用测定混凝土电阻率的方法,可简单地预测钢筋腐蚀可能性(表 4-29)。

表 4-28　钢筋腐蚀状态的自然电位判别准则

| 钢筋自然电位/mV | 0~-200 | -200~-350 | 低于-350 |
|---|---|---|---|
| 判别准则 | 钝化状态 | 50%腐蚀可能性 | 95%腐蚀可能性 |

表 4-29　钢筋腐蚀电阻率鉴别方法

| 混凝土电阻率/(Ω·cm) | >12 000 | 5 000~12 000 | <5 000 |
|---|---|---|---|
| 腐蚀可能性 | 不腐蚀 | 可能腐蚀 | 肯定腐蚀 |

## 4.8　钢筋锈蚀防治与处理

对未明显锈蚀构件采取有效措施控制、防治钢筋锈蚀的产生与发展,对已经明显锈蚀构件采取有效措施进行维修补强,是非常有必要的,此类问题也受到工程界越来越多的重视。

### 4.8.1　钢筋锈蚀前防治

当钢筋的锈蚀还未开始时,如果采取保护措施,防治污染物($CO_2$、$Cl^-$)的侵入,就可以使建筑物在寿命期内免受腐蚀。使用抗碳化涂料可以阻止二氧化碳的侵入,从而保护钢筋免受腐蚀。使用抗氯离子涂料,例如丙烯酸和环氧树脂等形成保护膜的涂料,或使用氧化硅等防渗涂料可以影响氯离子向混凝土内渗透[11]。

文献[63]的研究结果表明,混凝土结构的表面防水处理对由外界氯离子侵入混凝土试件中的钢筋可以起到有效的保护作用;同时提高混凝土的质量对于防止或减少由氯离子引起的钢筋锈蚀也是非常必要的。但是,对于混凝土中含有初始氯离子并且已经锈蚀发生的试件,表面防水处理不能够有效地控制钢筋锈蚀。

此外,混凝土在施工过程中,为了其他因素的目标,通常会加入一些外加剂。外加剂质量如果控制不好,则会促使钢筋发生锈蚀。外加剂质量的主要控制项目应包括掺外加剂混凝土性能和外加剂均质性两方面。混凝土性能方面的主要控制项目应包括减水率、凝结时间差和抗压强度比,外加剂匀质性方面的主要控制项目应包括 pH 值、氯离子含量和碱含量。现行的《混凝土质量控制标准》中明确规定[64],混凝土拌合物中水溶性氯离子最大含量应符合表 4-30 的要求,表中的百分数为水泥用量的质量百分比。

20 世纪 80 年代,一些混凝土结构在施工时为了防冻,在混凝土内掺入 $CaCl_2$ 作早强剂。文献[65]在处理某个实际工程时,根据混凝土取样化学分析结果,混凝土内的氯离子含量高达 0.294%(占混凝土重量),明显高于表 4-30 所规定的要求。该文献中提到的五层钢筋混凝土框架,投入使用一年后,就发现掺入 $CaCl_2$ 的钢筋混凝土柱逐渐出现纵向裂缝,10 年后柱的混凝土已大量剥落。

表 4-30  混凝土拌合物中水溶性氯离子最大含量

| 环境条件 | 水溶性氯离子最大含量/% | | |
| --- | --- | --- | --- |
| | 钢筋混凝土 | 预应力混凝土 | 素混凝土 |
| 干燥环境 | 0.30 | | |
| 潮湿但不含氯离子的环境 | 0.20 | 0.06 | 1.00 |
| 潮湿且含有氯离子的环境、盐渍土环境 | 0.10 | | |
| 除冰盐等侵蚀性物质的腐蚀环境 | 0.06 | | |

### 4.8.2  锈蚀钢筋的处理

目前,钢筋锈蚀处理的方法有许多种,大致可归纳为以下几种方法[66]:①用加入钢筋阻锈剂的水泥砂浆或混凝土进行修复;②用钝化砂浆或混凝土修补;③全树脂材料修补;④电化学防护法;⑤电化学提取氯离子技术。以上各种处理方法,各有其特点和局限性,可以根据工程的实际情况,选择合适的除锈、防锈方法。

轻微锈蚀的钢筋,在埋入混凝土之后可以进入钝化状态,并且不影响其握裹力,这已被试验和实践所证明。但是,明显锈蚀以致严重锈蚀的钢筋埋入混凝土中不能处于钝化状态。在修补工程中,钢筋锈蚀多半明显或严重。彻底除锈和完全除掉钢筋周围受污染的混凝土,实际上均难以做到。此种条件下的修补,能否使钢筋重新处于钝化状态,文献[9]为此做了如下试验研究:将水泥砂浆试样在模拟环境中加速试验至其中钢筋有明显锈蚀,然后除去钢筋表面的砂浆(至少露出钢筋直径的一半),用新制作的砂浆修补后,随时测量钢筋自然电位值。试验结果表明:①在锈蚀明显或严重、钢筋周围受污染的混凝土不全部清除的情况下,用普通水泥砂浆(混凝土)或用水泥基聚合物砂浆(混凝土)修补后,不能使其中钢筋重新处于钝化状态,钢筋锈蚀将继续进行;②对已锈蚀钢筋进行钝化剂处理,并在砂浆中掺入钢筋阻锈剂,可能使钢筋重新钝化。因此,修补工程应充分考虑修补后钢筋所处的状态,只有选用能使钢筋长期处于钝化状态的修补材料和方法,才能保证修复后的预期效果。另外,在有条件的情况下,应该最大限度地除去钢筋锈蚀产物和受污染的混凝土层。

以普通钢筋锈蚀破坏为主的修补(加固),常采用以下材料和方法[9]:

(1)用普通水泥砂浆或混凝土修补:选用高标号水泥、提高单位水泥用量、减小水灰比等,配制成密实性好、强度高的砂浆或混凝土,用抹、喷或支模灌注的方法进行修补。适用于腐蚀环境不苛刻、腐蚀破坏不严重的情况下。其优点是施工简单、造价低廉。缺点是在修补后难于保证耐久性,常常出现修补后使用不久,又重新腐蚀、开裂的情况。

(2) 在第(1)项的基础上掺用钢筋阻锈剂。钢筋阻锈剂不仅用于新建工程,也适用于已有工程的修补、加固处理,在国内外均在广泛应用。优点是明显提高第(1)项方法对已锈钢筋的保护能力,从而延长补后的耐久性;缺点是在较强腐蚀环境中,钢筋锈蚀破坏严重,尤其不能彻底除锈和完全清楚受污染的混凝土的情况下,修补后耐久性虽能延长但难以保证。

(3) 在第(1)项或第(2)项的基础上,修补完成后,再在砂浆或混凝土表面涂以防腐涂层,此方法对隔绝外界环境的侵蚀可能是有效的(视涂层质量及自身耐久性年限而定),但对其内部除锈不全和不能完全除掉已受污染的混凝土的情况下,则效果有限。

(4) 采用水泥基聚合物砂浆或混凝土修补。水泥基聚合物材料,能大幅度提高砂浆或混凝土的密实性和粘结力,已成为国内外通用的主要修补材料。施工相对简单,但在钢筋除锈不彻底、受污染混凝土不能完全铲除的情况下,其中钢筋还可能处于活化状态,虽然水泥基聚合物材料对钢筋的保护能力明显高于普通水泥材料,但仍不能在此条件下完全保护钢筋不继续腐蚀。在此基础上进行钢筋钝化处理和掺加钢筋阻锈剂等综合措施,能使其保护能力显著提高,可使已锈蚀钢筋重新钝化。

(5) 用全树脂材料修补。环氧树脂类等材料可制作成砂浆或混凝土用以修补、补强加固。优点是树脂材料本身耐腐蚀性能高,可抵抗强酸、碱及盐类的侵蚀,强度高,粘结力强等。缺点是造价高,收缩性大,施工难度大和不适宜在湿度大及潮湿基面上施工等。

修补工程是一项复杂的综合性技术,需要精心设计、精心施工。为能最大限度地达到修补后的预期效果,以下基本原则是值得考虑的:①应在发现钢筋锈蚀导致顺筋开裂的初期,立即着手制定和实施修补或防护措施;②修补方案的依据应是腐蚀环境分析和腐蚀程度的评价结果;③凡是钢筋锈蚀导致开裂、剥落的部位,在安全允许的前提下,应最大限度地除去钢筋周围受污染的混凝土层,最大限度地对钢筋除锈;④修补工程除满足力学性能要求外,应着重于使已锈蚀钢筋长期处于钝化状态,以保证修补后的长期安全使用;⑤水泥基聚合物材料与防腐、钝化类型砂浆或混凝土,是钢筋锈蚀破坏修补的良好材料,在技术、经济综合指标对比中,占有有利地位,是国内外发展比较好的专用修补材料。

工程上处理混凝土受氯离子污染导致钢筋生锈的方法归纳起来主要有电化学提取氯离子[11]、阴极保护法、混凝土表面涂层法。前两种方法由于要施加外部电流,工艺较复杂、技术要求高、成本也较高,特别是在构件类型多且分布密集、内外有装饰、有人活动的工业与民用建筑上实施是非常困难的。

南京水利科学研究院研制的丙乳砂浆在港湾水工等构筑物的钢筋防腐工程上的应用已有近三十年的历史,具有成本低、操作方便、无毒、防腐效果良好等优点。丙乳砂浆是在普通水泥砂浆中掺入丙烯酸酯共聚乳液而制成的水泥基复合材料,丙乳作为有机聚合物掺入砂浆中起到润滑、减水、降低空隙率、增强细骨料粘结、填充微小空隙、限制裂缝发展等作用,明显改善了砂浆的微观结构,使其密实性、粘结性、抗压抗拉强度、耐磨耐老化等性能与普通水泥砂浆相比均有显著提高。同时丙乳砂浆还有低吸水率的特点,其抗渗防水及抗碳化能力特别是抗氯离子渗透能力比普通砂浆提高很多,因此丙乳砂浆是很理想的防腐补强材料[67]。丙乳砂浆作为防腐补强材料,其施工操作非常方便,配制拌合物也很简单,当修补工程量较少或场地受限制时宜人工涂抹。施工时应控制好以下几点：①基底处理：为使丙乳砂浆和基底有良好的粘结，对混凝土基底要清除油污、烟尘等杂物和表面的剥蚀松动层，并用高压水冲刷干净，保持面层稍带湿润状态但不得有积水。②丙乳砂浆的配制：丙乳砂浆的质量配比要根据材料、气温和施工要求的和易性，一般为水泥：砂：丙乳：水＝1：（1～2）：（0.25～0.35）：适量水。配制时先将水泥和砂拌匀，再加入丙乳，拌和均匀后边拌边洒少量水直至达到所要求的和易性为止。人工拌和时每次配制量以 10 kg 水泥为宜。③人工涂抹：为保证质量，一般采用丙乳净浆打底和罩面，并要注意分片错开涂抹，每片面积不能太大，为防止浆体在凝聚过程中形成的聚合物膜被拉裂，宜一次压实抹平 10～15 mm。④养护：丙乳砂浆施工抹平初凝后即喷水雾养护，潮湿养护时间不少于 7 d。

丙乳砂浆修补氯离子腐蚀钢筋构件的原则如下：①全部凿除所有梁、板、柱表面抹灰层，以便对钢筋锈蚀情况进行检查。②凡是混凝土表面有锈迹、空鼓或裂缝的梁、板、柱，处理措施为：对于梁，应完全剥离受拉主筋周围混凝土，保证主筋与混凝土之间净空至少 10～15 mm；对于板，可在三面剥离主筋混凝土保护层，但主筋上缘不能与混凝土脱离，且其他三面净空至少有 10 mm；对于柱，可在三面剥离角部钢筋混凝土保护层，而另一面与混凝土粘结；对其他部位的钢筋则完全剥离混凝土保护层。③对混凝土表面无锈迹、空鼓或裂缝的梁、板、柱，若局部凿除保护层后发现钢筋锈蚀较严重则按②处理；对于不严重的按④处理。④对所有梁、板、柱外露部分，最后要用 10 mm 厚丙乳砂浆密封代替抹灰层。

丙乳砂浆具体的修补步骤为：①铲除构件及部分墙面抹灰层，并喷水检查混凝土有无裂缝。②按板、梁、柱顺序凿除钢筋保护层，剥离钢筋周围部分混凝土，并将其他部位混凝土的表面凿毛。③用铁刷对钢筋除锈，测其直径，并涂丙乳净浆保护。④将构件表面用高压水冲洗干净，喷水保持其潮湿 24 h。⑤用丙乳砂浆将构件补平。⑥终凝后立即将构件用丙乳净浆打底，并抹 10 mm 厚丙乳砂浆覆盖密封。⑦修补完毕待丙乳砂浆初凝后，每 0.5 h 喷一次水雾，养护 7 d。基于某实际工程，采用丙乳砂浆修补 5 年后，未再发现有新的裂缝，凿开丙乳砂浆露出的钢筋也无再生锈的迹象。丙乳砂浆作为处理因混凝土中氯离子含量超标而引起的钢筋锈蚀问题的防腐补强材料是成功的[67]。

文献[68]对于氯离子引起混凝土中钢筋锈蚀问题，提出阻锈、防扩散、加固三重保护措施。即对原有混凝土进行基层处理，将已经松动、开裂的混凝土保护层尽可能剔除，对暴露的钢筋表面除锈；然后在原混凝土表面涂刷一种渗透性钢筋阻锈剂；最后在原混凝土外围浇筑一层厚度为 80 mm 的 SBR 改性混凝土（SBR 改性混凝土是在普通混凝土的基础上通过丁苯胶乳聚合物（SBR）改性而成的）。丁苯胶乳在混凝土内脱水成膜后能够阻断混凝土内的毛细孔，提高混凝土的密实性，使其抗氯离子扩散能力提高 6～8 倍，对混凝土内的钢筋具有更好的保护作用。渗透性钢筋阻锈剂是一种表面渗透剂，根据产品介绍其具有极高的渗透速度（一个月内可深入混凝土中达 70 mm，平均 2～20 mm/d）。将其涂刷到混凝土表面之后，它会很快地渗透到钢筋的表面，在钢筋表面形成一层保护膜，此保护膜在阳极能够阻止 $Fe^{2+}$ 的流失，在阴极能够形成对 $O_2$ 的屏障，保护效果极佳。该方法应用到因氯离子含量偏高钢筋锈蚀破坏的某煤矿井塔的加固与修复工程中，井塔修复完毕 1 年后，检测结果表明此修复方法是可靠的。

文献[70]对采用不同修复材料的轴心受压局部修复钢筋混凝土柱的力学性能进行了试验研究，考察了修复材料与修复柱本体混凝土的弹性模量比、强度比、修复柱修复时的卸载程度等因素对局部修复后钢筋混凝土柱力学性能的影响。不同修复材料的物理、力学性能存在很大差异，尤其是许多树脂类和聚合物改性类修复材料，其物理、力学性能同普通混凝土相比具有很大的不同，如环氧树脂砂浆的抗拉、抗压强度分别是 C20 混凝土抗拉、抗压强度的 9 倍和 3.5 倍，但其弹性模量却仅为普通 C20 混凝土的 73%。该文献选择和配制了三种有代表性的修复材料：普通水泥混凝土、复合改性 SBR 混凝土、不饱和聚酯树脂胶泥，其实测 28 d 力学性能指标见表 4-31 所示。此外，修复柱混凝土抗压强度为 18.1 MPa；抗拉强度为 1.47 MPa；弹性模量为 24.1 GPa。待修复柱尺寸为 120 mm×120 mm×600 mm，其修复区域为修复柱一侧的中间区域，尺寸为 120 mm×40 mm×300 mm。修复柱配有 4 根 I 级 10 的钢筋和 4 根 I 级[b]4 冷拔低碳钢丝作箍筋。待修复钢筋混凝土柱试验计划见表 4-32，其中 A、B、C 分别代表普通水泥混凝土、复合改性 SBR 混凝土和不饱和聚酯树脂胶泥。

表 4-31　修复材料的力学参数

| 修复材料类别 | 抗压强度/MPa | 抗拉强度/MPa | 弹性模量/MPa |
|---|---|---|---|
| 普通水泥混凝土 | 24.6 | 1.78 | 25 600 |
| 复合改性 SBR 混凝土 | 22.3 | 2.09 | 16 500 |
| 不饱和聚酯树脂胶泥 | 79.0 | 13.20 | 22 300 |

表 4-32　待修复钢筋混凝土柱

| 试件编号 | | 数量/根 | 修复材料 | 卸载程度/% |
|---|---|---|---|---|
| 完全卸载修复 | Rm | 2 | A | 100 |
| | Rs | 2 | B | 100 |
| | Re | 2 | C | 100 |
| 部分卸载修复 | Pr1 | 2 | A | 80 |
| | Pr2 | 2 | B | 60 |
| | Pr3 | 2 | C | 40 |

卸载修复柱的极限承载力结果见表 4-33 所示，基于试验研究与分析结果，可以得到以下结论：①修复材料与修复柱本体混凝土的弹性模量相差越大，则两者应变发展速率的差异也越大。在本试验中，SBR 混凝土与修复柱本体混凝土的弹性模量相差最大（达31.5%），故 SBR 混凝土修复区应变发展速率最快，且与基层混凝土应变的差异最大。②由于 SBR 混凝土的弹性模量较低，其分担的修复柱混凝土横截面应力水平较低；同时，由于修复区与基层混凝土区存在较大的应变差，从而将在修复界面产生应力集中。当此应力集中超过 SBR 混凝土与基层混凝土的粘结强度时，将导致修复界面粘结破坏，最终导致修复柱极限承载力降低。③树脂胶泥与普通水泥混凝土的弹性模量均与修复柱本体混凝土比较接近（相差分别为 7.4% 和 5.8%），故此两种材料修复柱修复区与基层混凝土区应变发展比较接近，无明显应变差，修复区域基层混凝土区的变形发展一致，不会产生粘结界面破坏，从而使修复材料的强度可以得到较为充分地发挥；同时，注意到树脂胶泥的强度虽远高于修复柱本

体混凝土,但因其弹性模量略低于修复柱本体混凝土,从而使其强度不能充分发挥。④普通水泥混凝土强度和弹性模量均略高于修复柱本体混凝土,修复材料与修复柱基层混凝土共同作用良好,强度得到充分发挥,因此极限承载力最高。

表 4-33　卸载修复柱极限承载力

| 修复柱编号 | Rm | Rs | Re |
|---|---|---|---|
| 修复材料种类 | 普通水泥混凝土 | SBR 混凝土 | 树脂胶泥 |
| 平均极限承载力/kN | 397.8 | 333.3 | 388.4 |

表 4-34 为三种不同卸载程度修复柱轴心受压时极限承载力的试验结果。由此可知,部分卸载修复柱的极限承载力与修复柱的卸载程度成正比,卸载程度越高,修复柱的极限承载力越大。部分卸载修复使修复柱本体混凝土与修复材料存在着一定的起始应力差,且卸载程度越小,此起始应力差越大。随着修复柱载荷的增大,修复材料的应力水平虽然逐步提高,但当修复柱本体混凝土接近极限破坏应力时,修复材料的应力水平仍较低。卸载程度越小,此应力水平越低,使修复材料强度没有得到充分发挥,故部分卸载修复柱极限承载力较低。因此,对于锈蚀钢筋混凝土柱的局部修复,为获得良好的修复效果,不仅要选择防腐蚀的修复材料,而且修复材料的力学性能应满足:修复材料强度大于修复柱本体混凝土强度;修复材料与修复柱本体混凝土的弹性模量比较接近,不宜相差过大;修复时应采取措施尽可能提高修复柱的卸载程度。

表 4-34　部分卸载修复柱极限承载力

| 修复柱编号 | Re | Pr1 | Pr2 | Pr3 |
|---|---|---|---|---|
| 卸载程度/% | 100 | 80 | 60 | 40 |
| 平均极限承载力/kN | 388.4 | 370.6 | 345.4 | 337.0 |

文献[71]认为,对氯化物污染混凝土引起的钢筋腐蚀破坏采用传统的局部修补方式(仅凿除破坏处的混凝土,露出并清除其中的钢筋腐蚀产物,再用优质混凝土或聚合物乳胶改性水泥砂浆等修补)进行修复时具有严重弊端,也就是说即使局部修补质量良好,具有长期护筋效果,也可能会导致局部修补处周围钢筋的腐蚀破坏。需要强调的是,在混凝土碳化引起钢筋腐蚀的场合里,钢筋腐蚀比较均匀;在氯化物渗入混凝土引起钢筋腐蚀的场合里,钢筋局部腐蚀,存在着锈坑,坑中填充着含大量氯化物的 $Fe_3O_4$。如果修补前没有除尽这些铁锈,那么钢筋就会在修补后继续腐蚀。基于日本与英国学者的试验研究成果,发现如果局部填补是在盐污染混凝土上进行的,那么邻近局部填补处就会成为阳极区,在那里发生的钢筋腐蚀(质量损失)比未局部填补的钢筋还更严重。例如,在英国一座撒除冰盐的混凝土桥中,在凿除顺筋胀裂的混凝土保护层进行局部修补后,不久就在局部修补处附近出现新的阳极区,继而钢筋发生了严重的腐蚀破坏。基于 1963 年南京水利科研所印发的湛江港码头钢筋混凝土上部结构腐蚀初步调查报告,使用仅 7 年的湛江港高桩梁板承台式钢筋混凝土码头,其浪溅区的梁底混凝土因质量低劣,氯化物污染严重,普遍发生严重腐蚀破坏(其主筋平均腐蚀速率已达到 0.24 mm/年,个别值达 0.42 mm/年,截面积损失率达 40%)。1964 年人们采取全部凿除这部分混凝土保护层(凿除深度比梁底主筋深约 50 mm),然后喷砂除锈到

铁白程度,并在严格控制质量的条件下全面喷射水泥砂浆(干喷法)修补。十余年后检查发现喷射砂浆质量普遍优异,其中钢筋仍具有金属光泽,完全无锈,砂浆含盐量也极低;但同时却发现邻近喷射砂浆修补范围的氯化物污染的老混凝土(1964年修补时,该处钢筋及老混凝土均完好,因此未予以任何处理)内,钢筋已广泛严重腐蚀,不仅使老混凝土保护层严重地顺筋胀裂、剥落,而且将上述完好的喷射砂浆修补层顺带胀裂。德国亚琛工业大学Raupach教授根据电化学原理和大量模拟试验研究结果,阐述了局部修补处附近钢筋加剧锈蚀的机理如下:由于混凝土保护层质量的不均匀性,常常首先在有限的局部范围内,钢筋表面的混凝土孔隙液的氯化物含量先达到临界浓度(对于普通硅酸盐水泥混凝土,此临界浓度为水泥质量的0.3%~0.5%,视混凝土水灰比需水量而定;对于矿渣或粉煤灰水泥混凝土则为0.5%~2.0%),使该处钢筋起阳极作用而首先腐蚀,与它相邻的钢筋表面则起阴极作用,而阴极电流使该表面受到阴极保护,从而提高了该处氯化物引起钢筋腐蚀的临界浓度。因此,在阳极区,腐蚀坑向坑内部发展的倾向会更大一些,沿钢筋表面向邻近的阴极区扩展的倾向会更小一些。腐蚀物的体积膨胀作用使正在腐蚀范围内的钢筋表面上的混凝土胀裂、剥落。如果只在混凝土胀裂、剥落处进行局部修补,那么因为它周围的混凝土含盐量仍然很高,当原来起牺牲阳极作用的阳极区已经用修补砂浆有效地修补好之后,它就不再给周围区域提供阴极保护作用。在已经丧失阴极保护作用的这些周围区域中,氯化物引起钢筋腐蚀的临界浓度将随之降低,钢筋开始腐蚀。要预防局部修补处附近发生钢筋腐蚀,就必须将氯化物含量超过引起钢筋腐蚀的临界值的所有混凝土都除去。这意味着,只在被钢筋腐蚀引起混凝土胀裂与剥落处除去混凝土和只在钢筋表面显示腐蚀产物处进行局部修补是不够的。但是,也可追加其他方式,如以适当的涂料(如硅烷系憎水剂)涂抹于混凝土表面以降低混凝土含水量来提供保护;又如以适当的阴极保护使所有的氯化物含量超过临界浓度的混凝土中的钢筋都只能进行阴极反应而不能进行阳极反应来提供保护。

文献[72]对锈蚀钢筋混凝土局部修复的电化学不相容性进行了研究。总共制作了两类试件:局部修复碳化试件和局部修复掺氯盐(掺入水泥质量5%的NaCl)试件。选择了三种修复材料,即C20、C40普通硅酸盐水泥混凝土和环氧树脂胶泥。研究结果表明:采用C20、C40混凝土修复后,在修复界面修复区和原混凝土区形成了明显的腐蚀电位差,无论是碳化试件还是掺盐试件,原混凝土区钢筋腐蚀电位均低于修复区。碳化试件、掺盐试件修复界面的腐蚀电位差分别为约115 mV和250 mV,即掺盐试件修复界面的钢筋腐蚀电位差高于碳化试件。但是,环氧树脂胶泥试件不存在修复界面腐蚀电位差。上述现象是因为水泥基类修复材料的水化产物会形成pH值达12~13的高碱性环境,故修复区内的钢筋表面被钝化,腐蚀电位明显升高,而原混凝土区内钢筋的腐蚀电位基本保持不变,从而形成了修复界面的腐蚀电位差。同时,由于氯离子高的活性、导电性和吸湿能力使得掺盐试件原混凝土区的腐蚀电位较低,故掺盐试件修复界面的腐蚀电位差也较大。对于环氧树脂胶泥修复的试件,由于环氧树脂胶泥不导电、不透气,腐蚀性介质(如水分、氧气等)不能达到钢筋表面,并且对钢筋不产生化学作用,故修复区内的钢筋处于一种绝缘状态,自身不具备腐蚀的条件,也不能与原混凝土区内的钢筋构成腐蚀电池所必需的离子回路,故不发生腐蚀。基于试验研究结果,可以达到如下结论:①采用水泥基修复材料进行局部修复,由于在修复界面形成活化区-钝化区宏电流腐蚀电池,导致修复界面原混凝土区内钢筋腐蚀速度加快,修复区内的钢筋不发生腐蚀;用树脂类修复材料进行局部修复,不影响修复界面原混凝土区内钢筋的腐蚀速度。②局部修复引起的原混凝土区域内钢筋腐蚀速度的加剧程度,碳化试件达 2～2.5 倍,掺氯盐试件可达 1.5～2 倍。③局部修复引起的原混凝土区域内钢筋腐蚀速度加剧的影响范围随修复区域、相对湿度的增大而增大,最大影响范围约为局部修复区域的 1/2。

## 参考文献

[1] 韩继云,蔡鲁生. 钢筋混凝土构件中钢筋锈蚀实验研究[R]. 北京:中国建筑科学研究院,1991.

[2] 吴庆,袁迎曙,张风杰. 基于钢筋锈蚀的混凝土结构性能退化研究综述(Ⅰ)[J]. 四川建筑科学研究,2007,33(6):9-13.

[3] 吴庆,袁迎曙,姬永升. 基于钢筋锈蚀的混凝土结构性能退化研究综述(下)[J]. 四川建筑科学研究,2008,34(1):63-65.

[4] 金伟良,夏晋,王伟力. 锈蚀钢筋混凝土桥梁力学性能研究综述(Ⅰ)[J]. 长沙理工大学学报(自然科学版),2007,4(2):1-12.

[5] 金伟良,夏晋,王伟力. 锈蚀钢筋混凝土桥梁力学性能研究综述(Ⅱ)[J]. 长沙理工大学学报(自然科学版),2007,4(3):1-12.

[6] 乔存学. 桥梁结构中钢筋锈蚀机理分析与防治措施[J]. 交通世界,2011(13):210-211.

[7] 惠云玲,郭永重,李小瑞. 混凝土结构中钢筋锈蚀机理、特征及检测评定方法[J]. 工业建筑,2002,32(2):5-7.

[8] 张伟平,顾祥林,金贤玉,等. 混凝土中钢筋锈蚀机理及锈蚀钢筋力学性能研究[J]. 建筑结构学报,2010,(S1):327-332.

[9] 洪乃丰,王伯琴. 钢筋锈蚀破坏和修补技术[J]. 工业建筑,1996,26(4):3-7.

[10] 王庆霖,牛荻涛. 碳化引起的钢筋锈蚀[C]. 混凝土结构耐久性设计与施工——土建结构工程安全性与耐久性科技论坛论文集,2001,101-110.

[11] Ali M, Wiles P. Reinforcement corrosion and its remediation[J]. The Structural Engineer,2006,84(23/24):28-30.

[12] 王元光,王新祥. 某污水处理车间钢筋锈蚀检测鉴定[J]. 工业建筑,2007,37(S1):947-950,995.

[13] 孙盛佩,陈林,柳鸿波. 混凝土中 Cl⁻ 引起钢筋锈蚀有关问题的思考和探讨[J]. 工程质量,2007,7(13):44-47.

[14] 常立新,丁煜祥,程泽和,等. 混凝土裂缝对钢筋锈蚀的影响[J]. 工业建筑,2006,36(S1):903-904,916.

[15] 许超,李克非. 水泥基材料裂缝对钢筋锈蚀过程的影响[J]. 东南大学学报(自然科学版),2006,36(S2):135-138.

[16] 张邵峰,陆春华,陈妤,等. 裂缝对混凝土内氯离子扩散和钢筋锈蚀的影响[J]. 工程力学,2012,29(S1):97-100.

[17] 赵炜璇,巴恒静. 含氧量对临界氯离子浓度及钢筋锈蚀速率影响[J]. 中国矿业大学学报,2011,40(5):714-719.

[18] 施惠生,郭晓潞,张贺. 水灰比对水工混凝土中钢筋锈蚀的影响[J]. 水利学报,2009,40(12):1500-1505.

[19] 蒋德稳,李林,袁迎曙. 温度、湿度对钢筋锈蚀速度的影响[J]. 淮海工学院学报(自然科学版),2004,13(1):59-62.

[20] 惠云玲,林志伸,李荣. 锈蚀钢筋性能试验研究分析[J]. 工业建筑,1997,27(6):10-13,33.

[21] Andrade C, Alonso C. Cover cracking as a function of bar corrosion:Part Ⅰ-Experimental test [J]. Materials and Structures,1993,26(8):453-464.

[22] 赵羽习,金伟良.混凝土构件锈蚀胀裂时的钢筋锈蚀率[J].水利学报,2004(11):97-101.

[23] Molina F J, Alonso C, Andrade C. Cover cracking as a function of rebar corrosion: Part Ⅱ-Numerical model[J]. Materials and Structures, 1993, 26(9): 532-548.

[24] 吴相豪.混凝土构件锈胀开裂时钢筋锈蚀率的解析解[J].力学与实践,2007,29(4):67-70.

[25] 张英姿,范颖芳,赵颖华.混凝土保护层胀裂时刻钢筋锈蚀深度的理论模型[J].工程力学,2010,27(9):122-127.

[26] 张平生,卢梅,李晓燕.锈损钢筋的力学性能[J].工业建筑,1995,25(9):41-44.

[27] 初少凤.高强钢筋锈蚀机理及锈后力学性能研究[D].泉州:华侨大学,2008.

[28] 马良哲,白常举.钢筋锈蚀后力学性能的试验研究[C].第五届全国混凝土耐久性学术交流会,2000,113-118.

[29] 黄晋昌,陈春才,冯郧平.混凝土中钢筋锈蚀程度发展及力学性能影响[J].铁道工程学报,2001(2):109-117.

[30] 袁迎曙,余索.锈蚀钢筋混凝土梁的结构性能退化[J].建筑结构学报,1997,18(4):51-57.

[31] 王林科,陶峰,王庆霖,等.锈后钢筋混凝土粘结锚固的试验研究[J].工业建筑,1996,26(4):14-16.

[32] 戴兵,吕毅刚.钢筋锈蚀率对RC构件粘结性影响的试验研究[J].中外公路,2010,30(6):204-207.

[33] 赵羽习,金伟良.锈蚀钢筋与混凝土粘结性能的试验研究[J].浙江大学学报(工学版),2002,36(4):352-356.

[34] 张伟平,张誉.锈胀开裂后钢筋混凝土粘结滑移本构关系研究[J].土木工程学报,2001,34(5):40-44.

[35] 徐港,王青.锈蚀钢筋与混凝土粘结性能研究进展[J].混凝土,2006(5):13-16.

[36] 陈月顺,卢亦焱,刘莉.钢筋锈蚀对自密实轻骨料钢筋混凝土粘结退化的影响[J].工业建筑,2007,37(8):73-76.

[37] 代东旭,司福巍,关学艳.钢筋锈蚀与混凝土粘结性能试验研究[J].低温建筑技术,2012(7):89-91.

[38] 惠云玲,李荣,林志伸,等.混凝土基本构件钢筋锈蚀前后性能试验研究[J].工业建筑,1997,27(6):14-18,57.

[39] 袁迎曙,贾福萍,蔡跃.锈蚀钢筋混凝土梁的结构性能退化模型[J].土木工程学报,2001,34(3):47-52,96.

[40] 金伟良,赵羽习.锈蚀钢筋混凝土梁抗弯强度的试验研究[J].工业建筑,2001,31(5):9-11.

[41] 牛荻涛,卢梅,王庆霖.锈蚀钢筋混凝土梁正截面受弯承载力计算方法研究[J].建筑结构,2002,32(10):14-17.

[42] 赵新.锈蚀钢筋混凝土梁工作性能的试验研究[D].长沙:湖南大学,2006.

[43] 王国业,王亮,杨永生,等.钢筋锈蚀对混凝土梁抗弯性能影响试验[J].沈阳建筑大学学报(自然科学版),2013,29(3):454-460.

[44] 张喜德,蓝文武,韦树英,等.钢筋混凝土受弯构件受压区钢筋锈蚀影响的试验研究[J].工业建筑,2005,35(7):46-49.

[45] 金伟良,陈驹,吴金海,等.钢筋锈蚀对钢筋混凝土短梁力学性能的影响[J].华中科技大学学报(城市科学版),2003,20(1):1-3.

[46] 易伟建,赵新.持续荷载作用下钢筋锈蚀对混凝土梁工作性能的影响[J].土木工程学报,2006,39(1):7-12.

[47] 宋晓君,张维君.钢筋锈蚀对塑性铰转动能力的影响[J].低温建筑技术,2010(6):27-29.

[48] 王国业,周禹,张满园,等.锈蚀钢筋混凝土纯扭构件的开裂扭矩及裂缝倾角[J].沈阳建筑大学学报(自然科学版),2012,28(1):100-103.

[49] 张伟平,王晓刚,顾祥林,等.加速锈蚀与自然锈蚀钢筋混凝土梁受力性能比较分析[J].东南大学学报(自然科学版),2006,36(S2):139-144.

[50] 刘兴远,林文修,周珉,等.钢筋锈蚀槽板静载荷试验研究[J].土木工程学报,2004,37(4):33-37.

[51] 陶峰,王林科,王庆霖,等.服役钢筋混凝土构件承载力的试验研究[J].工业建筑,1996,26(4):17-20,27.

[52] 赵根田,李永和.钢筋锈蚀与混凝土破损后屋面板的变形与裂缝研究[J].工业建筑,2004,34(9):54-56.

[53] 范颖芳,周晶,黄振国.受硫酸盐腐蚀钢筋混凝土构件承载力试验研究[J].工业建筑,2000,30(5):13-15,20.

[54] 史庆轩,李小健,牛荻涛,等.锈蚀钢筋混凝土偏心受压构件承载力试验研究[J].工业建筑,2001,31(5):14-17.

[55] 卫军,张华,李鹏程,等.钢筋锈蚀引起的混凝土偏压构件刚度退化研究[J].武汉理工大学学报,2009,31(13):60-63.

[56] 陈建超,蒋连接.钢筋锈蚀对反复荷载下压弯构件延性影响的试验研究[J].工业建筑,2010,40(S1):869-871,822.

[57] 张喜德,韦树英,彭修宁.钢筋锈蚀对混凝土抗压强度影响的试验研究[J].工业建筑,2003,33(3):5-7.

[58] 耿健,陈伟,孙家瑛,等.复杂环境下钢筋锈蚀特征对混凝土强度影响[J].华中科技大学学报(自然科学版),2011,39(3):43-46.

[59] 马渡玮,王达磊,胡腾.锈蚀钢筋混凝土桥墩抗震性能数值模拟[J].重庆交通大学学报(自然科学版),2013,32(S1):756-759.

[60] 张伟平,张誉,刘亚芹.混凝土中钢筋锈蚀的电化学检测方法[J].工业建筑,1998,28(12):21-25,32.

[61] 惠云玲.混凝土结构中钢筋锈蚀程度评估和预测试验研究[J].工业建筑,1997,27(6):6-9,49.

[62] 惠云玲.混凝土结构中钢筋锈蚀机理、特征及检测评定方法[C].第五届全国混凝土耐久性学术交流会,2000,10月,105-111.

[63] 任昭君,孙志伟,赵铁军.表面防水处理对氯离子侵蚀混凝土中钢筋锈蚀的影响[J].混凝土,2008(6):26-28.

[64] GB 50164—2011.混凝土质量控制标准[S].北京:中国建筑工业出版社,2011.

[65] 袁迎曙,袁广林,姜利民,等.受氯盐严重侵蚀的建筑物结构补强[J].建筑结构,1995(4):53-56.

[66] 时向东,俞良群,陈永健.长期停建的建筑物在续建时对钢筋锈蚀的检测与处理[J].工业建筑,2001,31(8):71-73.

[67] 霍广勇,张友为.某住宅楼因钢筋锈蚀而导致混凝土开裂后的防腐补强方案[J].工业建筑,2003,33(8):66-68.

[68] 李果,袁迎曙,杜健民,等.钢筋锈蚀破坏的煤矿井塔加固与修复[J].建筑结构,2004,34(9):18-20,10.

[69] 手册编委会.建筑结构试验检测技术与鉴定加固修复实用手册[M].北京:世图音像电子出版社,2002.

[70] 李果,袁迎曙.局部修复钢筋混凝土柱的力学性能研究[J].中国矿业大学学报,2001,30(5):467-470.

[71] 洪定海.盐污染混凝土结构钢筋腐蚀破坏的局部修复[J].建筑材料学报,1998,1(2):164-169.

[72] 李果,袁迎曙.锈蚀钢筋混凝土局部修复电化学不相容性研究[J].中国矿业大学学报,2003,32(1):44-47.

[73] Ouglova A, Berthaud Y, Foct F. The influence of corrosion on bond properties between concrete and reinforcement in concrete structures[J]. Materials and Structures, 2008, 41(5):969-980.

[74] Law D W, Tang D, Molyneaux T K C, et al. Impact of crack width on bond: confined and unconfined rebar[J]. Materials and Structures, 2011, 44(7):1287-1296.

# 第5章　火灾后结构构件的受力性能与鉴定方法

根据收集到的统计资料,2011 年我国共接报火灾 125 402 起,死亡人数 1 106 人,受伤人数 572 人,直接财产损失 18.8 亿元;2012 年我国共接报火灾约 12.7 万起,死亡人数 1 076人,受伤人数 580 人,直接财产损失 13.2 亿元(不含央视新址园区火灾损失)。由此可见,近几年来火灾事故频繁发生。火灾事故发生之后,对于从事土木工程的技术鉴定人员来说,最需要关注的是火灾后工程结构的可靠性如何,其是否能够直接投入使用或者采取相关措施后可继续投入使用。为了更好地鉴定火灾后结构构件的可靠性,有必要对建筑物火灾的发展规律、火灾时的温度、高温对材料和构件的受力性能影响等内容进行系统地掌握。

## 5.1　建筑物火灾的发展规律

建筑物火灾与其他类型火灾一样,在通常情况下,都有一个由小到大、由发展到熄灭的过程。但是,其与可燃液体和可燃气体火灾相比,建筑物火灾阶段区别更明显,特点更突出。

### 5.1.1　室内火灾的发展阶段

建筑物火灾最初都发生在室内的某个房间或某个部位,然后由此蔓延到相邻的房间或区域,以及整个楼层,最后甚至发展到整个建筑物。其发展过程大致可分为初起、全面发展和下降三个阶段(有时又称为成长期、旺盛期和衰减期)。

1) 初起阶段

室内火灾发生后,最初只局限于着火点处的可燃物燃烧。局部燃烧形成后,可能会出现以下三种情况:一是以最初着火的可燃物烧尽而终止;二是因通风不足,火灾可能自行熄灭,或受到较弱供氧条件的支持,以缓慢的速度维持燃烧;三是有足够的可燃物,且有良好的通风条件,火灾迅速发展至整个房间。这一阶段着火点处局部的温度较高,燃烧的面积不大,室内各点的温度不平衡。由于受到可燃物燃烧性能、分布和通风、散热等条件的影响,燃烧的发展大多比较缓慢,有可能形成火灾,也有可能中途自行熄灭,燃烧发展是不稳定的。火灾初起阶段持续时间的长短不定,大约经历 5～20 min,此时也是人为灭火的最佳时期。

2) 全面发展阶段

随着燃烧时间的持续,室内的可燃物在高温的作用下,不断释放出可燃气体,当房间内温度达到 400～600℃时,便会发生轰燃。轰燃是室内火灾最显著的特点之一,它标志着室内火灾已进入全面发展阶段。轰燃发生后,室内可燃物出现全面燃烧,室温急剧上升,温度可高达800～1 000℃。火焰和高温烟气在火风压的作用下,会从房间的门窗、孔洞等处大量涌出,沿走廊、吊顶迅速向水平方向蔓延扩散,同时,由于烟囱效应的作用,火势会通过竖向管井、共享空间等向上层蔓延。此外,室内高温还对建筑构件产生热作用,使建筑构件的承载能力下降,可能导致建筑结构发生局部或整体倒塌。

3) 下降阶段

在火灾全面发展阶段的后期,随着室内可燃物数量的减少,火灾燃烧速度减慢,燃烧强度减弱,温度逐渐下降,当降到其最大值的 80% 时,火灾则进入熄灭阶段。随后房间温度下降显著,直到室内外温度达到平衡为止,火灾完全熄灭。

### 5.1.2 影响室内火灾发展的因素

影响建筑物室内火灾发展的因素主要有火灾温度、燃烧速度和建筑物的空间布局等。

1) 火灾温度

火灾温度是指建筑物着火后室内温度的平均值。影响火灾温度变化的因素如下:

(1) 可燃物荷载。室内可燃物荷载越大,着火后,火灾温度上升就越快,燃烧持续时间就越长。表5-1为部分民用建筑室内火灾荷载密度,表5-2为火灾荷载密度与燃烧持续时间的关系。

**表 5-1　部分民用建筑室内火灾荷载密度** （kg/m²）

| 建筑名称 | 火灾荷载密度 | 建筑名称 | 火灾荷载密度 |
|---|---|---|---|
| 居住建筑 | 35～60 | 教　室 | 30～45 |
| 医　院 | 15～30 | 图书室 | 150～500 |
| 单身宿舍 | 25～40 | 阅览室 | 100～250 |
| 会议室 | 20～35 | 仓　库 | 200～1 000 |
| 办公室 | 30～150 | | |

**表 5-2　火灾荷载密度与燃烧持续时间的关系**

| 火灾荷载密度/(kg·m⁻²) | 25 | 37.5 | 50 | 75 | 100 | 150 | 200 | 250 |
|---|---|---|---|---|---|---|---|---|
| 燃烧持续时间/h | 0.5 | 0.7 | 1.0 | 1.5 | 2.0 | 3.0 | 4.5 | 6.0 |

(2) 建筑空间。建筑空间大,着火后,空气供给量充分,一般火灾温度上升快,但若建筑物开口面积很大,大量空气进入,对流加剧,则火灾温度的上升相对较慢。

(3) 燃烧物热值。燃烧物热值大,火焰温度高,不但室内温度上升快,而且会延长火灾温度的持续时间。

(4) 建筑物导热性能。着火建筑物的导热性能强,如钢筋混凝土结构、钢结构建筑等,由于可以吸收和传导热量,火灾温度上升速度较慢(如钢筋混凝土结构的建筑物发生火灾,火灾温度会长时间地保持在 500～700℃)。

(5) 物质燃烧速度。物质燃烧速度越快,火灾温度上升也就越快。

建筑物室内火灾温度越高,持续时间越长,火势发展变化就越大,建筑物被破坏的程度也就越严重。因此,灭火时要设法阻止火灾温度的上升,并缩短高温的持续时间。

2) 燃烧速度

燃烧速度是表示建筑物室内可燃物质燃烧时火焰传播的快慢,或指可燃物燃烧在单位时间内损失的数量。影响燃烧速度的主要因素有以下两个方面:

(1) 物质的燃点、闪点、爆炸下限低,则其燃烧速度快。

(2) 物质燃烧时,空气供给充分,燃烧速度就快。另外,可燃物与空气接触面积越大,物质燃烧速度越快;着火房间门窗的总面积越大,燃烧速度越快。

燃烧速度是决定室内火灾发展变化的主要因素,在灭火过程中,如能尽快释放或喷射灭火剂,封堵着火房间通风口等,可避免燃烧加剧。同时,火场上不要随意破拆或开启建筑物的门窗,特别是高层建筑、仓库建筑等,防止因空气的大量进入,而造成火势的蔓延发展。

3)建筑物的空间布局

建筑物的平面布置和竖向布置形式对建筑物室内火灾的发展影响很大。

(1)平面布置

建筑物平面布置形式不同,特别是带有闷顶的建筑物,着火后,火势沿水平方向发展蔓延的情况也不同。

① 一字形、拐角形、凹字形、口字形,三角形和环形建筑一般有1~2个蔓延方向;

② 丁字形、工字形、山字形和星形建筑一般有1~3个蔓延方向;

③ 王字形、土字形和圆形建筑一般有1~4个或更多的蔓延方向。

(2)竖向布置

建筑物的高度越高,结构体系就越复杂,内部的竖井管道就越多,火势向上发展蔓延的速度就越快。这是由于烟囱效应的作用加快了建筑物内空气和热烟气的流动。

建筑物火灾的蔓延方向和途径越多,火灾扑救的难度就越大。因此,在扑救多方向、多途径蔓延的建筑物火灾中,应根据现场的实际灭火装备和人员情况等,抓住火场的主要方面,进行合理的力量部署。

## 5.2 火灾现场的温度判断

建筑物发生火灾后,火灾温度和持续时间将直接影响到建筑结构构件(钢筋混凝土梁、板、柱,砖砌体和钢结构等)的承载力。在建筑结构受损鉴定中准确地判断火灾温度是十分重要的,但是火灾的发生是不可预料的,因此在发生火灾时是不可能测得火灾温度的。对于一般火灾而言,当消防部门将火灾扑灭之后,只能通过燃烧物、燃烧时间和火灾后现场物品的烧损特征、残骸及相关信息的调查等,去判断出发生火灾时的最高温度。建筑结构的受火温度是指直接作用在构件上的表面温度。同一根构件烧损的程度不同,有的部位严重,有的部位则较轻,这与火灾作用在构件表面的温度有关[1]。

5.2.1 根据火灾燃烧时间推算火灾温度

火灾是种偶然事故,严格地说,每次建筑物发生火灾时,火灾的温度变化是不相同的,但是从整个火灾发展过程来看,基本有其共同的规律,实际火灾温度发展的趋势图见图5-1。建筑火灾一般分三个阶段即成长期、旺盛期和衰减期(图5-1),其中,第二阶段燃烧相对稳定,对建筑结构损伤或破坏最严重。根据这一规律,国际上制定了ISO 834标准升温曲线模拟建筑工程实际火灾温度情况进行建筑结构火灾试验。我国对建筑构件耐火试验标准升温曲线同国际标准升温曲线基本一样。

从图5-1可以看出,ISO 834标准升温曲线与建筑物火灾实际升温曲线是有所区别的。鉴于ISO 834标准升温曲线是国内外众多建筑火灾中经过统计分析而制

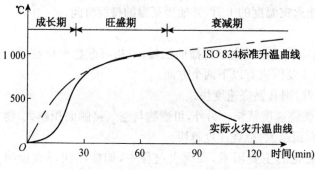

图5-1 实际火灾升温曲线与ISO标准升温曲线比较

定出,并能够符合大多数火灾规律的升温曲线。因此,判定建筑物火灾温度时,也可以采用这条标准曲线来推算火灾温度。

图 5-1 中 ISO 834 标准升温曲线,其火灾温度是不断上升的,温度由式(5-1)确定[2]。

$$T = 345 \lg(8t + 1) + T_0 \tag{5-1}$$

式(5-1)中:$T_0$ 为发生火灾时的自然温度(℃);$t$ 为火灾经历时间(min),即从成长期到衰减熄灭。

随时间变化的标准升温情况见表 5-3 所示:

表 5-3　随时间变化的标准升温

| 时间 $t$/min | 炉内温度 $T-T_0$/℃ | 时间 $t$/min | 炉内温度 $T-T_0$/℃ |
| --- | --- | --- | --- |
| 5 | 556 | 90 | 986 |
| 10 | 659 | 120 | 1 029 |
| 15 | 718 | 180 | 1 090 |
| 30 | 821 | 240 | 1 133 |
| 60 | 925 | 360 | 1 193 |

对于某个特定火灾而言,可以根据现场的目击证人或者消防部门提供的消防报告得到火灾的持续时间,从而可以依据火灾燃烧时间来推算火灾温度。这里需要强调的是,式(5-1)仅适用于一般可燃物引起的火灾,而对于汽油等易燃物快速引爆升温的火灾不符合上述标准升温曲线。

### 5.2.2　依据火灾现场残留物烧损情况判定火灾温度

火灾主要是由可燃物燃烧引起的,而可燃物燃烧特性相对而言是容易掌握的,因此可以利用燃烧物的燃烧特性来判定火灾温度。

1) 各种金属和非金属材料的燃点、熔化、变形、烧损情况见表 5-4～表 5-8。

表 5-4　金属材料变态温度

| 材料名称 | 使用举例 | 状态 | 温度/℃ |
| --- | --- | --- | --- |
| 铝和铝合金 | 生活用品、门窗配件、机械零件、装饰等 | 熔化成滴 | 650 |
| 铸铁 | 铸铁管、暖气片、机具等 | 成滴 | 1 100～1 200 |
| 热轧钢材 | 吊钩、支架钢窗等 | 变形弯曲 | >750 |
| 铅 | 铅管、蓄电池、玩具 | 熔化成滴 | 300～500 |
| 黄铜 | 小五金、门把手、门扣手等 | 熔化 | 900～1 000 |
| 青铜 | 窗框、电线、电缆等 | 熔化 | 1 000～1 100 |
| 锌 | 小五金、内水管等 | 熔化 | 400～430 |

表 5-5　玻璃变态温度

| 材料名称 | 使用举例 | 状态 | 温度/℃ |
|---|---|---|---|
| 玻璃 | 玻璃窗、玻璃板 | 熔化 | 800～850 |
| | 烟缸、瓶、杯 | 软化 | 700～750 |
| | 装饰品 | 变圆 | 750 |

表 5-6　材料燃点温度

| 材料名称 | 燃点温度/℃ | 材料名称 | 燃点温度/℃ |
|---|---|---|---|
| 乙烯 | 450 | 棉花 | 150 |
| 乙炔 | 299 | 棉布 | 200 |
| 乙烷 | 515 | 尼龙 | 424 |
| 丁烯 | 210 | 树脂 | 300 |
| 丁烷 | 405 | 粘胶纤维 | 235 |
| 聚乙烯 | 342 | 涤纶纤维 | 390 |
| 聚四氟乙烯 | 550 | 木材 | 燃点250～300,沿厚度方向稍有炭化,400～600生成大孔木炭,600～800小孔炭大量烧尽,800～1 000木材全部烧尽,>1 000结构破坏 |
| 聚氯乙烯 | 454 | | |
| 橡胶 | 130 | | |
| 麻绒 | 150 | | |
| 酚醛 | 754 | | |
| 纸 | 130 | | |

表 5-7　油漆烧损迹象

| 温度/℃ | | <100 | 100～300 | 300～600 | >600 |
|---|---|---|---|---|---|
| 火灾后迹象 | 一般调和漆 | 表面附着黑烟并能看到油漆 | 出现裂纹和脱皮 | 变黑脱落 | 烧完 |
| | 防锈油漆 | 完好 | 完好 | 颜色变化 | 烧完 |

表 5-8　建筑上常用塑料软化点

| 材料 | 种类 | 软化点/℃ | 使用举例 |
|---|---|---|---|
| 热硬化性树脂 | 聚酯树脂 | 120～230 | 地面材料 |
| | 聚氨酯 | 90～120 | 防水、防热材料,涂料 |
| | 环氧树脂 | 95～290 | 地面材料、涂料 |
| 热可塑性树脂 | 乙烯 | 50～100 | 地面、贴面、壁纸、防水材料、涂料 |
| | 聚苯乙烯 | 60～100 | 隔热材料、涂料 |
| | 聚乙烯 | 80～135 | 隔热、防潮材料 |
| | 硅 | 200～315 | 防水材料 |
| | 丙烯 | 60～95 | 装饰材料、涂料 |
| | 氟化塑料 | 150～290 | 配管支承板 |

2）火灾现场烧损、烧毁残留物取证要求

（1）取未烧损物作为判断火灾温度和结构表面温度的依据。使用中的建筑物发生火灾时，建筑物内空气不流通的死角或物品，其火灾温度较低，用这种物品的燃点温度来判断整个火场火灾最低温度，也是判断周围结构表面温度的重要依据。

（2）取烧损物品的残留物和金属变态温度作为判断火灾最低温度和最高温度的依据。从物品烧损残留物的燃点温度可知火灾最低温度，从未燃物或未烧损、变形的构件也可以判定火灾的最高温度。例如，某火场检查中发现铝合金窗已熔化，其火灾温度可以估计650℃以上，检查又发现角钢支架已弯曲变形估计火灾温度在750℃以上，玻璃台板熔化估计800℃，黄铜门把锁已烧损估计火灾温度达950℃。这样建筑物室内某个区域的火灾温度可定为650～800℃，或750～950℃等。

（3）注意特殊位置的残留物取证。火灾期间，火灾温度沿约60°角向上分布，地面或楼板面温度最低。楼板底、梁底、门窗洞口上方过梁处温度最高，残留物取证时特别要注意这些部位物品的烧损情况，这样就抓住了主要结构的受损部位。

5.2.3 根据火灾后混凝土结构表面颜色及外观特征判定火灾温度

文献[1]经过8炉混凝土试块、砂浆试块、粘土砖(8种温度)和2炉钢筋混凝土梁、板(2种温度)明火燃烧试验(试验用ISO834标准升温曲线)观察试件表面的颜色，同时对燃烧后的试件从高温炉中立即取出喷水冷却，观察试件表面混凝土、砂浆、粘土砖颜色。混凝土试块表面颜色和外观特征见表5-9所示；钢筋混凝土结构中混凝土表面颜色及外观特征见表5-10所示；砖和水泥砂浆表面颜色见表5-11所示。

表5-9 试验温度作用后混凝土试块表面颜色

| 燃烧时间 /min | 炉内温度/℃ | 外 观 性 | | | |
|---|---|---|---|---|---|
| | | 混凝土颜色 | 表面裂纹 | 爆裂、疏松 | 喷水冷却情况 |
| 5 | 536 | 同正常混凝土 | 无 | 无 | 水蒸气向上 |
| 15 | 719 | 呈浅青色略带粉红 | 微裂，最宽裂纹 0.1～0.2 mm | 初见龟裂 | 水蒸气成雾状 |
| 20 | 761 | 浅红色略带灰白 | 裂纹增多最宽的 0.2～0.3 mm | 龟裂增多 | 听见响声 |
| 25 | 795 | 粉红色明显见灰白 | 裂纹延长最宽 0.3～0.5 mm | 龟裂 | 略有爆裂声响 |
| 30 | 822 | 灰白色为主略带粉红 | 裂纹增多延长 | 局部爆裂、龟裂 | 有爆裂声响 |
| 38 | 857 | 浅灰白 | 裂纹增多延长 | 局部爆裂、龟裂 | 有爆裂声响 |
| 45 | 882 | 灰白 | 裂纹增多延长 | 局部爆裂、龟裂 | 有爆裂声，局部混凝土掉落 |
| 50 | 892 | 灰白扩大 | 大量开裂最宽 0.8 mm左右 | 局部爆裂 | 有爆裂声，局部混凝土掉落 |
| 60 | 925 | 略带浅黄色 | 大量开裂 | 局部爆裂疏松 | 喷水冷却有爆裂声，局部混凝土掉落 |
| 90 | 986 | 浅黄色 | 裂纹横向较多最宽 1.0 mm | 局部爆裂疏松 | 喷水冷却有明显爆裂声，局部混凝土掉落 |

**表 5-10 火灾温度作用后钢筋混凝土结构混凝土表面颜色及外观特征**

| 火灾温度/℃ | 混凝土颜色 | 表面开裂 | 疏松脱落 | 露筋 | 锤子敲击声音 |
|---|---|---|---|---|---|
| 200 以下 | 灰青色与常温差不多 | 无 | 无 | 无 | 响亮 |
| 300~500 | 微显粉红 | 无 | 无 | 无 | 响亮 |
| 719~795 | 粉红、灰白初现浅黄 | 构件角部开始初现裂纹 | 无 | 无 | 较响亮 |
| 795~857 | 灰白、略显浅黄色 | 表面有较多裂缝 | 角部开始剥落 | 无 | 出现闷声 |
| 857~892 | 灰白色为主，带浅黄色 | 表面有贯通裂缝 | 角部剥落、表面起鼓、混凝土有疏松 | 板底、角部爆裂出现露筋 | 闷声 |
| 892~986 | 浅黄色 | 表面贯通裂缝增多 | 表面起鼓、手摸有粉末、角部严重剥落 | 露筋 | 声哑 |
| 986~1 000 | 浅黄并现白色 | 裂缝数不清 | 表面疏松、大块剥落 | 严重露筋 | 声哑 |
| 1 000~1 100 | 浅黄显白色 | 裂缝数不清 | 表面疏松、大块剥落 | 严重露筋 | |

**表 5-11 火灾温度作用后砖、粉刷抹面外观特征**

| 火灾温度/℃ | 外观特征 | | | | | | | |
|---|---|---|---|---|---|---|---|---|
| | 混凝土砌块 | | 黏土砖 | | 水泥砂浆抹面 | | 石灰抹面 | |
| | 颜色 | 裂纹 | 颜色 | 裂纹 | 颜色 | 裂纹 | 颜色 | 裂纹 |
| 200 以下 | 不变 | 无 | 不变 | 无 | 不变 | 无 | 不变 | 无 |
| 300~500 | 微粉红 | 无 | 不变 | 无 | 不变 | 无 | 不变 | 无 |
| 719~795 | 粉红显灰白 | 出现裂缝 | 不变 | 出现表面细裂纹 | 玫瑰色 | 出现细小裂缝 | 出现灰黄色 | 分层 |
| 795~857 | 灰白 | 许多裂缝 | 不变 | 表面缝增多 | 浅灰色 | 出现裂缝 | 浅黄色 | 出现裂纹 |
| 857~892 | 浅黄色 | 数量增多、裂缝扩大 | 不变 | 表面缝增多 | 浅灰色 | 裂缝增多 | 浅黄色 | 裂纹增多 |
| 892~986 | 浅黄色 | 贯通裂缝 | 颜色转淡 | 表面缝增多 | 浅黄色 | 表面剥落 | 浅灰色 | 脱落 |
| 986~1 000 | 白色 | 贯通裂缝增多 | 颜色转淡 | 严重裂缝 | 白色 | 表面剥落 | 白色 | 脱落 |
| 1 000~1 100 | 白色 | 贯通裂缝增多 | 颜色转淡 | 严重裂缝 | 白色 | 表面剥落 | 白色 | 脱落 |

#### 5.2.4 测量火灾后混凝土结构表面烧损层厚度判断火灾温度

通过模拟10种温度作用在试件上,试件经燃烧后将其敲开分别测量混凝土烧损层。测量方法:从构件表面向里量混凝土内明显分层位置,每块测点不少于3个,然后取其平均值。此外,结合7个试点工程中火灾温度作用下混凝土结构表面烧损层厚度的测量结果汇总在表5-12[1]。

表5-12 火灾温度作用后混凝土构件烧损厚度

| 火灾温度/℃ | 烧损深度/mm | 模拟试验喷水冷却后烧损深度/mm |
| --- | --- | --- |
| 556 | 1.3～1.4 | 1.3～1.4 |
| 719 | 2.5～3.5 | 2.5～3.5 |
| 761 | 4.0～5.0 | 4.5～6.0 |
| 795 | 4.3～5.0 | 6.5～8.0 |
| 822 | 5.1～6.0 | 7.0～10.0 |
| 857 | 6.0～9.0 | 10.0～14.0 |
| 882 | 7.0～10.0 | 11.0～15.0 |
| 898 | 10.0～11.0 | 12.0～16.0 |
| 925 | 11.0～16.0 | 13.0～18.0 |
| 986 | 20.0～26.0 | 23.0～28.0 |
| 1 030 | 26.0～30.0 | 28.0～33.0 |

#### 5.2.5 取火灾现场混凝土构件表面烧损混凝土进行电镜分析判定火灾温度

取火灾现场烧损的混凝土试样进行水化、碳化、物相、矿物变化分析能较准确地判断火场温度。在火灾工程中,只要取烧损的混凝土试样进行分析,将分析结果与标准火灾温度下的试验结果或电镜照片进行比较,就能较准确地判定火灾温度。混凝土材料中的砂、石、水泥形成复杂物相体系,在火灾温度作用下,混凝土通过水化、碳化、矿物分解,又产生许多新的物相,这种新的物相的产生,就是火灾温度的旁证。火灾后烧损混凝土的矿物变化推定的火灾温度见表5-13所示。

表5-13 高温后混凝土电镜显微结构特征观察推定火灾温度

| 序号 | 电镜观察显微结构特征 | 推定火灾温度/℃ |
| --- | --- | --- |
| 1 | 方解石集料表面光滑平整、水泥浆体密集,连续性好 | 280～330 |
| 2 | 石英晶体完整,水泥浆体中水化产物脱水,浆体开始出现疏松,但仍较紧密,连续性好 | 550～600 |
| 3 | 水泥浆体已脱水、收缩成为疏松体,脱水分解并有少量CaO生成,并吸收空气中水分产生膨胀 | 550～700 |
| 4 | 水泥浆体脱水、收缩成团块、板块状,并有CaO生成,吸收空气中水分,内部结构破坏 | 760 |
| 5 | 浆体脱水释放出CaO成为团块,浆体疏松、孔隙大 | 780 |

| 序 号 | 电镜观察显微结构特征 | 推定火灾温度/℃ |
|---|---|---|
| 6 | 浆体成为疏松的团块状 | 820 |
| 7 | 水泥浆体成为不连续的团块状,孔隙很大,CaO 增加 | 850 |
| 8 | 水泥浆体成为不连续的团状,孔隙大,但仍见石英晶体较完整 | 880 |
| 9 | 方解石出现不规则小晶体,开始分解 | 900 |
| 10 | 方解石分解成长方形柱体状,浆体脱水收缩后孔隙很大 | 930 |
| 11 | 方解石分解成柱状体,浆体脱水收缩后孔隙很大 | 980 |

**5.2.6　用超声法对火灾后混凝土构件测定脉冲速度推定火灾温度**

用超声法对火灾后的混凝土构件检测来推定受火构件或构件区域的火灾温度,其基本原理是:通过测量火灾附近区域没有遭火灾的相同构件混凝土的脉冲速度和遭火灾后的相同构件混凝土的脉冲速度进行对比,就可以推定火灾温度。

除上述提供的方法之外,也可以采取其他一些可行的方法,如根据混凝土和钢材强度变化值来判定火灾温度。比较而言,对于混凝土结构损伤程度影响最大的最高受火温度,通常采用混凝土的烧失量试验来推定是目前较为精确的方法。该试验根据高温下水泥水化物及其衍生物分解失去结晶水,同时混凝土中的 $CaCO_3$ 分解产生 $CO_2$,从而减轻其重量的原理。首先测定不同温度所对应的烧失量,得到相应的回归关系,然后由实际过火混凝土的烧失量大小来推定该混凝土的最高受火温度。此外,对于具体一处火灾进行温度判定时,应综合使用上述几种方法进行比较分析,以便能够较为准确地得出火灾温度[3]。

# 5.3　高温对钢材力学性能的影响

火灾后钢筋的极限强度、屈服强度、弹性模量等都随着温度的升高而降低,钢筋的延伸率和膨胀系数,则随着温度的升高而增加,其变化程度随着钢筋的种类不同而不同。普通钢筋在 200℃ 时开始下降,到达 600～700℃ 时,钢筋内部结构发生变化,导致强度和弹性模量降低程度非常严重。火灾后预应力钢筋比非预应力钢筋强度下降快[3]。高温对钢材力学性能的影响,主要是随着火灾温度的升高,晶粒明显粗化[4]。钢材在遭遇高温时发生奥氏体转变,即细颗粒的铁素体—珠光体结构将转变为铁素体—奥氏体结构,奥氏体转变完成后,随温度的升高,奥氏体晶粒将发生长大现象,待其冷却后,材料中将出现粗颗粒的铁素体—珠光体结构。下面就国内一些研究者们已完成的研究成果进行介绍。

文献[5]在试验的基础上,对建筑中常用的 Q235 钢在火灾条件下的力学性能进行了研究。试验分为 10 组进行,每组 3 根试件,试验温度依次为 16℃、200℃、250℃、300℃、350℃、400℃、450℃、500℃、550℃ 和 600℃。试件通过电炉加热,由试验机自动记录单向拉伸的应力-应变关系曲线。试件加载依照国家标准《金属高温拉伸试验方法》(该标准新版本已更名为《金属材料—高温拉伸试验方法》)和《金属拉伸试验方法》(该标准新版本已更名为《金属材料　拉伸试验第 1 部分:室温试验方法》)进行。

试验研究结果表明:①在火灾条件下,Q235 钢的应力-应变关系曲线与常温下有明显的不同,温度超过 400℃ 时,屈服平台消失,且在 400℃ 以下时,强化阶段明显。②屈服强度和弹性模量随着温度的升高而降低。在 600℃ 时,屈服强度、弹性模量分别只有常温下的 20.4％和 17.1％。③极限强度先随着温度的升高而升高,在 200℃ 时达到最大值,比常温下的极限强度提高了 22.9％(在 300℃ 以下,极限强度较常温下都有所增加);在 200℃ 以后,极限强度随着温度的升高而降低,在 600℃ 时,极限强度只有常温下的 23.5％。④极限应变、延伸率和断面收缩率先随着温度的升高而降低,在 250～300℃ 时最小,分别为常温下的 60.6％、79.6％和 72.3％;温度超过 250～300℃ 以后,极限应变、延伸率和断面收缩率随着温度的升高而升高,在 600℃ 时,极限应变、延伸率和断面收缩率分别较常温下提高了 19.1％、28.2％和 10.2％。

文献[6]对高温后 Q235 钢材的力学性能开展了试验研究,试件的截面尺寸为 500 mm×20 mm×3 mm(从 $\phi65$ mm×3 mm 的 Q235 钢管中切割下来)。所用的加热炉为箱型自动控温电阻炉,最高温度可达 1 200℃。钢材经受的温度分别为 20℃、200℃、400℃、500℃、700℃、1 000℃。在 200℃ 和 700℃ 受热温度下,钢材分别恒温 1 h、2 h、3 h,其余受热温度下则均恒温 2 h。所用钢材在常温下呈淡黄色,有轻微锈蚀。高温后钢材的力学性能采用粘贴应变片的方式测试。拉伸试验按《金属材料室温拉伸试验方法》(该标准新版本已更名为《金属材料 拉伸试验第 1 部分:室温试验方法》)进行,即钢材在加热炉中加热至规定温度后,打开炉门,使之自然冷却至室温,再在自然条件下放置 7 d,然后进行拉伸试验测试。具体的试验结果与分析如下面所述。

1) 表观特征

经历 200℃ 高温的钢材,其表面颜色与常温下基本相同;经历 400～500℃ 高温的钢材,其表面颜色呈红褐色,温度越高,颜色越深;经历 700℃ 高温的钢材,其表面颜色为红褐色略带蓝色;经历 1 000～1 100℃ 高温的钢材,其表面颜色为蓝色,且温度越高,表面碳化越严重,至 1 100℃ 时已严重碳化(此时已不能测定有关强度)。其主要影响因素包括以下两个方面:①温度:随着钢材受热温度的升高,高温后钢材的屈服强度、极限强度总体上逐渐降低,而弹性模量和泊松比基本不变。②恒温时间:在 700℃ 受热温度范围内,恒温时间对高温后钢材力学性能的影响不太明显。

2) 力学性能

(1) 屈服强度

试验结果表明:经历 400℃ 以下高温的钢材,冷却后其屈服强度相对常温钢材变化不大;经历 400～700℃ 高温的钢材,冷却后其屈服强度相对常温钢材则有所降低;随着温度的提高,钢材屈服强度加速下降,至 1 000℃ 时其屈服强度仅为常温钢材的 40％左右。基于 Q235 钢管和 Q235 钢筋屈服强度的试验数值,提出 Q235 钢材高温冷却后屈服强度计算式(5-2):

$$\frac{f_s(t)}{f_s} = 1 - 6.4 \times 10^{-6} \left(\frac{t-20}{100}\right)^5 \quad t \leqslant 1\ 000\ ℃ \tag{5-2}$$

式(5-2)中:$f_s$ 为常温时的屈服强度;$f_s(t)$ 为受高温冷却后的屈服强度。

由于本次试验所有的试件都没有明显的屈服点,故取残余应变为 0.2％时所对应的应力为屈服强度。

(2) 弹性模量

试验结果表明:当钢材经历 200～1 000℃ 高温后,其弹性模量在 $2.05 \times 10^5 \sim 2.17 \times 10^5$ MPa 之间,与常温下钢材弹性模量值($2.14 \times 10^5$ MPa)相当接近。因此,高温后钢材的弹性模量值可取常温下钢材的弹性模量值。

（3）极限强度

试验结果表明：经历 400℃ 以下高温的钢材，冷却后其极限强度相对常温钢材变化不大；经历 400～700℃ 高温的钢材，冷却后其极限强度相对常温钢材则有所降低；随着温度的升高，钢材极限强度加速下降，至 1 000℃ 时其极限强度仅为常温钢材的 50% 左右；在温度 >200℃ 时，极限强度随温度的衰减速度要缓于屈服强度随温度的衰减速度。基于 Q235 钢管和 Q235 钢筋极限强度的试验数值，提出 Q235 钢材高温冷却后极限强度计算式(5-3)：

$$\frac{f_u(t)}{f_u} = 1 - 5 \times 10^{-5} \left(\frac{t-20}{100}\right)^4 \quad t \leqslant 1\ 000\ ℃ \tag{5-3}$$

式(5-3)中：$f_u$ 为常温时的极限强度；$f_u(t)$ 为受高温冷却后的极限强度。

（4）泊松比

试验结果表明：经历 200～1 000℃ 高温后，钢材弹性阶段泊松比在 0.250～0.269 之间，平均值为 0.265，与常温下钢材的泊松比(0.270)相当接近。因此，高温后钢材弹性阶段的泊松比可取常温下钢材的数值。

（5）拉伸应力-应变曲线

通过常温(20℃)下和经历 200℃、500℃、700℃、1 000℃ 高温后钢材的应力-应变曲线比较结果，可以得到高温后钢材的拉伸应力-应变曲线形状与常温下曲线基本相同。

文献[7]对冷轧带肋钢筋(CRB550)在高温后的力学性能进行了试验研究。研究结果表明：随着经历温度的升高，屈服强度、极限强度整体呈下降趋势，但是在 400℃ 以内有小幅度反弹，在 5.5%～6.9% 之间；伸长率呈上升趋势。700℃ 时残余屈服强度与常温值之比大于 0.85。

文献[8]对 16 组共 48 根 HRBF500 细晶粒钢筋在常温和高温冷却作用后(5 种温度、3 种冷却方式)的力学性能进行了试验研究。试件采用 HRBF500 细晶粒热轧带肋钢筋，月牙肋外形，直径 16 mm，常温(23℃)下的屈服强度、抗拉强度分别为 568 MPa、720 MPa。该试验的加热方案见表 5-14 所示：

表 5-14　试验加热方案

| 温度/℃ | 加热过程 | 冷却方式 |
| --- | --- | --- |
| 300 | 从常温加热至 300℃,恒温 1 h | 自然冷却、泼水冷却、炉内冷却 |
| 400 | 从常温加热至 400℃,恒温 1 h | 自然冷却、泼水冷却、炉内冷却 |
| 600 | 从常温加热至 600℃,恒温 1 h | 自然冷却、泼水冷却、炉内冷却 |
| 700 | 从常温加热至 700℃,恒温 1 h | 自然冷却、泼水冷却、炉内冷却 |
| 900 | 从常温加热至 900℃,恒温 1 h | 自然冷却、泼水冷却、炉内冷却 |

研究结果表明，经历高温作用后，钢筋的弹性模量、屈服强度、抗拉强度和延伸率等力学性能指标都有所变化，随所经历的温度高低的不同而表现出不同的变化规律，具体内容陈述如下：

1）应力-应变曲线

在温度作用相对较低时(300℃、400℃、600℃)，冷却后细晶粒钢筋的应力-应变关系曲线与常温下细晶粒钢筋的应力-应变关系曲线相近;随着温度升高(700℃、900℃),冷却后细晶粒钢筋的应力-应变曲线呈现出软钢的特征,即屈服强度、抗拉强度均出现明显的下降趋势。因此,经历高温作用后,细晶粒钢筋的应力-应变曲线虽然发生了变化,但仍出现明显的屈服阶段和强化阶段,只不过屈服台阶随温度的升高而降低。

2)屈服强度与抗拉强度

细晶粒钢筋经历不同温度、不同方式冷却作用后,其实测得到的屈服强度比与抗拉强度比见表5-15所示。由此可见,细晶粒钢筋在经历高温作用后,其强度有一定的变化。不同的冷却方式对钢筋屈服强度与抗拉强度的影响趋势基本一致。屈服强度与抗拉强度在300~600℃的范围内变化不大,600℃以后逐渐下降,700℃时降至最低,700℃以后又有所回升。

表 5-15　屈服强度比与抗拉强度比

| 温度/℃ | 实测屈服强度比/% | | | 实测抗拉强度比/% | | |
| --- | --- | --- | --- | --- | --- | --- |
| | 自然冷却 | 泼水冷却 | 炉内冷却 | 自然冷却 | 泼水冷却 | 炉内冷却 |
| 300 | 96.39 | 96.39 | 99.62 | 98.55 | 98.11 | 100.73 |
| 400 | 95.45 | 99.62 | 97.72 | 97.09 | 99.56 | 98.84 |
| 600 | 93.54 | 98.67 | 97.72 | 96.37 | 98.54 | 98.11 |
| 700 | 80.64 | 72.11 | 79.69 | 75.59 | 86.92 | 82.85 |
| 900 | 87.67 | 75.14 | 91.08 | 90.12 | 83.58 | 83.28 |

3)弹性模量

高温作用后细晶粒钢筋的弹性模量变化幅度很小,且不同冷却方式对细晶粒钢筋的弹性模量影响不大。

4)屈服强度计算模型

基于该文献的试验数据的回归分析,高温后不同冷却方式下的细晶粒钢筋屈服强度计算模型见式(5-4)~式(5-6)。

(1)自然冷却

$$\frac{f_{y,T}}{f_y} = 5 \times 10^{-10} T^3 - 8 \times 10^{-7} T^2 + 9 \times 10^{-5} T + 1 \quad (300℃ \leqslant T \leqslant 900℃) \quad (5\text{-}4)$$

(2)泼水冷却

$$\frac{f_{y,T}}{f_y} = 7 \times 10^{-10} T^3 - 1 \times 10^{-6} T^2 + 4 \times 10^{-4} T + 1 \quad (300℃ \leqslant T \leqslant 900℃) \quad (5\text{-}5)$$

(3)炉内冷却

$$\frac{f_{y,T}}{f_y} = 2 \times 10^{-10} T^3 - 2 \times 10^{-6} T^2 + 0.0006 T + 1 \quad (300℃ \leqslant T \leqslant 900℃) \quad (5\text{-}6)$$

华南理工大学的吴波教授课题组在国内众多学者于2008年早期对钢筋的高温力学性能试验研究的基础上,开展了高温后钢筋相对残余强度的统计分析,初步建立了相对残余强度均值,以及具有95%保证率的分位值随温度的定量变化关系[9]。关于高温后钢筋的相对残余强度,尽管不同研究者得到的试验结果有所差异,但总体上呈现出随温度升高,强度逐渐劣化的趋势。高温处理后,不论是热轧钢筋还是预应力钢筋的屈服强度和极限强度总体上都呈下降的趋势总体而言,温度大于400℃以后,高温作用后的预应力钢筋的强度下降量明显比热轧钢筋的大。在统计分析钢筋的残余强度时,该文献不考虑冷却方式对高温后钢筋的相对残余强度的影响,因为一些学者的研究结果表明冷却方式对预应力钢筋的相对残余强度影响不大,对于热轧钢筋当受火温度超过700℃后,冷却方式的影响才较为明显。此外,实际结构在遭受火灾作用时,被混凝土包裹的钢筋表面氧化脱碳程度比裸露钢筋小得多,加之钢筋的热膨胀系数大于混凝土,加热过程中钢筋由于受到混凝土的约束导致其强度劣化有所减缓。但是目前国内学者给出的高温试验数据绝大部分是采用裸露钢筋得到的。该文献认为利用裸露加热方式得到的钢筋试验数据进行分析的方法是偏于安全的。

利用式(5-7)对高温后钢筋相对残余强度 $y$(表5-16)的变化规律进行拟合。

$$y = \frac{E}{1 + F\left(\frac{t}{1\,000}\right)^G} \tag{5-7}$$

式(5-7)中:$t$ 表示温度;$y$ 表示相对残余强度均值或具有95%保证率的分位值;参数 $E$、$F$、$G$ 的具体取值见表(5-17)所示。

表5-16　高温后钢筋相对残余强度的均值

| 类　型 | 100℃ | 200℃ | 300℃ | 400℃ | 500℃ | 600℃ | 700℃ | 800℃ | 900℃ | 1 000℃ |
|---|---|---|---|---|---|---|---|---|---|---|
| 热轧钢筋相对残余屈服强度 | 0.963 | 1.003 | 0.968 | 1.019 | 0.957 | 0.985 | 0.912 | 0.853 | 0.949 | 0.857 |
| 热轧钢筋相对残余极限强度 | 0.975 | 0.998 | 0.972 | 0.990 | 0.962 | 0.974 | 0.903 | 0.895 | 0.961 | 0.844 |
| 预应力钢筋相对残余屈服强度 | 0.964 | 0.920 | 0.885 | 0.824 | 0.689 | 0.541 | 0.347 | 0.275 | 0.291 | — |
| 预应力钢筋相对残余极限强度 | 0.986 | 0.965 | 0.945 | 0.866 | 0.681 | 0.452 | 0.344 | 0.394 | 0.375 | — |

表5-17　钢筋回归方程的各参数值

| 钢筋类型 | $Y$ | $E$ | $F$ | $G$ | 适用温度/℃ |
|---|---|---|---|---|---|
| 热轧钢筋 | 相对残余强度均值 | 1.000 00 | 0.153 30 | 2.175 48 | 100～1 000 |
| | 具有95%保证率的分位值 | 0.925 00 | 0.178 38 | 1.813 41 | 100～1 000 |
| 预应力钢筋 | 相对残余强度均值 | 1.000 00 | 3.577 42 | 2.882 20 | 100～900 |
| | 具有95%保证率的分位值 | 0.928 05 | 15.090 02 | 4.403 99 | 100～900 |

上面所提到的内容主要针对受高温影响的钢筋力学性能,其研究结果应用于混凝土结构发生火灾后的鉴定与评价。实际上建筑火灾对钢结构的危害也比较严重,钢结构因火灾倒塌的事例不胜枚举。但总体而言,绝大多数火灾并未对钢结构造成根本性破坏,尽快鉴定其火灾后安全性状况,并进行加固修复,对减小灾后经济损失意义重大。此外,鉴于高强螺栓连接是钢结构最普遍的连接方式之一,作为钢结构的基本组成部分,其对整体结构的灾后安全性至关重要。这里有必要对这方面的研究成果也进行一定的介绍。

火灾高温作用相当于对钢材进行再次回火,将在很大程度上抵消钢材加工时的热处理、冷加工效应,这对热处理、冷加工得到的高强度结构钢的力学性能影响较大,而对普通热轧钢的影响较小。文献[10]对前人的研究成果进行总结,结果表明,当过火温度不超过600℃

时,对普通热轧结构钢的力学性能影响很小;当过火温度为 $600\sim725℃$ 时,钢材的强度有一定的损失,其中 $725℃$ 时钢材强度降幅约为 $10\%$;当过火温度超过 $725℃$ 后,钢材力学性能开始明显下降。对于 1570 级预应力高强钢丝、1770 级钢绞线和 1860 级钢绞线,当过火温度超过 $300℃$ 时钢材强度开始显著下降,当过火温度为 $600℃$ 时钢材强度降幅可达 $50\%$。

文献[10]对高强螺栓过火冷却后的力学性能进行了专门的试验研究。试验采用 8.8S 及 10.9S 高强螺栓,螺栓直径均为 M20,螺杆长度 120 mm。8.8S 高强螺栓的材料为 45 号钢,10.9S 高强螺栓的材料为 20MnTiB 钢材。每组试验过火温度包括 $100℃$、$200℃$、$300℃$、$400℃$、$500℃$、$600℃$、$700℃$、$750℃$、$800℃$、$850℃$、$900℃$ 等 11 个温度点,每个温度点均为 3 个试件。为了确定高温过火、冷却对高强度螺栓受力性能的影响,还进行了未受火作用的螺栓对比试验。

1)试验现象

具体的试验现象见表 5-18 所示,由表 5-18 可见,高强度螺栓受火冷却后外观颜色有较大变化,该现象可用于火灾后鉴定时初步判定其在火灾作用下曾经历的最高过火温度。具体步骤如下:①根据现场情况及连接节点钢板表面生锈特点,判定螺栓是自然冷却还是泼水冷却;泼水冷却情况下,钢材、螺栓表面通常有较为明显的生锈。②根据螺栓表面的颜色,初步判定其最高温度。螺栓表面为黑色、浅黑色且有金属光泽时,过火温度一般不超过 $400℃$;螺栓表面为蓝灰色、灰色且有金属光泽时,过火温度一般为 $400\sim700℃$;螺栓表面为灰黑色,且无金属光泽时,过火温度一般大于 $700℃$。

表 5-18 试验现象

| 过火温度 /℃ | 冷却后表面颜色 | | 断口颜色 | | 8.8S 断口形态 | | 10.9S 断口形态 | |
|---|---|---|---|---|---|---|---|---|
| | 自然冷却 | 泼水冷却 | 自然冷却 | 泼水冷却 | 自然冷却 | 泼水冷却 | 自然冷却 | 泼水冷却 |
| 20 | 黑色 | 黑色 | 灰色 | 灰色 | 断口面呈 45°,稍有颈缩 | 断口面呈 45°,稍有颈缩 | 断口面呈 45°,无颈缩 | 断口面呈 45°,无颈缩 |
| 100 | 黑色 | 黑色 | 灰色 | 灰色 | 断口面呈 45°,有颈缩且逐渐增大 | 断口面呈 45°,有颈缩且逐渐增大 | 断口面呈 45°,颈缩逐渐增大但颈缩不明显 | 断口面呈 45°,稍有颈缩 |
| 200 | | | | | | | | 两个试件发生螺纹滑移破坏 |
| 300 | 浅黑色 | | | | | | | 断口面呈 45°,稍有颈缩 |
| 400 | 蓝灰色 | 灰色 | 灰白色 | 灰白色 | 断口面呈 45°,颈缩减小 | 断口面呈 45°,颈缩减小 | 断口面呈 45°,无颈缩 | 断口面呈 45°,无颈缩 |
| 500 | 蓝灰色 | | | | | | | |
| 600 | 蓝灰色 | | | | 断口面斜角减小,有颈缩且逐渐增大 | 断口面斜角减小,有颈缩且逐渐增大 | 断口面呈 45°,颈缩逐渐增大但颈缩不明显 | 断口面呈 45°,颈缩逐渐增大 |
| 700 | 淡蓝色 | | | | | | | |

| 过火温度/℃ | 冷却后表面颜色 自然冷却 | 冷却后表面颜色 泼水冷却 | 断口颜色 自然冷却 | 断口颜色 泼水冷却 | 8.8S断口形态 自然冷却 | 8.8S断口形态 泼水冷却 | 10.9S断口形态 自然冷却 | 10.9S断口形态 泼水冷却 |
|---|---|---|---|---|---|---|---|---|
| 750 | 淡蓝色 | 灰黑色 | 灰白色 | 白色 | 断口面不规则,有颈缩 | 断口面几乎无斜角,且无颈缩 | 断口面呈45°,颈缩逐渐增大且颈缩显著 | 断口面几乎无斜角,且无颈缩 |
| 800 | | | | | 断口面几乎无斜角 | | | |
| 850 | 灰黑色 | | | | 断口面几乎无斜角 | | | 断口面呈45°,颈缩显著 |
| 900 | | | | | | | | |

注:拉伸试验在冷却后2天进行;过火温度不超过700℃时,螺栓表面有金属光泽,超过700℃后,则无金属光泽。

2) 强度与弹性模量

8.8S、10.9S高强度螺栓过火冷却后的强度(弹性模量)变化系数分别见表 5-19、表 5-20 所示。

表 5-19　8.8S高强度螺栓过火冷却后的强度(弹性模量)变化系数

| 过火温度 $T$/℃ | 屈服强度 $f_{0.2,T}$/MPa 自然冷却 | 屈服强度 $f_{0.2,T}$/MPa 泼水冷却 | 抗拉强度 $f_{b,T}$/MPa 自然冷却 | 抗拉强度 $f_{b,T}$/MPa 泼水冷却 | 屈服强度变化系数 $f_{0.2,T}/f_{0.2}$ 自然冷却 | 屈服强度变化系数 $f_{0.2,T}/f_{0.2}$ 泼水冷却 | 抗拉强度变化系数 $f_{b,T}/f_b$ 自然冷却 | 抗拉强度变化系数 $f_{b,T}/f_b$ 泼水冷却 | 弹性模量变化系数 $E_T/E$ 自然冷却 | 弹性模量变化系数 $E_T/E$ 泼水冷却 |
|---|---|---|---|---|---|---|---|---|---|---|
| 20 | 837.0 | 837.0 | 910.5 | 910.5 | 1.00 | 1.00 | 1.00 | 1.00 | 1.00 | 1.00 |
| 100 | 812.0 | 781.5 | 913.3 | 901.0 | 0.97 | 0.93 | 1.00 | 0.99 | 0.97 | 0.94 |
| 200 | 821.5 | 794.7 | 925.0 | 900.7 | 0.98 | 0.95 | 1.02 | 0.99 | — | 0.95 |
| 300 | 805.0 | 844.5 | 903.0 | 952.5 | 0.96 | 1.01 | 0.99 | 1.05 | 0.94 | 1.06 |
| 400 | 843.5 | 831.0 | 951.0 | 936.0 | 1.01 | 0.99 | 1.04 | 1.03 | 0.86 | 0.71 |
| 500 | 824.0 | 843.7 | 930.0 | 951.7 | 0.98 | 1.01 | 1.02 | 1.05 | 0.93 | 0.78 |
| 600 | 731.5 | 761.0 | 836.0 | 860.5 | 0.87 | 0.91 | 0.92 | 0.95 | 0.53 | 0.88 |
| 700 | 530.0 | 620.5 | 634.0 | 704.5 | 0.63 | 0.74 | 0.70 | 0.77 | 0.50 | 0.51 |
| 750 | 447.0 | 720.0 | 594.5 | 849.0 | 0.53 | 0.86 | 0.65 | 0.93 | 0.32 | 0.74 |
| 800 | 258.7 | 257.5 | 513.0 | 257.5 | 0.31 | 0.31 | 0.56 | 0.28 | 0.38 | 0.34 |
| 850 | 312.5 | 785.5 | 598.5 | 928.5 | 0.37 | 0.94 | 0.66 | 1.02 | 0.38 | 0.57 |
| 900 | 425.5 | 790.0 | 697.5 | 948.5 | 0.51 | 0.94 | 0.77 | 1.04 | 0.26 | 0.72 |

注:强度、弹性模量为各试验工况下3个试件试验结果的平均值;其中,$f_{0.2}=837.0$ MPa,$f_b=910.5$ MPa。

由于高强度螺栓的应力-应变关系曲线没有明显的屈服点,因此屈服强度取 0.2% 塑性残余应变所对应的强度。研究结果如下所述：

（1）过火温度低于 400℃ 时，无论是自然冷却还是泼水冷却，高强度螺栓的力学性能基本能恢复到未过火时的状态；冷却方式对螺栓应力-应变曲线和力学性能的影响很小。

（2）过火温度在 400～700℃ 时，应力-应变曲线渐趋平缓，延性增大，强度、弹性模量随过火温度升高而有明显的下降。并且冷却方式对高强螺栓性能的影响开始变大，特别是过火温度达到 700℃ 时，螺栓达到屈服强度后的应力-应变曲线有较为显著的差别。

（3）过火温度超过 700℃ 时，冷却方式对应力-应变曲线、强度的影响差别较大。在自然冷却情况下，应力-应变曲线渐趋平缓，延性不断加大，强度有略微回升，但幅度不明显。在泼水冷却情况下，应力-应变曲线呈现明显脆性，塑性平台消失，弹性模量仍呈下降趋势，但幅度减小；强度大幅回升，且 10.9S 螺栓的强度回升幅度大于 8.8S 螺栓；在过火温度达到 850℃、900℃ 时，8.8S 螺栓的强度基本可达到未受火作用时（但在 800℃ 时螺栓的强度很小）；在过火温度超过 800℃ 后，10.9S 螺栓的强度甚至比未受火时提高约 20%。

表 5-20　10.9S 高强度螺栓过火冷却后的强度（弹性模量）变化系数

| 过火温度 $T$ /℃ | 屈服强度 $f_{0.2, T}$ /MPa | | 抗拉强度 $f_{b, T}$ /MPa | | 屈服强度变化系数 $f_{0.2, T}/f_{0.2}$ | | 抗拉强度变化系数 $f_{b, T}/f_b$ | | 弹性模量变化系数 $E_T/E$ | |
|---|---|---|---|---|---|---|---|---|---|---|
| | 自然冷却 | 泼水冷却 | 自然冷却 | 泼水冷却 | 自然冷却 | 泼水冷却 | 自然冷却 | 泼水冷却 | 自然冷却 | 泼水冷却 |
| 20 | 1 129.5 | 1 129.5 | 1 152.0 | 1 152.0 | 1.00 | 1.00 | 1.00 | 1.00 | 1.00 | 1.00 |
| 100 | 1 136.5 | 1 136.5 | 1 157.5 | 1 157.5 | 1.02 | 1.01 | 1.00 | 1.00 | 1.00 | 0.92 |
| 200 | 1 162.7 | 1 115.0 | 1 183.0 | 1 191.0 | 1.03 | 0.99 | 1.03 | 1.03 | 1.03 | 0.86 |
| 300 | 999.0 | 1 088.0 | 1 016.5 | 1 171.0 | 0.88 | 0.97 | 0.88 | 1.02 | 0.88 | 1.02 |
| 400 | 1 163.0 | 1 096.0 | 1 175.0 | 1 168.0 | 1.03 | 0.98 | 1.02 | 1.01 | 1.02 | 0.80 |
| 500 | 943.0 | 953.0 | 979.5 | 1 004.5 | 0.83 | 0.85 | 0.85 | 0.87 | 0.85 | 1.00 |
| 600 | 850.0 | 812.0 | 886.5 | 866.0 | 0.75 | 0.72 | 0.77 | 0.75 | 0.77 | 0.92 |
| 700 | 659.0 | 647.3 | 722.0 | 800.3 | 0.58 | 0.58 | 0.63 | 0.69 | 0.63 | 0.67 |
| 750 | 539.5 | 869.5 | 621.0 | 1 233.5 | 0.48 | 0.77 | 0.54 | 1.07 | 0.54 | 0.28 |
| 800 | 564.0 | 972.0 | 664.5 | 1 372.0 | 0.50 | 0.87 | 0.58 | 1.19 | 0.58 | 0.51 |
| 850 | 332.0 | 1 235.5 | 499.0 | 1 409.0 | 0.29 | 1.10 | 0.43 | 1.22 | 0.43 | 0.39 |
| 900 | 425.0 | 1 120.3 | 605.0 | 1 330.0 | 0.38 | 1.00 | 0.53 | 1.15 | 0.53 | 0.38 |

注：$f_{0.2} = 1\,129.5$ MPa，$f_b = 1\,152.0$ MPa。

综上所述，火灾后即使高强螺栓强度没有明显下降，也不能认为螺栓不需要更换、继续适合承载。在此情况下，当断口面无斜角且无颈缩时，或整个螺纹段均有明显的颈缩时，可判定过火温度超过 750℃。

文献[11]专门进行了 10.9 级高强螺栓材料 20MnTiB 钢在高温下的材性试验研究。20MnTiB 钢材在试件加工前进行了热处理，使其硬度提高至 34～38。测定了不同温度下的应力-应变曲线、屈服强度、极限强度、弹性模量、延伸率和材料的热膨胀系数。试验为钢材在不同温度下的单向拉伸试验,即恒温加载。试验温度点包括室温20℃、200℃、300℃、350℃、400℃、450℃、500℃、550℃、600℃、700℃,共10个温度点,各个温度点均进行了三个试件的测量。试验时,先升温至指定温度,然后在该温度下保持5～7 min,观察千分表,至试件长度基本不变化时,测量试件的热伸长量。

下面就试验内容中的现象、强度、弹性模量和延伸率进行介绍。

(1) 试验现象

① 力学性能试验现象

经过对试件断口、表面的观察,发现材料在各个温度下的表面及断口表观特征有很大差异。同一温度下试件现象基本无差异。各温度下的应力-应变曲线也呈现出不同的特征。具体现象见表5-21所示。

表 5-21　力学性能试验现象

| 温 度/℃ | 表面颜色 | 断口颜色 | 颈 缩 | 断裂声 |
| --- | --- | --- | --- | --- |
| 20、200 | — | 金黄色 | 明显 | 响 |
| 300 | 蓝色 | 紫色 | 明显 | 响 |
| 350 | 紫色 | 蓝色 | 明显 | 响 |
| 400、450 | 蓝色 | 墨绿色 | 明显 | 轻 |
| 500 | | 墨绿色 | 明显 | 轻 |
| 550 | | 黑色 | 明显 | 轻 |
| 600 | 黑色 | 黑色 | 断口缩至极小 | 无 |
| 700 | 黑色 | 黑色 | — | 无 |

② 热膨胀系数试验现象

材料在温度100℃和100～200℃时,测得的伸长量较小;当温度超过200℃后,相同温度间隔内的伸长量随温度升高逐渐增大,说明膨胀系数不断增大;试件的恒温时间在5～7 min范围内,此后试件不再伸长;试验后,试件表面变暗,但仍有金属光泽。试件冷却后,又恢复到原来长度。

(2) 强度

高温下20MnTiB钢材的屈服强度$f_{yT}$和极限强度$f_{uT}$的统计数据见表5-22所示,相应的拟合公式见式(5-8)、式(5-9):

$$\frac{f_{yT}}{f_y} = 4 \times 10^{-9} T^3 - 6 \times 10^{-6} T^2 + 0.001\,1T + 0.960\,3 \tag{5-8}$$

$$\frac{f_{uT}}{f_u} = -2 \times 10^{-6} T^2 + 7 \times 10^{-5} T + 1.047\,3 \tag{5-9}$$

式(5-8)、式(5-9)中:$T$表示温度(℃),下标表示$T$高温量值;$f_y$、$f_u$分别为20MnTiB钢材在常温下的屈服强度和极限强度。

表 5-22　20MnTiB 钢材屈服强度和极限强度统计数据

| 温度/℃ | 屈服强度/MPa | | 极限强度/MPa | |
|---|---|---|---|---|
| | 均值 | 方差 | 均值 | 方差 |
| 20 | 1 129.7 | 153.6 | 1 175.3 | 40.2 |
| 200 | 1 005.7 | 203.6 | 1 180.0 | 130.7 |
| 300 | 944.0 | 32.7 | 1 102.3 | 37.6 |
| 350 | 866.7 | 38.9 | 984.3 | 156.2 |
| 400 | 787.3 | 174.2 | 872.0 | 14.0 |
| 450 | 645.7 | 141.6 | 703.0 | 104.7 |
| 500 | 465.7 | 74.9 | 514.3 | 193.6 |
| 550 | 333.7 | 14.9 | 369.7 | 0.2 |
| 600 | 225.3 | 20.2 | 250.0 | 14.0 |
| 700 | 88.7 | 3.6 | 106.7 | 2.9 |

由表 5-22 中的数据可以看出,20MnTiB 钢材的屈服强度、极限强度随温度升高而下降。材料的屈强比很大,无明显的屈服台阶。试验的屈服强度取 0.2% 塑性残余应变所对应的强度。

（3）弹性模量

高温下 20MnTiB 钢材弹性模量 $E_T$ 的统计数据见表 5-23 所示,相应的拟合公式见式（5-10）。

表 5-23　20MnTiB 钢材弹性模量统计数据

| 温度/℃ | 弹性模量/$10^5$ MPa | |
|---|---|---|
| | 均值 | 方差 |
| 20 | 2.010 | 0.023 3 |
| 200 | 1.763 | 0.013 4 |
| 300 | 1.780 | 0.004 1 |
| 350 | 1.647 | 0.003 1 |
| 400 | 1.420 | 0.002 5 |
| 450 | 1.207 | 0.002 3 |
| 500 | 0.700 | 0.000 1 |
| 550 | 0.600 | 0.001 7 |
| 600 | 0.443 | 0.000 2 |
| 700 | 0.203 | 0.000 1 |

由表 5-23 中的数据可以看出,20MnTiB 钢材的弹性模量随温度升高而下降。

$$\frac{E_T}{E} = 6 \times 10^{-9} T^3 - 8 \times 10^{-6} T^2 + 0.001\,6T + 0.943\,3 \tag{5-10}$$

式(5-10)中:$E$ 为 20MnTiB 钢材在常温下的弹性模量。

(4) 延伸率

高温下 20MnTiB 钢材延伸率 $\delta_{uT}$ 的统计数据见表 5-24 所示,相应的拟合公式见式(5-11)。

表 5-24　20MnTiB 钢材延伸率统计数据

| 温度/℃ | 延伸率/% | |
|---|---|---|
| | 均值 | 方差 |
| 20 | 11.3 | 1.6 |
| 200 | 13.0 | 0.7 |
| 300 | 15.7 | 4.2 |
| 350 | 14.7 | 4.2 |
| 400 | 13.0 | 2.0 |
| 450 | 19.0 | 4.7 |
| 500 | 22.3 | 14.2 |
| 550 | 24.3 | 1.6 |
| 600 | 31.7 | 2.9 |
| 700 | 69.0 | 162.7 |

由表 5-24 中的数据可以看出,20MnTiB 钢材的延伸率随温度升高而升高。当温度达到 700℃ 时,延伸率为 69.0%,大大超出室温时的延伸率,试件破坏时呈塑性流动状态。

$$\frac{\delta_{uT}}{\delta_u} = 6 \times 10^{-8} T^3 - 5 \times 10^{-5} T^2 + 0.011\,3T + 0.678\,2 \tag{5-11}$$

式(5-11)中:$\delta_u$ 为 20MnTiB 钢材在常温下的延伸率。

此外,文献[11]通过对各国所采用的高温下钢材强度、弹性模量系数进行比较。可以发现,由于各国所生产的钢材性能和标准各异,且考虑材料离散所取的概率保证率也不相同,故各国所制定的高温下钢材的材料模型有较大的差异。因此,在对钢结构进行抗火分析与设计时,不宜简单的采取"拿来主义",直接采用别的国家或组织所定制的模型,最好就所采用的钢材,做系统的高温材性试验分析研究。

鉴于摩擦型连接高强螺栓的节点连接质量主要是通过预应力和抗滑移系数来控制的,而抗滑移系数表现为摩擦型高强螺栓连接节点构件间接触面的摩擦系数。为此,文献[12]对 6 组(24 个)取自同批次钢板做成的摩擦副在 20℃(常温)、100℃、150℃、200℃、250℃、300℃ 时的摩擦系数进行了试验研究。材料为 Q235 钢,表面经过钢丝刷清除浮锈处理。具体的试验结果见表 5-25 所示。由此可见,Q235 钢在 20~300℃ 范围内,摩擦系数呈线性降低。该研究结果也进一步证明了,在钢结构的火灾鉴定中,高强螺栓即使外观没有出现明显的高温损伤,但是由于其连接性能发生了很大的改变,在钢结构后期的加固处理时也应对受高温作用过的螺栓进行更换或采取其他有效处理措施。

表 5-25 不同温度下摩擦副的摩擦系数

| 组号 | 温度/℃ | 摩擦系数 | 平均值 | 降低系数 |
|---|---|---|---|---|
| A1 | 20（常温） | 0.252 | 0.25 | 1.00 |
| A2 | 20（常温） | 0.253 | | |
| B1 | 100 | 0.216 | 0.22 | 0.88 |
| B2 | 100 | 0.227 | | |
| C1 | 150 | 0.207 | 0.20 | 0.80 |
| C2 | 150 | 0.198 | | |
| D1 | 200 | 0.184 | 0.18 | 0.72 |
| D2 | 200 | 0.181 | | |
| E1 | 250 | 0.152 | 0.15 | 0.60 |
| E2 | 250 | 0.154 | | |
| F1 | 300 | 0.121 | 0.12 | 0.48 |
| F2 | 300 | 0.116 | | |

文献[13]对某钢结构厂房火灾后部分构件的外观、变形特征以及材性进行了较为详细的研究与分析。该厂房采用 8.8 级高强螺栓连接分段加工的钢框架。为了评估火灾对节点连接性能的影响，选择两根严重翘曲变形钢梁上的高强螺栓作为试样。试图通过扭矩扳手测定摩擦型螺栓预拉力，由于火灾破坏了构件连接处的接触条件，再加上温度应力的影响，检测发现高强螺栓已全部松脱，扳手无法正常读数，这表明受火灾影响的高强螺栓已无法正常工作。基于选取的试样进行拉伸试验，试验中所有螺栓均在螺纹处发生颈缩断裂，断裂拉力处在170~230 kN 之间，全部小于 8.8 级高强螺栓破断拉力的要求，最大降至原设计要求的 67%。这表明节点连接性能已明显下降，因此火灾后必须重新调换或校验螺栓以确保结构安全。

该厂房采用的是 Q235 钢，部分钢柱受火灾影响较小，当防火涂料表面仅局部被熏黑时，钢柱的平均屈服和极限抗拉强度分别为 271 MPa 和 452 MPa；当钢柱防火涂料全部脱落并且表面出现了黑色氧化物薄层，其屈服强度最小值为 203 MPa。由于屋盖处于火源上方，火灾中钢梁直接受火，构件大多变形翘曲，表面防火涂料几乎全部脱落，钢板表面均覆满厚薄不均的黑色氧化层，此时钢材的抗拉屈服强度平均值为 210 MPa，极限强度平均值为 369 MPa，最严重的构件屈服强度仅为 172 MPa。从钢材的表面特征来看，防火涂料脱落且出现黑色氧化物的钢材强度损失比较严重。具体的钢材表面特征和抗拉试验结果见表5-26 所示。

除此之外，该文献还认为：①火灾后钢材强度有明显下降，屈服平台缩短。由于火场温度无法准确估计，采用已有的强度变化曲线计算钢材火灾后的残余强度有较大误差（文献作者采用的是国外关于热轧钢火灾后屈服强度变化曲线图，可能与国内钢材性质有所差异）。②现场检测时可根据钢材表面特征来定性判断钢材的强度损失情况，但要精确地估计钢材的残余强度，宜进行材料试验分析。③高强螺栓在火灾后的强度损失严重，应在结构火灾评估中予以充分注意。

表 5-26　钢材表面特征和抗拉试验结果

| 试件类型 | 表面特征 | | | 屈服强度/MPa | 极限强度/MPa | 弹性模量/$10^5$MPa |
|---|---|---|---|---|---|---|
| | 防火涂料 | 表面颜色 | 氧化层 | | | |
| 梁 | 有 | 黄 | 无 | 251 | 410 | 2.1 |
| | 有 | 黄 | 无 | 251 | 401 | 2.0 |
| | 无 | 黑 | 有 | 211 | 375 | 2.0 |
| | 无 | 黑 | 有 | 203 | 370 | 1.9 |
| | 有 | 红黑 | 无 | 271 | 447 | 2.0 |
| | 有 | 红黑 | 无 | 271 | 456 | 2.0 |
| | 有 | 黄 | 无 | 266 | 445 | 2.1 |
| | 有 | 黄 | 无 | 267 | 440 | 2.1 |
| | 无 | 褐红 | 有 | 244 | 393 | 1.9 |
| | 无 | 褐红 | 有 | 248 | 394 | 2.0 |
| | 局部脱落 | 黑 | 无 | 256 | 407 | 1.9 |
| | 局部脱落 | 黑 | 无 | 246 | 407 | 2.1 |
| 柱 | 无 | 黑 | 有 | 202 | 348 | 1.9 |
| | 无 | 黑 | 有 | 201 | 346 | 1.8 |
| | 无 | 黑 | 有 | 171 | 358 | 1.8 |
| | 无 | 黑 | 有 | 190 | 365 | 1.7 |
| | 无 | 黑 | 有 | 186 | 366 | 1.8 |
| | 无 | 黑 | 有 | 178 | 358 | 1.9 |
| | 无 | 黑 | 有 | 222 | 365 | 1.9 |
| | 无 | 黑 | 有 | 212 | 361 | 1.9 |
| | 无 | 褐红 | 有 | 237 | 394 | 2.0 |
| | 无 | 褐红 | 有 | 230 | 382 | 2.1 |
| | 无 | 褐红 | 有 | 248 | 392 | 1.8 |
| | 无 | 褐红 | 有 | 240 | 388 | 1.8 |

上述内容主要基于国内学者的研究成果,其主要结论也符合我国国情,可以直接用于指导工程结构的鉴定工作。国外关于钢筋的试验结果表明:钢筋在超过 500℃后,屈服强度和极限强度有明显的下降;普通的结构钢和高强合金钢,当温度达到 315℃时,其强度能维持到原来的 90%;当达到 430℃时,会出现可见变形[14]。

## 5.4　高温对混凝土力学性能影响

高温作用引起了混凝土的强度损失和变形性能劣化,其主要原因可归纳如下:①水分蒸发后形成内部的裂缝和空隙;②粗骨料与水泥浆体的热工性能不一致,产生变形差和内应力,在界面形成裂缝;③粗骨料本身的受热膨胀破裂等,这些内部损伤随温度的提高而不断地发展和积累,更趋严重[15];④火灾作用后,混凝土的组成材料会发生变化。火灾后混凝土强度的损失主要取决于受火温度的高低和冷却方式。已有试验表明,当受火温度低于400℃时,无论是喷水冷却还是自然冷却,混凝土强度均没有明显的降低;当温度超过400℃后,水泥石的晶架结构破坏严重,混凝土的强度开始显著下降,在这个过程中,喷水冷却的混凝土强度比自然冷却的混凝土强度下降更多,主要是因为高温混凝土骤然冷却时,由于内外温度不均,膨胀变形不一致,导致内部裂痕,高温混凝土的分解成分(如 $CaCO_3$)极易与水发生化学反应,加剧了混凝土的开裂,使强度降低;当温度达到 900 ~ 1 000℃时,$Ca(OH)_2$ 脱水分解,水泥石的微观结构受到破坏,导致混凝土的强度几乎为零。此外,混凝土骨料、水泥的种类以及水灰比的大小,对高温混凝土强度的损失也有一定的影响。一般来说,石灰石骨料的混凝土强度要比花岗石骨料的混凝土强度损失小;同骨料混凝土相比,水泥品种对火灾后混凝土强度的影响要小些;混凝土强度越高,损失幅度越大,水灰比越大,强度降低越大。为了更好地理解和掌握高温对混凝土力学性能的影响,下面就国内一些试验研究成果进行介绍。

文献[16]对高温后静置混凝土的力学性能进行了试验研究,该试验共涉及 355 个试件,其中 3 个 100 mm×100 mm×100 mm 的立方体试件,3 个 150 mm×150 mm×150 mm 的立方体试件,349 个 100 mm×100 mm×300 mm 的棱柱体试件。试件制作好后进行标准养护 28 d,在室温下气干 15 d 以上以备加温。混凝土的粗骨料采用以钙质成分为主的碎卵石,粒径 5 ~ 20 mm;R32.5 水泥,细骨料为中砂,采用自来水拌和。常温下混凝土的立方体抗压强度为 45.5 MPa,棱柱体抗压强度为 36.3 MPa。试件高温受火温度分别为 100℃、300℃、500℃、700℃和 900℃。需要强调的是,这里试件的恒温受火时间为 6 h,这样可以使试件内外温度保持一致。高温后试件的冷却和养护方法分为自然冷却、自然养护,喷水冷却、自然养护和喷水冷却、潮湿环境养护三种,分别以 A、B、C 三类表示。其中 C 类是在标准条件下进行养护。高温后静置试件考虑三种方案,如表 5-27 所示。当受火温度达到 900℃时,由于各类试件裂缝发展较快,为便于观察,静置时间相对缩短,采用 3 d、6 d 和 9 d。

表 5-27　高温后静置时间方案

| 类别 | 静置时间 $t/d$ | | | | | | |
|---|---|---|---|---|---|---|---|
| A | 1 | 7 | 14 | 28 | 56 | 77 | 112 |
| B | 1 | 7 | 14 | 28 | 56 | | 112 |
| C | | 7 | 14 | 28 | 56 | | 112 |

具体试验研究结果如下所述。

1) 抗压强度

(1) 抗压强度与温度的关系

随着试件受火温度 $T$ 的提高,A、B、C 三类试件的混凝土抗压强度平均值逐渐降低,近似呈线性关系。对于 A、B 类试件,温度在 300℃以下时,混凝土抗压强度的下降速度稍缓,大于 300℃时,下降速度加快,至 900℃时,抗压强度只有常温下抗压强度的 10%左右。

当受火温度达到 900℃ 时,对于 A 类试件,3 d 时抗压强度为常温下抗压强度的 11.6%,试件表面出现粗而且密的裂缝,形状已不规整;6 d 时抗压强度几乎为零,裂缝进一步发展,形状已发生扭曲;9 d 时试件已呈酥碎状。对于 B、C 类试件,当喷水冷却时,发出很强的噼啪爆裂声,骨料剥落,整体逐渐坍落,抗压强度为零。

(2) 抗压强度与静置时间的关系

随着静置时间的增加,对于 A 类试件,抗压强度先出现降低,在达到最低点后,开始缓慢回升,以后趋于平稳。随着受火温度的提高,抗压强度最小值出现的时间后移。在 300℃ 以下时,抗压强度最小值在 7 d 时出现,在 300℃ 以上时,抗压强度最小值在 14~28 d 时出现。

对于 B、C 类试件,随着静置时间的增加,在出现抗压强度最小值后,抗压强度保持恒定或缓慢上升(个别有下降趋势)。其中,300℃ 以下时,在 14~28 d 出现抗压强度最小值;300℃ 以上时,在 1~7 d 出现抗压强度最小值。

(3) 抗压强度与冷却方式的关系

冷却方式对高温混凝土试件的抗压强度也有影响。在静置的前期(28 d),温度低于 500℃ 时,A 类试件抗压强度一般高于 B、C 类试件的抗压强度,但是当温度高于 500℃ 时,情况则相反。另外,在静置的后期(56 d 以后),A 类大部分试件抗压强度低于 B、C 类试件。

(4) 抗压强度与温度、静置时间和冷却方式的关系

以 A 类试件为例,表 5-28 列出了混凝土棱柱体高温冷却后抗压强度 $f_{CTR}$(平均值)与受火温度 $T$(℃) 和静置时间 $t$(d) 的关系。其中,$f_c$ 为常温下混凝土棱柱体抗压强度。

表 5-28　抗压强度与温度和静置时间的关系($f_{CTR}/f_c$)

| $T$/℃ | $t$/d | | | | | | |
|---|---|---|---|---|---|---|---|
| | 1 | 7 | 14 | 28 | 56 | 77 | 112 |
| 100 | 0.96 | 0.86 | 1.04 | 1.00 | 0.91 | 0.84 | 0.95 |
| 300 | 0.85 | 0.82 | 0.79 | 0.77 | 0.83 | 0.74 | 0.77 |
| 500 | 0.55 | 0.42 | 0.40 | 0.37 | 0.42 | 0.48 | 0.43 |
| 700 | 0.27 | 0.21 | 0.22 | 0.20 | 0.25 | 0.23 | 0.24 |

此外,还偏安全地回归出计算模型,见式(5-12)所示,式中系数 $a_1$、$b_1$、$c_1$ 按表 5-29 取值。

$$f_{CTR} = (a_1 + b_1 t + c_1 T) f_c \quad 0℃ \leqslant T \leqslant 900℃ \tag{5-12}$$

表 5-29　系数 $a_1$、$b_1$、$c_1$ 取值

| 类　别 | $a_1$ | $b_1$ | $c_1$ |
|---|---|---|---|
| A | 1.099 82 | −0.000 444 | −0.001 185 |
| B | 1.018 09 | 0.000 432 | −0.001 108 |
| C | 0.943 55 | 0.001 347 | −0.001 004 |

2) 应力-应变关系

(1) 与温度的关系

高温作用后,混凝土的应力-应变全曲线与常温下相比发生了很大变化。以 A 类试件

为例,随着受火温度的提高,曲线上峰值应力明显降低,对应的峰值应变显著增加。曲线的形状由尖耸向扁平过渡,峰值点右移。表明随着温度的升高,混凝土的抗压强度下降,峰值应变成倍增加,变形模量明显降低。

（2）与静置时间的关系

高温作用后,混凝土的应力-应变全曲线随静置时间的变化不大。以 A 类试件为例,峰值应力有一定波动,而峰值应变和变形模量基本保持不变。曲线的形状亦基本保持一致。

（3）与冷却方式的关系

以受火温度 100℃为例,对于 A、B 类试件在分别静置 1 d、7 d、28 d 时的应力-应变全曲线,曲线上峰值应变、峰值应力变化不大,曲线形状相似,上升段和下降段陡度接近。

3）弹性模量

假定以应力-应变全曲线上 0.4 倍峰值应力点处的割线模量作为混凝土试件的弹性模量 $E_{TR}$。表 5-30 列出了弹性模量与温度和静置时间的关系,$E_0$ 为常温下混凝土试件的弹性模量。由此可见,随着受火温度的提高,弹性模量显著降低,至 700℃时,弹性模量已不足常温下的 5%。随着静置时间的增加,弹性模量有微小波动。冷却方式对弹性模量影响微弱,但 B 类试件的弹性模量比 A 类试件普遍较小。

表 5-30　弹性模量与温度和静置时间的关系($E_{TR}/E_0$)

| $t/d$ | A 类 | | | | B 类 | | | |
|---|---|---|---|---|---|---|---|---|
| | 100℃ | 300℃ | 500℃ | 700℃ | 100℃ | 300℃ | 500℃ | 700℃ |
| 1 | 0.88 | 0.42 | 0.17 | 0.04 | 0.80 | 0.33 | 0.11 | 0.03 |
| 7 | 0.83 | 0.34 | 0.11 | 0.05 | 0.78 | 0.43 | 0.11 | 0.04 |
| 28 | 0.85 | 0.37 | 0.16 | 0.03 | 0.76 | 0.37 | 0.12 | 0.03 |

忽略静置时间的影响,采用二次抛物线形式拟合试验曲线,得到式(5-13)的计算模型。式中系数 $a_2$、$b_2$、$c_2$ 按表 5-31 取值。

$$E_{TR} = E_0(a_2 + b_2 T + c_2 T^2) \quad 0℃ \leqslant T \leqslant 900℃ \tag{5-13}$$

表 5-31　系数 $a_2$、$b_2$、$c_2$ 取值

| 类　别 | $a_2$ | $b_2$ | $c_2$ |
|---|---|---|---|
| A | 1.14 | $-3.19 \times 10^{-3}$ | $2.31 \times 10^{-6}$ |
| B | 1.05 | $-2.87 \times 10^{-3}$ | $2.02 \times 10^{-6}$ |

此外,火灾高温后混凝土的抗压强度随时间的推移逐渐趋于稳定,称之为延迟稳定强度。火灾后钢筋混凝土结构合理加固时间是指达到延迟稳定强度的时间。一般情况下,应该在此时间前对受火结构进行加固或进行必要的支护。对于 A 类情况,这个时间可认为在 28 d 左右;对于 B 类情况,合理加固时间在 14~28 d,只有在 700℃时,火灾高温后 1 d,抗压强度达到最低;对于 C 类情况,300℃以下时,合理加固时间在 14 d 左右,500℃后,合理加固时间在 7 d 左右。

文献[17]对普通强度混凝土经受 100~600℃高温并采用不同冷却方式处理后的力学

性能进行了试验研究。试验所用材料:32.5 级普通硅酸盐水泥;细骨料采用优质河砂,细度模数 2.15, Ⅱ 区级配合格,含泥量 1.5%;粗骨料为石灰岩碎石,最大粒径为 20 mm。试验主要研究的是混凝土在某一特定温度下受高温特定时间后的物理和力学性能的变化,以及不同冷却方式的影响;由于混凝土是热惰性材料,导热性差,为了保证试块在尽量短的时间里达到内外温度一致,以及便于和其他试验结果对比,试验大多数试件采用了比标准试件尺寸小的 100 mm×100 mm×100 mm 的试块(80 个),另有中心埋置热电偶的试件 10 个,加热时采用四面受火的加热方法。为研究不同的试件尺寸对高温后混凝土试验结果的影响,部分试件采用了 150 mm×150 mm×150 mm 的试块(20 个)以用作对比。100 mm×100 mm ×100 mm 和 150 mm×150 mm×150 mm 两种立方体试件均采用钢模水平浇筑。将试件标准养护 28 d 后从养护室取出、拆模,放置于室温通风环境中干燥一个月,准备高温试验。

考虑到实际火灾中,经受 600℃ 以上高温的混凝土强度损失太大,因此该试块高温试验设定温度为 100℃、200℃、300℃、400℃ 和 600℃,并将结果与常温(20℃)进行比较。为了降低试块内部与表面之间的温度梯度,试块恒温时间为 6 h。部分试件高温后经三种不同的方式冷却和养护处理,高温后自然冷却、自然养护的试件为 A 类;高温后浇水冷却、自然养护的试件为 B 类;高温后浇水冷却、潮湿环境养护的试件为 C 类。

(1)温度的影响

按照前述试验方法,测得 100 mm×100 mm×100 mm 混凝土试块在不同温度后的极限抗压强度平均值与峰值应变平均值见表 5-32。

表 5-32　高温后混凝土极限抗压强度与峰值应变平均值

| 温度/℃ | 试件类型 | 极限抗压强度平均值/MPa | 峰值应变平均值/×10⁻² |
|---|---|---|---|
| 20 | — | 37.90 | 0.532 0 |
| 100 | A | 38.40 | 0.722 0 |
| | B | 37.50 | 0.635 0 |
| | C | 39.50 | 0.539 0 |
| 200 | A | 35.40 | 0.775 0 |
| | B | 33.60 | 0.679 0 |
| | C | 33.50 | 0.659 0 |
| 300 | A | 31.10 | 0.876 0 |
| | B | 33.50 | 0.845 0 |
| | C | 33.60 | 0.769 0 |
| 400 | A | 25.00 | 1.184 0 |
| | B | 30.70 | 1.038 0 |
| | C | 32.70 | 0.929 0 |
| 600 | A | 20.50 | 1.547 0 |
| | B | 28.60 | 1.407 0 |
| | C | 30.40 | 1.283 0 |

由表 5-32 中的统计数据可见,随着温度的升高,混凝土试块的抗压强度趋势为不断下降,其极限应力时的平均应变也随之不断增加。由于冷却处理方式的不同,A、B、C 三种试件又有其各自的规律。

随着温度的升高,高温后混凝土的抗压强度(平均值)逐渐降低,且下降趋势随温度的升高而加剧。当温度在 200℃ 以下时,混凝土抗压强度下降速度稍慢,在 100℃ 时的强度甚至稍有增加,表明 100℃ 对于水泥水化有益,从而使混凝土强度增加;大于 200℃ 时,下降速度加快,至 600℃ 时,抗压强度只剩常温下抗压强度的 60% 左右。产生这种原因在于:在 200℃ 以内的高温下,混凝土中的吸附水和自由水蒸发,熟料逐步水化,从而提高了其抗压强度;当温度上升到 300℃ 时,脱水开始增加,水泥砂浆收缩而骨料膨胀,混凝土表面开始出现裂纹,强度开始下降,随着温度的升高,水泥砂浆的收缩和骨料的膨胀都在加剧,两者的结合遭到破坏,水泥骨架破裂成块状,结晶水开始失去,水泥的水化产物 C-S-H、AFt 和 CH 则开始脱水破坏。当温度达到 600℃ 以上时,结晶水完全丧失,水泥中未水化的颗粒和骨料中的石英成分晶体化,伴随着巨大的膨胀,甚至在骨料内部形成裂缝,混凝土强度随温度升高急剧下降。

基于试验数据(自然冷却)回归分析得到的高温后混凝土抗压强度计算模型见式(5-14):

$$\frac{f_{cu}^{T}}{f_{cu}} = 0.5 + \frac{0.5}{1 + \left(\frac{T}{340}\right)^4} \quad (20℃ \leqslant T \leqslant 600℃) \tag{5-14}$$

式(5-14)中:$f_{cu}^{T}$ 为高温自然冷却后混凝土抗压极限应力值(MPa);$f_{cu}$ 为常温时混凝土抗压极限应力值(MPa);$T$ 为温度(℃)。

(2)冷却方式的影响

高温后经不同方式冷却的 A、B、C 三种试件在 300℃ 以下强度下降趋势基本一致。300℃ 以上,A 类试件强度较其他两种处理方式损失稍多。到达 600℃ 时,A 类试件抗压强度仅为常温时的 54%,而 B 类与 C 类则分别为 75% 和 80%。以上试验结果说明,高温后浇水冷却以及在水环境养护可以使混凝土的强度损伤得到部分恢复。

(3)试验试件尺寸的影响

150 mm×150 mm×150 mm 混凝土试件在经历 200℃、400℃、600℃ 后的抗压强度平均值分别为 32.2 MPa、28.5 MPa 和 27.3 MPa,其分别为常温抗压强度的 93.3%、82.6% 和 79.1%。而 100 mm×100 mm×100 mm 试件在经历同样温度后,抗压强度平均值分别为常温抗压强度的 90.7%、66.0% 和 54.7%。可见试件尺寸对高温后混凝土抗压强度是有显著影响的。在相同温度下,大截面混凝土具有更大的相对剩余抗压强度。混凝土具有热惰性,在升温过程中,混凝土内部存在一定的温度场,而且温度场随时间时刻在变化,造成试件中心温度比外部受火面的温度低得多,而高温下混凝土的力学性质与温度密切相关。因此,在其他条件相同的情况下,大截面混凝土高温下的强度损失较小。然而在 200℃ 以前,大试件强度反而低,可能因为在 100~200℃ 温度段,试块中的自由水受热成为水蒸气,而大试件中水蒸气更难以逸出,内部气压过大导致混凝土内部结构受损。

(4)应变值变化

随着温度的提高,混凝土单轴受压时峰值应力点的应变平均值明显增加。经历 600℃ 高温后,应变值提高至常温时的 2~3 倍。在三种冷却处理方式的影响下,峰值应力对应的应变有类似的变化趋势。经历相同的高温后自然冷却、自然养护的试件,峰值应力对应的平均应变值最大,其次为浇水冷却、自然养护;浇水冷却、潮湿环境养护的试件,在经历相同温度后,其极限应力对应的应变值最小。

(5) 应力-应变曲线

混凝土的应力-应变曲线随温度的升高而逐渐趋于扁平,峰值点明显下降和右移。该现象表明高温后混凝土强度降低,峰值应变成倍增大,变形模量也显著减小。

文献[18]通过对高强混凝土(C60、C80)高温时力学性能的试验研究,得出了高强混凝土立方体抗压强度随温度的变化规律,并与普通混凝土(C30)高温力学性能进行了比较。试验的混凝土强度等级分 C30、C60 和 C80 三种,立方体试件尺寸为 100 mm×100 mm×100 mm,总数为 114 个;棱柱体试件尺寸为 100 mm×100 mm×300 mm,总数为 42 个。试验数据取 3 个或 2 个试件的平均值。

(1) 高温时混凝土立方体抗压强度

C30 试件在 400℃ 以内时,强度无明显变化,甚至在 200~300℃ 时强度略有提高。而高强混凝土在 200℃ 时强度即开始下降,400℃ 时已下降至常温时的 85% 左右;超过 400℃ 以后,下降规律与 C30 基本相同,强度下降较快(表 5-33)。可见在 400℃ 以前,高温时高强混凝土的强度下降幅度要比普通强度混凝土大。

表 5-33　混凝土高温时和高温后立方体抗压强度与常温时立方体抗压强度比值

| 温度/℃ | | 100 | 200 | 300 | 400 | 600 | 800 | 1 000 |
|---|---|---|---|---|---|---|---|---|
| C60 | 高温时 | 0.99 | 0.95 | 0.93 | 0.82 | 0.49 | 0.16 | 0.09 |
| | 高温后 | 1.01 | 1.08 | 0.94 | 0.8 | 0.47 | 0.152 | 0.085 |
| C80 | 高温时 | 0.92 | 0.98 | 0.85 | 0.85 | 0.46 | 0.193 | 0.128 |
| | 高温后 | 0.93 | 0.98 | 0.98 | 0.83 | 0.45 | 0.126 | 0.125 |

(2) 高温冷却后混凝土立方体抗压强度

表 5-33 分别给出了 C60、C80 混凝土高温冷却后立方体抗压强度与常温强度的比值。从表中可以看出,高强混凝土在 400℃ 以前,高温后抗压强度略大于高温时抗压强度;而400℃ 以后,高温后抗压强度略小于高温时抗压强度,但两者数值很接近,这一点与普通强度混凝土是一致的。这表明混凝土立方体试件在经受高温冷却后内部结构和抗压强度与高温时无明显变化。因此,高温后高强混凝土立方体抗压强度 $f_{cu,T}$ 计算公式按式(5-15)进行:

$$f_{cu,T} = \frac{f_{cu}}{1 + 2.0(T-20)^{3.17} \times 10^{-9}} \quad (20\ ℃ \leqslant T \leqslant 1\ 000℃) \quad (5-15)$$

式(5-15)中:$f_{cu}$ 为常温下混凝土立方体抗压强度。

文献[9]在 2008 年早期国内众多学者对混凝土的高温力学性能试验研究的基础上,开展了高温后混凝土相对残余强度的统计分析,初步建立了相对残余强度均值,以及具有95% 保证率的分位值随温度的定量变化关系。关于高温后混凝土的相对残余强度,尽管不同研究者得到的试验结果有所差异,但总体上呈现出随温度升高,强度逐渐劣化的趋势。高温后混凝土相对残余强度的主要影响因素包括:混凝土强度等级、骨料类型、冷却方式等。混凝土强度等级越高,高温后混凝土的相对残余强度一般越小。随着温度升高,高温后不同骨料混凝土的相对残余强度排列顺序依次为：轻骨料混凝土＞钙质骨料混凝土＞硅质骨料混凝土。不同冷却方式对应的混凝土强度降幅顺序为：自然冷却＜炉内冷却＜水冷却。此外，高温下混凝土的恒温时间越长，其强度降幅一般越大。

利用多项式(5-16)对高温后混凝土相对残余强度(表5-34)的变化规律进行拟合。

$$y = A + Bt + Ct^2 + Dt^3 \qquad (5\text{-}16)$$

式(5-16)中：$t$ 表示温度；$y$ 代表相对残余强度均值或具有 95% 保证率的分位值；参数 $A$、$B$、$C$、$D$ 的具体取值见表 5-35。

表 5-34　高温后混凝土相对残余强度的均值

| 尺　寸 | 100℃ | 200℃ | 300℃ | 400℃ | 500℃ | 600℃ | 700℃ | 800℃ | 900℃ | 1 000℃ |
|---|---|---|---|---|---|---|---|---|---|---|
| 100 mm×100 mm×100 mm | 0.911 | 0.899 | 0.909 | 0.735 | 0.674 | 0.557 | 0.319 | 0.206 | 0.080 | — |
| 150 mm×150 mm×150 mm | 0.990 | 0.921 | 0.838 | 0.797 | 0.601 | 0.590 | 0.314 | 0.300 | 0.170 | — |
| 100 mm×100 mm×300 mm | 0.878 | 0.850 | 0.743 | 0.642 | 0.437 | 0.325 | 0.238 | 0.141 | 0.086 | 0.087 |

表 5-35　混凝土回归方程的各参数值

| 混凝土尺寸 | Y | A | B | C | D | 适用温度/℃ |
|---|---|---|---|---|---|---|
| 100 mm×100 mm×100 mm | 相对残余强度均值 | 1.003 88 | −0.000 17 | −1.210 3×10⁻⁶ | 2.584 7×10⁻¹⁰ | 100～900 |
| | 具有 95% 保证率的分位值 | 0.921 99 | −0.000 31 | −2.173 5×10⁻⁶ | 1.570 0×10⁻⁹ | 100～900 |
| 150 mm×150 mm×150 mm | 相对残余强度均值 | 0.999 64 | 0.000 06 | −2.136 3×10⁻⁶ | 1.162 6×10⁻⁹ | 100～900 |
| | 具有 95% 保证率的分位值 | 0.942 40 | −0.000 03 | −3.248 1×10⁻⁶ | 2.472 3×10⁻⁹ | 100～900 |
| 100 mm×100 mm×300 mm | 相对残余强度均值 | 1.010 95 | −0.000 51 | −1.908 0×10⁻⁶ | 1.488 1×10⁻⁹ | 100～1 000 |
| | 具有 95% 保证率的分位值 | 0.782 42 | −0.000 09 | −2.556 3×10⁻⁶ | 1.935 0×10⁻⁹ | 100～1 000 |

文献[19]通过对高温后不同骨料(钙质和硅质)混凝土立方体试块力学性能的试验研究，分析了混凝土骨料类型、加热温度、冷却方式、高温后静置时间等对其抗压强度的影响。混凝土的设计强度为C25，粗骨料分别为钙质(石灰岩碎石)和硅质(玄武岩碎石)，粒径为 5～20 mm，水泥采用强度 32.5 级的复合硅酸盐水泥，混凝土配合比为水泥∶水∶砂∶石＝ 1∶0.55∶1.75∶2.98，砂率为 37%。试验设计 100 mm×100 mm×100 mm 的混凝土立方体试块16组，钙质骨料和硅质骨料混凝土试块各8组，每组有 18 个试块。试块成型后 24 h 脱模，然后标准养护 28 d 至高温试验。钙质与硅质骨料混凝土试块的受热制度见表 5-36

所示。冷却至常温后,在室内分别放置 1 d、3 d、7 d、14 d、28 d、56 d、84 d,然后进行加载试验。

表 5-36　钙质与硅质骨料混凝土试块受热制度

| 骨料类型 | 受热温度/℃ | 冷却方式 | 升温时间/min | 恒温时间/min |
|---|---|---|---|---|
| 钙/硅 | 200 | 自然冷却 | 20 | 90 |
| | | 喷水冷却 | | |
| | 400 | 自然冷却 | 40 | 90 |
| | | 喷水冷却 | | |
| | 600 | 自然冷却 | 60 | 90 |
| | | 喷水冷却 | | |
| | 800 | 自然冷却 | 80 | 90 |
| | | 喷水冷却 | | |

(1)骨料类型对混凝土抗压强度的影响

高温后混凝土立方体试块的抗压强度随受热温度的升高总体呈下降趋势(对于钙质骨料,下降范围在 17%～50%;对于硅质骨料,下降范围在 14%～70%)。当受热温度低于 400℃时,混凝土强度降低幅度较小,自然冷却和喷水冷却相差不大;当温度超过 600℃时,混凝土抗压强度急剧下降,而喷水冷却后混凝土抗压强度反而比自然冷却后明显提高。另外,当受热温度为 200～400℃时,硅质骨料混凝土的强度比同条件的钙质骨料混凝土的强度稍高;当温度为 600～800℃时,钙质骨料混凝土的强度下降速率较慢,表现出优于硅质骨料的良好耐火性。

(2)加热温度与冷却方式的影响规律

随着受热温度的升高,两种骨料混凝土立方体试块的抗压强度总的趋势是下降的。在同等受热温度条件下,经喷水冷却后的残余抗压强度要比自然冷却后混凝土的残余抗压强度稍高。

(3)静置时间对混凝土抗压强度的影响

对不同骨料类型的混凝土试块高温加热后,随着静置时间的增加,对于自然冷却试件,抗压强度首先出现降低,在达到最低点后,开始缓慢回升,以后渐趋平稳;在 400℃以下时,钙质骨料混凝土与硅质骨料混凝土的抗压强度最小值均在第 14 天左右出现;在 400℃以上时,抗压强度在第 28～56 天出现最小值。对于喷水冷却试件,随着静置时间的增加,当温度≤400℃时,钙质骨料混凝土试件在第 14 天抗压强度达到最小,而硅质骨料混凝土试件在第 28 天抗压强度达到最小;当温度＞600℃时,两种骨料混凝土试件的抗压强度均缓慢增长。

文献[20]对粉煤灰混凝土高温后力学性能与龄期的关系开展了试验研究,该试验共设计了 147 组 100 mm×100 mm×100 mm 的立方体试件,每组 3 块。粉煤灰掺量为 0～30% 的混凝土,流动性较好,坍落度满足条件,采用人工振捣;粉煤灰掺量为 40% 和 50% 的混凝土,流动性偏差,采用了振动台振捣。试验温度分别为 250℃、450℃、650℃,为了保证试件内外温度一致,试件的受高温时间分别为升温 25 min 后恒温 90 min;升温 45 min 后恒温

90 min；升温 65 min 后恒温 90 min。试件冷却方式采用自然冷却。表 5-37 给出了粉煤灰混凝土高温后残余立方体抗压强度，由此可以看出，对于掺量超过 30％的粉煤灰混凝土，450℃高温以后，各龄期的混凝土的残余立方体抗压强度迅速降低，混凝土的立方体抗压强度遭到严重破坏。

表 5-37　粉煤灰混凝土高温后残余立方体抗压强度

| 粉煤灰掺量/% | 温度/℃ | 立方体抗压强度/MPa | | | 粉煤灰掺量/% | 温度/℃ | 立方体抗压强度/MPa | | |
|---|---|---|---|---|---|---|---|---|---|
| | | 28 d | 56 d | 90 d | | | 28 d | 56 d | 90 d |
| 0 | 常温 | 39.6 | 49.2 | 53.7 | 30 | 常温 | 41.0 | 42.5 | 47.2 |
| 0 | 250 | 39.9 | 40 | 45.4 | 30 | 250 | 32.9 | 42.5 | 45.5 |
| 0 | 450 | 31.3 | 42.4 | 35.9 | 30 | 450 | 28.6 | 41.1 | 44.6 |
| 0 | 650 | 17.7 | 29.8 | 19.7 | 30 | 650 | 13.4 | 20.5 | 24.7 |
| 10 | 常温 | 43.9 | 46 | 47.8 | 40 | 常温 | 28.5 | 31.1 | 35.4 |
| 10 | 250 | 39.0 | 45.2 | 35.3 | 40 | 250 | 31.1 | 38.2 | 37.5 |
| 10 | 450 | 31.8 | 41.5 | 40.6 | 40 | 450 | 37 | 34.4 | 36.7 |
| 10 | 650 | 22.5 | 19.8 | 24.0 | 40 | 650 | 12.5 | 21.1 | 20.8 |
| 20 | 常温 | 28.5 | 46.8 | 41.4 | 50 | 常温 | 24.9 | 29.9 | 38.5 |
| 20 | 250 | 37.6 | 37.5 | 39.1 | 50 | 250 | 28.0 | 32.9 | 36.0 |
| 20 | 450 | 34.7 | 30.2 | 36.5 | 50 | 450 | 27.3 | 35.1 | 32.8 |
| 20 | 650 | 15.2 | 19.9 | 19.7 | 50 | 650 | 12.6 | 12.4 | 17.5 |

文献[21]研究了纤维混凝土高温后的抗压力学性能，该试验采用 70 mm×70 mm×70 mm立方体试件和40 mm×40 mm×160 mm棱柱体试件，共 90 个试件。研究结果表明：①温度低于 400℃时，钢纤维混凝土拥有较好的抗火性能，钢纤维混凝土抗压、抗折强度下降幅度明显小于素混凝土；温度低于 600℃时，钢纤维混凝土抗折强度下降十分缓慢；600℃时，钢纤维混凝土相对残余抗折强度值为 81％，而素混凝土已经下降为 50％。②温度低于 200℃时，聚丙烯纤维混凝土的抗压、抗折强度均有所增大；200～600℃时，聚丙烯纤维混凝土抗压强度较素混凝土下降速度慢得多，抗折强度下降趋势与素混凝土比较接近。

文献[22]通过边长 70.7 mm立方体受压试验、70.7 mm×70.7 mm×228.0 mm棱柱体受压试验、40 mm×40 mm×160 mm棱柱体受折试验和"8"字形试件轴心受拉试验，研究聚丙烯纤维(PPF)体积掺量分别为 0、0.1％、0.2％和 0.3％的活性粉末混凝土(RPC)经20～900℃后的力学性能。研究结果表明：①聚丙烯纤维体积掺量 0.1％和 0.2％时对 RPC高温爆裂的抑制作用不明显，体积掺量为 0.3％时才能防止 RPC 发生高温爆裂。②由于PPF 弹性模量较低，常温下 PPF 的掺入对 PRC 力学性能有不利影响，当经历温度高于 PPF的熔点时，PPF 熔化后互相联通的孔洞为蒸气和热量逸出提供通道，减小了 RPC 所受的高温损伤，对 RPC 高温后力学性能有改善作用。③随经历温度的升高，高温后掺 PPF 的 RPC残余抗压强度、残余抗折强度和残余轴心抗拉强度均呈先增大后减小的规律，且残余轴心抗压强度下降速率比残余立方体抗压强度的快。

其他一些研究资料表明轻骨料混凝土的耐火性能优于普通混凝土,其残余抗压强度下降幅度较为缓慢;随混凝土强度等级的下降,受火烧损时强度下降幅度逐渐减小。除此之外,国外的文献资料也认为火灾对混凝土的影响与其粗骨料的类型密切相关[14]。当混凝土采用硅酸盐类粗骨料时,混凝土的强度在650℃几乎降低一半;如果采用碳酸盐和轻质骨料,混凝土的强度在650℃时基本没有降低;并且还给出混凝土高温后的物理特征见表5-38。值得注意的是,表5-38中关于混凝土的性质与颜色变化与国内研究资料列出的结果可能并不一致。这属于很正常的现象,因为混凝土的配合比以及强度等级等参数相差较大。在工业发达的国家,混凝土强度普遍较高,一般都超过C60。因此,国外这方面的研究结果(至少是混凝土,因为混凝土是一种地域性很强的人工材料)不能直接用于指导目前我国火灾事故中的检查与鉴定工作。

表 5-38　混凝土高温后的物理特征

| 温度/℃ | 颜色变化 | 物理性质与基准温度 | 混凝土整体状况 |
| --- | --- | --- | --- |
| 0~290 | 无变化 | 不受影响 | 不受影响 |
| 290~590 | 粉红到红色 | 表面轻微开裂(300℃)<br>开裂深度较大(500℃)<br>粗骨料面出现凹坑(575℃) | 基本完好,但强度明显降低 |
| 590~950 | 灰白色 | 混凝土剥落,低于 25% 钢筋外露(800℃) | 差、松散 |
| >950 | 浅黄色 | 大面积脱落 | 差、易碎 |

## 5.5　高温对钢筋与混凝土粘结性能的影响

钢筋和混凝土之间的粘结强度,主要是由钢筋和混凝土之间的摩擦力、钢筋表面与水泥胶体的胶结力、混凝土和钢筋接触面的机械咬合力组成。中南大学防灾科学与安全技术研究所通过试验发现:火灾后钢筋和混凝土的粘结力变化取决于温度的高低、钢筋的种类、混凝土骨料的种类以及冷却的方式等条件。温度越高,粘结力降低越大;圆钢比螺纹钢筋粘结力损失大;石灰石骨料受火后比花岗石骨料受火后损失大;喷水冷却比自然冷却粘结力损失大[3]。

文献[17]对高温后钢筋与混凝土的粘结性能进行了试验研究。所用材料:水泥为42.5级普通硅酸盐水泥,细骨料为中砂,细度模数为2.15,粗骨料为石灰岩碎石,最大粒径为20 mm。高温后钢筋与混凝土的粘结性能采用钢筋拉拔的形式进行试验,混凝土试块尺寸为150 mm×150 mm×150 mm(30 个),钢筋采用φ14(Ⅱ级)钢筋。试件采用加工木模板水平浇筑,浇筑面平行于钢筋,粘结强度试验中的钢筋放置于立方体的中轴线上,保证中部粘结长度为 5 d,试件两端用稍大于钢筋外径的 PVC 套管套于钢筋外面,并埋入混凝土中,形成 5 d 无粘结区,以减少承压面的影响;将试件标准养护 28 d 后从养护室取出、拆模,放置于室温通风环境中干燥一个月,准备高温试验。

试验过程中可以观察到:当受高温温度较低时,加载初期钢筋的滑移量很小,初始滑移出现时对应的荷载也较高;在加载量即将到达极限荷载时,钢筋滑移量突然增加,试件短时间内即遭破坏。当受高温温度高,试件冷却后进行拉拔试验,在加载初期,钢筋便出现少量滑移,随着荷载的增加,滑移量不断增大,直至最终滑移破坏。高温作用对混凝土粘结强度的影响是多种多样的,主要源于三个方面:高温作用后混凝土强度的降低;钢筋与混凝土热工性能的差异;混凝土高温冷却时内外温度不同形成裂缝造成的环箍力的损失。

关于高温对钢筋与混凝土粘结性能的影响,试验研究结果表明:①高温作用后,混凝土与钢筋的粘结强度损失很大,极限滑移量随温度升高逐渐增加。200℃时,极限粘结强度与常温相比下降不多,且其应力-滑移曲线也同常温时较接近;400℃后降为常温的47.8%,600℃温度作用后,粘结强度下降至常温时的35%,而极限滑移值约为常温时的4倍。②化学胶着力和机械咬合力的下降是导致高温后钢筋与混凝土粘结性能降低的主要原因;此外钢筋与混凝土热工性能差异及混凝土的强度等因素也导致了粘结性能随温度升高而急剧下降。

基于试验数据的回归分析,高温后极限粘结应力的计算模型见式(5-17):

$$\frac{\tau_u^T}{\tau_u} = 1 - 0.07\left(\frac{T}{100}\right) - 0.008\left(\frac{T}{100}\right)^2 \quad (20℃ \leqslant T \leqslant 600℃) \tag{5-17}$$

式(5-17)中:$\tau_u^T$ 为高温后极限粘结应力(MPa);$\tau_u$ 为常温时极限粘结应力(MPa);$T$ 为火灾时的受火温度(℃)。

除此之外,文献[23]采用直径8 mm的GFRP筋和100 mm×100 mm×100 mm立方体混凝土试块组成的粘结试件,在20~190℃温度范围内选定5种工况,进行了一系列GFRP筋和混凝土之间粘结性能的试验研究。文献[24]对34组共120个混凝土棱柱体粘结试件进行了火灾高温时GFRP筋和混凝土之间粘结性能的试验研究,研究火灾环境中不同温度下FRP筋和混凝土之间粘结性能的变化以及火灾后FRP筋和混凝土之间的残余粘结性能。

## 5.6 高温后钢筋混凝土构件受力性能

基于文献[15]的研究成果,不同受力类型结构构件的高温性能归纳如下。

### 5.6.1 受弯构件的高温性能特点

建筑结构遭受火灾时,梁三面受火和板一面受火是最经常发生的工况。这种情况下,梁板截面上的温度分布很不均匀,上下面温度相差悬殊,承受正弯矩的构件为拉区高温,承受负弯矩的构件为压区高温;两者的高温承载力和变形值都有很大差异。

在恒温加载途径下,拉区高温梁因钢筋的高温屈服强度急剧下降,而极限承载力严重受损,其下降幅度与钢筋高温强度的规律一致;构件降温后钢筋的强度复原,其承载力大部分可恢复。压区高温梁因混凝土抗压强度下降,梁的内力臂减小,承载力少量下降;构件降温后混凝土抗压强度不能恢复,承载力恢复有限。

在恒载升温途径下,初始弯矩水平较高($M_u^T/M_u > 0.4$)的构件,在温度低于500℃时不会被破坏,其极限温度-承载力超过恒温加载的构件。初始弯矩水平较低($M_u^T/M_u < 0.4$)的构件,其极限温度随弯矩水平的减小而增长。

高温作用下,混凝土梁、板构件一般为受拉钢筋屈服控制的弯曲破坏形态。构件升温时的变形和高温加载时的变形(曲率、挠度)值都远大于构件的常温变形。钢筋屈服后的变形发展很快,破坏急速。卸载和降温后的残余变形大,弯折明显。构件表面弯曲裂缝的数量少,但宽度大。

混凝土梁的抗剪承载力也随温度的升高而下降,但下降幅度低于抗弯承载力的下降幅度。常温状况下属于剪切破坏的构件,在高温作用下转为弯曲破坏。梁内钢筋的保护层能在火灾发生后有效地降低钢筋温度。适当地加大保护层厚度,可提高构件的抗高温能力。过厚的保护层,可能在火灾时发生爆裂和崩脱,使钢筋裸露在高温中,反而不利。

### 5.6.2 受压构件的高温性能特点

非周边遭受高温(火)的构件,例如三面高温和相邻两面高温的构件,截面上形成不均匀且不对称的温度场,随之有不均匀、不对称的材料性能分布,以及不对称的构件受力性能。

三面高温构件的截面上有一竖向对称轴,当荷载作用在此对称轴平面内时,构件单向弯曲。当荷载作用在截面的几何中心时,构件的承载力并非最大值,且有明显的弯曲变形。只有当荷载作用点偏向低温区,才能达到构件的最大承载力,且弯曲变形很小。将此荷载的作用点称为极强中心,至截面几何中心的距离称为极强偏心距,相应的承载力称为极强承载力。显然,极强中心和极强承载力都随构件截面温度场而变化,温度升高,则极强偏心距增大,极强承载力下降。

当荷载作用点偏向低温区,且偏心距大于极强偏心距时,构件将发生低温区混凝土受压控制的小偏压破坏形态,或高温区钢筋受拉屈服控制的大偏压破坏形态,构件的变形凸向高温区,承载力随偏心距增大而较快下降。反之,当荷载的偏心距小于极强偏心距,称荷载偏向高温区,构件将发生高温区混凝土受压控制的小偏压破坏形态,或低温区钢筋受拉屈服控制的大偏压破坏形态,构件的极限变形凸向低温区,承载力随偏心距增大而较缓下降。

相邻两面高温构件的截面在 $X$ 轴和 $Y$ 轴方向都没有对称轴,在升温和加载过程中都将产生双向弯曲变形,甚至横向变形值大于竖向变形值。截面的极强中心位于低温区,距几何中心在横向和竖向都有偏心距,且随温度升高而增大。构件的承载力变化和变形方向取决于荷载偏心距与极强偏心距的比较,其规律与三面高温构件相似。

相邻两面高温构件虽然有温度和力的双向不对称作用,产生较大的双向弯曲,但截面上混凝土受损面积小,程度轻,在同样的外界温度条件和偏心荷载作用下,其承载力仍超过三面高温构件。

三面高温构件在恒温加载途径下的极限温度-承载力是不同途径下的下限值。恒载升温途径下的构件性能优于恒温加载途径,特别是当温度很高、荷载偏心距处于小偏压破坏范围内时,其极限温度-承载力明显提高。

偏压构件(包括轴压和受弯构件)在高温状况下受力性能劣化,开裂和变形增大,承载力下降。其主要原因是混凝土和钢筋在高温时材料损伤,以及截面特性不均匀、不对称所引起的附加变形。构件性能的恶化程度随温度的升高或延续而更趋严重。构件在高温下持续一段时间(以小时计),截面内部温度将继续升高,材料劣化的范围扩大,使构件的高温承载力不断下降,数值可观。构件经历高温后降至常温,其中钢筋的强度和弹性模量均可复原,而混凝土的力学性能不可恢复。因而,构件处于钢筋受拉屈服控制的大偏压或受弯破坏的范围时,常温承载力的大部分可以恢复,处于混凝土受压控制的小偏压破坏范围时,承载力不能恢复。

### 5.6.3 超静定结构的高温性能特点

建筑物遭受火灾或者其他高温冲击后,超静定混凝土结构的性能和安全性不仅取决于构件(截面)的高温性能,还在更大程度上取决于结构的内力分布及其变化过程。由于混凝土的热惰性,结构构件在高温作用下形成了截面上严重的不均匀温度场,所发生的较大弯曲变形和轴向变形受到构件内外的约束,以及材料高温性能的劣化改变了构件(截面)的刚度,都使得超静定结构出现剧烈的内力重分布过程,从而影响了结构的变形、破坏形态和极限承载力等。

钢筋混凝土超静定结构在高温作用下,比在常温下有更复杂的受力反应和显著降低的极限承载力。通过对简单的连续梁和框架试件的高温试验,可了解其高温性能的一般特点。

超静定结构在高温作用下临近破坏时,变形发展迅猛,破坏过程短促;破坏后的结构有明显的残余变形和裂缝。但其破坏过程比静定构件缓慢,有利于结构抗火。

超静定结构在高温作用下的内力重分布过程可分作 3 个阶段,各有不同的主要影响因素:

初始阶段($T=20 \sim 400℃$),混凝土的不均匀膨胀应变引起的构件弯曲变形;

升温中期 $T>400 \sim 500℃$,混凝土和钢筋的材料严重恶化,应变剧增,构件的截面刚度锐减;

首个塑性铰形成后(第三阶段),在相继出现的各个塑性铰处,其高温承载力继续下降,转角增大。

超静定结构的高温能力重分布过程的变化剧烈又复杂。各构件的截面内力不仅有数值的巨大变化,还常出现内力值的多次增减反复,甚至正负交替。有些情况下可能发生计算简图的变更。内力重分布的规律和幅度取决于结构各构件的刚度值和相互比例、初始荷载水平和升温条件等。

超静定结构在相继出现多个塑性铰后,成为一个可变机构而破坏。高温状态下的结构破坏机构的类型和形状,以及塑性铰的位置和出现次序都不同于常温结构。

混凝土构件的高温塑性铰,不仅有拉区高温铰和压区高温铰的区分,轴力较大的构件还可能形成压型塑性铰,而且铰区的范围宽,变形(转动)大。在高温持续作用下,其极限承载力将继续下降,不能保持常值。这些都与常温塑性铰有重大区别。

超静定结构的极限温度-承载力随恒载水平的提高而显著降低,随梁柱刚度比的增大(即柱的刚度减小)而下降。

梁和柱等构件在高温作用下产生较大的弯曲和轴向变形。当建筑物发生局部火灾时,高温构件必因周围常温构件的约束而产生可观的附加内力。

### 5.6.4 高温后钢筋混凝土构件试验研究与分析

下面介绍一些国内学者近几年所完成的混凝土梁、板与柱受火后的力学性能试验研究。文献[25]对 HRBF500 级钢筋混凝土梁受火后的力学性能进行了试验研究。该试验设计了 7 根足尺的细晶粒钢筋混凝土梁,截面尺寸均为 250 mm×400 mm,梁长 5 m,采用单筋矩形截面。梁纵向受力钢筋采用直径 20 mm 的 2 根或 3 根 HRBF500 级细晶粒钢筋,混凝土净保护层厚度为 30 mm;架立钢筋采用 16 mm 的 HRB400 热轧螺纹钢;箍筋为 8 mm 的 HRBF500 细晶粒钢筋,采用四边形封闭箍筋,间距 100 mm 或 200 mm。试件的基本参数见

表 5-39。在 7 根试件中,试件 JL-1、JL-2 为常温下静载试验,作为受火后的对比试件;试件 KL-1、KL-2、KL-3 配筋率相同,以模拟梁在相同条件下耐火性能随受火试件不同的变化;试件 KL-4 考虑配筋率对混凝土梁在高温后力学性能的影响;试件 KL-5 考虑预加荷载对混凝土梁耐火性能的影响。

表 5-39 试件基本参数

| 试件<br>编号 | 混凝土<br>强度等级 | 试验工况 | 预加荷载<br>/kN | 受力钢筋 | 配筋率<br>/% | 受火时间<br>/min |
|---|---|---|---|---|---|---|
| JL-1 | | 常温静载 | — | 3$\Phi^F$20 | 1.047 | — |
| JL-2 | | 常温静载 | — | 2$\Phi^F$20 | 0.698 | — |
| KL-1 | | 高温后静载 | — | 3$\Phi^F$20 | 1.047 | 60 |
| KL-2 | C30 | 高温后静载 | — | 3$\Phi^F$20 | 1.047 | 90 |
| KL-3 | | 高温后静载 | — | 3$\Phi^F$20 | 1.047 | 120 |
| KL-4 | | 高温后静载 | — | 2$\Phi^F$20 | 0.698 | 60 |
| KL-5 | | 高温后静载 | 100 | 3$\Phi^F$20 | 1.047 | 60 |

表 5-40 列出了各试件在受火后加载所得的剩余承载力,并与常温下试件的承载力进行了对比。为了方便比较,分别以对比试件 JL-1、JL-2 的承载力为 1 进行归一化处理。由表 5-40 可知,随着受火时间的增加,试件受火后剩余承载力降幅增大,受火时间分别为 60 min、90 min、120 min 的试件,其承载力相对于常温下试件的承载力降幅为 10%、16%、20%;对于低配筋率的试件 KL-4,在受火 60 min 后,剩余承载力相对于常温下降幅度为 15%;预加荷载的作用使试件承载力降幅为 21%。试件承载力降幅原因是高温作用下在试件受火面上产生大量的裂纹,使得静载破坏过程中裂缝大多数沿着温度裂缝发展。此外,还可以发现在受火时间相同的情况下,降低混凝土梁的配筋率,其承载力相对于常温下混凝土梁的承载力降低得更多。在适筋梁的范围内,配筋率越小,其受火后的剩余承载力越小。

表 5-40 试件剩余承载力

| 试件编号 | 预加荷载/kN | 受火时间/min | 承载力/kN | 归一化 |
|---|---|---|---|---|
| JL-1 | — | — | 256.20 | 1.00 |
| JL-2 | — | — | 175.60 | 1.00 |
| KL-1 | — | 60 | 230.38 | 0.90 |
| KL-2 | — | 90 | 215.99 | 0.84 |
| KL-3 | — | 120 | 206.15 | 0.80 |
| KL-4 | — | 60 | 149.53 | 0.85 |
| KL-5 | 100 | 60 | 202.90 | 0.79 |

文献[26]对一根常温和七根火灾后混凝土梁进行抗剪试验研究。梁三面受火,采用 ISO834 标准升温曲线升温 2 h,待冷却后进行试验,主要考虑了剪跨比的影响,同时对截面

尺寸、受火位置的影响进行了研究。构件设计长度为 3 600 mm,截面宽 150 mm,截面高度 300 mm 或 400 mm。配筋为:梁底和梁顶采用两根直径分别为 25 mm 和 12 mm 的 HRB335 级钢筋,箍筋采用直径为 6 mm 的 HPB235 级钢筋,间距 200 mm。受火范围为跨中 3 m 的梁底面和侧面。支座点选取在受火范围边缘,即梁两端距边缘各 300 mm 处。采用 C30 商品混凝土,保护层厚度 25 mm。经材性试验,混凝土棱柱体抗压强度为 30.1 MPa,钢筋屈服强度为 355 MPa,箍筋屈服强度为 245 MPa。试件编号 Y 表示有腹筋梁,G、C 和 D 分别代表高温、常温和倒置,300 和 400 表示截面高度,"一"后面的数字表示剪跨比。"倒置"表示火灾试验中翻过来放置,即梁顶与侧面受火。受火后混凝土梁出现竖向通长裂缝,梁底混凝土保护层出现轻微剥落,梁底 5~10 mm 之间厚度的混凝土内颜色变化明显。

加载过程中各阶段荷载值见表 5-41 所示。从表 5-41 可以看出火灾(高温)后混凝土梁的抗弯承载力明显降低,剪跨比为 2.0 时高温后其抗剪承载力下降了 23%。另外,梁顶受火形式下截面承载力下降最严重,其破坏形式为弯曲破坏,而与其剪跨比相同的梁底受火或常温下的梁发生剪切破坏。由此可见,受压区受火对构件抗弯承载力极为不利。

表 5-41 各阶段荷载值 （kN）

| 试验<br>现象 | YC300-2.0 | YG400-2.0 | YG300-1.0 | YG300-2.0 | YG300-3.0 | YG300-3.5 | YD300-2.0 | YD300-3.0 |
|---|---|---|---|---|---|---|---|---|
| 出现受<br>弯裂缝 | 80 | 30 | 40 | 40 | 30 | 40 | 60 | 55 |
| 出现细<br>斜裂缝 | 130 | 30 | 50 | 40 | 30 | 50 | | |
| 极限<br>荷载 | 292 | 298 | 314 | 230 | 180 | 152 | 115 | 100 |
| 破坏<br>模式 | 剪压 | 剪压 | 斜压 | 剪压 | 斜拉 | 斜拉 | 受弯破坏 | 受弯破坏 |

此外,根据试验结果还可以得到:①高温后混凝土梁的刚度明显降低,剪跨比为 2.0 时,常温梁(YC300-2.0)整体刚度是高温后梁(YG300-2.0)的 2.3 倍,同时高温后混凝土梁的最大挠度有所增大。②剪跨比为 1.0 时其刚度与剪跨比为 2.0~3.5 时相差较大,这表明其抗剪机制存在较大差别。剪跨比为 1.0 时力从加载点直接指向支点,剪跨比≥2.0 时其传力方式为拉压杆模型。③常温下抗剪极限承载力与有效高度成正比,刚度与有效高度立方成正比。剪跨比为 2.0 的 YG400-2.0 与 YG300-2.0 实测极限承载力之比为 1.30,刚度比为 2.64;其有效高度之比为 1.38,有效高度立方之比为 2.63。

文献[27]进行了预制空心板底面受火后力学性能的试验研究,分析底面不同受火时间后力学性能的退化规律。总共制作 7 块预制空心板试件,其中 3 块为未受火对比试件,编号为 CB1~CB3;4 块为底面受火预制空心板试件,受火时间分别为 15 min、30 min、45 min 和 60 min,升温曲线采用 ISO834 标准升温曲线,试件编号分别为 B15、B30、B45 和 B60。该试验用的预制空心板为江苏省结构构件标准图集苏 G9401《120 预应力混凝土空心板图集》中的 YKB39A-52 型号板,空心板高度为 120 mm,混凝土强度等级为

C25,冷轧带肋钢筋为 LL650。空心板预应力采用先张法施加,实际施工时单根钢筋张拉力取为 7 kN。

对比试件 CB1～CB3 在荷载增加至极限荷载的 37%～42%时,在纯弯区段靠近跨中出现第 1 条细微裂缝;随着荷载增加,纯弯段弯曲裂缝逐渐增多,最初出现的裂缝最宽,逐渐形成为主裂缝;加载至极限荷载时,伴随巨大声响预制空心板在主裂缝处突然断裂为两截,试件破坏。试件 CB1～CB3 的开裂荷载平均值为 5.3 kN,极限荷载平均值为 13.6 kN。

受火试件 B15、B30、B45 和 B60 按 ISO834 标准升温曲线升温,其受火过程的试验现象类似。升温 20s 左右时,预制空心板与炉盖接缝处开始出现少量白色烟雾;当炉内温度达到 400℃左右时,楼盖表面开始出现水蒸气,同时楼板跨中下挠明显;随着受火试件增长,板面水蒸气越来越浓,跨中下挠非常明显。从开始升温至受火结束,预制空心板板面均未出现可见裂缝。自然冷却过程中,受火预制空心板跨中挠度逐渐变小,但仍有部分残余变形。开炉后发现,预制空心板的板底水泥粉刷层大面积脱落,脱落面积与受火时间成正比;板底混凝土颜色为浅黄色,板侧混凝土变为浅紫红色,并随着受火试件变长板侧浅紫红色高度增高;除试件 B45 跨中边缘有一小块混凝土脱落外,其余受火试件均未见混凝土爆裂或脱落。

主要试验荷载值见表5-42所示。该试验得到的主要结论包括:①未受火预制空心板和受火板均发生源于跨中弯曲裂缝的弯曲破坏。②升温过程中,预制空心板跨中挠度与受火时间基本呈线性关系,受火时间越长跨中挠度越大;熄火自然冷却后跨中挠度大部分可恢复,残余挠度接近 20 mm。③随着炉内温度升高,不同受火试件预制空心板孔洞内温度均明显增加,增长趋势一致,且与炉温升高同步。④受火时间大于 15 min 时,试件开裂荷载和极限荷载均有所降低;当受火时间达到 60 min 时,试件开裂荷载和极限荷载均急剧降低。⑤与对比试件相比,受火试件的初始弯曲刚度明显降低;在相同荷载作用下,受火试件受拉边缘拉应变和受压边缘压应变均明显大于对比试件。

表 5-42　主要试验荷载值

| 试件编号 | 受火试件/min | 开裂荷载/kN | 极限荷载/kN | 极限荷载降低幅度/% |
|---|---|---|---|---|
| CB | 0 | 5.3 | 13.6 | — |
| B15 | 15 | 6.0 | 14.0 | −2.9 |
| B30 | 30 | 4.0 | 12.8 | 5.9 |
| B45 | 45 | 3.0 | 13.4 | 1.5 |
| B60 | 60 | 1.0 | 4.5 | 66.9 |

注:CB 为试件 CB1～CB3 平均值,试件 B60 极限荷载按照正常试件极限状态判定。

鉴于前面受火后混凝土承载力试验多半采用简支构件,混凝土受损部位都是构件的受拉区,这样无法全面、真实地反映构件的损伤,同时对连续构件的内力重分布的研究几乎没有涉及。文献[28]通过 5 块连续板的试验研究,对受火后板的强度、刚度和内力重分布进行分析。该试验共浇筑了 5 块混凝土两跨连续板,1 块用于常温承载力试验,4 块用于受火后承载力试验。试件跨度为 2.6 m×2 跨,宽度为 1.2 m,板厚 0.12 m。混凝土采用 C35 等级商品混凝土,混凝土配合比为水泥:砂:石子:水=1:2.24:3.09:0.54。板中受力钢筋

为 φ12 的 HPB235 钢筋,板分布筋为 φ6@200 的 HPB235 钢筋。采用水平结构构件抗火试验炉对构件进行加热。试验采用 ISO834 标准升温曲线对板进行加热,受火板的受火时间分别为 30 min、50 min、70 min、100 min,混凝土板的受火方式为单面受火。除 30 min 受火板实际受火温度最终高于标准升温曲线 200℃ 左右外,其余受火板的火灾升温曲线均与标准升温曲线吻合较好。火灾试验后受火面混凝土颜色发生变化,表面发生混凝土剥落现象,冷却后受火面混凝土出现较细密的龟裂。

1) 承载力分析

各试件的荷载值见表 5-43 所示。由表 5-43 可知,受火板的屈服荷载与极限荷载均低于常温板;随着受火时间的增加和受火温度的升高,板的承载力逐渐降低。

表 5-43  板承载力

| 试件编号 | 实测屈服荷载/kN | 实测极限荷载/kN | 极限荷载归一化 |
|---|---|---|---|
| Slab | 45 | 65 | 1 |
| Slab-30 | 21 | 38.5 | 0.59 |
| Slab-50 | 25 | 47.5 | 0.73 |
| Slab-70 | 25 | 42.5 | 0.65 |
| Slab-100 | 20 | 37.5 | 0.58 |

该文献采用修正传统法对火灾后钢筋混凝土受弯构件的剩余承载力进行了计算。由表 5-44 可知,板跨中截面极限承载力计算值与实测值较接近,受火后截面承载力降幅较小。这是由于混凝土是一种热惰性材料,跨中截面受拉区受火,位于受压区的混凝土受火灾影响程度较小。钢筋位于混凝土内部受到混凝土的保护,同时对于热轧钢筋受火后钢筋的强度有明显的恢复,低于 600℃ 时,钢筋的强度损失不到 10%,即高温对截面内受压区混凝土和受拉区钢筋影响有限。

表 5-44  板跨中截面弯矩

| 试件编号 | 跨中截面/(kN·m) | | | |
|---|---|---|---|---|
| | 弹性理论 | 实测弯矩 | 屈服弯矩 | 极限弯矩 |
| Slab | 26.41 | 31.24 | 21.69 | 30.68 |
| Slab-30 | 15.64 | 25.95 | 20.18 | 28.66 |
| Slab-50 | 19.30 | 28.73 | 20.55 | 29.06 |
| Slab-70 | 17.27 | — | 20.42 | 28.91 |
| Slab-100 | 15.23 | 28.02 | 19.93 | 28.39 |

2) 挠度分析

试验结果表明,受火板的刚度要远小于常温板的刚度。

3) 弯矩重分布

对常温板及受火板的支座截面弯矩计算见表 5-45 所示。可以看到调幅系数常温板最大,受火板的调幅系数小于常温板,随着受火时间的延长和受火温度的升高,支座截面的弯矩调幅系数逐渐下降,甚至出现反向调幅。这是因为,受火后跨中截面的受拉钢筋比支座截面的受拉钢筋受高温影响大,通常板构件配筋率较低,与常温板相比,支座截面相对于跨中截面的承载力有所提高,因此降低了弯矩调幅程度。在对受火后的受弯构件进行加固时,可以利用这一特点,对跨中部位进行加固。

表 5-45　板支座截面弯矩

| 试件编号 | 支座截面/(kN·m) | | | |
| --- | --- | --- | --- | --- |
| | 弹性理论 | 实测弯矩 | 屈服弯矩 | 弯矩调幅系数 |
| Slab | 31.69 | 22.02 | 21.69 | 0.316 |
| Slab-30 | 18.77 | 19.85 | 20.62 | −0.099 |
| Slab-50 | 23.16 | 20.67 | 21.32 | 0.108 |
| Slab-70 | 20.72 | — | 21.08 | −0.017 |
| Slab-100 | 18.28 | 19.99 | 20.57 | −0.125 |

文献[29]针对某高层建筑结构中低合金盘圆形变形钢筋混凝土楼板火灾后板底混凝土大面积脱落的情况进行检测与评估。基于 DIANA 软件对受高温损伤的楼板进行抗弯性能分析,发现板底混凝土剥落引起的楼板抗弯承载力降低幅度在 47.4%～56.9%之间,是引起楼板承载力下降的主要原因。

文献[30]对 4 块已进行过火灾下耐火试验的加固板进行了火灾后受力性能试验。研究结果表明:采用无机胶粘贴的 CFRP 布与混凝土板火灾后仍能共同工作。在该试验条件下,当 CFRP 布经历的温度低于 300℃时,火灾后 CFRP 布能够充分发挥其力学性能。

文献[31]就粗骨料类型对钢筋混凝土柱高温后力学性能的影响进行了试验研究。混凝土的强度等级按 C25 设计,粗骨料类型选用钙质和硅质,粒径为 5～20 mm,水泥采用 32.5 级的复合硅酸盐水泥,混凝土配合比为 1∶0.55∶1.75∶2.98(水泥、水、砂、石之比),28 d 抗压强度为 27.6 MPa。试件采用直径为 12 mm 的纵向受力钢筋,其屈服强度为 365 MPa,极限强度为 550 MPa。总共 8 根钢筋混凝土柱,其中 6 根为高温试验,2 根为常温对比试验,高温柱共分为 2 组,第一组 4 根柱,骨料为钙质骨料,另一组为硅质骨料。所有试验柱编号见表 5-46 所示,两种骨料混凝土柱偏心受压极限荷载的比较见表 5-47 所示。

表 5-46　大偏心($e=105$ mm)试验柱编号

| 骨料类型 | 加热方式 | 受热温度/℃ | 编号 |
| --- | --- | --- | --- |
| 钙质 | 室温 | — | C-C20 |
| | 四面加热 | 200 | C-Z200 |
| | | 400 | C-Z400 |
| | | 600 | C-Z600 |
| 硅质 | 室温 | — | S-C20 |
| | 四面加热 | 200 | S-Z200 |
| | | 400 | S-Z400 |
| | | 600 | S-Z600 |

注:"Z"表示自然冷却,"200℃"、"400℃"、"600℃"表示受热的最高温度分别为 200℃、400℃、600℃。

表 5-47  两种骨料混凝土柱偏心受压极限荷载的比较

| 参数 | 骨料类型 | 受热温度/℃ | | | |
|---|---|---|---|---|---|
| | | 常温 | 200 | 400 | 600 |
| 极限荷载/kN | 钙质 | 131 | 120 | 116 | 89 |
| | 硅质 | 128 | 112 | 103 | 92 |
| 比值 | — | 1.023 | 1.071 | 1.126 | 0.967 |

由表 5-47 可知,对于钙质和硅质骨料混凝土柱来说,随着受热温度的升高,柱的极限荷载逐渐降低。钙质骨料混凝土柱在 200℃、400℃、600℃ 的极限荷载分别是常温柱的 0.916 倍、0.885 倍、0.679 倍。硅质骨料混凝土柱在 200℃、400℃、600℃ 的极限荷载分别是常温柱的 0.875 倍、0.805 倍、0.719 倍。这说明火灾明显造成钢筋混凝土柱承载力的退化,并且由于骨料类型不同,混凝土柱承载力下降的过程及阶段也有差异。当温度超过 600℃ 时,钙质骨料混凝土柱承载力下降幅度较大。在条件相同的情况下,硅质骨料混凝土柱的极限承载力比钙质骨料混凝土柱低 10% 左右。

文献[32]对高温后钢筋混凝土柱的抗震性能开展了试验研究,共制作了四根钢筋混凝土柱模型。柱截面尺寸为 200 mm×200 mm,净高 1 200 mm;配置了 6 根直径为 12 mm 的纵向钢筋(纵筋屈服强度为 350 MPa);钢筋保护层厚度为 20~25 mm;混凝土 28 d 的立方体抗压强度为 38 MPa。试件 S-1 为对比试件,S-2 达到的最高温度为 550℃,S-3 达到的最高温度为 700℃,S-4 达到的最高温度为 850℃。试验过程中,每个模型施加 340 kN 的竖向荷载,轴向荷载由两个 30 t 的液压同步千斤顶提供。水平加载采用位移控制方式进行,钢筋屈服后每级位移循环两次,主要的试验结果见表 5-48、表 5-49 所示。

表 5-48  骨架曲线特征参数

| 试件编号 | 屈服点强度/kN | | 屈服点位移/mm | | 极限点强度/kN | | 极限点位移/mm | |
|---|---|---|---|---|---|---|---|---|
| | + | − | + | − | + | − | + | − |
| S-1 | 67.5 | −70.0 | 8.1 | −8.3 | 75.0 | −76.0 | 22.0 | −18.5 |
| S-2 | 64.0 | −66.0 | 10.2 | −11.0 | 73.0 | −75.8 | 28.0 | −29.0 |
| S-3 | 53.7 | −56.0 | 11.0 | −11.5 | 63.0 | −68.0 | 21.0 | −28.5 |
| S-4 | 47.0 | −42.0 | 11.5 | −9.3 | 55.0 | −48.0 | 28.0 | −19.0 |

表 5-49  温度对试件屈服强度、刚度和延性系数的影响

| 试件编号 | $P_y/P_{y, S-1}$ | $K_y/K_{y, S-1}$ | 延性系数 $\mu = \Delta_u/\Delta_y$ | |
|---|---|---|---|---|
| | | | + | − |
| S-1 | 1.0 | 1.0 | 2.72 | 2.23 |
| S-2 | 0.945 | 0.732 | 2.75 | 2.64 |
| S-3 | 0.798 | 0.578 | 1.91 | 2.48 |
| S-4 | 0.647 | 0.513 | 2.43 | 2.04 |

注:表中 $P_{y, S-1}$ 和 $K_{y, S-1}$ 分别代表试件 S-1 的屈服强度和屈服点割线刚度。

由表 5-48、表 5-49 可以看出,高温后试件的强度和刚度均有较大程度的降低,但刚度下降幅度更大。当炉内气体最高温度为 550℃ 时,试件的屈服强度降低约 5%,屈服点的割线刚度下降约 27%;700℃ 时,屈服强度降低 20%,屈服点的割线刚度降低 42%;850℃ 时,"名义屈服强度(钢筋没屈服)"降低 35%,屈服点的割线刚度降低 49%。同时,随着温度增加,试件的破坏形态由以钢筋先屈服,形成塑性铰后压区混凝土压碎为特征的弯曲破坏形式,转变为钢筋没有屈服,破坏以压区混凝土压碎、保护层剥落、纵筋压曲为特征的脆性破坏形式。

此外,随着温度升高,试件屈服位移有所增加。如果定义延性系数为极限位移与屈服位移之比,则所有试件的延性系数都在 2～3 之间,与温度关系不大。

该文献同时也给出了不同温度作用后试件的累积耗能。由于高温损伤导致试件的强度和刚度降低较多,从而使其总耗能量(到荷载下降到峰值承载力的 85% 为止)大幅度下降。其中,试件 S-2 的总耗能能力仅为常温试件 S-1 的 58%,试件 S-3 是试件 S-1 的 36%,试件 S-4 仅为试件 S-1 的 24%。显而易见,高温后钢筋混凝土柱耗能能力大幅度下降,对结构抗震是极为不利的。

文献[33]根据相关试验研究资料进行分析,针对一般混凝土结构的火灾损伤给出 4 个等级的评定结果。发生火灾时,当混凝土表面温度不高于 300℃,安全性能基本没有降低,级别可评为Ⅰ级,可不采取任何加固措施,只进行一定的外表面维护即可;当混凝土表面最高温度介于 300～800℃,构件极限承载能力下降不超过 10% 时,级别可评为Ⅱ级,宜采取一定的加固措施;当混凝土表面最高温度介于 800～1 000℃,构件极限承载能力下降不超过 20% 时,级别可评为Ⅲ级,应尽快采取加固措施;当混凝土表面最高温度大于 1 000℃,构件极限承载力下降幅度较大,基本都超过 20%,级别可评定为Ⅳ级,必须立即采取加固措施。

以上内容对于混凝土结构中的钢筋、混凝土以及整个构件受火后的受力性能进行了较为详细的综述与介绍,这些研究成果对于指导工程结构受火后的现场调查与鉴定工作非常有意义和指导作用。但是,对于遭受火灾后的钢筋混凝土结构,要做出准确可靠地诊断结论,仅仅依靠表面的调查记录有时是远远不够的。因此,在初步调查之后还不能得出结论时应该进行复测,对现场的主要结构构件进行必要的检测,进一步确定受损程度和残余强度。检测的方法包括回弹法、超声波法、取芯法、综合法等;主要检测方面有:混凝土构件的烧伤深度、裂缝宽度和深度、裂缝的数量和分布特征、混凝土剥落部位与范围的量测、混凝土强度、钢筋外露情况的检测、钢筋的强度、构件的挠度和变形等。有时候还需要进行现场的荷载试验和一些构件的现场试验,以测定构件的剩余承载力[3]。

## 5.7　高温对砌体结构构件受力性能的影响

在火灾事故中,砖混结构遭受火灾事故的比例也很大。砖砌体受到较高的火灾温度作用时,砌体中的砂浆和砖的强度将降低,从而降低了砌体的强度,影响砖混结构的承载能力。为了评估火灾后砖砌体承载力的损失,文献[34]对火灾后砖和砂浆的强度变化进行了试验研究。

1) 试验简介

标准黏土砖的强度大于 7.5 MPa。砂浆的强度有 M2.5、M5.0、M7.5、M10 四种,砂浆试件采用边长为 70.7 mm 的立方体试块。黄砂为粗砂,水泥为普通 425♯硅酸盐水泥,砂浆试块采用机械振动成型。火灾前和火灾后砖和砂浆试块强度均按相关标准规定的方法确定。砖的模拟火灾温度为 3 种,砂浆模拟火灾温度为 9 种。模拟火灾前和火灾后砂浆和砖抗压强度的实测结果见表 5-50 所示。

**表 5-50　火灾前和火灾后砂浆、砖抗压强度实测值**

| 砂浆、砖火灾前材性 /MPa | 砂浆、砖火灾后测试结果/MPa | | | | | | | | | | 备注 |
|---|---|---|---|---|---|---|---|---|---|---|---|
| | 序号 | 1 | 2 | 3 | 4 | 5 | 6 | 7 | 8 | 9 | |
| | 火灾温度/℃ | 464 | 596 | 688 | 700 | 783 | 822 | 857 | 875 | 898 | |
| 砂浆 M5.0 实际强度 5.4 | 自然冷却 | 6.14 | 4.80 | 4.45 | 4.40 | 3.85 | 3.30 | 2.40 | 2.30 | 2.20 | |
| | 喷水冷却 | 5.62 | 4.60 | 3.93 | 3.86 | 3.20 | 2.80 | 2.40 | 2.51 | 1.70 | |
| 砂浆 M6.0 实际强度 6.2 | 自然冷却 | 6.0 | 5.51 | 5.10 | 5.00 | 4.19 | 3.80 | 2.75 | 2.64 | 2.52 | 30 min 喷水冷却 |
| 砂浆 M7.5 实际强度 9.2 | 自然冷却 | 9.10 | 7.89 | 6.90 | 6.70 | 6.53 | 6.50 | 6.40 | 6.40 | 6.30 | |
| 砂浆 M10 实际强度 11.4 | 自然冷却 | 11.10 | 8.80 | 8.40 | 8.25 | 8.10 | 7.55 | 7.00 | 6.70 | 6.50 | 30 min 喷水冷却 |
| 砖 MU20 实际强度 18.0 | 自然冷却 | | | | | | 18.25 | | 17.04 | 15.13 | |
| | 喷水冷却 | | | | | | | | 19.50 | | |

2) 测试结果分析

(1) 砂浆的抗压强度

砂浆的抗压强度是随着砂浆内部温度的升高而呈线性降低。砂浆强度低的和砂浆强度高的降低的速度基本相同,同时喷水冷却要比自然冷却的降低 17% 左右。为了便于应用,给出了常用四种砂浆强度等级遭火灾后的强度降低系数(表 5-51)。如果火灾时砌体的冷却是消防喷水冷却的,则表中系数还要乘以 0.83 的折减系数。砂浆的强度乘以火灾后强度降低系数,得到砂浆立方体试块的残余抗压强度。

**表 5-51　火灾温度与砂浆立方体试块抗压强度折减系数**

| 序号 | 1 | 2 | 3 | 4 | 5 | 6 | 7 | 8 | 9 | 10 |
|---|---|---|---|---|---|---|---|---|---|---|
| 温度/℃ | 464 | 596 | 688 | 700 | 783 | 822 | 857 | 875 | 898 | 986 |
| M2.5 | 1.65 | 1.00 | 0.88 | 0.67 | 0.57 | 0.27 | 0 | 0 | 0 | 0 |
| M5.0 | 1.05 | 0.82 | 0.77 | 0.75 | 0.66 | 0.55 | 0.46 | 0.43 | 0.38 | 0 |
| M7.5 | 1.01 | 0.87 | 0.83 | 0.78 | 0.74 | 0.67 | 0.63 | 0.61 | 0.59 | 0 |
| M10 | 0.97 | 0.85 | 0.82 | 0.78 | 0.71 | 0.68 | 0.66 | 0.65 | 0.63 | 0 |

(2) 黏土砖的抗压强度

黏土砖是一种较耐高温的材料,砖刚烧出的温度达 900℃。该项目模拟火灾试验做了 898℃、986℃ 两种温度。MU18 砖试验结果:898℃ 时抗压强度比未火烧的下降 5%,

986℃时抗压强度下降16%。砖与水泥砂浆相比,砖比较耐高温。建议在火灾工程中,当测定火灾温度低于900℃时,不考虑砖抗压强度的折减。当火灾温度大于900℃时,自然冷却的MU20砖的抗压强度折减系数取0.25;消防喷水的MU20砖的抗压强度折减系数取0.20。

3) 火灾后无筋砖砌体中砖和砂浆抗压强度折减系数的确定

根据试验结果,不同火灾温度下,在厚度10 mm处的砂浆内部温度见表5-52所示,在标准火灾温度作用下的砖和砂浆试件的抗压强度与火灾工程中砖砌体本身的砂浆和砖的抗压强度有关,而且还有尺寸效应的问题。在模拟火灾温度试验时,因为砌体尺寸较小,可以认为同一种温度下砌体内部相同位置温度是均匀的。在既有砖混结构中,砌体中砖尺寸一般为240 mm×115 mm×53 mm,砂浆粉刷层厚度一般为10 mm。当火灾发生时,砌体一般一面受火,有时也两面受火。砌体内部温度是外面高,越往里面越低,这与钢筋混凝土梁、板、柱内部温度的变化规律是相同的。该文献根据试验结果,并参考国内外有关资料,认为当水泥砂浆温度在317℃以上时对砂浆抗压强度有影响,低于317℃的水泥砂浆温度对抗压强度无影响;最后给出了火灾后240 mm砖砌体中水泥砂浆和黏土砖抗压强度折减系数(表5-53)。

表5-52 砂浆M5.4火灾作用时内部实测温度

| 序　号 | 1 | 2 | 3 | 4 | 5 | 6 | 7 | 8 | 9 | 10 | 11 |
|---|---|---|---|---|---|---|---|---|---|---|---|
| 火灾温度/℃ | 464 | 596 | 688 | 700 | 783 | 822 | 857 | 875 | 898 | 925 | 986 |
| 10 mm处温度/℃ | 22 | 107 | 166 | 232 | 293 | 378 | 436 | 471 | 526 | 602 | 780 |

表5-53 火灾后240 mm砖砌体中水泥砂浆和黏土砖抗压强度折减系数

| 序　号 | 火灾温度/℃ | 水泥砂浆折减系数 | | 黏土砖折减系数 | |
|---|---|---|---|---|---|
| | | 一面受火 | 两面受火 | 一面受火 | 两面受火 |
| 1 | 500～700 | 1.00 | 1.00 | 1.00 | 1.00 |
| 2 | 750～850 | 1.00 | 0.95 | 1.00 | 1.00 |
| 3 | 870～900 | 0.94 | 0.88 | 0.97 | 0.94 |
| 4 | 925～1 000 | 0.93 | 0.86 | 0.92 | 0.84 |

注:当遇到消防喷水冷却的砖砌体,表中砂浆系数减去0.08,黏土砖系数不变。

# 5.8　火灾后混凝土构件的耐久性问题

火灾对混凝土结构的安全性和适用性带来了严重的危害,同时对其耐久性造成的危害也不可忽视。过去一段时间,人们常常最关心的火灾后结构的残余强度与承载力是否满足正常的使用要求。不少混凝土结构在火灾中没有受到致命的毁坏,灾后进行简单的加固和维护措施后便可重新投入使用,但往往若干年后结构就发生了严重的耐久性问题,直到结构不得不在其设计使用期限内提前报废。具体的耐久性问题体现在下列几个方面[35]。

## 5.8.1　火灾引起的氯离子侵蚀问题

火灾引起的高温严重地影响了混凝土抵抗有害介质侵蚀的能力,使得氯离子在混凝土中扩散系数急剧升高。建筑物中包含的PVC材料高温分解物是威胁混凝土结构耐久性的外界因素。随着聚氯乙烯树脂材料越来越多地出现在普通工业与民用建筑中,由此发生的火灾烟雾中也越来越多地包含了氯离子成分。相应的,火灾后混凝土结构的耐久性能受到了很大影响。

聚氯乙烯树脂在高温下的化学反应是:

$$(CH_2CHCl)_n + O_2 \xrightarrow{\text{高温(有氧)}} CO_2 \uparrow + HCl \uparrow + H_2O \uparrow$$

$$(CH_2CHCl)_n \xrightarrow{\text{高温(缺氧)}} C_2H_2 \uparrow + HCl \uparrow$$

一定高温(200~300℃)下,PVC 材料迅速完全分解产生 HCl 气体。HCl 气体在高温条件下非常容易和混凝土结合,致使火灾结束后混凝土构件表层中(0~5 mm)含有大量的氯离子。这部分氯离子在火灾结束后将随时间向混凝土内部扩散,到达混凝土内部钢筋表面后加速了钢筋的锈蚀过程,严重影响混凝土结构的耐久性。

### 5.8.2 火灾引起的混凝土中性化

混凝土材料本身的性质在受到高温影响后会发生变化。众所周知,混凝土材料本身具有弱碱性(pH=13 左右),含有高碱性胶凝材料 $Ca(OH)_2$。碱性环境可以使钢筋表面生成钝化膜,它是致密的,可保护钢筋不被腐蚀。然而 $Ca(OH)_2$ 在温度达到 400℃时就开始分解,到了 500℃时其分解就基本完毕,$Ca(OH)_2$ 胶体分解的化学反应可以表示如下:

$$Ca(OH)_2 \xrightarrow{\text{高温}} CaO + H_2O \uparrow$$

反应产生的水由于高温以蒸汽的形式排出。

火灾中产生的各种酸性气体降低了混凝土的碱性。现代的建筑中所包含的各种可燃物质,其燃烧产生的酸性气体都将对混凝土的碱性造成威胁。已有研究成果表明:在 400~500℃这个温度区间内混凝土内部的 $Ca(OH)_2$ 胶体大量地向中性盐(如 $CaCO_3$)转化,从而导致了混凝土的中性化。混凝土中 pH 值低于 9.5 时,钢筋表面的钝化膜就会遭到破坏。

### 5.8.3 火灾对混凝土结构耐久性的其他影响

1) 火灾引起混凝土的硫化物侵蚀

工业与民用建筑中或多或少都有含硫的物质存在。这些物质基本属于可燃物,在火灾中被引燃后将释放大量的 $SO_2$ 气体。在火灾的高温下,混凝土内部的水分由于受热向表层渗透,因此,混凝土构件表面相对潮湿,温度也相对较低。这样就有利于 $SO_2$ 和火灾条件下混凝土表层中的 CaO 或者 $Ca(OH)_2$ 以及水化铝酸钙胶体 $C_3A$ 反应生成水合硫铝酸钙晶体(膨胀率达 150%)或者石膏晶体(膨胀率达 124%)。在任何地方,只要这些新生成的晶体没有足够的自由发展空间,就将产生破坏力,这种破坏力将使水泥石出现裂缝。这种裂缝的开展是一个相对缓慢的过程,在火灾发生若干年后,混凝土内部的膨胀晶体得到了充分的发育,结构才发生开裂的现象,这对结构的耐久性能将造成一定的影响。

2) $CO_3^{2-}$ 和 $SO_4^{2-}$ 加剧氯离子在混凝土中的扩散

众所周知,氯离子给混凝土耐久性带来严重的危害,自由氯离子在混凝土中的扩散将催化钢筋的锈蚀过程。相关研究结果表明,混凝土中的组分对氯离子有固化的作用,也就是说,氯离子在向混凝土内部扩散的同时有一部分自由氯离子被 $C_3A$ 胶体所固化,形成单氯铝酸钙 $3CaO \cdot Al_2O_3 \cdot CaCl_2 \cdot 10H_2O$(Friedel 盐),这在一定程度上降低了该区域自由氯离子的含量,从而减缓了自由氯离子向混凝土内部钢筋扩散的速率。而火灾引入的碳化物和硫化物却将 Friedel 盐中的固化氯离子置换出来,这就相当于弱化了混凝土固化氯离子的能力,反而加剧了自由氯离子在混凝土中的扩散。

3) 火灾导致的混凝土裂缝影响结构耐久性

混凝土在火灾过程中的温度突变不可避免地导致裂缝产生和扩展。这些裂缝包括横向裂缝和纵向裂缝,纵向裂缝对于结构的耐久性尤为不利。裂缝对混凝土结构耐久性的影响应该根据结构的使用环境有所区别:对于普通使用环境中的混凝土结构,裂缝对结构的耐久性影响不是特别明显,最大裂缝允许宽度由结构正常使用性能状态决定;而对于处于腐蚀环境中的混凝土结构,应该严格按照混凝土结构耐久性设计要求控制裂缝宽度,避免使裂缝成为有害介质侵蚀混凝土的快速通道。

# 5.9 火灾后建筑结构鉴定方法

火灾后结构鉴定一般是为评估火灾后结构可靠性而进行的检测鉴定工作。在工程实践中,除了掌握上述火灾后材料及结构构件受力性能的理论和试验研究成果外,目前主要依据现行的《火灾后建筑结构鉴定标准》[36](CECS 252:2009)。该标准适用于工业与民用建筑中混凝土结构、钢结构、砌体结构火灾后的结构检测鉴定,以火灾后建筑结构构件的安全性鉴定为主。

## 5.9.1 基本规定

建筑物发生火灾后应及时对建筑结构进行检测鉴定,检测人员应到现场调查所有过火房间和整体建筑物,目的是为了掌握火灾信息(火场物品分布及损伤状况;物品的变形、可燃物或残渣数量、分布等),以便全面准确地推断火灾参数。有些结构表面火灾后会随时间变化的,例如混凝土火灾后 200~500℃ 表面随时间发生变化,时间长了就看不清楚了。另外,为防止火灾后结构延迟倒塌发生,造成次生灾害,结构鉴定应在火灾后尽快进行;对于确认有塌落风险的建筑物,应采取设置警戒、及时拆除、支承加固等防护措施。进行结构现状鉴定检测、调查应在保障安全的前提下进行,必要时应采取专门的安全措施。

建筑结构火灾后的鉴定程序可按图 5-2 执行,根据结构鉴定的需要,可分为初步鉴定和详细鉴定两阶段进行。

1) 初步鉴定应包括下列内容:

(1) 现场初步调查。现场勘察火灾残留状况;观察结构损伤严重程度;了解火灾过程;制定检测方案。

(2) 火作用调查。根据火灾过程、火场残留物状况初步判断结构所受的温度范围和作用时间。

(3) 查阅分析文件资料。查阅火灾报告(通常由消防部门提供的)、结构设计和竣工等资料,并进行核实。对结构所能承受火灾作用的能力作出初步判断。

(4) 结构观察检测、构件初步鉴定评级。根据结构构件损伤状态特征,按《火灾后建筑结构鉴定标准》中设定的评级标准进行结构构件的初步鉴定评级。

(5) 编制鉴定报告或准备详细检测鉴定。对于损伤等级为 $II_b$ 级、III 级的重要结构构件,应进行详细鉴定评级;对不需要进行详细检测鉴定的结构,可根据初步鉴定结果直接编制鉴定报告。

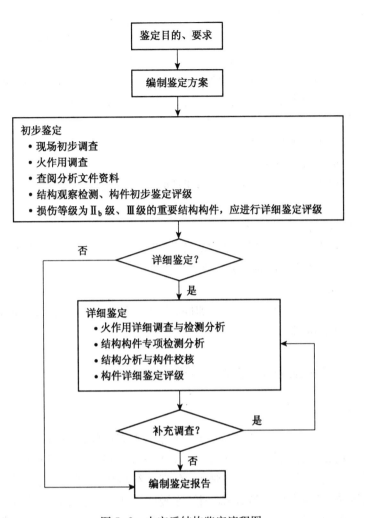

图 5-2　火灾后结构鉴定流程图

2) 详细鉴定应包括下列内容：

（1）火作用详细调查与检测分析。根据火灾荷载密度、可燃物特性、燃烧环境、燃烧条件、燃烧规律，分析区域火灾温度-时间曲线，并与初步判断相结合，提出用于详细检测鉴定的各区域的火灾温度—时间曲线；也可以根据材料微观特征判断受火温度。

（2）结构构件专项检测分析。根据详细鉴定的需要作受火与未受火结构的材质性能、结构变形、节点连接、结构构件承载能力等专项检测分析。

（3）结构分析与构件校核。根据受火结构的材质特性、几何参数、受力特征进行结构分析计算和构件校核分析，确定结构的安全性和可靠性。

（4）构件详细鉴定评级。根据结构分析计算和构件校核分析结果，按《火灾后建筑结构鉴定标准》中设定的评级标准进行结构构件的详细鉴定评级。

（5）编制详细检测鉴定报告。对需要再作补充检测的项目，待补充检测完成后再编制最终鉴定报告。

需要强调的是，对于混凝土结构和砌体结构，应详细检测构件的破坏、破损、裂缝、变形、颜色、混凝土碳化、敲击声音等,必要时应抽样检验混凝土、钢筋材料的力学性能、微观组织及化学成分的变化。对于钢结构,应详细检测构件的防火保护层、油漆、表面颜色、结构偏差变形、节点连接损伤等。必要时应抽样检验钢材和连接材料的力学性能、微观组织及化学成分的变化。对结构整体应进行结构变形及轮廓尺寸复核检测,包括:整体位移、侧移或挠曲变形,必要时还应进行结构构件几何尺寸的校核检验。检查检测结果记录应详细、完整,宜绘制描述损伤的图标,并应有照片或其他影像记录资料。

3) 鉴定报告应包括下列内容:

(1) 建筑、结构和火灾概况。

火灾概况叙述的主要内容应包括:起火时间、主要可燃物、燃烧特点和持续时间、灭火方法和手段等。

(2) 鉴定目的、内容、范围和依据。

(3) 调查、检测、分析的结果(包括火灾作用和火灾影响调查与检测分析结果)。

(4) 结构构件烧灼损伤后的评定等级。

(5) 结论与建议。

如果需要采取措施时,应提出修复、加固、更换或拆除的具体建议;如果可以继续使用时,应提出维护、修复和使用要求。

(6) 附件。

附件包括相关照片、材质检测报告、证据资料等。

### 5.9.2 调查和检测

1) 一般规定

火灾后建筑结构鉴定调查和检测的内容应包括火灾影响区域调查与确定、火场温度过程及温度分布推定、结构内部温度推定、结构现状检查与检测。针对具体项目,可根据结构特点、火灾规模、燃烧和灭火信息掌握情况,在满足结构鉴定评估要求条件下,简化有关内容。火灾影响区域,是指火场区域、高温烟气弥漫区域和不可忽略的温度应力作用区域的总称。可能发生的火灾损坏(高温烧灼所致的结构材料劣化损坏和温度应力所致的结构或构件变形开裂损坏)均应分布在火灾影响区域范围。火场温度过程及温度分布,是指随着火灾引燃、蔓延、熄灭的过程所发生的温度升降变化过程和结构表面受热温度的宏观分布。调查火场温度过程是为了分析结构温度应力或变形的传播规律和特点;调查温度分布是为了宏观上判定不同区域结构相对的烧灼损伤程度。

火灾作用对结构可能造成的损坏,有直接烧灼损坏和温度应力作用损坏两个主要方面,直接烧灼损坏一般局限于火场和高温烟气弥漫区域的结构,但温度应力作用可能遍及整个建筑物。因此,建筑结构火灾后鉴定调查和检测的对象应当是整个建筑物结构,或者是结构系统相对独立的部分结构。但是,有些建筑物,特别是采用砌体或其他耐火墙体材料分隔的小房间建筑,火灾可能仅在少数房间范围、短时间发生,火灾温度应力作用影响有限。此时,经初步调查确认受损范围仅发生在有限区域时,允许仅将火灾影响区域范围内的结构或构件列为鉴定对象。

2) 火灾作用调查

火灾中结构受热温度由于受到多种因素影响,任何一种推断方法都存在局限性,为较准确地推断结构受热温度,应采用多种方法,即根据火灾调查、结构表观状况、火场残留物状况及可燃物特性、通风条件、灭火过程等综合分析推断,互相补充印证。其中,以结构材料微观分析的方法判断结构受火温度较为直接、可靠,所以对于重要烧损结构,必须要有这种方法参与推断。

火场温度过程可根据火荷载密度、可燃物特性、受火墙体及楼盖的热传导性、通风条件及灭火过程等按燃烧规律推断;必要时可采用模拟燃烧试验确定。

构件表面曾经达到的温度及作用范围可根据火场残留物熔化、变形、燃烧、烧损程度等,按照表 5-54 推断。

表 5-54-1　玻璃、金属材料、塑料的变态温度

| 分类 | 名　称 | 代表制品 | 形　态 | 温度/℃ |
|---|---|---|---|---|
| 玻璃 | 模制玻璃 | 玻璃砖、缸、杯、瓶,玻璃装饰物 | 软化或粘着 | 700～750 |
| | | | 变圆 | 750 |
| | | | 流动 | 800 |
| | 片状玻璃 | 门窗玻璃、玻璃板、增强玻璃 | 软化或粘着 | 700～750 |
| | | | 变圆 | 800 |
| | | | 流动 | 850 |
| 金属材料 | 铅 | 铅管、蓄电池、玩具等 | 锐边变圆,有滴状物 | 300～350 |
| | 锌 | 锚固件、镀锌材料 | 有滴状物形成 | 400 |
| | 铝及其合金 | 机械部件、门窗及配件、支架、装饰材料、厨房用具 | 有滴状物形成 | 650 |
| | 银 | 装饰物、餐具、银币 | 锐边变圆,有滴状物 | 950 |
| | 黄铜 | 门拉手、锁、小五金等 | 锐边变圆,有滴状物 | 950 |
| | 青铜 | 窗框、装饰物 | 锐边变圆,有滴状物 | 1 000 |
| | 紫铜 | 电线、铜币 | 方角变圆,有滴状物 | 1 100 |
| | 铸铁 | 管子、暖气片、机器支座等 | 有滴状物形成 | 1 100～1 200 |
| | 低碳钢 | 管子、家具、支架等 | 扭曲变形 | ＞700 |
| 建筑塑料 | 聚乙烯 | 地面、壁纸等 | 软化 | 50～100 |
| | 聚丙烯 | 装饰材料、涂料 | 软化 | 60～95 |
| | 聚苯乙烯 | 防热材料 | 软化 | 60～100 |
| | 硅 | 防水材料 | 软化 | 200～215 |
| | 氟化塑料 | 配管 | 软化 | 150～290 |
| | 聚酯树脂 | 地面材料 | 软化 | 120～230 |
| | 聚氨酯 | 防水、防热材料、涂料 | 软化 | 90～120 |
| | 环氧树脂 | 地面材料、涂料 | 软化 | 95～290 |

表 5-54-2　部分材料燃点

| 材料名称 | 燃点温度/℃ | 材料名称 | 燃点温度/℃ |
|---|---|---|---|
| 木材 | 240～270 | 聚氯乙烯 | 454 |
| 纸 | 130 | 粘胶纤维 | 235 |
| 棉花 | 150 | 涤纶纤维 | 390 |
| 棉布 | 200 | 橡胶 | 130 |
| 麻绒 | 150 | 尼龙 | 424 |
| 酚醛树脂 | 571 | 聚四氟乙烯 | 550 |
| 聚乙烯 | 342 | 乙烯丙烯共聚 | 454 |

表 5-54-3　油漆烧损状况

| 温度/℃ | | <100 | 100～300 | 300～600 | >600 |
|---|---|---|---|---|---|
| 烧损状况 | 一般油漆 | 表面附着黑烟 | 有裂缝和脱皮 | 变黑、脱落 | 烧光 |
| | 防锈油漆 | 完好 | 完好 | 变色 | 烧光 |

　　火灾中直接受火烧灼的混凝土结构构件表面曾经达到的温度及范围可根据混凝土表面颜色、裂损剥落、锤击反应等,按照表 5-55 推断。应当注意,由于混凝土原材料的不同、构件尺寸大小不同,受火后搁置时间的影响等,有关特征可能会存在差异,检测时应注意与未受灾的同类构件进行对比判断。

表 5-55　混凝土表面颜色、裂损剥落、锤击反应与温度的关系

| 温度/℃ | <200 | 300～500 | 500～700 | 700～800 | >800 |
|---|---|---|---|---|---|
| 颜色 | 灰青,正常 | 浅灰,略带粉红 | 浅灰白,显浅红 | 灰白,显浅黄 | 浅黄色 |
| 爆裂、剥落 | 无 | 局部粉刷层 | 角部混凝土 | 大面积 | 酥松,大面积剥落 |
| 开裂 | 无 | 微细裂缝 | 角部出现裂缝 | 较多裂缝 | 贯穿裂缝 |
| 锤击反应 | 声音响亮,表面不留痕迹 | 较响亮,表面留下较明显痕迹 | 声音较闷,混凝土粉碎和塌落,留下痕迹 | 声音发闷,混凝土粉碎和塌落 | 声音发哑,混凝土严重脱落 |

　　火灾后混凝土结构构件内部截面曾经达到的温度,可根据当量标准升温时间 $t_e$ 按《火灾后建筑结构鉴定标准》中附录 E 推断。当量标准升温时间 $t_e$ 按下列规定取值:

　　(1) 若曾经发生猛烈燃烧大火且主要可燃物为纤维类物品时,当量标准升温时间 $t_e$ 可根据火灾调查和火荷载密度及通风条件按《火灾后建筑结构鉴定标准》中附录 C 推断。

　　(2) 若未曾发生猛烈大火时,当量标准升温时间 $t_e$ 可根据构件表面温度按式(5-18)推断。

$$t_e = \exp\left(\frac{T}{204}\right) \tag{5-18}$$

　　式(5-18)中:T 为构件的表面温度(℃)。

（3）对于直接受火的钢筋混凝土板,可根据构件表面颜色、裂损状况、锤击声音等特征,按照表 5-56 确定当量标准升温时间 $t_e$。

表 5-56　标准耐火试验中混凝土构件的颜色及外观特征

| 当量标准升温时间 $t_e$/min | 炉温/℃ | 外观特征 | | | | 锤击声音 |
| --- | --- | --- | --- | --- | --- | --- |
| | | 颜色 | 表面裂纹 | 疏松脱落 | 露筋 | |
| 20 | 790 | 浅灰白,略显黄色 | 有少许细裂纹 | 无 | 无 | 响亮 |
| 20～30 | 790～863 | 浅灰白,略显浅黄色 | 有较多细裂纹 | 表面疏松,棱角处有轻度脱落 | 无 | 较响亮 |
| 30～45 | 863～910 | 灰白,显浅黄色 | 有较多细裂纹并伴有少量贯穿裂纹 | 表面起鼓,棱角处轻度脱落,部分石子石灰化 | 无 | 沉闷 |
| 45～60 | 910～944 | 浅黄色 | 贯穿裂纹增多 | 表面起鼓,棱角处脱落较严重 | 无 | 声哑 |
| 60～75 | 944～972 | 浅黄色 | 贯穿裂纹增多 | 表面起鼓,棱角处严重脱落 | 露筋 | 声哑 |
| 75～90 | 972～1 001 | 浅黄显白色 | 贯穿裂纹增多 | 表面严重脱落,棱角处露筋 | 露筋 | 声哑 |
| 100 | 1 026 | 浅黄显白色 | 贯穿裂纹增多 | 表面全部脱落,棱角处严重露筋 | 严重露筋 | 声哑 |

火灾后混凝土结构构件截面内部曾经达到的温度,也可根据混凝土材料微观分析结果按照表 5-57 推断。根据其烧损的不同程度分别采集各种混凝土试样,并进行 X 衍射分析或电子显微镜分析,观察混凝土样品显微结构特征,并对照表 5-57-1 和表 5-57-2 中的混凝土微观物相特征。根据其特征温度,可以推定相应的火灾温度和混凝土构件表面烧灼温度。

表 5-57-1　X 衍射分析

| 物相特征 | 特征温度/℃ |
| --- | --- |
| 水化物基本正常 | <300 |
| 水泥水化产物水化铝酸三钙脱水 | 280～330 |
| 水泥水化产物氢氧化钙脱水 $Ca(OH)_2 \longrightarrow CaO + H_2O$ | 580 |
| 砂石中 $\alpha$-石英发生变相 $\alpha\text{-}SiO_2 \longrightarrow \beta\text{-}SiO_2$ | 570 |
| 骨料中白云石分解 $CaMg(CO_3)_2 \longrightarrow CaCO_3 + MgO + CO_2 \uparrow$ | 720～740 |
| 骨料中方解石及水泥石炭化生成物分解 $CaCO_3 \longrightarrow CaO + CO_2 \uparrow$ | 900 |

表 5-57-2 电镜分析

| 物相特征 | 特征温度/℃ |
|---|---|
| 物相基本正常 | <300 |
| 方解石集料表面光滑、平整,水泥浆体密集、连续性好 | 280～350 |
| 石英晶体完整,水泥浆体中水化产物氢氧化钙脱水,浆体开始发现酥松,但仍较紧密,连续性好,氢氧化钙晶型缺损、有裂纹 | 550～650 |
| 水泥浆体已脱水,收缩成为酥松体,氢氧化钙脱水、分解,有少量 CaO 生成,并吸收空气中水分产生膨胀 | 650～700 |
| 水泥浆体脱水,收缩成团块、板块状,有 CaO 生成,并吸收空气中水分,内部互相破坏 | 700～760 |
| 浆体脱水,生成 CaO,成为团聚体,浆体酥松、孔隙大 | 760～800 |
| 水泥浆体成为不连续团块,孔隙很大,CaO 增加 | 800～850 |

X 衍射分析和电镜观测都是在微观领域中对火灾后混凝土构件进行分析。X 射线衍射分析首先解决待测物的物相组成,并由此推知混凝土中各种成分的原始状况,经历过哪些变化。混凝土中的各种原始材料以及水泥水化产物、碳化产物等都能在火灾中发生各种变化,其热致相变(脱水、分解、高温相反应等)常需要一定的温度,火灾后各种相变产物的检出都可以对混凝土的灼烧温度提供依据。扫描电镜观测分析也是近几十年发展起来的现代化手段,它着眼于待测物的显微形貌,可放大到十万倍,比普通光学显微镜的分辨率高得多。当用于火灾后混凝土构件分析时,用电镜分析获得的各种物相显微形貌变化,如 CSH 凝胶的干缩、产生微裂纹,各种水化产物的变化等与物相组成分析配合,可以从混凝土材质的微观结构变化中找出混凝土强度及混凝土破坏的实质。X 射线衍射分析和电镜观测都采用分层切片分析试验。分层切片的厚度视构件火灾损伤状况而定,如果截面温度场或火灾损伤梯度较大,切片厚度宜小,目前的切片厚度一般在 5～10 mm 之间。

### 5.9.3 结构现状检测

结构现状检测应包括下列全部或部分内容:①结构烧灼损伤状况检查;②温度作用损伤或损坏检查;③结构材料性能检测。

对直接暴露于火焰或高温烟气的结构构件,应全数检查烧灼损伤部位;对于一般构件可采用外观目测、锤击回声、探针、开挖探槽(孔)等手段检查;对于重要结构构件或连接,必要时可通过材料微观结构分析判断。对承受温度应力作用的结构构件及连接节点,应检查变形、裂损状况;对于不便观察或仅通过观察难以发现问题的结构构件,可辅以温度作用应力分析判断。

此外,当火灾后结构材料的性能可能发生明显改变时,应通过抽样检验或模拟试验确定材料性能指标。对于烧灼程度特征明显,材料性能对建筑物结构性能影响敏感程度较低,且火灾前材料性能明确,可根据温度场推定结构材料的性能指标,并宜通过取样检验修正。

### 5.9.4 火灾后结构分析与构件校核

火灾后结构分析应包括以下内容:①火灾过程中的结构分析,应针对不同的结构或构件(包括节点连接),考虑火灾过程中的最不利温度条件和结构实际作用荷载组合,进行结构分析与构件校核;②火灾后的结构分析,应考虑火灾后结构残余状态的材料力学性能、连接状态、结构几何形状变化和构件的变形和损伤等进行结构分析与构件校核。其中,第①类分析的目的是判断火灾过程中的温度应力对结构造成的损伤或潜在损伤,之所以要针对不同的构件分别进行分析,主要是考虑火灾发生燃烧的顺序、升温、降温过程,会对不同的结构产生不同时点的极值影响。第②类分析的目的是判断结构火灾后能否继续投入使用。

结构内力分析可根据结构概念和解决工程问题的需要,在满足安全的条件下进行合理的简化。当局部火灾未造成整体结构明显变位、损伤及裂缝时,可仅考虑局部作用。对于支座没有明显变位的连续结构(板、梁、框架等)可不考虑支座变位的影响。

火灾后结构构件强度验算应根据构件材质、尺寸、实际荷载状态和设计状态并考虑火灾造成的残余变形、残余应力及材质性能衰减等因素进行验算。对于烧灼严重、变形明显等损伤严重的结构构件,必要时应采用更精确的计算模型进行分析。对于重要的结构构件,宜通过试验检验分析确定。在进行钢构件强度分析时,应考虑由于火灾作用造成钢构件局部变化带来的影响,以及火灾作用造成连接螺栓的连接强度下降等的影响。

### 5.9.5 火灾后结构构件鉴定评级

1)一般规定

火灾后结构构件的鉴定评级分初步鉴定评级和详细鉴定评级两级进行,这是筛选法的具体应用。初步鉴定评级的内容较具直观性,易测,又容易掌握。如遇到火灾燃烧物少、燃烧时间短的小火灾,初步鉴定评级评定火灾损伤状态为Ⅱ$_a$级的,则可不必进行第二级详细鉴定评级。在实际鉴定评级操作中,应该将两级鉴定评级要求紧密地结合起来,使火灾后结构宏观损伤与剩余承载力两组鉴定内容起到互为校核的作用。

(1)火灾后结构构件的初步鉴定评级,应根据构件烧灼损伤、变形、开裂(或断裂)程度按下列标准评定损伤状态等级:

Ⅱ$_a$级——轻微或未直接遭受烧灼作用,结构材料及结构性能未受或仅受轻微影响,可不采取措施或仅采取提高耐久性的措施。

Ⅱ$_b$级——轻度烧灼,未对结构材料及结构性能产生明显影响,尚不影响结构安全,应采取提高耐久性或局部处理和外观修复措施。

Ⅲ级——中度烧灼尚未破坏,显著影响结构材料或结构性能,明显变形或开裂,对结构安全或正常使用产生不利影响,应采取加固或局部更换措施。

Ⅳ级——破坏,火灾中或火灾后结构倒塌或构件塌落;结构严重烧灼损坏、变形损坏或开裂损坏,结构承载能力丧失或大部分丧失,危及结构安全,必须或必须立即采取安全支护、彻底加固或拆除更换措施。

火灾后结构构件的初步鉴定评级主要从构件外观和状态进行评级,这对构件火灾损伤的整体了解是非常重要的,也是概念鉴定与火灾后加固概念设计的首要条件,尤其对于混凝土构件,火灾后外观和状态的改变较为明显,且与内部细微观结构及剩余承载力的改变又有密切联系。因此,混凝土构件的初步鉴定在鉴定报告中,起着非常重要的作用。火灾后结构构件的初步鉴定评级主要根据构件外观损坏状态进行鉴定评级,但为慎重起见,一般不评Ⅰ级。

初步鉴定状态分级中的Ⅱ$_a$、Ⅱ$_b$、Ⅲ级的基本特征一定要掌握。有时火灾表面呈伪状态,例如混凝土表面被黑色覆盖,一般为Ⅱ$_a$级状态,即基本正常,没有明显降低构件承载能力和耐久性。这里应该指出的是:也许有人认为仍可评为Ⅰ级,然而考虑到该构件多少已受到火灾的影响,若评为Ⅰ级,很难令人接受。因为至少要重新清理和修缮方能使用。另外,在严重火灾后,混凝土构件变形和裂缝非常严重,已严重影响构件承载能力和耐久性,然而其表面由于被碳粒子覆盖,也呈黑色。因此,应先刮去覆盖的碳粒子再检查。此时,构件表面混凝土将呈现出灰白或土黄色。将这一情况与严重变形或裂缝综合考虑,容易确认该构件应定为Ⅲ级。因此,在初步鉴定中,首先应掌握Ⅱₐ、Ⅱᵦ、Ⅲ级状态的伪象与基本特征。

（2）火灾后结构构件的详细鉴定评级,应根据检测鉴定分析结果,评为 b、c、d 级。

b 级:基本符合国家现行标准下限水平要求,尚不影响安全,尚可正常使用,宜采取适当措施;

c 级:不符合国家现行标准要求,在目标使用年限内影响安全和正常使用,应采取措施;

d 级:严重不符合国家现行标准要求,严重影响安全,必须及时或立即加固或拆除。

同前面的初步鉴定考虑一样,火灾后的结构构件不评 a 级。

2）火灾后混凝土结构构件的鉴定评级

（1）火灾后混凝土楼板、屋面板的初步鉴定评级应按表 5-58 进行。当混凝土楼板、屋面板火灾后严重破坏,难以加固修复,需要拆除或更换时,该构件初步鉴定可评为Ⅳ级。

表 5-58　火灾后混凝土楼板、屋面板初步鉴定评级标准

| 等级评级要素 | | 各级损伤等级状态特征 | | |
| --- | --- | --- | --- | --- |
| | | Ⅱₐ | Ⅱᵦ | Ⅲ |
| 油烟和烟灰 | | 无或局部有 | 大面积有或局部被烧光 | 大面积被烧光 |
| 混凝土颜色改变 | | 基本未变或被黑色覆盖 | 粉红 | 土黄色或灰白色 |
| 火灾裂缝 | | 无火灾裂缝或轻微裂缝网 | 表面轻微裂缝网 | 粗裂缝网 |
| 锤击反应 | | 声音响亮,混凝土表面不留下痕迹 | 声音较响或较闷,混凝土表面留下较明显痕迹或局部混凝土酥碎 | 声音发闷,混凝土粉碎或塌落 |
| 混凝土脱落 | 实心板 | 无 | ≤5 块,且每块面积≤100 cm² | >5 块或单块面积>100 cm²,或穿透或全面脱落 |
| | 肋形板 | 无 | 肋部有,锚固区无,板中个别处有,单面积不大于20%板面积,且不在跨中 | 锚固区有,板有贯通,面积大于20%板面积,或穿过跨中 |
| 受力钢筋外露情况 | | 无 | 有露筋,露筋长度小于20%板跨,且锚固区未露筋 | 大面积露筋,露筋长度大于20%板跨,或锚固区露筋 |
| 受力钢筋粘结性能 | | 无影响 | 略有降低,但锚固区无影响 | 降低严重 |
| 变形 | | 无明显变形 | 略有变形 | 较大变形 |

（2）混凝土梁火灾后初步鉴定评级应按表 5-59 进行。当火灾后混凝土梁严重破坏,难以加固修复,需要拆除或更换时,该构件初步鉴定可评为Ⅳ级。

表 5-59    火灾后混凝土梁初步鉴定评级标准

| 等级评级要素 | 各级损伤等级状态特征 | | |
| --- | --- | --- | --- |
| | II a | II b | III |
| 油烟和烟灰 | 无或局部有 | 多处有或局部烧光 | 大面积烧光 |
| 混凝土颜色改变 | 基本未变或被黑色覆盖 | 粉红 | 土黄色或灰白色 |
| 火灾裂缝 | 无火灾裂缝或轻微裂缝网 | 表面轻微裂缝网 | 粗裂缝网 |
| 锤击反应 | 声音响亮,混凝土表面不留下痕迹 | 声音较响或较闷,混凝土表面留下较明显痕迹或局部混凝土粉碎 | 声音发闷,混凝土粉碎或塌落 |
| 混凝土脱落 | 无 | 下表面局部脱落或少量局部露筋 | 跨中和锚固区单排钢筋保护层脱落,或多排钢筋大面积钢筋深度烧伤 |
| 受力钢筋外露情况 | 无 | 受力钢筋外露不大于30%的梁跨度,单排钢筋不多于一根,多排钢筋不多于两根 | 受力钢筋外露大于30%的梁跨度,或单排钢筋多于一根,多排钢筋多于两根 |
| 受力钢筋粘结性能 | 无影响 | 略有降低,但锚固区无影响 | 降低严重 |
| 变形 | 无明显变形 | 中等变形 | 较大变形 |

注:表中梁的跨度按计算跨度确定。

（3）混凝土柱火灾后初步鉴定评级应按表 5-60 进行。当混凝土柱火灾后严重破坏,难以加固修复,需要拆除或更换时,该构件初步鉴定可评为IV级。

表 5-60    火灾后混凝土柱初步鉴定评级标准

| 等级评级要素 | 各级损伤等级状态特征 | | |
| --- | --- | --- | --- |
| | II a | II b | III |
| 油烟和烟灰 | 无或局部有 | 多处有或局部烧光 | 大面积烧光 |
| 混凝土颜色改变 | 基本未变或被黑色覆盖 | 粉红 | 土黄色或灰白色 |
| 火灾裂缝 | 无火灾裂缝或表面轻微裂缝网 | 轻微裂缝网 | 粗裂缝网 |
| 锤击反应 | 声音响亮,混凝土表面不留下痕迹 | 声音较响或较闷,混凝土表面留下较明显痕迹或局部混凝土粉碎 | 声音发闷,混凝土粉碎或塌落 |
| 混凝土脱落 | 无 | 部分混凝土脱落 | 大部分混凝土脱落 |
| 受力钢筋外露情况 | 无 | 轻微露筋,不多于一根,露筋长度不大于20%柱高 | 露筋多于一根或露筋长度大于20%柱高 |
| 受力钢筋粘结性能 | 无影响 | 略有降低 | 降低严重 |
| 变形 | $\delta/h \leqslant 0.002$ | $0.002 < \delta/h \leqslant 0.007$ | $\delta/h > 0.007$ |

注:①表中 $\delta$ 为层间位移,$h$ 为计算层高或柱高;②截面小于 400 mm×400 mm 的框架柱,火灾后鉴定评级宜从严。

（4）火灾后混凝土墙初步鉴定评级应按表 5-61 进行。当混凝土墙火灾后严重破坏，难以加固修复，需要拆除或更换时，该构件初步鉴定可评为Ⅳ级。

表 5-61　火灾后混凝土墙初步鉴定评级标准

| 等级评级要素 | 各级损伤等级状态特征 | | |
|---|---|---|---|
| | Ⅱₐ | Ⅱᵦ | Ⅲ |
| 油烟和烟灰 | 无或局部有 | 大面积有或部分烧光 | 大面积烧光 |
| 混凝土颜色改变 | 基本未变或被黑色覆盖 | 粉红 | 土黄色或灰白色 |
| 火灾裂缝 | 无或轻微裂缝 | 微细网状裂缝，且无贯穿裂缝 | 严重网状裂缝，或有贯穿裂缝 |
| 锤击反应 | 声音响亮，混凝土表面不留下痕迹 | 声音较响或较闷，混凝土表面留下较明显痕迹或局部混凝土粉碎 | 声音发闷，混凝土粉碎或塌落 |
| 混凝土脱落 | 无 | 脱落面积小于（50×50）cm²，且为表面剥落 | 最大块脱落面积不小于（50×50）cm²，或大面积剥落 |
| 受力钢筋外露情况 | 无 | 小面积露筋 | 大面积露筋，或锚固区露筋 |
| 受力钢筋粘结性能 | 无影响 | 略有降低 | 严重降低 |
| 变形 | 无明显变形 | 略有变形 | 有较大变形 |

在进行混凝土构件外观调查时，还应注意由于构件设计的标准不同（如截面尺寸、配筋大小、强度等级），构件形状不同以及所处火灾区域不同，混凝土构件所受温度的作用和强度降低的程度都不尽相同。在同等温度作用下，构件截面设计愈大，因尺寸效应的缘故，构件灼烧温度相对较低，构件强度降低也较小；构件的形状不同，如楼板厚度较薄，又直接受到火焰冲击，热量不易散去，其灼烧温度较高，强度降低较大；梁虽截面较大，但三面受火，其灼烧温度及强度降低次之；柱因截面较大，且侧面受火，其灼烧温度及强度降低相对较小。

表 5-58 和表 5-59 中火灾后混凝土楼板、屋面板和梁初步评级中关于火灾裂缝和变形值的定量问题，考虑到混凝土结构火灾裂缝和变形等损伤参数离散性较大，且构件在结构不同部位的重要性不一样，《火灾后建筑结构鉴定标准》管理组采取粗线条评判法，由检测鉴定人员在考虑构件火灾损伤程度及构件重要性等诸因素后，综合评定。技术鉴定人员可参照下列值进行评定：

裂缝宽度<0.1 mm，属于轻微火灾裂缝；

裂缝宽度≤1.0 mm，属于中等火灾裂缝；

裂缝宽度>1.0 mm，属于火灾粗裂缝。

表中变形主要指火灾引起板的挠度，技术鉴定人员可参照下列值进行评定：

≤[δ]，属于Ⅱₐ级，无明显变形；

[δ]<δ≤3[δ]，属于Ⅱᵦ级，中等变形；δ>3[δ]，属于Ⅲ级，较大变形。

其中,$\delta$ 为火灾后受弯构件实际挠度;$[\delta]$ 为受弯构件的挠度限值,按现行《混凝土结构设计规范》的规定取值。当 $l_0 < 7$ m 时,$[\delta] = l_0/200$;当 7 m $\leqslant l_0 \leqslant 9$ m 时,$[\delta] = l_0/250$;当 $l_0 > 9$ m 时,$[\delta] = l_0/300$。其中 $l_0$ 为构件的计算跨度;计算悬臂构件的挠度限值时,其计算跨度 $l_0$ 按实际悬臂长度的 2 倍取用。

（5）火灾后混凝土结构构件的详细鉴定评级应符合下列规定:

① 混凝土结构构件火灾截面温度场取决于构件的截面形式、材料热性能、构件表面最高温度和火灾持续时间。混凝土柱、梁、板的火灾截面温度场可按《火灾后建筑结构鉴定标准》中相关规定进行判定。

② 火灾后混凝土和钢筋力学性能指标宜根据钻取混凝土芯样(当采用抽样试验确定火灾后混凝土强度时,混凝土校准芯样高温和常温宜各取 6 个,若受条件限制,至少应各取 3 个)、取钢筋试样检验,也可根据构件截面温度按表 5-62、表 5-63 判定。火灾后钢筋与混凝土弹性模量以及钢筋与混凝土粘结强度折减系数可根据构件截面温度场参考表 5-64 判定。

**表 5-62-1　混凝土高温时抗压强度折减系数**

| 温度/℃ | 常温 | 300 | 400 | 500 | 600 | 700 | 800 |
|---|---|---|---|---|---|---|---|
| $f_{cu,t}/f_{cu}$ | 1.00 | 1.00 | 0.80 | 0.70 | 0.60 | 0.40 | 0.20 |

**表 5-62-2　高温混凝土自然冷却后抗压强度折减系数**

| 温度/℃ | 常温 | 300 | 400 | 500 | 600 | 700 | 800 |
|---|---|---|---|---|---|---|---|
| $f_{cu,t}/f_{cu}$ | 1.00 | 0.80 | 0.70 | 0.60 | 0.50 | 0.40 | 0.20 |

**表 5-62-3　高温混凝土水冷却后抗压强度折减系数**

| 温度/℃ | 常温 | 300 | 400 | 500 | 600 | 700 | 800 |
|---|---|---|---|---|---|---|---|
| $f_{cu,t}/f_{cu}$ | 1.00 | 0.70 | 0.60 | 0.50 | 0.40 | 0.25 | 0.10 |

注:①表中 $f_{cu,t}$ 为混凝土在高温下或高温冷却后的抗压强度;$f_{cu}$ 为混凝土原有抗压强度。②当温度在二者之间时,采用线性插入法进行内插。

**表 5-63-1　高温时钢筋强度折减系数**

| 温度/℃ | 强度折减系数 | | |
|---|---|---|---|
| | HPB235 | HRB335 | 冷拔钢丝 |
| 室温 | 1.00 | 1.00 | 1.00 |
| 100 | 1.00 | 1.00 | 1.00 |
| 200 | 1.00 | 1.00 | 0.75 |
| 300 | 1.00 | 0.80 | 0.55 |
| 400 | 0.60 | 0.70 | 0.35 |
| 500 | 0.50 | 0.60 | 0.20 |
| 600 | 0.30 | 0.40 | 0.15 |
| 700 | 0.10 | 0.25 | 0.05 |
| 900 | 0.05 | 0.10 | 0.00 |

注:对于热轧钢筋 HPB235 和 HRB335,强度指标为屈服强度;对于冷拔钢丝,强度指标为极限抗拉强度

表 5-63-2　HRB335 钢筋高温冷却后强度折减系数

| 温度/℃ | 折减系数 | |
| --- | --- | --- |
| | 屈服强度 | 极限抗拉强度 |
| 室温 | 1.00 | 1.00 |
| 100 | 0.95 | 1.00 |
| 200 | 0.95 | 1.00 |
| 250 | 0.95 | 0.95 |
| 300 | 0.95 | 0.95 |
| 350 | 0.95 | 0.95 |
| 400 | 0.95 | 0.90 |
| 450 | 0.90 | 0.90 |
| 500 | 0.90 | 0.90 |
| 600 | 0.90 | 0.85 |
| 700 | 0.85 | 0.85 |
| 800 | 0.85 | 0.85 |
| 900 | 0.80 | 0.80 |

表 5-64-1　高温自然冷却后混凝土弹性模量折减系数

| 温度/℃ | 常温 | 300 | 400 | 500 | 600 | 700 | 800 |
| --- | --- | --- | --- | --- | --- | --- | --- |
| $E_t/E$ | 1.00 | 0.75 | 0.46 | 0.39 | 0.11 | 0.05 | 0.03 |

表 5-64-2　高温自然冷却后混凝土与钢筋粘结强度折减系数

| 钢筋种类 | 温度/℃ | | | | | | |
| --- | --- | --- | --- | --- | --- | --- | --- |
| | 800 | 常温 | 300 | 400 | 500 | 600 | 700 |
| HPB235 钢筋 | 1.00 | 0.90 | 0.70 | 0.40 | 0.20 | 0.10 | 0.00 |
| HRB335 钢筋 | 1.00 | 0.90 | 0.90 | 0.80 | 0.60 | 0.50 | 0.40 |

③ 火灾后混凝土结构构件承载能力类似于《民用建筑可靠性鉴定标准》进行的鉴定评级,分为 b、c、d 级。此时,鉴定评级应考虑火灾对材料强度和构件变形的影响。

火灾后混凝土强度折减系数是根据已有研究成果[37-38],在考虑一定保证率的基础上确定的。试验结果和国内外大量的资料表明,混凝土在高温冷却后力学性能基本上随温度的升高而降低。混凝土强度随着温度的变化与混凝土的强度等级、骨料品种、温度的持续时间和冷却方式等因素有关。但随着温度的升高,这些因素的影响并不明显,总的趋势是随着温度的升高而下降并趋于一致。从室温开始升温至 100℃时,混凝土毛细孔中的游离水开始大量蒸发,但此时温度不高,混凝土内部的微观结构未受到大的影响,混凝土的力学性能虽稍有下降,但基本没有大的改变。当温度上升到 200～300℃时,在混凝土中的物理化学结合水逐步排出并汽化溢出，水泥石有一定收缩而骨料无大的膨胀，虽然造成了一部分微观破坏，但是由于混凝土内部大量的水分溢出需提供大量的热，使混凝土内受热应力作用减少，同时在混凝土水泥石未反应的水泥残存熟料重新加速水化，此时使混凝土强度减小的因素小于使混凝土强度增大的因素。因此，在此温度范围内会出现混凝土强度略高于混凝土正常温度下的强度。当温度上升到400℃后，混凝土中的水泥石产生膨胀，因此在骨料与水泥石界面之间引起变形差异，内应力在水泥石与骨料之间胶结面上产生，混凝土的力学性能进一步下降。随着温度的升高，达到500℃以后由于水泥石中的氢氧化钙等水化物的脱水分解，导致水泥石结构破坏，水泥石与骨料间变形增大，裂缝由此产生。在此温度下，混凝土在高温下的抗压强度下降约1/3；高温混凝土冷却后的抗压强度下降约1/2，其中喷水冷却比自然冷却的抗压强度下降更大。当温度达到700~800℃以后，骨料的热膨胀加剧，开始分解，造成骨料与水泥石的热变形差异剧增，使混凝土粘结力破坏，接触界面裂缝进一步发展，此时混凝土在高温下的抗压强度降低约2/3；高温混凝土在自然冷却后的抗压强度下降也约2/3，高温混凝土在喷水冷却后的抗压强度可能下降更大[①]。

钢筋强度折减系数也是根据已有研究成果和文献资料，在考虑一定保证率的基础上确定的。钢筋在高温下的抗拉强度随温度的升高而降低，由于各种钢筋所含成分和制造工艺的不同，其抗拉强度的变化也略有不同。普通热轧低碳钢筋在温度大于200℃时屈服消失，出现强化现象。各种钢筋在温度小于400℃后强度下降不明显，当温度大于400℃后强度下降显著。当温度达到600℃后，各种钢筋抗拉强度下降趋于相同，说明钢筋此时均已达到了变态点温度。钢筋在高温冷却后其屈服强度与抗拉强度与常温下相等，降低有限。另外，钢筋在高温下的延伸率随温度的升高而升高，而钢筋在高温冷却后其延伸率基本能恢复到原来的塑性状态。

混凝土弹性模量、钢筋与混凝土粘结强度折减系数同样是根据已有研究成果和文献资料，在考虑一定保证率的基础上确定的。混凝土经火灾高温作用后，其弹性模量及混凝土与钢筋间粘结强度随温度的升高而降低。当温度达到500℃以后，混凝土的弹性模量下降速度比混凝土抗压强度降低速率更为迅速，下降60%左右。在此温度下，由于混凝土与钢筋间的变形差异增大，使得混凝土与钢筋间粘结强度也大为降低。鉴于HPB235与HRB335级钢筋与混凝土之间的摩阻力和咬合力不同，因而在高温作用后的粘结强度下降程度也有所不同。HPB235级钢筋在500℃后粘结强度下降约50%，而HRB335级钢筋下降则不到20%。当温度达到700~800℃以后，混凝土的弹性模量几乎为零，而此时的混凝土与钢筋间的粘结强度，HPB235级钢筋已全部丧失，HRB335级钢筋也丧失了60%。因此，火灾高温对HPB235级钢筋的粘结强度影响较大。

3）火灾后钢结构构件的鉴定评级

（1）火灾后钢结构构件的初步鉴定评级主要根据火灾后比较容易观测到的宏观现象，例如构件的防火保护层受损情况、残余变形与撕裂、局部屈曲与扭曲、构件的整体变形等，即可初步判断出哪些构件明显损坏（Ⅳ级），哪些构件火灾损伤较小（Ⅱ级），对Ⅳ级构件一般情况下无需再进行进一步检测，从而可大大减少需要鉴定的构件数量。

① 火灾后钢构件的防火保护受损、残余变形与撕裂、局部屈曲与扭曲三个子项，按

---

① 关于混凝土高温后冷却方式的具体影响，已有研究结果表明其结论存在一定的差异性，可能受到混凝土的骨料、配合比及组成成分等影响。

表 5-65 的规定评定损伤等级。

对于有防火保护层的钢构件,火灾后防火保护基本无损,则表示构件所经历的温度不高,构件的损坏很小,因此评定为Ⅱ_a级。至于构件保护层脱落或出现明显裂缝,则表示构件可能在火灾中经历较高的温度,应根据构件的局部屈曲和变形等情况对其损伤作进一步检测。

钢结构房屋发生火灾后,其局部残余变形与局部屈曲是钢构件在火灾中常见的一种损伤,且构件有局部损伤时,并不一定出现很大的整体变形,因此钢结构的局部残余变形、局部屈曲是独立的火灾损伤现象,应单独评定。

表 5-65　火灾后钢构件基于防火保护受损、残余变形与撕裂、局部屈曲或扭曲的初步鉴定评级标准

| 等级评定要素 | | 各级损伤等级状态特征 | | |
| --- | --- | --- | --- | --- |
| | | Ⅱ_a | Ⅱ_b | Ⅲ |
| 1 | 涂装与防火保护层 | 基本无损;防火保护层有细微裂纹,但无脱落 | 防腐涂装完好;防火涂装或防火保护层开裂但无脱落 | 防腐涂装碳化;防火涂装或防火保护层局部范围脱落 |
| 2 | 残余变形与撕裂 | 无 | 局部轻度残余变形,对承载力无明显影响 | 局部残余变形,对承载力有一定的影响 |
| 3 | 局部屈曲与扭曲 | 无 | 轻度局部屈曲或扭曲,对承载力无明显影响 | 主要受力截面有局部屈曲或扭曲,对承载力无明显影响;非主要受力截面有明显局部屈曲或扭曲 |

注:有防火保护的钢构件按 1~3 项进行评定,无防火保护的钢构件按 2~3 项进行评定。

② 火灾后钢构件的整体变形子项,按表 5-66 的规定评定损伤等级。但构件火灾后严重烧灼损坏、出现过大的整体变形、严重残余变形、局部屈曲、扭曲或部分焊缝撕裂导致承载力丧失或大部分丧失,应采取安全支护、加固或拆除更换措施时评为Ⅳ级。

表 5-66　火灾后钢构件基于整体变形的初步鉴定评级标准

| 等级评定要素 | 构件类别 | | 各级变形损伤等级状态特征 | |
| --- | --- | --- | --- | --- |
| | | | Ⅱ_a 或Ⅱ_b | Ⅲ |
| 挠度 | 屋架、网架 | | $>l_0/400$ | $>l_0/200$ |
| | 主梁、托梁 | | $>l_0/400$ | $>l_0/200$ |
| | 吊车梁 | 电动 | $>l_0/800$ | $>l_0/400$ |
| | | 手动 | $>l_0/500$ | $>l_0/250$ |
| | 次梁 | | $>l_0/250$ | $>l_0/125$ |
| | 檩条 | | $>l_0/200$ | $>l_0/150$ |
| 弯曲矢高 | 柱 | | $>l_0/1\,000$ | $>l_0/500$ |
| | 受压支撑 | | $>l_0/1\,000$ | $>l_0/500$ |
| 柱顶侧移 | 多高层框架的层间水平位移 | | $>h/400$ | $>h/200$ |
| | 单层厂房中柱倾斜 | | $>H/1\,000$ | $>H/500$ |

注:①表中 $l_0$ 为构件的计算跨度,$h$ 为框架的层高,$H$ 为柱总高;②评定结果取Ⅱ_a 或Ⅱ_b 级,可根据实际情况由鉴定者确定。

③ 对于格构式钢构件,还应按下面要求对缀板、缀条与格构分肢之间的焊缝连接、螺栓连接进行评级。

火灾后,钢结构应特别加强对连接节点的检查与评级。连接节点处往往局部应力集中,现场焊接施工质量不易保证,因此在火灾下钢结构连接也时有出现损坏的。对于高强螺栓连接,只要螺栓出现松动的,就应予以更换。

④ 当火灾后钢结构构件严重破坏,难以加固修复,需要拆除或更换时该构件初步鉴定可评为Ⅳ级。

火灾后钢结构连接的初步鉴定评级,应根据防火保护受损、连接板残余变形与撕裂、焊缝撕裂与螺栓滑移及变形断裂三个子项进行评定,并取按各子项所评定的损伤等级中最严重级别作为构件损伤等级(表5-67)。当火灾后钢结构连接大面积损坏、焊缝严重变形或撕裂、螺栓烧损或断裂脱落,需要拆除或更换时,该构件连接初步鉴定可评为Ⅳ级。

**表 5-67 火灾后钢结构连接的初步鉴定评级标准**

| 等级评定要素 | | 各级损伤等级状态特征 | | |
|---|---|---|---|---|
| | | Ⅱa | Ⅱb | Ⅲ |
| 1 | 涂装与防火保护层 | 基本无损;防火保护层有细微裂纹且无脱落 | 防腐涂装完好;防火涂装或防火保护层开裂但无脱落 | 防腐涂装碳化;防火涂装或防火保护层局部范围脱落 |
| 2 | 连接板残余变形与撕裂 | 无 | 轻度残余变形,对承载力无明显影响 | 主要受力节点板有一定的变形,或节点加劲肋有较明显的变形 |
| 3 | 焊缝撕裂与螺栓滑移及变形断裂 | 无 | 个别连接螺栓松动 | 螺栓松动,有滑移;受拉区连接板之间脱开;个别焊缝撕裂 |

(2) 火灾后钢结构详细鉴定应包括下列内容:①受火钢构件的材料特性,包括屈服强度与极限强度、延伸率、冲击韧性和弹性模量;②受火钢构件的承载力,包括截面抗弯承载力、截面抗剪承载力、构件和结构整体稳定承载力、连接强度。火灾后钢结构过火钢材力学性能指标宜现场取样检验。如能确定作用温度,还可根据表5-68判定不同温度下结构钢的屈服强度。

各种钢材由于化学组分及其所经受的一系列加工过程(包括生产轧制、热处理方式、冷加工工艺等)的不同,其常温下的性能、高温下的性能以及高温过火对钢材性能的影响均有较大的差别。表5-68是指钢结构中常用的普通热轧结构钢,如Q235钢和Q345钢。该表中结构钢高温下的屈服强度折减系数取自文献[39],高温过火冷却后的屈服强度折减系数取自文献[40]。普通热轧结构钢在高温下的力学性能有如下特点:①屈服强度和弹性模量随温度升高而降低,且屈服台阶变得越来越小,在温度超过300℃以后,已无明显的屈服极限和屈服平台;②极限强度基本上随温度的升高而降低,但在180~370℃温度区间内,钢材出现蓝脆现象(钢材表面氧化膜呈现蓝色),即极限强度有所提高,而塑性和韧性下降,材料转脆;③当温度超过400℃后,强度与弹性模量开始急剧下降;当温度达到650℃时,钢材已基本丧失承载能力。一般的,普通热轧结构钢在高温过火冷却后的强度降低很小,而经热处理、冷拔加工得到的高强度钢(如35号钢、45号钢)以及薄壁冷弯型钢在高温过火冷却后强度降低较多。

一般的,受火构件的材料特性宜采用现场取样,但若现场不易取样,或是现场取样对构件有较大的损害时,可采用同种钢材加温冷却后进行试验确定。

表 5-68  结构钢在高温下及高温过火冷却后的屈服强度折减系数

| 构件表面温度/℃ | 屈服强度折减系数 | |
| --- | --- | --- |
| | 高温下 | 高温过火冷却后 |
| 20 | 1.000 | 1.000 |
| 100 | 1.000 | 1.000 |
| 200 | 1.000 | 1.000 |
| 300 | 1.000 | 1.000 |
| 350 | 0.977 | 1.000 |
| 400 | 0.914 | 1.000 |
| 450 | 0.821 | 0.987 |
| 500 | 0.707 | 0.972 |
| 550 | 0.581 | 0.953 |
| 600 | 0.453 | 0.932 |
| 700 | 0.226 | 0.880 |
| 800 | 0.100 | 0.816 |
| 900 | 0.050 | — |
| 1 000 | 0.000 | — |

对于无冲击韧性要求的钢构件,可按承载力评定等级。对于有冲击韧性要求的钢构件,当构件受火后材料的冲击韧性不满足原设计要求,且冲击韧性等级相差一级时,构件承载能力评定应评为 c 级(不符合国家现行标准要求,在目标使用年限内影响安全和正常使用,应采取措施);当其冲击韧性等级相差两级或两级以上,构件的承载能力评定应评为 d 级(严重不符合国家现行标准要求,严重影响安全,必须及时或立即加固或拆除)。

受火构件的材料强度与冲击韧性可通过现场取样试验或同种钢材加温冷却试验确定。现场取样应避开构件的主要受力位置和截面最大应力处,并对取样部位进行补强。采取同种钢材加温冷却试验来确定受火构件的材料强度与冲击韧性时,钢材的最高温度应与构件在火灾中所经历的最高温度相同,并且冷却方式应能反映实际火灾中的情况(喷水冷却或是自然冷却)。

此外,还可借助高温过火冷却后钢材表面的颜色来大致判定构件曾经历的最高温度及损伤,表 5-69 列出了结构钢高温过火冷却后的颜色变化情况[40]。大体上,钢材表面颜色随着钢材所经历的最高温度的升高而逐渐加深。但是,由于高温过火冷却后钢材表面的颜色与钢材的种类、高温持续时间、冷却方式等诸多因素有关,同时钢材表面在实际应用中基本都有防腐涂料或防锈漆。因此钢材的表观颜色变化仅作为参考。

表 5-69　高温过火冷却后钢材表面的颜色

| 试件经历的最高温度/℃ | 试件表面的颜色(Q235) | |
| --- | --- | --- |
| | 初步冷却 | 完全冷却 |
| 240 | 与常温下基本相同 | — |
| 330 | 浅蓝色 | 浅蓝黑色 |
| 420 | 蓝色 | 深蓝黑色 |
| 510 | 灰黑色 | 浅灰黑色 |
| 600 | 黑色 | 黑色 |

4）火灾后砌体结构构件的鉴定评级

（1）火灾后砌体结构初步鉴定,根据外观损伤、裂缝和变形按表 5-70 进行初步鉴定评级。当砌体结构构件火灾后严重破坏,需要拆除或更换时,该构件初步鉴定可评为Ⅳ级。

表 5-70-1　火灾后砌体结构基于外观损伤和裂缝的初步鉴定评级标准

| 等级评定要素 | | 各级损伤等级状态特征 | | |
| --- | --- | --- | --- | --- |
| | | Ⅱₐ | Ⅱᵦ | Ⅲ |
| 外观损伤 | | 无损伤、墙面或抹灰层有烟黑 | 抹灰层有局部脱落或脱落处灰缝砂浆无明显烧伤 | 抹灰层有局部脱落或脱落处砂浆烧伤在 15 mm 以内、块材表面尚未开裂变形 |
| 变形裂缝 | 墙、壁柱墙 | 无裂缝,略有灼烤痕迹 | 有裂痕显示 | 有 裂 缝,最 大 宽 度 ≤ 0.6 mm |
| | 独立柱 | 无裂缝,无灼烤痕迹 | 无裂缝,有灼烤痕迹 | 有裂痕 |
| 受压裂缝 | 墙、壁柱墙 | 无裂缝,略有灼烤痕迹 | 个别块材有裂缝 | 裂缝贯通 3 皮块材 |
| | 独立柱 | 无裂缝,无灼烤痕迹 | 个别块材有裂缝 | 有裂缝贯通块材 |

注:对次要建筑,表中墙体裂缝宽度可放宽为 1.0 mm。

表 5-70-2　火灾后砌体结构基于侧向(水平)位移变形的初步鉴定评级标准

| 等级评定要素 | | | Ⅱₐ 或 Ⅱᵦ | Ⅲ |
| --- | --- | --- | --- | --- |
| 多层房屋（包括多层厂房） | 层间位移或倾斜 | | ≤20 mm | >20 mm |
| | 顶点位移或倾斜 | | ≤30 mm 和 3H/1 000 中的较大值 | >30 mm 和 3H/1 000 中的较大值 |
| 单层房屋（包括单层厂房） | 有吊车房屋墙、柱位移 | | >$H_T$/1 250,但不影响吊车运行 | >$H_T$/1 250,影响吊车运行 |
| | 无吊车房屋位移或倾斜 | 独立柱 | ≤15 mm 和 1.5H/1 000 中的较大值 | >15 mm 和 1.5H/1 000 中的较大值 |
| | | 墙 | ≤30 mm 和 3H/1 000 中的较大值 | >30 mm 和 3H/1 000 中的较大值 |

注:① 表中 H 为自基础顶面至柱顶总高度;$H_T$ 为基础顶面至吊车梁顶面的高度;
② 表中有吊车房屋柱的水平位移限值,是在吊车水平荷载作用下按平面结构图形计算的厂房柱的横向位移;
③ 在砌体结构中,墙包括带壁柱墙;
④ 多层房屋中,可取层间和结构顶点总位移中的较低等级作为结构侧移项目的评定等级;
⑤ 当结构安全性无问题,倾斜超过表中Ⅱ级的规定值但不影响使用功能时,仍可评定为Ⅱᵦ级。

（2）火灾后砌体结构构件的详细鉴定评级应符合下列要求：

① 砌体结构构件火灾后截面温度场取决于构件的截面形式、材料的热性能、构件表面最高温度和火灾持续时间。

② 火灾后砌体、砌块和砂浆强度可按照现行国家标准《砌体工程现场检测技术标准》（GB/T 50315）进行现场检测；也可现场取样分别对砌块和砂浆进行材料试验检测；还可根据构件表面所受其作用的最高温度按表 5-71 中折减系数来推定砖和砂浆强度。当根据温度场推定火灾后材料力学性能指标时，宜用抽样试验进行修正。

③ 火灾后砌体结构构件承载能力分级，类似于《民用建筑可靠性鉴定标准》。

表 5-71　火灾后黏土砖、砂浆、砖砌体强度与受火温度对应关系及折减系数

| 指标 | 构件表面所受其作用的最高温度(℃)及折减系数 | | | | | |
|---|---|---|---|---|---|---|
| | <100 | 200 | 300 | 500 | 700 | 900 |
| 黏土砖抗压强度 | 1.0 | 1.0 | 1.0 | 1.0 | 1.0 | 0 |
| 砂浆抗压强度 | 1.0 | 0.95 | 0.90 | 0.85 | 0.65 | 0.35 |
| M2.5 砂浆黏土砖砌体抗压强度 | 1.0 | 1.0 | 1.0 | 0.95 | 0.90 | 0.32 |
| M10 砂浆黏土砖砌体抗压强度 | 1.0 | 0.80 | 0.65 | 0.45 | 0.38 | 0.10 |

# 参考文献

[1] 闵明保,李延和,高本立. 建筑结构火灾温度的判定方法[J]. 建筑结构,1994(1):37-42,17.

[2] ISO834-1. Fire resistance tests-elements of building construction. Part 1：general requirement [S]. Geneva：International Organization for Standardization,1999.

[3] 黄伟利,徐志胜. 火灾后钢筋混凝土结构的损伤诊断[J]. 四川建筑科学研究,2005,31(5):56-59.

[4] 张辉,邹红. 火灾温度与 Q235 钢晶粒度和硬度关系的研究[J]. 理化检验（物理分册）,2001,37(9): 384-386.

[5] 张辉. Q235 钢在火灾条件下的力学性能研究[J]. 火灾科学,2004,13(2):74-77.

[6] 丁发兴,余志武,温海林. 高温后 Q235 钢材力学性能试验研究[J]. 建筑材料学报. 2006,9(2): 245-249.

[7] 王玉镯,傅传国,邱洪兴. 高温后冷轧带肋钢筋力学性能的试验研究[J]. 钢铁研究学报,2010,22(4): 31-34.

[8] 王全凤,吴红翠,徐玉野,等. 高温后 HRBF500 细晶粒钢筋力学性能试验研究[J]. 建筑结构学报, 2011,32(2):120-125.

[9] 吴波,梁悦欢. 高温后混凝土和钢筋强度的统计分析[J]. 华南理工大学学报（自然科学版）,2008,36 (12):13-20.

[10] 楼国彪,俞珊,王锐. 高强度螺栓过火冷却后力学性能试验研究[J]. 建筑结构学报,2012,33(2): 33-40.

[11] 李国强,李明菲,殷颖智,等. 高温下高强螺栓 20MnTiB 钢的材料性能研究[J]. 土木工程学报,2001, 34(5):100-104.

[12] 佘晨岗,刘雁,张超,等. 高强螺栓连接节点高温摩擦系数试验研究[J]. 钢结构,2013,28(2):75-77,49.

[13] 李翔,顾祥林,张伟平,等. 火灾后钢结构厂房的安全性评估[J]. 工业建筑,2005,35(S1):376-379.

［14］Gosain N K，Drexler R F and Choudhuri D. Evaluation and repair of fire-damaged buildings［J］. Structure Magazine，2008，September：18-22.

［15］过镇海，时旭东. 钢筋混凝土的高温性能试验及其计算［M］. 北京：清华大学出版社，2003.

［16］吕天启，赵国藩，林志伸. 高温后静置混凝土力学性能试验研究［J］. 建筑结构学报，2004，25(1)：63-70.

［17］王峥. 混凝土高温后力学性能的试验研究［D］. 大连：大连理工大学，2010.

［18］胡海涛，董毓利. 高温时高强混凝土强度和变形的试验研究［J］. 土木工程学报，2002，35(6)：44-47.

［19］姚建国，袁广林，宋永娟，等. 粗骨料类型对混凝土高温后抗压强度的影响研究［J］. 混凝土，2011(2)：89-91，94.

［20］马红侠. 粉煤灰混凝土高温后力学性能与龄期的关系［J］. 工业建筑，2013，43(1)：80-84.

［21］高超，杨鼎宜，俞君宝，等. 纤维混凝土高温后力学性能的研究［J］. 混凝土，2013(1)：33-36.

［22］郑文忠，李海艳，王英. 高温后不同聚丙烯纤维掺量活性粉末混凝土力学性能试验研究［J］. 建筑结构学报，2012，33(9)：119-126.

［23］鞠竹，王振清，李晓霁，等. 高温下 GFRP 筋和混凝土粘结性能的实验研究［J］. 哈尔滨工程大学学报，2012，33(11)：1351-1357.

［24］吕西林，周长东，金叶. 火灾高温下 GFRP 筋和混凝土粘结性能试验研究［J］. 建筑结构学报，2007，28(5)：32-39，88.

［25］王全凤，邱毅，徐玉野，等. HRBF500 级钢筋混凝土梁受火后力学性能试验研究［J］. 建筑结构学报，2012，33(2)：50-55.

［26］廖杰洪，陆洲导，苏磊. 火灾后混凝土梁抗剪承载力试验与有限元分析［J］. 同济大学学报(自然科学版)，2013，41(6)：806-812.

［27］韩重庆，许清风，李向民，等. 预应力混凝土空心板受火后力学性能试验研究［J］. 建筑结构学报，2012，33(9)：112-118.

［28］项凯，余江滔，陆洲导. 火灾后钢筋混凝土连续板承载力的试验研究［J］. 西安建筑科技大学学报(自然科学版)，2009，41(5)：650-654.

［29］张伟平，顾祥林，王晓刚，等. 火灾后钢筋混凝土楼板安全性检测与评估［J］. 结构工程师，2009，25(6)：128-132.

［30］郑文忠，万夫雄，李时光. 用无机胶粘贴 CFRP 布加固混凝土板火灾后受力性能［J］. 吉林大学学报(工学版)，2010，40(5)：1244-1249.

［31］周立欣，袁广林，贾文亮，等. 粗骨料类型对钢筋混凝土柱高温后力学性能影响研究［J］. 混凝土，2011(1)：49-51，61.

［32］吴波，马忠诚，欧进萍. 高温后钢筋混凝土柱抗震性能的试验研究［J］. 土木工程学报，1999，32(2)：53-58.

［33］敬登虎. 火灾后钢筋混凝土承重结构的概念评估与处理措施［J］. 建筑技术，2005，36(6)：454-455.

［34］闵明保，李延和，高本立. 火灾后砖砌体抗压强度变化研究和残余承载力计算［J］. 建筑结构，1994(2)：44-46，28.

［35］张奕，金伟良. 火灾后混凝土结构耐久性的若干研究［J］. 工业建筑，2005，35(8)：93-96.

［36］CECS 252：2009. 火灾后建筑结构鉴定标准［S］. 北京：中国计划出版社，2009.

［37］吴波. 火灾后钢筋混凝土结构的力学性能［M］. 北京：科学出版社，2003.

［38］董毓利. 混凝土结构的火安全设计［M］. 北京：科学出版社，2001.

［39］CECS 200. 建筑钢结构防火技术规范［S］. 北京：中国计划出版社，2006.

［40］曹文衔. 损伤累积条件下钢框架结构火灾反应的分析研究［D］. 上海：同济大学，1998.

# 第6章　混凝土结构加固

结构加固与新建不同,加固设计与施工有其特殊性。加固设计工作包括原构件的验算和加固构件及新增构件的设计计算,要求考虑新旧结构材料的粘结能力、结构强度、刚度和使用寿命的均衡,以及新旧结构的协调工作。加固施工常常是在建筑物使用过程中进行,或只能短期停业施工;要求施工速度快,现场浇筑的湿作业量少;施工现场狭窄,常受相邻构件、设备、管道等空间环境的制约,施工难度大;加固施工常伴随局部拆除、开洞等工序,安全防范要求高。此外,为了保证新旧结构材料的粘结,要求对界面进行粗糙和清洁处理,但对处理效果尚缺乏简便的控制方法。如此等等,造成加固施工质量相对新建而言不易控制[1]。

本章对混凝土结构的加固方法及相关内容进行重点介绍。鉴于不同类型工程结构的加固问题存在一定的共性,本章中所阐述的部分内容同样适用于后面其他类型结构。

## 6.1　加固结构构件受力特征

通常结构构件在加固之前已经承受荷载,若此时称之为第一次受力,则加固后属于二次受力。加固前原结构构件(材料)已经产生应力、应变,存在一定的压缩或弯曲等变形,同时原结构混凝土的收缩变形已完成。加固一般是在未卸除已承受的荷载,或部分卸除下进行的(完全卸除几乎是不可能的),加固时新增加部分只有在荷载变化时才开始受力(属于被动加固)。因此,新增加部分的应力、应变滞后于原有部分,新旧部分一般不能同时达到应力峰值;破坏时,新加部分可能达不到自身的承载极限。如果原结构构件(材料)加固时的应力或变形较大,则新加部分的应力将处于较低水平,承载潜力不能充分发挥,起不到应有的加固效果[1-3]。

另外,加固结构构件属于二次成型组合结构构件,新、旧部分能否成为整体并共同工作,关键取决于结合面是否可靠,能否有效地传力。实际上混凝土结合面的(抗剪)强度一般总是远低于一次成型混凝土的,所以二次成型组合结构构件的承载力一般低于一次成型构件,加固结构构件新、旧混凝土的结合面是一个薄弱环节。

因此,加固结构构件属于二次成型的二阶段受力组合结构构件,其上述受力特征决定了结构加固设计计算、构造及施工不同于新建混凝土结构。

## 6.2　结合面抗剪控制

1) 结合面抗剪能力

原中国建筑科学研究院的粘结抗剪对比试验结果表明,结合面上的粘结抗剪强度仅为一次整体浇筑成型混凝土抗剪强度的 15% ~ 20%,具体试验结果见表 6-1[1] 所示。

表 6-1　混凝土抗剪强度与粘结抗剪强度　　　　　　　　　　　　　　（N/mm²）

| 混凝土强度等级 | | C10 | C15 | C20 | C25 | C30 | C35 | C40 | C45 | C50 | C60 |
|---|---|---|---|---|---|---|---|---|---|---|---|
| 粘结抗剪 | 标准值 $f_{vk}$ | 0.25 | 0.32 | 0.39 | 0.44 | 0.50 | 0.54 | 0.58 | 0.62 | 0.66 | 0.73 |
| | 设计值 $f_v$ | 0.19 | 0.24 | 0.29 | 0.33 | 0.37 | 0.40 | 0.43 | 0.46 | 0.49 | 0.54 |
| 整体抗剪 | 标准值 $f_{vk}$ | 1.25 | 1.70 | 2.10 | 2.50 | 2.85 | 3.20 | 3.50 | 3.80 | 3.90 | 4.10 |
| | 设计值 $f_v$ | 0.90 | 1.25 | 1.75 | 1.80 | 2.10 | 2.35 | 2.60 | 2.80 | 2.90 | 3.10 |

2) 结合面粘结抗剪验算公式

当混凝土粘结抗剪强度不能满足要求时,可通过设置贯通结合面的剪切-摩擦钢筋来提高粘结抗剪能力。根据原中国建筑科学研究院的试验研究,结合面粘结抗剪可按式(6-1)进行验算:

$$\tau = f_v + 0.56\rho_{sv}f_y \tag{6-1}$$

式(6-1)中:$\tau$ 为结合面剪应力设计值;$f_v$ 为结合面混凝土抗剪强度设计值,按表 6-1 取用;$\rho_{sv}$ 为横贯结合面的剪切-摩擦钢筋配筋率,$\rho_{sv} = A_{sv}/(bs)$;$A_{sv}$ 为配置在同一截面贯通钢筋的截面面积;$b$ 为截面宽度;$s$ 为贯通钢筋间距;$f_y$ 为贯通钢筋抗拉强度设计值。

原四川省建筑科学研究院的试验表明,加固前已有纵向裂缝的轴心受压柱,加固后再进行试验,虽然截面满足抗剪要求,但破坏总是最先出现在结合面上,新、旧混凝土分离,加固柱破坏荷载低于整体浇筑成型柱。加固设计中,对此采用共同工作系数予以考虑。共同工作系数一般在 0.8～1.0 之间,并根据构件受力性质、构造处理、施工方法等因素取值。

3) 结合面抗剪强度处理

为了提高结合面的粘结抗剪强度,可对结合面进行处理,以及选择合适的加固混凝土强度等措施。旧混凝土表面的抹灰层均应铲去,旧混凝土质量较好时,应将结合面凿糙,露出石子,或作一般刷糙处理。旧混凝土表面已风化、变质、严重损坏时,一般应尽量清除彻底,直至坚实层为止。在结合面上涂刷界面剂,也是提高粘结抗剪强度一种有效方法,浇筑新混凝土之前,在旧混凝土表面涂刷水泥净浆、掺 107 胶水或铝粉水泥净浆,均能提高粘结强度。新加部分混凝土的强度等级,一般应比原结构混凝土强度等级提高一级,且不得低于现行设计规范的基本要求。

文献[4]总结了新老混凝土结合强度与不同结合工艺之间的关系,具体结果见表 6-2、表 6-3 所示。

表 6-2　新老混凝土结合强度与结合工艺的关系

| 新老混凝土处理方法 | | 相对粘结强度（劈拉）/MPa | 新老混凝土强度 | 备注 |
|---|---|---|---|---|
| 结合面方向 | 垂直(90°) | 1.0 | 新老混凝土同强度 | 河海大学资料 |
| | 倾斜(45°) | 1.49 | | |
| | 水平(0°) | 1.68 | | |

| 新老混凝土处理方法 | | 相对粘结强度<br>(劈拉)/MPa | 新老混凝土强度 | 备注 |
|---|---|---|---|---|
| 老混凝土<br>处理方法 | 小斧砍毛 | 1.0 | 新老混凝土同强度 | 长办科学院资料，括号内为河海大学资料 |
| | 人工凿毛 | 1.11(1.14) | | |
| | 钢丝刷刷毛 | 1.12(1.0) | | |
| | 喷砂枪冲毛 | 1.39 | | |
| 结合面<br>处理方法 | 未处理 | 1.0 | 新老混凝土同强度 | 长办科学院资料 |
| | 刷水泥浆 | 1.14 | | |
| | 铺水泥砂浆 | 1.36 | | |
| | 水泥浆＋砂浆 | 1.56 | | |
| | 水泥浆＋砂浆(掺膨胀剂) | 1.76 | | |
| 新混凝土<br>强度 | 28.4 MPa | 1.0 | 新老混凝土同强度 | 河海大学资料 |
| | 45.4 MPa | 1.17 | 新混凝土强度<br>高于老混凝土 | |

表 6-3　不同结合工艺的新老混凝土结合强度比较

| 编号 | 综　合　工　艺 | 粘结抗拉强度占<br>老混凝土抗拉强度/% |
|---|---|---|
| 1 | ① 老混凝土水灰比 0.6，养护室养护，表面未处理，但呈面干饱和状态；<br>② 新混凝土水灰比 0.6，养护室养护；<br>③ 结合面未处理 | <30 |
| 2 | 老混凝土表面人工凿毛，余同编号 1 | 30～40 |
| 3 | 结合面涂有 1:3 砂浆，余同编号 1 | 40～50 |
| 4 | 老混凝土表面人工凿毛，涂环氧基液，余同编号 1 | 90～100 |
| 5 | 老混凝土表面人工凿毛，涂有 1:2.5 水泥砂浆，新混凝土水灰比 0.4，水中养护，余同编号 1 | 90～100 |
| 6 | 老混凝土表面人工凿毛，涂 1:0.4 水泥净浆或 1:2.5 铝粉水泥砂浆，新混凝土水灰比 0.4，余同编号 1 | 90～100 |
| 7 | 老混凝土表面人工凿毛，涂 1:0.4 水泥净浆，新混凝土水灰比 0.4，水中养护，余同编号 1 | >100 |
| 8 | 老混凝土表面人工凿毛，涂环氧基液，新混凝土水灰比 0.4，余同编号 1 | >100 |

注：表中数据为江苏省水利厅基建局材料实验室资料；粘结抗拉为轴心抗拉试件。

## 6.3 常用加固方法

### 6.3.1 加固方法的选择与要求

混凝土结构构件加固的方法很多,常用的有增大截面加固法、置换混凝土加固法、外粘型钢加固法、粘贴钢板加固法、粘贴纤维增强复合材料加固法、绕丝加固法、钢绞线(钢丝绳)网片-聚合物砂浆加固法、增设支点加固法、预应力加固法以及各种裂缝修补技术等。选择哪一种加固方法,应根据鉴定结论中需加固结构构件在承载力、刚度、裂缝和耐久性等方面不足,并结合各种加固方法的特点和适用范围以及施工的可行性进行选择,且遵循安全可靠、经济合理的原则。例如对于裂缝过大而承载力满足的构件,采用增加配筋的加固方法是不可取的,有效的加固方法是采用预应力加固。对于构件的抗弯刚度不足,可选择增设支点加固法,或增大截面加固法。对于构件承载力不足,且配筋已接近超筋时,不能采用在受拉区增加钢筋的方法,即构件加固完后不能违反现行设计规范中的相关规定。此外,确定加固方法时,还应考虑与之相关的整体效应。例如,避免因局部加固导致结构整体刚度失衡,或破坏了原结构强柱弱梁、强剪弱弯的合理性。在任何类型的工程结构加固中,所选用加固材料必须与原结构能够匹配[5-7]。加固材料属性涉及强度、弹性模量、泊松比、热膨胀系数、结合面粘结力、早期养护收缩、长期蠕变和收缩性能等。对于混凝土,要求粘结力强、收缩性小、宜微膨胀;对于粘结剂和灌浆材料,要求粘结强度高、耐老化、无收缩、无毒。

混凝土结构加固设计中的钢筋选用主要基于以下三点考虑:①在二次受力条件下,具有较高的强度利用率和较好的延性,能较充分地发挥被加固构件新增部分的材料潜力;②具有良好的可焊性,在钢筋、钢板和型钢之间焊接的可靠性能够得到保证;③高强钢材仅推荐用于预应力加固及锚栓连接。由于新加部分的应力、应变始终滞后于原构件中累积应力、应变,当构件达到极限状态时,新加部分可能达不到其自身的极限状态,亦即其能力得到充分发挥。为了解决这个问题,在结构加固时可采取下列措施:①卸荷;②采用预应力加固方法(属于主动加固);③加固用的钢筋,应选用比例极限变形较小的低强度等级钢筋。在加固设计时,采用低强度等级的钢筋作为加固材料,可以提高其强度利用系数。但是,鉴于我国政策的调整,要求推广使用400 MPa、500 MPa级高强热轧带肋钢筋作为纵向受力主导钢筋;用300 MPa级光圆钢筋取代235 MPa级光圆钢筋。所以,在条件许可的情况下,多卸除原结构、构件上的活荷载,以保证新加钢筋能有效地参与工作。

植筋所采用的钢筋应为热轧带肋钢筋,不得采用光圆钢筋。除此之外,承重结构植筋的锚固深度必须经设计计算确定,严禁按短期抗拔试验值或厂商技术手册的推荐值采用。

### 6.3.2 增大截面加固法

增大截面加固法是通过在构件截面外围新浇混凝土,并加配受力钢筋或构造钢筋,以达到提高原构件承载力、刚度、稳定性和抗裂性目的,对于受压构件还可降低其长细比和轴压比。该方法可以用于混凝土梁、板、柱、墙和基础等构件的加固(图6-1~图6-3),特别是原截面尺寸显著偏心及轴压比明显偏高的构件加固。增大截面法加固受弯构件可分为正截面加固和斜截面加固两种情况。对于正截面加固,根据结构构造和受力情况,可选择在受压区或受拉区增设现浇钢筋混凝土层。钢筋混凝土柱的加固方法有四周外包、单面加厚、双面加厚与三面加厚几种形式[8]。

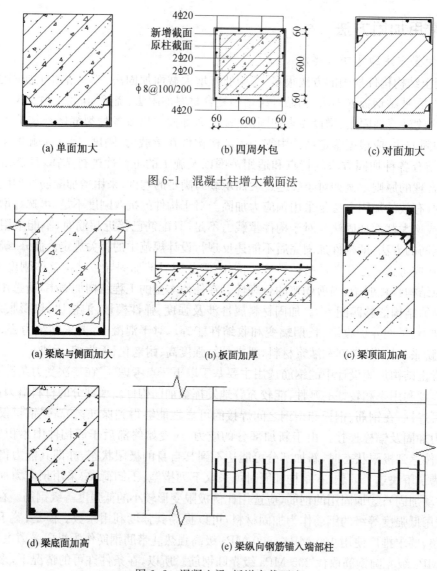

(a) 单面加大　　　　　　(b) 四周外包　　　　　　(c) 对面加大

图 6-1　混凝土柱增大截面法

(a) 梁底与侧面加大　　　　(b) 板面加厚　　　　(c) 梁顶面加高

(d) 梁底面加高　　　　　　(e) 梁纵向钢筋锚入端部柱

图 6-2　混凝土梁、板增大截面法

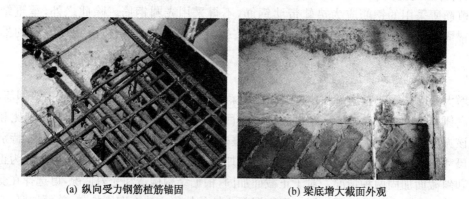

(a) 纵向受力钢筋植筋锚固　　　　(b) 梁底增大截面外观

图 6-3　增大截面法加固施工现场

增大截面加固法施工工艺简单,适应性强、加固费用较低,但是该方法湿作业工作量大,施工养护工期长,构件尺寸的增大可能影响建筑物使用功能和其他构件的受力性能。增大截面加固法是一种传统的加固方法,有着长期的应用经验。其中,新增混凝土层的最小厚度,板不应小于40 mm;梁、柱采用人工浇筑时,不应小于60 mm,采用喷射混凝土施工时,不应小于50 mm。加固用的钢筋,应采用热轧钢筋。板的受力钢筋直径不应小于8 mm;梁的受力钢筋直径不应小于12 mm;柱的受力钢筋直径不应小于14 mm;加锚式箍筋直径不应小于8 mm;U形箍筋直径应与原箍筋直径相同;分布筋直径不应小于6 mm。新增受力钢筋与原受力钢筋的净间距不应小于20 mm,并应采取短筋或箍筋与原钢筋焊接,并应满足相关构造要求。梁的新增纵向受力钢筋,其两端应可靠锚固(图6-2e);柱的新增纵向受力钢筋的下端应伸入基础并应满足锚固要求;上端应穿过楼板与上层柱脚连接或在屋面板处封顶锚固。除此之外,采用增大截面法在提高混凝土构件的承载能力时,应考虑到结构构件加固后其抗侧刚度和重量的增加。若加固构件的数量较多,势必会增加地震效应,这是在制定结构加固方案和计算加固结构时万万不能忽略的[9]。

### 6.3.3 置换混凝土加固法

置换混凝土加固法是剔除原构件中低强度或有缺陷部分的混凝土,同时浇筑同品种但强度等级较高的混凝土进行局部置换,使原构件的承载力得到恢复的一种直接加固法。该方法适用于因施工差错或使用中受高温、冻害、侵蚀、撞击等,引起的局部区域混凝土强度偏低或有严重缺陷的梁、柱等混凝土承重构件。采用置换加固法加固后的结构能恢复原貌,不改变原有结构尺寸,不影响使用空间,但是剔凿原混凝土时易伤及原构件的混凝土及钢筋,局部置换区域(尺度)偏小,浇筑、振捣、养护等施工难度大,质量不宜保证,应采取措施确保施工质量。置换用混凝土的强度等级应比原构件混凝土提高一级,且不应低于C25。置换深度,板不应小于40 mm;梁、柱采用人工浇筑时,不应小于60 mm,采用喷射混凝土时,不应小于50 mm。置换长度应按混凝土强度和缺陷的检测及验算结果确定,但对非全长置换的情况,其两端应分别延伸不小于100 mm的长度。

### 6.3.4 外粘型钢加固法

外粘型钢加固法是在混凝土构件的角部外包型钢、扁钢焊成构架,并在型钢与混凝土构件之间灌注结构胶粘剂,以达到整体受力共同工作的加固方法(图6-4)。最常见的做法是在方形或矩形柱的四角粘贴角钢,并在横向用钢缀板施加约束。该方法适用于柱、梁、板、桁架、墙及框架节点等构件的加固。外粘型钢加固法对构件尺度增加有限,对使用空间影响小,受力可靠,能显著改善原结构承载能力和抗震能力,对构件承载能力的提高幅度没有上限控制。但是,施工要求较高,需要熟练的专业人员施工,外露钢构件应进行防火、防锈、防腐等处理。

图6-4 外粘型钢加固施工现场

采用外粘型钢加固法时，所选用角钢的厚度不应小于 5 mm；角钢的边长，对梁和桁架不应小于 50 mm，对柱不应小于 75 mm。沿梁、柱轴线方向应每隔一定距离用扁钢制作的箍板或缀板与角钢焊接。箍板或缀板截面不应小于 40 mm×4 mm，其间距不应大于 $20r$（$r$ 为单根角钢截面的最小回转半径），且不应大于 500 mm；在节点区，其间距应适当加密。外粘型钢的两端应有可靠的连接和锚固。对柱的加固，角钢下端应锚固于基础中；中间应穿过各层楼板，上端应伸至加固层的上一层楼板底或屋面板底。对梁的加固，梁角钢（或钢板）应与柱角钢相互焊接；对桁架的加固，角钢应伸过该杆件两端的节点，或设置节点板将角钢焊在节点板上。外粘型钢加固梁、柱时，应将原构件截面的棱角打磨成半径 $r \geqslant 7$ mm 的圆角。外粘型钢的注胶应在型钢构架焊接完成后进行。外粘型钢的胶缝厚度宜控制在 3～5 mm，局部允许有长度不大于 300 mm、厚度不大于 8 mm 的胶缝，但不得出现在角钢端部 600 mm 范围内。此外，型钢表面（包括混凝土表面）应抹厚度不小于 25 mm 的高强度等级水泥砂浆（应加钢丝网防裂）作防护层，也可采用其他具有防腐蚀和防火性能的饰面材料加以保护。

上述采用结构胶粘剂粘合原混凝土构件与型钢构架的外粘型钢加固法，也称为湿式外包钢加固法，其属于复合构件范畴。如果不采用结构胶粘剂，或仅用水泥砂浆堵塞混凝土与外包型钢之间缝隙时，称之为无粘结外包型钢加固法，也称为干式外包钢加固法。干式外包钢加固法，由于型钢与原构件之间无有效的粘结，因而其所受的外力，只能按原混凝土柱和型钢的各自刚度进行分配，而不能视为复合构件受力，以致很费钢材，加固效果不如湿式外包钢。近几年来，不少新建工程因质量问题达不到要求也需加固。为了做到结构加固后不影响其设计使用年限，往往选择使用干式外包钢加固法（不采用有机结构胶粘剂）。

### 6.3.5 粘贴钢板加固法

粘贴钢板加固法是采用结构胶粘剂将薄钢板粘贴于混凝土构件的表面，确保外贴钢板与被加固构件可靠粘贴，形成具有整体性的复合截面，以提高其承载力的一种直接加固方法（图 6-5）。该方法适用于钢筋混凝土受弯、斜截面受剪、受拉及大偏心受压构件的加固。

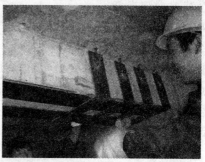

图 6-5　粘贴钢板加固施工现场

构件截面内力存在拉压变化时慎用，处于特殊环境（如高温、高湿、介质侵蚀、放射等）的混凝土结构采用此法时应采取相应的防护措施和专门的胶粘剂，通常环境温度不应高度 60℃。粘贴钢板加固法施工简便快捷，原构件自重增加小，不改变结构外形，不影响建筑使用空间，但是存在有机胶的耐久性和耐火性问题。此外，钢板还需要进行防腐、防火处理。

粘贴钢板加固不适用于素混凝土构件，包括纵向受力钢筋配筋率低于现行国家标准《混凝土结构设计规范》（GB 50010）规定的最小配筋率的构件加固，目的是为了防止结构加固部分意外失效(如火灾或人为破坏等)。英、美等国有关结构加固设计的规程和指南要求使用胶粘剂或其他聚合物加固方法时,其原结构、构件必须具有一定的承载能力,以便在加固部分意外失效时能继续承受永久荷载和少量可变荷载的作用,从而为救援争取时间。此外,被加固的混凝土结构构件,其现场实测混凝土强度等级不得低于C15,且混凝土表面的正拉粘结强度不得低于1.5 MPa。如果原结构混凝土强度过低,它与钢板的粘结强度也必然很低。此时,极易发生呈脆性的剥离破坏。

采用手工涂胶粘贴的钢板厚度不应大于5 mm,采用压力注胶粘贴的钢板厚度不应大于10 mm。对钢筋混凝土受弯构件进行正截面加固时,其受拉面沿构件轴向连续粘贴的加固钢板宜延长至支座边缘,且应在钢板的端部(包括截断处)及集中荷载作用点的两侧,设置U形钢箍板(对梁)或横向钢压条(对板)进行锚固。对粘贴的钢板延伸至支座边缘仍不能满足安全性要求时,应采取相应的U形箍和钢压条锚固措施。当采用钢板对受弯构件负弯矩区进行正截面承载力加固时,如果被加固梁顶面无障碍时,则钢板可以直接粘贴在加固梁的顶面(图6-6a);如果有障碍时,但梁上有现浇板,则可以将钢板绕过柱位,在梁侧4倍板厚范围的翼缘板上粘贴(图6-6b)。

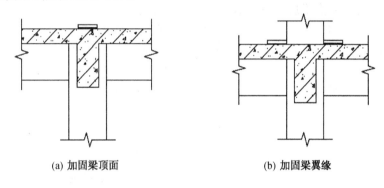

(a) 加固梁顶面                    (b) 加固梁翼缘

图6-6  梁端负弯矩加固粘贴钢板

### 6.3.6  粘贴纤维增强复合材料加固法

粘贴纤维增强复合材料加固法是采用结构胶粘剂将纤维增强复合材料粘贴于混凝土构件的表面,确保外贴复合材料与被加固构件可靠粘贴,使之形成具有整体性的复合截面,以提高其承载力和延性的一种直接加固方法(图6-7)。该方法适用于钢筋混凝土受弯、受压及受拉构件的加固。外贴纤维增强复合材料加固钢筋混凝土结构构件时,应将纤维(纤维板除外)受力方式设计成仅承受拉应力作用。处于特殊环境(如高温、高湿、介质侵蚀、放射等)的混凝土结构采用此法时应采取相应的防护措施和专门的胶粘剂,通常环境温度不应高度60℃。粘贴纤维增强复合材料加固法具有轻质高强、施工简便,可曲面或转折粘贴,加固后基本不增加原构件重量,不影响结构外形等优点。但是,该方法存在有机胶的耐久性和耐火性问题,以及纤维增强复合材料的有效锚固问题。目前最常用的纤维增强复合材料有碳纤维(CFRP)、玻璃纤维(GFRP)和芳纶纤维(AFRP)三种形式。在图6-7a中,为了提高板底粘贴纤维布加固后涂抹粉刷层的粘结效果,通常在纤维布的表面附上一层石英砂,增加接触面的粗糙度。

粘贴纤维增强复合材料加固法同粘贴钢板一样,不适用于素混凝土构件,包括纵向受力钢筋配筋率低于现行国家标准《混凝土结构设计规范》(GB 50010)规定的最小配筋率的构件加固。被加固的混凝土结构构件,其现场实测混凝土强度等级不得低于C15,且混凝土表面的正拉粘结强度不得低于 1.5 MPa。

 (a) 板底加固　　　　　　　　　　　　(b) 板端负弯矩处加固

图 6-7　粘贴碳纤维布加固施工现场

当采用纤维增强复合材料的环向围束对钢筋混凝土柱进行正截面加固或提高延性的抗震加固时,环向围束的纤维布层数对于圆形截面不应少于 2 层,对于正方形和矩形截面柱不应少于 3 层;环向围束上下层之间的搭接宽度不应小于 50 mm,纤维布环向断点的延伸长度不应小于 200 mm,且各条带搭接位置应相互错开。当采用环形箍、U 形箍或环向围束加固正方形和矩形截面构件时,其截面棱角应在粘贴前通过打磨加以圆化。梁的圆化半径,对碳纤维布不应小于 20 mm,对玻璃纤维布不应小于 15 mm;柱的圆化半径,对碳纤维布不应小于 25 mm,对玻璃纤维布不应小于 20 mm。粘贴纤维增强复合材料加固法的其他相关构造要点基本类似于粘贴钢板加固法。这里需要强调的有以下两点[10]:①采用纤维增强复合材料加固矩形截面柱时,拐角的圆化半径对外包纤维材料的利用率影响很大。当不进行拐角圆化处理时,纤维材料的抗拉强度利用率相对约束圆形截面仅为 55% 左右。因此,在条件允许的情况下,尽可能地增大拐角的圆化半径。②采用纤维增强复合材料除了可以提高轴心、小偏心受压 RC 柱的承载力之外,还可以提高 RC 柱的轴压比限值。也就是说,当 RC 柱的承载力满足设计要求,仅轴压比限值不满足时,可以通过横向外包纤维增强复合材料进行加固。

由于目前还缺乏对纤维增强复合材料加固梁验算其刚度和裂缝宽度成熟的研究成果,现行《混凝土结构加固设计规范》未给出混凝土梁加固后正常使用阶段宽度和刚度的验算方法。为了控制加固后构件的裂缝宽度和变形不致过大,规范对加固后受弯承载力的提高幅度作了限制,规定加固后受弯承载力的提高幅度不应超过原梁承载力的 40%;并应验算其受剪承载力,以避免因受弯承载力提高后而导致受剪破坏先于受弯破坏。

### 6.3.7　绕丝加固法

绕丝加固法是通过缠绕退火钢丝使被加固的受压构件混凝土受到约束作用,从而提高其极限承载力和延性的一种直接加固方法。该方法主要适用于位移延性不足混凝土柱的抗震加固,也可在新浇柱的混凝土强度达不到要求时使用,因为它可以提高混凝土强度 1~2 级。绕丝加固法基本不改变构件外形和使用空间,加固后自重增加较少,但是工艺复杂,限制条件较多,对非圆形构件作用效果降低。

采用此法加固时,若柱的截面为矩形,其长边尺寸与短边尺寸之比应不大于 1.5、截面高估应不大于 600 mm,且柱四角保护层应凿除,并打磨成圆角,圆角的半径不应小于

30 mm。绕丝的间距应分布均匀,对于重要构件,应不大于 15 mm;对一般构件,应不大于 30 mm;钢丝在端部应与原构件主筋焊牢并宜采用扁钢箍锚固。

### 6.3.8 钢绞线(钢丝绳)网片-聚合物砂浆加固法

钢绞线(钢丝绳)网片-聚合物砂浆加固法是将小直径钢丝绳网片(钢绞线网片)敷设并固定于被加固构件部位,再在其表面喷涂约 30 mm 厚聚合物改性水泥砂浆面层,固化后形成整体受力的加固方法。适用于钢筋混凝土受弯、受剪、受拉及受压构件的加固。钢绞线(钢丝绳)网片-聚合物砂浆加固法,可显著提高构件承载力和刚度,同时对被加固构件尺寸增加较小,因此对结构自重增加不大,也不明显影响建筑物原有使用空间。但是,该方法存在高强材料强度发挥及锚固问题,该技术于 20 世纪 90 年代开始从韩国引进,但应用不多。

钢绞线网片与被加固构件之间应采用配套膨胀螺栓及 U 形卡具附加锚固。钢绞线网片表面聚合物砂浆外加层的厚度,不应小于 25 mm,也不宜大于 35 mm;当采用镀锌钢绞线时,其保护层厚度不应小于 15 mm。

### 6.3.9 增设支点加固法

增设支点加固法是通过增设支承点来减小结构计算跨度,达到减小结构内力及相应提高结构承载力的加固方法。该方法具有受力明确,简便可靠,且易拆卸、复原的优点,具有文物和历史建筑加固要求的可逆性,适用于对使用空间和外观效果要求不高的梁、板、桁架、网架等水平结构构件加固。

增设支点加固法按支承结构的受力性能不同可分为刚性支点加固法和弹性支点加固法两种,前者不需要考虑支承构件自身的变形。设计支承结构或构件时,宜采用有预加力的方案。预加力的大小,应以支点处被支顶构件表面不出现裂缝和不增设附加钢筋为度。制作支承结构和构件的材料,应根据被加固结构所处的环境及适用要求确定。当在高湿度或高温环境中使用钢构件及其连接时,应采用有效的防锈、隔热措施。需要强调的是,采用增设支点加固法新增的支柱、支撑,其上端应与被加固的梁可靠连接,其下端应与基础或梁、柱有可靠连接,确保有效传力。在具体连接时,根据是否采用浇筑混凝土分为湿式连接和干式连接两种。

### 6.3.10 预应力加固法

预应力加固法是通过施加体外预应力,使原结构、构件的受力得到改善或调整的一种间接加固方法。该方法适用于原构件刚度偏小,改善正常使用性能,提高极限承载能力的梁、板、柱和桁架的加固。通过施加体外预应力,可有效解决后加材料的应力和应变滞后的问题,原结构杆件内力可相应降低。预应力加固法相对于前面的加固方法(被动加固法),其属于主动加固法。该方法基本不影响结构使用空间,便于在结构使用期内检测、维护和更换,但是其设计、施工工艺比较复杂,新增的预应力拉杆、撑杆、缀板以及各种紧固件和锚固件等均应进行可靠的防腐处理。

采用外加预应力方法加固混凝土结构时,应根据被加固构件的受力性质、构造特点和现场条件,选择适用的预应力方法:①对正截面受弯承载力不足的梁、板构件,可采用预应力水平拉杆进行加固;正截面和斜截面均需加固的梁式构件,可采用下撑式预应力拉杆进行加固。若工程需要,且构造条件允许,也可同时采用水平拉杆和下撑式拉杆进行加固。②对受压承载力不足的轴心受压柱、小偏心受压柱以及弯矩变号的大偏心受压柱,可采用双侧预应力撑杆进行加固;若弯矩不变号,也可采用单侧预应力撑杆进行加固。③对桁架中承载力不足的轴心受拉构件和偏心受拉构件,可采用预应力拉杆进行加固;对受拉钢筋配置不足的大偏心受压柱,也可采用预应力拉杆进行加固。

体外预应力加固技术的基本原理是充分利用了混凝土的抗压性能,通过体外预应力钢筋对梁体施加预压应力,用以全部或部分抵消梁体受弯矩作用之后截面的拉区应力。因此,体外预应力加固更适合于混凝土强度比较高的梁。对于混凝土强度较低的梁,一般不宜采用体外预应力加固的方法,而应通过增补钢筋或加大截面等方法处理[11]。

需要强调的是,体外预应力结构体系不同于传统的体内无粘结预应力,体内无粘结预应力束布置在结构内部的预留孔道里面。虽然每个截面上预应力筋的应变与周围混凝土的应变不协调,但是预应力筋沿构件长度在截面的相对位置上是不变的,与构件的挠度变形无关。体外预应力结构体系仅在锚固点和转向块处预应力束在构件截面上的相对位置不变,在其他位置上预应力束对截面的偏心距随着构件的变形而发生变化,由此产生体外预应力的二次效应。由于二次效应的存在,体外预应力梁的承载力、刚度、频率及其裂缝的宽度和发展就不同于体内的有粘结或无粘结预应力情况。影响二次效应的因素有很多,如转向块的个数和位置、预应力筋的布置、梁的跨高比和有效预应力的大小等。相关试验研究表明[12],体外预应力是一种加固和修复混凝土构件很有效的技术,通过施加适量的体外预应力筋可使梁的名义抗弯强度提高到146%;体外预应力可以很有效地控制剧烈荷载条件下混凝土受弯构件的开裂,明显地减小由循环疲劳荷载而产生的工作荷载挠度。此外,体外预应力可以明显地减小混凝土构件内部受拉钢筋的平均应力和应力范围,这样就提高了混凝土受弯构件的疲劳寿命。

### 6.3.11 结构体系加固法

结构体系加固法是一种针对混凝土结构的整体缺陷采用新增一定结构构件(如剪力墙及侧向支撑)或设施(如阻尼器)的办法,来改进与完善原有结构体系或形成较合理的新体系,提高结构整体承载力、刚度和延性,以满足现行相关规范的方法。该方法适用于因概念设计不合理、不规范的多、高层建筑及工业厂房建筑结构加固与抗震加固。结构体系加固法能够大幅度地提高结构的整体性和抗震能力。

此外,对于全装配式混凝土结构房屋的周边、纵向、横向以及竖向可增设相应的拉结体系,以增强结构的整体性和超静定性,提高房屋的抗连续倒塌性能。但是,新增拉结体系可能影响原房屋的使用功能。

## 6.4 植筋技术

作为结构工程学科的一个分支,后锚固技术(包括植筋和锚栓)是实施结构加固的重要技术手段之一。植筋技术是在原有结构上需要改造并布置钢筋的部位利用结构胶使新增的钢筋与混凝土粘结牢固,使新增锚固件能发挥设计所期望的性能。由于植筋工艺简单、适应性强、节省工期等优点,其在加固工程中得到广泛应用。下面结合《混凝土结构加固设计规范》编制组的相关资料对此进行介绍。

1) 植筋技术的特点

在建筑工程中,应用结构胶等粘结剂对各类新旧建筑构件进行连接、补强、维修、加固,植筋技术较传统的方法有以下诸多优点:①结构胶能将不同性质的材料牢固地粘结在一起,这是胶结法所特有的优点,是传统的连接方法无法比拟的。②结构胶的粘结强度高,固化后本身的强度大大超过混凝土,良好的耐水性和耐介质性能,能满足各种使用要求。③由于杆件通过化学粘合固定,不但对基材不会产生膨胀破坏,而且对结构有补强作用,适宜边距、间距小的部位,施工简便、迅速、安全,是建筑工程中钢筋混凝土结构变更、追加、加固的有效方法。④胶粘加固的构件,不仅比其他材料锚固的构件在连接处受力要均匀,且耐疲劳、抗裂性、整体性好。⑤用结构粘结剂连接、补强、加固构件的工艺简单、操作方便、效率高、工期短、成本低、效果好。⑥结构胶固化时间短,最快的在夏季高温环境中仅 20～50 min 即可承受荷载进入下一工序,甚至可以投入使用。

2）植筋破坏模式的控制

混凝土上植筋的破坏模式主要可分为五种形式(图 6-8):(a)混凝土浅锥体破坏;(b)混凝土/胶粘结破坏;(c)钢筋/胶粘结破坏;(d)胶/混凝土和钢筋/胶粘结破坏;(e)钢筋破坏。在以上五种破坏模式中,仅允许按第五种破坏模式进行植筋设计。同时,为了确保发生钢筋破坏,还必须采取加密箍筋等措施防止混凝土发生劈裂破坏。

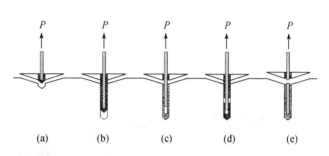

图 6-8　混凝土植筋的破坏模式

3）植筋的用胶

植筋用的胶粘剂必须采用改性环氧类结构胶粘剂或改性乙烯基酯类结构胶粘剂,应采用 A 级胶。此外,所采用结构胶粘结剂的质量和性能应符合相关规范要求。对锚固型结构胶的应用,不论是慢固化胶,还是快固化胶,应特别注意的是对承重结构的植筋,不得使用不饱和聚酯胶,也不得使用所谓的无机锚固剂或水泥卷。无机锚固剂(包括水泥卷)在植筋中应用属于物理固定,它与化学固定(如胶粘剂锚固)相比,具有下列缺点:①不耐冻融循环作用。②不耐振动和震动。③不耐疲劳作用。④不耐冲击。⑤抗扭性能差。⑥使用膨胀剂,后期存在回缩问题。另外,在火灾中用水泥砂浆类锚固剂植筋的构件,其锚固部位的钢筋更易被拔出。

4）植筋技术的使用条件

植筋技术只能用于钢筋混凝土结构、构件,而不能用于素混凝土构件。之所以这么规定,主要是因为钢筋混凝土中配有箍筋。当箍筋间距不超过 100 mm,且箍筋直径和混凝土保护层厚度能满足《混凝土结构设计规范》(GB 50010)的规定时,它能起到防止混凝土劈裂的约束作用。

5）关于植筋设计中应考虑的混凝土劈裂问题

在结构加固改造工程中,植筋主要用于接长原有的梁、板和柱子,特别是后加的各种挑梁和大厦门厅的巨型挑檐。在这些应用场合中,植的都不是单根筋,而是成组的群筋。其工作性能和破坏模式均与单筋不同,而且极容易受原构件混凝土劈裂的影响。为了确定植筋锚固深度的设计计算方法及其工作的可靠性,《混凝土结构加固设计规范》编制组与国内有关高校以及两家国外研究机构合作,分别对采用植筋技术接长梁、板的可靠性问题进行了试验研究。试验结果表明,只有当植筋的锚固深度达到计算确定的深度,且有足够的箍筋时,试验梁才能出现类似预埋钢筋梁的裂缝形式,钢筋才能首先屈服(图6-9),从而也才能防止混凝土首先劈裂破坏。试验梁的破坏形态表明,植筋搭接范围内,必须加密箍筋的间距;当箍筋间距不超过100 mm时,才能防止混凝土劈裂破坏的发生,在既有结构中,若增补箍筋有困难,可考虑采用碳纤维围束进行加固。

(a) 8 d

(b) 10 d

(c) 12 d

(d) 20 d

(e) 25 d

图6-9 植筋搭接梁的破坏形态

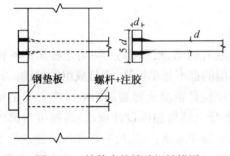

图6-10 植筋中的辅助机械锚固

6)关于植筋设计中的锚固长度

植筋在加固设计时,往往会遇到植筋的锚固长度超过被锚固端部的构件尺寸。例如梁底增大截面法,底部新增钢筋的锚固长度超过端部柱的截面尺寸。此时,可以通过辅助机械锚固来实现(图6-10),即所植钢筋穿过构件,在其端部采用焊接或螺帽等有效锚固措施。

## 6.5 裂缝处理方法

1）处理技术分类

混凝土裂缝的处理技术分为裂缝修复和裂缝修补两类,其所起的作用可概括为5个方面:①抵御诱发钢筋锈蚀的介质侵入,延长结构实际使用年数;②通过补强保持结构、构件的完整性;③恢复结构的使用功能,提高其防水、防渗能力;④消除裂缝对人们形成的心理压力;⑤改善结构外观。但其中只有采取裂缝修复的专门方法才能起到补强和恢复构件整体性的作用。当裂缝处理部位有水压力时,还必须采取疏导水压与封闭并重的方法来处理才能解决问题(如过江隧道的混凝土裂缝处理)。

2）处理依据

裂缝的处理必须以结构可靠性鉴定结论为依据。因为它通过现场调查、检测和分析,对裂缝起因、属性和类别作出判断,并根据裂缝的发展程度、所处的位置与环境对受检裂缝可能造成的危害进行鉴定。据此,才能有针对地选择适用的处理方法进行防治。另外,需要说明的是,当遇到对裂缝的注胶防治有补强要求时,应特别注意考察裂缝所处环境的潮湿程度,若湿度很大或无法确定混凝土内部湿度时,必须从严处理,亦即应选用耐潮湿的改性环氧类修补液,并应在注胶完全固化后取芯样,进行劈裂抗拉试验检验,才能确定处理的效果。

3）裂缝分类

混凝土结构的裂缝依其形成可以分为以下三类:①静置裂缝:形态、尺寸和数量均已稳定不再发展的裂缝。修补时,仅需依裂缝粗细选择修补材料和方法。②活动裂缝:宽度在现有环境和工作条件下始终不能保持稳定、易随着结构构件的受力、变形或环境温、湿度的变化而时张、时闭的裂缝。修补时,应先消除其成因,并观察一段时间,确认已稳定后,再依静置裂缝的处理方法修补;若不能完全消除其成因,但确认对结构、构件的安全性不构成危害时,可使用具有弹性和柔韧性的材料进行处理。③尚在发展的裂缝:长度、宽度或数量尚在发展,但经历一段时间后将会终止的裂缝。对此类裂缝应待其停止发展后,再进行修补或加固,否则达不到修补或加固的目的。

4）裂缝的处理方法应符合下列规定

①表面封闭法:利用混凝土表层微细独立裂缝(裂缝宽度 $w \leqslant 0.2$ mm)或网状裂纹的毛细作用吸收低黏度且具有良好渗透性的修补胶液,封闭裂缝通道。对楼板和其他需要防渗的部位,尚应在混凝土表面粘贴纤维复合材料以增强封护作用。②注射法:以一定的压力将低黏度、高强度的裂缝修补胶液注入裂缝腔内;此方法适用于 $0.1$ mm $\leqslant w \leqslant 1.5$ mm 静止的独立裂缝、贯穿性裂缝以及蜂窝状局部缺陷的补强和封闭。注射之前,应按产品说明书的规定,对裂缝周边进行密封。③压力注浆法:在一定时间内,以较高压力(按产品使用说明书确定)将修补裂缝用的注浆料压入裂缝腔内;此法适用于处理大型结构贯穿性裂缝、大体积混凝土的蜂窝状严重缺陷以及深而蜿蜒的裂缝。④填充密封法:在构件表面沿裂缝走向骑缝凿出槽深和槽宽分别不小于 $20$ mm 和 $15$ mm 的 U 形沟槽;当裂缝较细时,也可凿成 V 形沟槽。然后用改性环氧树脂或弹性填缝材料充填,并粘贴纤维复合材料以封闭其表面(图 6-11);此法适

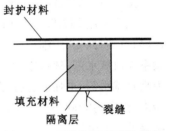

图 6-11 裂缝处开 U 形沟槽充填修补材料示意图

用于处理 $w>0.5$ mm 的活动裂缝和静止裂缝。填充完毕后，其表面应作防护层。此外，当为活动裂缝时，槽宽应按不小于 15 mm+5 $t$ 确定，$t$ 为裂缝最大宽度。

## 6.6　水泥基渗透结晶型防水材料的应用

水泥基渗透结晶型防水材料是以硅酸盐水泥或普通硅酸盐水泥、石英砂等为基材，掺入活性化学物质组成的一种典型的刚性防水材料。该材料中含有的活性化学物质通过载体向混凝土内部渗透，在混凝土中与水泥水化产物等发生反应形成不溶于水的结晶体，堵塞毛细孔道，从而使混凝土致密、防水。水泥基渗透结晶型防水材料是德国化学家路易斯·杰逊在1942年发明的，原本主要用于地下混凝土结构的外表面防水。我国 20 世纪 80 年代引进水泥基渗透结晶型防水材料，开始应用于上海地铁工程。2002 年《水泥基渗透结晶型防水材料》(GB 18445—2001)国家标准开始实施以后，水泥基渗透结晶型防水材料开始广泛应用于水工、隧道、地下、民用建筑等防水工程中，人们对其已不再陌生。水泥基渗透结晶型防水材料一般 7 d 的强度等级可以达到 C30~C40。

水泥基渗透结晶型防水材料能增强混凝土耐久性。根据美国 1981 年 ASTM C39"抗压强度试验"，和我国吉林省水利科学研究所"渗入式结晶高效防渗材料 XYPEX(赛柏斯)的应用研究试验报告"表明：经过 XYPEX 处理的试样的抗压强度比未处理的试样提高20%~29%。XYPEX 能防止化学腐蚀、防止冻融循环对混凝土的破坏，并对钢筋起保护作用。根据 ASTM C267-77 进行的"砂浆对化学物质的阻抗试验"，XYPEX 在广泛的范围内不受化学物质(包括酸性物质、氯化物和碱性物质)的腐蚀。其耐酸碱程度是：长期接触 pH值 3.0~11.0；间歇性接触 pH 值 2.0~12.0。根据美国 ASTM C672-76"标定混凝土表面暴露于除冰化学物质的抗剥落能力标准测试法"，和明尼苏达州运输部"评定混凝土表面涂层的方法"所完成的试验，表明 XYPEX 不仅防水而且防止化学物质、盐类及其他有害物质的入侵。对混凝土构件小于 0.4 mm 的裂缝可通过结晶体充填、愈合密封，所以它能提高混凝土对钢筋的保护作用，还可防止碱骨料反应、冻融循环引起的剥落、风化和其他损害，抗冻融循环超过 300 次。XYPEX 不要求混凝土表面干燥，而是要求必须潮湿，可以对渗水或出水面立即施工，在新建的或正在建的混凝土结构无须等它干燥即可使用。也可以拌入混凝土或水泥砂浆中与施工同步使用和同步养护。XYPEX 起到加速水泥水化结晶，提高混凝土强度，减少或避免混凝土发生裂缝，从而节省了工期和劳力。XYPEX 处理过的混凝土结构，其表面可以接受油漆、环氧树脂、水泥灰浆、石灰膏、砂浆等材料的涂层。XYPEX 在施工中不需要表面找平的准备工作；对于拐角处、边缘处可直接涂刷；XYPEX 涂层彻底凝固后，不怕磕碰、不怕穿刺、不怕撕裂。

文献[13]通过混凝土强度和抗渗试验来研究水泥基渗透结晶型材料对混凝土的修复效果。试验采用 PO42.5 普通硅酸盐水泥；粗骨料采用平均粒径范围为 5~25 mm 的连续级配碎石；细骨料选用细度模数为 2.5、平均粒径范围为 0.63~5 mm 的河砂；减水剂为粉体萘系高效减水剂，减水率为 25%；水泥基渗透结晶型防水材料为自行研究的产品，主要成分为高效减水剂、早强剂、活性阴离子催化剂、水泥和石英砂等，按一定比例配制，外观为灰色粉末，密度为 2 000~2 100 kg/m³。基准混凝土设计为 C30，其配合比和物理力学性能检测结果见表 6-4。

表 6-4  基准混凝土的配合比(kg/m³)和物理力学性能

| | |
|---|---|
| 水泥 | 340 |
| 水 | 163 |
| 砂 | 625 |
| 石子 | 1 529 |
| 减水剂 | 2.1 |
| 3 d 抗压强度/MPa | 30.7 |
| 28 d 抗压强度/MPa | 34.8 |
| 坍落度/cm | 15.4 |

试验过程中,按照表6-4所示的配合比制备出两种混凝土试块:一种是作为对比使用的标准混凝土试块;另一种是在新拌混凝土浇注过程中分别插入 0.3 mm 和 0.6 mm 厚的薄片,待混凝土有一定的强度后将薄片拔出,在硬化混凝土中预留两种不同宽度的裂缝。在混凝土成型硬化 7 d 后,在带裂缝的表面涂抹水泥基渗透结晶型材料浆体,水泥基渗透结晶型材料浆体的水灰比根据目测确定,约为 0.25,保证浆体具有良好的流动状态,不能过干和过稀。试块一直在标准养护条件(温度为 20℃±2℃,相对湿度为 95% 以上)下养护到规定测试龄期。

各项试验数据列于表6-5中。由表6-5可知,带裂缝试块的 28 d 抗压强度和渗透压力均低于标准试块。其中,大裂缝试块的抗压强度约为标准试块的 91%,渗透压力约为标准试块 55%。小裂缝试块的抗压强度约为标准试块的 93%,渗透压力约为标准试块 64%。说明裂缝降低了混凝土抗压强度和抗渗性能,并且随着裂缝宽度的增加,其抗压强度和抗渗性能降低得越明显。带有裂缝的试块涂刷上水泥基渗透结晶型材料浆体后,其抗压强度比未修复试块有所提高,提高幅度为 4% 左右。试块经水泥基渗透结晶型材料修复后,大裂缝试块抗压强度与标准试块相差 1.9 MPa,小裂缝试块抗压强度与标准试块相差 1.3 MPa。由此可知,混凝土的裂缝越小,水泥基渗透结晶型材料对混凝土的修复效果越好。实际上,水泥基渗透结晶型材料对小于 0.4 mm 的微裂缝可进行自我修复,具有独特的自我修复能力。

表 6-5  各试块的试验数据

| 项　目 | 28 d 抗压强度/MPa | 渗透压力/MPa | 抗渗等级 |
|---|---|---|---|
| 标准试块 | 34.8 | 1.1 | P10 |
| 大裂缝试块(修复前) | 31.6 | 0.6 | P5 |
| 小裂缝试块(修复前) | 32.4 | 0.7 | P6 |
| 大裂缝试块(修复后) | 32.9 | 1.0 | P9 |
| 小裂缝试块(修复后) | 33.5 | 1.0 | P9 |

比较带有裂缝的试块经水泥基渗透结晶型材料修复前后的抗渗性能可知,修复后的混凝土抗渗等级与标准混凝土抗渗等级很接近,大、小裂缝试块的渗透压力均达到了 1.0 MPa,比修复前分别提高了 67% 和 43%。因此,水泥基渗透结晶型材料修复对带裂缝混凝土的抗渗性能有很大幅度的提高,起到了抗渗堵漏的作用。

## 6.7　主要加固方法试验研究简介

### 6.7.1　增大截面加固法试验研究

文献[14]对增大截面和外包碳纤维布复合加固锈蚀钢筋混凝土的抗震性能进行了试验研究。试验共制作了 11 根钢筋混凝土柱试件,原试件截面尺寸为 200 mm×200 mm,长度为 1 500 mm,剪跨比为 2.75。纵筋采用 HRB335 热轧带肋钢筋,直径 14 mm,对称布置,每侧 2 根;箍筋采用 HPB235 热轧光圆钢筋,直径 8 mm,间距 100 mm。混凝土的实测抗压强度为 44.8 MPa。加固后试件截面尺寸为 280 mm×200 mm,长度为 1 500 mm,剪跨比为 1.96。加固新增纵筋为 HRB335 热轧带肋钢筋,直径为 14 mm、16 mm;箍筋采用 HPB235 热轧光圆钢筋,直径 8 mm,间距 100 mm;实测新浇筑混凝土抗压强度为 32.7 MPa。钢筋的锈蚀量、轴向荷载与加固方式见表 6-6 所示,其中试件 B223 植筋用纵筋的直径为 16 mm,其余试件植筋用纵筋的直径为 14 mm。

表 6-6　试件参数与轴向荷载

| 试件编号 | 钢筋锈蚀重量损失率/% | 轴向荷载/kN | 加固方式 |
|---|---|---|---|
| A0 | 0 | 420 | 对比试件 |
| B121 | 19.56 | 180 | 植筋,浇筑新混凝土,外包一层碳纤维布 |
| B2 | 19.17 | 300 | 对比试件 |
| B21 | 16.50 | 300 | 植筋,浇筑新混凝土 |
| B221 | 18.80 | 300 | 植筋,浇筑新混凝土,外包一层碳纤维布 |
| B222 | 17.20 | 300 | 植筋,浇筑新混凝土,外包两层碳纤维布 |
| B223 | 16.89 | 300 | 植筋,浇筑新混凝土,外包一层碳纤维布 |
| B3 | 16.80 | 420 | 对比试件 |
| B321 | 16.70 | 420 | 植筋,浇筑新混凝土,外包一层碳纤维布 |
| C2 | 12.49 | 300 | 对比试件 |
| C221 | 9.30 | 300 | 植筋,浇筑新混凝土,外包一层碳纤维布 |

试件的特征荷载、延性和耗能见表 6-7 所示。由此可以得到以下结论:①增大截面和碳纤维布复合加固是一种非常有效的抗震加固措施,大大提高了试件的极限承载能力,增大了试件的延性,增强了试件的耗能能力。②复合加固试件与单用增大截面法加固的试件相比,约束区混凝土具有更大的极限应变,试件的极限承载能力有所增加,构件的延性有明显的增强。③轴压比、加固钢筋用量和碳纤维布用量是影响复合加固试件滞回性能的重要参数。随着钢筋用量的增加,试件的极限荷载逐渐增大;随着碳纤维布用量增加,试件的极限荷载有所增加、延性改善明显。

表 6-7　试件特征荷载、延性和耗能

| 试件编号 | 屈服位移 $\Delta_y$/mm | 屈服荷载 $P_y$/kN | 极限位移 $\Delta_u$/mm | 极限荷载 $P_u$/kN | 延性系数 $\Delta_u/\Delta_y$ | 极限位移转角 $\theta$/rad | 累积耗能 /(kN·m) | 平均耗能系数 |
|---|---|---|---|---|---|---|---|---|
| A0 | 2.1 | 160.66 | 7.50 | 190.87 | 3.60 | 0.013 | 5.23 | 5.17 |
| B121 | 2.1 | 268.16 | — | 317.40 | — | — | — | — |

| 试件编号 | 屈服位移 $\Delta_y$/mm | 屈服荷载 $P_y$/kN | 极限位移 $\Delta_u$/mm | 极限荷载 $P_u$/kN | 延性系数 $\Delta_u/\Delta_y$ | 极限位移转角 $\theta$/rad | 累积耗能/(kN·m) | 平均耗能系数 |
|---|---|---|---|---|---|---|---|---|
| B2 | 1.9 | 153.10 | 6.80 | 164.91 | 3.58 | 0.012 4 | 4.44 | 3.4 |
| B21 | 1.9 | 245.81 | 13.10 | 303.10 | 6.89 | 0.023 | 21.15 | 4.53 |
| B221 | 2.0 | 252.30 | 20.25 | 321.46 | 10.13 | 0.035 5 | 136.88 | 19.38 |
| B222 | 2.3 | 271.80 | 25.90 | 364.20 | 11.25 | 0.045 4 | 279.52 | 26.3 |
| B223 | 2.1 | 291.10 | 12.77 | 373.80 | 6.08 | 0.022 4 | 53.2 | 8.29 |
| B3 | 1.6 | 135.20 | 4.74 | 173.20 | 2.96 | 0.008 6 | 3.73 | 5.75 |
| B321 | 3.3 | 315.62 | 17.40 | 371.90 | 5.88 | 0.030 5 | 78.316 | 7.16 |
| C2 | 2.6 | 135.42 | 12.23 | 167.80 | 4.70 | 0.022 | 8.59 | 3.25 |
| C221 | 2.4 | 307.76 | 19.53 | 361.18 | 8.14 | 0.034 5 | 105.85 | 13.03 |

文献[15]对增大截面法加固震损钢筋混凝土框架的抗震性能进行了试验研究,共完成4榀两层双跨钢筋混凝土框架模型(1榀为对比框架,1榀为直接加固框架,另外2榀进行不同程度的预损后采用增大截面法进行加固)的低周往复破坏试验,模型比例为1∶2。模型层高为1.5 m,总高为3 m,每跨长为2.1 m,梁截面为120 mm×200 mm,柱截面为200 mm×200 mm。考虑楼板效应,梁的翼缘厚度为60 mm、两边外挑出200 mm。试验前对2榀框架进行预损,预损的方式是采用低周往复试验模拟震损。其中一榀框架模型控制最后一级加载时顶点位移30 mm、位移角1/100,模拟中震时中度损伤;此时模型框架结构进入屈服状态,底层的柱端和上层、下层的梁端均有裂缝,最大裂缝宽度约0.3 mm。另外一榀框架模型控制最后一级加载时顶点位移60 mm、位移角1/50,模拟大震时严重损伤;此时底层和二层框架柱均严重开裂,底层柱下端和各层梁端产生明显的塑性铰特征的裂缝分布,梁端裂缝宽度已达到2.5~3.0 mm,柱下端的裂缝宽度达到1.5 mm。在预损的过程中,框架柱的轴压比保持为0.4,各试件的编号和加固方式见表6-8所示。框架的加固配筋符合抗震构造,柱纵筋通过植筋与基础锚固并穿过楼层,梁纵筋通过钻孔穿过柱并在孔内注植筋胶。为加强柱纵筋与基础的锚固,柱脚设高为200 mm的配筋混凝土柱墩。原型框架的实测混凝土立方体抗压强度平均值为27.8 MPa;加固混凝土材料采用掺粗骨料的灌浆料,试验得到其轴心抗压强度标准值为46.0 MPa。

表 6-8 试件一览表

| 编号 | 预损位移角 | 加固方式 | 备注 |
|---|---|---|---|
| CF | — | — | 原型框架 |
| SK1 | — | 框架柱扩大截面:双向两侧各扩大50 mm | 未损对比框架 |
| SK2 | 1/100 | 框架柱扩大截面:双向两侧各扩大50 mm | 中度预损框架 |
| SK3 | 1/50 | 框架梁、柱扩大截面:柱截面双向两侧各扩50 mm,梁顶扩20 mm、梁底扩50 mm、梁侧各扩30 mm | 重度预损框架 |

各框架模型的骨架曲线特征点见表 6-9 所示,表 6-9 中的延性系数为 85% 峰值荷载对应的位移与屈服位移的比值。由对比分析可以看出:①框架模型屈服时的顶点位移角为 1/116～1/150,峰值荷载时的顶点位移角为 1/48～1/52,极限位移角为 1/26,表明加固框架结构具备良好的延性变形能力,满足大震不倒的抗震要求。②各框架模型顶点位移的延性系数接近或大于 4。试件 SK1、SK2 和 SK3 的最大承载力(峰值荷载)比原型框架 CF 分别提高了 181.6%、168.4% 和 292.4%,而延性系数仅降低了 27.8%、16.5% 和 18.0%。由于加固框架的梁柱截面尺寸加大改变了框架的结构效应,尤其是框架柱的剪跨比减小对结构的延性变形能力会有影响;预损程度对加固结构延性系数的影响并不明显。③加固后框架的承载力都得到了明显提高,未损加固框架与中度预损加固框架的极限承载力相比变化不大,正负向平均差异在 5% 以内,这说明经可靠的结构加固后经历的损伤对结构性能的影响有限。④试件 SK3 的极限承载力比 SK2 提高了 20% 左右,试件 SK3 的损伤程度大于 SK2。该结果说明严重受损的框架模型经整体加固后仍具有良好的结构性能,而且加固框架梁对整个框架的承载力提高有着较大的作用。因此,对于混凝土框架结构而言,无论从承载力、延性、耗能以及对震损的加固修复等各方面来看,采用钢筋混凝土增大截面法是一种非常有效的抗震加固方法,可以满足小震不坏、中震可修、大震不倒的抗震要求。

**表 6-9 各框架模型骨架曲线特征点**

| 试件编号 | | 屈服荷载/kN | 屈服位移/mm(位移角) | 峰值荷载/kN | 峰值位移/mm(位移角) | 极限荷载/kN | 极限位移/mm(位移角) | 延性系数 |
|---|---|---|---|---|---|---|---|---|
| CF | 正向 | 122.6 | 19.3(1/150) | 159.0 | 60.1(1/48) | 110.2 | 110.2(1/26) | 5.71 |
| | 负向 | −123.1 | −19.5(1/149) | −160.3 | −59.2(1/49) | −109.1 | −109.7(1/26) | 5.62 |
| SK1 | 正向 | 294.3 | 25.1(1/116) | 385.0 | 60.1(1/48) | 327.3 | 109.9(1/26) | 3.85 |
| | 负向 | −249.3 | −23.4(1/124) | −341.5 | −60.5(1/48) | −290.3 | −109.7(1/26) | 4.33 |
| SK2 | 正向 | 261.8 | 23.6(1/123) | 344.1 | 60.2(1/48) | 292.5 | 110.1(1/26) | 4.34 |
| | 负向 | −238.8 | −19.8(1/146) | −348.4 | −55.4(1/52) | −296.1 | −110.1(1/26) | 5.12 |
| SK3 | 正向 | 417.0 | 23.2(1/125) | 517.0 | 60.1(1/48) | 439.4 | 110.2(1/26) | 4.49 |
| | 负向 | −400.5 | −22.8(1/127) | −495.4 | −58.6(1/49) | −421.1 | −110.2(1/26) | 4.80 |

文献[16]针对矩形截面构件经历三面受火后,在高温侧单向增大截面加固,而后进行小偏压加载试验,研究其受力性能。原试件(截面为 100 mm×200 mm)在三面高温试验炉内加热至 800℃,并恒温 10 min,自然冷却后从试验炉中取出,室内静置 14 天。在其受火面单侧加固,截面扩大至 100 mm×300 mm,养护 30 天,然后以不同偏心距加载至破坏。由于混凝土极限压应变和强度沿原截面上不均匀分布和在新旧混凝土交界面上有突变,随荷载偏心距及偏心方向的改变,截面上控制破坏的部位也在变化。当荷载偏心距由 $e_0 \geqslant −70$ mm 右移至 $e_0 \leqslant 70$ mm,各试件依次经历了原混凝土边缘、截面中心区域、新加混凝土边缘破坏的过渡。此外,随着加固用混凝土强度的提高,加固试件的承载力也随之提高;增大截面法加固的高温损伤柱,承载力和刚度较加固前大幅度提高;在小偏心范围内,提高幅度随偏心距增大而增大。

文献[17]对增大截面法与粘钢法分别加固混凝土框架节点进行了试验研究。基于试验研究与分析结果,可以得到以下几点结论:①两种加固方法基本改变了节点核心区脆性破坏的性质,节点核心区的开裂荷载、极限承载力、延性、刚度及耗能能力都得以提高。但是,粘钢法加固中柱角角钢断开使试件破坏形式、原核心区的初裂值、极限承载力、刚度提高程度都受影响。②两种加固方法的极限承载力提高程度相近。③柱增大截面法比粘钢法加固的原节点核心区的初裂荷载提高许多,说明在弹性阶段,前者对混凝土约束比后者强。④由于新加混凝土的刚度比粘贴钢板大,因此柱增大截面法的试件刚度提高程度比粘钢法提高程度大,刚度衰减比粘钢法慢。⑤由于钢材的塑性性质,粘钢加固节点的延性与耗能能力提高幅度大于柱增大截面法。

文献[18]对增大截面与CFRP复合加固素混凝土短圆柱进行了试验研究。基于33根素混凝土圆柱的单独加固与复合加固的对比试验,对不同加固形式下素混凝土柱轴心受压下的极限承载力、应力-应变关系以及延性等方面进行了研究和分析。研究结果表明:①增大截面加固法能有效地提高素混凝土短圆柱的轴心抗压承载力,但是这种加固方法对柱子的延性几乎没有提高。②外包CFRP可以提高素混凝土轴心受压短圆柱的极限承载力和延性,但破坏时CFRP布的强度得不到充分发挥。③增大截面与CFRP复合加固可以充分发挥两种加固方法的优势,并很好地改善了素混凝土柱的延性和变形能力,各种力学性能均优于单一的加固形式。

### 6.7.2 粘贴钢板加固法试验研究

#### 1) 加固钢筋混凝土梁、板

文献[19]进行了钢筋混凝土悬臂梁粘钢加固试验研究。该试验共设计和制作了9根试件,试验梁截面的设计尺寸为100 mm×200 mm,悬臂长度为900 mm,梁顶部配筋2$\phi$12,底部配筋2$\phi$8,箍筋为$\phi$6@200。除试件C0-1为未粘钢板的对比试件外,其余8根试件按粘钢位置及粘钢量的不同,分为四种粘钢方案:

①沿梁拉区顶面或侧面全长粘两条宽度为30 mm、厚度为3 mm的钢板;

② 沿梁拉区侧面粘两条宽度为40 mm、厚度为3 mm、长为梁挑出长度2/3的钢板;

③ 梁拉区所粘钢板同方案②,同时在梁固定端受压底面增设150 mm×150 mm×300 mm的混凝土垫块;

④ 仅在梁固定端受压区底部粘两个三角形角钢支架。

为了保证外粘钢板的补强效果,在粘钢方案①~③的固定端处,均将钢板弯折90°后锚固在梁支座的混凝土表面上(梁端加强部位的扩大端头部分),弯折后的粘钢长度为100 mm。试件的实测尺寸及材料物理力学性能见表6-10所示。试件的混凝土设计等级为C15,试件的钢筋和外粘钢板均采用Ⅰ级;钢板与混凝土间的粘胶剂采用国产JGN型高强结构胶。粘钢时,首先对混凝土表面和钢板粘结面用手提砂轮机分别进行去表皮砂浆和除锈处理,并以丙酮清除尘锈和油污,然后在混凝土和钢板表面分别涂粘胶剂(厚度为2 mm左右),稍等片刻,将钢板粘在混凝土表面,并压紧固牢。粘钢试件经过48 h固化后即可进行加载试验。

主要试验结果汇总于表6-11,由于试件C2-2的试验失误,故其试验结果未列入。

表 6-10 试件实测尺寸及材料物理力学性能

| 粘钢方案 | 试件编号 | 试件尺寸宽×高×长/mm×mm×mm | 混凝土强度/MPa | 受力钢筋 | | 粘结钢板 | |
|---|---|---|---|---|---|---|---|
| | | | | 直径/mm | 屈服强度/MPa | 粘钢量：厚×宽×长/mm×mm×mm | 屈服强度/MPa |
| 未粘钢 | C0-1 | 99×200×898 | 15.5 | 12 | 263.2 | — | — |
| 方案① | C1-1 | 98×200×896 | 15.5 | 12 | 263.2 | 3×30×996 | 318 |
| | C1-2 | 98×200×895 | 15.7 | 12 | 263.2 | 3×30×995 | 318 |
| | C1-3 | 99×200×900 | 15.8 | 12 | 263.2 | 3×30×1 000 | 318 |
| 方案② | C2-1 | 99×198×897 | 15.4 | 12 | 263.2 | 3×40×797 | 318 |
| | C2-2 | 97×199×900 | 15.6 | 12 | 263.2 | 3×40×700 | 318 |
| | C2-3 | 100×200×896 | 15.1 | 12 | 263.2 | 3×40×796 | 318 |
| 方案③ | C3-1 | 100×201×897 | 15.1 | 12 | 263.2 | 3×30×797 | 318 |
| 方案④ | C4-1 | 98×196×900 | 15.3 | 12 | 263.2 | ∟ 30×30×2 | 318 |

表 6-11 试验结果

| 试件编号 | 开裂荷载/kN | 破坏荷载/kN | 极限拉应变 | | 破坏形态 |
|---|---|---|---|---|---|
| | | | 钢筋/$10^{-6}$ | 钢板/$10^{-6}$ | |
| C0-1 | 10 | 11 | 870 | — | 受弯破坏 |
| C1-1 | 14 | 17 | 1 130 | 295 | 受弯破坏 |
| C1-2 | 13 | 16 | 1 760 | 247 | 受弯破坏 |
| C1-3 | 16 | 21 | 870 | 880 | 受弯破坏 |
| C2-1 | 12 | 13 | 740 | 140 | 受弯破坏 |
| C2-3 | 11 | 19 | 1 100 | 277 | 受剪破坏 |
| C3-1 | 14.6 | 21 | — | 360 | 受剪破坏 |
| C4-1 | 10 | 15 | 1 220 | 1 620 | 受弯破坏 |

由试验结果可知,各试件裂缝的产生与发展具有如下规律:

未粘钢试件 C0-1 首先在固定端截面附近出现第一条垂直裂缝,其开裂荷载为 10 kN;由于试件混凝土强度等级较低,配筋率较小,进一步加荷时裂缝宽度迅速加大,当荷载为 11 kN 时,裂缝截面受拉钢筋处的裂缝宽度已达到 0.2 mm,标志梁已破坏。

方案①的试件 C1-1～C1-3,在荷载作用下,首先在梁根部混凝土受拉区顶面或侧面出现弯曲受拉裂缝,随着荷载的增加,裂缝进一步向压区开展,最后试件在根部发生弯曲受拉破坏;其中试件 C1-3 在接近破坏时,锚固在支座表面的弯折段钢板被拉脱。

方案②的试件 C2-1,第一条裂缝首先出现在梁根部受拉混凝土顶面。随着荷载增加,接着在梁侧面所粘钢板下缘出现垂直裂缝,最后在梁根部发生弯曲受拉破坏,破坏时锚固在支座表面的钢板也被拉脱。试件 C2-3 的第一条裂缝不是出现在根部,而是出现在粘钢部位端头的混凝土受拉边缘,随着荷载增加,该裂缝则发展成为斜裂缝,沿 45 度方向朝受拉区延伸,接近破坏荷载的 70% 左右时,在梁根部又出现一条垂直裂缝;临界破坏时,斜裂缝迅速发展,导致梁发生脆性的斜截面受剪破坏。

方案③的试件 C3-1 与试件 C2-3 一样,第一条裂缝也是出现在粘钢端头混凝土受拉边缘,随着荷载增加,该裂缝即发展成为斜裂缝,向梁底增设混凝土垫块端头延伸,接着在梁根部出现垂直裂缝;接近破坏时,根部的垂直裂缝不再向前发展,而先前形成的斜裂缝的宽度和长度迅速增加;最后梁沿该斜裂缝发生受剪破坏,破坏时梁和混凝土垫块的接触面也被撕裂。

方案④的试件 C4-1,第一条裂缝出现在根部受拉区顶面,随着荷载增加,裂缝向压区延伸,最后在根部发生弯曲受拉破坏。

从以上裂缝开展情况来看,从加载开始直到破坏,钢板与梁顶面或侧面的粘结面处仍然完好无损,说明钢板与混凝土的粘结面处的抗剪强度足够,完全可以保证钢板与混凝土的整体工作性能。但值得注意的是,当根部裂缝开展过大时,锚固在支座表面的弯折段钢板有被拉脱的现象。因此,对钢筋混凝土悬臂梁粘钢加固时,为了保证钢板的粘钢加固效果,锚固在支座表面的弯折段钢板的长度不宜小于 100 mm,且施工时要注意保证弯折段钢板的粘结质量。综上所述,对于钢筋混凝土悬臂梁的粘钢加固方案以方案①的补强效果最好,方案②、③次之,方案④最差。方案②、③的破坏荷载虽较未粘钢试件也有较大提高,但可能导致脆性的斜截面受剪破坏。此外,该试验研究结果还表明:钢筋混凝土梁粘钢后可以大大提高其刚度;粘钢试件的钢板与混凝土的共同工作性能良好,使受拉混凝土拉应力大为减小,推迟了受拉混凝土裂缝的出现,提高了试件的抗裂度;同时,减少了钢筋所承受的拉力,可以推迟钢筋达到屈服,从而提高试件的承载能力。

文献[20]对某五层钢筋混凝土框架结构存在的破损情况主要进行了粘钢加固,个别破损特别严重的构件采用了特殊加固(涉及化学灌浆、梁侧粘贴钢板、梁底粘贴角钢以及架设拱支架)。一般破损构件的裂缝都出现在梁的端部,呈贯穿性斜裂缝,裂缝宽度一般在 1.5~2.0 mm。对加固后的结构进行了现场加载试验,研究结果表明:加固后梁的刚度有显著提高,一般加固试验梁的刚度提高 84%,特殊加固试验梁的刚度提高 136%;粘贴钢板与混凝土协同工作,起到了补筋作用,测得钢板应力一般是 4.9~5.9 MPa,加固后梁的承载力有较大的提高,钢板中的强度有较大的安全储备。

文献[21]对 6 根混凝土立方体抗压强度为 7.0 MPa(低强度等级,小于现行规范的最低要求 C15)的钢筋混凝土梁进行了粘钢加固试验研究。研究结果表明,低强度等级混凝土梁经过粘贴钢板加固后,无论其加固前是否开裂或屈服,粘贴钢板可以与混凝土共同受力,梁的受弯、受剪承载力均得到较大幅度提高,加固梁刚度也有很大程度提高。在箍板加固中,箍板宜与受压区纵向钢板粘结,若无纵向钢板时,宜在箍板端头设锚固用纵向钢板。

文献[22]为了验证混凝土受弯梁在不同卸荷情况下的承载力计算,以及粘钢加固梁的工作特性和破坏形态,分别进行了 6 根混凝土梁的粘钢加固试验。试验梁的截面尺寸为 100 mm×200 mm,净跨为 1 800 mm。试件梁为四点加载(中间两对称集中荷载间距 600 mm),试件材料力学指标见表 6-12 所示,结构胶参数由生产厂家提供。为模拟不同卸荷状态下粘钢加固梁的性能,分别在荷载为 10 kN、15 kN、20 kN 和 25 kN 时粘贴钢板,在此荷载范围内混凝土梁均已开裂,最大裂缝宽度小于 0.18 mm。粘贴钢板时,保持荷载不变,待结构胶完全固化后,再进行二次加荷,直至梁破坏。

表 6-12 　试验梁材料力学参数 （MPa）

| 试件材料 | 抗拉强度 | 弹性模量 | 抗压强度 | 抗剪强度 |
|---|---|---|---|---|
| 钢筋 | 345 | $2.06 \times 10^5$ | — | — |
| 钢板 | 216.7 | $2.11 \times 10^5$ | — | — |
| 混凝土 | — | $2.55 \times 10^4$ | 20.5 | 2.70 |
| 结构胶 | 30 | $5.21 \times 10^3$ | | 18 |

试验梁承载力试验结果列入表 6-13,基于试验结果与分析可以得到如下结论:

(1) 钢筋应力

完全卸荷粘钢加固梁的钢筋应力与普通混凝土梁基本相似,所粘钢板与钢筋协同工作,应力随荷载的增大而增加。部分卸荷粘钢加固梁中的钢筋应力,由于钢板分担了部分应力,比粘钢前增长速度减慢。但在梁破坏时,两者应力均达到屈服。

(2) 混凝土受压应变

完全卸荷粘钢加固梁中混凝土受压应变同普通混凝土梁相似,随荷载增大,中和轴上移,混凝土受压区逐渐减小,压应变随之增大。部分卸荷粘钢加固梁,由于钢板对钢筋的加强作用,使粘钢前后的混凝土受压区发生变化,中和轴由粘钢前上移变为粘钢后逐渐下移,使混凝土受压区增大,变化幅度随粘钢时的荷载大小而异。

(3) 跨中挠度

部分卸荷加固梁在粘贴钢板后增大了截面抗弯刚度,使挠度增加速度比粘钢前慢,出现明显的转折。

(4) 混凝土裂缝

混凝土梁粘钢加固后,由于钢板的外包作用,对裂缝的开展起到抑制作用。完全卸荷粘钢加固梁的抗裂度相应提高。部分卸荷粘钢加固梁,虽然粘钢前均已开裂,但所粘钢板包住受拉混凝土,限制了裂缝宽度的开展,使裂缝细而密。因此,粘钢加固梁对延缓和限制裂缝的开展十分有利。

表 6-13 　试件承载力试验结果

| 试验梁编号 | 纵向配筋 | 钢板/mm | 粘钢荷载/kN | 承载力/kN | |
|---|---|---|---|---|---|
| | | | | 试验值 $P_e$ | 提高幅度/% |
| 1 | 2Φ10 | — | — | 30 | — |
| 2 | 2Φ10 | 40.2×3 | 0 | 43 | 43.3 |
| 3 | 2Φ10 | 40.8×3 | 10 | 44 | 46.7 |
| 4 | 2Φ10 | 41.0×3 | 15 | 45 | 50.0 |
| 5 | 2Φ10 | 41.0×3 | 20 | 44 | 46.7 |
| 6 | 2Φ10 | 40.5×3 | 25 | 42 | 40.0 |

此外,建议粘钢加固前梁承受的最大荷载小于标准荷载,且裂缝宽度应小于《预制混凝土构件质量检验评定标准》中规定的构件最大裂缝宽度允许值;在不同卸荷情况下粘钢加固混凝土梁,钢板在新增加荷载时才开始受力。若钢筋和钢板的抗拉强度相等,钢筋先达到屈服,之后钢板应力迅速增加,直至加固梁破坏。计算承载力时应乘以共同工作系数,建议受弯构件的共同工作系数取为 0.9。

文献[23]对钢筋混凝土梁受压区粘贴钢板加固进行了试验研究。该试验共浇筑了14个梁试件,其中3个为未加固的对比梁,3个为压区粘钢但不加钢板箍的对比梁,8个为压区粘钢且加U形钢板箍的加固梁。试验梁的截面尺寸为 $b×h=100 \text{ mm}×180 \text{ mm}$,梁长为2 200 mm,计算跨度为2 000 mm;箍筋及架立钢筋采用 $\phi5$(实测值)冷轧带肋钢筋,钢板通长粘贴于梁顶两侧,钢板箍采用 $5×50$ 钢板制作。具体的设计参数汇总见表6-14所示。实测混凝土抗压强度平均值为31.7 MPa; $\phi16$ 的屈服强度和极限强度分别为389.4 MPa和563.4 MPa, $\phi14$ 的屈服强度和极限强度分别为372.3 MPa和559.5 MPa, $\phi12$ 的屈服强度和极限强度分别为459.8 MPa和587.1 MPa;扁钢 $5×50$ 的屈服强度和极限强度分别为424.5 MPa和625.9 MPa,扁钢 $4×40$ 的屈服强度和极限强度分别为420.0 MPa和617.8 MPa,扁钢 $3×30$ 的屈服强度和极限强度分别为341.5 MPa和515.5 MPa。

表6-14　试验梁设计参数汇总表

| 梁编号 | 下部钢筋 | 箍筋 | | 架立筋 | 粘钢钢板规格/mm | 混凝土强度等级 | 加载方式 |
|---|---|---|---|---|---|---|---|
| | | 纯弯段 | 剪弯段 | | | | |
| LA1 | 2$\phi$12 | $\phi$5@200 | $\phi$5@150 | 2$\phi$5 | | C25 | |
| LA2 | 2$\phi$14 | $\phi$5@200 | $\phi$5@100 | 2$\phi$5 | | C25 | 直接加载 |
| LA3 | 2$\phi$16 | $\phi$5@200 | $\phi$5@75 | 2$\phi$5 | | C25 | |
| LB1 | 2$\phi$12 | $\phi$5@200 | $\phi$5@150 | 2$\phi$5 | 4×40 | C25 | |
| LB2 | 2$\phi$14 | $\phi$5@200 | $\phi$5@100 | 2$\phi$5 | 4×40 | C25 | 先粘钢后加固 |
| LB3 | 2$\phi$16 | $\phi$5@200 | $\phi$5@75 | 2$\phi$5 | 4×40 | C25 | |
| LC1 | 2$\phi$12 | $\phi$5@200 | $\phi$5@150 | 2$\phi$5 | 3×30 | C25 | |
| LC2 | 2$\phi$12 | $\phi$5@200 | $\phi$5@150 | 2$\phi$5 | 4×40 | C25 | |
| LC3 | 2$\phi$12 | $\phi$5@200 | $\phi$5@150 | 2$\phi$5 | 5×50 | C25 | |
| LC4 | 2$\phi$14 | $\phi$5@200 | $\phi$5@100 | 2$\phi$5 | 3×30 | C25 | 先粘钢再贴钢板箍后加载 |
| LC5 | 2$\phi$14 | $\phi$5@200 | $\phi$5@100 | 2$\phi$5 | 4×40 | C25 | |
| LC6 | 2$\phi$14 | $\phi$5@200 | $\phi$5@100 | 2$\phi$5 | 5×50 | C25 | |
| LC7 | 2$\phi$16 | $\phi$5@200 | $\phi$5@75 | 2$\phi$5 | 4×40 | C25 | |
| LC8 | 2$\phi$16 | $\phi$5@200 | $\phi$5@75 | 2$\phi$5 | 5×50 | C25 | |

试验梁的破坏形态分析如下:

① 压区粘钢加固不像拉区加固那样容易发生钢板端部粘结锚固破坏。压区粘钢加固梁在钢筋屈服、达到承载力极限状态后才发生钢板破坏,说明粘结质量是可靠的,钢板与混凝土之间能很好地共同工作。根据相关研究分析,压区粘钢加固梁端部粘结剪应力是同条件下拉区粘钢加固梁的三分之二,说明压区粘钢不容易发生钢板端部剪应力集中破坏。

② 压区粘钢加固梁钢板的破坏形式以钢板中部外凸变形失效为主。即使是钢板整体剥离失效,一般也是钢板首先中部外凸,再钢板端部粘结破坏,造成钢板整体剥离。引起钢板外凸变形的原因主要有两个方面:一方面是混凝土受压侧向膨胀。钢板位于梁受压区两

侧,当梁受力时,受压区混凝土在纵向压缩变形时,在侧向有膨胀变形,钢板在各截面混凝土的膨胀变形不一致,使粘结界面产生侧向正应力。另一方面是处于梁的挠曲变形。当梁受荷后产生挠曲变形时,钢板与梁共同变形,但压区粘钢时钢板是在梁两侧竖向粘贴的,故钢板的竖向弯曲刚度比拉区粘钢时要大得多,必然在弯矩较大的纯弯段首先造成钢板与混凝土剥离。

③ 破坏时,钢板表面不粘胶。钢板表面不粘胶并非粘结质量原因,而是钢板受力性质所决定的。钢板的外凸变形失效,破坏面不是以混凝土表面拉开,而是以钢板与胶的界面脱开。钢板的外凸破坏均是在梁的大变形,也是钢板的大变形情况下出现的,而且有部分钢板不破坏,说明钢板与混凝土的粘结质量是可靠的。钢板与混凝土粘结界面处于复杂的三向应力状态,沿梁纵向的剪应力、沿竖直方向的剪应力,垂直界面的正应力。在复杂应力和变形作用下,可能使钢板和胶的结合面成为薄弱面。

从表 6-15 中数据可以看出,对于仅在受压区粘贴钢板的加固梁,承载力提高幅度不稳定,钢板很容易产生局部压曲破坏,尤其是在施工条件较差、粘贴质量难以保证时。对于在压区粘贴钢板且加设多条钢板箍的加固梁,承载力提高幅度较大,加固效果良好。在该批试验中,由于试验梁截面较小,而压区粘贴钢板较大,钢板不能屈服,所以加固后承载力提高幅度并不是很大。此外,该试验结果还表明,压区粘贴钢板加固梁的延性比非加固梁提高较多,尤其是加设钢板箍后,其延性的提高更加明显。

表 6-15　加固前后承载力对比

| 加固梁编号 | 对比梁 | 加固钢板 | 钢板箍 | 加载前承载力/(kN·m) | 加载后承载力/(kN·m) | 提高幅度/% |
|---|---|---|---|---|---|---|
| LB1 | LA1 | 4×40 | | 15.40 | 15.80 | 0.03 |
| LB2 | LA2 | 4×40 | | 16.06 | 19.50 | 21.42 |
| LB3 | LA3 | 4×40 | | 24.00 | 21.93 | −0.09 |
| LC1 | LA1 | 3×30 | 9道 | 15.40 | 17.27 | 12.14 |
| LC2 | LA1(LB1) | 4×40 | 9道 | 15.40(15.80) | 16.14 | 4.81(2.15) |
| LC3 | LA1 | 5×50 | 9道 | 15.40 | 17.43 | 13.18 |
| LC4 | LA2 | 3×30 | 9道 | 16.06 | 19.30 | 20.17 |
| LC5 | LA2(LB2) | 4×40 | 9道 | 16.06(19.50) | 19.50 | 21.42(0.00) |
| LC6 | LA2 | 5×50 | 9道 | 16.06 | 19.97 | 24.35 |
| LC7 | LA3(LB3) | 4×40 | 9道 | 24.00(21.93) | 29.37 | 22.38(33.93) |
| LC8 | LA3 | 5×50 | 9道 | 24.00 | 26.00 | 8.35 |

文献[24]通过 33 根 RC 梁的试验,对不同粘钢位置、不同板件宽厚比和粘钢量加固的 RC 梁进行了全过程的理论与试验研究。试验研究结果表明:①粘钢加固时应严格控制粘钢量,避免出现超筋梁破坏。②进行粘钢加固 RC 梁的承载力计算时,必须考虑承载力折减系数 $\beta$,否则结构不安全。$\beta$ 值并不是一个常量,而是随截面大小、钢筋等级和配筋率、混凝土强度等级以及粘钢面积等多种影响因素变化的一个变量,但主要与混凝土相对受压高度

$\xi$关系密切,见式(6-2)所示。③钢板的锚固对粘钢梁的补强效果至关重要,板端应有可靠锚固措施,可采用膨胀螺栓和U形钢板箍等构造措施。④粘钢位置、钢板宽厚比和粘钢量对加固RC梁的承载性能有显著影响,梁底粘钢更优。所粘贴钢板的宽厚比不宜小于13,单层钢板厚度不应大于5 mm。在粘钢面积相同的情况下,钢板越薄宽厚比越大,加固RC梁的承载性能越好。

$$\begin{cases} \beta = 1.0, & \xi \leqslant 0.300 \\ \beta = \dfrac{1.19}{\xi} - \dfrac{0.20}{\xi^2} - 0.79 & 0.300 < \xi < \xi_b \\ \beta = 0.75 & \xi \geqslant \xi_b \end{cases} \qquad (6\text{-}2)$$

式(6-2)中:$\xi$为按粘钢和纵筋的总含钢量求得的相对受压区高度;$\xi_b$为界限相对受压区高度。

文献[25]对未加固梁、常规粘钢加固梁以及预应力粘钢加固梁进行了静载试验研究,结果表明预应力粘钢加固梁的承载能力较普通粘钢加固梁略有提高,但对梁在正常使用阶段内的受力状态(挠度、裂缝宽度等)有明显的改善,同时能充分利用加固钢板的抗拉强度。

文献[26]对9个钢筋混凝土梁采用压力注胶法粘贴钢板进行抗弯加固试验研究,主要研究结论如下:①采用压力注胶法粘贴钢板抗弯加固混凝土梁的效果明显,能大幅度地提高梁的抗弯承载力。②在相同加固量条件下,采用高强度等级钢板将减小钢板的粘结面积,导致粘结层界面应力的增大。所以采用高强等级钢板时应更加注重胶粘剂的性能和粘贴施工质量,以确保钢板与混凝土梁的协同工作性能。③在保证良好协同工作前提下,采用普通钢板、Q345钢板或普通薄钢板进行加固并无本质区别。粘钢加固梁的受力性能与普通钢筋混凝土梁类似,钢板承受截面拉应力,作用与钢筋相同。④粘结剪应力及正应力随粘贴钢板总厚度的增加而增大。采用钢板加固时,要特别注意避免发生剥离脆性破坏。试验表明:在钢板端部采用箍板等进行附加锚固可以极大地约束箍板范围内钢板的应变,并承担部分粘结剪应力,从而大幅度降低钢板端部剥离应力,有效防止端部剥离破坏。⑤Q345等级钢板强度较高,在相同承载力条件下,采用Q345钢板可以减少加固量。但钢板的比例极限应变较大,用于加固时(尤其是不卸载加固)不容易屈服,加固梁可能在钢板屈服前发生其他类型脆性破坏(剥离破坏),钢板的高强度作用得不到充分发挥。⑥梁底粘贴钢板可以有效地约束保护层混凝土,抑制裂缝的发展,并提高加固梁的刚度。随着加固量的增大,裂缝发展也越慢,同荷载下裂缝宽度越窄,相应加固梁的刚度也越大。所以,当需要对混凝土裂缝进行补强修复时,也可以结合构件加固时在裂缝表面粘贴钢板。

文献[27]为了研究L形钢板在转角处采取不同锚固措施以及柱上箍板下边缘距梁顶不同距离时对梁端负弯矩区的加固效果,对两个梁端配筋不足的梁采用4种不同的锚固方法进行粘钢加固试验研究,并将加固梁与全配筋的对比梁进行比较分析。基于试验研究与分析结果,可以得到以下几点结论:①两个加固梁的承载力均比对比梁小,说明在采用粘钢加固框架梁负弯矩区钢筋不足后仍不能达到对比梁的效果,这与现行加固规范中对粘钢加固需要考虑钢板利用率折减的要求是一致的。②在采用粘贴钢板的方法加固梁端负弯矩区时,柱上箍板距梁顶面的距离越小,锚固效果越好。建议加固时,柱上箍板尽可能地贴近梁顶,从而发挥钢板的作用,增强锚固能力。③为了增强粘贴L形钢板的加固效果,提高钢板的利用值,要增加钢板在转角处的刚度,并尽可能使转角处的变形最小。

文献[28]对采用不同形式粘钢加固梁的抗剪性能进行了试验研究。该试验共浇筑了10个梁,截面设计尺寸为$b \times h = 200 \text{ mm} \times 300 \text{ mm}$,加载净跨为1 300 mm,四点加载(中间两对称集中荷载的间距为500 mm)。其中6个采用粘钢板加固,2个采用粘钢丝网加固,2个作为对比梁未加固。实测混凝土抗压强度为26.8 MPa,钢板实测屈服强度为235 MPa;结构胶采用国产JGN建筑结构胶,实测抗剪强度为18.11 MPa。截面加固形式采用四种:U形钢板箍;两侧垂直钢箍板;两侧45度斜向钢箍板;两侧钢丝网片。此外,还对于钢板端部增设了附加锚固(压条)钢板,钢板箍、锚固钢板的截面均为为25 mm×4 mm。试验梁的主要参数及试验结果见表6-16所示,其中X代表梁编号(1~10),Y表示不同的截面加固形式(0~4)。

表 6-16　试验梁的主要参数及试验结果

| 构件编号 L-XY | 截面 $b \times h$ /mm×mm | 构件长度 /mm | 加固形式 | 试验荷载 /kN | 提高幅度 /% |
|---|---|---|---|---|---|
| L-10 | 195×307 | 1 500 | 对比梁 | 322 | — |
| L-20 | 195×305 | 1 510 | 对比梁 | 320 | — |
| L-31 | 192×302 | 1 506 | U形钢板 | 480 | 49.5 |
| L-41 | 194×308 | 1 508 | U形钢板 | 446 | 38.9 |
| L-52 | 195×304 | 1 503 | 梁侧竖板 | 430 | 34.0 |
| L-62 | 198×305 | 1 499 | 梁侧竖板 | 452 | 40.8 |
| L-73 | 196×305 | 1 500 | 梁侧斜板 | 490 | 52.6 |
| L-83 | 205×304 | 1 508 | 梁侧斜板 | 338 | 锚固破坏 |
| L-94 | 197×303 | 1 500 | 梁侧钢丝网 | 466 | 45.2 |
| L-104 | 200×300 | 1 495 | 梁侧钢丝网 | 462 | 43.9 |

对粘钢加固的试件,以梁L-62为例,当加载接近220 kN时,在加固端开始出现斜裂缝,在裂缝穿过加固钢板的瞬间,钢板的应力、应变有一突变,钢板开始明显起作用。随着荷载的继续增大,斜裂缝的数量渐增,长度和宽度也逐渐加大,钢板的应力逐渐增大;随后由于锚固端的粘结滑移,部分钢板的应力可能出现下降甚至退出工作,钢板之间产生应力重分布,最后混凝土突然被压碎。粘贴钢丝网加固的构件与粘贴钢板加固的构件相比,在受力过程中有一定的共同点,也有一定的区别,主要反映在粘贴钢丝网加固的构件斜截面抗裂能力明显提高(试验中荷载加至300 kN左右时,才出现第一条斜裂缝,而粘贴钢板的开裂荷载一般为220 kN),但是裂缝一旦出现,裂缝的宽度即较大,一般有0.2~0.35 mm,并且发展较快。除此之外,粘钢加固的钢筋混凝土梁的斜截面破坏形式除普通钢筋混凝土梁斜截面可能出现的斜压破坏和剪压破坏等破坏形式外,尚可能产生由于粘贴的钢板锚固强度不足发生锚固破坏,例如梁L-83。从本次试验结果可知,粘钢加固后钢筋混凝土梁的抗剪承载能力有很大的提高,提高幅度一般在40%~50%。依据实测的钢板应变变化规律,粘贴45

度斜向钢板的应变值明显大于其他两种加固形式的应变值,当接近斜截面极限状态时,其值已达到 0.001 2 左右,而此时垂直粘贴钢板的应变一般在 0.000 5~0.000 8 之间,未达到屈服强度。在承载力计算分析时,为了考虑由于外贴钢板粘结滑移等引起的钢板强度得不到充分利用,根据试验结构,建议钢板强度的折减系数取 0.8。

文献[29]对两组共 4 根钢筋混凝土梁斜截面进行了粘钢加固试验研究。粘钢加固采用两种形式:①梁底粘贴底部钢板,弯剪区粘贴竖向 U 形箍板,各 U 形箍板间用钢板连接,并用螺栓固定;②梁底粘贴底部钢板,弯剪区粘贴斜向 U 形箍板,各 U 形箍板间同样用钢板连接,并用螺栓固定。其中,两根梁进行了预加载至斜截面开裂后再加固,主要试验结果见表 6-17 所示。研究结果表明:斜截面粘钢加固可以较大幅度提高梁斜截面承载力,梁底粘贴钢板对梁的正截面承载力的提高也有很大作用。在梁底钢板的部位,正截面裂缝几乎没有发展;斜截面的裂缝也很少,且裂缝宽度不太大,导致梁破坏的临界斜裂缝都是从箍板以外的部位出现并发展。该试验研究采用螺栓固定梁侧箍板,起到了很好的作用,箍板略有滑移,但没有发生崩落的情况。

表 6-17　加固前后梁的斜截面承载力与裂缝

| 梁编号 | 梁斜截面加固前 | | 梁斜截面加固后 | | | |
|---|---|---|---|---|---|---|
| | 荷载/kN | 裂缝宽度/mm | 荷载/kN | 裂缝宽度/mm | 荷载/kN | 裂缝宽度/mm |
| $L_{11}$ | 110 | 0.2 | 190 | 0.75 | 200 | 1.25 |
| $L_{12}$ | 110 | 0.2 | 195 | 0.25 | 220 | 1.00 |
| $L_{21}$ | | | 190 | 0.90 | 220 | 1.95 |
| $L_{22}$ | | | 150 | 0.70 | 174 | 1.30 |

文献[30]对 11 个普通钢筋混凝土梁试件和 4 个部分预应力混凝土梁试件采用 U 形钢板箍抗剪加固进行了试验研究,考虑损伤程度、剪跨比、配箍率和有效预应力水平 4 个参数。试件截面尺寸 $b×h$ 均为 180 mm×360 mm,净跨度为 4 000 mm,梁底受拉钢筋为 3 根直径 25 mm 的 Ⅱ 级钢筋,梁顶受压钢筋为 3 根直径 14 mm 的 Ⅱ 级钢筋,预应力筋采用 2×7Φ⁵ 无粘结预应力钢绞线,分批张拉到位。试件设计参数见表 6-18 和表 6-19 所示,其中,表 6-18 中的钢板箍间距指钢板箍中心线之间距离;损伤①试件加固前预加荷载约为对比试件 RC0 极限荷载的 49%,剪跨段出现斜裂缝;损伤②试件加固前预先施加荷载约为对比试件极限荷载的 67%,剪跨段出现明显斜裂缝,箍筋测点最大应变达到屈服值。加固时,在试件剪跨段的两侧粘贴垂直于梁轴线方向的 U 形钢板箍,钢板采用 Q235 级钢,厚度分别为 2 mm、3 mm,钢板箍宽度均为 40 mm。此外,在 U 形箍板上端,沿梁纵向粘贴钢板压条,并打入直径 8 mm 的膨胀螺栓加以锚固。纵向钢板压条宽 60 mm,厚度取值同钢板箍厚度,压条长度根据钢板箍间距确定。试件特征荷载和变形的试验结果见表 6-20 所示,具体分析如下:

(1)受剪承载力

剪跨段粘贴钢板箍可有效提高 RC 梁的斜向开裂荷载,并抑制斜裂缝的开展。随着钢板箍的加密,斜向开裂荷载也随之增大,增幅达 45.9%~68.7%,但钢板箍间距对 PPC 梁试件斜向开裂的影响不明显。同时,与未加固试件相比,加固 RC 梁试件的受剪承载力有较大提高,增幅为 29.6%～33.5%。在粘钢量较大的情况下,可将原先受剪的脆性破坏转化为延性较大的受弯破坏。

（2）不同损伤程度对 RC 梁加固效果的影响

以试件 RC1～RC3 为例,随着损伤程度的增大,箍筋及钢板箍提早发挥抗剪作用,导致箍筋和钢板箍较早进入屈服阶段,与未损伤梁相比,屈服荷载值降低 16.3%～29.9%。损伤加固梁的极限荷载值略大于未损伤加固梁,原因在于加固损伤梁时,流动性较强的结构胶部分渗入梁侧斜裂缝内,增强了裂缝间混凝土及混凝土与钢板箍之间的粘结能力;试件损伤后卸载,再加载时钢筋发生强化对承载力提高有所贡献。

（3）部分预应力梁加固效果

预应力水平由 52%降低至 31%,相应的极限荷载下降了 9.7%,同时刚度也略有下降。当预应力水平由 52%降低至 31%,箍筋及钢板箍的屈服荷载随之下降,预应力筋的应力增量则相应增大,增大增幅为 11.5%;破坏时,预应力筋的极限应力为其抗拉强度的 46.9%～65.8%。部分预应力混凝土梁抗剪加固后,斜向开裂荷载及极限荷载均有所提高,两者分别提高 4.7%与 6.2%,但小于同等粘钢量下普通钢筋混凝土梁极限荷载的提高幅度。

表 6-18　普通钢筋混凝土梁试件设计参数

| 试件编号 | 剪跨比 | 箍筋 | 损伤情况 | 钢板厚度/mm | 钢板箍间距/mm |
|---|---|---|---|---|---|
| RC0 | 2.42 | φ6@200 | 未损伤 | — | — |
| RC1 | 2.42 | φ6@200 | 未损伤 | 2 | 220 |
| RC2 | 2.42 | φ6@200 | 损伤① | 2 | 220 |
| RC3 | 2.42 | φ6@200 | 损伤② | 2 | 220 |
| RC4 | 1.82 | φ6@200 | 未损伤 | 2 | 220 |
| RC5 | 3.03 | φ6@200 | 未损伤 | 2 | 220 |
| RC6 | 2.42 | φ6@200 | 未损伤 | 3 | 140 |
| RC7 | 3.03 | φ6@200 | 未损伤 | — | — |
| RC8 | 2.42 | φ6@150 | 未损伤 | 2 | 220 |
| RC9 | 2.42 | φ6@100 | 未损伤 | 2 | 220 |
| RC10 | 2.42 | φ6@200 | 损伤② | 2 | 180 |

表 6-19　部分预应力混凝土梁试件设计参数

| 试件编号 | 剪跨比 | 箍筋 | 损伤情况 | 加固方式 | 钢板厚度/mm | 实测有效预应力水平/% |
|---|---|---|---|---|---|---|
| PPC0 | 2.42 | φ6@200 | 未损伤 | 未加固 | 2 | 42 |
| PPC1 | 2.42 | φ6@200 | 未损伤 | U 形钢板加固,钢板箍间距220 mm | 2 | 31 |
| PPC2 | 2.42 | φ6@200 | 未损伤 | | 2 | 42 |
| PPC3 | 2.42 | φ6@200 | 未损伤 | | 2 | 52 |

表 6-20    试件特征荷载和变形的试验结果

| 试件编号 | 箍筋屈服荷载/kN | 加固钢板屈服荷载/kN | 极限荷载/kN | 极限荷载对应位移/mm | 实测最大斜裂缝宽度/mm | 破坏形态 |
|---|---|---|---|---|---|---|
| RC0 | 190.0 | — | 300.1 | 18.1 | 1.8 | 剪压 |
| RC1 | 335.0 | 350.0 | 389.4 | 24.4 | 1.9 | 剪压 |
| RC2 | 264.0 | 299.0 | 404.9 | 51.6 | 1.6 | 弯剪 |
| RC3 | 235.0 | 293.0 | 404.0 | 118.3 | 1.1 | 弯剪 |
| RC4 | 393.0 | 393.0 | 524.0 | 23.5 | 12.0 | 剪压 |
| RC5 | 268.0 | 323.0 | 333.0 | 45.6 | 0.8 | 受弯 |
| RC6 | — | | 401.2 | 83.9 | 0.3 | 受弯 |
| RC7 | 162.0 | | 248.0 | 20.4 | 1.9 | 剪压 |
| RC8 | 382.0 | 389.0 | 400.0 | 32.8 | 10.0 | 剪压 |
| RC9 | — | | 402.6 | 38.6 | 0.4 | 受弯 |
| RC10 | | 368.0 | 409.9 | 53.9 | 0.5 | 受弯 |
| PPC0 | 421.5 | — | 533.0 | 28.2 | 6.0 | 剪压 |
| PPC1 | 417.0 | 437.0 | 538.0 | 27.8 | 10.0 | 剪压 |
| PPC2 | 368.0 | 505.0 | 566.0 | 29.4 | 10.0 | 剪压 |
| PPC3 | 574.0 | 540.0 | 596.0 | 31.0 | 9.0 | 剪压 |

注:"—"表示箍筋或钢板未屈服。

　　文献[31]对粘钢加固钢筋混凝土受扭构件进行了试验研究。研究结果表明:钢筋混凝土受扭构件采用粘钢加固可以有效地提高受扭构件的强度与刚度,该文献中的最佳加固方案可使梁的抗扭强度提高40%以上,抗扭刚度提高约25%。受扭构件粘钢加固后的破坏性质与粘钢量有直接关系,少粘或适量粘钢将使加固后的受扭构件在破坏时有较好的塑性性质,而过量的粘钢将使加固后受扭构件呈脆性破坏。矩形截面抗扭梁的合理加固方案是对梁各侧面采取相同程度的加固,从而保持梁受扭时各侧面受力的均匀性,对提高梁的整体抗扭强度有明显作用。

　　文献[32]为了研究粘钢加固混凝土梁的疲劳性能,进行了两个粘钢加固梁与一个对比梁的疲劳试验。试验结果表明:在钢板与混凝土粘结完好的情况下,粘贴钢板加固能够较大幅度地提高梁的抗变形能力。与未加固梁相比,由于钢板端部粘结失效,加固梁主筋断裂时的疲劳循环次数反而减少,这也说明在粘贴钢板加固时,应注意保证钢板端部的良好锚固,使钢板与混凝土良好粘结时,钢板才能充分发挥作用。

　　文献[33]认为在工业环境下钢筋混凝土板受到严重侵蚀,可采用结构胶泥找平后粘贴钢板进行加固。结构胶泥具有和钢板与混凝土粘结强度高、耐腐蚀性强、早强、高强等特点;同时该修复材料与被修复结构之间具有良好物理力学性能的相容性。试验研究结果表明:钢板与混凝土板之间具有良好的共同工作性能,未发生早期粘结撕裂破坏;钢板对混凝土受拉区具有明显的约束作用,提高了混凝土抗裂性能;钢板屈服后,加固板具有良好的延性,直至加固板破坏为止,钢板与混凝土板粘结完好;混凝土加固板未发生剪切破坏。

2) 加固钢筋混凝土剪力墙

文献[34]对不同粘钢方式加固钢筋混凝土剪力墙的抗震性能进行了试验研究,主要针对剪力墙约束边缘构件配箍特征值进行加强,采用低周反复加载模式。试件描述、参数与主要试验结果见表6-21~表6-23所示。依据本次试验研究结果,粘钢加固对提高混凝土剪力墙的水平屈服承载力和最大承载力均有明显的效果;粘钢加固对混凝土剪力墙的位移延性没有明显的提高。粘钢加固时加固材料在墙体端部的锚固方式对混凝土剪力墙的破坏形式和承载力等性能指标有比较明显的影响。加固试件SW-4破坏形式主要是墙体根部抬起、钢筋拉断,其原因在于锚固失效;试件SW-5破坏形式为墙体底部混凝土拉裂、钢筋及加固角钢、扁钢拉断而破坏。加固试件SW-5比SW-4的屈服承载力和峰值承载力分别高出17.4%和17.2%,说明可靠的锚固方式有利于加固材料强度的充分发挥。

表6-21 试件汇总表

| 试件编号 | 试 件 描 述 |
|---|---|
| SW-1 | 未设置暗柱或边缘构件剪力墙 |
| SW-2 | 按1989年《建筑抗震设计规范》设置暗柱的剪力墙 |
| SW-3 | 按2001年《建筑抗震设计规范》设置暗柱的剪力墙 |
| SW-4 | 竖向角钢与扁钢、水平扁钢、锚栓加固的墙体,被加固墙体的尺寸、材料、钢筋布置同试件SW-1,加固钢材用量以SW-3为标准,竖向加固构件采用植筋锚固 |
| SW-5 | 竖向角钢与扁钢、水平扁钢、锚栓加固的墙体,被加固墙体的尺寸、材料、钢筋布置同试件SW-1,加固钢材用量以SW-3为标准,竖向加固构件采用角钢锚固 |
| SW-6 | 水平扁钢、锚栓加固的墙体,代替约束边缘构件箍筋作用,加固钢材用量以SW-3为标准,被加固墙体的尺寸、材料、钢筋布置同试件SW-2 |

注:试件以抗震等级为二级的剪力墙作为原型进行1:2缩尺设计。

表6-22 试件截面参数表

| 试件编号 | 截面尺寸 高×宽×厚 /mm×mm×mm | 剪跨比 | 混凝土标准抗压强度/MPa | 边缘纵筋配筋率/% | 配箍特征值/% |
|---|---|---|---|---|---|
| SW-1 | 1 600×850×125 | 1.88 | 32.61 | 0.48 | 0.00 |
| SW-2 | 1 600×850×125 | 1.88 | 32.61 | 1.34 | 0.03 |
| SW-3 | 1 600×850×125 | 1.88 | 32.61 | 1.34 | 0.10 |
| SW-4 | 1 600×850×125 | 1.88 | 32.61 | 0.48 | 0.00 |
| SW-5 | 1 600×850×125 | 1.88 | 32.61 | 1.34 | 0.00 |
| SW-6 | 1 600×850×125 | 1.88 | 32.61 | 1.34 | 0.03 |

表 6-23　各试件试验结果

| 试件编号 | 轴压比 | 屈服荷载/kN | 屈服位移/mm | 峰值荷载/kN | 极限位移/mm | 位移延性系数 |
|---|---|---|---|---|---|---|
| SW-1 | 0.158 | 84 | 6.7 | 101 | 32.5 | 4.9 |
| SW-2 | 0.158 | 117 | 9.7 | 151 | 35.5 | 3.7 |
| SW-3 | 0.158 | 128 | 10.0 | 166 | 36.3 | 3.6 |
| SW-4 | 0.158 | 172 | 10.8 | 203 | 36.1 | 3.3 |
| SW-5 | 0.158 | 202 | 8.0 | 238 | 45.6 | 5.7 |
| SW-6 | 0.158 | 191 | 13.4 | 224 | 41.3 | 3.1 |

注:极限位移为下降段对应峰值荷载 85%时的位移值。

3)加固钢筋混凝土柱

文献[35]对粘钢加固轴心受压钢筋混凝土柱进行了试验研究。该试验共制作了 4 个钢筋混凝土柱试件,柱截面为 150 mm×150 mm。竖向加固钢板与 U 形箍板均采用 A3 钢,厚度为 2 mm,箍板净间距为 200 mm,箍板宽度为 20 mm。柱子编号:未加固柱为 C,加固柱根据竖向加固钢板的宽度 30 mm、40 mm、50 mm 分别为 C1、C2、C3。混凝土强度等级选用 C20。主要的试验结果见表 6-24 所示。基于试验研究与分析结果,可以给出以下几点结论:①粘钢加固可提高钢筋混凝土柱的极限承载力,随柱粘贴钢板宽度的增加,柱承载力亦有所提高。②粘钢加固可提高混凝土柱的变形能力,加固柱的钢筋、混凝土的应变在同级荷载作用下均小于未加固柱的应变,极限应变提高幅度在 20%以上。③粘贴箍板和竖向钢板对内部混凝土有约束作用,随着外荷载的增加,这种约束作用愈明显。④不考虑箍板和竖向钢板对内部混凝土的约束作用计算加固柱极限承载力时误差较大,建议考虑此约束作用。

表 6-24　主要试验结果汇总

| 柱 | | | C | C1 | C2 | C3 |
|---|---|---|---|---|---|---|
| 极限应变 | 混凝土 | 试验值/10⁻⁶ | 1 262 | 1 569 | 1 544 | 1 573 |
| | | 比值 | — | 1.24 | 1.22 | 1.25 |
| | 纵向钢筋 | 试验值/10⁻⁶ | 1 262 | 1 577 | 1 458 | 1 430 |
| | | 比值 | — | 1.25 | 1.15 | 1.13 |
| | 箍筋 | 试验值/10⁻⁶ | 356 | 892 | 634 | 728 |
| | | 比值 | — | 2.5 | 1.78 | 2.04 |
| | 钢板 | 试验值/10⁻⁶ | | 1 614 | 1 630 | 1 620 |
| | 箍板 | 试验值/10⁻⁶ | | 521 | 723 | 662 |
| 极限荷载 | 试验值/kN | | 490 | 775 | 810 | 890 |
| | 比值 | | — | 1.58 | 1.65 | 1.82 |

文献[36]对粘钢加固轴心受压钢筋混凝土短柱进行了试验研究,试验一共完成了 9 组(每组 3 个试件)共 27 个同批浇筑的方形截面短柱。试件的外形尺寸为 150 mm×150 mm×500 mm。加固柱是在对比柱养护 28 d 后,先粘贴 30 mm 或 50 mm 宽与柱子等长的纵向钢板,再粘贴不同间距的横向缀板,以此来探讨角部钢板和缀板对加固效果的影

响,试件分组情况见表 6-25。混凝土立方体抗压强度平均值为 43.9 MPa,加固钢板采用 Q235 钢,名义厚度为 3 mm,实测厚度为 2.8 mm,屈服强度平均值为 226.2 MPa;混凝土试件纵向钢筋为 4φ8(Ⅰ级),箍筋为 φ6@50/100。

主要试验结果见表 6-26 所示,由此可以看出,极限承载力随着角部钢板横截面面积的加大而线性增加。在相同箍板数量下,宽角部钢板加固柱相对于窄角部钢板的极限承载力提高幅度大致相等,如试件 PC5 比 PC1 多 88.4 kN。角部钢板顶部受压时,除了轴向荷载作用外,还受到混凝土的侧向挤压(混凝土在发生压应变时产生侧向膨胀变形),处于压弯受力状态,其强度的利用系数在 0.87~0.90 之间。比较相同箍板数量的宽角部钢板加固柱和窄角部钢板加固柱的混凝土极限压应变,除了试件 PC5 比 PC1 大 8.6% 以外,其余基本相等,这说明外围钢骨架对混凝土的约束作用主要来源于横向箍板。除此之外,极限承载力随着箍板数量的增加而增加,但是提高的幅度也越来越小。由表 6-26 可知,随着箍板数量的增加,混凝土的极限压应变也随之增加(提高幅度超过 50%)。这是因为随着箍板间距的减小,加固柱所受的侧向约束增强,混凝土的强度和延性也随之增强。

表 6-25 试件分组表

| 试件编号 | 角部钢板尺寸/mm | 箍板数量 | 箍板净间距/mm | 说明 |
| --- | --- | --- | --- | --- |
| PC0 | | | | 对比柱 |
| PC1 | — 3×30 | 5 | 87 | |
| PC2 | — 3×30 | 6 | 64 | |
| PC3 | — 3×30 | 7 | 48 | 窄角部钢板加固柱 |
| PC4 | — 3×30 | 8 | 37 | |
| PC5 | — 3×50 | 5 | 87 | |
| PC6 | — 3×50 | 6 | 64 | |
| PC7 | — 3×50 | 7 | 48 | 宽角部钢板加固柱 |
| PC8 | — 3×50 | 8 | 37 | |

表 6-26 钢筋混凝土方柱的试验结果

| 试件编号 | 极限承载力平均值/kN | 标准差/kN | 变异系数 | 承载力提高幅度/% | 混凝土极限压应变平均值/$10^{-6}$ | 极限压应变提高幅度/% |
| --- | --- | --- | --- | --- | --- | --- |
| PC0 | 896.4 | 30.55 | 0.034 | — | 1 558.7 | — |
| PC1 | 1 143.3 | 82.82 | 0.072 | 27.51 | 2 416.0 | 55.0 |
| PC2 | 1 221.7 | 81.29 | 0.067 | 36.25 | 3 018.3 | 93.6 |
| PC3 | 1 273.3 | 80.83 | 0.064 | 42.01 | 3 049.0 | 95.6 |
| PC4 | 1 313.3 | 76.38 | 0.058 | 46.47 | 3 225.8 | 107.0 |
| PC5 | 1 231.7 | 52.52 | 0.043 | 37.36 | 2 624.3 | 68.4 |
| PC6 | 1 313.3 | 20.82 | 0.016 | 46.47 | 3 036.0 | 94.8 |
| PC7 | 1 365.0 | 52.20 | 0.038 | 52.23 | 3 079.7 | 97.6 |
| PC8 | 1 403.3 | 33.29 | 0.024 | 56.51 | 3 237.7 | 107.7 |

4）加固钢筋混凝土框架节点

文献[37]对 4 个粘钢加固钢筋混凝土框架中节点进行了低周反复荷载作用下的试验研究,探讨了粘钢加固的受力机理和抗震性能。试验研究结果表明:①粘钢加固方案对钢筋混凝土结构的前期工作性能有非常好的改善,可以提高构件的屈服荷载,满足强柱弱梁的要求,可用于 7 度设防烈度三级框架的加固。②粘钢用于节点加固是可靠的,对于改善节点的受力性能是显著的,承载力可提高 30% 以上,剪切变形降低 40% 以上。③对于抗弯较弱的构件,在加强抗弯的同时,对剪切也必须进行有效的加固,以防止出现强弯弱剪现象。④粘贴钢板厚度应适中,在能够满足承载力要求的前提下,应首选薄钢板,使加固部分不会因刚度突变而产生应力集中和塑性铰转移,但也应注意局部屈曲问题。

文献[38-39]通过对强柱弱梁、梁弱弯、梁弱剪、梁纵筋锚固长度不足的四个足尺节点试件进行低周反复加载对比试验,从延性、滞回曲线、节点变形的角度分析了梁、柱、节点核心区不同粘钢加固方案的效果。研究结果认为如果加固方案合理,粘钢加固能够满足强柱弱梁的要求,且结构的延性、层间位移均能达到规范要求;粘钢加固的后期工作性能较前期差,粘钢用量比例、胶粘质量、螺栓间距及施工质量对加固效果有影响。并且建议:①加固构件的混凝土等级宜不小于 C15,且纵向钢板上锚固螺栓的间距应不大于 150 mm,保证钢板与混凝土之间良好的共同工作性能;②梁侧用扁钢箍板抗剪加固时,U 形钢箍板开口部分宜与梁侧顶面水平粘贴钢板粘锚,阻止和延缓斜裂缝发展、贯通;③梁纵向钢板对于受拉区锚固不得小于 200 $t$($t$ 为钢板厚度),亦不得小于 600 mm;对于受压区锚固,不得小于 160 $t$,亦不得小于 480 mm,最好和节点核心区钢板连成整体等。

5）加固钢筋混凝土屋架

文献[40]对实际工程中钢筋混凝土屋架采用粘钢加固使用 9 年后进行了现场观察。该工程项目为建于 1971—1972 年间的贵州某厂,其中有 4 个车间跨度为 15 m,柱距为 6 m,长度为 38~72 m 不等,上有三角形钢筋混凝土屋架。1990 年该厂房在维修吊车时发现屋架下弦、中立杆节点及支座附近等处混凝土有裂缝,宽度为 0.05~0.3 mm(长度有的贯穿整个断面,有的仅在表面)。对此采用了粘贴钢板进行了加固,钢板厚度为 3 mm,型号为 A3 钢;所用结构胶主要为中科院大连化学物理研究所研制的 JGN 型结构胶。此外,选取了 2 榀只有轻微表面裂纹的屋架用环氧树脂胶粘结。加固部位主要是屋架下弦和中立杆的两个侧面,由于下弦钢板长度不够,采用钢粘钢搭接。1999 年 8 月,原加固设计单位对该项目进行了回访。具体检查情况如下:①加固屋架都在车间内,无日照、风、雪、雨的影响,车间内基本干燥,无高温、废烟气,有轻微震动(吊车运行);当地夏季平均气温 25℃,冬季平均气温 4℃,平均相对湿度为 77%。②据使用单位介绍,厂房每年都要检查加固的结构,9 年来未发现任何异常情况。③屋架加固处的裂缝没有发展,有些裂缝已闭合消失,结构处于正常工作状态;并且所有钢板在这种环境下,虽历经 9 年,却基本未生锈。④对 JGN 胶和环氧树脂胶进行了观察对比,见表 6-27 所示。由此可见,粘钢加固是一种有效的加固方法,不宜采用环氧树脂作为胶粘剂。

表 6-27　粘结胶实际使用情况

| 材料名称 | 外观颜色 | 与混凝土粘结 | 硬度 | 变脆 | 总体评价 |
| --- | --- | --- | --- | --- | --- |
| JGN | 未变 | 牢固 | 硬 | 没有 | 未见异常 |
| 环氧树脂 | 泛白 | 牢固欠佳 | 硬 | 已变脆 | 有一定老化 |

### 6.7.3 外包型钢加固法试验研究

文献[41]提出采用复合灌浆料(替代环氧树脂结构胶)进行湿式外包钢加固,该复合灌浆料具有抗老化能力强、耐高温、节省费用等优点。试验研究结果表明采用复合灌浆料的构件加固效果良好。

文献[42]对湿式外包钢加固钢筋混凝土柱的抗震性能进行了试验研究,其主要研究两种类型柱,即长柱(剪跨比为4)和短柱(剪跨比为2)。每种类型柱包括5种加固情况,分别是未加固、未加固破坏后采用复合灌浆料进行外包钢加固、直接采用复合灌浆料进行外包钢加固、直接采用水泥改性剂浆料进行外包钢加固和直接采用环氧树脂进行外包钢加固。试验结果表明:水泥改性剂浆料收缩较大,浆料与混凝土表面之间、浆料与角钢之间呈脱离状态;环氧树脂易泄漏和收缩,使角钢与混凝土之间有两层皮现象;复合灌浆料的膨胀性好,又无泄漏,因此粘结比较紧密。

文献[43]对外包钢套法加固钢筋混凝土框架节点进行了试验研究,共有4个三维钢筋混凝土框架节点。混凝土强度等级设计为C25,柱子截面为200 mm×200 mm,梁截面为150 mm×300 mm,板宽度为800 mm,厚度为60 mm。具体试件情况见表6-28所示,各试件的节点延性系数见表6-29所示。基于试验研究与分析结果,可以得到以下几点结论:①通过加固,节点的最终破坏形式由柱端的压弯和节点的剪切破坏转变为梁、板的弯曲破坏,基本实现了"强柱弱梁"。②外包钢套法加固空间框架节点是非常有效的加固修复方法,可以显著地改善构件的受力性能,明显地提高试件极限强度,使构件具有良好的耗能能力和变形能力。③经过压力注浆裂缝修补和外包钢套法加固后,模拟地震损伤节点的极限承载力达到并超过了未受损前的水平;各种指标表明,震损节点经加固后抗震性能比未受损节点要优良。④外包钢套法加固节点的破坏很多是由于焊缝的破坏引起的,因此在具体加固时,应加强梁、板上对穿锚栓的密度和强度。

表6-28 试件概况

| 加固前试件编号 | 加固后试件编号 | 轴压比 | 轴力/kN | 受损程度(柱顶位移) |
|---|---|---|---|---|
| J-0 | — | 0.5 | 200 | 对比,不加固加载至破坏 |
| J-1 | J-1R | 0.5 | 200 | 未受损,直接用外包钢套法加固 |
| J-2 | J-2R | 0.5 | 200 | 预损33 mm,注浆修复后再用外包钢套法加固 |
| J-3 | J-3R | 0.5 | 200 | 预损40 mm,注浆修复后再用外包钢套法加固 |

表6-29 节点延性系数

| 试件编号 | 屈服位移/mm | 极限位移/mm | 位移延性系数 |
|---|---|---|---|
| J-0 | 33 | 120 | 3.64 |
| J-1R | 30 | 139 | 4.65 |
| J-2R | 32 | 144 | 4.50 |
| J-3R | 29 | 132 | 4.55 |

文献[44]对外包钢加固低强混凝土偏心受压柱进行了试验研究,共完成了7根混凝土方柱的静力受压试验,其中5根为偏心受压柱,2根为轴心受压柱。偏心受压柱截面尺寸为150 mm×150 mm,中部长度为450 mm,总长为900 mm。轴心受压柱(编号为C6、C7)的截面同偏心受压柱,总长为450 mm,其中C7为素混凝土柱。试件的主筋为HRB335螺纹钢筋,直径为10 mm;箍筋为HPB235光圆钢筋,直径为6 mm。混凝土的立方体抗压强度实测平均值为9.7 MPa,试验采用∟25×3的角钢,角钢之间采用—16×3的缀板连接,缀板与角钢的型号均为Q235钢;此外,采用灌注型粘钢胶与封口胶进行施工。试验的主要结果见表6-30所示。其中,加固形式中A代表角钢∟25×3+缀板—16×3@130,B代表角钢∟25×3+缀板—16×3@72;试件的极限承载力为试验测得的最大承载力。基于试验研究与分析结果,可以得到以下结论:①外包钢加固低强度混凝土柱,由于扁钢箍的约束作用使柱混凝土裂缝的出现明显延迟。当到80%~90%极限荷载时,缀板的约束作用限制了混凝土的横向变形,从而提高构件极限承载力。②外包钢加固低强度混凝土偏压柱,受压区角钢存在应变滞后现象;柱截面由于不均匀受压而使混凝土发生不均匀膨胀,导致受压区的缀板拉应变较大、约束效果较好;位于受拉区的缀板拉应变较小,约束效果较差。③外包钢加固能大幅度提高原有构件的刚度,在相同偏心荷载作用下,加固构件的跨中挠度远小于未加固构件。④对于外包钢加固低强度混凝土柱,由于低强度混凝土的抗拉强度较低,致使角钢与混凝土之间过早地产生剥离。

表6-30 试件参数及试验结果

| 试件 | 纵筋配筋率/% | 偏心距/mm | 加固形式 | 挠度/mm | 钢筋应变/10⁻⁶ | | 混凝土应变/10⁻⁶ | | 缀板应变/10⁻⁶ | | 角钢应变/10⁻⁶ | | 极限承载力/kN |
|---|---|---|---|---|---|---|---|---|---|---|---|---|---|
| | | | | | 受压 | 受拉 | 受压 | 受拉 | 受压 | 受拉 | 受压 | 受拉 | |
| C1 | 1.397 | 50 | 无 | 1.89 | −3 594 | 1 011 | −3 219 | 1 942 | — | — | — | — | 161 |
| C2 | 1.397 | 50 | A | 4.18 | −7 307 | 574 | −5 377 | | 684 | 0 | −6 069 | 1 347 | 297 |
| C3 | 1.397 | 100 | A | 6.25 | — | 1 802 | −6 242 | | 1 548 | 199 | −4 630 | 5 929 | 183 |
| C4 | 1.397 | 150 | A | 7.40 | −6 769 | 3 042 | −5 833 | | 441 | 116 | −9 269 | 15 275 | 132 |
| C5 | 1.397 | 50 | B | 3.06 | −2 912 | 442 | −8 709 | 3 774 | 1 459 | 284 | −12 692 | 2 551 | 325 |
| C6 | 1.397 | 0 | A | — | −6 232 | — | — | — | 1 416 | — | −1 682 | — | 496 |
| C7 | 0 | 0 | A | — | — | — | −5 394 | — | 1 004 | — | −1 441 | — | 377 |

文献[45]对外包钢加固火灾后钢筋混凝土柱的受压性能进行了试验研究,试验共浇筑了9个钢筋混凝土柱试件,3个为火灾后外包角钢加固试件,3个为火灾后未加固对比试件,3个为常温下的对比试件。试件的截面尺寸均为200 mm×200 mm;纵向钢筋采用4φ12,配筋率为1.13%;箍筋采用双肢箍φ6@100。加固柱中的角钢型号为∟50×4,缀板型号为—50×4。加固时先进行混凝土表面处理,然后焊接角钢与缀板,最后注胶。纵向受力钢筋的屈服强度与极限强度分别为411.44 MPa、604.19 MPa,箍筋的屈服强度与极限强度分别为359.60 MPa、607.77 MPa,角钢的屈服强度与极限强度分别为335.41 MPa、469.70 MPa,缀板的屈服强度与极限强度分别为382.18 MPa、603.12 MPa。各个试件的参数设计与承载力试验结果见表6-31所示。基于试验研究与分析结果,可以得到以下结论:①采用外包角钢的方法加固火灾后钢筋混凝土柱,可以改变试件的破坏性质和破坏形

态。由于外包角钢增大了试件受拉区的含钢量,加固前的大偏心受压试件可能会变成小偏心受压。②对外包钢加固的轴心受压试件,当荷载小于80%极限荷载以前,加固角钢和混凝土的轴向应变几乎同步发展,角钢和混凝土共同工作性能良好;但是当荷载超过80%极限荷载后,由于混凝土压缩膨胀,角钢和混凝土之间粘结胶逐渐脱开,两者应变发展不再协调,混凝土应变增长很快,而角钢应变几乎不再发展。③对外包钢加固的偏心受压试件,当荷载小于80%极限荷载前,同一截面上角钢和混凝土的应变基本呈线性分布;但是当荷载超过80%极限荷载后,由于受压侧混凝土纵横向变形发展很快,导致角钢与混凝土之间的结构胶不断脱开分离,影响了两者之间的共同工作性能,截面应变分布不再满足线性关系。因此,在外包钢加固的工程应用中,必须重视受荷后期由于结构胶脱落对构件受力性能的影响。④采用外包角钢的方法加固受火后的钢筋混凝土柱,能较大程度地提高受火试件的轴压刚度和抗弯刚度,但加固后的刚度与常温下的刚度相比,还存在一定差距。⑤采用外包角钢的方法加固受火后的钢筋混凝土柱,能大幅度地提高受火试件的承载力,且能将加固后试件的承载力提高至与受火前大致相当的水平,外包钢加固对火灾后试件承载力的修复效果十分显著。

表 6-31　试件的参数设计与试验结果

| 试件编号 | 混凝土强度/MPa | 偏心率 $e_0/h$ | 升温时间/min | 加固情况 | 承载力/kN | 与对比试件的比值(与高温后试件的比值) |
|---|---|---|---|---|---|---|
| Z-1 | 32.5 | 0 | 0 | 未加固 | 1 300 | — |
| Z-2 | 32.5 | 0.2 | 0 | 未加固 | 990 | — |
| Z-3 | 32.5 | 0.4 | 0 | 未加固 | 660 | — |
| Z-4 | 32.5 | 0 | 90 | 未加固 | 480 | 0.37 |
| Z-5 | 32.5 | 0.2 | 90 | 未加固 | 278 | 0.28 |
| Z-6 | 32.5 | 0.4 | 90 | 未加固 | 165 | 0.25 |
| Z-7 | 32.5 | 0 | 90 | 加固 | 1 380 | 1.06(2.86) |
| Z-8 | 32.5 | 0.2 | 90 | 加固 | 956 | 0.97(3.44) |
| Z-9 | 32.5 | 0.4 | 90 | 加固 | 673 | 1.02(4.07) |

### 6.7.4　粘贴纤维增强复合材料加固法试验研究

#### 1) FRP 片材加固 RC 梁抗弯性能

文献[46]对 CFRP 片材加固 RC 梁的抗弯性能进行了试验研究,该试验总共设计了 10 根钢筋混凝土矩形截面梁,截面尺寸均为 $b×h=150$ mm×300 mm,总长为 3 000 mm,计算跨度为 2 800 mm,设计的混凝土保护层厚度为 30 mm。试件配置 2$\phi$12 的 HRB335 级螺纹钢筋作为受拉主筋,架立钢筋和箍筋采用 HPB235 级钢筋,架立钢筋为 2$\phi$8,剪跨段内箍筋为 $\phi$8@100,纯弯段内不配置箍筋。受拉钢筋的截面配筋率为 0.57%,混凝土的强度等级设计为 C25。试验梁的基本情况见表 6-32 所示。

表 6-32　试验梁基本情况

| 试件编号 | 受拉钢筋 | CFRP 粘贴情况 | 加固前荷载历史 | 备注 |
|---|---|---|---|---|
| CB0-1 | 2Φ12 | 无 | — | 对比梁 |
| CB1-1 | 2Φ12 | 2 层 75 mmCFRP | 加固前无加载历史 | CB1-1 与 CB1-2 的 CFRP 用量相同,层数不同<br>CB1-3 与 CB1-1 的 CFRP 层数相同,用量不同<br>CB1-2 与 CB1-4 的 CFRP 层数相同,用量不同 |
| CB1-2 | 2Φ12 | 1 层 150 mmCFRP | | |
| CB1-3 | 2Φ12 | 2 层 150 mmCFRP | | |
| CB1-4 | 2Φ12 | 1 层 100 mmCFRP | | |
| CB2-1 | 2Φ12 | 2 层 150 mmCFRP | 首先加载到极限荷载的 50%,然后卸载到零,再进行加固 | CB2-1、CB2-2 与 CB2-3 的 CFRP 用量相同,层数相同,预加载历史不同 |
| CB2-2 | 2Φ12 | 2 层 150 mmCFRP | 首先加载到极限荷载的 40%,然后卸载到零,再进行加固 | |
| CB2-3 | 2Φ12 | 2 层 150 mmCFRP | 首先加载到极限荷载的 65%,然后卸载到零,再进行加固 | |
| CB2-4 | 2Φ12 | 2 层 75 mmCFRP | 首先加载到极限荷载的 50%,然后卸载到零,再进行加固 | CB2-4 与 CB2-1 的预加载历史相同,CFRP 用量不同,层数相同 |
| CB2-5 | 2Φ12 | 1 层 150 mmCFRP | 首先加载到极限荷载的 50%,然后卸载到零,再进行加固 | CB2-5 与 CB2-4 的预加载历史相同,CFRP 用量相同,层数不同 |

　　研究结果表明:CFRP 片材加固 RC 的截面平均应变分布基本符合平截面假定,因此在分析和计算过程中,可以把平截面假定作为一个基本假定。外贴 CFRP 可以有效地提高 RC 梁的抗弯承载力,并且对裂缝宽度的发展起到了一定的抑制作用。需要注意的是,外贴 CFRP 对于加固前已经开裂的试件,若未进行裂缝的修补,相同荷载下其裂缝宽度明显大于加固前未开裂的试件,在加载初期甚至大于未加固试件的,而且达到正常使用阶段裂缝宽度限值时的荷载水平较低。因此,对于该类试件采用外贴 CFRP 进行加固之前,应先进行裂缝的修补,可采用灌注结构胶等粘结剂。

　　2) FRP 片材加固钢筋混凝土梁受剪试验研究

　　FRP 粘贴于钢筋混凝土梁受剪区可以形成 U 形箍,如图 6-12 所示,FRP 形成的 U 形箍对钢筋混凝土梁斜截面的抗剪承载力提高有明显的贡献。文献[47]对外贴纤维加固梁斜截面时的纤维应变分布情况进行了试验研究。

　　该试验分四组共 12 个试件,各组剪跨比分别为 3.02、2.56、1.86 和 1.40。试件 L1、Ba、L5 和 Bd

图 6-12　粘贴 CFRP 形成的 U 形箍

为对比不加固试件,其余8个试件均采用封闭箍加固。第二、四组试件采用香港L&M特种工程公司生产的玻璃纤维及配套(环氧类)粘结剂,第一、三组试件采用南京玻璃纤维设计研究院生产的玻璃纤维及配套(环氧类)粘结剂,纤维与混凝土粘结试验表明,粘结破坏面位于混凝土基层内。为了便于测点布置,在加固前首先将构件预裂,然后完全卸载进行加固。表6-33给出了试件的预裂情况和主要技术参数,表中纤维配置指数 $\omega_f$ 系无量纲系数,它反映纤维配置的相对数量,其定义见式(6-3)。

$$\omega_f = \rho_{frp} \frac{E_{frp}}{E_c} = \frac{2A_{frp1}}{bs_{frp}} \cdot \frac{E_{frp}}{E_c} \tag{6-3}$$

式(6-3)中: $\rho_{frp}$ 表示斜截面纤维配置率; $A_{frp1}$ 是单肢纤维箍的面积, $A_{frp1} = w_{frp}t_{frp}$ ; $w_{frp}$ 是纤维箍的宽度,当纤维沿着轴向连续粘贴时,取 $w_{frp} = s_{frp}$ ; $t_{frp}$ 是纤维复合材料的厚度; $s_{frp}$ 是纤维箍的间距; $b$ 是梁的截面宽度; $E_{frp}$ 表示纤维复合材料的弹性模量; $E_c$ 表示混凝土的弹性模量。

表 6-33　构件一览表

| 编号 | 截面尺寸/mm×mm | 剪跨比 | 预裂荷载/kN | 预裂缝倾角/度 | 外贴纤维布 | | |
|---|---|---|---|---|---|---|---|
| | | | | | 粘贴方案 | 宽度×间距 | $\omega_f/\%$ |
| L1 | 150×250 | 3.02 | — | — | 对比试件 | — | — |
| L2 | 150×250 | 3.02 | 48 | 26.1 | 封闭箍 | 25×50 | 0.176 |
| L3 | 150×250 | 3.02 | 55 | 23.3 | 封闭箍 | 25×100 | 0.088 |
| Ba | 150×250 | 2.56 | — | — | 对比试件 | — | — |
| Bb | 150×250 | 2.56 | 50 | 29.1 | 封闭箍 | 20×40 | 0.495 |
| Bc | 150×250 | 2.56 | 63 | 33.7 | 封闭箍 | 20×80 | 0.266 |
| L5 | 150×250 | 1.86 | — | — | 对比试件 | — | — |
| L6 | 150×250 | 1.86 | 79 | 43.3 | 封闭箍 | 25×50 | 0.176 |
| L7 | 150×250 | 1.86 | 79 | 36.7 | 封闭箍 | 25×100 | 0.088 |
| Bd | 150×250 | 1.40 | — | — | 对比试件 | — | — |
| Be | 150×250 | 1.40 | 54 | 50.6 | 封闭箍 | 20×40 | 0.528 |
| Bf | 150×250 | 1.40 | 61 | 44.4 | 封闭箍 | 20×80 | 0.261 |

（1）受力全过程

从总体上看,所有加固构件表现出相似的破坏过程。当荷载达到预裂缝荷载时,由于纤维的加固作用,试件完好,预裂缝没有明显开展。此后,随着荷载的增大,预裂缝逐渐展开,并伴有新的裂缝出现,部分纤维在与预裂缝相交处颜色变白,开始产生局部剥离。随着荷载的继续增大,局部剥离范围不断发展;当荷载增加到一定程度时,其中一条纤维箍与梁侧完全剥离,接着其他大部分纤维箍在梁侧的剥离区域迅速扩大甚至完全剥离;此时,大部分纤维箍只有在梁底面和顶面与混凝土的粘结基本完好。此后,由于采用封闭箍,虽然这时在梁的侧面上已经产生纤维剥离破坏,荷载仍然可以增大。当达到极限荷载时,一条纤维箍因材料达到极限强度而断裂,接着其他与裂缝相交的纤维箍相继断裂,试件破坏。

（2）斜截面纤维应变的分布

试验结果表明,随着荷载的增加,斜截面上外贴纤维布的应变不断增加,但各位置增加速度不一样。在与裂缝相交处,纤维的应变增加较快,在未与裂缝相交处,其应变增加缓慢。在与裂缝相交的纤维布上,纤维应变在斜裂面上的分布也是不均匀的,在靠近剪跨中部区域,纤维的应变增加较快,而在靠近剪跨两端,纤维的应变增加相对缓慢。

试验结果还表明,不同的受力阶段,纤维应变增加的速度也不同。在加载初期,纤维应变很小,随后随着荷载的增大缓慢增加,增加值与荷载增加幅度基本呈线性关系;当荷载达到相应对比试件的极限荷载后,纤维应变增加速度开始增大,并随着荷载的继续增大而逐渐加快,直至产生梁侧剥离破坏。

表 6-34 给出了试验各阶段主要实测结果。表中,$V_1$ 表示局部剥离开始时的实测剪力值;$V_2$ 表示梁侧产生剥离破坏时(以第一条纤维箍产生梁侧剥离破坏为准)的实测剪力值;$V_u$ 表示实测的极限抗剪能力;$\varepsilon_{max}$ 表示相应荷载下穿过裂缝各测点纤维应变的最大值,$\varepsilon_{min}$ 表示最小值,$\varepsilon_{av}$ 表示平均值。此外,由表 6-34 可知,采用纤维增强复合材料加固钢筋混凝土梁,其极限承载力提高幅度为 7.3%～106.1%;其抗剪加固机理类似于粘贴钢板加固法。

表 6-34 各阶段主要实测数据

| 编号 | 局部剥离开始 | | | | 梁侧剥离开始 | | | | 达到极限状态 | |
|---|---|---|---|---|---|---|---|---|---|---|
| | $V_1$/kN | $\varepsilon_{max}/10^{-6}$ | $\varepsilon_{min}/10^{-6}$ | $\varepsilon_{av}/10^{-6}$ | $V_2$/kN | $\varepsilon_{max}/10^{-6}$ | $\varepsilon_{min}/10^{-6}$ | $\varepsilon_{av}/10^{-6}$ | $V_u$/kN | 破坏模式 |
| L1 | — | — | — | — | — | — | — | — | 64 | 剪切破坏 |
| L2 | 60 | 6 938 | 159 | 3 154 | 90 | 12 396 | 651 | 6 691 | 104 | 纤维拉断 |
| L3 | 50 | 8 963 | 158 | 5 713 | 73 | 16 933 | 929 | 9 040 | 99 | 纤维拉断 |
| Ba | — | — | — | — | — | — | — | — | 66 | 剪切破坏 |
| Bb | 116 | 6 408 | 1 050 | 3 949 | 120 | 8 995 | 1 902 | 6 693 | 136 | 纤维拉断 |
| Bc | 100 | 7 387 | 4 843 | 5 734 | 104 | 7 532 | 4 402 | 6 418 | 121 | 纤维拉断 |
| L5 | — | — | — | — | — | — | — | — | 115 | 剪切破坏 |
| L6 | 80 | 6 980 | 687 | 4 014 | 130 | 13 960 | 2 344 | 7 586 | 162 | 纤维拉断 |
| L7 | 85 | 5 727 | 2 203 | 4 245 | 135 | 15 006 | 7 223 | 10 392 | 150 | 纤维拉断 |
| Bd | — | — | — | — | — | — | — | — | 150 | 剪切破坏 |
| Be | 164 | 6 896 | 5 463 | 6 078 | 178 | 10 009 | 7 378 | 8 020 | 178 | 纤维拉断 |
| Bf | 147 | 7 073 | 6 483 | 6 799 | 161 | 9 639 | 8 321 | 8 941 | 161 | 纤维拉断 |

根据试验结果,试件破坏时斜截面纤维应变的发展是不均匀的。因此,合理确定斜截面纤维的平均应变对加固后试件承载力的计算是非常重要的。对于纤维加固构件,由于施工工艺、粘结剂、加固形式以及加固材料强度取值的不同,发生剥离破坏时纤维能达到的最大应变各不相同。为了消除这些方面的影响,在分析斜截面纤维应变分布时,以斜截面应变分布系数,即所有穿越斜裂面纤维的平均应变除以其相应条件下的最大纤维应变值为分析对象。根据定义,斜截面纤维应变分布系数 $D_f$ 可以表达为式(6-4)。

$$D_f = \frac{\int_0^l \varepsilon(x)\,\mathrm{d}x}{l\varepsilon_{max}} = \frac{\sum\limits_{i=1}^n \varepsilon_i}{n\,\varepsilon_{max}} \tag{6-4}$$

式(6-4)中：$l$ 是斜裂缝水平投影的长度；$\varepsilon(x)$ 是纤维应变沿斜裂缝的分布；$x$ 是离开斜裂缝起始点的水平距离；$\varepsilon_i$ 是第 $i$ 条穿过斜裂缝纤维箍的应变；$n$ 是与裂缝相交纤维箍的数量，此处假设纤维箍是均匀布置的。为了简化起见，该文献忽略荷载水平的影响（这是偏保守的，因为随着荷载水平的增加，其值略有增加），取纤维剥离破坏之前的应变平均值作为统计数据，并近似假设纤维应变分布系数 $D_f$ 可与剪跨比 $\lambda$ 呈线性关系。经过回归分析，可以得到式(6-5)。表 6-35 给出了斜裂面纤维应变分布系数的实测值与计算值的对比结果，经统计 $D_f$ 的计算值与实测值之比的平均值为 1.04，均方差为 0.11。由此可见，式(6-5)具有较高的预测精度。

$$D_f = 1.0 - 0.18\lambda \tag{6-5}$$

表 6-35　纤维应变分布系数 $D_f$ 实测值与计算值对比

| 编号 | 实测值的统计结果 | | | | 计算值及对比 | |
|---|---|---|---|---|---|---|
| | 平均值 | 最大值 | 最小值 | 均方差 | 计算值 | 计算/实测 |
| L2 | 0.44 | 0.54 | 0.36 | 0.05 | 0.46 | 1.045 |
| L3 | 0.53 | 0.64 | 0.34 | 0.09 | 0.46 | 0.868 |
| Bb | 0.48 | 0.74 | 0.29 | 0.16 | 0.54 | 1.125 |
| Bc | 0.46 | 0.78 | 0.32 | 0.13 | 0.54 | 1.174 |
| L6 | 0.57 | 0.60 | 0.52 | 0.02 | 0.67 | 1.175 |
| L7 | 0.71 | 0.76 | 0.55 | 0.04 | 0.67 | 0.944 |
| Be | 0.79 | 0.90 | 0.63 | 0.08 | 0.75 | 0.949 |
| Bf | 0.73 | 0.98 | 0.54 | 0.15 | 0.75 | 1.027 |

3）FRP 加固钢筋混凝土梁其他内容

FRP 片材加固钢筋混凝土梁相对而言是一种有效的新型加固方法，但该方法存在 FRP 强度利用不高等问题（属于被动加固方法）。为了解决这个问题，可以对 FRP 施加预应力，这样不仅可以充分利用 FRP 的强度，还能更有效地改善加固梁的受力性能，进一步抑制梁的变形和裂缝开展。文献[48]对 CFRP 的预应力施工工艺、张拉控制应力、锚固措施、预应力损失和设计方法等方面进行了总结；文献[49]进行了两根碳纤维索体外预应力加固混凝土简支梁的试验研究。

文献[50]为了研究体外预应力 CFRP 筋混凝土结构的正截面抗弯特性，研制了 CFRP 后张预应力筋夹片式锚具，对一片体外 CFRP 筋直线布置体外预应力混凝土梁和两片体外 CFRP 筋曲线布置体外预应力混凝土梁进行了抗弯试验研究。研究结果表明：体外预应力 CFRP 筋混凝土梁受力过程与体外预应力钢筋混凝土梁有较多相似之处；跨中设置一转向块的体外预应力 CFRP 筋混凝土梁的开裂荷载和极限承载力均比不设置转向块的梁要大，同时跨中极限挠度比不设置转向块的梁小。在跨中设置转向块，可以有效地提高体外预应力 CFRP 筋混凝土梁的极限抗弯承载力。

文献[51]利用波形齿锚具实现横向张拉 CFRP 片材的体外预应力加固技术，对 4 根完全相同的 7 m 跨度的 T 形梁进行加固（梁侧加固 3 根梁，其中 1 根梁考虑二次受力影响；梁底加固 1 根梁);利用普通粘贴 CFRP 的加固技术对另一根梁进行加固(加固前与前 4 根梁完全相同)。研究结果表明:CFRP 体外预应力加固能充分发挥 CFRP 片材的高强性能,实现加固后构件更好的受力和变形性能;二次受力的构件无论是屈服荷载、极限荷载以及变形能力方面均无明显影响。

在 FRP 加固钢筋混凝土梁中同样存在二次受力问题,二次受力降低了外粘 FRP 加固钢筋混凝土梁的抗弯承载力,因此在计算中应当考虑二次受力的影响。文献[52]设计了 18 个数值分析模型,研究结果表明:二次受力对外粘 FRP 加固钢筋混凝土梁抗弯承载力有影响,梁的承载力大体上随着持荷水平的增大而线性降低,因此为了准确计算梁抗弯承载力应考虑二次受力的影响。但是,二次受力的影响有限,对钢筋混凝土梁抗弯承载力的削弱不足 10%。

此外,文献[53]对预应力 CFRP 布加固钢骨混凝土梁的受弯性能进行研究,试验制作了 6 根钢骨混凝土试验梁,梁长均为 2.6 m,净跨为 2.4 m,截面尺寸均为 200 mm × 250 mm。纵筋的保护层厚度为 25 mm,直径为 12 mm 的 HRB335 钢筋;箍筋采用直径为 6 mm 的 HPB235 钢筋,梁端箍筋加密区间距为 100 mm,跨中箍筋间距为 150 mm,梁内含型号为 I10 的工字钢,混凝土的强度等级设计为 C30,梁截面的含钢率为 2.87%,配筋率为 0.90%。试验梁的设计参数见表 6-36 所示,其中 $\sigma_f$ 为 CFRP 布的极限拉应力,$P_u$ 为极限荷载。试验梁的承载力结果见表 6-37 所示。基于试验研究与分析结果,可以发现 CFRP 布加固预裂钢骨混凝土梁大多发生的是 CFRP 布剥离及混凝土压碎破坏;普通钢骨混凝土梁的荷载-变形曲线呈现三直线特征,加固预裂钢骨混凝土梁的荷载-变形曲线呈现两直线特征;CFRP 布加固后虽然抑制了裂缝宽度的开展,但是裂缝的数量却增多,间距变小。

表 6-36  试验梁的设计参数

| 试件编号 | 预拉力 | 加固梁 | 加载方案 |
| --- | --- | --- | --- |
| SRC1 | 0 | 0 | 直接加载 |
| FSRC2 | 0 | 1 层 | 预裂 30%$P_u$ 卸载后加载 |
| FSRC3 | 0 | 2 层 | 预裂 30%$P_u$ 卸载后加载 |
| PFSRC4 | 14%$\sigma_f$ | 1 层 | 预裂 30%$P_u$ 卸载后加载 |
| PFSRC5 | 14%$\sigma_f$ | 2 层 | 预裂 30%$P_u$ 卸载后加载 |
| FSRC6 | 0 | 1 层 | 预裂 50%$P_u$ 卸载后加载 |

表 6-37  试验梁的承载力结果

| 试件编号 | 开裂荷载 /kN | 屈服荷载/kN | | 极限荷载/kN | | 破坏形态 |
| --- | --- | --- | --- | --- | --- | --- |
| | | 试验值 | 提高幅度/% | 试验值 | 提高幅度/% | |
| SRC1 | 22 | 96 | — | 111 | — | 弯曲破坏 |
| FSRC2 | 28 | 103 | 7.3 | 129 | 16.2 | 断裂 |
| FSRC3 | 34 | 118 | 22.9 | 141 | 27.0 | 剥离 |
| PFSRC4 | 42 | 115 | 19.8 | 143 | 28.8 | 剥离 |
| PFSRC5 | 44 | 122 | 27.1 | 150 | 35.1 | 剥离 |
| FSRC6 | 24 | 101 | 5.2 | 127 | 14.4 | 剥离 |

4) FRP 约束加固 RC 柱轴心受压试验研究

(1) 试验介绍

文献[54]对 GFRP 片材非连续包裹加固 RC 柱进行了试验研究,试件共分 3 组(8 个),其中 3 个对比试件(N1、N2、N3);3 个为直接外包 GFRP 一、二、三层的试件(G1、G2、G3);2 个分别为负荷 400 kN、550 kN 外包一层 GFRP 的试件(Gn1、Gn2)。被加固钢筋混凝土方柱的截面尺寸均为 200 mm×200 mm,高度为 900 mm。试验中所采用的钢筋,纵筋为 φ12 的圆钢,箍筋为 φ6 的圆钢。φ6、φ12 的屈服强度平均值分别为 330.1 MPa、317.5 MPa。

GFRP 为南京玻璃纤维研究设计院中材科技股份有限公司提供的高性能玻璃纤维布。GFRP 的抗拉强度试验平均值为 2 480 MPa,弹性模量取 115 GPa。混凝土的强度等级设计为 C25,构件浇筑时每个构件同时浇筑 150 mm×150 mm×150 mm 标准立方体试块 3 个。各构件(编号 N1、N2、N3、G1、G2、G3、Gn1、Gn2)实测 28 天混凝土立方体抗压强度平均值分别为 27.1 MPa、24.8 MPa、26.3 MPa、26.8 MPa、27.0 MPa、25.5 MPa、26.4 MPa、25.7 MPa。GFRP 加固的形式为等宽等间距非连续包裹,GFRP 条带宽度为 100 mm,净间距为 100 mm,搭接长度为 100 mm。进行加固时,混凝土柱的四个拐角均进行了倒角处理,倒角半径约为 20 mm。

(2) 试验结果及构件破坏形态

GFRP 非连续包裹约束试件的实测极限应变值,以及开裂、极限荷载值详见表 6-38 所示。由此表可以看出,GFRP 约束钢筋混凝土方柱在轴心荷载作用下,当柱丧失承载能力时,纵向钢筋和箍筋均能达到屈服;GFRP 的拉应变实测值为截面边长中部位置,由于方柱在拐角处的削弱效应和方柱截面边长方向上的拉应变分布不均匀性,以及包裹质量等影响因素,使得第 2 组试件实测的 GFRP 拉应变远小于 GFRP 标准试件水平拉伸实测的极限拉应变。试件 G1、G2、G3 的 GFRP 拉应变仅为 GFRP 水平极限拉应变的 15.9%、23.1%、10.5%。

表 6-38　主要试验结果

| 分组 | 试件编号 | GFRP 拉应变/$10^{-6}$ | 混凝土横向应变/$10^{-6}$ | 混凝土纵向应变/$10^{-6}$ | 箍筋拉应变/$10^{-6}$ | 纵筋压应变/$10^{-6}$ | 开裂荷载/kN | 极限荷载/kN |
|---|---|---|---|---|---|---|---|---|
| 1组 | N1 | — | 472 | −2 260 | — | — | 550 | 805 |
| | N2 | — | — | — | — | — | 500 | 728 |
| | N3 | — | 464 | −1 675 | — | — | 500 | 745 |
| 2组 | G1 | 3 179 | 818 | −1 900 | 2 463 | −2 415 | 700 | 1 040 |
| | G2 | 4 627 | 1 038 | −1 893 | 2 657 | −2 920 | 700 | 1 160 |
| | G3 | 2 105 | 391 | −2 471 | 3 078 | −2 387 | 700 | 1 140 |
| 3组 | Gn1 | — | — | — | — | — | 500 | 825 |
| | Gn2 | — | — | — | — | — | 550 | 725 |

注:应变拉为正值,压为负值。

对比试件(N1、N2、N3):在轴心荷载作用下,其破坏形态为典型的普通钢筋混凝土方柱破坏过程(图 6-13),在此就不再加以赘述。

第二组试件(G1、G2、G3)：试件 G1 在荷载加到 700 kN 时,在靠近柱子的 1/2 高处上部位置出现了竖向裂缝,然后随着荷载的增加,裂缝延伸缓慢;当荷载加到 750 kN 时,裂缝宽度有所增大,但发展依旧很缓慢,处于稳定期;当荷载达到 900 kN 之后,开始听到清脆的响声,柱子的中部表面有轻微的龟裂现象,GFRP 与柱子的接触面处部分位置出现了裂隙;当荷载达到 1 000 kN 时,在柱子的边角,粘贴 GFRP 条带的边缘位置上,混凝土被压碎范围增大,此时荷载仍然能够稳定下来;当荷载增加到 1 040 kN 时,柱子角部的 GFRP 被拉断(见图 6-14),带有很明显的脆裂声,混凝土破坏比较严重,荷载出现不稳定;当荷载勉强增加到 1 100 kN 时,GFRP 条带间的混凝土被严重压碎,试件丧失承载能力。试件 G1 的极限承载能力提高幅度为 37% 左右。试件 G2 的破坏过程基本与 G1 相似,其破坏形态见图 6-15 所示,拉断的 GFRP 呈裂开的须状,柱子的极限承载能力提高幅度为 53% 左右。G3 的破坏形态见图 6-16 所示,与试件 G1、G2 最大的不同点在于此时 GFRP 在任何部位都没有被拉裂或拉断的迹象,柱子的破坏是由于 GFRP 条带间的混凝土被压碎导致的。

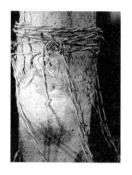  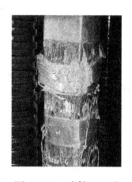 

图 6-13　对比试件破坏形态　　图 6-14　试件 G1 破坏形态　　图 6-15　试件 G2 破坏形态　　图 6-16　试件 G3 破坏形态

第三组试件(Gn1、Gn2)：试件 Gn1 在 400 kN 恒载下加固完后继续加压,当荷载加到 500 kN 时,柱子的上部 1/3 处出现了裂缝;当荷载继续增加,裂缝也继续延伸和开展,但在 750 kN 之前,裂缝的开展相对很稳定;当荷载加到 800 kN 时,听到混凝土剥落的脆响声;当荷载达到 825 kN 时,柱表面 GFRP 条带间的混凝土剥落严重,达到其极限承载力。此时,外包 GFRP 只是在柱子的拐角薄弱部位被少许拉裂。试件 Gn1 的极限承载能力最大提高 13%,其破坏形态见图 6-17 所示。试件 Gn2

图 6-17　试件 Gn1 破坏形态　　图 6-18　试件 Gn2 破坏形态

在 550 kN 恒载下加固完后(此时柱子中上部已出现竖向微小裂缝)继续加压,直至最后柱子的破坏。此时,外包 GFRP 没有破坏的迹象,钢筋混凝土方柱的极限承载力与未加固柱基本相同,其破坏形态见图 6-18 所示。对于试件 Gn2,由于负荷水平较大,外包 GFRP 的应变滞后现象比较严重,即使柱子到了丧失承载能力时,外包 GFRP 也没有发挥多大的约束作用。上述试验结果直观地说明了负荷加固带来的不利影响。

5）FRP 约束加固 RC 柱偏心受压试验研究

（1）试验介绍

文献[10]对 CFRP 片材包裹约束加固 RC 柱的偏心受压进行了试验研究，共制作了 5 根截面尺寸为 250 mm×250 mm 的 RC 柱，柱高为 1 350 mm。其中，1 根为轴心受压柱，其余 4 根为偏心受压柱，偏心受压柱的初始偏心距分别为 35 mm、55 mm、75 mm、115 mm（基于材料的实测强度，得到未加固构件的理论大、小偏心的临界初始偏心距为 130.0 mm），构件编号依次为 Z1、Z2、Z3、Z4 和 Z5（表 6-39）。

表 6-39　试件制作一览表

| 试件编号 | 混凝土立方体抗压强度/MPa | 加固措施 | 柱长/mm | 截面尺寸/mm×mm | 初始偏心距/mm |
|---|---|---|---|---|---|
| Z1 | 24.4 | 外包一层碳纤维布 | 1 350 | 250×250 | 0 |
| Z2 | 24.4 | 外包一层碳纤维布 | 1 350 | 250×250 | 35 |
| Z3 | 24.4 | 外包一层碳纤维布 | 1 350 | 250×250 | 55 |
| Z4 | 24.4 | 外包一层碳纤维布 | 1 350 | 250×250 | 75 |
| Z5 | 24.4 | 外包一层碳纤维布 | 1 350 | 250×250 | 115 |

5 个被加固混凝土柱的配筋以及材料设计强度等级均相同。配筋为对称配筋，主筋采用 HRB335 螺纹钢筋，直径为 16 mm，箍筋采用 HPB235 圆钢筋，直径为 6.5 mm，混凝土强度等级设计为 C25。具体尺寸及配筋见图 6-19 所示。为了便于施加偏心荷载，构件制作时把方柱的两端部做成牛腿形式扩大头。所有构件的加固方法均一致，即对试验观测区域（牛腿之间部位）外包一层单向碳纤维布。碳纤维布包裹的搭接长度为 150 mm，混凝土柱的角部均倒半径为 20 mm 的圆角。为了防止加载时构件端部出现局部受压破坏，构件制作时在两端牛腿上外包两层碳纤维布，并且设置对拉钢板，构件的具体加固详图见图 6-20 所示。

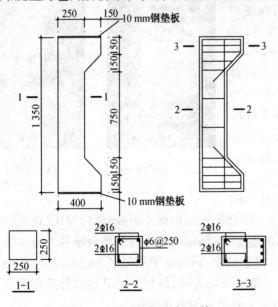

图 6-19　试验构件尺寸、配筋

图 6-20　构件加固详图

碳纤维布的实测极限抗拉强度的平均值为 3 399 MPa,弹性模量取为 235 GPa。螺纹钢筋和圆钢筋的实测屈服抗拉强度平均值分别为 403.7 MPa、337.8 MPa,混凝土立方块 28 天龄期的抗压强度平均值为 24.4 MPa。

(2)试验结果及分析

① 试件破坏特征

对于试件 Z1,当达到极限荷载时,碳纤维布在柱子的一个拐角处被拉断并伴有很大的纤维拉断脆响,拉断后的纤维布与柱表面混凝土基本上全部分离开来,破坏形态详见图 6-21所示。

对于试件 Z2~Z5,在加载初期如同轴心受压柱一样,整个柱子外表无任何损伤征兆。当达到极限荷载时,碳纤维布在受压边的一个角部被拉断并伴有很大的纤维拉断脆响,拉断后的纤维布与受压侧柱面分离开来,并沿着两侧边向受拉边(或受压较小边)的两个柱角延伸(图 6-22、图 6-24、图 6-26、图 6-28)。试件破坏后,清除受拉边(或者受压较小边)一侧的纤维布对被加固后构件表面进行观察发现,初始偏心距较小的试件 Z2($e_0/h_0 = 0.16$)没有出现裂缝损坏迹象(图 6-23);试件 Z3~Z5 随着初始偏心距的增大($e_0/h_0$ 分别为 0.26、0.35、0.53),受拉边出现了不同程度的水平裂缝,并且随着初始偏心距的增大,水平裂缝的宽度也逐步增大。其中,试件 Z3、Z4 的受拉水平裂缝是在受压边拐角纤维布拉断混凝土破碎后出现的,而试件 Z5 的水平裂缝稍稍先于纤维布拉断之前就出现了,具体见图 6-25、图 6-27、图 6-29 所示。纤维布在对应柱子极限承载力时实测得到的最大拉应变见表 6-40 所示,对于破坏位置位于柱中部的,实测到的最大应变为水平拉应变的 41%;破坏位置不在中部的试件,纤维布上应变片实测值并非试件破坏前的最大值,如试件 Z2 的实测拉应变仅为水平拉应变的 28%。

图 6-21 试件 Z1 破坏形态

图 6-22 试件 Z2 破坏形态

图 6-23 试件 Z2 破坏侧对边

图 6-24 试件 Z3 破坏形态

图 6-25 试件 Z3 破坏侧对边

图 6-26 试件 Z4 破坏形态

  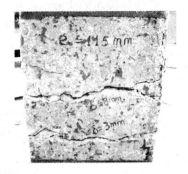

图 6-27　试件 Z4 破坏侧对边　　　　图 6-28　试件 Z5 破坏形态　　　　图 6-29　试件 Z5 破坏侧对边

② 承载力

各试件所承担的极限承载力见表 6-40 所示,极限承载力的确定依据《混凝土结构试验方法标准》(GB 50152)。由表 6-40 可以看出,轴心受压试件 Z1 和偏心受压试件 Z2~Z4 (相对受压区高度值为 0.85、0.75、0.67,考虑侧向挠度的影响,并且按实测的钢筋强度与约束混凝土最大压应变)相对于非加固柱理论计算的承载力而言,竖向受压荷载提高幅度在 33.1%~36.2%;试件 Z5 由于初始偏心距较大,其相对受压区高度值为 0.55,竖向受压荷载提高幅度相对较低,仅为 19.2%。值得注意的是,按照纵向钢筋的实测屈服强度、实测混凝土最大压应变计算得到的柱截面界限相对受压区高度为 0.57。

上述结论的主要原因可以归纳如下:对于小偏心受压柱,其破坏始于受压区混凝土,混凝土的受压膨胀"激活"外包 CFRP 的约束作用。随着初始偏心距增大,受压区的有效高度降低,受压混凝土的侧向总膨胀变形量降低,导致外包 CFRP 的约束作用降低,从而使得承载力在较大初始偏心距的小偏心受压状态下提高幅度明显下降。该结论也表明了,对于小偏心受压的钢筋混凝土柱,如果采用单向纤维布横向包裹约束进行加固,对于提高承载力仍然是有一定效果的,但是初始偏心距直接影响外包 CFRP 约束作用的发挥。

表 6-40　试验结果一览表

| 试件编号 | 初始偏心距/mm | 柱中部挠度/mm | 承载力/kN | 混凝土最大压应变/$10^{-6}$ | 碳纤维最大拉应变/$10^{-6}$ | 纤维布破坏特征 | 相对非加固柱承载力提高幅度/% | 破坏位置(相对柱子中部) |
|---|---|---|---|---|---|---|---|---|
| Z1 | 0 | — | 1 975 | — | 5 735 | 始于角部拉断 | 33.1% | 附近 |
| Z2 | 35 | 2.26 | 1 400 | −2 232 | 4 063 | 同上 | 33.8 | 偏上 255 mm |
| Z3 | 55 | 4.03 | 1 175 | −4 891 | 5 984 | 同上 | 35.4 | 附近 |
| Z4 | 75 | 5.58 | 1 000 | −4 495 | 5 240 | 同上 | 36.2 | 偏上 95 mm |
| Z5 | 115 | 9.43 | 650 | −5 011 | 5 394 | 同上 | 19.2 | 附近 |

注:非加固柱的承载力是采用材料实测强度按照《混凝土结构设计规范》中规定的计算方法获得。

③ 柱截面应变分布

图 6-30~图 6-33 分别给出试件 Z2~Z5 的柱截面应变分布规律。从图中可以看出,无论截面是全截面受压还是存在拉压分区,截面上的平均应变分布基本上满足平截面假定。

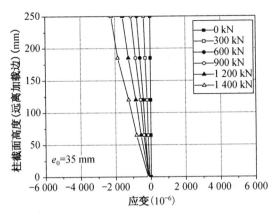

图 6-30 试件 Z2 截面应变分布规律

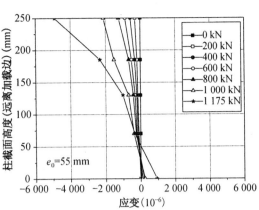

图 6-31 试件 Z3 截面应变分布规律

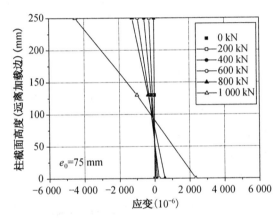

图 6-32 试件 Z4 截面应变分布规律图

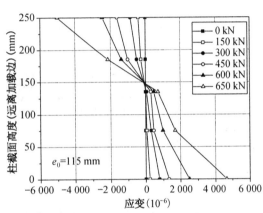

图 6-33 试件 Z5 截面应变分布规律

④ 碳纤维布横向拉应变分布

为了得到钢筋混凝土柱在轴心、偏心受压情况下外包单向碳纤维布的拉应变分布规律，沿着柱子的周边均匀布置了 20 个应变片。为了便于观察应变规律，此处沿柱子的周长进行展开，应变片与展开位置的具体对应点见图 6-34 所示。试件 Z1～Z5 中纤维拉应变沿展开边长对应点的应变变化总体趋势以及利用程度见图 6-35～图 6-39。从图中可以看出，对于轴心受压试件 Z1，虽然由于截面形状以及拐角削弱等因素的存在使得周边纤维拉应变不均匀，但是每边的纤维受拉应变均相对达到了较高的利用程度。在产生粘结剥离之前，位于角部测点的应变普遍相对较低，这主要由于碳纤维布是被动约束，其变形的大小主要取决于包裹混凝土的侧向膨胀变形。方形截面柱在荷载作用下，中部区域的侧向膨胀变形大，而拐角处位于截面对角线上，其侧向刚度大、膨胀变形小。此外，纤维布与混凝土之间通过粘结剂的有效粘结限制了纤维布与混凝土接触面之间的自由移动，这使得纤维布的受拉变形不能顺利传递；对于试件 Z2～Z5 的纤维拉应变，除了柱边、拐角处存在不均匀外，柱截面周边还存在明显的应变梯度。由于试件 Z2 的破坏位置相对应变片粘贴位置较远，这种规律不是很明显。对于试件 Z3～Z5，靠近受压侧的纤维布在破坏时的拉应变数值相对较大；随着逐渐远离受压侧的位置，纤维布的拉应变开始逐渐降低，在受压侧对边的纤维拉应变已经处于极低的数值，几乎为 0 甚至出现负值现象。出现负值的原因可能是单向碳纤维布垂直方向上构造纤维受力以及纤维并非完全绝对水平横向包裹或者温度效应等造成。除此之外,随着初始偏心距的增大,这种纤维拉应变很低或者几乎没有的区域范围逐渐加大。

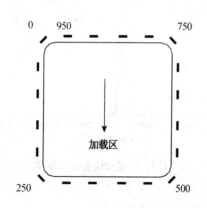

图 6-34　柱外包纤维拉应变展开示意图

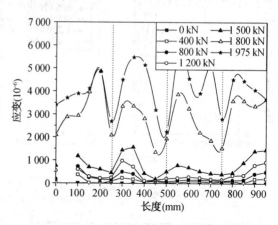

图 6-35　试件 Z1 纤维拉应变展开示意图

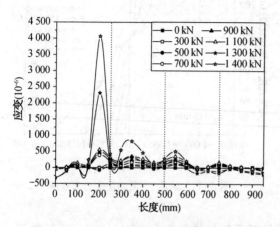

图 6-36　试件 Z2 纤维拉应变展开示意图

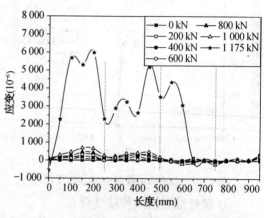

图 6-37　试件 Z3 纤维拉应变展开示意图

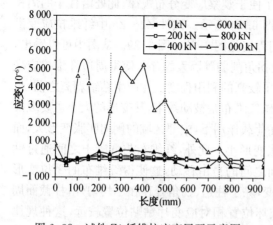

图 6-38　试件 Z4 纤维拉应变展开示意图

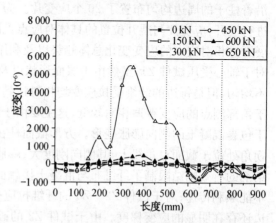

图 6-39　试件 Z5 纤维拉应变展开示意图

⑤ 荷载-挠度曲线

图 6-40 给出了各试件竖向荷载与柱中部侧向挠度之间的关系曲线。从曲线的发展形

态可以看出,当竖向荷载小于极限荷载约70%时,荷载与挠度之间的发展关系近似为线性关系;当超过70%之后,曲线开始呈现非线性发展,曲线斜率逐渐降低直至某一稳定值,最后试件丧失继续承载的能力。此外,随着初始偏心距的增大,附加偏心距也逐渐增大。由于外包纤维布使得柱的延性增大,现行规范规定的当 $l_0/i \leqslant 17.5$(对矩形截面柱,相当于 $l_0/h \leqslant 5.0$)时,可不考虑纵向弯曲对偏心距的影响,不能直接应用到FRP 约束加固的钢筋混凝土偏心受压柱。按照《混凝土结构设计规范》计算得到的偏

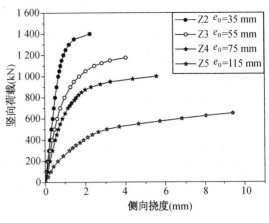

图 6-40　荷载-挠度曲线图

心距增大系数,试件 Z2～Z5 依次为 1.053、1.040、1.035、1.035;而根据试验测到的偏心距增大系数分别为 1.065、1.073、1.074、1.082。此时,加固柱仅外包一层碳纤维布,如果外包两层、三层以及更多层时,两者之间存在的差异可能会更大。

### 6.7.5　高强钢绞线网-聚合物砂浆加固法试验研究

1)加固钢筋混凝土梁、板

文献[55]对高强钢绞线网-聚合物砂浆复合面层(SMPM)加固火灾受损梁进行了试验研究。试验设计制作了 4 根 RC 梁构件,见表 6-41 所示;梁截面尺寸为 200 mm×300 mm,净跨度为 3 000 mm。基本构件制作并养护完毕后,试件 BFF-2 在实验炉中过火 30 min,过火后采用单层钢绞线网进行加固。试验所用高强钢绞线型号为 6×7+IWS,直径3.05 mm。钢绞线抗拉强度为 1 641 MPa,弹性模量为 134 GPa,钢丝绳实际截面面积为4.68 mm²。混凝土梁构件的基本破坏情况见表 6-42 所示。

表 6-41　混凝土梁构件基本情况

| 试件名称 | 过火情况与加固类型 | 模拟类别 |
| --- | --- | --- |
| BF-1 | 未过火普通梁 | 未被加固的建筑未经受火灾 |
| BF-2 | 未过火加固梁 | 经过 SMPM 加固的建筑未经受火灾 |
| BFF-1 | 过火梁 | 未被加固的建筑经受火灾后 |
| BFF-2 | 过火加固梁 | 经过 SMPM 加固后的建筑经受火灾 |

表 6-42　混凝土梁构件基本破坏情况

| 试件名称 | 过火情况与加固类型 | RC 梁开裂荷载及裂缝宽度 | 钢筋屈服荷载及裂缝宽度 |
| --- | --- | --- | --- |
| BF-1 | 未过火普通梁 | 12 kN 出现裂缝,宽度为 0.04 mm | 174.89 kN,裂缝宽度为 0.6 mm |
| BF-2 | 未过火加固梁 | 14.9 kN 出现裂缝,宽度为 0.02 mm | 184.44 kN,裂缝宽度为 1.0 mm |
| BFF-1 | 过火梁 | 加载前梁底有贯通裂缝,宽度达 0.4 mm | 168.92 kN,裂缝宽度为 0.5 mm |
| BFF-2 | 过火加固梁 | 加载前梁底有贯通裂缝,宽度达 0.04 mm | 181.20 kN,裂缝宽度为 0.8 mm |

基于试验研究与分析的结果,可以得到以下几点结论:①使用高强钢绞线网-聚合物砂浆复合面层加固后,相对于未加固梁,裂缝细密间距较小。砂浆层与混凝土的粘结性能良好,钢绞线的锚固端没有裂缝产生,表明梁的锚固状况良好。加固梁的裂缝发展变缓,说明钢绞线对裂缝的发展起到了约束作用。②与普通梁相比,过火普通梁在同等级荷载下的刚度明显下降,过火梁的挠度变化较大,屈服荷载以及极限荷载也都有较为明显的下降;但过火加固梁的挠度曲线介于普通梁与过火梁之间,刚度有了较为明显的提高。从最终的屈服段可以看出,过火加固梁的屈服荷载以及极限荷载都比过火普通梁有较大程度的提高,基本上达到了普通梁的承载力水平。③过火加固梁的最终挠度与普通梁相差不大,比过火梁要小,说明加固过火梁在受弯条件下的挠度变化与未加固梁在相同受弯条件下接近,达到了加固的目的。加固层与原梁能够协调工作,抗弯承载力和刚度都能显著提高,能够满足规范对承载力和正常使用的要求。

文献[56]对高强钢绞线网-聚合物砂浆加固混凝土及预应力混凝土梁的抗弯性能进行了试验研究。该试验共设计制作了 11 根试验梁,均为矩形截面,其中普通混凝土(RC)梁6 根,部分预应力混凝土(PRC)梁 5 根,构件的截面尺寸均为 180 mm×360 mm,净跨度为3 800 mm。纵筋:梁顶采用 3 根 HRB335 级直径 12 mm 钢筋,梁底采用 3 根 HRB335 直径16 mm(RC 梁)或直径 12 mm(PRC 梁),预应力筋为 2 根 7φ5 无粘结钢绞线;箍筋:加密区采用 φ8@100,非加密区采用 φ8@200;采用高强钢绞线网-聚合物砂浆进行梁底和两侧 2/3梁高范围内的三面加固,预应力筋采用分批对称张拉方式张拉到位,表 6-43 所示的有效预应力是在锚固 48 h 后的测量结果。

表 6-43 混凝土及部分预应力混凝土梁试验参数

| 试件编号 | 试件类型 | 初始损伤 | 加固方式 | 加载方式 | 有效预应力/% |
|---|---|---|---|---|---|
| RC-0 | 对比梁/未加固 | 未损伤 | 未加固 | 单调加载 | 0 |
| RC-1 | 加固梁 | 已损伤 | U 形加固 | 加固后重复加载 | 0 |
| RC-2 | 加固梁 | 已损伤 | U 形加固 | 加固后重复加载 | 0 |
| RC-4 | 加固梁 | 已损伤 | U 形加固 | 加固后单调加载 | 0 |
| RC-5 | 加固梁 | 已损伤 | U 形加固 | 加固后单调加载 | 0 |
| RC-7 | 对比梁/已加固 | 未损伤 | U 形加固 | 加固后单调加载 | 0 |
| PRC-1 | 加固梁 | 已损伤 | U 形加固 | 加固后重复加载 | 47 |
| PRC-2 | 加固梁 | 已损伤 | U 形加固 | 加固后重复加载 | 42 |
| PRC-3 | 加固梁 | 已损伤 | U 形加固 | 加固后单调加载 | 40 |
| PRC-5 | 加固梁 | 已损伤 | U 形加固 | 加固后单调加载 | 41 |
| PRC-7 | 对比梁/已加固 | 未损伤 | U 形加固 | 加固后单调加载 | 40 |

普通梁的混凝土立方体抗压强度为 45.54MP,预应力梁的混凝土立方体抗压强度为49.44 MPa,渗透性聚合物砂浆的抗压强度为 53.66 MPa。直径为 8 mm、12 mm、16 mm

钢筋的屈服强度分别为 305 MPa、370 MPa、415 MPa,极限抗拉强度分别为 440 MPa、585 MPa、615 MPa;钢绞线的屈服强度和极限抗拉强度分别为 1 380 MPa、1 860 MPa;高强钢绞线网的极限抗拉强度为 1 535 MPa。普通钢筋混凝土梁和预应力钢筋混凝土梁的损伤程度分别见表 6-44 和表 6-45 所示,试验得到普通钢筋混凝土梁和预应力钢筋混凝土梁各个阶段的特征荷载和特征位移值分别见表 6-46 和表 6-47 所示,其中构件屈服以梁底钢筋屈服为准;$P_c$ 为开裂荷载,$P_y$ 为屈服荷载,$P_u$ 为极限荷载,$f_y$ 为屈服挠度,$f_u$ 为试件破坏时挠度,延性系数为 $f_u/f_y$。基于试验研究与分析结果,可以得到以下几点结论:①高强钢绞线网-聚合物砂浆加固普通钢筋混凝土梁和预应力钢筋混凝土梁均能够有效抑制混凝土裂缝开展,但随着损伤程度的加大,加固梁的开裂荷载有所降低;加固后其屈服荷载、极限荷载和抗弯刚度都有一定的提高,对于 RC 梁,其屈服荷载提高了 20%～32%,极限荷载提高了 31%～44%;破坏时 RC 梁主要发生大变形破坏,PRC 梁是受压区混凝土压碎破坏。在整个加载过程中,钢绞线网并未屈服,也没有发生聚合物砂浆和原有混凝土的剥离破坏。②高强钢绞线网-聚合物砂浆加固 RC/PRC 梁在重复加载下,裂缝会进一步加密和延伸,截面抗弯刚度有一定退化倾向。③损伤加固后 RC/PRC 梁的抗弯承载力与无损伤加固的对比梁相差不大(不超过 8%),表明初始损伤程度大小不会显著改变 RC/PRC 梁的抗弯极限承载能力。RC 梁加固后延性有所下降;而同样是加固梁对比,损伤构件加固比未损伤直接加固延性要好。对于 PRC 梁,是否加固、是否损伤加固以及损伤程度的大小对于预应力混凝土梁的延性影响相对较小。④有效预应力大小对采用高强钢绞线网-聚合物砂浆加固梁的使用阶段的性能会产生一定程度的影响,但对极限承载力的影响不明显。⑤加固后 RC 梁的荷载-挠度曲线基本呈现三折线形状,即包括混凝土开裂、梁底钢筋屈服以及极限荷载 3 个典型拐点;而加固后 PRC 梁的荷载-挠度曲线从一开始就呈现显著非线性特性;加固后 PRC 梁的抗弯承载力要明显高于加固后的 RC 梁。

**表 6-44　RC 梁损伤程度汇总**

| 编号 | 损伤荷载/kN | 裂缝高度/mm | 裂缝宽度/mm | 底部钢筋应变/$10^{-6}$ | 顶部混凝土应变/$10^{-6}$ |
|---|---|---|---|---|---|
| RC-1 | 51.36 | 210 | 0.180 | 749.15 | −382.56 |
| RC-2 | 64.08 | 218 | 0.200 | 1 175.27 | −435.74 |
| RC-4 | 52.30 | 209 | 0.190 | 696.90 | −370.40 |
| RC-5 | 47.65 | 212 | 0.180 | 772.72 | −326.52 |

**表 6-45　PRC 梁损伤程度汇总**

| 编号 | 损伤荷载/kN | 裂缝高度/mm | 裂缝宽度/mm | 底部钢筋应变/$10^{-6}$ | 预应力筋应变增量/MPa | 顶部混凝土应变/$10^{-6}$ |
|---|---|---|---|---|---|---|
| RC-1 | 154.21 | 205 | 0.170 | 1 765.19 | 121.78 | −932.45 |
| RC-2 | 134.44 | 212 | 0.160 | 1 224.15 | 93.25 | −786.19 |
| RC-4 | 137.38 | 213 | 0.165 | 1 221.32 | 102.82 | −828.63 |
| RC-5 | 135.01 | 202 | 0.190 | 1 180.69 | 90.04 | −841.91 |

表 6-46　RC 梁试验结果

| 编号 | $P_c$/kN | $P_y$/kN | $f_y$/mm | $P_u$/kN | $f_u$/mm | 延性系数 |
|---|---|---|---|---|---|---|
| RC-1 | 24.49 | 139.31 | 22.55 | 164.40 | 68.77 | 3.05 |
| RC-2 | 23.45 | 125.37 | 20.55 | 148.28 | 71.52 | 3.48 |
| RC-4 | 23.39 | 125.95 | 18.86 | 154.92 | 69.39 | 3.68 |
| RC-5 | 23.51 | 131.79 | 20.41 | 161.16 | 68.70 | 3.37 |
| RC-7 | 36.84 | 136.73 | 18.41 | 158.14 | 41.83 | 2.27 |
| RC-0 | 23.20 | 105.37 | 14.23 | 112.01 | 56.28 | 3.95 |

表 6-47　PRC 梁试验结果

| 编号 | $P_c$/kN | $P_y$/kN | $f_y$/mm | $P_u$/kN | 预应力筋增量/MPa | $f_u$/mm | 延性系数 |
|---|---|---|---|---|---|---|---|
| PRC-1 | 25.83 | 176.49 | 19.26 | 250.42 | 563.68 | 48.70 | 2.53 |
| PRC-2 | 29.64 | 176.34 | 19.42 | 237.13 | 553.66 | 47.95 | 2.47 |
| PRC-3 | 24.87 | 176.43 | 17.24 | 253.78 | 586.54 | 46.94 | 2.72 |
| PRC-5 | 29.30 | 176.90 | 17.18 | 248.02 | 515.43 | 47.90 | 2.79 |
| PRC-7 | 42.43 | 173.26 | 18.01 | 251.03 | 594.00 | 49.02 | 2.72 |

文献[57]进行了高强钢绞线网-聚合物砂浆抗剪加固梁二次受力试验研究。试验共制作了 5 根钢筋混凝土梁,梁的截面尺寸为 200 mm×400 mm,净跨度为 2 400 mm。试件编号及分类见表 6-48 所示,其中"完整"是指加固前未加载的梁;卸载加固是指达到极限荷载后完全卸载修复的梁;"48%预裂"、"58%预裂"分别是指占对比梁极限荷载的 48%、58%。抗剪加固的主要试验结果见表 6-49 所示,表中 $V_{cr}$ 为剪跨段开裂荷载,RCBS-6～RCBS-8 梁中,"/"前数值为原梁未加固前的开裂荷载,"/"后数值为原梁加固后的开裂荷载;$V_y$ 为箍筋屈服时的荷载;$V_u$ 为极限承载力。由表 6-49 可知,加固后各梁的特征荷载均得到了不同程度的提高,加固效果显著。持载加固梁承载力随持载程度提高而降低;与完整加固梁相比,持载程度为 48%的构件加固性能要好于完整加固梁,而其他构件则低于完整加固梁;破坏构件加固后仍表现出较好的受力性能,极限承载力的提高幅度为 22.3%,达到完整加固梁提高幅度的 50%左右。

表 6-48　加固试件编号及分类

| 试件编号 | 加固方式 | 剪跨比 | 端部膨胀螺栓数量/个 | 预裂程度 | 配箍率 | |
|---|---|---|---|---|---|---|
| | | | | | 疏区 | 密区 |
| RCBS-0 | 对比梁 | 1.6 | 无 | 完整 | φ6@150 | φ6@50 |
| RCBS-3 | U 形加固 | 1.6 | 无 | 完整 | φ6@150 | φ6@50 |
| RCBS-6 | U 形、持载加固 | 1.6 | 5 | 48%预裂 | φ6@150 | φ6@50 |
| RCBS-7 | U 形、持载加固 | 1.6 | 无 | 58%预裂 | φ6@150 | φ6@50 |
| RCBS-8 | 环包、卸载加固 | 1.6 | 5 | 破坏 | φ6@150 | φ6@50 |

表 6-49　主要试验结果

| 试件编号 | $V_{cr}$/kN | $V_{cr}$提高幅度/% | $V_y$/kN | $V_y$提高幅度/% | $V_u$/kN | $V_u$提高幅度/% |
|---|---|---|---|---|---|---|
| RCBS-0 | 25.0 | — | 135 | — | 260 | — |
| RCBS-3 | 36.5 | 46.0 | 224 | 65.9 | 384 | 47.7 |
| RCBS-6 | 27.5/19.5 | — | 245 | 81.5 | 425 | 63.5 |
| RCBS-7 | 30.5/19.5 | — | 170 | 25.9 | 370 | 42.3 |
| RCBS-8 | 17.5/25.0 | — | 245 | 81.5 | 318 | 22.3 |

文献[58]对高强钢绞线网-聚合物砂浆加固钢筋混凝土板的抗弯性能进行了试验研究,主要掌握不同损伤情况下构件经加固后承载力变化的情况。试件的各项参数指标均相同,截面尺寸 $b \times h = 800\ mm \times 100\ mm$,跨度为 1 600 mm,净跨为 1 500 mm。试件的混凝土抗压强度为 49.59 MPa,聚合物砂浆的抗拉强度为 52.19 MPa,$\phi 3.2\ mm$ 高强钢绞线的抗拉强度为 1 280 MPa,弹性模量为 116 GPa。试验设计与制作了 4 块单向板:B1 为未加固试件;B2 为施加荷载且位移达到 4.5 mm,裂缝开展至板面 50 mm 处的加固试件;B3 为施加荷载且位移达到 5.0 mm,裂缝开展至板面 25 mm 处的加固试件;B4 为无损伤就加固的试件。加固的具体工序如下:①清除表面杂质,然后把构件需加固面凿毛,钻孔孔距在 15 mm 左右,深度 30~40 mm;②铺上钢绞线网、张紧,并用膨胀螺钉把钢绞线网固定在构件上;③在钢绞线网上抹上 20~25 mm 厚的聚合物砂浆作为保护层。

主要试验结果见表 6-50 所示,其中 $P_{cr}$ 为开裂荷载,$P_y$ 为屈服荷载,$P_u$ 为极限荷载,挠度值为当荷载到达 50 kN 时各板的挠度实测数据。基于试验研究与分析结果,可以得到以下几点结论:①采用高强钢绞线网-聚合物砂浆对钢筋混凝土板进行抗弯加固,具有良好的抗裂性能,开裂荷载提高的幅度很明显(61%~117%),使构件能够提供更好的使用性能。但构件的损伤程度对试件加固后开裂荷载提高的幅度有所影响,损伤程度较严重的试件开裂荷载提高的幅度相对较低。②高强钢绞线网-聚合物砂浆对钢筋混凝土板进行加固,试件的抗弯刚度有显著提高,当荷载达到未加固试件的屈服荷载(50 kN)时,加固试件挠度降低幅度为 53.7%~65.9%。③未加固板的裂缝较少,以裂缝开展较大为破坏标志;加固后的板裂缝较多且密,以混凝土压碎为破坏标志。采用高强钢绞线网加固混凝土结构构件相当于对其进行体外配筋,混凝土板的极限承载力得到积极的改善,均能达到未加固板的 2.58 倍以上。④具有损伤的钢筋混凝土板加固后,构件的延性和屈服荷载随损伤程度的加大而有所下降,但极限荷载基本不随着损伤程度的变化而改变。

表 6-50　试验结果

| 试件编号 | 加固情况 | $P_{cr}$/kN | $P_y$/kN | $P_u$/kN | 开裂荷载比值 | 屈服荷载比值 | 极限荷载比值 | 挠度值/mm | 挠度比值 |
|---|---|---|---|---|---|---|---|---|---|
| B1 | 无 | 18 | 50 | 56 | 1 | 1 | 1 | 8.94 | 1 |
| B2 | 有 | 35 | 89 | 136 | 1.94 | 1.78 | 2.72 | 3.41 | 0.381 |
| B3 | 有 | 29 | 67 | 129 | 1.61 | 1.34 | 2.58 | 4.14 | 0.463 |
| B4 | 有 | 39 | 88 | 138 | 2.17 | 1.76 | 2.76 | 3.05 | 0.341 |

文献[59]对预应力高强钢绞线网加固钢筋混凝土板进行了试验研究。该试验共设计钢筋混凝土板 5 块,其中对比板 1 块、非预应力钢绞线加固板 1 块、不同预应力水平钢绞线加固板 3 块,配筋率均为 0.98%。试件的截面尺寸为 500 mm×100 mm,净跨度为 3 000 mm。受拉纵筋为 5φ10,屈服强度为 326.8 MPa,极限强度为 465.2 MPa,弹性模量为 147 GPa。分布钢筋为 φ6@250。混凝土立方体抗压强度为 42.27 MPa,弹性模量为 33.5 GPa。钢绞线的直径为 3.2 mm,弹性模量为 120 GPa,极限抗拉强度为 1 850 MPa。聚合物砂浆的抗压强度为 42.16 MPa,弹性模量为 23.1 GPa。每块板用 9 根钢绞线加固,聚合物砂浆层的厚度为 20 mm。试件的编号及试验参数见表 6-51 所示。

表 6-51　试件编号及试验参数

| 试件编号 | 加固方式 | 钢绞线预张拉应变/$10^{-6}$ |
| --- | --- | --- |
| RCS-0 | 对比板 | — |
| RCS-1 | 非预应力 | — |
| RCS-2 | 预应力 | 2 857 |
| RCS-3 | 预应力 | 4 286 |
| RCS-4 | 预应力 | 5 714 |

试件的各特征荷载见表 6-52 所示,其中 $P_{cr}$ 为开裂荷载,$P_y$ 为屈服荷载,$P_{l/50}$ 为挠度达到跨度的 1/50 时对应的荷载;此外,试件 RCS-2 有 4 条贯穿的初始裂缝。基于试验研究与分析结果,可以得到以下几点结论:①通过对钢绞线施加预应力,可以减少或消除钢绞线的应变滞后,使得构件破坏时不发生剥离破坏,跨中钢绞线的应力在最大荷载时为极限抗拉强度的 64.86%~90.27%,提高了钢绞线强度的利用率。②板 RCS-3、RCS-4 较对比板 RCS-0,其开裂荷载分别提高 120%、160%,屈服荷载分别提高 52%、76%,极限荷载分别提高 79%、96%。非预应力加固板较对比板,开裂荷载未提高,屈服荷载、极限荷载分别提高 51%、75%。预应力加固板较非预应力加固板,开裂荷载显著提高,屈服荷载、极限荷载均有一定提高。预应力水平愈高,加固效果愈显著。③预应力加固可提高板的刚度,减小裂缝宽度。预应力水平越高,板刚度提高的幅度越大,裂缝宽度越小。

表 6-52　试件特征荷载

| 编号 | $P_{cr}$/kN | $P_y$/kN | $P_{l/50}$/kN | $\alpha_{cr}$ | $\alpha_y$ | $\alpha_{l/50}$ |
| --- | --- | --- | --- | --- | --- | --- |
| RCS-0 | 5.00 | 21.83 | 22.83 | 1.00 | 1.00 | 1.00 |
| RCS-1 | 5.00 | 33.00 | 40.00 | 1.00 | 1.51 | 1.75 |
| RCS-2 | — | — | 42.00 | — | — | 1.84 |
| RCS-3 | 11.00 | 33.17 | 40.83 | 2.20 | 1.52 | 1.79 |
| RCS-4 | 13.00 | 38.33 | 44.33 | 2.60 | 1.76 | 1.96 |

### 2) 加固钢筋混凝土柱

文献[60]对高强钢绞线网-聚合物砂浆加固大偏心受压 RC 柱进行了试验研究。试验共浇筑了 9 根 RC 柱试件,根据试件加载偏心距大小及加固状态分为三组。基本试件高

2.1 m,截面尺寸为 250 mm×250 mm,混凝土保护层厚度为 30 mm,截面配筋 4 根直径为 14 mm 的 Ⅱ 级钢筋,箍筋 φ6@150。高强钢绞线的型号为 6×7+IWS,钢绞线的直径包括 3.05 mm 和 3.60 mm,其抗拉强度为 1 645 MPa,弹性模量为 135 GPa;聚合物砂浆为聚合物乳液与水泥、砂子按一定比例配制而成,砂浆层分两次抹,厚度为 25 mm。试验构件的详细情况见表 6-53 所示。

表 6-53　构件参数

| 试件分组与编号 | | 初始偏心距/mm | 实测混凝土立方体抗压强度/MPa | 实测聚合物砂浆抗压强度/MPa | 钢绞线/mm |
|---|---|---|---|---|---|
| 组 1 | Col-1 | 120 | 28.5 | — | 对比柱 |
| | Col-2 | 120 | 28.5 | 34.1 | 3.05 |
| | Col-3 | 120 | 28.5 | 34.1 | 3.05 |
| 组 2 | Col-4 | 140 | 28.5 | — | 对比柱 |
| | Col-5 | 140 | 28.5 | 34.1 | 3.05 |
| | Col-6 | 140 | 28.5 | 36.1 | 3.60 |
| 组 3 | Col-7 | 160 | 32.4 | 36.1 | 3.05 |
| | Col-8 | 160 | 32.4 | 36.1 | 3.60 |
| | Col-9 | 160 | 32.4 | — | 对比柱 |

　　主要的试验结果见表 6-54 所示,其中 $N_{cr}$,$N_y$,$N_u$ 分别表示柱的开裂荷载实测值,受拉钢筋屈服时的荷载实测值,以及柱达到极限承载力时的荷载实测值。这里的开裂荷载,对于对比柱是指混凝土开裂时对应的荷载值,对于加固柱则是指加固层砂浆开裂时对应的荷载值。$\beta$ 为各组试件中加固试件的极限承载力与对比试件的极限承载力之比。$\Delta$ 为最大荷载时的柱中部高度的侧向变形。基于试验研究与分析结果,可以得到以下几点结论:①混凝土柱经高强钢绞线网-聚合物砂浆加固后,在大偏心受压时,能够大幅度提高柱的承载力。在试验中,最小提高幅度为 31%,最大提高幅度为 81%,一般可提高 45% 左右。②加固后,柱的正常使用效果良好。一是钢绞线能够对混凝土和砂浆横向裂缝的发展起到良好的约束作用,因而裂缝开展缓慢,并且裂缝细密、宽度较小;二是加固柱中部的侧向变形增长缓慢。③加固后,柱的破坏形态有所改变,大部分加固柱的破坏和普通混凝土柱典型的受拉破坏形态有区别,砂浆的碎裂或剥离导致了柱的破坏。④横向钢绞线对原截面混凝土的约束作用对承载力的提高是有利的,建议在加固设计和施工中同时布设横向和纵向钢绞线。

表 6-54　构件特征荷载及试验结果

| 试件分组与编号 | | $N_{cr}$/kN | $N_y$/kN | $N_u$/kN | $\beta$ | $\Delta$ | 破坏形态 |
|---|---|---|---|---|---|---|---|
| 组 1 | Col-1 | 80 | 407 | 433 | 1.00 | 13.8 | 典型受拉破坏 |
| | Col-2 | 100 | 620 | 630 | 1.45 | 8.4 | 砂浆碎裂、锚固处混凝土拉裂 |
| | Col-3 | 100 | 601 | 681 | 1.57 | 10.7 | 砂浆碎裂 |

| 试件分组与编号 | | $N_{cr}$/kN | $N_y$/kN | $N_u$/kN | $\beta$ | $\Delta$ | 破坏形态 |
|---|---|---|---|---|---|---|---|
| 组 2 | Col-4 | 70 | 270 | 331 | 1.00 | 14.7 | 典型受拉破坏 |
| | Col-5 | 100 | 510 | 598 | 1.81 | 11.8 | 砂浆碎裂 |
| | Col-6 | 100 | 541 | 576 | 1.74 | 11.0 | 砂浆碎裂、剥离 |
| 组 3 | Col-7 | 60 | 391 | 459 | 1.31 | 14.0 | 砂浆碎裂、剥离 |
| | Col-8 | 100 | 371 | 517 | 1.48 | 11.4 | 砂浆剥离、锚固处混凝土拉裂 |
| | Col-9 | 44 | 213 | 350 | 1.00 | 18.4 | 典型受拉破坏 |

文献[61]对钢绞线网-聚合物砂浆加固钢筋混凝土柱的正截面承载力进行了试验研究。试验共设计 18 根钢筋混凝土柱试件,其中小偏心受压柱 9 根,大偏心受压柱 9 根。柱的截面尺寸为 250 mm×250 mm(配筋率 0.99%),柱高 1 500 mm,长细比为 6。为了尽可能地避免柱矩形截面的转角影响到高强钢绞线网缠绕效果,加固之前对柱转角进行打磨,倒角半径为 15 mm。在对混凝土柱进行加固时,先使用高强钢绞线网片进行纵向张贴,再进行横向缠绕,从形成 30 mm×30 mm 的高强钢绞线网格。聚合物砂浆加固层的厚度采用 15 mm。试件参数及试验分组见表 6-55 所示。

表 6-55　试件参数及试验分组

| 偏压类型 | 编号 | 偏心距/mm | 混凝土实测抗压强度/MPa | 高强钢绞线 | |
|---|---|---|---|---|---|
| | | | | $d$/mm | 网格/mm |
| 小偏压 | ZA0 | 30 | 39.9 | — | — |
| | ZA1 | 30 | 39.9 | 3.05 | 30×30 |
| | ZA2 | 30 | 16.8 | 3.05 | 30×30 |
| | ZB0 | 50 | 39.9 | — | — |
| | ZB1 | 50 | 39.9 | 3.05 | 30×30 |
| | ZB2 | 50 | 16.8 | 3.05 | 30×30 |
| | ZC0 | 70 | 39.9 | — | — |
| | ZC1 | 70 | 39.9 | 3.05 | 30×30 |
| | ZC2 | 70 | 16.8 | 3.05 | 30×30 |
| 大偏压 | ZD0 | 120 | 28.5 | — | — |
| | ZD1 | 120 | 28.5 | 3.05 | 30×30 |
| | ZD2 | 120 | 28.5 | 3.05 | 30×30 |
| | ZE0 | 140 | 28.5 | — | — |
| | ZE1 | 140 | 28.5 | 3.05 | 30×30 |
| | ZE2 | 140 | 28.5 | 3.05 | 30×30 |
| | ZF0 | 160 | 32.4 | — | — |
| | ZF1 | 160 | 32.4 | 3.05 | 30×30 |
| | ZF2 | 160 | 32.4 | 3.05 | 30×30 |

所有试验柱均加载至极限状态,各试件的极限荷载见表 6-56 所示。由表 6-56 可以得到,小偏心受压柱采用钢绞线网加固后,试件轴压比提高幅度为 14.5%～98.6%;大偏心受压构件加固后,试件轴压比提高幅度为 35.3%～78.9%。此外,依据试验现象还可以得到,小偏心受压柱承载力提高的主要原因是横向钢绞线对核心混凝土的有效约束,大偏心受压柱承载力提高的主要原因是纵向钢绞线参与受拉以及横向钢绞线对混凝土约束作用的共同影响。

表 6-56　大小偏压柱极限荷载

| 小偏心受压柱 | | | 大偏心受压柱 | | |
| --- | --- | --- | --- | --- | --- |
| 试件编号 | 极限荷载/kN | 轴压比 | 试件编号 | 极限荷载/kN | 轴压比 |
| ZA0 | 1 830 | 0.73 | ZD0 | 433 | 0.24 |
| ZA1 | 2 125 | 0.85 | ZD1 | 630 | 0.35 |
| ZA2 | 1 520 | 1.45 | ZD2 | 681 | 0.38 |
| ZB0 | 1 557 | 0.62 | ZE0 | 331 | 0.19 |
| ZB1 | 2 045 | 0.82 | ZE1 | 598 | 0.34 |
| ZB2 | 1 220 | 1.16 | ZE2 | 576 | 0.32 |
| ZC0 | 1 365 | 0.55 | ZF0 | 350 | 0.17 |
| ZC1 | 1 580 | 0.63 | ZF1 | 459 | 0.23 |
| ZC2 | 1 040 | 0.99 | ZF2 | 517 | 0.26 |

3) 加固钢筋混凝土框架节点

文献[62-63]对采用高强钢绞线网片-聚合物砂浆加固钢筋混凝土空间框架节点的抗震性能进行了研究,完成 3 个带有直交梁和楼板的空间框架节点试件的低周反复荷载试验。研究结果表明,钢绞线网片-聚合物砂浆能够有效地提高节点的极限受剪承载力 22%左右,改变节点的破坏模式为梁端延性破坏,提高节点的延性系数到 4 以上,改善节点的承载力退化和刚度退化,提高节点的能量耗散能力,从而显著改善了梁柱节点的抗震性能。此外,还给出了如下的设计和施工建议:①对于"弱柱强梁"的非抗震框架梁柱节点,首先应加固柱,可以在柱的受弯部位沿柱纵筋方向布置钢绞线网片,以提高柱的受弯承载力,满足"强柱弱梁"的抗震要求。②对于核心区箍筋较少的节点,如果核心区的受剪破坏先于梁的受弯破坏,可以考虑通过在节点核心区对角斜穿钢绞线束的加固方法,斜穿的钢绞线可以改善节点的抗震性能。③当需要在节点核心区对角斜穿钢绞线施工时,钢绞线所通过的洞口端部宜设在梁上,且洞口宜比要穿钢绞线束的直径增大 1/3 以上,以方便通过钢绞线和灌浆,施工时应尽量减少对柱和核心区混凝土的损伤。④节点加固还应满足梁端、柱端箍筋加密的抗震构造要求。

此外,该课题组还对两个采用钢绞线-聚合物砂浆复合面层加固被震损的钢筋混凝土框架节点进行了抗震性能试验研究。研究结果表明,在震损节点核心区和梁、柱端部布置钢绞线网的加固方法,能够有效地提高节点的抗剪承载力和耗能能力[64]。

6.7.6　体外预应力加固法试验研究

文献[65-66]对体外预应力加固混凝土简支梁进行了试验研究。该试验共预制了 16 根矩形截面(127 mm×229 mm)钢筋混凝土梁,计算跨径为 3 000 mm,采用杠杆分配法实现两点加载。试验采取了 3 种加固方案:加固普通钢筋混凝土梁,加固全预应力混凝土梁和加固部分预应力混凝土梁。每一种方案又分别采用体外直线布筋和体外单转向器折线布筋两种方式。为了模拟实际工程中受弯构件的工作状况,在采用体外预应力加固前混凝土试验梁先承受 5 000~10 000 次的重复荷载。循环荷载的范围为 30%~80% 的试验梁极限抵抗弯矩对应荷载,即 $P_{min}$ 和 $P_{max}$,$P_{min}$ 模拟自重与恒载,$P_{max}$ 模拟作用于梁体上的全部荷载。在循环加载结束后,试件在承受 $P_{min}$ 荷载的应力水平下施加体外预应力,然后再逐渐施加静荷载直至破坏。

体外预应力施加前后挠度和梁的极限承载力比较见表 6-57 所示。基于试验结果与分析,可以得到以下结论:①利用体外预应力加固梁体,承载力可提高 9%~146%,采用直线布筋加固方式的提高幅度小于采用单转向器折线布筋方式;②施加体外预应力后,梁体裂缝可闭合,尤其是全预应力混凝土和部分预应力混凝土梁体;③设置转向器,使结构的跨中挠度、体外预应力造成的二次影响大大减小,尤其是设置单转向器,使跨中挠度减小约 35%;④设置转向器,可使结构的延性增加。

表 6-57　试验梁加固前后抗弯极限强度和挠度对比

| 试验梁编号 | 极限抗弯强度 $M_u$/kN·m | | | 在 $P_{min}$ 作用下实测挠度/mm | | | 实测最大挠度/mm |
|---|---|---|---|---|---|---|---|
| | 加固前 | 加固后 | 增加/% | 加固前 | 加固后 | 减小/% | |
| B1D | 13.34 | 24.09 | 81 | 15.7 | 5.3 | 66 | 36.1 |
| B1S | 12.08 | 20.12 | 67 | 7.1 | 3.0 | 57 | 41.7 |
| B2D | 20.68 | 35.17 | 70 | 12.2 | 5.1 | 58 | 31.2 |
| B2S | 19.10 | 29.05 | 52 | 13.0 | 4.8 | 63 | 31.5 |
| B3D | 27.03 | 41.74 | 54 | 8.9 | 3.3 | 63 | 31.2 |
| B3S | 25.81 | 32.66 | 27 | 10.4 | 5.3 | 49 | 29.2 |
| B4D | 9.44 | 23.23 | 146 | 15.7 | 9.9 | 37 | 53.3 |
| B4S | 14.02 | 23.68 | 69 | 7.4 | 2.8 | 62 | 34.5 |
| B5D | 33.33 | 48.37 | 45 | 13.2 | 7.1 | 46 | 30.5 |
| B5S | 27.16 | 37.04 | 36 | 12.7 | 8.4 | 34 | 28.7 |
| B6D | 43.61 | 52.68 | 21 | 12.9 | 8.4 | 35 | 26.2 |
| B6S | — | — | — | — | — | — | — |
| B7D | 17.63 | 37.63 | 113 | 6.9 | 1.8 | 75 | 32.0 |
| B7S | 22.13 | 33.82 | 53 | 5.8 | 2.0 | 63 | 29.5 |
| B8D | 39.60 | 54.04 | 36 | 8.9 | 4.3 | 51 | 30.2 |
| B8S | 41.06 | 44.61 | 9 | 8.9 | 5.6 | 37 | 24.9 |

文献[67]对体外预应力加固低强度钢筋混凝土简支梁进行了试验研究,该试验对 5 根混凝土强度等级为 C15 的简支梁进行了测试。设计被加固的 5 根混凝土梁的截面尺寸均

为 120 mm×200 mm,梁的跨度均为 2.5 m。为了解决加固期间的张拉锚固问题,简支梁被设计为外伸臂梁;内跨计算跨度为 2.1 m,外跨计算跨度为 0.2 m,所使用分配梁的长度为 800 mm。试验梁的极限承载力结果见表 6-58 所示。基于试验研究与分析结果,可以得到以下结论:①体外预应力加固法可以大幅度地提高原低强度钢筋混凝土梁的承载力和明显地改善原梁的抗开裂性能以及减小梁的挠度变形。②影响预应力碳素钢丝加固效果的主要因素是原梁加固时状态、预应力碳素钢丝的加固面积以及预应力碳素钢丝的张拉控制应力,且预应力碳素钢丝的张拉控制应力是反映加固效果的关键。③体外预应力加固法中预应力碳素钢丝的应力增长几乎与原梁内受拉钢筋的应力增长同步进行,避免了其他加固法的应力滞后现象。

表 6-58　试验梁的极限承载力

| 编号 | 实测混凝土立方体抗压强度/MPa | 梁底原有配筋面积/mm² | 体外预应力筋面积/mm² | 极限荷载/kN |
|---|---|---|---|---|
| L-1 | 12.082 | 226 | 77 | 41.06 |
| L-2 | 12.089 | 226 | 77 | 61.60 |
| L-3 | 12.060 | 308 | 77 | 49.65 |
| L-4 | 12.017 | 308 | 77 | 66.60 |
| L-5 | 12.024 | 308 | 77 | 77.80 |

文献[68]对体外预应力加固混凝土双向板进行了试验研究。该试验中 5 块钢筋混凝土双向板的几何尺寸均为 4 000 mm×3 600 mm×100 mm,设计采用的混凝土强度等级为 C25;双向配置 φ8@200 的受力钢筋,体外预应力钢筋采用 1 860 级 φ$^s$12.7 的低松弛无粘结预应力钢绞线。其中,一块未加固的对比试验板编号为 PB,其他 4 块 JG 2128、JG 3068、JG 4066 和 JG 5066 为体外预应力加固板。加固板的参数变化主要有 3 个:钢绞线的数量、间距以及预应力钢筋的张拉控制力;如加固板 JG 4066 的"JG"表示为加固板,"4"表示有 4 根钢绞线对称布置在板的短跨方向,"06"表示相邻钢绞线间的距离为 600 mm,最后一个"6"表示该板中每根钢绞线的张拉控制力为 60 kN。主要的试验结果见表 6-59 所示。研究结果表明,采用单向体外预应力技术加固 RC 双向板,在正常使用条件下,可以显著减小双向板的变形、控制混凝土的开裂程度、提高混凝土板的开裂荷载和屈服荷载。

表 6-59　试验板控制荷载对比

| 构件编号 | PB | JG 2128 | JG 3068 | JG 4066 | JG 5066 |
|---|---|---|---|---|---|
| 开裂荷载/kN | 4.9 | 7.84 | 7.84 | 5.88 | 9.8 |
| 屈服荷载/kN | 14.7 | 17.64 | 19.60 | 19.60 | 23.52 |
| 最终加载值/kN | 17.64 | 20.58 | 21.56 | 20.58 | 23.52 |
| 开裂荷载相对增量/% | — | 60 | 60 | 20 | 100 |
| 屈服荷载相对增量/% | — | 20 | 33 | 33 | 60 |

文献[69]对体外预应力加固钢筋混凝土简支梁正截面承载力进行了试验研究。试验梁

的尺寸及配筋见表 6-60 所示,加固梁在体外预应力加固前后的力学性能见表 6-61 所示。由表 6-61 可知,加固后梁的裂缝不同程度地闭合,挠度减小,原梁钢筋应力减小,这是因为预应力钢绞线对原梁产生了等效荷载平衡掉部分外荷载,产生卸载效应。同时,预应力张拉还产生两种效果:①梁体向上反弯曲,使挠度降低,裂缝宽度减小;②在预应力的轴压力作用下,梁被压缩变形,使裂缝宽度进一步减小,使加固梁的正常使用性能得以改善,加固梁的极限荷载得到更大幅度的提高。

表 6-60 试验梁尺寸及配筋

| 梁编号 | 截面尺寸 /mm | 混凝土等级 | 张拉控制应力 | 梁顶部配筋 | 梁底部配筋 | 箍筋 | 预应力筋 | 布置方式 |
|---|---|---|---|---|---|---|---|---|
| JL0-1 | 150×250 | C25 | $0.50 f_{ptk}$ | 2φ12 | 2φ14 | φ6@100 | 2φ$^S$12.7 | 直线 |
| JL0-2 | 150×250 | C30 | $0.50 f_{ptk}$ | 2φ12 | 2φ14 | φ6@100 | 2φ$^S$12.7 | 直线 |
| JL1-1 | 150×250 | C25 | $0.40 f_{ptk}$ | 2φ12 | 2φ14 | φ6@100 | 2φ$^S$12.7 | 一折 |
| JL1-2 | 150×250 | C30 | $0.40 f_{ptk}$ | 2φ12 | 2φ14 | φ6@100 | 2φ$^S$12.7 | 一折 |
| JL2-1 | 150×250 | C25 | $0.40 f_{ptk}$ | 2φ12 | 2φ14 | φ6@100 | 2φ$^S$12.7 | 二折 |
| JL2-2 | 150×250 | C30 | $0.75 f_{ptk}$ | 2φ12 | 2φ14 | φ6@100 | 2φ$^S$12.7 | 二折 |

注:试件 JL2-2 由于操作失误,张拉控制力过大,试验失败。

表 6-61 加固梁的加固效应、开裂荷载和极限荷载

| 梁编号 | 加固效应 | | | 开裂荷载 /kN | 重开裂荷载 /kN | 极限荷载 /kN |
|---|---|---|---|---|---|---|
| | 挠度减小/mm | 裂缝闭合/mm | 钢筋应力降低/MPa | | | |
| JL0-1 | 2.369 | 0.2 | 100.8 | 10.341 | 48.29 | 111.455 |
| JL0-2 | 2.204 | 0.2 | 112.0 | 11.765 | 49.84 | 117.647 |
| JL1-1 | 2.855 | 0.2 | 168.4 | 12.384 | 40.43 | 138.391 |
| JL1-2 | 2.667 | 0.2 | 192.2 | 9.907 | 39.80 | 137.152 |
| JL2-1 | 2.798 | 0.2 | 177.4 | 10.031 | 49.50 | 159.257 |
| JL2-2 | 3.008 | 0.2 | 174.6 | 12.378 | 46.43 | 152.941 |

文献[70]对普通钢筋混凝土空心板梁桥中的两块 1:1 足尺空心板进行了体外预应力加固试验研究。研究结果表明:空心板经过纵向体外预应力加固后,其强度和刚度都得到了明显提高;加固后空心板的开裂荷载较加固前提高近 1 倍,裂缝指标有明显的改善;采用纵向体外预应力技术加固普通钢筋混凝土空心板后,其极限承载力提高幅度达到 30%~50%。

文献[71]对体外预应力竖向张拉法加固钢筋混凝土梁进行了试验研究。试件为 7 根相同的钢筋混凝土梁(2 根对比梁、5 根加固梁),试验梁的设计跨度为 1.6 m,外形尺寸为 1 800 mm×100 mm×150 mm。混凝土强度等级为 C30,梁受力主筋及预应力钢筋均为 HRB335 级钢筋,直径为 10 mm,屈服强度分别为 375.64 MPa、345.08 MPa,极限强度分别为 518.74 MPa、476.20 MPa。梁底布置 2 根预应力钢筋,设计预应力值分 $0.5 f_y$ 和 $0.7 f_y$

两种。加固梁与对比梁抗弯承载力试验结果见表 6-62 所示,其中试件 PHB-01 为对比梁,试件 PHB-02 为无转向块加固,试件 PHB-03 为无初始应力加固,试件 PHB-04、PHB-05 为直接加固,试件 PHB-06 为开裂卸载加固,试件 PHB-07 为开裂不卸载加固;$f_{cu}$ 为混凝土立方体试块抗压强度,$P_{cr}$ 为开裂荷载,$P_u$ 为极限荷载。基于试验结果与分析,可以得到以下几点结论:①采用体外预应力竖向张拉加固的钢筋混凝土梁,开裂荷载和极限荷载均有不同程度的提高。随着加固条件的改变,6 根加固梁的开裂荷载提高幅度为 5.7%~67.9%,极限荷载提高幅度为 2.5%~34.3%。其中二次受力梁的承载力及抗开裂能力略小于一次受力梁构件,但差别较小可以忽略。②试验加固过程中,有无转向装置、初始预应力的大小对加固构件的抗弯性能影响较为明显。转向装置能大大提高混凝土梁的整体工作性能并有效地减少偏心距损失,初始预应力大小能直接影响试验梁的抗弯承载力及开裂荷载。同种工况下,初始预应力较大的梁与较小的梁抗弯承载力相差 17%,开裂荷载相差 20%。

表 6-62　开裂荷载、极限荷载试验值

| 试件分组 | $f_{cu}$/ MPa | 初始预应力值 /MPa | $P_{cr}$ /kN | $P_{cr}$ 增幅(相对 01 梁)/% | $P_{cr}$ 增幅(相对 02 梁)/% | $P_u$ /kN | $P_u$ 增幅(相对 01 梁)/% | $P_u$ 增幅(相对 02 梁)/% |
|---|---|---|---|---|---|---|---|---|
| PHB-01 | 32.3 | — | 5.3 | — | — | 24.2 | — | — |
| PHB-02 | 32.3 | — | 5.6 | 5.7 | — | 24.8 | 2.5 | — |
| PHB-03 | 32.3 | 0 | 6.7 | 26.4 | 19.6 | 27.9 | 15.3 | 12.5 |
| PHB-04 | 30.1 | $0.5f_y$ | 8.2 | 54.7 | 46.4 | 30.2 | 24.8 | 21.8 |
| PHB-05 | 30.1 | $0.7f_y$ | 8.9 | 67.9 | 58.9 | 32.5 | 34.3 | 31.0 |
| PHB-06 | 30.1 | $0.7f_y$ | 5.7 | 7.5 | 1.8 | 31.6 | 30.6 | 27.4 |
| PHB-07 | 30.1 | $0.7f_y$ | 5.8 | 9.4 | 3.6 | 31.9 | 31.8 | 28.6 |

文献[72]对体外预应力加固技术在钢筋混凝土拱桥中加固应用的可行性进行了试验研究,分别对主拱圈的拱顶和拱脚进行了加固。研究结果表明,主拱圈的承载力得到提高,加固效果显著;体外预应力的施加能够提高结构的整体刚度,从而达到有效改善桥梁结构的使用性能和提高结构极限承载力的目的。

文献[73]进行了体外预应力混凝土 T 梁正截面的受力性能试验研究。试验共设计了 8 根混凝土梁试件,其中 2 根为对比梁试件,6 根为变参数体外预应力筋混凝土梁试件。试件均为简支 T 梁,混凝土梁长 3.2 m,计算跨度为 3.0 m,T 梁翼缘宽 280 mm,翼缘高 80 mm,肋板宽 100 mm、肋板高 200 mm。梁底部受拉纵筋为 2φ12(实测抗拉强度为 546 MPa),压区钢筋为 4φ8(实测抗拉强度为 492 MPa),箍筋在距支座 1/3 范围的弯剪区为 φ6@100,跨中 1/3 的纯弯区为 φ6@150;混凝土的标准立方体试块实测平均抗压强度为 53.4 MPa。下部钢筋混凝土保护层厚度为 30 mm,上部钢筋混凝土保护层厚度为 25 mm。体外预应力筋布置于截面的两侧,为 2 根 9.50 mm $f_{ptk}$ 为 1 860 MPa 高强钢绞线(实测抗拉强度为 2 016 MPa),预应力筋转向结构孔道中心距梁底为 50 mm。试件具体情况见表 6-63 所示;试件特征荷载值见表 6-64 所示,其中 $P_{cr}$ 为开裂荷载;$P_y$ 为屈服荷载;$P_u$ 为极限荷载,即施加的最大荷载;提高幅度的上、下值分别为与试件 DBL-1、DBL-2 的比值;位移延性系数见

表6-65,其中 $\Delta_{cr}$ 为开裂挠度,$\Delta_y$ 为屈服挠度,$\Delta_u$ 为极限挠度。由此可见,与未施加体外预应力筋试件相比,施加体外预应力筋后试件对开裂荷载、屈服荷载、极限荷载均有显著提高,其中最大提高幅度分别为236.4%、146.7%、145.2%;提高幅度随预应力筋形式的不同有所差别,其中两个转向块直线束试件 TYL-2 提高最为明显。在钢筋屈服之前,体外预应力筋和钢筋共同承担荷载,延缓了裂缝的发展和钢筋屈服,同时体外预应力筋的强度也被充分利用。双折线筋试件 TYL-6 与直线筋试件 TYL-2 相比,虽然极限荷载小,但跨中挠度减小很多,仅为后者的64.4%。因此,具有两个转向块的双折线试件是一种较好的体外预应力加固方式。

表 6-63　试件具体情况

| 试件类型 | 试件编号 | 预应力/MPa | 转向结构/个 | 张拉方式 | 力筋方式 |
|---|---|---|---|---|---|
| 对比试件 | DBL-1 | — | — | — | — |
| | DBL-2 | — | — | — | — |
| 第1组 | TYL-1 | 930 | 0 | 水平 | 直线 |
| | TYL-2 | 930 | 2 | 水平 | 直线 |
| 第2组 | TYL-3 | 930 | 1 | 水平 | 单折线 |
| | TYL-4 | 930 | 1 | 直线 | 单折线 |
| 第3组 | TYL-5 | 930 | 2 | 水平 | 双折线 |
| | TYL-6 | 930 | 2 | 直线 | 双折线 |

表 6-64　试件特征荷载

| 试件编号 | $P_{cr}$/kN | 提高幅度/% | $P_y$/kN | 提高幅度/% | $P_u$/kN | 提高幅度/% | $P_u/P_y$ |
|---|---|---|---|---|---|---|---|
| DBL-1 | 15.77 | — | 34.73 | — | 48.66 | — | 1.40 |
| DBL-2 | 13.50 | — | 35.34 | — | 48.34 | — | 1.37 |
| TYL-1 | 30.64 | 94.3 / 127.0 | 72.24 | 108.0 / 104.4 | 103.97 | 113.7 / 115.1 | 1.44 |
| TYL-2 | 45.42 | 188.0 / 236.4 | 75.28 | 116.8 / 113.0 | 118.57 | 143.7 / 145.3 | 1.58 |
| TYL-3 | 41.22 | 161.4 / 205.3 | 81.25 | 133.9 / 130.0 | 98.31 | 102.0 / 103.4 | 1.21 |
| TYL-4 | 40.19 | 154.9 / 197.7 | 75.19 | 116.5 / 112.8 | 93.75 | 92.7 / 93.9 | 1.25 |
| TYL-5 | 36.79 | 133.3 / 172.5 | 80.34 | 131.3 / 127.3 | 100.79 | 107.1 / 108.5 | 1.25 |
| TYL-6 | 40.75 | 158.4 / 201.9 | 85.68 | 146.7 / 142.4 | 107.79 | 121.5 / 123.0 | 1.26 |

表 6-65 位移延性系数

| 试件编号 | $\Delta_{cr}$/mm | $\Delta_y$/mm | $\Delta_u$/mm | $\Delta_u/\Delta_y$ |
|---|---|---|---|---|
| TYL-1 | 1.68 | 8.02 | 33.60 | 4.19 |
| TYL-2 | 2.92 | 8.38 | 37.66 | 4.19 |
| TYL-3 | 2.94 | 10.74 | 25.24 | 2.35 |
| TYL-4 | 2.34 | 9.86 | 22.78 | 2.31 |
| TYL-5 | 2.12 | 11.04 | 26.06 | 2.36 |
| TYL-6 | 2.58 | 11.58 | 24.26 | 2.09 |

文献[74]以天津某加固改造工程为背景,对 12 根简支梁与 6 榀框架梁进行体外预应力加固试验研究。研究结果表明:当采用适量的预应力筋对混凝土梁进行加固时,加固后结构的破坏形态仍为适筋梁延性破坏;简支梁加固后的承载力较不加固梁提高幅度可达 54%,框架梁加固后承载力提高幅度可达 67%,且折线预应力筋加固混凝土框架梁可以显著提高结构的承载力;采用体外预应力筋加固混凝土梁时,在正常使用极限状态下,可以显著减小梁的跨中挠度,使较大宽度的裂缝变小、较小宽度的裂缝闭合。

文献[75]对钢绞线、FRP 筋预应力加固混凝土梁的抗弯性能进行了试验研究。该试验共制作了 12 根试验梁,试件均为简支梁,分成 4 组,截面尺寸均为 120 mm×200 mm,净跨度为 2 000 mm。LA 组:3 根未加固梁;LB 组:共 4 根,设置 3 根直径 3 mm 的 CFRP 筋加固梁,其中 3 根浇筑 50 mm 厚砂浆保护层,相当于增大截面;LC 组:共 2 根,设置 2 根直径 6 mm 的 BFRP 筋加固梁;LD 组:共 3 根,设置 3 根直径 6 mm 的钢绞线加固梁。各组梁的配筋均相同,试验中采用套筒灌胶式 FRP 筋材锚固体系。混凝土的立方体抗压强度平均值为 24.8 MPa;梁顶配筋 2 根直径 8 mm 钢筋(屈服强度与极限强度分别为 355 MPa 与 462 MPa),梁底配筋 2 根直径 12 mm 钢筋(屈服强度与极限强度分别为 378 MPa 与 564 MPa);CFRP 的极限强度为 1 768 MPa,BFRP 的极限强度为 690 MPa,钢绞线的极限强度为 1 792 MPa。该试验得出的对比结果见表 6-66 所示,试验结果表明:经预应力 FRP和钢绞线加固,均能使混凝土受弯构件承载力有显著提高。

表 6-66 试验结果对比

| 类别 | 编号 | 开裂荷载 | | | 受拉钢筋屈服 | | | 极限承载力 | | |
|---|---|---|---|---|---|---|---|---|---|---|
| | | $P_{cr}$/kN | 平均值 | 提高/% | $P_y$/kN | 平均值 | 提高/% | $P_u$/kN | 平均值 | 提高/% |
| 对比梁 | LA-1 | 15.7 | | | 39.05 | | | 41.59 | | |
| | LA-2 | 15.4 | 15.2 | — | 33.02 | 34.7 | — | 38.89 | 38.4 | — |
| | LA-3 | 14.4 | | | 32.06 | | | 34.60 | | |
| CFRP 加固梁 | LB-1 | 23.3 | | | 53.50 | | | 67.30 | | |
| | LB-2 | 22.5 | 23.1 | 52.0 | 51.62 | 50.5 | 45.5 | 63.97 | 64.4 | 67.7 |
| | LB-3 | 23.4 | | | 46.52 | | | 61.96 | | |
| | LB-4 | 20.9 | 20.9 | 37.7 | 50.32 | 50.3 | 45.0 | 56.98 | 57.0 | 48.5 |

| 类别 | 编号 | 开裂荷载 | | | 受拉钢筋屈服 | | | 极限承载力 | | |
|---|---|---|---|---|---|---|---|---|---|---|
| | | $P_{cr}$/kN | 平均值 | 提高/% | $P_y$/kN | 平均值 | 提高/% | $P_u$/kN | 平均值 | 提高/% |
| BFRP 加固梁 | LC-1 | 21.9 | 21.1 | 38.8 | 45.24 | 44.0 | 26.8 | 62.54 | 59.8 | 55.7 |
| | LC-2 | 20.3 | | | 42.70 | | | 56.98 | | |
| 钢绞线 加固梁 | LD-1 | 23.2 | 22.8 | 50.0 | 68.25 | 65.0 | 87.3 | 82.06 | 78.3 | 103.9 |
| | LD-2 | 23.3 | | | 66.03 | | | 79.24 | | |
| | LD-3 | 22.0 | | | 60.83 | | | 73.67 | | |

### 6.7.7 其他加固方法试验研究

#### 1) 外包钢与碳纤维布复合加固

文献[76]对外包钢与碳纤维布复合加固钢筋混凝土柱的抗震性能进行了试验研究,采用倒 T 形试件,试件柱墩为十字形,混凝土强度等级设计为 C20,混凝土柱的截面尺寸为 200 mm×200 mm,共 7 个试件。柱纵筋为 Ⅱ 级钢筋,4Φ12,其屈服强度为 324 MPa;箍筋为 Ⅰ 级钢筋,φ8@100,其屈服强度为 338 MPa。缀板均为 -3×25@150,其屈服强度为 300 MPa;碳纤维布的计算厚度为 0.111 mm,抗拉强度为 3 600 MPa、弹性模量为 2.35× $10^5$ MPa。各个试件的主要参数见表 6-67 所示,其中 $f_y$ 为角钢的屈服强度,$f_u$ 为角钢的极限强度,$E_s$ 为角钢的弹性模量。主要的试验结果见表 6-68,基于试验研究与分析可以得到以下结论:①碳纤维布与角钢复合加固法对混凝土压弯构件的抗震加固是十分有效的,可使柱具有更好的延性和耗能能力。②复合加固构件与单一材料加固构件相比,约束区混凝土具有更大的极限压应变,构件有更好的延性,能吸收更多的能量。③轴压比、角钢加固量、碳纤维布用量、混凝土强度是影响复合加固混凝土压弯构件滞回性能的重要参数。基于该试验,外包钢用量不多、轴压比不是非常大的情况下(不超过 0.8),随着轴压比的增大,构件的极限承载力也增大,下降段的下降趋势越发明显,延性降低,但对弹性段刚度影响不大。

表 6-67 各试件主要参数

| 试件编号 | 剪跨比 | 角 钢 | CFRP 层数 |
|---|---|---|---|
| LCS0-1 | 4.3 | — | — |
| LCS0-2 | 4.3 | 4∟30×4, $f_y$=315 MPa, $f_u$=432 MPa, $E_s$=2.07 GPa | — |
| LCS1-1 | 4.3 | 4∟30×4, $f_y$=315 MPa, $f_u$=432 MPa, $E_s$=2.07 GPa | 一层 |
| LCS1-2 | 4.3 | 4∟30×4, $f_y$=315 MPa, $f_u$=432 MPa, $E_s$=2.07 GPa | 一层 |
| LCS1-3 | 4.3 | 4∟30×4, $f_y$=315 MPa, $f_u$=432 MPa, $E_s$=2.07 GPa | 一层 |
| LCS2-1 | 4.3 | 4∟30×4, $f_y$=315 MPa, $f_u$=432 MPa, $E_s$=2.07 GPa | 三层 |
| LCS3-1 | 4.3 | 4∟40×4, $f_y$=288 MPa, $f_u$=425 MPa, $E_s$=2.03 GPa | 一层 |

表 6-68　试验主要结果

| 试件编号 | 轴压比 | 纵筋屈服 | | 角钢屈服 | | 极限荷载 | | 延性系数 | 破坏形态 |
|---|---|---|---|---|---|---|---|---|---|
| | | 荷载/kN | 位移/mm | 荷载/kN | 位移/mm | 荷载/kN | 位移/mm | | |
| LCS0-1 | 0.45 | 27.5 | 4.5 | — | — | −39.1 | −11.5 | 6.57 | 压弯破坏 |
| LCS0-2 | 0.45 | 58.2 | 7.9 | 64.0 | 12.1 | 65.0 | 15.1 | 5.22 | 压弯破坏 |
| LCS1-1 | 0.30 | 51.4 | 6.7 | 61.2 | 13.1 | −66.0 | −22.2 | 8.95 | 压弯破坏 |
| LCS1-2 | 0.45 | −56.7 | −7.2 | 62.0 | 14.4 | 64.6 | 22.7 | 11.96 | 压弯破坏 |
| LCS1-3 | 0.60 | 57.0 | 8.3 | 72.3 | 12.6 | 78.0 | 27.5 | 6.63 | 压弯破坏 |
| LCS2-1 | 0.45 | −53.3 | −7.2 | 59.0 | 11.5 | −67.2 | −20.1 | 6.99 | 压弯破坏 |
| LCS3-1 | 0.45 | −66.1 | −7.7 | −73.3 | −17.2 | 78.0 | 27.1 | 8.08 | 压弯破坏 |

文献[77]对外包钢与碳纤维布复合加固钢筋混凝土偏心受压柱进行了试验研究,试验共设计了 14 根方柱,试件截面尺寸为 200 mm×200 mm,试件分组情况见表 6-69 所示。试件的主筋采用直径 12 mm 的 HRB335 螺纹钢筋,箍筋采用直径 6 mm 的 HPB235 光圆钢筋。该试验共采用三种型号的角钢,分别是∟30×3、∟40×4 和∟50×5,其力学性能指标见表 6-70 所示;角钢之间用扁钢连接,扁钢的型号为−30×4,其屈服强度为 435 MPa,极限强度为 575 MPa,延伸率为 32%。所采用的碳纤维布抗拉强度为 2 885 MPa,弹性模量为 235 GPa,延伸率为 2.1%,厚度为 0.11～0.12 mm。试件的极限承载力试验结果见表 6-71 所示。基于试验研究与分析结果,可以得到以下几点结论:①外包 CFRP 可以提高混凝土偏心受压柱的极限承载力和延性,但破坏时碳纤维布的强度得不到充分发挥。被加固柱的承载力与含 CFRP 率有关,CFRP 层数越多,被加固柱承载力越大,延性越好。在一定范围内,CFRP 满包与间断包裹对承载力影响不大,但满包时延性较好。②外包角钢可以提高混凝土偏心受压柱的极限承载力,且混凝土、钢筋和角钢的变形基本协调,能够较好地共同工作。但是外包角钢的横向约束发挥作用的持续时间短,钢材由于屈服后应变急剧增长,减小了对混凝土的约束,使其塑性段较短,对混凝土的约束效果不如 CFRP 好,所以对改善混凝土柱的延性作用不如 CFRP。③角钢与 CFRP 复合加固可以充分发挥两种材料的优势,极大地提高了混凝土偏心受压柱的极限承载力,并很好地改善了混凝土柱的延性和变形能力,各种力学性能均优于单一形式加固时。同时角钢、钢筋和混凝土三者的纵向应变变形协调,符合平截面假定,角钢骨架在整个加载过程中与混凝土柱能共同工作。④复合加固混凝土偏心受压柱的极限承载力与构件长细比、含 CFRP 率、含角钢率以及偏心距有关。构件长细比与偏心距越小、含 CFRP 率和含角钢率越高,柱承载力越高,延性提高效果越好。复合加固柱在长细比较大或大偏心受压时,扁钢和 CFRP 的应变均较小,说明此时角钢骨架和 CFRP 对混凝土的约束效果较长细比较小或小偏心受压时差。

表 6-69　试件分组

| 试件编号 | 加固方法 | 柱长/m | 偏心距/mm |
|---|---|---|---|
| CA-1 | 未加固 | 1.4 | 50 |
| CA-2 | CFRP(1 层) | 1.4 | 50 |

| 试件编号 | 加固方法 | 柱长/m | 偏心距/mm |
|---|---|---|---|
| CA-3 | 角钢∟40×4 | 1.4 | 50 |
| CA-4 | CFRP 条(1 层)间距 50 mm | 1.4 | 50 |
| CA-5 | CFRP(2 层) | 1.4 | 50 |
| CB-1 | CFRP(1 层)+角钢∟40×4 | 1.4 | 50 |
| CB-2 | CFRP(1 层)+角钢∟40×4 | 1.4 | 100 |
| CB-3 | CFRP(1 层)+角钢∟40×4 | 1.4 | 150 |
| CC-1 | CFRP(1 层)+角钢∟30×3 | 1.4 | 50 |
| CC-2 | CFRP(1 层)+角钢∟50×5 | 1.4 | 50 |
| CD-1 | CFRP(2 层)+角钢∟40×4 | 1.4 | 50 |
| CE-1 | CFRP(1 层)+角钢∟40×4 | 2.0 | 50 |
| CE-2 | CFRP(1 层)+角钢∟40×4 | 2.4 | 50 |
| CF-1 | CFRP 条(1 层)间距 50 mm+角钢∟40×4 | 1.4 | 50 |

表 6-70　角钢的力学性能

| 型号 | 屈服强度/MPa | 极限强度/MPa | 延伸率/% |
|---|---|---|---|
| ∟30×3 | 322 | 465 | 32 |
| ∟40×4 | 295 | 430 | 34 |
| ∟50×5 | 288 | 432 | 40 |

表 6-71　试件极限承载力试验结果

| 试件编号 | 偏心距/mm | 极限承载力 $N_u$/kN | $N_u$ 比值(加固柱/对比柱) |
|---|---|---|---|
| CA-1 | 50 | 510 | — |
| CA-2 | 50 | 800 | 1.57 |
| CA-3 | 50 | 1 150 | 2.25 |
| CA-4 | 50 | 830 | 1.63 |
| CA-5 | 50 | 1 040 | 2.04 |
| CB-1 | 50 | 1 280 | 2.51 |
| CB-2 | 100 | 750 | — |
| CB-3 | 150 | 650 | — |
| CC-1 | 50 | 1 200 | — |
| CC-2 | 50 | 1 550 | — |
| CD-1 | 50 | 1 450 | 2.84 |
| CE-1 | 50 | 850 | — |
| CE-2 | 50 | 1 050 | — |
| CF-1 | 50 | 1 200 | 2.35 |

2）钢纤维水泥砂浆钢筋网加固

文献[78]对钢纤维水泥砂浆钢筋网加固 RC 方柱进行了试验研究,共制作了 6 根钢筋混凝土柱(柱截面为 200 mm×200 mm)。试验柱的基本参数见表 6-72 所示,其中 A 组柱混凝土强度等级为 C20,B 组柱混凝土强度等级为 C30。

试验柱均加载至极限破坏状态,试验柱的开裂荷载和极限荷载比较见表 6-73 所示,其中 $P_c$ 为试验柱开裂荷载,$P_u$ 为试验柱极限荷载。基于试验研究与分析结果,可以得出以下几点结论:①利用钢纤维水泥砂浆钢筋网加固 RC 柱,可以较大幅度地提高 RC 柱轴心抗压承载力、峰值应变、延性及刚度,提高幅度随横向网筋体积配筋率的增加而增大。②利用钢纤维水泥砂浆钢筋网加固 RC 柱,可以有效改善被加固柱裂缝的分布形态及破坏形态,使裂缝由不加固的疏而宽变得密而细,最终破坏形态由脆性破坏向延性破坏发展。③利用该方法加固 RC 柱,当原柱混凝土强度较低时,加固效果更为明显。

表 6-72　试验柱参数

| 组别 | 试件编号 | 加载方案 | 钢筋网规格/mm | 原柱钢筋屈服强度/MPa | 实测混凝土抗压强度/MPa | 实测符合砂浆抗压强度/MPa |
|---|---|---|---|---|---|---|
| A | C1 | — | — | 298.3 | 22.1 | — |
| | C2 | 一次受力 | C6 网格 80×80 | 297.6 | 21.5 | 40.5 |
| | C3 | 一次受力 | C6 网格 50×50 | 300.1 | 21.9 | 39.2 |
| B | C4 | — | — | 302.3 | 31.5 | — |
| | C5 | 二次受力 | C6 网格 80×80 | 301.5 | 30.9 | 40.3 |
| | C6 | 二次受力 | C6 网格 50×50 | 300.8 | 33.1 | 41.1 |

表 6-73　主要试验结果

| 试验柱编号 | $P_c$/kN | 提高幅度/% | $P_u$/kN | 提高幅度/% |
|---|---|---|---|---|
| C1 | 695 | — | 826 | — |
| C2 | 875 | 26 | 1 455 | 76 |
| C3 | 946 | 36 | 1 675 | 103 |
| C4 | 950 | — | 1 199 | — |
| C5 | 1 130 | 19 | 1 833 | 53 |
| C6 | 1 205 | 27 | 1 998 | 67 |

3）预应力钢带加固

文献[79]进行了 4 个预应力钢带约束加固混凝土方柱的轴心受压性能试验研究,试件尺寸为 200 mm×200 mm×570 mm,混凝土强度等级为 C30。纵筋采用 4 根直径为 16 mm 的 HRB335 钢筋,其屈服强度实测值为 430 MPa;箍筋为 φ6@130,其屈服强度实测值为 425 MPa。试验参数为钢带间距和钢带层数,钢带间距分别为 100 mm、75 mm,钢带层数按 1 层和 2 层两种情况设计。试件参数及试验结果见表 6-74 所示。试验研究结果表明,预应力钢带能有效约束柱中混凝土,防止纵筋屈曲,对柱的轴压破坏形态有良好改善,并可有效提高柱的轴压承载力。

表 6-74　试件参数及试验结果汇总

| 试件编号 | 截面尺寸/mm | 钢带层数 | 钢带 | | | | 钢带间距/mm | 极限承载力/kN | 提高幅度/% |
|---|---|---|---|---|---|---|---|---|---|
| | | | 宽度/mm | 厚度/mm | 弹模/GPa | | | | |
| RC1 | 200×200 | 0 | — | — | — | 0 | 920 | — |
| JRC2 | 200×200 | 1 | 32 | 8 | 205 | 100 | 1 130 | 22.8 |
| JRC3 | 200×200 | 1 | 32 | 8 | 205 | 75 | 1 200 | 30.4 |
| JRC4 | 200×200 | 2 | 32 | 8 | 205 | 100 | 1 280 | 39.1 |
| JRC5 | 200×200 | 2 | 32 | 8 | 205 | 75 | 1 340 | 45.7 |

文献[80]对预应力钢带加固钢筋混凝土柱的抗震性能进行了试验研究。试验共制作了 4 个矩形截面柱试件,其中 3 个试件(JRC1~JRC3)采用预应力钢带加固,另 1 个试件 RC 为未加固对比试件,各试件具体参数见表 6-75 所示。试件的混凝土立方体强度实测平均值为 40.8 MPa;试件配置 4 根直径 18 mm 和 2 根直径 20 mm 钢筋,纵筋的实测屈服强度为 372 MPa,箍筋的实测屈服强度为 325 MPa。柱子的截面尺寸为 250 mm×250 mm,3 个加固试件均进行了倒角处理。试验的主要结果见表 6-76 所示,其中 $P_y$ 为屈服荷载;$\Delta_y$ 为屈服位移;$P_m$ 为峰值荷载;$\Delta_m$ 为峰值位移;$P_u$ 为极限荷载,按峰值荷载下降到 85% 时取值;$\Delta_u$ 为极限位移。基于试验研究与分析结果,可以得到以下几点结论:①预应力钢带可以对混凝土柱形成良好的横向约束,改善钢筋混凝土柱的破坏形态;②预应力钢带加固混凝土柱具有良好的延性性能和变形能力;③在预应力钢带加固柱中,钢带间距对加固柱的破坏形态、变形能力和延性性能具有重要影响;④采用预应力钢带加固的高轴压比钢筋混凝土柱具有良好抗震性能,可以满足现行规范要求。

表 6-75　试件参数汇总

| 试件编号 | 钢带参数 | | | 混凝土立方体平均抗压强度/MPa | 试验轴压比 | 轴向压力/kN |
|---|---|---|---|---|---|---|
| | 间距/mm | 弹性模量 | 屈服强度 | | | |
| RC | — | 2.2×10⁵ | 674.0 | 40.8 | 0.52 | 1 000 |
| JRC1 | 100 | | | | 0.52 | 1 000 |
| JRC2 | 100 | | | | 0.62 | 1 200 |
| JRC3 | 50 | | | | 0.52 | 1 000 |

表 6-76　主要试验结果汇总

| 柱号 | 方向 | $P_y$/kN | $\Delta_y$/mm | $P_m$/kN | $\Delta_m$/mm | $P_u$/kN | $\Delta_u$/mm | 极限侧移角 | 延性系数 | 提高幅度 | 延性系数平均值 |
|---|---|---|---|---|---|---|---|---|---|---|---|
| RC | 正向 | 101.2 | 4.19 | 127.9 | 9.19 | 108.7 | 11.5 | 1/83 | 2.70 | — | 2.37 |
| | 反向 | 102.0 | 4.91 | 117.5 | 7.07 | 100.0 | 10.0 | 1/95 | 2.04 | — | |

| 柱号 | 方向 | $P_y$/kN | $\Delta_y$/mm | $P_m$/kN | $\Delta_m$/mm | $P_u$/kN | $\Delta_u$/mm | 极限侧移角 | 延性系数 | 提高幅度 | 延性系数平均值 |
|------|------|---------|--------------|---------|--------------|---------|--------------|-----------|---------|---------|----------------|
| JRC1 | 正向 | 111.7 | 4.00 | 138.5 | 9.73 | 117.7 | 19.5 | 1/49 | 4.88 | 80 | 5.18 |
|      | 反向 | 97.7 | 4.25 | 112.0 | 12.20 | 95.3 | 23.3 | 1/41 | 5.48 | 168.6 | |
| JRC2 | 正向 | 97.0 | 3.60 | 117.3 | 6.67 | 99.7 | 13.2 | 1/72 | 3.67 | 35.9 | 3.13 |
|      | 反向 | 111.5 | 5.46 | 125.1 | 9.24 | 106.3 | 14.1 | 1/67 | 2.58 | 26.5 | |
| JRC3 | 正向 | 109.7 | 4.78 | 131.2 | 9.80 | 111.5 | 23.8 | 1/40 | 4.98 | 84.4 | 5.24 |
|      | 反向 | 111.5 | 5.10 | 127.5 | 9.80 | 108.4 | 28.0 | 1/34 | 5.49 | 169.2 | |

文献[81]对预应力钢带加固钢筋混凝土梁、柱的受力性能进行了试验研究。该文献作者将打包技术应用于结构工程加固领域。首先进行了 6 个加固梁试件和 1 个对比试件的受剪性能试验,分析钢带间距、钢带层数及倒角对承载力及变形性能的影响。研究结果表明:经预应力钢带加固的试件,在加载过程中,裂缝开展缓慢且发展充分,与未加固试件相比其受剪承载力提高 46%～95%,加固后梁的变形能力大幅提高。另外,通过对 3 个加固柱试件和 1 个对比试件的低周反复荷载试验,分析了钢带间距及轴压比对柱水平承载力及变形能力的影响,研究结果表明:经预应力钢带加固后的柱试件,其延性提高 32%～121%,水平承载力提高不明显。

4) 圆形钢套管加固

文献[82]为了研究圆形钢套管加固钢筋混凝土柱的基本力学性能,对 1 根未加固的普通钢筋混凝土短柱和 4 根圆形钢套管加固钢筋混凝土短柱,进行了不同加固钢套管厚度以及初始轴压比下的轴心受压试验,初始轴压力通过对未加固构件施加后张预应力来进行模拟。在具体加固时,圆形钢套管与原柱之间的空隙用细石混凝土或高性能灌浆料填充。基于试验研究与分析结果,可以得到以下几点结论:①采用圆形钢套管加固,通过与未加固试件相比,加固试件的承载力和延性借助钢套管都得到成倍的提高,并且随着圆形钢套管管壁的增厚,试件的强度增强,但延性变化不大。②加固柱的圆形钢套管在荷载初期时,纵向应变增长较快,而环向应变增长速度非常缓慢,但当到达极限荷载后,环向应变比竖向应变的增长速度要快很多,这与荷载初期钢套管环向没发挥作用,而加载后期加固钢套管约束核心混凝土环向应变增大,并且向外凸出成鼓状的试验现象相吻合。③当轴向压力作用时,初始轴压比为 0.11 的二次受力加固短柱与无初始轴压力的一次受力加固短柱的极限承载力相差很小,即小轴压比情况下,二次受力对极限承载力影响不大。④采用简单的叠加法求得加固柱的极限承载力与试验结果吻合较好。

5) 钢纤维自应力混凝土加固

钢纤维自应力混凝土同样可以用于增大截面法加固中。文献[83]通过对 4 根三分点加载方式下加固梁的抗弯静力和疲劳试验,研究了钢纤维自应力混凝土叠合层对加固梁的正截面疲劳性能影响。试验梁为 T 形截面,截面总高度为 360 mm,旧混凝土部分高度为 310 mm(混凝土立方体试块抗压强度为 47.6 MPa),新混凝土高度为 50 mm,净跨长度为 2 880 mm。为了确保新旧混凝土之间有牢固、可靠的结合,布置了连接钢筋。研究结果表明:钢纤维自应力混凝土叠合层可延缓加固梁的开裂,显著降低裂缝宽度;钢纤维自应力混凝土加固梁疲劳寿命是对比梁疲劳寿命的 1.85 倍。因此,采用钢纤维自应力混凝土进行旧混凝土简支梁桥变为连续体系加固是一种有效的方法。

## 参考文献

[1] 手册编委会. 建筑结构试验检测技术与鉴定加固修复实用手册[M]. 北京:世图音像电子出版社,2002.

[2] 13G311—1. 混凝土结构加固构造[S]. 北京:中国计划出版社,2013

[3] GB 50367—2013. 混凝土结构加固设计规范[S]. 北京:中国建筑工业出版社,2013.

[4] 许冠绍. 混凝土结构钢筋锈蚀病害的防护修复方法及措施[J]. 水利水运工程学报,1998(S1):95-98.

[5] Emberson N K, Mays G C. Significance of property mismatch in the patch repair of structural concrete Part 1: Properties of repair systems[J]. Magazine of Concrete Research. 1990, 42(152):147-160.

[6] Emberson N K, Mays G C. Significance of property mismatch in the patch repair of structural concrete Part 2: Axially loaded reinforced concrete members[J]. Magazine of Concrete Research. 1990, 42(152):161-170.

[7] Emberson N K, Mays G C. Significance of property mismatch in the patch repair of structural concrete Part 3: Reinforced concrete members in flexure[J]. Magazine of Concrete Research. 1996, 48(174):45-57.

[8] 周希茂,苏三庆,赵明,等. 增大截面法加固钢筋混凝土框架的设计与展望[J]. 世界地震工程,2009,25(1):153-158.

[9] 李华亭,李建峰,井彦青,等. 增大截面法加固钢筋混凝土柱的局限性[J]. 建筑结构(增刊),2010,40(S1):466-468,441.

[10] 敬登虎. FRP 约束混凝土的应力-应变模型及其在加固中的应用研究[D]. 南京:东南大学,2006.

[11] 牛斌. 普通钢筋混凝土梁的体外预应力加固[J]. 中国铁道科学,1999,20(3):82-88.

[12] 张耀庭,邱继生,黄恒卫. 体外预应力混凝土梁的研究现状综述[J]. 华中科学大学学报(城市科学版),2002,19(4):86-91.

[13] 李悦,杜修力,闫茜茜,等. 水泥基渗透结晶型材料对混凝土的修复效果[J]. 建材世界,2010,31(5):1-3.

[14] 李金波,贡金鑫,王利欢. 增大截面和碳纤维布包裹复合加固锈蚀钢筋混凝土柱的抗震性能研究[J]. 土木工程学报,2009,42(4):17-26.

[15] 黄建锋,朱春明,龚治国,等. 增大截面法加固震损钢筋混凝土框架的抗震性能试验研究[J]. 土木工程学报,2012,45(12):9-17.

[16] 刘利先,时旭东,过镇海. 增大截面法加固高温损伤混凝土柱的试验研究[J]. 工程力学,2003,20(5):18-23.

[17] 余琼,李思明. 柱加大截面与粘钢法加固框架节点的比较分析[J]. 同济大学学报(自然科学版),2003,31(10):1157-1162.

[18] 张雷顺,包金斗. 增大截面与 CFRP 复合加固素混凝土短圆柱试验研究[J]. 建筑结构,2009,39(3):92-94.

[19] 林树,甘良绪,高作平. 钢筋混凝土悬臂梁粘钢加固试验研究[J]. 武汉大学学报(工学版),1992,25(6):650-656.

[20] 甘良绪,侯发亮,王敏强. 钢筋混凝土框架粘钢加固现场试验分析[J]. 武汉大学学报(工业版),1992,25(6):668-674.

[21] 申屠龙美,蒋金生.低强度等级混凝土梁的粘钢加固试验研究[J].工业建筑,1994,24(5):39-43.

[22] 王天稳,王晓光.钢筋混凝土梁粘钢加固研究[J].武汉水利电力大学学报,1996,29(2):75-78.

[23] 王建平.钢筋混凝土梁压区粘钢加固试验研究[D].武汉:华中科技大学,2004.

[24] 高轩能,周期源,陈明华.粘钢加固 RC 梁承载性能的理论和试验研究[J].土木工程学报,2006,39(8):38-44.

[25] 彭德喜,李大庆,吴德明.预应力粘钢加固钢筋混凝土梁的试验研究[J].特种结构,2010,27(4):94-97.

[26] 林学春.钢筋混凝土桥梁粘钢加固试验研究[J].中外公路,2013,33(1):167-172.

[27] 赵更歧,余刚.框架梁负弯矩区粘钢加固锚固方法试验研究[J].郑州大学学报(工学版),2013,34(2):76-79.

[28] 曹双寅,孙永新,夏存卫,等.粘钢加固钢筋混凝土梁斜截面承载能力的试验研究[J].建筑结构,2000,30(8):45-48.

[29] 刘兴远,陈伟,林文修.钢筋混凝土梁斜截面粘钢加固试验研究[J].四川建筑科学研究,2003,29(1):25-27.

[30] 林于东,宗周红,陈宏磊.粘钢加固混凝土梁受剪性能试验研究[J].建筑结构学报,2011,32(8):90-98.

[31] 甘良绪,高作平,屈大梁.粘钢加固钢筋混凝土受扭构件试验研究[J].武汉大学学报(工学版),1992,25(6):637-641.

[32] 张娟秀,叶见曙,钱培舒,等.粘钢加固混凝土梁疲劳性能试验研究[J].特种结构,2010,27(6):109-112.

[33] 袁迎曙,蔡跃,黄振安,等.胶泥修复与粘钢加固混凝土板的试验研究[J].建筑结构,2000,30(3):38-39,43.

[34] 章红梅,吕西林.粘钢加固钢筋混凝土剪力墙抗震性能试验研究[J].结构工程师,2007,23(1):72-76.

[35] 孙耀东,颜德姮,陈刚汇.粘钢加固钢筋砼柱轴心受压受力机理的试验研究[J].建筑结构,1999,11:33-35.

[36] 胡长青,陈尚建.粘钢加固轴心受压钢筋混凝土短柱的试验研究[J].武汉理工大学学报,2009,31(19):81-84.

[37] 马乐为,刘瑛,周小真,等.钢筋混凝土框架中节点粘钢加固抗震性能试验研究[J].西安建筑科技大学学报(自然科学版),1996,28(4):414-418.

[38] 刘瑛,姜维山.钢筋混凝土框架节点在不同粘钢加固方案下的变形性能试验研究[J].工程抗震,1997(3):15-20.

[39] 刘瑛,姜维山,马乐为.不同粘钢加固的钢筋混凝土框架节点破坏机理研究[J].工业建筑,1997,27(10):15-19.

[40] 林力勋,王林枫.屋架粘钢加固 9 年观察[J].施工技术,2001,30(2):19,39.

[41] 刘匀,张林绪,姜维山,等.外包钢新材料灌浆加固钢筋混凝土柱的研究与实践[J].西安建筑科技大学学报(自然科学版),1997,29(4):422-425.

[42] 刘瑛,赵金先,荣强,等.湿式外包钢加固钢筋混凝土柱抗震性能试验研究[J].世界地震工程,2004,20(1):105-111.

[43] 陆洲导,刘长青,张克纯,等.外包钢套法加固钢筋混凝土框架节点试验研究[J].四川大学学报(工程科学版),2010,42(3):56-62.

[44] 欧阳煜,戚继亮,蔡志鸿.外包钢加固低强混凝土偏压柱试验研究[J].建筑结构,2011,41(6):71-73,93.

[45] 李俊华,唐跃锋,刘明哲,等.外包钢加固火灾后钢筋混凝土柱的试验研究[J].工程力学,2012,29(5):

166-173.

[46] 蔺新艳. 外贴 CFRP 加固钢筋混凝土梁正常使用性能研究[D]. 南京:东南大学,2008.

[47] 曹双寅,滕锦光,陈建飞,等. 外贴纤维加固梁斜截面纤维应变分布的试验研究[J]. 土木工程学报,
    2003,36(11):6-11.

[48] 飞渭,江世永,曾祥蓉. 体外预应力 FRP 片材加固混凝土结构的研究现状及发展[J]. 后勤工程学院学
    报,2006(4):12-16,21.

[49] 张轲,叶列平,等. 体外预应力碳纤维索加固混凝土梁试验研究[J]. 工业建筑,2008,38(4):104-108.

[50] 王新定,戴航,丁汉山,等. 体外预应力 CFRP 筋混凝土梁正截面抗弯试验研究[J]. 东南大学学报(自
    然科学版),2009,39(3):557-562.

[51] 陈小英,李唐宁,黄音,等. CFRP 体外预应力加固钢筋混凝土 T 型梁试验[J]. 中国公路学报,2010,23
    (2):56-63.

[52] 马来飞,顾祥林,李翔,等. 二次受力下外粘纤维片材加固钢筋混凝土梁抗弯承载力[J]. 结构工程师,
    2011,27(4):134-139.

[53] 哈娜,王连广,霍君华. CFRP 布加固预裂钢骨混凝土梁的试验研究[J]. 工程力学,2011,28(12):
    146-152.

[54] 敬登虎. GFRP 组合 RC 柱轴心受压的试验研究与分析[D]. 重庆:重庆大学,2003.

[55] 宋波,黄世敏,陈奇辰,等. 高强钢绞线网-聚合物砂浆复合面层技术加固火灾受损梁效果[J]. 北京科
    技大学学报,2010,32(2):270-276.

[56] 林于东,宗周红,林秋峰. 高强钢绞线网-聚合物砂浆加固混凝土及预应力混凝土梁的抗弯性能试验研
    究[J]. 工程力学,2012,29(9):141-149.

[57] 黄华,刘柏权,刘卫铎. 高强钢绞线网-聚合物砂浆抗剪加固梁二次受力试验研究[J]. 工业建筑,2009,
    39(2):123-127.

[58] 林于东,林秋峰,王绍平,等. 高强钢绞线网聚合物砂浆加固钢筋混凝土板抗弯试验研究[J]. 福州大学
    学报(自然科学版),2006,34(2):254-259.

[59] 郭俊平,邓宗才,林劲松,等. 预应力高强钢绞线网加固钢筋混凝土板的试验研究[J]. 土木工程学报,
    2012,45(5):84-92.

[60] 姚秋来,张立峰,程绍革,等. 高强钢绞线网-聚合物砂浆加固大偏心受压 RC 柱的研究[J]. 建筑结构,
    2007,37(S1):4-1~4-5.

[61] 刘伟庆,王曙光,何杰,等. 钢绞线网-聚合物砂浆加固钢筋混凝土柱的正截面承载力研究[J]. 福州大
    学学报(自然科学版),2013,41(4):456-462.

[62] 曹忠民,李爱群,王亚勇,等. 钢绞线网片-聚合物砂浆加固空间框架节点试验[J]. 东南大学学报(自然
    科学版),2007,37(2):235-239.

[63] 曹忠民,李爱群,王亚勇,等. 高强钢绞线网-聚合物砂浆加固带有直交梁和楼板的框架节点的试验研
    究[J]. 建筑结构学报,2007,28(5):130-136.

[64] 曹忠民,李爱群,王亚勇,等. 高强钢绞线网-聚合物砂浆复合面层加固震损梁柱节点的试验研究[J].
    工程抗震与加固改造,2005,27(6):45-50.

[65] Harajli M H. Strengthening of concrete beams by external prestressing[J]. PCI Journal, 1993, 38
    (6):76-88.

[66] 姜红光,王廷臣,徐辉. 体外预应力加固混凝土简支梁的试验研究[J]. 公路交通科技,2006,23(3):
    107-110.

[67] 顾艳阳,吴晓东. 体外预应力加固低强度钢筋混凝土简支梁的试验分析[J]. 工业建筑,2006,36(S1):
    247-249.

[68] 胡成,吴元,李延和. 体外预应力加固混凝土双向板的试验研究[J]. 合肥工业大学学报(自然科学版),

2007,30(4):478-481,501.

[69] 曹霞,田爱菊,金凌志.体外预应力加固钢筋混凝土简支梁正截面承载力试验分析[J].混凝土,2009
(8):36-39.

[70] 赵亚飞,周建庭,宁金成,等.体外预应力加固钢筋混凝土空心板的试验研究[J].重庆交通大学学报
(自然科学版),2012,31(1):22-24,28.

[71] 童友枝,朱锦章.体外预应力竖向张拉法加固钢筋混凝土梁试验研究[J].工业建筑,2012,42(6):
83-87.

[72] 丁玮,向中富.钢筋混凝土拱桥体外预应力加固试验[J].重庆交通大学学报(自然科学版),2013,32
(1):9-13.

[73] 冯文贤,邹锦华,邓辉,等.体外预应力混凝土 T 梁正截面受力性能试验[J].公路交通科技,2013,30
(8):70-74.

[74] 赵晓辉,李军华,王子英.体外预应力加固大跨度混凝土梁的试验研究[J].河北工程大学学报(自然科
学版),2013,30(3):38-42.

[75] 陈尚建,刘海波,袁胜登,等.钢绞线、FRP 筋预应力加固混凝土梁抗弯性能试验研究[J].工业建筑,
2008,38(8):96-98.

[76] 卢亦焱,陈少雄,赵国藩.外包钢与碳纤维布复合加固钢筋混凝土柱抗震性能试验研究[J].土木工程
学报,2005,38(8):10-17.

[77] 卢亦焱,童光兵,张号军.外包钢与碳纤维布复合加固钢筋混凝土偏压柱试验研究[J].建筑结构学报,
2006,27(1):106-111,123.

[78] 卜良桃,毛海斌.钢纤维水泥砂浆钢筋网加固 RC 方柱试验研究[J].沈阳建筑大学学报(自然科学
版),2011,27(3):430-435.

[79] 杨勇,王欣林,刘义,等.预应力钢带加固钢筋混凝土柱轴压承载力试验研究[J].工业建筑,2012,42
(S1):183-187.

[80] 杨勇,赵飞,刘义,等.预应力钢带加固钢筋混凝土柱抗震性能试验研究[J].工业建筑,2013,43(2):
45-48.

[81] 刘义,高宗祺,陆建勇,等.预应力钢带加固钢筋混凝土梁柱受力性能试验研究[J].建筑结构学报,
2013,34(10):120-127.

[82] 胡潇,钱永久.圆形钢套管加固钢筋混凝土短柱的轴心受压性能[J].公路交通科技,2013,30(6):
100-108.

[83] 陈小锋,胡铁明,黄承逵.钢纤维自应力混凝土加固梁抗弯疲劳性能试验研究[J].建筑结构,2009,39
(4):65-68.

# 第 7 章　砌体结构加固

砌体结构是最古老的建筑结构形式之一,我国的砌体结构有着悠久的历史和辉煌的纪录。举世闻名的万里长城,是两千多年前建造的世界上最伟大的砌体工程之一;建于隋朝大业年间的河北赵州桥,为世界上最早的空腹式石拱桥。欧洲大部分国家、北美和新西兰等地也广泛采用砖石结构,在欧洲的绝大部分城市街头,使用时间超过百年的砖石结构建筑物随处可见,如图 7-1 中是北爱尔兰贝尔法斯特市的 Great Victoria 大街,其中右图为 13 层的高层砌体结构房屋。正是由于砌体结构历史悠久,目前保存下来的砌体结构由于材料风化、侵蚀等原因,砌体结构不可避免地存在一定的缺陷,为此必须采取相应的加固措施。另外,随着砌体结构房屋使用功能的改变,《建筑抗震设计规范》中要求的不断提高等原因,也迫使部分既有砌体结构需要进行一定程度的加固方能继续投入使用。例如,文献[1]中提到,村镇空斗砌体墙房屋由于大多采用预制空心板或是木楼板,房屋很少设置圈梁,纵横墙无咬槎,导致房屋整体性差;并且窗间墙过窄,纵向抗侧力构件薄弱,墙体的砌筑砂浆强度低,抗震能力差[1]。

图 7-1　北爱尔兰贝尔法斯特的 Great Victoria 大街

## 7.1　影响砌体强度的因素

从宏观上看,目前常用的砌体是由块体和砂浆砌筑而成的整体材料,但从内部来看它并不是一个连续的整体,也不是一个完全的弹性材料。影响砌体抗压、抗剪强度的因素很多,归纳起来主要有材料(块体和砂浆)本身的物理力学性能、施工质量及试验方法、龄期、尺寸效应等[2]。本书主要针对既有砖砌体结构的鉴定与加固改造工作,因此这里主要从块体、砂浆的物理力学性能、垂直压应力以及灰缝砂浆饱满度几个方面进行阐述。

1) 抗压强度

砌体的抗压强度随着块体和砂浆强度的不同而变化。用强度高的块体和砂浆砌筑的砌体,其抗压强度高;反之,其抗压强度要低。国内外大量的试验证明,块体和砂浆的强度是影响砌体抗压强度的主要因素,也是重要的内因。一般情况下,对于砖砌体,当砖的强度等级不变,而砂浆强度等级提高一级时,砖砌体抗压平均强度提高 15％左右,但是此时砂浆中水泥用量增加较多。例如将砂浆强度等级由 M2.5 提高为 M5,或由 M5 提高为 M7.5,水泥用量差不多提高 1 倍。若砂浆强度等级不变,砖的强度等级由 MU10 提高为 MU15,或由 MU15 提高为 MU20,砖砌体抗压平均强度可提高 20％左右。因此,在砖的强度等级一定时,过高地提高砂浆强度等级并不适宜。在可能的条件下,应尽量采用高强度等级的砖,这样不但效果好,还较为经济。对于砌块砌体来说,也是如此。但是,提高砂浆强度等级,对于毛石砌体抗压强度的影响则较大。

水平灰缝的砂浆饱满度 $\xi_f$,根据原西南建筑科学研究所的试验,砌体抗压强度随水平灰缝均匀饱满的程度的减小而降低,其影响系数为式(7-1)。

$$\psi_f = 0.2 + 0.8\xi_f + 0.4\xi_f^2 \tag{7-1}$$

式(7-1)中,当 $\xi_f = 0.73$ 时,$\psi_f = 1.0$,表示水平灰缝的砂浆饱满度为 73％的砌体,其抗压强度可达到相关规范中规定的强度指标。

2) 抗剪强度

砌体剪切破坏时有三种状态,即砌体沿通缝剪切滑移面产生剪摩破坏,砌体出现阶梯形裂缝产生剪压破坏,以及砌体沿压力作用方向产生斜压破坏。若产生剪摩和剪压破坏,此时块体的强度几乎对砌体的抗剪强度没有什么影响,当砌体中块体的强度较低而砂浆强度较高时尤其如此。若产生斜压破坏,由于砌体沿压力作用方向开裂,此时块体强度增大对提高砌体抗斜压破坏的能力显著。

砂浆强度对上述三种破坏形态下砌体的抗剪强度均有直接影响,特别是在可能产生剪摩和剪压破坏形态时,砂浆强度的增大对提高砌体抗剪强度的影响更为明显。对于灌孔的混凝土砌块砌体,还有芯柱混凝土自身的抗剪强度和芯柱在砌体中的"销栓"作用,随灌孔率和芯柱混凝土强度的增大,灌孔砌块砌体的抗剪强度有较大程度的提高。

国内外的许多研究结果表明,砌体截面上作用的垂直压应力 $\sigma_y$ 是影响砌体抗剪强度的一个不可忽视的重要因素,其大小决定砌体的剪切破坏形态。无论哪一种破坏形态,$\sigma_y$ 的值直接影响砌体抗剪强度的大小。对于剪摩破坏形态,由于水平灰缝中砂浆产生较大的剪切变形,剪切面将出现相对水平滑移。当受剪面上还作用有垂直压应力,垂直压应力所产生的摩擦力可减小或阻止砌体剪切面的水平滑移,此时随 $\sigma_y$ 的增加砌体抗剪强度提高。研究结果表明,这种影响可取为正比例关系。当 $\sigma_y$ 增加到一定数值时,剪摩强度将超过砌体斜截面的平均主拉应力强度,砌体有可能因抗主拉应力的强度不足而产生剪压破坏。当 $\sigma_y$ 更大时,砌体往往沿主压应力作用线出现多条裂缝面产生斜压破坏。

原成都市建工局科学研究所曾对多孔砖砌体进行对角加载试验研究,当水平灰缝的砂浆饱满度大于 92％,竖缝内不灌砂浆;水平灰缝的砂浆饱满度大于 62％,竖缝内的砂浆饱满;以及当水平灰缝的砂浆饱满度大于 80％,竖缝内的砂浆饱满度大于 40％时,砌体的抗剪强度可达到规范要求的值。当水平灰缝的砂浆饱满度为 70％～80％,竖缝内不灌砂浆,则砌体抗剪强度下降 20％～30％。

## 7.2 砌体加固方法

当砌体的承载力不能满足要求时,常用的加固方法主要有三类:增大截面法、组合砌体加固法和外包钢加固法;当砌体结构房屋的抗震构造不满足要求时,其主要加固方法包括增设抗震墙、增设构造柱和增设圈梁;当砌体结构中局部受压开裂或局部破裂(尚不影响承重及安全性)时,可以采用增设梁垫加固、局部拆砌等方法。

当建筑物在使用上允许增加墙、柱截面时,可在原砌体的一侧或两侧新加砌体构件,以增加原砌体的受力面积,对于原独立柱也可在四周用砖砌成围套,这就是增大截面法。如果在围套的水平灰缝内配置环向钢筋,套层能有效地约束核心砌体,提高核心砌体部分原砌体的承载能力和变形能力。增大截面法施工简单、费用较低,但占用使用面积较多,影响使用功能,常受到建筑上的限制。

组合砌体加固法是在原砌体外侧配以钢筋,用混凝土、水泥砂浆或聚合物砂浆等作面层,或在原砌体外侧粘贴复合材料同原砌体构成组合砌体。

外包钢加固法主要是在砖柱四周包以型钢(常用角钢),横向用缀板将四周的型钢连成整体。当被加固柱截面尺寸受到严格限制,而又需要大幅度提高承载力时,采用外包钢加固尤为合适。此外,还有不损坏原砌体柱,边加固边使用的优点。外包钢加固的主要缺点是型钢两端的锚固要求较高,需要进行防火与防锈处理。

下面基于文献[3-4],对砌体结构/构件中的主要加固方法进行要点介绍。

1) 钢筋混凝土面层加固方法

**基本概念:**主要是在既有砌体构件的一个侧面或两个侧面增设钢筋混凝土面层,属于组合砌体加固法的一种,也称之为钢筋网夹板墙(图 7-2),可以提高砌体的承载能力、抗侧移刚度和墙体延性。该方法主要适用于柱、墙和带壁柱墙的加固,例如地震或火灾使整片墙的承载力或刚度不足;房屋加层或超载引起墙体承载力不足;施工质量差使墙体承载力普遍达不到设计要求等。其优点是施工工艺简单、适应性强,受力可靠、加固费用低廉,砌体加固后承载力有较大提高,并具有成熟的设计和施工经验。其缺点是现场施工的湿作业时间长,养护期长,且安装箍筋和拉结筋所需的凿洞工作量大;对生产和生活有一定的影响,且加固后的建筑物净空有一定的减小。

图 7-2　钢筋网混凝土面层加固法施工现场

考虑到加固结构中的原有砌体加固前已承受荷载,其应力水平一般都比较高,而加固新增的钢筋混凝土面层还不能立即工作,需待新加荷载后(第二次受力)才开始受力。此时,新增钢筋混凝土面层的应变滞后于原砌体的应变。因此,计算加固后构件的承载力时,应引入新加材料的强度利用系数。根据实际工程和试验结果:①轴心受压构件,新增混凝土的强度

利用系数 $\alpha_c$，对于砖砌体取 $\alpha_c=0.8$；对于混凝土小型空心砌块砌体取 $\alpha_c=0.7$。新增钢筋的强度利用系数 $\alpha_s$，对于砖砌体取 $\alpha_s=0.85$；对于混凝土小型空心砌块砌体取 $\alpha_s=0.75$。②偏心受压构件，新增混凝土的强度利用系数 $\alpha_c$，对于砖砌体取 $\alpha_c=0.9$；对于混凝土小型空心砌块砌体取 $\alpha_c=0.8$。新增钢筋的强度利用系数 $\alpha_s$，对于砖砌体取 $\alpha_s=1.0$；对于混凝土小型空心砌块砌体取 $\alpha_s=0.95$。③抗剪构件，新增混凝土的强度利用系数 $\alpha_c$，对于砖砌体取 $\alpha_c=0.8$；对于混凝土小型空心砌块砌体取 $\alpha_c=0.7$。新增钢筋的强度利用系数 $\alpha_s$ 取值为 0.9。此外，对于钢筋混凝土面层加固石砌体轴心受压构件，文献[5]基于理论分析结果并结合相关规范，建议混凝土和钢筋的材料强度利用系数均取 0.8。

工程实践经验表明，为了保证加固工程的安全性，任何加固方法都必须符合相关的构造要求。为了保证加固施工时浇筑混凝土的灌注质量，钢筋混凝土面层的截面厚度不应小于 60 mm；当用喷射混凝土施工时，不应小于 50 mm。加固用的混凝土强度等级不应低于 C20；当采用 HRB335 级（或 HRBF335 级）钢筋或受有振动作用时，混凝土强度等级尚不应低于 C25，主要是为了保证新浇筑混凝土与原砌体构件界面以及它与新加受力钢筋或其他加固材料之间能有足够的粘结强度，使之能达到整体共同受力。

加固用的竖向受力钢筋，宜采用 HRB335 级或 HRBF335 级钢筋。竖向受力钢筋直径不应小于 12 mm，其净间距不应小于 30 mm。纵向钢筋的上下端均应有可靠的锚固；上端应锚入有配筋的混凝土梁垫、梁、板或牛腿内；下端应锚入基础内。纵向钢筋的接头应为焊接。

当采用单面加固砖柱时，应将拉结筋打入旧柱中；双面加固时，应采用连通的拉结箍筋，以增强新旧柱的连接。此外，应将原砖柱的角砖每隔 5 皮打掉 1 块，以使新混凝土与原砖柱很好地咬合。受力钢筋至砖柱的距离不应少于 50 mm；受压钢筋的配筋率不宜少于 0.2%。

当采用围套式的钢筋混凝土面层加固砌体柱时，应采用封闭式箍筋；箍筋直径不应小于 6 mm。箍筋的间距不应大于 150 mm。柱的两端各 500 mm 范围内，箍筋应加密，其间距应取为 100 mm。若加固后的构件截面高度 $h \geqslant 500$ mm，应在截面两侧加设竖向构造钢筋，并相应设置拉结钢筋作为箍筋。

当采用两对面增设钢筋混凝土面层加固带壁柱墙或窗间墙时，应沿砌体高度每隔 250 mm 交替设置不等肢 U 形箍和等肢 U 形箍。不等肢 U 形箍在穿过墙上预钻孔后，应弯折成封闭式箍筋，并在封口处焊牢。U 形箍直径为 6 mm；预钻孔的直径可取 U 形箍直径的 2 倍；穿筋时应采用植筋专用的结构胶将孔洞填实。对带壁柱墙，尚应在其拐角部位增设竖向构造钢筋并与 U 形箍筋焊牢。

当砌体构件截面任一边的竖向钢筋多于 3 根时，应通过预钻孔增设复合箍筋或拉结钢筋，应采用植筋专用的结构胶将孔洞填实。

2）钢筋网水泥砂浆面层加固法

基本概念：钢筋网水泥砂浆面层加固法类似于钢筋混凝土面层加固法，主要适用于各类砌体墙、柱的加固。采用钢筋网水泥砂浆面层加固法加固砌体构件时，其原砌体的砌筑砂浆强度等级应符合下列规定：①受压构件：原砌筑砂浆的强度等级不应低于 M2.5；②受剪构件：对砖砌体，其原砌筑砂浆强度等级不宜低于 M1；但若为低层建筑，允许不低于 M0.4。对砌块砌体，其原砌筑砂浆强度等级不应低于 M2.5。对于块材严重风化（酥碱）的砌体，不应采用钢筋网水泥砂浆面层进行加固，因为块材严重风化或酥碱的砌体，其表层损失严重且刚度退化加剧，面层加固法很难形成协同工作，使得加固效果甚微。

同钢筋混凝土面层加固法一样,新增加的砂浆与钢筋需引入强度利用系数。根据实际工程和试验结果:①轴心受压构件,新增砂浆的强度利用系数 $\alpha_m$,对于砖砌体取 $\alpha_m=0.75$;对于混凝土小型空心砌块砌体取 $\alpha_m=0.65$。新增钢筋的强度利用系数 $\alpha_s$,对于砖砌体取 $\alpha_s=0.8$;对于混凝土小型空心砌块砌体取 $\alpha_s=0.7$。②偏心受压构件,新增砂浆的强度利用系数 $\alpha_m$,对于砖砌体取 $\alpha_m=0.85$;对于混凝土小型空心砌块砌体取 $\alpha_m=0.75$。新增钢筋的强度利用系数 $\alpha_s$,对于砖砌体取 $\alpha_s=0.9$;对于混凝土小型空心砌块砌体取 $\alpha_s=0.8$。③抗剪构件,一般认为新增加的钢筋应力较小,为其设计强度的 20%～30%;新增加砂浆的抗剪强度贡献约为其轴心抗压强度设计值的 2%。

当采用钢筋网水泥砂浆面层加固砌体承重构件时,其面层厚度对室内正常湿度环境应为 35～45 mm;对于露天或潮湿环境应为 45～50 mm;如果计算厚度超过 50 mm 时,宜改用钢筋混凝土面层,并重新进行设计。钢筋网水泥砂浆面层还应符合下列规定:①加固受压构件用的水泥砂浆,其强度等级不应低于 M15;加固受剪构件用的水泥砂浆,其强度等级不应低于 M10。②受力钢筋的砂浆保护层厚度,不应小于表 7-1 中的规定,以保护钢筋,提高面层加固的耐久性。受力钢筋距砌体表面的距离不应小于 5 mm。试验及实际工程检测表明,钢筋网竖筋紧靠墙面会导致钢筋与墙面无粘结,从而造成加固失效。

表 7-1　钢筋网水泥砂浆保护层最小厚度　　　　　　　　　　　　　　　　　　(mm)

| 构件类别 | 环境条件 | |
|---|---|---|
| | 室内正常环境 | 露天或室内潮湿环境 |
| 墙 | 15 | 25 |
| 柱 | 25 | 35 |

结构加固用的钢筋,宜采用 HRB335 级钢筋或 HRBF335 级钢筋,也可采用 HPB300 级钢筋。当加固柱和墙的壁柱时,其构造应符合下列规定:①竖向受力钢筋直径不应小于 10 mm,其净间距不应小于 30 mm;受压钢筋一侧的配筋率不应小于 0.2%;受拉钢筋的配筋率不应小于 0.15%。②柱的箍筋应采用封闭式,其直径不宜小于 6 mm,间距不应大于 150 mm。柱的两端各 500 mm 范围内,箍筋应加密,其间距应取为 100 mm。③在墙的壁柱中,应设两种箍筋:一种为不穿墙的 U 形筋,但应焊在墙柱角隅处的竖向构造筋上,其间距与柱的箍筋相同;另一种为穿墙筋,加工时宜先做成不等肢 U 形箍,待穿墙后再完成封闭式箍,其直径宜为 8～10 mm,每隔 600 mm 替换一支不穿墙的 U 形箍。④箍筋与竖向钢筋的连接应为焊接。

加固墙体时,宜采用点焊方格钢筋网,网中竖向受力钢筋直径不应小于 8 mm;水平分布钢筋的直径宜为 6 mm;网格尺寸不应大于 300 mm。当采用双面钢筋网水泥砂浆时,钢筋网应采用穿通墙体的 S 形或 Z 形钢筋拉结,拉结钢筋宜成梅花状布置,其竖向间距和水平间距均不应大于 500 mm。

钢筋网四周应与楼板、大梁、柱或墙体可靠连接。墙、柱加固增设的竖向受力钢筋,其上端应锚固在楼层构件、圈梁或配筋的混凝土垫块中;其伸入地下一端应锚固在基础内。锚固可以采用植筋方式。

当原构件为多孔砖砌体或混凝土小砌体砌体时,应采用专门的机具和结构胶埋设穿墙的拉结筋。混凝土小砌块砌体不得采用单侧外加面层。

钢筋网的横向钢筋遇有门窗洞时,对单面加固情形,宜将钢筋弯入洞口侧面并沿周边锚固;对双面加固情形,宜将两侧的横向钢筋在洞口处闭合,且尚应在钢筋网折角处设置竖向构造钢筋;此外,在门窗转角处,尚应设置附加的斜向钢筋。

这里需要强调的是,早期的砌体结构中也有仅采用水泥砂浆面层进行加固的,加固层厚度为 20～30 mm。

3) 外包型钢加固法

**基本概念**:采用角钢约束砖砌体柱或窗间墙,并在卡紧的条件下,将缀板与角钢焊接连成整体,该法属于传统加固方法。外包钢加固砖砌体短柱,不仅可以提高强度,而且可延迟裂缝的出现和发展,具有很好的塑性;适用于不允许增大原构件截面尺寸,却又要求大幅度提高截面承载力的砌体柱加固。其优点是施工简单、现场工作量和湿作业少,受力十分可靠;其缺点为加固费用较高,并需采用类似钢结构的防护措施。此外,采用外包型钢加固时,外包型钢与砌体之间应贴紧,型钢上顶大梁,下抵基础,缀板间距不宜过大,以保证型钢有效地承担所分配的荷载,且发挥侧向约束作用使砌体强度得以提高。

外包型钢加固法可分为干式或湿式两种。干式外包型钢加固法是型钢直接外包于被加固构件四周,型钢与构件间无任何连接,或虽填有水泥但不能传递结合面的剪力。因此,干式加固法不考虑结合面传递剪力。湿式加固法又分为两种:一种是用改性环氧树脂胶压注的方法,将角钢粘贴在砌体构件上;另一种是角钢与被加固构件之间留有一定的间距,中间压注灌浆料,实际上是一种外包型钢和外包混凝土相结合的复合加固法。由于砌体强度等级偏低,整体性差,其界面即使采用结构胶粘结,也难以有效地传递剪力。从试验破坏情况来看,角钢多是在两缀板间弯扭屈曲破坏;这也说明角钢与砌体不能有效地形成整体截面共同工作。因此无论是干式还是湿式,不论角钢与砌体柱接触面处涂布或灌注任何粘结材料,计算中为了简化均不能考虑其粘结作用。因此,计算加固后构件承载力时,外包型钢与原构件所承受的外力按各自的刚度比例进行分配,然后分别计算。

对已有腐蚀、裂缝或其他严重缺陷的原柱,原柱强度和刚度均受到削弱,因此引入原砌体刚度降低系数 $k_m$。对完好原柱,取 $k_m=0.9$;对基本完好原柱,取 $k_m=0.8$;对有腐蚀迹象的原柱,经剔除腐蚀层并修补后,取 $k_m=0.65$;若原柱有竖向裂缝,或有其他严重缺陷,则取 $k_m=0$,即不考虑原柱的作用,全部荷载由角钢(或其他型钢)组成的钢构架承担。此外,考虑到外包型钢与原构件的协同工作条件较差,因此弯矩分配时引入协同工作系数 $\eta=0.9$。

角钢在轴向力和砖砌体侧向压力作用下,两缀板间角钢产生压弯应力,砌体侧向压应力一般不是太大,且主要由缀板承受,对角钢来说可以忽略不计。对角钢影响较大的两个因素:一个是四肢角钢加工不可能绝对均匀,在试验中虽然精心制作仍有误差,试验中四肢角钢的应变值不一致充分说明了这点,一般可根据施工精度和承受荷载的特点取 0.85～0.95 钢材强度折减系数;另外一个,从试验破坏情况来看,角钢多是在两缀板间弯扭屈曲破坏,说明缀板间的单肢角钢验算不可忽略。试验表明,外包型钢对原柱砌体的横向变形有约束作用,使砌体处于三向受压状态,从而间接地提高了原柱的承载力。由于约束作用与钢构架的构造及施工质量有很大关系,受力机理复杂,研究不够充分;一般计算中为了简化,可不考虑约束作用对承载力的提高,仅将其作为安全储备。

当采用外包型钢加固砌体承重柱时,钢材屈服强度越大,其强度利用系数就会越小(属于二次受力构件），所以钢构架应采用 Q235 钢（3 号钢）制作；钢构架中的受力角钢和缀板的最小截面尺寸应分别为∟60 mm×60 mm×6 mm 和 60 mm×6 mm。钢构架的四肢角钢，应采用封闭式缀板作为横向连接件，以焊接固定，缀板的间距不应大于 500 mm。为使角钢及其缀板紧贴砌体柱表面，应采用水泥砂浆填塞角钢及缀板，也可采用灌浆料进行压注。钢构架两端应有可靠的连接和锚固；其下端应锚固于基础内，上端应抵紧在该加固柱上部（上层）构件的底部，并与锚固于梁、板、柱帽或梁垫的短角钢相焊接。在钢构架（从地面标高向上量起）的 2h 和上端的 1.5h（h 为原柱截面高度）节点区内，缀板的间距不应大于 250 mm。与此同时，还应在柱顶部位设置角钢箍予以加强。在多层砌体结构中，若不止一层承重柱需要增设钢构架加固，其角钢应通过开洞连续穿过各层现浇楼板；若为预制楼板，宜局部改为现浇，使角钢保持通长。采用外包钢加固完砌体柱后，为了防腐蚀和防火，还需要在型钢表面喷抹高强水泥砂浆保护层（厚度不小于 25 mm 的 1∶3 水泥砂浆）。如果型钢表面积较大，很可能难以保证抹灰质量。此时，可在构件表面先加设钢丝网或用胶粘方法分散撒布一层豆石，然后再抹灰，便不会发生脱落和开裂。否则，应对型钢进行防锈处理。

此外，由于窗间墙的宽度比厚度大很多，如果仅采用四角外包角钢的方法加固，则不能有效地约束墙体的中部，起不到应有的加强作用。因此，当墙体的宽厚比大于 2.5 时，宜在墙体的中部两边竖向各增设一根扁铁，并用螺栓将它们拉结。

4）外加预应力撑杆加固法

基本概念：相对于外包型钢加固法而言，主要是在型钢内施加了预压应力。考虑到砌体结构的敏感性，外加预应力撑杆加固砌体柱的适用范围仅限于以下几种情况：①仅适用于 6 度及 6 度以下抗震设防区的烧结普通砖柱的加固；②被加固砖柱应无裂缝、腐蚀和老化；③被加固柱的上部结构应为钢筋混凝土现浇梁板；且能与撑杆上端的传力角钢可靠锚固；④应有可靠的施加预应力的施工经验；⑤仅适用于温度不大于 60℃ 的正常环境中。此外，当采用外加预应力撑杆加固砖柱时，宜选用两对角钢组成的双侧预应力撑杆的加固方式；不得采用单侧预应力撑杆的加固方式。其优点是外加预应力撑杆加固属于主动加固，可以提高新加材料的利用程度；其缺点是施工工艺要求相对较高。

5）粘贴纤维增强复合材料（FRP）加固法

基本概念：主要是将 FRP 通过胶粘剂粘贴于砌体结构表面。该方法目前仅适用于烧结普通砖墙的平面内受剪加固和抗震加固。被加固的砖墙，其现场实测的砖强度等级不得低于 MU7.5；砂浆强度等级不得低于 M2.5；现已开裂、腐蚀、老化的砖墙不得采用该法进行加固。此外，采用该法加固的砖墙结构，其长期使用的环境温度不得高于 60℃；处于特殊环境的砖砌体结构采用本方法加固时，应采取特殊的防护措施和耐环境因素作用的胶粘剂，并按专门的工艺要求施工。其优点是施工工艺简单、施工便捷，基本不改变构件外观；其缺点是有机胶的耐久性和耐火性问题。

粘贴 FRP 提高砌体墙平面内受剪承载力的加固方式，可根据工程实际情况，采用水平粘贴方式、交叉粘贴方式、平叉粘贴方式（水平与交叉）等。每一种方式的端部均应加贴竖向或横向压条。

纤维布条带在全墙面上宜等间距均匀布置，条带宽度不宜小于 100 mm，条带的最大净间距不宜大于三皮砖块的高度，也不宜大于 200 mm。沿纤维条带方向应有可靠的锚固措施，可采用 5 mm 厚的钢板通过 M10 对穿螺杆压牢，其间距不超过 1 000 mm。纤维布条带端部的锚固构造措施,可根据墙体端部情况,采用对穿螺栓垫块压牢。当纤维布条带需绕过阳角时,阳角转角处曲率半径不应小于 20 mm。当有可靠的工程经验或试验资料时,也可采用其他机械锚固方式。当采用搭接的方式接长纤维布条带时,搭接长度不应小于 200 mm,且应在搭接长度中部设置一道锚栓锚固。当墙、柱采用 FRP 加固时,墙、柱表面应先做水泥砂浆抹平层,层厚不应小于 15 mm 且应平整;水泥砂浆强度等级不应低于 M10;粘贴 FRP 应待抹平层硬化、干燥后方可进行。

6) 钢丝绳网-聚合物改性水泥砂浆面层加固法

基本概念:是将钢丝绳网片(钢绞线网片)敷设并固定于被加固砌体部位,再在其表面喷涂聚合物改性水泥砂浆面层,固化后形成整体受力的加固方法。该方法目前仅适用于烧结普通砖墙的平面内受剪加固和抗震加固。采用该方法时,原砌体构件按现场检测结果推定的块体强度等级不应低于 MU7.5 级;砂浆强度等级不应低于 M1.0;块体表面与结构胶粘结的正拉粘结强度不应低于 1.5 MPa。严重腐蚀、粉化的砌体构件不得采用该方法加固。此外,其长期使用环境温度不应高于 60℃;处于特殊环境的砌体结构,应采取相应的防护措施,并应采用耐环境因素作用的聚合物改性水泥砂浆,并按专门的工艺要求施工。其优点是对结构自重影响较小,基本不影响建筑物原有使用空间,可显著提高构件承载力和刚度;其缺点是湿作业,施工工期长,高强材料强度发挥及锚固问题。

在进行钢丝绳网-聚合物砂浆面层加固砌体墙后受剪承载力提高计算时,钢丝绳网的参与工作系数按表 7-2 取值。

**表 7-2　水平向钢丝绳网参与工作系数**

| 墙体高宽比 | 0.4 | 0.6 | 0.8 | 1.0 | 1.2 |
|---|---|---|---|---|---|
| 参与工作系数 | 0.40 | 0.50 | 0.55 | 0.60 | 0.60 |

网片应采取小直径不松散的高强度钢丝绳制作,绳的直径宜在 2.5~4.5 mm 范围内;当采用航空高强度钢丝绳时,也可使用规格为 2.4 mm 的高强度钢丝绳。绳的结构形式应为 6×7+IWS 金属股芯右交互捻钢丝绳或 1×19 单股左捻钢丝绳(钢绞线)。网中受拉主绳的间距不应小于 20 mm,也不应大于 40 mm。水平钢丝绳网在墙体端部的锚固,宜锚在预设于墙体交接处的角钢或钢板上。

7) 增设扶壁柱加固法

基本概念:是在被加固砌体墙体一侧或两侧增设壁柱。扶壁柱根据所采用的材料可分为砖扶壁柱和混凝土扶壁柱两种。对于砖扶壁柱而言,目前仅适用于抗震设防烈度为 6 度及以下地区的砌体墙加固。增设扶壁柱后,可以改变砌体的高厚比和轴向力的偏心距,从而有效地提高被加固构件的承载力或稳定性。在计算增设砌体扶壁柱加固受压构件承载力时,扶壁柱砌体的强度利用系数 $\alpha_m$ 取值为 0.8。

(1) 砖扶壁柱加固砖墙

新增扶壁柱的截面宽度不应小于 240 mm,其厚度不应小于 120 mm。当用角钢、螺栓拉结时,应沿墙的全高和内边的周边,增设水泥砂浆或细石混凝土防护层。加固用的块材强度等级应比原结构的设计块材强度等级提高一级,不得低于 MU15;并应选用整砖(砌块)砌筑。加固用的砂浆强度等级,不应低于原结构设计的砂浆强度等级,且不应低于 M5。新增扶壁柱应与原墙体之间有效连接,可采用角钢、螺栓拉结,也可采用每隔 300 mm 凿去一皮砖块,形成马牙槎交错砌筑。扶壁柱应设基础,其埋深应与原墙体基础相同。

(2) 混凝土扶壁柱加固砖墙

采用混凝土扶壁柱可帮助原砖墙承担较多荷载。混凝土扶壁柱的截面宽度不宜小于250 mm,厚度不宜小于70 mm;采用的混凝土强度等级可用 C15～C20 级;开口插筋插入原砌体墙灰缝内不应小于 120 mm,闭口箍筋应穿墙后再弯折,当插入箍筋有困难时,可先用电钻钻孔后插入。纵筋直径不得小于 8 mm,并应伸入下部扩大的混凝土新基础内。

混凝土扶壁柱与原砖墙的连接十分重要,当原砖墙厚度小于 240 mm 时,U 形连接箍筋应穿透原墙体,并加以弯折。U 形箍筋竖向间距不应大于 240 mm,纵筋直径不宜小于12 mm。混凝土扶壁柱与原砖墙也可采用销键连接法,销键的纵向间距不应大于 1 000 mm。

8) 砖过梁加固

砖过梁在砌体结构中是较多出现裂缝的部位,为了避免降低其承载力,应及时采取加固措施。根据不同情况,可采取如下加固措施:

(1) 当跨度小于 1 m 时,且裂缝不严重时,可将砖过梁的 3～5 皮砖缝凿深约 40 mm,且延伸入两侧窗间墙的长度不少于 300 mm 的缝隙;然后,嵌入钢筋,并用 M10 级水泥砂浆抹缝,也可在梁下敷设钢筋后抹灰。

(2) 当跨度较小时,可用木过梁替代砖过梁。

(3) 在砖过梁的下边缘两侧嵌入角钢,并用水泥砂浆粉刷。角钢的型号视过梁跨度及破损情况而定。

(4) 当跨度较大,且破损严重时,可用钢筋混凝土过梁替换砖过梁。新替换的过梁与原砖砌体之间应塞满砂浆以保证紧密接触;施工时,应有必要的安全措施,如增设临时支撑或分两次替换过梁。

9) 墙、柱的倾斜与局部鼓凸加固

墙、柱的整体倾斜和局部鼓凸变形,亦是砌体结构常见的病害之一。由于倾斜、鼓凸而使墙、柱的轴线偏离了垂直位置,增大了受力偏心距,从而降低了砌体原有的承载能力。发展严重时,将导致砌体丧失稳定性而破坏。对倾斜与鼓凸砌体的处理,如原砌体有保存价值且缺陷程度又并非十分严重的,通过对原砌体的加固修理,制止变形的继续发展,同时提高其强度和稳定性,恢复或提高其承载能力。当砌体鼓凸变形及损坏严重,砂浆或块材的耐久性较差,同时又伴有其他病害缺陷时,则宜局部或整片进行拆除重砌。常用的加固方法如下:

(1) 增强墙、柱砌体强度和稳定,提高承载能力的加固措施。具体措施有:用砌体或钢筋混凝土增大墙、柱的断面面积;在窗间墙增设钢筋混凝土贴墙柱或扶壁柱;在砌体外围增设钢套箍或钢筋混凝土套箍或配筋抹灰(喷浆)套箍等。对于梁底砌体局部承压强度不足的,一般可采用将梁底砌体局部拆砌,提高砂浆及块材标号的方法增强砌体的局部抗压强度;亦可增设混凝土或钢筋混凝土梁垫,以扩散梁底的应力,减小砌体的局部承压应力。

(2) 增设支点,提高墙体稳定性的加固措施。主要有①结合平面布置调整,增设与被加固墙面相垂直能起横向稳定结构作用的间隔墙。并且,新老砌体之间必须具有良好的锚固连接(可采用埋设钢筋、铁件或其他可靠措施)。②在适当间距贴靠窗间墙增设垂直砖垛,用以防止鼓凸变形的继续发展,同时亦提高了老墙体的稳定性。③设置金属拉杆。对倾斜或鼓凸范围不大、变形量较小的墙,可在墙角、纵横墙连接等部位,安设若干道用扁钢、螺栓及垫板构成的拉杆装置,将变形墙体与完好的墙体结为一体,以防止倾斜或鼓凸的继续发展。

拉杆装置可以是单侧,也可以是双侧的。

10)砌体结构构造性加固法

(1)增设圈梁加固

当无圈梁或圈梁设置不符合现行设计规范要求,或纵横墙交接处咬槎有明显缺陷,或房屋的整体性较差时,应增设圈梁进行加固。外加圈梁,宜采用现浇钢筋混凝土圈梁、钢筋网水泥复合砂浆砌体组合圈梁、钢板-砖砌体组合圈梁或其他形式的组合圈梁。对内圈梁还可采用钢拉杆代替,钢拉杆设置间距应适当加密,且应贯通房屋横墙(或纵墙)的全部宽度,并应设在有横墙(或纵墙)处,同时应锚固在纵墙(或横墙)上。外加圈梁应靠近楼(屋)盖设置。钢拉杆应靠近楼(屋盖)和墙面。外加圈梁应在同一水平标高交圈闭合。变形缝处两侧的圈梁应分别闭合,如遇开口墙,应采取加固措施使圈梁闭合。

采用外加钢筋混凝土圈梁时,应符合下列规定:①外加钢筋混凝土圈梁的截面高度不应小于 180 mm、宽度不应小于 120 mm。纵向钢筋的直径不应小于 10 mm;其数量不应少于 4根。箍筋宜采用直径为 6 mm 的钢筋,箍筋间距宜为 200 mm;当圈梁与外加柱相连接时,在柱边两侧各 500 mm 长度区段内,箍筋间距应加密至 100 mm。②外加钢筋混凝土圈梁的混凝土强度等级不应低于 C20,圈梁在转角处应设两根直径为 12 mm 的斜筋。③外加钢筋混凝土圈梁的钢筋外保护层厚度不应小于 20 mm,受力钢筋接头位置应相互错开,其搭接长度为 40$d$($d$ 为纵向钢筋直径)。任一搭接区段内,有搭接接头的钢筋截面面积不应大于总面积的 25%;有焊接接头的纵向钢筋截面面积不应大于同一截面钢筋总面积的 50%。

采用钢筋网水泥复合砂浆砌体组合圈梁时,应符合下列规定:①梁顶平楼(屋)面板底,梁高不应小于 300 mm。②穿墙拉结钢筋宜呈梅花状布置,穿墙筋位置应在丁砖上(对单面组合圈梁)或丁砖缝(对双面组合圈梁)。③面层砂浆强度等级:水泥砂浆不应低于 M10,水泥复合砂浆不应低于 M20;钢筋网水泥复合砂浆面层厚度宜为 30~45 mm;钢筋网的直径宜为 6 mm 或 8 mm,网格尺寸宜为 120 mm×120 mm,并设置有效的拉结钢筋。④对承重墙,不宜采用单面组合圈梁。

采用钢拉杆代替内墙圈梁时,应符合下列规定:①横墙承重房屋的内墙,可用两根钢拉杆代替圈梁;纵墙承重和纵横墙承重的房屋,钢拉杆宜在横墙两侧各设一根。钢拉杆直径应根据房屋进深尺寸和加固要求等条件确定,但不应小于 14 mm,其方形垫块尺寸宜为 200 mm×200 mm×15 mm。②无横墙的开间可不设钢拉杆,但外加圈梁应与进深方向梁或现浇钢筋混凝土楼盖可靠连接。③每道内纵墙应用单根拉杆与外山墙拉结,钢拉杆直径可视墙厚、房屋进深和加固要求等条件确定,当不应小于 16 mm,钢拉杆长度不应小于两个开间。

采用角钢圈梁时,角钢的规格不应小于∟ 80 mm×6 mm 或∟ 75 mm×6 mm,并每隔 1~1.5 m,与墙体用普通螺栓拉结,螺杆直径不应小于 12 mm。

(2)增设构造柱加固

当无构造柱或构造柱设置不符合现行设计规范要求时,应增设现浇钢筋混凝土构造柱、钢筋网水泥复合砂浆组合构造柱、钢板-砖砌体组合构造柱或其他形式的组合构造柱。增设的构造柱应与墙体圈梁、拉杆连接成整体,若所在位置与圈梁连接不便,也应采取措施与现浇混凝土楼(屋)盖可靠连接。

采用钢筋网水泥复合砂浆砌体组合构造柱时,应符合下列要求:①组合构造柱的截面宽度不应小于 500 mm。②穿墙拉结钢筋宜呈梅花状布置,其位置应在丁砖缝上。③面层材料和构造要求同钢筋网水泥复合砂浆砌体组合圈梁。

钢板-砖砌体组合圈梁或构造柱宜选用不低于 3 mm 厚的钢板进行两侧对拉形成,钢板的材质为 Q235,钢板与墙体之间空隙用砂浆或灌注型结构胶填实。对拉螺栓宜选用 M12 普通螺栓或采用直径不低于 12 mm 的 HPB235 圆钢制作。对拉螺栓的呈梅花形布置,水平间距不大于 $60t$($t$ 为钢板厚度),圈梁与构造柱中应设置两排对拉螺栓。钢板-砖砌体组合圈梁、构造柱的截面高度不应小于 200 mm 且不小于墙体厚度的三分之二。

11) 增设梁垫加固

当大梁下砌体被局部压碎或在大梁下墙体出现局部竖向或斜向裂缝时,应增设梁垫进行加固。新增设的梁垫,其混凝土强度等级,现浇时不应低于 C20;预制时不应低于 C25。梁垫的厚度不应小于 180 mm,梁垫的配筋应按抗弯条件计算配置;当按构造配筋时,其用量不应少于梁垫体积的 0.5%。

12) 砌体局部拆砌

当墙体局部破裂在查清其破裂原因后尚未影响承重及安全时,可将破裂墙体局部拆除,并按提高一级砂浆强度等级用整砖填砌。分段拆砌墙体时,先砌部分应留槎,并埋设水平钢筋与后砌部分拉结;可采用每五皮砖设 3 根直径为 4 mm 的拉结钢筋,钢筋长度 1.2 m,每端压入 600 mm。局部拆砌墙体时,新旧墙交接处不得凿水平槎或直槎,应做成踏步槎接缝,缝间设置拉结钢筋以增强新旧的整体性;当采用钢筋扒钉进行拉结时,扒钉可用直径为 6 mm 的钢筋弯成,长度应超过(槎)缝两侧各 240 mm,两端弯成长 100 mm 的直弯钩,并钉入砖缝,扒钉间距可取 300 mm。拆砌的最后一皮砖与上面的原砖墙相接处的水平灰缝,应用高强度砂浆或细石混凝土堵塞密实,以确保墙体能均匀传递荷载。局部拆砌墙体时,在新旧墙或先后接缝处,应将接槎剔干净,用水充分湿润,且砌筑时灰缝应饱满。

# 7.3 砌体裂缝修补法

砌体结构出现裂缝是工程中非常普遍的质量问题之一。轻微细小的裂缝影响房屋的外观和使用功能,而严重的裂缝则会影响砌体的承载力,甚至会引起房屋的倒塌。当发现砖砌体上有裂缝,并通过论证、验算发现不存在承载力和稳定性问题时,该裂缝无需作加固处理,只需进行裂缝修补。裂缝修补前,应确认裂缝是否已达到稳定状态,不会继续发展。

1) 填缝密封修补法

填缝密封法适用于处理砌体中宽度大于 0.5 mm 的较浅裂缝,一般深度为 20～30 mm。修补裂缝前,首先应剔凿干净裂缝表面的抹灰层,然后沿裂缝开凿 U 形槽。对凿槽的深度和宽度,应符合下列规定:①当为静止裂缝时,槽深不宜小于 15 mm,槽宽不宜小于 20 mm。②当为活动裂缝时,槽深宜适当加大(加大至 20～30 mm),且应凿成光滑的平底,以利于铺设隔离层;槽宽宜按裂缝预计张开量 $t$ 加以放大,通常可取为($15+5t$)mm。另外,槽内两侧壁应凿毛。修补裂缝应符合下列规定:①充填封闭裂缝材料前,应先将槽内两侧凿毛的表面浮尘清除干净。②采用水泥基修补材料填补裂缝,应先将裂缝及周边砌体表面润湿。③采用有机材料不得湿润砌体表面,应将槽内两侧面上涂刷一层树脂基液。④充填封闭材料应采用搓压的方法填入裂缝中,并应恢复平整。常用填缝材料有水泥砂浆、聚合物水泥砂浆以及有机胶粘材料等。其中,硬质填缝材料的极限拉伸率很低,如砌体裂缝尚未稳定,修补后可能再次开裂。

2）配筋填缝密封修补法

当裂缝较宽时,可采用配筋水泥砂浆填缝的修补方法,即在与裂缝相交的灰缝中嵌入细钢筋,然后再用水泥砂浆填缝。这种方法的具体做法是在两侧每隔 4～5 皮砖剔凿一道长800～1 000 mm,深 30～40 mm 的砖缝,埋入一根 φ6 钢筋,端部弯直钩并嵌入砖墙竖缝,然后用强度等级为 M10 的水泥砂浆嵌填严实。施工时应注意以下几点:两面不要剔同一条缝,最好隔两皮砖;必须处理好一面,并等砂浆有一定强度后再施工另一面;修补前剔开的砖缝要充分浇水湿润,修补后必须浇水养护。

3）灌浆修补法

当裂缝大于 0.5 mm 且深度较深,裂缝数量较多,发展已基本稳定时,可采用灌浆补强方法。这种方法设备简单,施工方便,价格便宜,修补后的砌体可以达到甚至超过原砌体的承载力,裂缝不会在原来位置重复出现。灌浆常用的材料有纯水泥浆、水泥砂浆、水玻璃砂浆或水泥石灰浆等其他化学浆液。在砌体修补中,可用纯水泥浆,因纯水泥浆的可灌性较好,可顺利地灌入贯通外露的孔隙,对于宽度为 3 mm 左右的裂缝可以灌实。若裂缝宽度大于 5 mm 时,可采用水泥砂浆。裂缝细小时,可采用压力灌浆。灌浆法修补裂缝可按下述工艺进行:①清理裂缝,使裂缝通道贯通,无堵塞。②灌浆嘴布置:在裂缝交叉处和裂缝端部应设灌浆嘴,布嘴间距可按照裂缝宽度大小在 250～500 mm 之间选取。厚度大于 360 mm 的墙体,应在墙体两面都设灌浆嘴。在墙体设置灌浆嘴处,应预先钻孔,孔径稍大于灌浆嘴外径,孔深 30～40 mm,孔内应冲洗干净,并先用纯水泥浆涂刷,然后用 1∶2 水泥砂浆固定灌浆嘴。③用加有促凝剂的 1∶2 水泥砂浆嵌缝,以避免灌浆时浆液外溢。④待封闭层砂浆达到一定强度后,先向每个灌浆嘴中灌入适量的水,使灌浆通道畅通。再用 0.2～0.25 MPa的压缩空气检查通道泄露程度,如泄露程度较大,应补漏封闭。然后进行压力灌浆,灌浆顺序自下而上,当附近灌浆嘴溢出或进浆嘴不进浆时方可停止灌浆。灌浆压力控制在0.2 MPa 左右,但不宜超过 0.25 MPa。⑤全部灌完后,停 30 min 再进行二次补浆,以提高灌浆密实度。⑥拆除或切断灌浆嘴,表面清理抹平,冲洗设备。此外,为了更进一步地提升修补效果,还可以在灌浆法处理后骑缝粘贴抗拉强度较高的纤维材料(玻璃纤维布或碳纤维布)[6]。

4）外加网片修补法

外加网片法适用于增强砌体抗裂性能,限制裂缝开展,修复风化、剥蚀砌体。外加网片所用的材料应包括钢筋网、钢丝网、复合纤维织物网等。当采用钢筋网时,其钢筋直径不宜大于 4 mm。当采用无纺布替代纤维复合材料修补裂缝时,仅允许用于非承重构件的静止细裂缝的封闭性修补,一般裂缝宽度不大于 0.3 mm。网片覆盖面积除应按裂缝或风化、剥蚀部分的面积确定外,尚应考虑网片的锚固长度。网片短边尺寸不宜小于 500 mm。网片的层数:对钢筋和钢丝网片,宜为单层;对复合纤维材料,宜为 1～2 层。

5）置换修补法

置换法适用于砌体受力不大,砌体块材和砂浆强度不高的开裂部位,以及局部风化、剥蚀部位的加固。置换用的砌体块材可以是原砌体材料,也可以是其他材料,如配筋混凝土实心砌块等。置换砌体时应符合下列规定:①把需要置换部分及周边砌体表面抹灰层剔除,然后沿着灰缝将被置换砌体凿掉。在凿打过程中,应避免扰动不置换部分的砖砌体。②仔细把粘在砌体上的砂浆剔除干净,清除浮尘后充分润湿墙体。③修复过程中应保证填补砌体材料与原有砌体可靠嵌固。④砌体修补完成后,再做抹灰层。

## 7.4 历史砌体结构建筑物的保护与修缮

历史砌体结构建筑物统指具有较长时间,并具有一定纪念价值的砌体结构建筑物。比历史建筑物等级更高的可称为文物建筑,文物建筑系指作为文物保护的建筑,习惯称作为古建筑。文物一词有些国家如日本、韩国称作文化财(有形文化财)。文物建筑中常谈的三大价值为历史价值、艺术价值和科学价值。作为文物建筑,其必须具有三大价值中的一个、两个或三个。其中,历史价值必须具有,否则该建筑物就不能称其为文物。

在古建筑的保护中,通常需要遵循以下四个基本原则:①保存原来的形制,包括原来的布局、原来的形式等。②保存原来的结构。③保存原来的材料,砖、瓦、木、石等。④保存原来的工艺,包括原来的工艺程序、工艺技术、表现方法等。如果能做到上面四点,该建筑物也就能如实地体现出文物的三大价值。为了更好地修缮、保护这些建筑物,维修工作需要贯彻可读性、可识别性与可逆性原则。

目前,在我国现存的历史建筑物中,砖石或砖木结构所占的比重相当大,且绝大部分砖砌体为清水砖墙。针对这些特殊的既有砖砌体部分进行加固时,上述的常用加固方法(如钢筋网水泥砂浆面层、粘贴 FRP 等)一般是不能采取的。为了兼顾上述保护与修缮的原则,更好地展现历史建筑物的外貌,且考虑到加固方法的可操作性,通常对既有砖砌体部分采用内部灌浆、嵌缝、嵌筋、局部替砖、仿制等方法。此外,在一些特殊情况下,也可以选择钢板-砖砌体组合结构、增设扶壁柱等方法进行加固。

本书在此仅对清水砖墙的常用修复方法进行阐述。清水砖墙的理想修复效果应该达到修复后的墙体具有健康坚固、经历风霜的历史面貌、外观整体和谐与修复过部分的可识别三者的统一。具体的修复方法如下:

1) 粉刷涂料勾缝

施工步骤:清洗墙体;用水泥石灰等材料对缺陷进行修补;采用涂料或者砖砂、乌烟、墨汁、透明胶水拌合物对墙身进行涂抹,使墙身色调一致;用特制的铁笔将稠度适中的白灰按砖规格画出砖缝,以显出原有清水墙面。

2) 替砖修复

对风化严重的外墙砖体首先将污渍、风化层清除干净,然后选用内部墙砖块,采用掏砌、剔砌等方法加以修复。对风化缺损不太严重的砖面及外饰面不做修补处理。图7-3为南京修建于明代的午门城墙部分的替砖修复过程。

(a) 修补前　　　　　　　　　　　　(b) 修补后

图 7-3　南京午门拱券替砖修复

3）砖粉修复

修复流程：高压水清洗风化层；淋涂岩石增强剂养护；砖修补的外形在原有砖块基础上进行，使用砖粉修补材料对砖体损伤程度在 2 mm 以上的部分进行修补、割缝，用专门勾缝材料勾缝；采用无色透明渗透型憎水性保护液对整个墙面进行全面保护。

4）外贴仿制面砖

采用复制的方法，用与原砌筑砖相近的面砖对清水砖墙进行修缮。要求面砖尺寸同砖截面，其色泽、效果均与原砖相近。原料可采用优质天然陶土经特殊工艺烧制而成。使用面砖专用粘结剂进行粘贴，并采用防止墙面泛碱及渗漏的面砖勾缝剂进行勾缝，最后涂面层保护剂。

## 7.5 砌体结构加固方法试验研究简介

### 7.5.1 复合面层加固

20世纪80年代，原辽宁省建筑科学研究所完成了两批水泥砂浆或钢筋网水泥砂浆面层加固已开裂或未开裂砖砌体墙（简称"夹板墙"）的试验研究[7]。第一批试验含有48片砖墙和52片夹板墙，试件的厚度为370 mm，宽度为1 750 mm，高度为1 750 mm；第二批试验含有21片砖墙和36片夹板墙，试件的厚度为240 mm，宽度为2 500 mm，高度为1 250 mm。试验结果表明：采用水泥砂浆或钢筋网水泥砂浆面层加固已裂或未裂的砖砌体墙，可以较大幅度地提高砖墙的抗侧力强度与抗侧移刚度，原墙砌筑砂浆强度等级越低，其提高幅度越大。由于砖砌体、钢筋以及抹面砂浆三者的变形与强度特性不一样，三者不可能同时达到其最大强度值，而是有先有后。其中，水泥砂浆首先开裂，然后是砖砌体，最后是钢筋达到屈服。它们之间达到强度值的荷载间隔随加固的水泥砂浆与钢筋量的参数值而不同，一般有两种情况：①抹面砂浆强度极限控制，适用于配筋量较少的情况。表现为砂浆面层一开裂，夹板墙即裂通破坏。②钢筋强度极限控制，适用于配筋量较多的情况。当砂浆面层开裂时，内部钢筋网的钢筋应力只达到 20 MPa 左右，砂浆面层初裂后钢筋应力上升，但是未达到屈服，因此水平外荷载还可以继续增加；砂浆层裂缝再扩大，直至钢筋应力达屈服后，夹板墙才达到极限强度而破坏。此外，关于砖墙、夹板墙的抗侧移刚度，基于试验研究可得到以下结果：①由于配筋量较少，夹板墙抗侧移刚度可以忽略配筋影响，只考虑水泥砂浆的作用；②对于已开裂砖墙加固后的夹板墙，内部砖墙由于垂直压应力的作用仍具有一定的抗侧移刚度，其弹性模量可取未开裂原墙的30%；③墙上垂直压应力对墙体刚度有一定影响，垂直压应力越大，抗侧移刚度也增大；④局部加固的夹板墙应对刚度乘以 0.75 的折减系数。

文献[8]对采用水泥砂浆及钢筋网水泥砂浆面层加固砖砌体进行试验研究。在水平荷载作用下，分析其破坏机理，量测其应变，并计算其应力。基于试验研究与分析结果，可以得到以下几点结论：①水泥砂浆面层加固砖墙后，一般可比原砖墙的抗剪能力提高一倍。②钢筋网水泥砂浆面层加固砖墙后，抗剪能力可比原砖墙提高两倍以上（240 mm厚 M1 砂浆砌筑的砖墙）。增加钢筋网可改变墙体的脆性破坏性质使之具有一定的延性，延性系数约为1.8。③钢筋网墙体内钢筋，在砖墙处于弹性阶段拉应力较小，甚至有的还处于受压状态。仅当砂浆在开裂后的临塑阶段钢筋应力才迅速上升，少部分钢筋可能达到屈服。④在水泥砂浆与钢筋及砖墙三者共同作用下试件有一定的弹塑性。其临塑应变值较弹性阶段有较大增长。一般情况下,配筋与不配筋试件刚度均有弹塑性变形性质,面层配有钢筋网片者更明显。砖墙经水泥砂浆或钢筋网水泥砂浆面层加固,刚度可提高一倍至三倍。

文献[9]对钢筋网水泥砂浆加固砖墙中拉结筋的问题进行了静力抗剪试验研究。该试验共有 9 个带有拉结筋或扒钉和 4 英寸钉子的钢筋网水泥砂浆面层加固砖墙试件,试验时对试件进行对角加荷。试件尺寸为 1 000 mm×1 000 mm×240 mm,正方形墙板。试件用 MU7.5 机制红砖、M1 水泥白灰砂浆砌筑。9 个试件分为四组:①钢筋网片墙 $I_{S-1}$、$I_{S-2}$、$I_{S-3}$试件,共 3 件。在 1 000 mm×1 000 mm×240 mm 的砖墙两面均设钢筋网片 $\phi6.5@$ 220,两钢筋网片间用 $\phi6.5$ 的 S 形拉结筋 9 根,将内外两钢筋网片拉结起来。S 形拉结筋在砌墙时预先砌入墙内,待砌完墙,将 S 形拉结筋两端勾紧钢筋网片的横向和竖向钢筋,并用 22 号铅丝绑扎,而后两边墙面抹以 M10 水泥砂浆面层,各厚 28 mm。②钢筋网片墙 $II_{L-1}$、$II_{L-2}$、$II_{L-3}$试件,共 3 件。试件尺寸、作法及配筋同①,只是不采用 S 形拉结筋而采用 L 形扒钉固定钢筋网片于墙上。墙每面布置扒钉 9 个,两面共 18 个。扒钉勾紧钢筋网并用 22 号铅丝绑扎;抹 M10 水泥砂浆。③钢筋网片墙 $III_{0-1}$、$III_{0-2}$试件,共 2 件。试件尺寸及做法同上,只是墙的双面钢筋网片仅用 4 个 4 英寸钉子钉入灰缝内以固定之,并用 22 号铅丝将钉头与钢筋网片绑扎;墙两面抹 M10 水泥砂浆。④钢筋网片墙 $IV_{0-1}$试件,共 1 件。试件尺寸及做法同①组,但在两墙面上涂两遍废机油,使墙面与水泥砂浆粘结不良。

前三组的主要试验结果见表 7-3~表 7-5 所示。第 IV 组试件 $IV_{0-1}$ 的初裂荷载为 160 kN,破坏荷载为 220 kN;同前面试验比较,两者略有降低。说明涂油墙面与砂浆层粘结力减弱,影响墙体与砂浆层之间的应变协调作用,从而影响了承载力。通过对 9 个试件中 36 根 S 形拉结筋和 54 根 L 形扒钉进行试验观测,共取得几百个数据,归纳分析如下:①少数拉结筋(扒钉),在受到初裂荷载前达到屈服点,仅占 2.3%(包括试件上下支座处特殊情况);当荷载达到破坏阶段时,拉结筋到达屈服点也只占总数 5%左右。②由于拉结筋(扒钉)根数很少,在裂缝展开的临塑区内的数量更少,对砂浆层起不了防裂防滑作用。③水泥砂浆对于墙面的粘结力远大于拉结筋(扒钉)的拉结力。例如,当水泥砂浆与墙面的粘结力为 0.1 MPa 时,则在(0.6×0.6)m² 面积内将有 36 kN 的粘结力,而在此面积内若设置 1$\phi$6 拉结筋,充其量也只能承受 6.8 kN 拉力或 3.4 kN 剪力。可见,拉结筋作用是无足轻重的。也就是说,钢筋网的拉结筋在抗剪中对墙体承载力无影响。因此,在采用钢筋网水泥砂浆抗剪加固墙体(无酥碱砖墙)时,可不必采用钻孔设 S 形拉结筋,而采用 L 形钢扒钉钉入墙内(深约 90 mm,纵横间距为 600~900 mm)以固定钢筋网片。

表 7-3　第 I 组试件主要试验结果

| 试件编号 | 初裂荷载/kN | 破坏荷载/kN |
| --- | --- | --- |
| $I_{S-1}$ | 150 | 160 |
| $I_{S-2}$ | 180 | 230 |
| $I_{S-3}$ | 200 | 210 |
| 算术平均值 | 177 | 200 |
| 选优平均值 | 190 | 220 |

表 7-4 第 Ⅱ 组试件主要试验结果

| 试件编号 | 初裂荷载/kN | 破坏荷载/kN |
|---|---|---|
| Ⅱ L-1 | 280 | 340 |
| Ⅱ L-2 | 200 | 250 |
| Ⅱ L-3 | 180 | 200 |
| 算术平均值 | 220 | 263 |
| 选优平均值 | 190 | 225 |

表 7-5 第 Ⅲ 组试件主要试验结果

| 试件编号 | 初裂荷载/kN | 破坏荷载/kN |
|---|---|---|
| Ⅲ 0-1 | 220 | 260 |
| Ⅲ 0-2 | 180 | 280 |
| 平均值 | 200 | 270 |

文献[10]针对国外早期关于钢筋网水泥砂浆面层加固砖砌体的试验研究进行了介绍。苏联塔什干乌兹别克力学与抗震结构研究院进行了大量的足尺砖墙采用钢筋网水泥砂浆面层加固的试验研究,试件分为三组,其尺寸分别为 1 400 mm×1 400 mm×380 mm、1 600 mm×1 600 mm×380 mm 和 8 400 mm×3 220 mm×380 mm。试件的砂浆标号为 25 号水泥白灰砂浆,所用砌块为 75 号。试验时用千斤顶施加荷载,为防止试件墙体倾覆,在试件顶部施加水平荷载之前,先分别施加固定的垂直荷载 35 kN 和 200 kN。经加荷试件墙体产生初裂后,在第 Ⅰ、Ⅱ 组试件墙体两面设置 φ5-A1 钢筋网,网格尺寸为 150 mm×150 mm;在第 Ⅲ 组试件墙体两面设置 φ4-A1 钢筋网,网格尺寸为 150 mm×150 mm。采用 φ6@600~700 mm 拉结筋固定钢筋网。在钢筋网表面喷射 1:2 水泥砂浆,厚度为 25~30 mm。试验结果表明:经加固后的墙体,抵抗水平力强度提高 1.8~3.0 倍(一般说来,初裂荷载值为破坏荷载值的 0.70~0.95)。塔什干的砖房震后采用钢筋网水泥砂浆(混凝土)加固后,经历了再次震害的考验。乌兹别克力学与抗震结构研究院曾在加固前后,利用测微震仪表测定建筑物各方向在地震前后的自振周期,结果表明加固后砖房自振周期确已减短。从统计分析的一些特例中可以看出,建筑物在加固前后的变化,例如在 1966 年 4 月 26 日地震后的自振周期值增加 10%~15%,基本修复加固(出现较大裂缝的墙体,先采用压力灌浆对墙体进行修复,然后采用钢筋网水泥砂浆面层加固)后减少 30%~40%,表明加固后建筑物刚度有很大增加,证明此种加固方法的有效性。

苏联中央建筑结构科学院对砖砌体采用钢筋网水泥砂浆面层加固也做过一些试验,试件分别采用 100 号(第一组)及 150 号(第二组)普通黏土砖,32 号混合砂浆砌筑的 1 200 mm×1 200 mm×250 mm 砖砌体墙。加固的面层,一部分采用双面各 25 mm 厚的水泥砂浆(标号为 69 kg/cm²),另一部分采用各为 40 mm 厚细骨料混凝土(标号为 154 kg/cm²)。此外,还有未加任何加固面层的对比试件。加固面层的钢筋网分别采用 φ4 及 φ6 方格网(200 mm × 200 mm),其体积配筋率分别为 0.084% 和 0.17%。采用不同方法固定钢筋网片,类型 A:用 30 个 φ6 的扒钉均匀地钉在试件墙体表面上;类型 B:用同样的扒钉 9 个,在试件的每角钉 2 个,中间钉 1 个;类型 C:用绑扎铅丝制作的 30 个套子,砌筑时放在砖缝中,扒钉设在砌体提前钻好的孔中并用砂浆灌注。试验时采用对角加载方式,荷载为脉动荷载。试验结果表明:①采用双面钢筋网水泥砂浆面层加固砖砌体,可使初裂荷载和破坏荷载均较未加固砌体提高 40%;②采用双面混凝土面层配筋加固的墙体,其强度可提高 1 倍。除此之外,南非、美国以及加拿大等研究机构均对钢筋网水泥砂浆面层加固砖砌体墙进行了试验研究。总之,采用钢筋网水泥砂浆面层加固砖砌体墙,可以有效地提高砖砌体结构建筑物的抗震性能。

文献[11]对钢筋网水泥砂浆加固砖砌体房屋的抗震性能进行了振动台试验研究。试件 ZF 和试件 JZF 是根据工程实际和振动台的情况进行设计的,它们分别砌筑在高度为 150 mm 的钢筋混凝土井字形底梁上。试件 ZF 和试件 JZF 的各层都放置了模拟质量块,其中一层顶为 14.70 kN、二层顶为 14.70 kN、三层顶为 12.46 kN。砌块是用标准砖块切割而成,尺寸为 113 mm×53 mm×31 mm,砌筑砂浆采用石灰砂浆,其中试件 JZF 每层中墙的双面用钢筋网水泥砂浆面层加固。试件 ZF 和试件 JZF 的材料性能见表 7-6 所示。钢筋网采用 3 号铁丝绑扎,并采用 S 状连接筋穿过墙面与钢筋网相交后绑扎牢靠,其间距为 500 mm,梅花点布置。绑扎钢筋前在拟加固的墙体上用电钻打孔,直径 10 mm,以便穿过连接筋;抹面厚度每面 15 mm。

表 7-6　试件的材料性能

| 模型 | 层数 | 砖强度等级 /MPa | 砌筑砂浆强度等级 /MPa | 抹面砂浆强度等级 /MPa | 配筋 | 钢筋弹性模量 $10^5$/MPa | 屈服强度 /MPa |
|------|------|------|------|------|------|------|------|
| ZF | 1 | 15 | 1.109 | — | — | — | — |
|  | 2 | 15 | 0.625 | — | — | — | — |
|  | 3 | 15 | 0.460 | — | — | — | — |
| JZF | 1 | 15 | 0.885 | 2.467 | $\phi2+\phi4$ | 2.00 | 308.2(302.4) |
|  | 2 | 15 | 0.600 | 5.760 | $\phi2+\phi4$ | 2.00 | 308.2(302.4) |
|  | 3 | 15 | 0.495 | 6.190 | $\phi2+\phi4$ | 2.00 | 308.2(302.4) |

试验主要选用 El-Centro 波,台面记录的加速度峰值为 0.052 Gal(1 Gal=$10^{-2}$ m/s²)。根据试件 ZF 和试件 JZF 的模拟地震振动台对比试验研究与分析,可以得到以下几点结论:①模型房屋经过"钢筋网水泥砂浆面层"加固之后,其承载能力与变形能力都有所提高。从试验结果来看,试件 JZF 的承载能力(以破损为标准)较试件 ZF 提高 1.115 倍,其抗变形能力提高 46.73%。②对砖砌体房屋部分墙体采用"钢筋网水泥砂浆面层"加固,将使其整体抗变形能力大大提高。虽然试件 ZF、JZF 破坏时,其破损层的层间变形基本相同(前者二层的层间极限变形为 2.13 mm,后者一层的层间变形为 2.17 mm),但此时试件 JZF 其余各层的层间变形要比试件 ZF 其余各层层间变形大得多。从这点来讲,"钢筋网水泥砂浆面层"加固墙体将使砖砌体房屋的整体抗变形能力有较大提高。

文献[12]通过普通砖墙以及钢丝网水泥砂浆抹面加固的砖墙在低周反复荷载作用下的试验研究,分析了钢丝网水泥砂浆面层加固砖墙的效果及其抗震性能。该试验共分四组共

9个试件,试件的基本参数见表7-7所示。加载方案为:先施加竖向荷载到 $\sigma_0 = 0.35$ MPa;稳定后再施加水平荷载。开裂前用荷载控制加载,开裂后用位移控制。根据试验研究与分析结果,可以得到以下几点结论:①采用钢丝网水泥砂浆面层加固砖墙,可以提高墙体的抗震能力,改善结构的延性。②在加荷过程中,钢丝网水泥砂浆面层加固墙体的三个组成部分可有效地共同工作,直到破坏。但从构造上应保证钢筋端部有可靠地锚固,并用穿墙S形钢筋拉接。③在正常高宽比情况下,施工时应尽量使抹面砂浆与楼地面之间连接牢靠。

表 7-7 试件基本参数

| 试件编号 | 截面形式、尺寸/mm | 砖标号 | 砌筑砂浆强度/MPa | 加固形式 | 抹面砂浆强度/MPa | 钢筋 |
|---|---|---|---|---|---|---|
| SM-1 | 矩形 240×1 500×750 | MU8 | 1.181 | 未加固 | | |
| SM-2 | | | | | | |
| SM-3 | | | | | | |
| SRM-1 | 同上 | 同上 | 同上 | 双面加固厚度30 | 5.65 | $\phi6@200$ $f_y=304.2$ MPa |
| SRM-2 | | | | | 5.07 | |
| SRM-3 | | | | | 5.48 | |
| FSM-1 | 工字形 240×1 740×640× 240×1 000 | MU10 | 2.4 | 未加固 | | |
| FSM-2 | | | | | | |
| FSRM-1 | 同上 | 同上 | 同上 | 双面加固厚度30 | 8.2 | $\phi6@200$ $f_y=382.5$ MPa |

文献[13]就实际工程对1/2和1/3比例的空斗墙和压裂空斗墙用钢板网片水泥砂浆面层和水泥砂浆面层加固后进行了竖向承载力试验。该试验分3组,其中试件 S1～S3 为1/2比例模型,试件 S4～S5 为1/3比例模型。试件的长、高尺寸取原型墙体(5 000 mm×3 000 mm×240 mm)的1/2和1/3,厚度仍取一砖厚,并用三斗一眠的砌筑方法。模型的材料实测抗压强度平均值见表7-8所示,各组模型试验内容如下:

第一组(S1-1、S1-2、S1-3):清水空斗墙竖向加载直至出现裂缝,静置7天后,再用钢板网片水泥砂浆面层双面加固,静置28 d,竖向加载,直至破坏。试验目的是检验带裂缝空斗墙加固后,组合墙体的极限承载力。

第二组(S2-1、S2-2、S2-3、S4):空斗墙用水泥砂浆面层加固,竖向加载直至破坏。试验目的是检验空斗墙用水泥砂浆加固后,组合墙体的极限承载力。

第三组(S3-1、S3-2、S3-3、S5-1、S5-2):空斗墙用钢板网片水泥砂浆面层加固后,竖向加载直至破坏。试验目的是检验空斗墙用钢板网片水泥砂浆加固后,组合墙体的极限承载力。

根据试验研究结果,可以得到如下结论:①清水空斗砖墙的开裂荷载为 723.2 kN,而开裂空斗砖墙用钢板网片水泥砂浆加固后其开裂荷载为 894.8 kN,同时其极限荷载可达 1 618 kN。由此可见,采用钢板网片水泥砂浆面层加固开裂空斗砖墙而形成的组合墙体,无论开裂荷载还是极限荷载较原墙体均有较大的提高,同时还表现出良好的延性。②拉结筋间距是影响组合墙承载力的重要因素。拉结筋间距过大,易造成加固部分与原墙体分离的现象,对原墙体承载力基本没有提高;拉结筋间距过小,过多地削弱了原空斗墙的截面。拉结筋间距以控制在 400～500 mm 为宜,且应尽量沿灰缝打洞,以免对原墙体产生过大扰动。③水泥砂浆面层不宜过厚,一般以 20～30 mm 为宜,且应分层粉刷。

表 7-8　模型的材料实测抗压强度　　　　　　　　　　　　　　　　(MPa)

| 试件编号 | 砖 | 混合砂浆 | 水泥砂浆 | 钢板网片或钢筋 |
|---|---|---|---|---|
| S1-1～S1-3 | 20.1 | 1.7 | 19.16 | 119.5 |
| S2-1～S2-3 | 20.1 | 1.7 | 23.24 | — |
| S3-1～S3-3 | 20.1 | 1.7 | 27.13 | 119.5 |
| S4 | 22.1 | 1.745 | 14.25 | — |
| S5-1～S5-2 | 22.1 | 1.745 | 14.25 | 119.5 |

文献[14]介绍了 8 片低强度砂浆砖砌体经钢筋网砂浆抹面加固后的抗侧力对比试验,其中面层厚度、加固面数和竖向压力作为变化参数。该试验共 8 个试件,包括 1 个不加固原型试件,3 个双面加固试件和 4 个单面加固试件。试件的高×宽×厚＝1 300 mm×1 300 mm×240 mm。所有试件的砖均为 MU10,钢筋网间距为 300 mm,直径 6 mm,并均采用 5 根 L 形拉结筋呈梅花状将钢筋网固定于墙上。各试件的参数及实测强度见表 7-9 所示。加载方案是先加竖向荷载到预定值,然后再加水平往复荷载;水平加载中心距离墙体底部 1 200 mm,加载时先由力控制,当达到初裂荷载后,改由位移控制。

表 7-9　试件的物理力学参数

| 试件编号 | 面层厚度 /mm | 加固面数 | 轴压比 $n$ | 竖向压力 /kN | 砌筑砂浆强度 /MPa | 面层砂浆强度 /MPa | 砌块实测抗压强度 /MPa | 砌块实测抗剪强度 /MPa |
|---|---|---|---|---|---|---|---|---|
| W-0-1 | — | — | 0.291 | 300 | 0.51 | — | 3.3 | 0.052 |
| W-S3-1 | 30 | 双 | 0.137 | 300 | 0.71 | 7.77 | 3.5 | 0.057 |
| W-S4-2 | 40 | 双 | 0.090 | 300 | 0.73 | 13.4 | 3.5 | 0.046 |
| W-S3-3 | 30 | 双 | 0.184 | 500 | 1.27 | 14.6 | 2.9 | 0.106 |
| W-D3-1 | 30 | 单 | 0.041 | 100 | 0.90 | 20.5 | 4.0 | 0.103 |
| W-D3-2 | 30 | 单 | 0.224 | 500 | 0.86 | 16.7 | 3.9 | 0.123 |
| W-D3-3 | 30 | 单 | 0.148 | 300 | 0.49 | 13.4 | 3.8 | 0.065 |
| W-D4-4 | 40 | 单 | 0.110 | 300 | 0.84 | 16.8 | 4.4 | 0.253 |

主要的试验结果见表 7-10～表 7-12 所示,其中试件 W-D4-4 的砌块抗剪能力相对较高,因而荷载偏大;峰值位移延性比指峰值点位移与屈服点位移之比;85% 峰值位移延性比指峰值荷载下降至 85% 时的位移与屈服点位移之比。根据试验研究结果,采用钢筋网水泥砂浆加固砖墙可以显著地提高墙体的初裂荷载、极限荷载和刚度。竖向压力对墙体的初裂

荷载和极限荷载影响很大,竖向压力越大,墙体的位移延性比越小,刚度越大。双面加固墙体的初裂荷载、极限荷载和刚度均高于单面加固的,位移延性比低于单面加固的,但均不是倍数关系。面层越厚,初裂荷载和极限荷载越大,但位移延性比和刚度变化不大。我国存在着众多的由低强度砂浆或石灰砌筑而成的历史建筑,由于年久失修及地震破坏等因素,它们亟待加固和保护。该试验的研究成果具有很好的参考价值。

表 7-10　试件的初裂荷载和极限荷载　　　　　　　　　　　　　　　(kN)

| 试件编号 | W-0-1 | W-S3-1 | W-S4-2 | W-S3-3 | W-D3-1 | W-D3-2 | W-D3-3 | W-D4-4 |
|---|---|---|---|---|---|---|---|---|
| 初裂荷载 | 99.5 | 149.0 | 153.0 | 213.0 | 101.5 | 188.5 | 143.0 | 172.0 |
| 极限荷载 | 116.9 | 180.7 | 180.5 | 254.6 | 124.3 | 224.6 | 168.4 | 210.0 |

表 7-11　试件的位移延性比

| 试件编号 | W-0-1 | W-S3-1 | W-S4-2 | W-S3-3 | W-D3-1 | W-D3-2 | W-D3-3 | W-D4-4 |
|---|---|---|---|---|---|---|---|---|
| 峰值位移延性比 | 2.67 | 1.81 | 2.25 | 1.65 | 2.61 | 2.34 | 2.43 | 2.33 |
| 85%峰值位移延性比 | 4.47 | 3.95 | 3.49 | 2.05 | 7.64 | 2.93 | 3.79 | 4.02 |

表 7-12　试件各阶段的刚度值　　　　　　　　　　　　　　　($10^4$N/mm)

| 试件编号 | W-0-1 | W-S3-1 | W-S4-2 | W-S3-3 | W-D3-1 | W-D3-2 | W-D3-3 | W-D4-4 |
|---|---|---|---|---|---|---|---|---|
| 初裂荷载时 | 4.30 | 11.73 | 10.72 | 12.64 | 3.77 | 8.56 | 6.62 | 6.79 |
| 极限荷载时 | 1.88 | 7.87 | 5.83 | 9.27 | 1.78 | 4.64 | 3.36 | 3.57 |
| 下降到85%极限荷载时 | 0.96 | 3.06 | 3.17 | 6.34 | 0.51 | 3.05 | 1.78 | 1.77 |

文献[15]对高强钢绞线网-聚合物砂浆复合面层加固砖墙进行了试验研究。高强钢绞线具有强度高、耐锈蚀及与墙体锚固简单可靠等优点。聚合物砂浆为无机材料,它不存在如碳纤维加固、粘钢加固需要使用的结构胶这样的有机加固材料易老化、耐高温性能差的问题,具有强度高、耐老化、无污染及与混凝土和砌体材料的粘结性能好等优点。该试验共有15片砖墙,研究结果表明砖墙的抗剪承载力可以提高50%以上。

文献[16]对高强钢绞线-聚合物砂浆加固低强度砖砌体进行了试验研究。该试验的试件为两片墙体,尺寸都为1 800 mm×900 mm;砂浆的实测抗压强度为1.2 MPa,砖块的实测抗压强度为12 MPa;高强钢绞线型号为6×7+IWS,其极限抗拉强度为1 870 MPa,弹性模量为134 GPa。加固的主要程序如下:用固定钉将高强不锈钢绞线网固定在被加固面上,并用紧线器拉紧钢绞线网,对其进行预紧;用清水冲洗墙面,除去墙体上的灰尘和杂质;涂抹界面剂以保证聚合物砂浆与墙面粘结良好;使用人工的方式对墙体进行聚合物砂浆面层抹面;对聚合物砂浆面层进行保水养护。试件编号为s1和s2,其中s1为对比试件,未进行加固的墙体;s2为双面加固墙体。各墙体测得的承载力和位移见表7-13所示,由此表可知,加固后墙体的开裂荷载与极限荷载均有显著的提高,其中开裂荷载可提高25%,极限荷载可提高 49％；加固后墙体的极限位移较未加固墙体的极限位移也明显提高。

表 7-13　墙体试件承载力及位移的试验结果

| 试件编号 | 开裂荷载/kN | 极限荷载/kN | 开裂位移/mm | 极限位移/mm |
|---|---|---|---|---|
| s1 | 80 | 102.1 | 1.5 | 2.5 |
| s2 | 100 | 152.3 | 2.5 | 10.0 |

文献[17]对钢筋网水泥砂浆加固旧砖墙进行了试验研究。该试验研究选用已使用 80 多年、从旧房拆下的八五砖（220 mm×105 mm×43 mm），选用黏土石灰砂浆砌筑。试验共有 8 片砖墙，试件尺寸均为 1 500 mm×900 mm×220 mm，采用一顺一丁的砌筑方式，灰缝厚度和宽度均为 8 mm。试件共分为两组，其中 W1～W5 为第一组，研究钢筋网水泥砂浆加固旧砖墙受压承载力的效果，试验参数包括砂浆层数和是否掏缝置换，其中 W1 为对比试件。W2～W5 的钢筋网水泥砂浆加固层厚度均为 40 mm；钢筋网规格均为水平 $\phi6@410$ mm，竖向 $\phi6@450$ mm；单侧加固试件的拉筋为 L 形 $\phi4@430$ mm，双侧加固试件的拉筋为 S 形 $\phi4@430$ mm，均为梅花形布置。W2、W3 在砖墙表面直接做钢筋网水泥砂浆层；W4、W5 待砂浆硬化后向内掏空 30 mm 后用水泥砂浆置换，再做钢筋网水泥砂浆层。W6～W8 为第二组，研究双侧钢筋网水泥砂浆加固旧砖墙抗震能力的效果，试验参数为是否掏缝置换。其中 W6 为对比试件，W7 同 W3，W8 同 W5。试件参数见表 7-14 所示。

表 7-14　试件参数

| 试件编号 | 砂浆层数 | 是否掏缝置换 | 加固类型 |
|---|---|---|---|
| W1 | 0 | 否 | 对比试件 |
| W2 | 单侧 | 否 | 竖向承载力加固 |
| W3 | 双侧 | 否 | 竖向承载力加固 |
| W4 | 单侧 | 是 | 竖向承载力加固 |
| W5 | 双侧 | 是 | 竖向承载力加固 |
| W6 | 0 | 否 | 对比试件 |
| W7 | 双侧 | 否 | 水平承载力加固 |
| W8 | 双侧 | 是 | 水平承载力加固 |

旧砖实测强度等级为 MU10；砌筑砂浆的实测抗压强度为 1.4 MPa；掏缝置换用水泥砂浆的实测抗压强度为 13.1 MPa；加固用水泥砂浆的实测抗压强度为 8.5 MPa。$\phi6$ 钢筋的屈服强度为 431.7 MPa，极限强度为 645.8 MPa。试件 W1～W5 采用 5 个竖向同步千斤顶施加竖向荷载，试件的实际受力为单个千斤顶荷载读数的 5 倍。试验采用 10～15 级的逐级加载方式，每级荷载持荷 3 min，再施加下级荷载。试件 W6～W8 首先施加竖向荷载，竖向荷载通过两个竖向千斤顶施加于试件四分点处，W6 每个竖向千斤顶施加 50 kN，W7 和 W8 每个千斤顶施加 100 kN，使 3 个砖墙的竖向压应力均为 0.3 MPa（考虑钢筋网水泥砂浆层承受的竖向压力）。待竖向荷载稳定后用 MTS 水平作动器施加水平荷载，开始为荷载控制，每级循环一次；当试件屈服或水平位移达到 2.0 mm 时转为位移控制，每级循环一次。当荷载下降至峰值荷载的 85％时，试验结束。

试件 W1～W5 的开裂荷载和破坏荷载对比见表 7-15 所示。由表 7-15 可知,采用单侧钢筋网水泥砂浆加固旧砖墙(W2、W4)的开裂荷载有所提高(提高 61%),但受压承载力没有明显提高。采用单侧钢筋网水泥砂浆进行受压承载力加固后,由于旧砖墙和砂浆层的弹性模量存在较大差异,导致旧砖墙与砂浆面层不能很好地协同工作;未加固一侧由于弹性模量较小而压缩变形较大,加固一侧弹性模量大而压缩变形小,使旧砖墙呈典型的偏压受力特征。拉筋亦不能保证钢筋网水泥砂浆层与砖墙协同工作,在加载后期拉筋端部拉起而逐渐失去作用。随着荷载增大,加固砂浆层产生水平向贯通裂缝,并在受荷后期折断,使加固层完全退出工作,而此时的旧砖墙却没有明显的破坏,荷载达到第一个峰值荷载;继续加载,砖墙仍将出现第二个峰值荷载,使单侧加固试件出现双峰值特性,加固试件的极限荷载为两个峰值荷载的较大值。试验表明,单侧加固对受压承载力没有明显提高。

表 7-15　主要试验结果

| 试件编号 | 开裂荷载/kN | 破坏荷载/kN | 破坏荷载提高幅度/% |
|---|---|---|---|
| W1 | 155 | 535 | — |
| W2 | 250 | 510 | −4.7 |
| W3 | 1 185 | 1 185 | 121 |
| W4 | 250 | 575 | 7.5 |
| W5 | 1 250 | 1 250 | 134 |

采用双侧钢筋网水泥砂浆加固后,由于两侧加固层的弹性模量和刚度相同,加固后试件形同夹心墙板受力,加固后试件仍为轴心受压。砖墙和拉筋对钢筋网水泥砂浆层有明显支撑作用,拉筋把钢筋网、水泥砂浆拉结成整体受力,显著提高了砖墙的竖向承载力。但由于砂浆强度和弹性模量明显大于旧砖墙,使加固层与旧砖墙受力不协调,一侧加固层出现裂缝试件即达极限,预兆不明显。

基于本试验研究的结果与分析,可以得到以下几点结论:①双侧钢筋网水泥砂浆加固旧砖墙是一种有效的加固方法,不仅可提高其抗震能力,还可大幅度提高其受压承载力。②旧砖墙采用双侧钢筋网水泥砂浆加固后,受压承载力提高 121%～134%;加固后两侧砂浆层和钢筋网的受力基本同步协调,但其破坏预兆不明显。采用单侧钢筋网水泥砂浆加固试件的受压承载力没有明显改善,加固试件呈典型的双峰值特性,加固层与旧砖墙未能有效协同工作。为保证受压承载力的加固效果,建议选用双侧加固,该方法已在工程实践中得到应用,取得了满意的效果。③旧砖墙采用双侧钢筋网水泥砂浆加固后水平承载力提高250%～612%;加固后两侧钢筋网水泥砂浆层与旧砖墙的受力基本协调,破坏后加固层仍和砖墙较好连接,具有较好的整体性。④用于拉结双侧钢筋网的穿墙拉筋对抗震加固作用不明显,但对受压承载力加固有明显有利作用。⑤掏缝对钢筋网水泥砂浆加固砖墙竖向承载力和水平承载力有一定效果,且掏缝可明显提高砖墙的耐久性能。

文献[18]对高性能水泥砂浆钢筋网面层加固空斗墙砌体抗压强度进行了试验研究,试验共制作 5 组(每组 3 个相同试件,共 15 个)空斗墙砌体试件。试件截面尺寸为 240 mm×370 mm,高度 806 mm,砖强度等级为 MU10,砌筑砂浆采用 M1.0 和 M2.5 混合砂浆,加固用高性能水泥复合砂浆强度等级为 M35,加固层厚度为 25 mm,W1 和 W3 组试件为对比试件,W2 组试件为单面加固试件,W4 和 W5 组试件为双面加固试件。钢筋网选用 φ4 冷轧带肋钢筋,平均极限抗拉强度为 840 MPa,钢筋网与空斗墙砌体间用 L 形剪切销钉连接,剪切销钉植入深度为 60 mm。为提高空斗墙砌体与加固层面之间的粘结性,在抹复合砂浆之前先在砌体加固面涂刷一层由水泥基复合的无机界面剂。试件的基本情况见表 7-16 所示。

表 7-16　试件基本情况

| 组号 | 试件数量 | 砌筑砂浆实测强度/MPa | 复合砂浆实测强度/MPa | 加固情况 |
|------|----------|---------------------|---------------------|----------|
| W1 | 3 | 1.8 | — | 不加固 |
| W2 | 3 | 1.8 | 36.7 | 单面加固 |
| W3 | 3 | 1.8 | 36.7 | 双面加固 |
| W4 | 3 | 3.4 | — | 不加固 |
| W5 | 3 | 3.4 | 36.7 | 双面加固 |

主要试验结果见表 7-17 所示。由此可见,采用高性能水泥砂浆钢筋网面层加固空斗墙砌体,可以有效地提高原砖墙的极限抗压承载力,单面加固提高约 41.7%,双面加固提高50.0%~53.8%。采用双侧高性能水泥砂浆钢筋网面层加固空斗墙砌体,还能有效地提高墙体的开裂荷载,提高幅度为 21.3%~27.0%。

表 7-17　主要试验结果

| 组号 | 开裂荷载/kN | 破坏荷载/kN | 开裂荷载提高幅度/% | 破坏荷载提高幅度/% |
|------|-----------|-----------|--------------------|--------------------|
| W1 | 173 | 303 | — | — |
| W2 | 167 | 430 | -3.9 | 41.7 |
| W3 | 220 | 467 | 27.0 | 53.8 |
| W4 | 180 | 323 | — | — |
| W5 | 227 | 485 | 21.3 | 50.0 |

文献[19]对高性能复合砂浆钢筋网加固空斗墙进行了试验研究,试验原型取开间×进深为 3 600 mm×4 000 mm 的横墙,层高为 3 m。为了模拟实际墙体的受力条件和破坏形态,使试验模型能充分地反映原型的受力性能,试验模型的比例为 1∶2,厚度方向仍保留为1∶1。墙体尺寸为 2 050 mm×1 500 mm×240 mm,采用常用的全斗无眠、三斗一眠和一斗一眠的砌筑方式,砌块采用强度为 MU10 的普通黏土砖,尺寸为 240 mm×115 mm×53 mm,砌筑砂浆采用水泥石灰混合砂浆,强度为 M2.5。墙体上下设有强度为 C30 的混凝土顶梁和底梁,分别用于传力和固定,顶梁和底梁与墙片连接处采用 10 mm 厚 1∶3 的水泥砂浆砌筑。试件加固形式有圈梁构造柱加固和剪刀撑加固两种,均为双面加固,用于加固的钢筋网由直径为 4 mm 的冷轧带肋钢筋组成,钢筋实测单丝抗拉屈服强度和极限强度分别为 643 MPa 和 842 MPa,钢筋网间距为 60 mm×250 mm,并采用 L 形剪切销钉将钢筋网固定在墙上,以增强界面的粘结力。复合砂浆加固层强度等级为 M30,厚度为 25 mm,其水泥、砂、外加剂、水质量比为 1.00∶2.36∶0.07∶0.34。试件编号:砌筑方式-加固方式(1 代表圈梁构造柱加固,2 代表剪刀撑加固)。试件的分组基本情况见表 7-18 所示,试验结

果对比见表7-19所示。

表 7-18　试件分组基本情况

| 分组 | 试件编号 | 砌筑方式 | 加固方式 |
|---|---|---|---|
| 第一组 | QD-1 | 全斗无眠 | 圈梁构造柱 |
| | QD-2 | | 剪刀撑 |
| 第二组 | 1D-1 | 一斗一眠 | 圈梁构造柱 |
| | 1D-2 | | 剪刀撑 |
| 第三组 | 3D-1 | 三斗一眠 | 圈梁构造柱 |
| | 3D-2 | | 剪刀撑 |

表 7-19　试验结果对比

| 试件编号 | 初裂荷载/kN | | | 极限荷载/kN | | | 开裂位移/mm | | 极限位移/mm | | 延性系数 | |
|---|---|---|---|---|---|---|---|---|---|---|---|---|
| | 加固前 | 加固后 | 提高幅度/% | 加固前 | 加固后 | 提高幅度/% | 加固前 | 加固后 | 加固前 | 加固后 | 加固前 | 加固后 |
| QD-1 | 45 | 72.8 | 61.78 | 58.3 | 79.2 | 35.85 | 1.40 | 4.27 | 7.37 | 9.58 | 5.26 | 2.24 |
| QD-2 | 62 | 60.1 | −3.06 | 66.5 | 86.7 | 30.38 | 1.50 | 1.38 | 5.68 | 6.99 | 3.79 | 5.08 |
| 1D-1 | 50 | 95.3 | 90.60 | 79.5 | 120.5 | 51.57 | 1.10 | 1.90 | 7.52 | 8.76 | 6.84 | 4.62 |
| 1D-2 | 75 | 95.5 | 27.33 | 97.9 | 108.3 | 10.62 | 1.00 | 2.18 | 5.46 | 7.84 | 5.46 | 3.59 |
| 3D-1 | 60 | 70.2 | 17.00 | 83.9 | 115.5 | 37.66 | 1.40 | 2.55 | 7.12 | 11.10 | 5.09 | 4.36 |
| 3D-2 | 50 | 97.7 | 95.40 | 79.1 | 118.6 | 49.94 | 1.70 | 2.21 | 9.10 | 6.35 | 5.35 | 2.88 |

根据试验研究与分析结果,可以得到以下几点结论:①未加固空斗墙体在竖向应力和水平反复荷载的共同作用下,破坏形式多为剪切脆性破坏,其抗裂能力、变形能力都较小,构件的抗震性能较差,抗震承载力较低。且墙体的抗震性能与砌筑方式有关,相同条件下的一斗一眠墙体的抗剪承载力和延性要好于三斗一眠和全斗无眠。但经加固处理后,砌筑方式对加固墙体的极限承载能力的提升程度影响不大。②利用高性能复合砂浆钢筋网(HPFL)提高空斗墙砌体结构抗剪承载力的加固方法是行之有效的。空斗墙在经历低周反复荷载作用至构件破坏后,采用 HPFL 圈梁、构造柱和 HPFL 剪刀撑对其进行加固,再次承受低周反复荷载作用时,其开裂荷载和极限荷载较未加固时均有明显提高,根据墙体加固前破坏程度的差异,其极限荷载最高可以提高到50%以上。且在同等条件下,圈梁、构造柱加固方式比剪刀撑加固方式能更好地提高墙体的承载能力。HPFL 条带通过桁架模型中的受拉杆机制改善墙体内的受力状态,从而提高构件的抗剪承载力,同时也通过限制墙体裂缝的开展,提高了墙体的抗裂能力。③HPFL 加固法在提高砖墙抗裂、抗剪承载力的同时,还可以明显地改善墙体的变形能力,加固后墙体的极限位移均比未加固墙体有显著提高。用 HPFL 加固的墙体在破坏前都有钢筋绷紧、复合砂浆薄层撕裂声、薄层鼓起或脱落以及钢筋外露、屈服等现象,能给人们以预兆和警告,从而改善了原墙体的脆性破坏特征。

文献[20]通过对空斗墙片墙模型进行相应的构造加固措施,结合墙体伪静力试验,验证空斗墙抗震性能(国家近年来禁止使用空斗墙建房,在现行的《砌体结构设计规范》中也已经取消了空斗墙,但在我国南方的许多省内,仍有大量的低层民用房屋中采用空斗墙承重)。主要研究内容归纳如下:整片空斗墙按照砌体的加固措施,分为墙体整体裂缝钢筋网加固、整体裂缝钢筋网加固+墙体两侧浇筑扶壁柱两种。从 2006 年至今,进行了十三片不同构造加固措施的空斗墙片墙的抗侧力性能试验,该文选取其中 7 片,了解不同加固措施下空斗墙的抗震性能。

试件参照温州当地农村的空斗墙房屋的底层墙体,采用 4 770 mm×3 230 mm×250 mm(长×高×宽)的实际建筑尺寸。墙体材料采用黏土实心砖,强度等级为 MU10,规格为 250 mm×75 mm×50 mm,砌筑砂浆采用的是传统的混合砂浆,强度等级为 M5。墙体砌筑方法为一眠五斗。上部圈梁采用 C20 的混凝土,配置纵筋为 4φ12,箍筋为 φ8@200。试验研究结果表明:有构造措施的空斗墙在钢筋网加固后,破坏荷载(抗侧承载力)明显提高,破坏位移也明显增加;扶壁柱加固后,破坏荷载没有明显变化,但是延性大大提高。

文献[21]对高强钢绞线-聚合物砂浆加固低强度空斗墙进行了试验研究。墙体试件采用普通烧结砖和混合砂浆砌筑,设计砖强度等级 MU10,砂浆强度等级 M1。该试验共有 4 片空斗墙,均为三斗一眠砌筑方式;包括 1 片未加固墙体(W1)和 3 片不同方式的高强钢绞线-聚合物砂浆加固墙体(W2~W4)。墙体尺寸均为 2 055 mm(宽)×1 500 mm(高)×240 mm(厚)。加固的主要程序如下:清水冲洗墙面,除去墙体上的灰尘和杂质;定位放线;横筋靠近墙面,纵筋在外,对钢绞线网片进行裁剪,一端用固定销栓锚固,另一端用紧线器拉紧钢绞线网;按梅花形布置打固定孔,在网片的纵横交叉处安装固定销栓;在墙体表面均匀涂刷一层界面粘结剂;采用机械喷涂的方式进行聚合物砂浆施工,面层厚度 30 mm;喷水养护保证表面湿润,养护时间不少于 7 d。

加固试件分别采用三种不同的加固方式:纵横双向分布形式(W2)、剪刀撑形式(W3)、剪刀撑加圈梁构造柱形式(W4)。试件均为双面加固;其中试件 W2 与 W4 的墙面全部涂抹聚合物砂浆面层,W3 仅在剪刀撑位置涂抹聚合物砂浆面层。实测砖块抗压强度平均值为 31.7 MPa。混合砂浆强度通过砌墙时预留 70.7 mm×70.7 mm×70.7 mm 的立方体试块进行抗压试验获得,试件 W1 至 W4 的混合砂浆强度分别为 0.38 MPa、0.23 MPa、0.38 MPa、0.60 MPa。加固用的钢绞线采用国内某建材公司生产的 6×7+IWS 型镀锌钢丝绳,公称直径 4.5 mm,计算用截面积 9.62 mm²,实测单根钢丝绳破断拉力 12.40 kN。聚合物砂浆标准试块 28 d 的抗压强度平均值为 56.2 MPa。

墙体开裂后记录下开裂荷载和墙体的顶部位移,然后以该位移的倍数进行位移控制加载,每级位移循环两次,至试件承载力下降至极限承载力的 85% 左右时停止加载。试件的承载能力与变形能力结果见表 7-20 所示。根据试验研究与分析结果,可以得到以下几点结论:①采用高强钢绞线-聚合物砂浆对低强度空斗墙进行加固,可以有效地提高墙体的抗裂能力、承载能力及极限变形能力,提高初始刚度并延缓刚度退化过程。②采用纵横向分布以及剪刀撑加圈梁构造柱形式的加固效果好于剪刀撑加固形式,再综合考虑节约钢绞线用量、方便施工、同时对竖向承载力的提高作用等因素,可以优先选用纵横向分布方式的加固方法。③聚合物砂浆与普通烧结砖的粘结性能良好,整个试验过程中剥离现象不明显,但加固试件往往因为钢绞线端部锚钩拉断或锚栓压弯变形而导致承载力下降,钢绞线自身强度远远没有发挥。加固试件的变形和耗能主要集中于根部的水平裂缝部位,因此耗能能力不理想。这方面还有待进一步改进。

表 7-20　试件的承载能力与变形能力

| 墙体编号 | 方向 | 开裂荷载 | | 极限荷载 | | | 破坏荷载 | | |
|---|---|---|---|---|---|---|---|---|---|
| | | 荷载/kN | 位移/mm | 荷载/kN | 位移/mm | 位移角/rad | 荷载/kN | 位移/mm | 位移角/rad |
| W1 | + | 30.00 | 0.07 | 98.89 | 5.17 | 1/273 | 101.28 | 6.93 | 1/203 |
| | — | 30.10 | 0.05 | 115.64 | 3.66 | 1/385 | 83.42 | 7.19 | 1/196 |
| W2 | + | 90.01 | 0.37 | 216.60 | 13.92 | 1/101 | — | — | — |
| | — | 90.01 | 0.22 | 240.01 | 11.95 | 1/118 | 194.14 | 14.00 | 1/101 |
| W3 | + | 60.16 | 0.34 | 196.36 | 10.02 | 1/141 | 183.98 | 2.99 | 滑移 |
| | — | 59.92 | 0.41 | 196.44 | 9.97 | 1/141 | 166.28 | 15.55 | 1/91 |
| W4 | + | 50.00 | 0.19 | 250.33 | 13.98 | 1/101 | 200.57 | 17.92 | 1/79 |
| | — | 50.00 | 0.22 | 327.64 | 13.63 | 1/103 | 292.48 | 17.92 | 1/79 |

文献[22]结合农村民居大量采用多孔砖砌体的现状,对高性能水泥复合砂浆钢筋网薄层(HPFL)加固多孔砖砌体进行了试验研究。该试验考虑了砌筑砂浆强度、纵横钢筋网间距等参数,制作了 3 组对比试件和 5 组加固试件进行轴压试验。试验结果表明,HPFL 加固层与原多孔砖砌体能较好地协同工作,加固后试件的抗压承载力得到了提高,提高幅度达147.90%~289.67%;多孔砖砌体的延性性质也得到明显提高。

文献[23]对空斗墙房屋的抗震加固进行了相关试验研究分析。空斗墙房屋节省墙体材料不到 1/5,但抗震性能以及保温、隔热、隔音都不及实砌砖房。当年推广这类房屋,是想节省投资,但事与愿违,反而浪费了更多的资金。例如江苏省建设委员会在 1980 年初即禁止在城市再建空斗墙楼房。但是,在农村,特别是在太湖平原等较富裕的农村,农民尚在建造二、三层空斗墙住宅。农村建筑匠缺乏抗震知识,从设计到施工,质量难保证。20 世纪 90年代,空斗墙房屋的抗震加固主要有以下两种:

(1) 用外加构造柱加固空斗墙房屋

空斗墙的抗震强度不足,一般用外加钢筋混凝土柱、圈梁及钢拉杆加固。加固作业多在房屋外侧进行,住户不必搬迁,较受加固单位欢迎。但试验结果表明,此法加固不能阻止墙体开裂,提高墙体抗剪能力也有限,不超过 20%,其作用主要是增强房屋的抗倒塌能力。此外,在墙体试件开裂前,用外加构造柱加固的空斗墙与未经加固的空斗墙相比,刚度基本一致;开裂后,前者的刚度退化比后者要平缓些,但都比实砌砖墙的刚度退化要激烈。

空斗墙试件用外加钢筋混凝土柱及钢拉杆加固后,在往复水平荷载作用下,开裂前类似组合悬臂深梁。墙体开裂后,构造柱与钢拉杆仍约束着墙体,顶砖沿裂缝转动的幅度减小,尽管砂浆从砖上脱落,墙体越来越松散,仍能维持稳定,不致使某些块体脱落或倒塌。这就是外加钢筋混凝土柱的抗倒塌作用。为使空斗墙和柱混凝土的强度得到充分发挥,应避免钢拉杆过早达到屈服。一般是两根钢拉杆的截面面积与一根构造柱内的纵向钢筋截面面积之和相等。

（2）用夹板墙加固空斗墙房屋

空斗墙的抗震强度严重不足，宜用钢筋网水泥石灰砂浆抹面加固墙体，简称用夹板墙加固。其抗震能力提高的程度与抹面砂浆的强度和厚度有关。砂浆面层利用其粘结力与空斗墙粘结成整体，在抗剪上起主要作用。钢筋的强度不能有效发挥，也不能增加墙体的延性，其作用是防止墙体溃散。因此，钢筋过粗，网格过密，均无必要，但钢筋网格不宜大于砖的长度。

空斗墙有裂缝，用此法修复，抗震同样有效。试验资料可以证明，空斗墙试件破坏后，裂缝累累，用此法修复后再进行试验，强度仍可大幅度提高；其总能量储存和能量耗散，在水平荷载达到极限荷载之前与实砌砖墙接近，当达到极限荷载后，则逐步与空斗墙接近。

用此法加固空斗墙房屋，一般是有选择地、对称地加固房屋的某几道墙。这些墙的刚度提高大于抗震能力的提高。需要根据各墙肢刚度的变化，重新分配楼层间的地震剪力，验算被加固墙的抗剪强度。只要加固设计合理，墙的抗震能力能达到要求。因为空斗墙原有抗剪承载能力并不大，加固后，墙的抗剪承载能力成倍地提高。此外，还应注意到墙的刚度退化问题。试验研究表明，加固后的空斗墙在往复水平荷载作用下，初始刚度很大，在极限破坏以前，它的刚度退化比实砌砖墙的刚度退化慢，从而可以吸引较大的地震剪力；达到极限破坏后，它的刚度退化比实砌砖墙的快，最后与空斗墙的刚度相同，它所吸引的地震荷载也就迅速减小，这个特点有利于抗震加固。即使最终墙体破坏，由于配有钢筋网，不致溃散。房屋有可能延缓或免于倒塌，这也就达到了抗震加固的目的。

### 7.5.2　纤维增强复合材料加固

文献[24]对碳纤维布加固砖砌体的抗震性能进行了试验研究。试件的高宽比为1：1.4，墙体厚度为240 mm，宽度为1 400 mm，高度为1 000 mm；墙体上、下均设有钢筋混凝土横梁与之相连。试件制作时，墙体采用MU10机砖、M10水泥砂浆，上下横梁的混凝土强度等级为C30；试验时竖向压应力为1.2 MPa。试件编号及加固方案见表7-21所示；碳纤维布的抗拉强度为2 100 MPa，弹性模量为280 GPa，断裂伸长率为1.4%～1.5%；砖块体实测的平均抗压强度为11.64 MPa，砂浆实测的平均抗压强度为16.89 MPa。试件加固时，首先将墙体表面的浮灰、污垢用清水洗干净，在拟粘贴碳纤维布的区域内抹掺胶的水泥砂浆界面。待养护28 d后，将水泥砂浆界面打磨平整，去掉表面疏松层，并将浮灰清除干净，再用丙酮擦洗水泥砂浆界面以消除油脂，风干48 h。随后将水泥砂浆界面作干燥处理，在其表面均匀饱满地涂抹一层界面剂（表面处理胶），待界面剂完全固化后，在其上均匀涂抹一层饱满的粘结剂，将按试验要求的尺寸裁剪好的碳纤维布粘贴上去。其中，端部锚固件采用膨胀螺栓固定在墙体上下端部。

表 7-21　试件编号及加固方案

| 试件编号 | 补强加固情况 |
| --- | --- |
| Wall-1 | 未加固（对比试件） |
| Wall-2 | 双面粘贴碳纤维布，布宽300 mm，"X"形方案，端部未锚固 |
| Wall-3 | 双面粘贴碳纤维布，布宽300 mm，"∧"形方案，上下两端均锚固 |
| Wall-4 | 双面粘贴碳纤维布，布宽200 mm，"X"形方案，上下两端均锚固 |

试件的设计参数及主要试验结果见表 7-22 所示,其中荷载及位移试验值为正反两个方向实测值的平均值;提高程度为各试件相对同条件下未补强加固试件而言。由表 7-22 可知,在该试验研究中试件出现裂缝即达到极限荷载。试验研究结果表明:碳纤维布用于增强砖砌体抗震能力的加固方法是非常有效的;碳纤维布加固墙体的开裂荷载(极限荷载)较未加固墙体明显提高;加固墙体的变形能力也明显改善,加固后墙体的开裂位移显著增长。此外,碳纤维布用于加固砖墙时,布的幅宽越大,其加固作用也越明显。

表 7-22　试件的设计参数及试验结果

| 试件编号 | 开裂荷载/kN | | 极限荷载/kN | | 开裂位移/mm | | 碳纤维布最大拉应变 | |
|---|---|---|---|---|---|---|---|---|
| | 试验值 | 提高幅度/% | 试验值 | 提高幅度/% | 试验值 | 提高幅度/% | 长向丝/$10^{-6}$ | 短向丝/$10^{-6}$ |
| Wall-1 | 224 | — | 224 | — | 3.07 | — | — | — |
| Wall-2 | 332 | 48.2 | 332 | 48.2 | 16.6 | 440.7 | 3 156 | 481 |
| Wall-3 | 326 | 45.5 | 326 | 45.5 | 9.8 | 219.2 | 2 414 | 595 |
| Wall-4 | 288 | 28.6 | 288 | 28.6 | 7.2 | 134.5 | 3 461 | 588 |

文献[25]对各种压应力下的 240 标准砖墙片在试验之前及试验开裂以后用 GFRP 粘贴加固和用钢筋网砂浆面层加固进行试验研究。基于试验研究与分析结果,可以得到以下结论:①墙片的水平极限抗剪承载力与其所受到的垂直压力成正比关系。②GFRP 加固砖砌体能有效增加墙体的整体性,在原砂浆强度较低时,GFRP 满铺墙面能起到增强砌体砂浆强度的效果。要增强砌体的水平极限抗剪承载力,则要保证 GFRP 具有一定厚度,使得其抗拉承载力大于砌体的极限抗剪强度。③GFRP 是一种脆性材料,一旦墙体开裂同时GFRP 断裂,之后砌体的耗能能力还是依靠砌体之间的变形摩擦。④水泥砂浆钢筋网片加固砖砌体能有效地增加墙体的整体性、刚度和水平极限承载力,竖向钢筋所起作用较大,应保证其具有可靠的锚固。⑤在该试验研究条件下,大多数试验墙片的四角均破碎,与地梁接触的两下角尤其严重,即使墙面经加固后裂缝细微,但墙角破碎其承载力也损失了,这时墙片的最大抗剪承载力由其两下端的砌体局部抗压强度所决定。这也直观地说明了尽管墙片的高宽比较小,但是墙体的受力仍是处于剪弯状态,如果墙端设有钢筋混凝土构造柱,其将会有效抵抗这种弯曲,从而提高墙片的水平抗剪承载力。钢筋网加固墙片中竖向钢筋的作用就是抵抗这种弯曲效应的有利证据。

文献[26]也对碳纤维布加固砌体结构的抗震性能进行了试验研究。该试验共有两片砖砌体墙,砖的强度等级为 MU10,砂浆强度等级分别为 M2.5 和 M5,采用混合砂浆。墙片宽度为 3 m,高度为 1.5 m,墙体厚度为 240 mm。碳纤维布厚度为 0.11 mm,宽度为 100 mm,在砖砌体墙两面加固。该试验先进行未加固试件的加载,然后对已破坏墙体采用碳纤维布进行加固。试验墙体的侧向承载力和极限位移见表 7-23 所示。由表 7-23 可知,墙片 Y108 的极限荷载达到加固前的 99.8%,而极限位移比加固前增大了 9.6%;由于对墙片 X210 施加荷载过大,使得墙体破坏较为严重,因此墙片 Y210 的极限荷载较小,但仍达到加固前的 70.4%,而且极限位移比加固前增大 24.1%。研究结果充分说明,碳纤维布的存在,大大增加了墙片的延性。表 7-23 同时还表明,砂浆强度的提高将提高砌体的抗剪强度,但会降低其变形能力;垂直应力(反映了轴压比)越大则抗剪强度和刚度越高。

表 7-23  墙体侧向承载力和极限位移

| 试件类型 | 试件编号 | 砂浆等级 | 压应力/MPa | 极限荷载/kN | 极限位移/mm |
|---|---|---|---|---|---|
| 加固前 | X108 | M2.5 | 0.8 | 470.0 | 5.71 |
| | X210 | M5 | 1.0 | 524.4 | 2.86 |
| 加固后 | Y108 | M2.5 | 0.8 | 468.9 | 6.26 |
| | Y210 | M5 | 1.0 | 369.3 | 3.55 |

文献[27]对普通玻璃纤维布加固多孔砖砌体的抗震性能进行了试验研究。墙体试件的高宽比为 1∶1.4,墙体厚度为 240 mm,宽度为 1 400 mm,高度为 1 000 mm,墙体上、下均设有钢筋混凝土横梁与之相连。墙体采用 MU10 机砖、M10 水泥砂浆砌筑,玻璃纤维布为杭州玻璃钢厂生产的 EW160 型玻璃纤维布。试验的竖向压应力设计值为 0.9 MPa。墙体试件的编号及加固方式见表 7-24 所示,试件的主要试验结果见表 7-25 所示,其中 $P_{cr}$ 为开裂荷载,$\Delta_{cr}$ 为开裂位移,$P_u$ 为极限荷载,$\Delta_u$ 为极限位移。基于试验研究与分析结果,可得到以下几点结论:①两种 GFRP 贴布方式用于增强砖墙体抗震性能的加固方法均是非常有效的。X 形粘贴 GFRP 布加固墙体的开裂荷载较未加固墙体有明显提高,墙体的变形能力也有明显改善。②GFRP 布加固墙体具有较大的耗能能力。③GFRP 布对于墙体的整体刚度基本上没有影响,粘贴 GFRP 布加固墙体不会改变结构本身的动力特性。

表 7-24  墙体试件的编号与加固方式

| 编号 | 加固方式 | GFRP 用量/m² |
|---|---|---|
| W1 | 未加固 | — |
| W2 | 双面 X 形粘贴两层 GFRP 布,布宽 270 mm | 3.5 |
| W3 | 未加固,反复加载到墙体裂缝达到 0.2 mm 左右后卸载 | — |
| W4 | 在 W3 的基础上双面网格状粘贴两层 GFRP 布(布宽 100 mm,间距 250 mm) | 3.3 |

表 7-25  墙体试件的主要试验结果

| 试件编号 | $P_{cr}$/kN | $\Delta_{cr}$/mm | $P_u$/kN | $\Delta_u$/mm | 承载力提高率/% | 延性系数 $\Delta_u/\Delta_{cr}$ |
|---|---|---|---|---|---|---|
| W1 | 280 | 2.36 | 280 | 2.78 | — | 1.18 |
| W2 | 320 | 2.72 | 360 | 5.28 | 28.6 | 1.94 |
| W4 | 270 | 2.34 | 340 | 5.22 | 21.4 | 2.23 |

文献[28]基于 FRP 加固砖砌体墙的试验研究与分析,认为 FRP 粘贴于砌体表面不仅可以直接参与墙体受剪作用,更能够通过间接加固作用提高砌体自身抗剪能力,改变砌体剪切破坏类型,提高砌体墙的受剪承载力。

文献[29]同样对碳纤维布抗震加固砖砌体墙进行了试验研究。试件的截面尺寸为 1 600 mm×900 mm×240 mm,砖的抗压强度实测平均值为 9.37 MPa,砂浆立方体抗压强度实测平均值为 2.82 MPa,所用碳纤维布的计算厚度为 0.167 mm,抗拉强度为 3 635 MPa,弹性模量为 249 GPa。试件的竖向荷载水平为 300 kN;各试件的开裂荷载 $P_{cr}$、

极限荷载 $P_u$ 以及相应位移 $\Delta$ 见表 7-26 所示。研究结果表明:粘贴碳纤维布后,砌体墙的抗剪承载力有提高,提高程度与碳纤维布的面积、端部锚固情况有关;加固后的墙体变形能力增加,抗震性能得到明显改善,碳纤维布的粘贴方式对其有明显影响。

**表 7-26 试件开裂荷载、极限荷载及相应位移**

| 试件编号 | $P_{cr}$/kN | | $\Delta_{cr}$/mm | $P_u$/kN | | $\Delta_u$/mm | | $P_{cr}/P_u$ |
| --- | --- | --- | --- | --- | --- | --- | --- | --- |
| | 试验值 | 提高/% | | 试验值 | 提高/% | 试验值 | 提高/% | |
| Wall-1 | 237.5 | — | 0.6 | 283.2 | — | 3.9 | — | 0.84 |
| Wall-2 | 240.5 | 1.3 | 0.6 | 341.9 | 20.7 | 6.3 | 61.5 | 0.67 |
| Wall-3 | 240.3 | 1.2 | 0.8 | 385.5 | 36.1 | 7.7 | 97.4 | 0.57 |
| Wall-4 | 252.3 | 6.2 | 0.7 | 335.9 | 18.6 | 5.0 | 28.2 | 0.75 |
| Wall-5 | 262.1 | 10.4 | 0.7 | 329.0 | 16.2 | 4.3 | 10.3 | 0.85 |

文献[30]对碳纤维布抗震加固开门窗洞口砌体墙片进行了试验研究与受剪承载力分析。该试验设计了三组强度较低的墙体试件(M7.5 黏土砖和 M2.5 混合砂浆砌筑),每组三片墙体,各有一片未进行加固的对比试件。第一组为未开洞口墙片,后两组分别为开窗洞和开门洞墙片。粘贴碳纤维布进行加固时,首先在拟粘贴碳纤维布的区域用打磨机将墙体表面打磨平整,去掉表面疏松层,将浮灰清除干净。然后在上面涂一层基底胶,指触干燥后,再用掺入水泥的找平胶找平,干燥后,用丙酮清洗表面,最后在其上涂抹一层均匀饱满的浸渍胶,将剪裁好的碳纤维布粘贴上,压实、排气,指触干燥后,再在 CFRP 布上均匀涂上一层浸渍胶。基于试验研究与分析结果,可得到以下几点结论:①粘贴碳纤维布加固方法可有效地提高开门窗洞口砌体墙的抗震能力和受剪承载力。相比未加固墙体,在加载过程中,加固墙体的滞回环相对更饱满,耗能能力更强,开裂位移和极限位移均有较大提高,抗侧变形能力增强、延性增加,试件骨架曲线下降段平缓,墙体刚度退化缓慢,从而可避免因墙肢的脆性破坏而导致整体结构的失效,改善了整体结构的抗震性能。②碳纤维布的抗拉作用有效限制和延缓了裂缝的开展,改善了墙体裂缝的分布形态,提高了构件的抗裂能力。③沿门窗洞口粘贴碳纤维布的加固方法,改变了开洞口墙体的初裂位置,保证地震作用下洞口的安全;角部采取锚固措施可充分发挥碳纤维布的作用;对于未开洞墙体和开门洞墙体的宽墙肢,应对墙体主拉应力方向的开裂加以约束,斜向交叉粘贴碳纤维布可较好地实现这种约束。

文献[31]为了研究碳纤维布加固严重破坏砌体墙的有效性,开展了 4 片严重破坏墙体的碳纤维布加固试验。研究结果表明:采用粘贴碳纤维布加固严重破坏墙体的方法是可行且有效的;加固后墙体的抗剪承载力、变形性能都较原墙墙体有明显提高;碳纤维布布置方法不同,对墙体的约束效果不同;碳纤维布破坏时的拉应变远小于其极限抗拉应变,建议碳纤维布加固严重破坏墙体时无须使用高强度的碳纤维布。

文献[32]对 FRP 加固砖砌体的抗压强度进行了试验研究。试件尺寸为 240 mm× 370 mm×720 mm,共制作 5 组 15 个试件(每组 3 个),试件编号和加固方案见表 7-27 所示。试验选用黏土砖的强度等级为 MU10,砌筑混合砂浆的强度等级为 M5。加固砌体采用 CFRP 和 GFRP 两种,试件采用梅花丁的方法砌筑。

表 7-27　试件分组及编号

| 试件编号 | 加固情况 |
|---|---|
| Y1、Y2、Y3 | 普通砌体 |
| YG11、YG12、YG13 | 加固 1 层 GFRP 布 |
| YG21、YG22、YG23 | 加固 2 层 GFRP 布 |
| YC11、YC12、YC13 | 加固 1 层 CFRP 布 |
| YC21、YG22、YG23 | 加固 2 层 CFRP 布 |

　　试验的主要结果见表 7-28 所示,表中的开裂荷载为出现第一条受力的发丝裂缝时的荷载;极限荷载为裂缝基本贯通,竖向荷载达到的最大值。另外,破坏形态 X 表示试件在正面及侧面都出现纵向连续裂缝;Y 表示试件在侧面中部出现纵向连续裂缝;Z 表示试件在侧面边缘出现纵向连续裂缝。基于试验研究与分析结果,可得到以下几点结论:①FRP 布加固砌体能提高砌体的抗压强度,提高幅度超过 20%,且 FRP 布限制了砌体表面裂缝的出现与发展。②CFRP 与 GFRP 加固砌体的承载力基本相同。③采用 FRP 加固砌体时,粘贴层数对试验结果影响不大。因此,FRP 加固砖砌体时宜采用单层。

表 7-28　主要试验结果

| 试件编号 | 开裂荷载/kN | 极限荷载/kN | 抗压强度/MPa | 平均强度/MPa | 破坏形态 |
|---|---|---|---|---|---|
| Y1 | 176.7 | 442.1 | 5.2 | | X |
| Y2 | 225.4 | 461.8 | 5.3 | 5.1 | X |
| Y3 | 203.2 | 418.3 | 4.8 | | X |
| YG11 | 300.1 | 612.1 | 7.0 | | Y |
| YG12 | 241.3 | 490.5 | 5.7 | 6.2 | Y 与 Z |
| YG13 | 231.1 | 522.2 | 6.0 | | Y 与 Z |
| YG21 | 295.1 | 592.0 | 6.8 | | Y 与 Z |
| YG22 | 221.4 | 514.3 | 5.9 | 6.3 | Y 与 Z |
| YG23 | 263.7 | 551.8 | 6.3 | | Y |
| YC11 | 230.0 | 532.7 | 6.2 | | Y 与 Z |
| YC12 | 281.1 | 508.6 | 6.0 | 6.2 | Y |
| YC13 | 307.3 | 562.2 | 6.5 | | Y |
| YC21 | 290.4 | 503.8 | 5.8 | | Y |
| YC22 | 263.5 | 544.6 | 6.3 | 6.2 | Z |
| YC23 | 303.6 | 558.9 | 6.5 | | Y |

　　文献[33]对斜向粘贴 FRP 加固砖砌体墙平面内的抗震受力性能进行了试验研究。试验研究结果表明:45 度斜向粘贴 FRP 布加固墙体的荷载(开裂荷载、峰值荷载和极限荷载)较未加固墙体提高 1.5%~19.3%;加固墙体的变形能力提高更加显著,提高率为 18.2%~

250.0%;FRP粘贴于砌体表面不仅可以直接参与墙体受剪作用,更能够通过间接加固作用提高砌体自身抗剪能力,改变剪切破坏类型(如将对角缝破坏转变为底部水平通缝破坏),提高砖砌体墙的抗剪承载力。

### 7.5.3 体外预应力加固

文献[34]对斜拉筋加固砌体结构的抗震性能进行了试验研究。5个试件均采用M5水泥砂浆砌筑,砖为MU10,试件尺寸为900 mm×600 mm×240 mm。砌体上下各设钢筋混凝土梁,分别模拟圈梁和地梁,截面尺寸为240 mm×300 mm,长1 200 mm。试件YGQ-12用$\phi$12的钢筋且施加预应力,预应力控制值为钢筋屈服强度的60%。试件设计参数见表7-29所示,试件极限能力比较见表7-30所示。由表7-30可知,试件GQ-8、GQ-12、GQ-16、YGQ-12与试件WGQ相比,抗剪承载力分别提高了15%、18%、42%、48%;试件最大变形量分别提高了12%、48%、68%、78%。因此,增加斜拉筋能够提高墙体的承载力和延性;施加预应力后,墙体延性的提高更为显著。

表7-29 试件设计参数

| 试件编号 | 斜拉筋状况 | 预应力状况 | 设计控制最大荷载/kN | 试验控制最大荷载/kN |
|---|---|---|---|---|
| WGQ | 无 | — | 40 | 50 |
| GQ-8 | $\phi$8 | 0 | 50 | 58 |
| GQ-12 | $\phi$12 | 0 | 60 | 65 |
| GQ-16 | $\phi$16 | 0 | 70 | 75 |
| YGQ-12 | $\phi$12 | 60% | 70 | 82 |

表7-30 试件极限能力比较

| 试件编号 | 加载方向 | 最大荷载及对应位移 | | 最大位移及对应荷载 | |
|---|---|---|---|---|---|
| | | 荷载/kN | 位移/mm | 荷载/kN | 位移/mm |
| WGQ | 左 | 75 | 7.01 | 51.2 | 12.75 |
| | 右 | 73 | 6.84 | 48.2 | 11.4 |
| GQ-8 | 左 | 88 | 8.7 | 54.74 | 13.5 |
| | 右 | 82.5 | 8.6 | 52.0 | 13.25 |
| GQ-12 | 左 | 95 | 10.9 | 75.5 | 18.15 |
| | 右 | 94 | 10.02 | 75 | 17.28 |
| GQ-16 | 左 | 105 | 12.3 | 95 | 20.0 |
| | 右 | 106 | 12.8 | 96 | 20.2 |
| YGQ-12 | 左 | 112 | 14.85 | 98 | 22.35 |
| | 右 | 107 | 13.41 | 94 | 20.5 |

文献[35]基于地震作用下砌体结构墙通常由于受剪能力不足而发生破坏的特点,提出了体外预应力对砌体结构进行抗震加固的方法,并进行了振动台试验研究。试验所采用的

模型共计 4 层(按 1:4 缩尺建造了两个相同的模型),层高 900 mm,开间 2 100 mm,进深 1 650 mm,悬挑外廊宽度为 450 mm,墙体厚度为 60 mm。模型一未采取任何加固措施,模型二采用体外预应力法进行加固。模型墙体材料选用 MU10 烧结普通砖,M7.5 砂浆。试验研究结果表明:①采用体外预应力对砌体墙施加竖向整体预应力可以增强结构的整体性和结构抵抗扭转的能力,提高结构的整体刚度;此外,还可以改善墙体的延性,延缓墙体的刚度退化。②采用体外预应力加固后,墙体的脆性性质有所改变、能够承受一定的弯矩作用,其受弯性能提高、耗能能力增强。③体外预应力法对于横墙(无开洞墙体)的加固效果比有较大开洞墙体的加固效果好。

文献[36]提出了采用后张预应力对砖砌体结构进行抗震加固的新技术,为了验证加固效果,进行了 8 片采用后张预应力技术加固的砖砌体墙在水平低周反复荷载下的试验研究。研究结果表明,后张预应力加固砖砌体墙体可以有效地改善墙体的破坏形态,墙体出现交叉斜裂缝后,承载力下降缓慢,预应力筋的应力会有较明显的增长,同时仍不断有新的裂缝出现,呈现明显的延性破坏特征。加固的预应力筋起到了有效的"二道防线"作用,对实现砌体建筑的"大震不倒"有重要的作用。后张预应力加固砖砌体墙位移延性指标较未加固墙体有大幅度提高,提高幅度介于 33%～280%。但预压应力不宜施加过大,当 $\sigma_{p0}/f$($\sigma_{p0}$ 为预应力产生的墙体水平截面平均压应力, $f$ 为砌体的抗压强度设计值)超过 0.4 时,位移延性会较应力较低时有显著的下降,但仍比未加固墙体高。后张预应力加固砖砌体墙可以显著地提高墙体的抗剪承载力,提高幅度介于 27.8%～110.6% 之间。墙体的抗剪承载力随预加应力的增大而提高。

### 7.5.4 外包角钢加固

福州大学的卓尚木等人早期根据"全国建筑物鉴定与加固标准技术委员会"下达的任务,对砖柱外包钢加固进行了相关的试验研究[37]。总共进行了三组 9 根轴心受压短柱的试验,试件尺寸设计为 240 mm×370 mm×720 mm,由于砖尺寸有误差,最终尺寸为 220 mm×330 mm×720 mm。砖的强度等级为 MU20,水泥砂浆的强度等级为 M2.5。砌筑方法是在钢板上按层同时砌筑,待砂浆标号达到要求后,吊到试验压力机上。该试验是在 2 000 kN 的压力机上完成的。

第一组 3 根砖短柱试件。试件轴向受压采用匀速分级加载,每级荷载约为 1/10 极限荷载,接近破坏时约按 1/20 极限荷载加载。

第二组 4 根为砖短柱角钢加固试件。补强加固是在原构件受力情况下进行的,为了研究二次受力特性。试验时先分别对砖柱施加压力 $0.5f_k$、$0.6f_k$、$0.75f_k$ 和 $1.0f_k$,然后在负荷的状态下采用角钢进行加固。本组加固角钢采用∟40×40×4,缀板为─40×4,共布置三道缀板箍(顶部、中部与底部)。

第三组 2 根也是砖短柱角钢加固试件。一根加固角钢换为∟50×50×5,缀板做法同上。另一根角钢仍为∟40×40×4,缀板为四箍(从顶部到底部均匀布置)。此外,砂浆的强度等级为 M1.2,砖的强度等级为 MU20,三组试件的试验结果见表 7-31、表 7-32 所示。

#### 1) 试件破坏现象

砖砌体试件轴心受压破坏过程是:当加载到 50% 极限荷载后,不断听到"啪啪"响声,由微弱声逐渐增大,随后出现单块砖内细微裂缝;当荷载超过 70% 极限荷载时,初期裂缝不断扩展,形成连续若干皮裂缝,裂缝宽度也逐渐加大;快到极限荷载时,竖向裂缝把砌体分割成若干小柱体,砌体明显鼓出,边缘某些砌体鼓胀崩出。

表 7-31　试验结果汇总表(一)

| 序号 | 试件号 | 加固角钢 规格 | 面积 /cm² | 缀板 规格 | 面积 /cm² | 极限强度 破坏荷载/kN | 极限强度 强度 /MPa | 纵向变形 变形 /mm | 纵向变形 应变 /10⁻⁶ | 横向变形 变形 /mm | 横向变形 应变 /10⁻⁶ |
|---|---|---|---|---|---|---|---|---|---|---|---|
| 1 | A-1 | | | | | 250 | 3.44 | 0.97 | 3 230 | 1.2 | 4 360 |
| 2 | A-2 | | | | | 275 | 3.788 | 0.855 | 2 850 | | |
| 3 | A-3 | | | | | 300 | 4.063 | 0.9 | 3 000 | 0.38 | 1 380 |
| 4 | B-1 | ∟40×40×4 | 1.946 | —40×4 | 1.6 | 575 | 7.92 | 1.39 | 3 633 | 1.15 | 4 220 |
| 5 | B-2 | ∟40×40×4 | 1.946 | —40×4 | 1.6 | 600 | 8.26 | 0.94 | 3 139 | 0.66 | 2 230 |
| 6 | B-3 | ∟40×40×4 | 1.946 | —40×4 | 1.6 | 550 | 7.58 | 2.055 | 6 850 | 1.44 | 5 230 |
| 7 | B-4 | ∟40×40×4 | 1.946 | —40×4 | 1.6 | 546 | 7.52 | 2.10 | 6 816 | 1.65 | 6 000 |
| 8 | C-1 | ∟40×40×4 | 1.946 | —40×4 | 1.6 | 600 | 8.26 | 1.615 | 5 883 | 1.61 | 5 870 |
| 9 | C-2 | ∟50×50×5 | 4.803 | —40×4 | 1.6 | 850 | 11.7 | 1.14 | 3 800 | 0.72 | 2 620 |

表 7-32　试验结果汇总表(二)

| 序号 | 试件号 | 角钢 应变 /10⁻⁶ | 角钢 应力 /MPa | 缀板 应变 /10⁻⁶ | 缀板 应力 /MPa | 备注 |
|---|---|---|---|---|---|---|
| 1 | A-1 | | | | | 未加固 |
| 2 | A-2 | | | | | 未加固 |
| 3 | A-3 | | | | | 未加固 |
| 4 | B-1 | 1 176 | 246.9 | 181 | 38 | 原试件荷载达到 300 kN,构件已破坏状态下加固 |
| 5 | B-2 | 1 412.75 | 296.6 | 146.5 | 30.7 | 原试件荷载达到 170 kN,构件出现裂缝状态下加固 |
| 6 | B-3 | 1 464 | 307.5 | 226.5 | 47.6 | 原试件荷载达到 200 kN,构件出现裂缝状态下加固 |
| 7 | B-4 | 1 557 | 326.9 | 204.75 | 32.76 | 原试件荷载达到 150 kN,构件未出现裂缝状态下加固 |
| 8 | C-1 | 1 323 | 277.8 | 332.5 | 69.82 | 原试件荷载达到 200 kN,出现微裂缝状态下加固 |
| 9 | C-2 | 1 050 | 220.6 | 178 | 37.4 | 原试件荷载达到 200 kN,出现微裂缝状态下加固 |

　　角钢加固的试件,其工作状况和破坏特征与原试件大不相同。无论原加固前受力如何,加固后第二次受力横向变形受到外加钢框约束,砌体处在三向受力状态因而提高砌体轴压承载力。若原试件加固前未出现裂缝,则加固后试件裂缝推迟出现,直至 90% 极限荷载左右才出现裂缝。若原试件加固前已经出现裂缝,甚至砌体已形成小柱体破坏,在加固钢箍拧紧的条件下焊接钢构架,原试件裂缝宽度缩小,其承载力不但可以恢复,且有所提高,直至四周角钢接近屈服;约达到 90% 极限荷载时,原砌体裂缝重新扩展,变形加大;到达极限荷载时,角钢在两缀板之间发生扭曲鼓出变形,砌体崩裂。

　　由试件破坏现象可见,角钢加固砌体可以推迟原试件裂缝的出现和扩展。有裂缝的砌体在加固钢构架内可以恢复其承载力。

2) 二次受力

刚开始新增荷载时,角钢应力、应变小于砌体;角钢压紧后,由于两者的弹性模量相差很大,角钢应力急剧上升,很快超过砌体。砌体受到角钢、缀板的横向约束,承载能力得到有效的提高。角钢受到砌体膨胀的横向作用力,材料强度不能充分发挥。根据该试验,角钢应力在85%～95%极限强度之间时,角钢发生局部弯扭屈曲而破坏。

由此可见,外包钢加固砖柱可以明显地提高其承载能力与变形能力。同时该文献还建议,缀板箍的间距应不大于截面短边尺寸,且不大于500 mm;为了使角钢有效分担砖柱的负荷,角钢应上面顶紧大梁,下面顶紧基础,且上下横箍宜用比肢角钢大一号的角钢作为横担;角钢的材料强度利用系数根据施工精度可取0.85～0.95。

### 7.5.5 嵌缝与嵌筋加固

文献[38]为了掌握嵌缝加固对砖砌体抗压强度的影响,对9个砖砌体标准件进行了轴心抗压试验研究,试件的尺寸为430 mm长、210 mm宽、670～700 mm高。砖砌体采用石灰浆砌筑,灰缝的厚度为8～10 mm。研究结果表明:嵌缝加固可以提高砖砌体的抗压强度,但前提是水平灰缝必须填密实。如果水平灰缝填不密实,则可能导致砌体的抗压强度在嵌缝加固后出现下降。主要原因在于,当水平灰缝填不密实时,砖块在竖向压应力作用下处于压、弯以及剪复杂应力状态下,更容易发生断裂破坏。

文献[39]对嵌筋技术提高砖砌体墙的抗剪强度和抗裂性能进行了试验研究,共制作了4块高宽比分别为0.7和1.75的无筋墙体和嵌筋墙体。通过水平低周反复荷载作用,墙体的水平承载力和顶部位移见表7-33所示。由此可见,嵌筋加固后墙体的极限承载力得到明显的提高;在较低竖向应力水平下,墙体的开裂承载力也得到明显提高。此外,研究结果还表明嵌筋墙体比无筋墙体吸收能量多、抗震性能好。

**表7-33 墙体水平承载力和顶部位移**

| 试件编号 | 实测砂浆强度/MPa | 竖向应力/MPa | 开裂状态 | | 极限状态 | |
|---|---|---|---|---|---|---|
| | | | 荷载/kN | 位移/mm | 荷载/kN | 位移/mm |
| WJQ-1 | 6.9 | 0.7 | 216 | 3.1 | 343 | 6.5 |
| QJQ-1 | 7.1 | 0.7 | 350 | 3.5 | 390 | 7.1 |
| WJQ-2 | 6.6 | 1.3 | 91 | 2.1 | 127 | 6.6 |
| QJQ-2 | 7.0 | 1.3 | 85 | 1.2 | 160 | 8.9 |

# 参考文献

[1] 葛学礼,朱立新,赵小飞,等.浙江文成地震村镇空斗墙建筑震害分析[J].工程抗震与加固改造,2006,(6):106-109.

[2] 施楚贤.砌体结构理论与设计[M].2版.北京:中国建筑工业出版社,2003.

[3] 手册编委会.建筑结构试验检测技术与鉴定加固修复实用手册[M].北京:世图音像电子出版社,2002.

[4] GB 50702—2011.砌体结构加固设计规范[S].北京:中国建筑工业出版社,2011.

[5] 孙潮,陈宝春.钢筋混凝土面层加固石砌体轴心受压构件材料强度利用系数和可靠度分析[J].福州大学学报(自然科学版),2013,41(6):1104-1109.

［6］朱玉仲,曲增民,张正君.某砌体结构裂缝的鉴定与加固修缮[J].建筑结构,2007,37(S1):21-23.

［7］楼永林.夹板墙的试验研究与加固设计[J].建筑结构学报,1988,9(4):1-12.

［8］黄忠邦.水泥砂浆及钢筋网水泥砂浆面层加固砖砌体试验[J].天津大学学报,1994,27(6):764-770.

［9］黄忠邦.钢筋网水泥砂浆加固砖墙中关于拉结筋的试验研究[J].实验力学,1994,9(4):383-389.

［10］黄忠邦.国外关于钢筋网水泥砂浆抗震加固的研究[J].建筑结构,1994,24(5):44-47.

［11］张代涛,宋菊芳.钢筋网水泥砂浆加固砖砌体房屋振动台试验研究[J].工程抗震,1996(3):32-36.

［12］苏三庆,丰定国,王清敏.用钢筋网水泥砂浆抹面加固砖墙的抗震性能试验研究[J].西安建筑科技大学学报(自然科学版),1998,30(3):228-232.

［13］田世民,廖娟,陈龙珠.空斗墙加固后的承载力试验研究[J].浙江建筑,2000(4):33-34.

［14］李明,王志浩.钢筋网水泥砂浆加固低强度砂浆砖砌体的试验研究[J].建筑结构,2003,33(10):34-36.

［15］王亚勇,姚秋来,王忠海,等.高强钢绞线网-聚合物砂浆复合面层加固砖墙的试验研究[J].建筑结构,2005,35(8):36-40.

［16］杨建平,李爱群,王亚勇,等.高强钢绞线-聚合物砂浆加固低强度砖砌体的试验研究[J].防灾减灾工程学报,2008,28(4):473-478.

［17］许清风,江欢成,朱雷,等.钢筋网水泥砂浆加固旧砖墙的试验研究[J].土木工程学报,2009,42(4):77-84.

［18］尚守平,刘一斌,姜巍,等.HPFL加固空斗墙砌体抗压强度试验研究[J].郑州大学学报(工学版),2010,31(6):19-23.

［19］尚守平,季超群,刘沩.高性能复合砂浆钢筋网加固空斗墙的试验研究[J].湘潭大学自然科学学报,2010,32(2):51-56.

［20］汤伟民,周坚毅,吴策,等.空斗墙加固后的抗震性能试验研究[J].结构工程师,2011,27(S1):201-205.

［21］王卓琳,蒋利学.高强钢绞线-聚合物砂浆加固低强度空斗墙的试验研究[J].工业建筑,2011,41(11):60-65.

［22］尚守平,唐文浩,郜志远.高性能复合砂浆钢筋网加固多孔砖砌体的抗压试验[J].四川大学学报(工程科学版),2011,43(5):1-6.

［23］刘昌茂,冯卫,杨良荣.空斗墙房屋抗震性能及加固的试验研究[J].地震学刊,1990(2):10-15.

［24］赵彤,张晨军,谢剑,等.碳纤维布用于砖砌体抗震加固的试验研究[J].地震工程与工程振动,2001,21(2):89-95.

［25］翁大根,吕西林,任晓崧,等.砖砌体墙片抗震修复与加固伪静力试验[J].世界地震工程,2003,19(1):1-8.

［26］王欣,陆洲导,吕西林.碳纤维技术在砌体结构抗震加固中的试验研究[J].工业建筑,2003,33(9):11-13.

［27］陈瑶艳,阮积敏,王柏生,等.普通玻璃纤维布加固多孔砖砌体的抗震性能试验研究[J].工业建筑,2004,34(7):88-90,96.

［28］林磊,叶列平.FRP加固砖砌体墙的试验研究与分析[J].建筑结构,2005,35(3):21-27.

［29］潘华,邱洪兴,朱星彬.碳纤维布抗震加固砖砌体墙的试验研究[J].建筑结构,2006,36(7):67-70.

［30］谷倩,彭波,刘卫国,等.碳纤维布抗震加固开门窗洞口砌体墙片的试验研究与受剪承载力分析[J].建筑结构学报,2007,28(1):80-88.

［31］李英民,卜长明,刘立平,等.碳纤维加固严重破坏砌体墙的试验研究[J].地震工程与工程振动,2011,31(6):129-135.

［32］刘明,龚苏平,刘新强,等.FRP加固砖砌体抗压强度的试验[J].沈阳建筑大学学报(自然科学版),

2006,22(5):732-735.

[33] 由世岐,刘新强,刘斌,等. 斜向粘贴 FRP 加固砖砌体墙受剪试验[J]. 沈阳建筑大学学报(自然科学版),2008,24(5):803-808.

[34] 宋彧,原国华,周乐伟. 斜拉筋加固砌体结构抗震性能试验研究[J]. 建筑技术,2009,40(1):42-44.

[35] 马人乐,蒋璐,梁峰,等. 体外预应力加固砌体结构振动台试验研究[J]. 建筑结构学报,2011,32(5):92-99.

[36] 刘航,华少锋. 后张预应力加固砖砌体墙体抗震性能试验研究[J]. 工程抗震与加固改造,2013,35(5):71-78.

[37] 卓尚木,林茂合,陈丽梅. 砖柱外包钢加固的强度和变形[J]. 建筑结构,1994,24(5):12-17.

[38] Vintzileou E N, Toumbakari E-E E. The effect of deep rejointing on the compressive strength of brick masonry[C]. Historical Constructions 2001, Possibilities of numerical and experimental techniques, Spain, 2001:995-1002.

[39] 石杰,王万江. 嵌筋加固技术对砌体抗震性能的影响[J]. 建筑技术,2013,44(11):973-977.

# 第8章 钢结构加固

钢结构具备强度高、自重轻、韧性好、制作简便、施工工期短等优点,目前在国内得到越来越多的应用,尤其是工业厂房与各种类型的工作平台。同混凝土、砌体结构一样,钢结构在设计、施工以及使用过程中,不可避免地会遇到这样或那样的问题或功能改造等,从而使得钢结构构件存在一定的缺陷或安全隐患,此时需要对此进行加固。钢结构相对混凝土结构与砌体结构而言,其具有材质均匀、与力学模型吻合较好的特点。

## 8.1 钢结构加固原因与方法选择

### 8.1.1 钢结构加固原因

钢结构存在严重缺陷和损伤,或改变使用条件经验查、验算结构的强度、刚度或稳定性不满足使用要求时,应对钢结构进行加固。常见的钢结构需加固补强的主要原因有以下几个方面[1-2]:

(1) 由于设计或施工中造成钢结构缺陷,如焊缝长度不足、杆件中切口过长、截面削弱过多等。

(2) 结构经长期使用,不同程度锈蚀、磨损、操作不正常造成结构缺陷等,使结构构件截面严重削弱。

(3) 工艺生产条件变化,使结构上荷载增加,原有结构不能适应。

(4) 使用的钢材质量不符合要求。

(5) 意外自然灾害,如雪灾造成结构严重损伤。

(6) 由于地基基础的不均匀沉降,引起上部主体结构的变形和损伤。

### 8.1.2 加固方法选择原则

钢结构加固方法应从施工方便、不影响生产、经济合理、综合效果好等方面来选择,一般应遵循如下加固原则[2]:

(1) 加固尽可能做到不停产或少停产,因停产的损失往往是加固费用的几倍或几十倍;能否在负荷下不停产加固,取决于结构应力、应变状态,一般构件的应力应小于钢材设计强度的80%,且构件损坏、变形等不是太严重时,可采用负荷不停产加固方法。

(2) 结构加固方案要便于制作、施工,便于质量检查。

(3) 结构制造、组装尽量在生产区外进行。

(4) 连接加固尽可能采用高强螺栓或焊接。

采用高强螺栓加固时,应验算钻孔截面削弱后的承载能力;采用焊接加固时,实际荷载产生的原有杆件应力最好在钢材设计强度60%以下,最大不得超过80%,否则应采取相应措施才能施焊。

## 8.2 钢结构加固方法

钢结构加固根据损伤范围,一般可分为局部加固和全面加固。局部加固是对某承载能力不足的杆件或连接节点处进行加固,有增加杆件截面加固法、粘贴纤维增强复合材料加固法、减小杆件自由长度法和连接节点加固法。全面加固是对整体结构进行加固,有不改变结构静力计算简图加固法和改变静力计算简图加固法两类,增加或加强支撑体系、施加体外预应力都是对结构体系加固的有效方法。

钢结构的加固施工有负荷加固施工、卸荷加固施工和部分卸荷加固施工;不得已时才采用从结构上拆下应加固构件进行更换(此时必须设临时支撑保证结构安全)。增加原有构件截面的加固方法是最费料最费工方法(但往往是可行、有效的方法),改变计算简图的方法最有效且多种多样,费用也大大下降。下面针对具体的加固方法进行分类阐述。

### 8.2.1 钢柱的加固方法

钢柱的常用加固方法有以下几种:

1) 补强柱的截面

一般补强柱截面用钢板或型钢,采用焊接或高强螺栓与原柱连接成一个整体。具体的加固方式主要从提高柱的截面面积及其截面惯性矩两个方面进行考虑。

2) 增设侧向支撑

增设侧向支撑可减小柱的自由长度,从而提高其承载能力。此时,可以在保持柱截面尺寸不变情况下提高柱的稳定性。

3) 改变计算简图减少柱外荷载或内力

通常采用的方法包括:将屋架与柱之间的铰接改为刚接,减小了柱根部的计算弯矩,柱截面可能就不需要进行加固,但此时应对屋架进行验算;加强排架柱的某一根柱(通常是外侧柱,便于施工),即通过提高该柱的抗侧刚度,使其所承担的水平荷载增大,从而使得其他柱列达到卸载的目的,导致加固工作量减少。

### 8.2.2 柱脚加固方法

1) 柱脚底板厚度不足加固方法

(1) 增设柱脚加劲肋,达到减小底板计算弯矩的目的。

(2) 在柱脚型钢间浇筑混凝土,使柱脚底板成为刚性块体。为增加钢板与混凝土之间的粘结力,柱脚表面油漆和锈蚀要清除干净,同时外焊短钢筋(φ16～φ20@150)。

2) 柱脚锚固不足加固方法

(1) 增设附加锚栓:当混凝土基础宽度较大时可采用,在混凝土基础上钻出孔洞,插入附加锚栓,浇筑环氧砂浆或其他粘结材料固定(孔洞直径为锚栓直径 $d$ 加 20 mm,深度大于 30 $d$),增设的锚栓上端,用螺帽拧紧在靴梁的挑梁上。

(2) 将整个柱脚外包钢筋混凝土:新配钢筋要伸入到基础内,与基础内原钢筋焊接。

### 8.2.3 钢屋架(托架)加固方法

屋架或托架的加固通常是在负荷状态下进行,有时必须在卸荷或部分卸荷状态下加固或更换。卸载用的临时支柱可直接由地面升起,也可把临时支柱安装在吊车桥架上。

钢屋架(托架)加固方法类型较多,应根据原屋架存在的问题、原因、施工条件和经济条件进行综合选择。

1) 屋架体系加固法

体系加固法是设法将屋架与其他构件连接起来或增设支点和支撑,以形成空间的或连续的承重结构体系,改变屋架承载能力。

（1）增设支撑或支点：这可增加屋架空间刚度，将部分水平力传给山墙，提高抗震性能，故在屋架刚度不足或支撑体系不完善时可采用。

（2）改变支座连接加固屋架：将原铰接钢屋架改变为连续结构，单跨时铰接改刚接也同样改变屋架杆件内力；支座连接变化能降低大部分杆件内力，但也可能使个别杆件内力特征改变或增加应力。所以，对改变支座连接后的屋架，应重新进行内力计算。

2）整体加固法

整体加固法是增强屋架的总承载能力，改变桁架内杆件内力。

（1）预应力筋加固法：通过对屋架增设体外预应力筋，可降低许多杆件内力。预应力的布置形式包括元宝式预应力筋与直线形预应力筋。

（2）撑杆构架加固法：在桁架下增加撑杆构架加固，增加的构架拉杆可以锚固在屋架上，也可锚固在柱子上。

3）减少杆件长细比——杆件再分式加固法

利用再分式杆件减少压杆长细比，增加原有杆件的承载能力。

4）增大杆件截面加固法

屋架（桁架）中某些杆件承载能力不足，可以采用增大杆件截面方法加固，一般桁架杆件的增大截面采用加焊角钢、钢板或钢管。

### 8.2.4 钢梁加固方法

钢梁及吊车梁加固有时在负荷状态下进行，有时必须在卸荷或部分卸荷状态下加固，可以采用屋架类似方法进行卸荷。对于吊车梁来说，限制桥式吊车运行，即相当于大部分已卸荷，因吊车梁自重产生的应力与桥式吊车运行时产生应力相比是很小的。钢梁的加固类型，基本上与桁架加固方法相类似。

1）改变梁支座计算简图加固方法

各单跨梁可采用使支座部分连续的方法进行加固，在支座部分的梁上下翼缘焊上钢板，使其变成连续体系，该钢板所传递的力应恰好与支座弯矩相平衡，连续后可使跨中弯矩降低15%～20%。采用这种加固方法会导致柱荷载的增加，此时应验算柱。

2）支撑加固梁方法

支撑有竖向支撑（支柱）和斜撑两种。斜撑加固梁时，斜撑有长斜撑和短斜撑两种方案。长斜撑支在柱基上，虽用钢量多一点又较笨重，但能减少柱内力。短斜撑支在柱上，将给柱传来较大水平力，虽用钢量少一点，但是只能在柱承载能力储备足够时才能采用。一般采用焊接方法连接斜撑和梁，验算时要考虑梁中间部分（斜撑支点之间）会产生压力，用斜撑加固梁时也必须加固梁截面。支柱加固时，需要做新基础。

3）吊杆加固梁方法

在层高较高的房屋内，可用固定于上部柱的吊杆来加固梁。由于吊杆不沿腹板轴线与梁相连，故梁又受扭。吊杆应是预应力的，吊杆按预应力和梁计算荷载引起的应力总和确定。

4）下支撑构架加固梁方法

当允许梁卸载加固时，可采用下支撑构架加固。各种下撑杆使梁变成有刚性上弦梁桁架，下撑杆一般是非预应力型钢（如角钢、槽钢和圆钢等），也可用预应力高强钢丝束加固吊车梁。

5）增大梁截面加固法

钢梁可通过增大截面面积来提高承载能力,焊接组合梁和型钢梁都可采用在翼缘板上加焊水平板、垂直板和斜板加固,也可用型钢加焊在翼缘上。当梁腹板抗剪强度不足时,可在腹板两边加焊钢板补强,当梁腹板稳定性不保证时,往往不采用上述方法,而是设置附加加劲肋方法。此外,为了考虑施工方便,也可采用圆钢和圆钢管补增梁截面。

## 8.2.5　连接和节点加固方法

构件截面的补增或局部构件的替换都需要适当的连接,补强的杆件也必须通过节点加固才能参与原结构工作,受损的节点更需要加固。所以,钢结构加固工作中连接与节点加固占有重要位置。

钢结构加固所用连接方式与钢结构制造一样,不外乎铆接、焊接和螺栓连接(包括高强螺栓和普通螺栓)几种。但是,鉴于加固是在既有结构上补强,因而选用的连接方式必须满足既不破坏结构功能又能参与共同工作的要求。此外,由于既有结构各种因素和现场条件的限制,加固中必然会对不同连接方式混合使用的可能性和效果提出质疑,如结构空间有限,不可能增加新的螺栓时,可否增设焊缝来传递新增内力等。正确选用连接方式的前提是掌握各种连接方式的工作特性。20 世纪 60 年代以前,钢结构的连接以铆接为主,其特点是铆钉在热状态下铆合连接件,冷却后铆钉钉杆内产生纵向拉力,对被铆件施加挤压力。但由于施铆工艺受很多因素影响(如铆钉直径、连接件厚度、施铆工具和操作技术等),铆钉初应力变动很大,挤压作用不稳定。当铆钉初应力消失,挤压作用也随之松弛,连接部位由摩擦传力变为铆钉杆与孔壁之间承压传力,同时产生被铆部件之间的相对位移。同一节点的铆钉群中,各个铆钉将分别处在不同工作阶段中,因而铆钉连接的刚度小于焊接和高强螺栓连接。由于施工繁杂,目前铆接基本被淘汰。焊接连接刚度大,整体性好,尤其在横向角焊缝和对接焊缝连接情况更为显著。但是,焊接过程产生的残余应力,在几个方向焊缝交叉时,有可能出现三向应力状态的脆性破坏。高强螺栓连接从传力和变形特性两方面,都介于铆接和焊接之间,螺栓的预拉力值不仅高于铆钉,而且因施工工艺的保证,其值也较稳定。高强螺栓连接在产生滑移前(即摩擦型连接)连接刚度很好,滑移后则与铆接相似。不同连接方式除了工作特性的差异之处,对被连接钢材的材性要求也有很大出入,这一点在加固处理时必须慎重对待。从现场施工条件考虑,采用焊接最简单,但焊接对钢材要求最高,使用多年的工厂厂房结构往往原始资料残缺不全,钢材材性不明,若选用焊接,必须实地取样复验化学成分,主要控制碳、硫、磷三元素含量,建议碳含量≤0.22%,硫含量≤0.55%,磷含量≤0.050%。此外,硅含量≤0.22%,以保证其良好的可焊性。不同的连接方式是否适合于混合使用,取决于其各自的变形特性能否协调,具有相似变形特性的连接才能同时发挥各自的承载能力,起到应有的加固作用[3]。下面针对连接与节点的加固分别进行介绍。

1）原铆接连接的加固

铆接连接节点不宜采用焊接加固,因焊接的热过程将使附近铆钉松动、工作性能恶化。由于焊接连接比铆接刚度大,两者受力不协调,而且往往被铆接钢材的可焊性较差,易产生微裂纹。铆接连接仍可用铆钉连接加固或更换铆钉,但铆接施工繁杂,且会导致相邻完好铆钉受力性能变弱(因新加铆钉紧压程度太强,影响到邻近完好铆钉),削弱的结果可能不得不将原有铆钉全部换掉。

铆接连接加固的最好方式是采用高强螺栓,它不仅简化施工,且高强螺栓工作性能比铆钉可靠得多,还能提高连接刚度和疲劳强度。

2) 原高强螺栓连接的加固

原高强螺栓连接节点仍用高强螺栓加固,个别情况可同时使用高强螺栓和焊缝来加固,但要注意螺栓的布置位置,使两者变形协同。

3) 原焊接连接的加固

焊接连接节点的加固仍用焊接,焊接加固方式有两种:一是加大焊缝高度(堆焊),为了确保安全,焊条直径不宜大于 4 mm,电流不宜大于 220 A,每道焊缝的堆高不宜超过 2 mm;如需继续增加,应逐次分层加焊,每次以 2 mm 为限,后一道堆焊应待前一道堆焊冷却到100℃以下才能施焊,这是为了使施焊热过程中尽量不影响原有焊缝强度。二是加长焊缝长度,在原有节点能允许增加焊缝长度时,应首先采用加长焊缝的加固连接方法,尤其在负载条件下加固时。负荷状态下施焊加固时,焊条直径宜在 4 mm 以下,电流 220 A 以下,每一道焊缝高度不超过 8 mm;如计算高度超过 8 mm,宜逐次分层施焊,后道施焊应在前道焊缝冷却到100℃以下后再进行。

4) 节点连接的扩大

当原有连接节点无法布置加固新增的连接件(螺栓、铆钉)或焊缝时,可考虑加大节点连接板或辅助件。

### 8.2.6 裂纹的修复与加固

1) 焊接裂纹治理方法

裂纹是最为严重的焊缝缺陷。钢结构焊缝一旦出现裂纹,焊工不得擅自处理,应及时通知焊接工程师,找有关单位的焊接专家及原结构设计人员进行分析采取处理措施,再进行返修,返修次数不宜超过两次。

负荷的钢结构出现裂纹,应根据情况进行补强或加固。①卸荷补强加固。②负荷状态下进行补强加固,应尽量减少活荷载和恒荷载,通过验算其应力不大于设计的80%,拉杆焊缝方向应与构件拉应力方向一致。③轻钢结构不宜在负荷情况下进行焊缝补强或加固,尤其对受拉构件更要禁止。

焊缝金属中的裂纹在修补前应用超声波探伤确定裂纹深度及长度,用碳弧气刨刨掉的实际长度应比实测裂纹长两端各加 50 mm,而后修补。

2) 钢构件裂纹的修复与加固

结构因荷载反复作用及材料选择、构造、制造、施工安装不当等产生具有扩展性或脆断倾向性裂纹损伤时,应设法修复。在修复前,必须分析产生裂纹的原因及其影响的严重性,有针对性地采取改善结构受力性能的加固措施,对不宜采用修复加固的构件,应予拆除更换。在对裂纹构件修复加固设计时,应按现行《钢结构设计规范》(GB 50017)规定进行疲劳验算,必要时应专门研究,进行抗脆断计算。

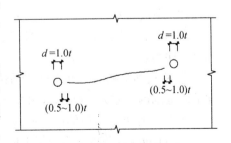

图 8-1 裂纹两端钻止裂孔

在结构构件上发现裂纹时,作为临时的应急措施之一,可于板件裂纹端外$(0.5\sim1.0)t$($t$ 为板件厚度)处钻孔(图 8-1),以防止其进一步急剧扩展,并及时根据裂纹性质及扩展倾向再采取恰当措施修复加固。钢构件裂纹的常用修复方法如下面所述。

（1）焊接法

修复裂纹时应优先采用焊接方法，一般按下述顺序进行：

① 清洗裂纹两边 80 mm 以上范围内板面油污至露出洁净的金属面。

② 用碳弧气刨、风铲或砂轮将裂纹边缘加工出坡口，直达纹端的钻孔，坡口的形式应根据板厚和施工条件按现行国家标准《气焊、手工电弧焊及气体保护焊焊缝坡口的基本形式与尺寸》的要求选用。

③ 将裂纹两侧及端部金属预热至 100～150℃，并在焊接过程中保持此温度；用与钢材相匹配的低氢型焊条或超低氢型焊条施焊；尽可能用小直径焊条以分段分层逆向焊施焊，焊接顺序参见图 8-2 所示，每一焊道焊完后宜即进行锤击。

④ 按设计要求检查焊缝质量。

⑤ 对承受动力荷载的构件，堵焊后其表面应磨光，使之与原构件表面齐平，磨削痕迹线应大体与裂纹切线方向垂直。

⑥ 对重要结构或厚板构件，堵焊后应立即进行退火处理。

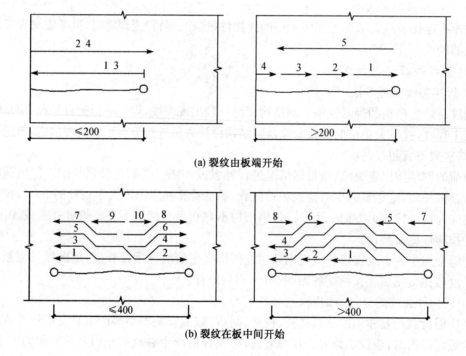

（a）裂纹由板端开始

（b）裂纹在板中间开始

图 8-2　堵焊焊道顺序

（2）嵌板修补法

对网状、分叉裂纹区和有破裂、过烧或烧穿等缺陷的梁、柱腹板部位，宜采用嵌板修补，修补顺序为：

① 检查确定缺陷的范围；将缺陷部位切除，宜切带圆角的矩形孔，切除部分的尺寸均应比缺陷范围的尺寸大 100 mm（图 8-3(a)）。

② 用等厚度同材质的嵌板嵌入切除部位，嵌入板的长宽边缘与切除孔间两个边应留有 2～4 mm 的间隙，并将其边缘加工成对接焊缝要求的坡口形式。

③ 嵌板定位后，将孔口四角区域预热至 100～150℃，并按图 8-3(b)所示顺序采用分段分层逆向焊法施焊。

④ 检查焊缝质量，打磨焊缝余高，使之与原构件表面齐平。

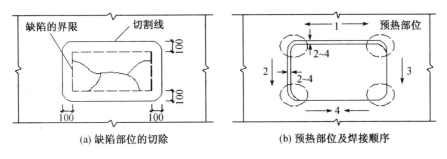

(a) 缺陷部位的切除　　　　　(b) 预热部位及焊接顺序

图 8-3　缺陷切除后的修补

（3）附加盖板修补法

用附加盖板修补裂纹时，一般宜采用双层盖板，此时裂纹两端仍须钻孔。当盖板用焊接连接时，应设法将加固盖板压紧，其厚度与原板等厚，焊脚尺寸等于板厚，盖板的尺寸和焊接顺序可参照嵌板修补法相关要求执行。当用摩擦型高强度螺栓连接时，在裂纹的每侧用双排螺栓，盖板宽度以能布置螺栓为宜，盖板长度每边应超出裂纹端 150 mm。

（4）吊车梁腹板裂纹修复

当吊车梁腹板上出现裂纹时，应检查和先采取必要措施，如调整轨道偏心等，再按焊接法修补裂纹。此外，尚应根据裂纹的严重程度和吊车工作制类别，合理选用加固措施。

### 8.2.7　钢结构锈蚀处理与防腐

1）钢结构锈蚀的类型

钢材由于和外界介质相互作用而产生的损坏过程称为"腐蚀"，有时也叫"钢材锈蚀"。钢材锈蚀按其作用可分为以下两类：

（1）化学腐蚀

化学腐蚀是指钢材直接与空气或工业废气中含有的氧气、碳酸气、硫酸气或非电解质液体发生表面化学反应而产生的腐蚀。

（2）电化学腐蚀

电化学腐蚀是由于钢材内部有其他金属杂质，它们具有不同的电极电位，在与电解质或水、潮湿气体接触时，产生原电池作用，使钢材腐蚀。

实际工程中，绝大多数钢材锈蚀是电化学腐蚀或化学腐蚀与电化学腐蚀同时作用的结果。一般情况下，室外钢结构比室内易锈蚀；湿度大易积灰部分易锈蚀；焊接节点处易锈蚀；难以涂层或涂刷到的部位易锈蚀。

2）处理与防腐措施

（1）新建钢结构防锈

新建钢结构应根据使用性质、环境介质等制定防锈方法，一般有涂料敷盖法和金属敷盖法。

涂料敷盖法，即在钢材表面敷盖一层涂料，使之与大气隔绝，以防锈蚀。主要施工工艺有：表面除锈、涂底漆、涂面漆。

金属敷盖法,即在钢材表面上镀上一层其他金属。所镀的金属可使钢材与其他介质隔绝,也可能是镀层金属的电极电位更低于铁,起到牺牲阳极(镀层金属)保护阴极(铁)的作用。

(2) 既有钢结构锈蚀处理

既有钢结构锈蚀层的处理包括旧漆膜处理、表面处理、涂层选择、涂层施工。其中,如果既有钢结构从未采用防锈漆保护过,则不存在旧漆膜处理。

① 漆膜处理

漆膜处理方法有碱水清洗(5%～10%的 NaOH 溶液)、火喷法、涂脱漆剂、涂脱漆膏(配方:碳酸钙 6～10 份,碳酸钠 4～7 份,水 80 份,生石灰 1～15 份混成糊状;或清水 1 份,土豆淀粉 1 份,50% 浓度氢氧化钠水溶液 4 份,边搅拌边拌和,再加 10 份清水搅拌 5～10 min)等。

② 表面处理

表面处理是保证涂层质量的基础,表面处理包括除锈和控制钢材表面的粗糙度。除锈可以采用手工工具处理、机械工具处理、喷砂处理、化学剂处理(酸洗、碱洗等)。对于既有钢结构的防腐处理往往是在不停产条件下进行,喷砂和化学剂处理方法不大可能采用,主要是采用手工和机械工具除锈。手工除锈是古老而简单的常用方法,即用铲刀、刮刀、钢丝刷、砂轮、砂布和手锤,靠手工敲铲、砂磨除去钢材表面旧漆膜和铁锈、油污和积灰。它操作方便,不受结构尺寸条件所限;但劳动强度大、效率低、质量难保证。机械除锈是采用风动和电动工具——磨光机、风枪(敲铲)、风动针束除锈机,它比手工除锈的质量和效率都有提高,劳动强度也小一点。

③ 涂层选择

涂层选择包括涂层材料品种选择、涂层结构选择和涂层厚度确定。其中,漆膜厚度影响防锈效果,增加漆膜厚度是延长使用年限的有效措施之一。一般钢结构防护涂层总厚度要求室内不小于 $100~\mu m$,室外条件应不小于 $125~\mu m$,腐蚀性环境中漆膜应加厚。

④ 涂层施工

涂层的施工质量与作业中具体操作有很大关系,实际施工时应委托专业化的施工队伍实施。

# 8.3 钢结构加固方法试验研究简介

## 8.3.1 FRP 加固方法

文献[4]对 FRP 加固钢结构的研究进展进行了综述。传统的钢结构加固方法是将钢板焊接、螺栓连接、铆接或者粘结到原结构的损伤部位,这些方法虽在一定程度上改善了原结构缺陷部位受力状况,但同时又给结构带来了一些新的问题,如产生新的损伤和焊接残余应力等。如果采用粘贴 FRP 加固技术,则可以克服上述方法的缺点,并且 FRP 具有比强度和比模量高、耐腐蚀及施工方便等优点。FRP 加固修复钢结构是采用 FRP 板(或布)粘贴到钢结构构件损伤部位,提高或改善其受力性能,主要有以下几种形式:①在梁的受拉面粘贴FRP 片材,提高其抗弯承载力和抗弯刚度,这种加固形式在国内外研究应用的比较多,也比较有效;②在梁的腹板粘贴 FRP 片材,提高其抗剪承载力;③对疲劳损伤钢结构进行加固,提高剩余疲劳寿命,加固效果很不错;④FRP 布环向缠绕钢管柱,避免钢管的局部失稳,提高柱的抗压承载能力;⑤对钢结构节点的加固。

1）FRP 加固钢梁

FRP 加固钢梁的试验研究最早始于 20 世纪 90 年代中期,美国 Delaware 大学对无损伤缺陷的工字形钢梁进行研究[5]。Edberg 等人采用几种不同的 FRP 加固方案对跨度为 1 372 mm、型号为 W8×10 的工字形截面钢梁进行加固试验研究。第一种加固方案是将 4.6 mm 厚的 CFRP 板直接粘贴在受拉翼缘底部;第二种方案是在粘贴 CFRP 板之前先粘贴铝合金蜂窝板;第三种方案是先将轻质的泡沫制品粘贴到受拉翼缘底部,然后缠绕 GFRP 片材;第四种方案是将拉挤 GFRP 槽型板粘贴到受拉翼缘的底部,并用螺栓机械连接。加固后的钢梁采用四点受弯进行加载试验,研究结果显示刚度分别比加固前提高 20%、30%、11%、23%,极限承载力分别提高 42%、71%、41%、37%;相比较而言,第二种加固方案提高幅度最大。Abushaggur 和 El Damatty[6]采用 19 mm 厚的 GFRP 板粘贴到型号为 W6×25 的工字形钢梁上、下翼缘表面,然后进行四点受弯加载试验研究;试验结果表明,这些钢梁的失效模式是 GFRP 板发生断裂或者 GFRP 层间发生分层,没有观察到 GFRP 和胶层之间的剥离破坏;加固后钢梁的刚度、屈服荷载和极限荷载分别提高了 15%、23% 和 78%。Patnaik 和 Bauer[7]将厚 1.4 mm 的 CFRP 板粘贴到薄壁工字形钢梁腹板两侧,钢梁的破坏形式是腹板屈曲的剪切破坏;试验结果表明,加固后钢梁的抗剪承载力提高了 26%。

钢结构桥梁中常采用钢-混凝土组合梁,对钢-混凝土组合梁也可以采用 FRP 进行加固。Sen 等人[8]对钢材屈服强度分别为 310 MPa、370 MPa 的组合梁进行了试验研究,W8×24 工字形钢梁的跨度为 6 100 mm,上面是厚度为 114 mm、宽度为 710 mm 的混凝土板,分别用 2 mm 和 5 mm 厚的 CFRP 板粘贴到受拉翼缘底部进行加固。CFRP 板的长度为 3 650 mm,宽度为翼缘宽度,弹性模量为 114 GPa。试验结果表明,钢材屈服强度为 310 MPa 的组合梁分别采用 2 mm 和 5 mm 的 CFRP 板加固后,承载力分别提高了 21% 和 52%;钢材屈服强度为 370 MPa 的组合梁承载力分别提高了 9% 和 32%。Tavakkolizadeh 和 Saadatmanesh[9]对 3 根屈服强度为 335 MPa 的组合梁采用 CFRP 薄板进行加固试验研究,试验采用净跨为 4 780 mm 的 W14×30 工字形钢梁,钢梁上面是厚度为 75 mm、宽度为 910 mm 的混凝土板。钢梁下翼缘底部沿梁全长粘贴两道宽度为 76 mm、厚度为 1.27 mm 的 CFRP 薄板。研究结果表明,当钢梁底部分别粘贴 1、3、5 层 CFRP 薄板时,组合梁的极限承载力比未加固构件分别提高了 44%、51%、76%,但是刚度提高不明显。Al-Saidy[10]对组合梁进行的加固试验研究表明,其极限承载力比未加固构件提高了 21%～45%。

从上面的试验研究成果可以看出,FRP 加固无初始损伤缺陷钢梁后,其承载力有一定提高,但是刚度大部分没有明显变化。已有的试验结果表明,FRP 加固效果的离散性较大,随着粘贴的纤维量、纤维的弹性模量、钢材的弹性模量、钢材的屈服强度的不同,加固效果也不同。

2）FRP 加固损伤钢梁

对存在损伤的钢梁进行加固试验研究,主要采用受拉翼缘切口[11-13]、腹板钻孔[12]等方法模拟钢梁的损伤,或直接从现场旧桥梁中选取存在锈蚀损伤的钢梁。

对受拉翼缘存在损伤缺陷的工字形钢梁采用 CFRP 加固后,主要破坏模式是在切口处 CFRP 与钢梁间的剥离破坏[11-12],并随着剥离的发展,最后 CFRP 发生断裂。CFRP 加固带有损伤组合梁的破坏模式[10, 13, 14]主要有 5 种:混凝土被压碎、CFRP 与钢梁剥离、CFRP 被拉断、钢梁的翼缘或腹板屈曲、混凝土与钢梁间的剪力件破坏，通常是几种破坏模式的组合。试验研究结果表明，带有损伤缺陷钢梁采用高模量的 CFRP 板加固后，刚度基本能恢复到未损伤情况下钢梁刚度的 90% 以上；极限承载力的提高幅度随着加固量和损伤大小而不同。

Shulley 等人[12]对 6 根腹板存在损伤的工字形钢梁进行了加固试验研究，钢梁的跨度为711 mm，三点受弯试验，在距钢梁支座 178 mm 的腹板中部用直径为 100 mm 的圆孔模拟腹板的损伤。采用不同种类的 FRP 片材进行加固，研究结果表明，所有钢梁在圆孔处的 FRP 片材都发生了与钢腹板的剥离，且承载力都没有得到显著提高。前面 Patnaik 和 Bauer[7]对没有损伤的钢梁粘贴 CFRP 板到腹板两侧，却使钢梁的抗剪承载力提高 26%。两个试验结果差异很大，一方面是由于后者加固量比前者大，更重要的原因是由于腹板圆孔的存在，使得 FRP 过早地发生与钢腹板之间的剥离破坏，这也说明采取措施延缓或避免剥离破坏的重要性。

3）FRP 加固受拉（压）构件

西安交通大学的马建勋等人对采用碳纤维布粘贴加固后的钢板进行了单轴拉伸试验[15]，试验研究结果表明，钢板采用 CFRP 布双面粘贴后，屈服荷载可提高 15%～18%，极限荷载可提高 16%～25%，破坏模式是 CFRP 布被拉断。

加拿大的 Queen's 大学对 FRP 加固空心方管短柱的受压性能进行了试验研究[16]。研究人员先沿着方管环向缠绕一层 GFRP 布（避免可能发生的电化学腐蚀），然后再沿方管环向或纵向粘贴若干层 CFRP 布。试验研究结果表明，沿方管环向粘贴 CFRP 布的加固效果远比纵向粘贴要好，极限承载力可提高 18%。当采用纵向 CFRP 布加固时，破坏形式是 CFRP 布与钢结构之间剥离破坏；当采用环向 CFRP 布加固时，则不会发生 CFRP 布与钢结构之间的剥离和 CFRP 布断裂的现象，钢柱最后发生局部屈曲破坏。

文献[17]对 FRP 管加固锈蚀损伤钢柱的抗压性能进行了试验研究。研究人员在钢柱存在锈蚀损伤的部位先套上 FRP 管，然后在 FRP 管内浇筑膨胀轻质混凝土。试验研究结果表明，采用这种加固方法后，柱的承载力普遍比未加固构件提高 150% 以上。

4）FRP 疲劳加固

所有疲劳性能试验研究结果均表明，采用 FRP 加固之后，存在疲劳损伤的钢结构剩余疲劳寿命均成倍地增长，加固效果十分明显。

Delaware 大学的研究人员针对两根从一座旧桥梁中取出的锈蚀损伤钢梁，采用 CFRP 板加固后进行了疲劳试验研究[18]，在 34 MPa 的应力幅下，经过 1 000 万次应力循环没有发生 CFRP 板与钢梁之间的剥离破坏，这说明加固后钢梁具有很好的抗疲劳性能。

Bassetti 等人[19]通过试验研究了采用预应力 CFRP 板来延缓裂纹扩展速率从而提高铆接钢结构的疲劳寿命。试验第一阶段对中心带裂纹的小尺寸钢板采用 1.2 mm 厚的预应力 CFRP 板进行加固处理，在 80 MPa 的应力幅和 0.4 应力比的循环荷载作用下，随着预应力的增大，裂纹扩展速度显著降低，疲劳寿命最大提高幅度达 16 倍。试验第二阶段是从既有旧桥上取出的 1 根铆接钢梁进行加固，试验研究结果表明，用预应力 CFRP 板可以有效地延缓铆钉孔附近疲劳裂纹的出现和进一步发展；未加固钢梁 350 万次循环荷载后出现裂纹，加固后钢梁 2 000 万次循环荷载后裂纹没有继续扩展。

Tavakkolizadeh 和 Saadatmanesh[20]对 21 根（其中 15 根未加固梁，6 根 CFRP 加固梁）1.3 m 长 W127×4.5、A36 的小尺寸工字形钢梁进行四点受弯试验研究。梁跨中受拉翼缘两边各被切割一道长 12.7 mm、宽 0.9 mm 的切口模拟损伤疲劳裂纹，CFRP 板长度为

300 mm,宽度与梁的下翼缘相同,厚度为 1.27 mm,纤维方向与切口方向垂直。试验研究结果表明,CFRP 加固过的钢梁试件与未加固试件相比,当应力幅为 207 MPa 和 345 MPa 时,疲劳寿命分别提高 3.4 倍和 2.6 倍。

Jones 等人[21]对 21 个含边裂纹和 8 个含中心裂纹的受拉构件进行了疲劳试验研究,考察了 CFRP 类型、长度、宽度、单面和双面粘贴、裂纹扩展前后粘贴等因素对加固效果的影响。对于含边裂纹钢板,当双面粘贴加固时,加固后构件的剩余疲劳寿命与未加固构件相比最大可提高 115%。对于含中心裂纹钢板,当双面粘贴加固时,加固后构件的剩余疲劳寿命与未加固构件相比最大可提高 54%。

国家工业建筑诊断与改造技术研究中心[22]对两组十字形横肋小试件进行在拉-拉循环荷载作用下的疲劳试验研究。试验研究结果表明,在钢构件 K 形焊接部位粘贴碳纤维布加固后,其疲劳寿命可提高 318%。

除此之外,在粘贴 CFRP 加固钢结构之前,钢材的表面处理可以增强其粘结强度和耐久性。当表面处理完成后,15 h 内必须粘贴 CFRP,否则会降低粘结强度。表面处理或者喷砂处理可以从钢结构表面除去铁锈、各种涂料和油漆,增强其粘结效果;文献[23]系统地研究了各种表面处理方法对粘结强度的影响。

文献[24]对碳纤维布加固钢结构的粘结性能进行了试验试验。钢板选用 Q235 钢,钢材的屈服强度为 388.2 MPa,拉伸强度为 517.1 MPa,弹性模量为 216.2 GPa。加固材料为 HT 型和 HM 型碳纤维布,厚度均为 0.167 mm,拉伸强度、伸长率、弹性模量分别为 3 788 MPa、1.7%、217.6 GPa 与 3 198 MPa、0.72%、422.4 GPa。粘结材料选用适合于碳纤维布加固的粘结剂,其拉伸强度、弹性模量、极限应变、压缩强度和钢-钢拉剪强度分别为 43.5 MPa、3 800 MPa、2.2%、86.0 MPa、22.06 MPa。

该试验设计了两种形式的试件,试件 I:含缺陷试件,为了考察粘贴碳纤维布后的加固效果。在钢板两侧各开一个半径为 5 mm 的贯穿半圆孔,用来模拟由于腐蚀或疲劳裂纹导致的截面削弱。碳纤维布采用对称粘贴,即在损伤钢板两对面各粘贴一层碳纤维布。钢板长度为 600 mm、宽度为 50 mm、厚度为 6 mm;碳纤维布的粘贴长度为 400 mm、粘贴宽度为 50 mm。一部分碳纤维布两端不锚固;另一部分碳纤维布两端采用玻璃纤维布进行锚固。碳纤维布端部的锚固方式有两种,即采用玻璃纤维布压条和缠绕玻璃纤维布锚固。试件 II:无损伤试件,用来研究碳纤维布与钢结构之间的粘结应力分布及有效粘结长度。钢板两侧没有开孔且碳纤维布在一端采用玻璃纤维布横向缠绕锚固,这样可以使碳纤维布的剥离破坏出现在未锚固的一端,碳纤维布的粘贴长度为 400 mm、粘贴宽度为 40 mm、玻璃纤维箍的宽度为 40 mm。试件设计的具体情况见表 8-1 所示。

表 8-1 试件设计

| 试件编号 | 试件类型 | 锚固方式 | 碳纤维布 |
| --- | --- | --- | --- |
| S-I-n-T | I | 无 | HT 型 |
| S-I-n-M | I | 无 | HM 型 |
| S-I-L-T | I | 压条 | HT 型 |
| S-I-W-T | I | 缠绕 | HT 型 |

| 试件编号 | 试件类型 | 锚固方式 | 碳纤维布 |
|---|---|---|---|
| S-Ⅰ-L-M | Ⅰ | 压条 | HM 型 |
| S-Ⅰ-W-M | Ⅰ | 缠绕 | HM 型 |
| S-Ⅱ-W1-T | Ⅱ | 一端缠绕锚固 | HT 型 |
| S-Ⅱ-W1-M | Ⅱ | 一端缠绕锚固 | HM 型 |

各试件的屈服荷载、极限荷载及变化见表 8-2 所示,其中 S-Ⅰ-0 表示含缺陷的对比试件,S-Ⅱ-0 表示未损伤的对比试件,即未加固试件。基于试验研究与分析结果,可得到以下几点结论:①粘贴碳纤维布能有效地提高拉伸构件的屈服荷载,但对极限荷载的贡献不大。这是因为在碳纤维布与钢板发生剥离之前,两者能有效地共同工作,碳纤维布分担了一部分荷载,降低了钢板缺陷处的应力,从而延迟了钢板的屈服,最终提高了试件的屈服荷载;构件发生屈服后,碳纤维布发生剥离,剥离区域的碳纤维布成为自由状态,对钢板的约束能力消失,所承担的荷载转移给钢板,钢板的应变迅速增大,发生断裂,因此极限荷载变化不大。同时,碳纤维布端部不同的锚固措施对屈服荷载的影响不同,未锚固时,由于碳纤维布端部角点处界面存在严重的应力集中,因此钢板接近屈服时就出现剥离,而且钢板屈服后,由于应变增加得很快,碳纤维布大范围剥离;当端部缠绕玻璃纤维锚固后,可以使端部的应力集中程度得到缓和,提高碳纤维布的使用效率,从而使构件的屈服荷载进一步提高。②采用高弹性模量的碳纤维布加固损伤钢构件的效果更加明显。③保证碳纤维布在钢材屈服后仍不发生剥离是非常重要的;即使碳纤维布与钢板发生剥离,但采用必要的措施,使碳纤维布仍能继续承受荷载也是一种有效的办法。

**表 8-2　试验结果**

| 试件编号 | 屈服荷载 | | 极限荷载 | |
|---|---|---|---|---|
| | 试验值/kN | 提高比例 | 试验值/kN | 提高比例 |
| S-Ⅰ-0 | 92.5 | 0 | 122.5 | 0 |
| S-Ⅰ-n-T | 98.1 | 6.1% | 121.2 | −1.1% |
| S-Ⅰ-n-M | 99.4 | 7.5% | 123.3 | 0.7% |
| S-Ⅰ-L-T | 100.2 | 8.3% | 124.5 | 1.6% |
| S-Ⅰ-W-T | 104.4 | 12.9% | 122.9 | 0.3% |
| S-Ⅰ-L-M | 105.0 | 13.5% | 125.4 | 2.4% |
| S-Ⅰ-W-M | 106.9 | 15.6% | 124.9 | 2.0% |
| S-Ⅱ-0 | 113.2 | 0 | 153.2 | 0 |
| S-Ⅱ-W1-T | 114.1 | 0.8% | 151.9 | −0.8% |
| S-Ⅱ-W1-M | 114.7 | 1.3% | 155.7 | 1.6% |

文献[25]对 CFRP 加固焊接钢结构的疲劳性能进行了试验研究。试验构件采用典型的板材对接焊中的单面 V 形焊,试件截面尺寸为 220.0 mm×38.2 mm×11.8 mm。单面

焊构件中钢板对接处竖向留有 4 mm 高度,然后做 60 度斜坡,梁钢板间距为 3 mm。对接焊钢板在三点弯曲的循环荷载作用下,当沿长度方向粘贴 CFRP 布后,钢板和焊缝接触部位的最大拉应力降低 9.9%,循环荷载应力幅度降低 9.7%。粘贴 CFRP 后将构件原有的疲劳寿命由 $1.25 \times 10^6$ 提高到 $2.46 \times 10^6$,提高了 97%。

文献[26]利用 FRP 套管—砂浆填充的方法对双轴对称钢构件进行了抗屈曲加固。通过 18 根试件的轴心受压试验研究,可以发现此方法能显著地提高构件的抗屈曲能力,加固试件的极限承载力最大能够提高 178%,延性指标最大能够提高 778%。

### 8.3.2 其他加固方法

对于钢结构的焊接连接,一般可采用加长焊缝或补焊短斜板,以及将原焊缝加厚等方法进行加固。但对相当数量的结构,在连接部位增加新焊缝往往有一定的困难,这样就只能采用将原焊缝加厚的方法。从施工简便的角度出发,这种加固方法更希望在负荷条件下完成。为此,原冶建院结构室研究人员对此开展了试验研究。试验研究结果表明,在不卸载条件下,用加厚原有焊缝方法对焊接连接进行加固补强,是行之有效的措施;即使在最不利条件、试件受力偏心很大呈拉弯状态时,加厚后焊缝强度平均值也能达到原有焊缝的 83.5%,加固时原有焊缝应力水平可保持为 0.8;加厚焊缝的总承载能力与焊缝工作断面的增加成比例,但与加固时焊接电流有关。在该试验研究中,当焊接电流为 170~190 A 时,加厚后焊缝强度(以单位面积切应力计算)可达原有焊缝强度的 94.5%;当焊接电流加大为 190~220 A 时,加厚后焊缝强度为原有焊缝强度的 92.5%。

在前面连接加固方法中提到螺栓连接与焊缝连接。栓焊并用连接节点在钢结构加固工程中具有很好的应用前景,但螺栓连接与焊缝连接之间的刚度和延性差异,使得栓焊并用连接受力性能复杂,其承载能力并不一定是螺栓与焊缝两者的简单叠加。为此,文献[27]进行了高强度螺栓摩擦型连接与侧端部角焊缝并用连接试件承载性能的试验研究。具体的试件连接形式与试验结果以及承载力叠加值比较分析见表 8-3、表 8-4 所示。

表 8-3　试件连接形式与试验结果

| 试件编号 | 螺栓 | | 焊缝尺寸(焊脚×长度)/mm | 连接方式 | 承载力/kN | 破坏形式(节点位移) |
|---|---|---|---|---|---|---|
| | 数量 | 规格/mm | | | | |
| $B_1$ | 2 | M20 | — | 纯螺栓连接 | 195 | 螺栓滑移(0.282 mm) |
| $W_1$ | — | — | L6×60 | 侧焊缝纯焊连接 | 365 | 焊缝断裂(0.361 mm) |
| $W_2$ | — | — | T7×80 | 端焊缝纯焊连接 | 438 | 焊缝断裂(0.253 mm) |
| $W_1W_2$ | — | — | L6×60,T7×80 | 侧焊缝+端焊缝 | 822 | 焊缝断裂(0.384 mm) |
| $B_1W_1$ | 2 | M20 | L6×60 | 螺栓+侧焊缝 | 571 | 螺栓滑移(0.312 mm) |
| $B_1W_1W_2$ | 2 | M20 | L6×60,T7×80 | 螺栓+侧焊缝+端焊缝 | 949 | 焊缝断裂(0.270 mm) |

注:L 为侧焊;T 为端焊。

表 8-4　并用试件和基本试件极限承载力叠加值比较

| 试件编号 | 试验荷载 $N_a$/kN | 基本试件的极限荷载/kN | | | 叠加值 $N_s$/kN | $N_a/N_s$ |
|---|---|---|---|---|---|---|
| | | 螺栓 | 侧焊缝 | 端焊缝 | | |
| $W_1W_2$ | 822 | — | 365 | 438 | 803 | 1.02 |
| $B_1W_1$ | 571 | 195 | 365 | — | 560 | 1.02 |
| $B_1W_1W_2$ | 949 | 195 | 365 | 438 | 998 | 0.95 |

由表 8-4 可以看出,并用试件的极限承载力与其所含纯螺栓、纯焊试件的极限承载力的叠加值相比基本相等,$W_1W_2$、$B_1W_1$ 并用试件的承载力略大于基本试件的叠加值。考虑到试件加工误差及偶然因素的影响,可以认为 $W_1W_2$、$B_1W_1$ 并用试件的承载力等于所含基本试件的承载力之和,即并用效率为 1.0。$B_1W_1$ 试件为螺栓与侧焊缝并用连接,两者强度之比为 1:1.87;因此可以认为,螺栓与侧焊缝强度比值在此范围内的栓焊并用试件的并用效率可达到 1.0。$B_1W_1W_2$ 并用连接试件,考虑到试件加工误差及偶然因素的影响,可以认为 $B_1W_1W_2$ 并用连接试件的承载力等于所含基本试件承载力之和的 0.9 倍,即并用效率为 0.9。综上所述,建议纯螺栓连接和侧焊缝纯焊连接的刚度和延性相差不大,两者可以较好地共同工作。端焊缝的刚度较大、延性较差,螺栓和端焊缝并用连接共同工作能力较差,实际工程设计中不建议采用此种并用连接方式。

除此之外,体外预应力加固钢结构具有加固工作可在不卸载情况下进行、减小变形、降低内力峰值、扩大结构弹性受力幅度等优点。基于文献[28]的研究资料,5.6 m 长的三跨连续钢梁,通过布置折线形预应力索能显著改善钢梁的受弯性能,跨中挠度减少 15%~20%,应变减少 40%。

# 参考文献

[1] 手册编委会. 建筑结构试验检测技术与鉴定加固修复实用手册[M]. 北京:世图音像电子出版社,2002.

[2] 丁绍祥. 钢结构加固工程技术手册[M]. 武汉:华中科技大学出版社,2008.

[3] 俞国音. 工业厂房钢结构的安全评定和加固技术(下)[J]. 工业建筑,1996,26(1):45-53.

[4] 郑云,叶列平,岳清瑞. FRP 加固钢结构的研究进展[J]. 工业建筑,2005,35(8):20-25,34.

[5] Edberg W, Mertz D, Gillespie J. Rehabilitation of steel beams using composite materials[C]. Proceedings of the Materials Engineering Conference, Materials for the New Millenium. New York, NY: ASCE, 1996:502-508.

[6] Abushaggur M, El Damatty A A. Testing of steel sections retrofitted using FRP sheets[C]. Annual Conference of the Canadian Society for Civil Engineering. Moncton, Nouveau-Brunswick Canada, June, 4-7, 2003(CD-ROM).

[7] Patnaik A K, Bauer C L. Strengthening of steel beams with carbon FRP laminates[C]. Proceedings of the 4th Advanced Composites for Bridges and Structures Conference, Calgary, Canada, 2004.

[8] Sen R, Liby L, Mullins G. Strengthening steel bridge section using CFRP laminates[J]. Composites Part B, 2001, 32(4):309-322.

[9] Tavakkolizadeh M, Saadatmanesh H. Strengthening of steel-concrete composite girders using carbon fiber reinforced polymers sheets[J]. Journal of Structural Engineering, 2003, 129(1):30-40.

[10] Al-Saidy A. Structural behavior of composite steel beams strengthened/repaired with carbon fiber reinforced polymer plates[D]. Ames, Iowa: Iowa State University, 2001.

[11] Liu X, Silva P F, Nanni A. Rehabilitation of steel bridge members with FRP composite materials[C]. Proc., CCC 2001, Composites in Construction, Porto, Portugal, 2001:613-617.

[12] Shulley S B, Huang X, Karbhari V M, et al. Fundamental consideration of design and durability in composite rehabilitation schemes for steel girders with web distress[C]. Proceedings of the 1994 ASCE Materials Engineering Conference. San Diego, CA, 1994:1187-1194.

[13] Al-Saidy A H, Klaiber F W, Wipf T J. Repair of steel composite beams with carbon fiber-reinforced polymer plate[J]. Journal of Composites for Construction, 2004,8(2):163-172.

[14] Tavakkolizadeh M, Saadatmanesh H. Repair of damaged steel-concrete composite girders using carbon fiber-reinforced polymer sheets[J]. Journal of Composites for Construction, 2003,7(4):311-322.

[15] 马建勋,宋松林,赖志生,等. 粘贴碳纤维布加固钢构件受拉承载力试验研究[J]. 工业建筑,2003,33(2):1-4.

[16] Shaat A, Fam A. Strengthening of short HSS steel columns using FRP sheets[C]. Advanced Composite Materials in Bridge and Structures, ACMBS, Calgary, Albert, July 20-23, 2004.

[17] Liu X, Nanni A, Silva, P F, et al. Rehabilitation of steel bridge columns with FRP composite materials[C]. Structural Faults + Repair, 10th International Conference & Exhibition, 2003.

[18] Miller T C, Chajes M J, Mertz D R, et al. Strengthening of steel bridge girder using CFRP plates[J]. Journal of Bridge Engineering, 2001,6(6):514-522.

[19] Bassetti A, Liechti P, Nussbaumer A. Fatigue resistance and repair of riveted bridge members[C]. Fatigue Design'98. Espoo, Finland, 1998.

[20] Tavakkolizadeh M, Saadatmanesh H. Fatigue strength of steel girders strengthened with CFRP patch[J]. Journal of Structural Engineering, 2003,129(2):186-196.

[21] Jones S C, Cibjan P E S A. Application of fiber reinforced polymer overlays to extend steel fatigue life[J]. Journal of Composites for Construction, 2003,7(4):331-338.

[22] 张宁,岳清瑞,杨勇新,等. 碳纤维布加固钢结构疲劳试验研究[J]. 工业建筑,2004,34(4):19-21.

[23] Jason D Bardis. Effects of surface preparation on the long-term durability of adhesively bonded composite joints[D]. California: University of California, 2002.

[24] 杨勇新,岳清瑞,彭福明. 碳纤维布加固钢结构的黏结性能研究[J]. 土木工程学报,2006,39(10):1-5,18.

[25] 赵恩鹏,牛忠荣,胡宗军,等. CFRP加固焊接钢结构的疲劳性能试验研究[J]. 工业建筑,2011,41(S1):354-358.

[26] 冯鹏,张龑华,叶列平. FRP套管砂浆组合加固双轴对称轴压钢构件试验研究[J]. 土木工程学报,2013,46(9):29-37.

[27] 石永久,王磊,王元清,等. 加固用钢结构栓焊并用连接承载性能研究[J]. 四川大学学报(工程科学版),2012,44(6):175-180.

[28] 王金花,张晓光. 体外预应力加固钢结构的研究与发展[J]. 低温建筑技术,2013,10:46-48.

# 第9章　木结构加固

　　木材是使用历史最为悠久也是最容易获取的建筑材料之一。与钢材、混凝土和砌体相比，木材的一个重要特点就是它是天然生成的可再生资源。木材可被用来制造各种各样的结构构件，如梁、柱、桁架、墙、地板、桩、杆、混凝土施工所用的模板等。北美和欧洲的大部分轻型建筑，如学校、独户住宅、2～3层的商业用房或公寓等，一般都采用木材或木制品建造。很多现存的大型公共建筑、工业建筑甚至交通运输和海洋建筑都是木或钢-木组合结构，图9-1所示的苏格兰议会大厅为钢-木组合结构。

图9-1　苏格兰议会大厅

## 9.1　木材与木结构的特点

### 9.1.1　木材的特点

　　木材作为一种独特的建筑材料有以下三个主要特点[1]。第一个特点是各向异性，即木材在不同纹理方向上有不同的力学特性。由于纹理是沿着一个方向生长，所以木材沿着纹理方向的抗拉和抗压强度远远超过垂直于纹理方向的抗拉和抗压强度。垂直于纹理方向的拉力将会使木纤维相互分离，因而在使用时应当尽可能地避免此种受力状态的出现。与此相似，木材沿着纹理方向的抗剪容许应力远远小于垂直于纹理方向的抗剪容许应力。此外，木材在不同方向上的膨胀率和收缩率也不同。第二个特点是木材的材质随着树种的改变而发生变化。因此，很难对木材制定一套标准化的评定方法。木材一般分为硬木和软木两大类。硬木一般是典型的落叶树，例如橡木、枫木等；软木则一般是常青树，例如枞木、松木、云杉等。第三个特点是木材在长期荷载和短期荷载作用下的力学特性不同。在长期荷载作用下，木材的强度会遭到极大地削弱。

　　木材已经在世界范围内显示了它极好的可靠性。很多保留至今的木结构建筑物，例如希腊的木住宅和中国、日本的木寺庙和宝塔，它们已有几百年的历史。木材质量相对较轻，其强度虽然不及钢材，但是抗拉和抗压强度都相当高。通常木材（没有木节）的顺纹抗拉强度是顺纹抗压强度的2～2.5倍，但是木梁的最后破坏一般都是受拉区的木纤维断裂而发生脆性破坏（图9-2(a)）。其主要原因是木材的天生缺陷（如木节），拉区木纤维过早地被拉断,木纤维的拉应力并没有达到其抗拉强度。如果采用高强度纤维增强复合材料粘贴于木构件的受拉侧,则可以改善其受力性能(图9-2(b))。

(a) 未加固试件　　　　　　　　　　(b) CFRP加固试件

图9-2　木梁受弯试验破坏状态

### 9.1.2　木结构的特点

木结构房屋是指以木材为主要受力体系的工程结构,其重量较轻。由于地震作用力与结构重量成正比,精心设计和施工的木结构房屋有优良的抗震性能。鉴于木结构本身的材料性质,其抗火性能相对较差。

木结构房屋的主要受力构件为梁、柱、板,有时为了提高房屋的抗侧刚度,也会增设板式剪力墙或斜撑。对于古代木结构而言,主要通过梁与柱形成的大木构架承担竖向与水平荷载,其中梁与柱的连接通过榫卯或斗拱连接。西安建筑科技大学的高大峰等人为了探究中国古代大木作(带有斗拱的木构建筑)结构的抗震机理,对缩尺比为1∶3.52二等材宫殿当心间模型在同样条件下进行了模拟地震动的振动台试验研究[2]。试验研究结果表明,中国古代木结构建筑在抵御地震作用上可分为以下几个层面:①柱根与础石之间因摩擦滑移而隔震耗能,在一定程度上减弱了地震激励对上部结构的破坏程度;②铺作结构层中由于斗拱摆动时发生弹塑性变形和普柏枋的滑移耗能,致使屋顶部分的动力响应大大减弱,而且地震激励越强,其动力响应减弱的程度越大,因此古代木结构的减震与耗能作用主要发生在这个层面;③屋盖结构巨大的刚度和重量,是迫使斗拱在摆动中发生弹塑性变形进而消耗掉大量地震能的重要条件;④由于普柏枋的联系作用,使所有斗拱参与抗震工作,从而避免了地震作用下可能存在因单个斗拱不堪重击而先破坏进而引起连锁破坏的现象发生。正是由于中国木结构具备独特的工作机理,即使是在使用环境恶劣以及地震活跃的地区,也有一些木结构建筑物存在了1 000多年,随之相关的木结构构件的防护与加固技术也得到了一定的发展。

## 9.2　木材及木结构防护

### 9.2.1　防护方法综述

在自然环境中,木材的首要损坏是腐朽。木材腐朽是由于木腐菌寄生繁殖所致,所以可以通过破坏木腐菌在木材中的生存条件,达到防止腐朽的目的[1]。木腐菌的生存条件涉及以下几个方面[3]:①温度,木腐菌能够生长的适宜温度是25～30℃,当温度超过60℃时,木腐菌不能生存,在5℃以下一般也停止生长。②含水率,通常木材含水率超过20%～25%,木腐菌才能生长,但最适宜生长的含水率在40%～70%,也有少类木腐菌适宜生长的含水率在 25％～35％。不同的木腐菌有不同的要求。一般情况下,木材含水率在 20％以下木腐菌就难以生长。③空气,一般木腐菌需要木材内含有 5％～15％的空气量才能生长。木材长期浸泡在水中,使木材内缺乏空气,能够避免木腐菌的侵害。④养料,木腐菌所需的养料是构成其细胞壁的木质素或纤维素。如果木材含有大量的生物碱、单宁和精油等对木腐菌有毒的成分,木腐菌就会受到抑制甚至死亡。由于不同树种所含这些成分的数量不同,对腐朽的抵抗能力也不同。

木材防护方法很多,其中防腐处理和控制湿度是最重要的两种。由于防腐处理使用的防腐剂损害人的健康且污染环境,因而不到万不得已不使用该方法。合适的设计和细部构造处理比使用有毒的防腐剂来控制腐蚀更有效。可能控制木材腐蚀的最有效、最好的方法就是湿度控制:使木材保持干燥,含水率低于 19％。但是,仅仅在木构件上部建造一个屋顶并不能使木构件保持干燥,因为被风吹进的雨水照样可以浸泡那些暴露的木构件。此外,水也可以从木构件周围的结构物进入木构件内部,例如混凝土基础、混凝土板材和有结露的金属构件等。

但是那些生长中的树木是如何使自己免受腐蚀影响的呢? 实际上,树有好几套防护体系来保护自己免受或减慢真菌造成的腐蚀。第一,树皮可以有效地阻碍真菌的侵袭。第二,当真菌突破第一层障碍——树皮时,白木质会自动停止真菌侵袭区域细胞的新陈代谢,从而产生一种不利于真菌繁殖的环境,而且白木质还会向感染有真菌的区域输送树脂,把感染区封闭起来,以免腐蚀区域扩大。第三,赤木质含有对真菌有害的化学物质。事实上,红木和雪松的赤木质可以不经过任何化学防腐处理就可作为外部的装饰层使用,这是由于它们内部含有天然生成且具有良好防止真菌腐蚀的化学物质,而且随着树木的生长,赤木质被所谓的甲基纤维素填充变得致密,可以限制水分和真菌的运动。

目前,有很多人造化学防腐剂可供使用,具体见 9.2.5 节。在进行绝大多数的化学防腐处理时,需要使用一种特制的压力容器,以使化学防腐剂能够渗入到足以保证木材具有防腐效果的深度。表面防腐处理没有压入防腐处理有效,这是由于表面防腐处理产生的薄薄一层防腐层很容易被木材局部的劈裂产生裂纹而破坏,从而为真菌侵袭敞开大门。基于以上原因,在不把既有建筑拆开的情况下,在现场用防腐剂对既有构件或结构进行的表面防腐处理是唯一可采用的处理方法(只是在短期内有效)。

对既有结构的防腐处理也可以使用熏蒸剂法,这在后面章节会提到。熏蒸剂法第一次应用于木制建筑物是在安装设备管道所开的墙洞的防腐,后来扩展到梁和柱的防腐。

另一种简单的防腐法是用水把木材浸泡起来,使木材和空气隔绝。这种方法也可用来解释在水中储藏和运输原木的缘由。历史上,原木在运送之前理想的储藏地点是河流或者湖泊。在水中,木材里的真菌由于没有氧气而不能存活。如今,原木经常堆放在陆地上,但要用洒水装置不间断地朝原木上洒水,确保它们被水浸透。在潮湿的环境里储藏原木,还可减少原木的开裂及出现火灾的可能。

### 9.2.2 湿度控制

降低木材含水量可能是防止木材腐蚀的最有效、最廉价的方法。当木材含水量低于一定值后(通常为 19％),木材内部的真菌进入休眠状态,真菌引起的腐蚀就会停止。为了降低木材含水量,必须切断水从外部进入木材内部的所有途径,可以通过增设防水层、密封层或者进行合理的细部构造处理来切断水进入的途径。

特别要指出的是,木料含水量的有效控制措施需保证木材的端部纹理吸收不到水分。鉴于木材的细胞组成方式,水最容易沿着纹理在木材内部传送。绝大多数品种的木材,水也可以沿着垂直于纹理方向传送,只不过传送速度很慢(只是沿着纹理方向传送速度的 1%)。被端部纹理纤维吸收的水可以传送很长的距离,它可以使离水源很远距离的木材含水量增加,从而为真菌腐蚀提供水分。所以,暴露在外的悬臂屋顶梁很可能在墙的支撑处出现隆起(该处和梁端可能相距 1 m 左右),这是由于从端部纹理传送过来的水引起的。

防水层和密封层的湿度控制效果又如何呢? 尽管这些涂层引起了其他不少问题,但它们能够很好地阻碍水分进入木材内部。最有效的防水层和密封层是用那些高固性(固体含量超过 30%)的涂料涂成的涂层,这些涂层不仅能够阻止水分的进入,而且能够把木材内部的水分封存起来。同时,这些涂刷上去的涂层很容易出现小裂纹和气孔,这些小裂纹和气孔为水汽的进入打开方便之门,但涂层又限制了水分从木材内部逸出,使水分封存在木材内部。水分在木材内部被封存的越久,木材内部真菌的腐蚀就会进行得越久。正是由于这个原因,那些耐火木构件和胶合木梁(它们的厚度一般不小于 100 mm)只简单地涂层漆,而不做油漆保护层。涂漆避免了使用防水层和密封层所引起的问题。保护性涂层最好用在已采用了可以防止水分进入的合理细部构造的木构件上。

## 9.2.3 原位防护处理

采取合适的原位防护处理措施可以抑制既有构件中的腐蚀,并且能够使那些含水量超过 19%的未受腐蚀的木构件不会受到真菌的腐蚀。原位防护处理措施可以显著地延长木结构的使用寿命。既有的工程实践表明:采用了原位防护处理措施的木桥的使用寿命延长了 20 年,甚至更长。进行原位防护处理有两种基本的方法:表面处理法(一般用来防止木材出现腐蚀)和熏蒸剂法(一般用来处理已有的内部腐蚀)。

### 1) 表面处理法

表面处理法是为那些没有发生腐蚀的木材提供防腐保护,一般不能用来处理内部已有腐蚀发生的结构,因为它的低渗透性不能有效地阻止木材内部的腐蚀。表面处理法使用的防腐剂一般是液体、凝胶体或浆状物。液态防腐剂可以采用涂刷、喷射或喷雾的方式涂到结构表面。竖直表面的处理可采用半固态油脂状或浆状的防腐剂。关于化学防腐剂有很多相关资料,在使用前一定要清楚所使用的防腐剂是否会对人体造成伤害。

表面处理法对干材的防腐处理效果最好,但是一些测试数据表明:当使用的防腐剂浓度是建议浓度的 2 倍时,对湿材的防腐处理效果也很好。虽然防腐剂生产商建议每隔 3～5 年需要重新涂刷,但现场测试数据表明表面处理法可以使木材在长达 20 年内不出现腐蚀。需要强调的是,表面处理法涂刷的涂层开裂会减弱防腐剂的保护效果。

一个经过实践证明有效的表面处理用的防腐剂是氟化钠浆状物。它被证明能够很好地深入到木材内部,可以阻止既有室外结构物上正在进行的腐蚀。在木材的含水量很低时,氟化钠的防腐效果最好。氟化钠防腐剂被做成凝胶状、棒状和浆状来适应各种不同的修复需要。遗憾的是,像其他高效的防腐剂一样,氟化钠不仅会对木材腐蚀机制产生破坏,而且也会对人体造成伤害。

### 2) 熏蒸剂法

熏蒸剂法是把液态或固态的化学防腐剂放入预先钻好的孔里。当该方法用于破坏程度较轻的木材防腐时效果最好。随着时间的推移,熏蒸剂进入木材内部,终止木材内部腐蚀,并杀死藏匿在木材内部的昆虫。对竖直构件,熏蒸剂的有效范围为熏蒸剂周围约 203 mm 内木材的腐蚀;而对水平构件,熏蒸剂的有效范围为熏蒸剂周围 50.8～101.6 mm。不同熏蒸剂的挥发速度不一样,但它们最终都会挥发殆尽,需要重新装填。

耐火木结构由于风干产生的劈裂和裂缝最容易发生腐蚀,因而填充熏蒸剂的钻孔应布置在裂缝的两侧。钻孔的最大间距不能超过 101.6 mm。如果装填的是液体熏蒸剂,装填完熏蒸剂后,钻孔应当用经过防腐处理的木塞或橡皮塞塞紧。

### 9.2.4 构造上的防腐措施

木结构构造上的防腐措施主要体现在以下几个方面[3]:

(1) 屋架、大梁等承重构件的端部,不应封闭在砌体、保温层或其他通风不良的环境中,周围应留出不小于 50 mm 的空隙,以保证其具有适当的通风条件,即使是一时受潮,也能够及时风干。同时,为了防止受潮腐朽,在构件支座下,还应设置防潮层或经防腐处理的垫木。对于原有梁、架支座处没有防潮措施的,其在维修中应进行增设。

(2) 木柱、木楼梯等与地面接触的木构件,都应设置石块或混凝土块垫脚,使木构件高出地面,与潮湿环境隔离。垫脚顶面与木构件底面之间应设置油毡或涂防腐沥青并铺设油纸,不得将木构件直接埋入土中。

(3) 结构周围空气中含有水汽,当温度变化时,结构表面就会产生冷凝水。这种冷凝水常出现在其他建筑材料与木材的接触表面上,使木材受潮,从而加快木材的腐朽。可采取涂刷油漆或将木材与其他建筑材料用油纸隔开的方法。

### 9.2.5 防腐的化学处理

木结构在使用过程中,若不能用构造措施达到防腐目的,则可采用化学处理的方法进行防腐[3]。对于木结构,化学防腐剂的要求是:有效时间长;能渗入到木材内部;不损害金属连接件;对木结构的强度影响较小;在室内使用时,应对人无害。

#### 1) 木材防腐剂的种类

木材防腐剂一般分为水溶性防腐剂、油性防腐剂、油类防腐剂和浆膏防腐剂。它们的特性、适用范围、配方及处理方法见表 9-1 所示。

表 9-1 木材防腐药剂的配方、剂量、特性及适用范围

| 类别 | 名称 | 配方<br>(质量分数%) | | 含量(质量<br>分数%) | 剂量<br>/(kg·m⁻³) | 处理方法 | 特性 | 运用范围 |
|---|---|---|---|---|---|---|---|---|
| 水溶性 | 氟酚<br>合剂 | 五氯酚钠<br>氟化钠<br>碳酸钠 | 35<br>60<br>5 | 5 | 4.5～6<br>(干剂) | 常温浸渍,热冷槽处理,加压处理 | 不腐蚀金属,不影响油漆,遇水较易流失 | 室内不受潮的木构件防腐 |
| | 硼酚<br>合剂 | 硼酸<br>硼砂<br>五氯酚钠 | 30<br>35<br>35 | | | | 无臭味,不腐蚀金属,不影响油漆,遇水较易流失,对人畜无毒 | 室内不受潮的木构件防腐 |
| | 硼铬<br>合剂 | 硼酸<br>硼砂<br>重铬酸钠<br>(或重铬酸钾) | 40<br>40<br>20 | | 6(干剂) | | | |

| 类别 | 名称 | 配方(质量分数%) | | 含量(质量分数%) | 剂量/(kg·m⁻³) | 处理方法 | 特性 | 运用范围 |
|---|---|---|---|---|---|---|---|---|
| 水溶性 | 氟砷铬合剂 | 氟化钠<br>砷酸钠<br>(或砷酸氢钠)<br>重铬酸钠 | 60<br>20<br><br>20 | 5 | 4.5~6(干剂) | 常温浸渍,热冷槽处理,加压处理,减压处理 | 无臭味,毒性较大,不腐蚀金属,不影响油漆,遇水不易流失 | 防腐效果良好,但不应用于与人经常接触的木构件 |
| | 铜铬砷合剂 | 硫酸铜<br>重铬酸钾<br>砷酸氢二钠 | 35<br>45<br>20 | | | 常温浸渍,加压处理,减压处理 | | |
| 油溶性 | 五氯粉、林丹合剂 | 五氯粉<br>林丹<br>(或氯丹)<br>柴油 | 4<br>1<br><br>95 | 5 | 4~5(干剂) | 常温浸渍,热冷槽处理,加压处理,双真空处理 | 不腐蚀金属,不影响油漆,遇水不流失,对防火不利 | 用于易腐朽的木构件防腐 |
| 油类 | 混合防腐油 | 煤杂酚油<br>煤焦油 | 50<br>50 | — | 100~120(涂刷法) | 热冷槽处理,加压处理,涂刷2~3次 | 有恶臭、木材处理后呈黑褐色,不能油漆,遇水不流失,对防火不利 | 用于经常受潮或与墙体接触的木构件防腐 |
| | 强化防腐油 | 混合防腐油<br>五氯酚 | 97<br>3 | | 80~100(涂刷法) | | | |
| 浆膏 | 氟砷沥青浆膏 | 氯化钠<br>砷酸钠<br>60号石油沥青<br>柴油(或煤油) | 40<br>10<br>22<br>28 | — | 0.7~1 | 涂刷一次 | 有恶臭、木材处理后呈黑褐色,不能油漆,遇水不流失 | 用于经常受潮或处于通风不良情况下的木构件防腐 |

2）木材防腐的处理方法

（1）涂刷法,适用于现场处理。采用油类防腐剂时,在涂刷前应先加热;采用油溶性防腐剂时,选用的溶剂应易于被木材所吸收;采用水溶性防腐剂时,含量可稍高。涂刷要充分,一般不少于两次,裂缝处必须用防腐剂浸透。

（2）常温浸渍法,把木材浸入常温防腐剂中处理。此种方法对容易浸注且容易干燥的木材可取得良好的防腐效果。浸渍时间根据树种、截面尺寸和含水率而确定,几小时到几天不等。

（3）热冷槽浸注法,采用热、冷双槽交替处理。先将木材在热槽中加热,木材外层的空气和水汽因受热而散失,然后迅速将木材放入冷槽中,木材外层中残留的空气和水汽因冷却而收缩，使木材外层出现部分真空状态形成负压，从而将冷槽中的防腐药剂吸入木材内部。浸渍时间随树种、截面大小、含水率不同而异，一般要求防腐剂达到预定的吸收量。

（4）压力浸渍法，将需要处理的木材放入密闭压力罐中，充入防腐剂后密封施加压力（一般为 1.0～1.4 MPa），强制防腐剂注入木材中。这种方法处理的木材，能够取得较好的注入深度，并能控制防腐剂的吸收量。但设备和工艺较复杂，只适用于防腐要求较高的木材，并由专业防腐厂处理。

# 9.3 木结构加固维修

木结构在使用过程中应定期检查，其主要内容包括：结构的荷载，结构的变形；结构的整体稳定性，支撑系统是否完善有效；有无腐朽和蛀蚀现象，通风、防潮、防腐措施是否符合要求；损伤、裂缝情况是否危及结构安全；杆件的连接和节点是否抵紧密贴，剪力面、承压面处是否可靠；钢拉杆、螺栓是否松动和锈蚀；是否符合防火要求，接近高温体处是否有炭化现象等。对检查中发现的病害和问题，应采取相应的维护修理措施解决，对危及安全或影响正常使用的严重病害，应及时进行加固处理[3]。

## 9.3.1 加固维修步骤

### 1）施工支撑与加固

木结构在进行维修、加固和更换时，一般需要一个卸载工序，或将其脱离整个结构的工序，但是修理时一般又不能使房屋中断使用。因此，需要维修或加固的工程一般都应遵照先支撑、后加固的程序进行施工。支撑的作用包括：①保证维修或加固全过程的安全；②保证所有更换或新加的杆件在整体结构中能有效地参与受力。为达到后一个目的，临时支柱应将整体结构顶起，顶起值一般为 $l/100$（$l$ 为结构计算跨度）。支撑用料大多使用木材，因其便于截短、接长，并且搬运方便。支撑的形式主要可分为竖直支承（单木顶撑、多木杠撑、龙门架等）和横向拉固（水平、斜向搭头）两种。

### 2）加固维修木结构的设计要点

这里主要介绍旧木结构与新木结构设计计算的几个不同点，具体陈述如下：

（1）木材长期使用后，材料强度减弱，有必要时应根据实际情况将强度折减，使采取加固维修措施的牢固程度与旧结构相称。

（2）必须正常掌握旧结构的变形、增缺构件、断面变更、节点位移等情况，作为计算的依据。

（3）合理地、充分地考虑损坏构件的残余价值，联系周围环境充分发挥旧结构的潜力。

（4）考虑到施工条件，采用最简便且牢固的措施。例如可用钉代替螺栓等（必须符合相关规范要求）。

（5）尽可能以钢代木，节约木材。采用钢材作拉杆、夹板、拉索等。

（6）利用有利条件，对原有不合理的结构争取必要的改善。

### 3）加固维修施工应注意的几点

（1）木结构加固维修应按图施工，必须对设计要求、木材强度、现场木材供应情况等作全面的了解。所用木结构的树种是否与设计规定的树种相符，或者是否符合设计所采用的相同的应力等级。如果所用的树种与设计所规定的树种不符或者不在同一个应力等级时，必须与设计部门研究采取措施，或按实际所用树种重新计算。

（2）变形、位移的校正问题，如屋架下弦起拱、木梁下挠、楼面倾侧、木柱弯曲、脱榫走动、铁器松弛等，应按设计要求和实际可能力求做好。

### 9.3.2 木梁与檩条加固

1）木梁端部腐朽的加固

先将构件临时支撑好后，锯掉已腐朽的端部，代以短槽钢，用螺栓连接。槽钢可放在梁的底部或顶部，螺栓通过计算确定其数量和直径。

2）木梁刚度或承载力不足的加固

可根据具体情况，选用下列几种加固方法之一：

（1）加设"八"字形支撑，减小梁跨。

（2）在弯矩较大的区段内，于梁侧或梁底加设槽钢、组合角钢或方木，用螺栓连接。

上述两种方法施工时，应先用临时顶撑将跨中顶升复位达到要求后方钻孔安装螺栓。

（3）在梁底增设钢拉杆，使原木梁变为组合梁。

（4）在梁底粘贴纤维增强复合材料，并布置一定数量的纤维增强复合材料环箍。

3）木檩条的加固

木檩条如果由于断面过小而变形严重，或者因为檩条本身已受损伤、开设老虎窗等使檩条的增荷过多而使得构件承载力不足，可以采用木夹板或两对钢夹板与螺栓加固，也可采用粘贴纤维增强复合材料等进行加固。

### 9.3.3 木屋架加固

木屋架类型众多，由于设计和制作不一，使用情况和自然条件各异，时间长了便会发生不同程度的损坏。根据目前居住房屋的使用情况，木屋架较广泛的有立帖式构架和三角形豪式屋架两种。

木屋架的加固方法可分为整体性加固、构件加固和节点加固三种方式。

1）整体性加固

在房屋加固维修中，有时会遇到木屋架的制作不合理，建筑材料（竹、木、钢）混用，尤其是乱搭乱建的房屋，存在屋架变形严重或损坏面较广，屋架承载力不足。如果仅作局部维修难以达到工程质量和安全的要求，于是需作全面性改善来提高它的承载能力。整体性加固的简单有效方法是屋架下增设支柱，这种加固的优点在于施工方便，用料少，加固效果显著。缺点是增设支柱会不同程度地影响美观和使用。

木屋架下增设支柱后，屋架的受力简图发生了改变，一般从两支点的静定结构变成了三支点及以上的超静定结构。增设新支柱时，应注意下列问题：

（1）支柱的位置

由于屋架局部损坏威胁安全而进行的临时性加固，一般应增设两根支柱，分别安设于损坏点的两侧结构可靠之处。对于承载力不足而结构尚无严重破坏的结构，可增设一根支柱。支柱设在跨中效果最好，如果跨中增设支柱影响空间的正常使用，也可将支柱设置到跨中附近的其他节点位置上。支柱位置不应设在两个相邻节点的中间，因为它会使杆件在节间承受附加弯矩。

（2）腹杆的加固

在屋架下增设支柱后，可能导致腹杆内应力的大小改变，甚至出现正负号变化。因此，当支柱受力较大时，应验算腹杆应力的变化，并根据验算结果加固相应的腹杆。当支柱受力不大时,可不作验算,但仍应将安设支柱处的柔性腹杆予以加固。

(3) 支柱和柱基

支柱可以根据具体情况选用木柱、型钢柱、砖柱等多种形式。支柱的断面和构造应按相关设计规范作强度和稳定性计算进行确定。支柱安装后要求柱顶与屋架下弦接触紧密,以保证支柱参与受力,为此可考虑采用下列措施:屋架部分卸荷;屋架预先稍微顶起略有起拱;在支柱下打入木楔等。

支柱应设置在受力可靠的基础上。基础应根据受力的大小和使用时间的长短加以确定。永久性或承载力较大的加固,对基础要求较高,必要时应设置专门的柱基。临时性或承载力较小的加固对基础要求较低,一般可直接设置在水泥地面上或方木垫底的土地面上。支柱和基础之间应有可靠的连接,以防止发生滑移现象。

结构承载能力不足时还可采用减小荷载、增设斜撑、屋架等方法。这些措施的选用应在通过计算或荷载试验等作出评定后,经方案比较加以确定。减小荷载处理的措施,如将荷载较大的屋面改为石棉瓦、瓦楞铁等荷载较小的屋面;将炉渣保温层更换为锯末等保温层。采用减荷处理时,应妥善处理好使用要求和屋面排水等建筑构造要求。增设斜撑的加固,可对屋架承载力的增大起到一定的作用,同时在屋架与木柱的连接处设置斜撑,可加强房屋的横向刚度,使木柱承重房屋形成抗震性能良好的木构架。斜撑采用木夹板与木柱及屋架上下弦通过螺栓连接。

2) 构件加固

当屋架中个别构件强度或稳定性不足,以致影响整个屋架承载能力时,或者使用旧料制作的屋架,构件留有孔眼削弱截面面积时,可采取构件加固的方法。

(1) 受压构件

如上弦、斜杆在节点处承压面已够,但中部弯曲变形(因稳定性不足),可采用加短木或钉夹板以增大其截面惯性矩或减小其计算长度;屋架上弦的个别地方出现断裂迹象,而其他部分完好时,可采取局部加木夹板并以螺栓连接的加固方法。

(2) 受拉构件

屋架下弦的个别地方具有过大的木节、斜纹等缺陷,而其他部分完好时亦可采取局部加木夹板加固的方法。

此外,受拉构件采用钢拉杆进行加固也是一个可靠、方便的加固方法。三角形豪式木屋架的下弦接头处及木夹板的剪面开裂或竖杆的开裂均可考虑用钢拉杆进行加固。这种加固方法的优点在于:钢拉杆受力安全可靠、耐久、节约木材、减少以后的维修费用,施工时无需采取临时性卸荷措施。特别是在不允许停止使用的情况下进行加固时,更值得推荐。钢拉杆的装置一般由拉杆本身及其两端的锚固件所组成。拉杆本身通常用两根或四根圆钢组成,圆钢的端部可带有螺纹;拉杆断面较大时亦可采用型钢制作。拉杆及其锚固均宜用3号钢制作。拉杆装置的断面和构造,应符合现行木结构和钢结构设计规范的相关要求。

3) 节点加固

屋架端节点如果不够牢固存在安全隐患,特别对于像头子腐烂、蛀蚀等损坏情况时,可用钢板、螺栓、圆钢、三角硬木块等加固。

(1) 端节点下弦损坏加固

腐朽部分锯掉换上新的下弦头子,再用木夹板或两对钢夹板与螺栓加固。如果齿联结承压强度不足,可另加硬木枕块以增大其承压面积。但在施工时,枕块应做的与上下弦紧密接触,否则不能保证与齿联结共同工作。采用钢夹板时,宜设法调整力的作用线位置,尽量避免螺栓连接偏心受力。

（2）端节点上、下弦损坏加固

屋架端部腐朽,原有节点上、下弦木材已不能利用。如能根除造成腐朽的条件,先用木夹板和螺栓将上下弦临时相互固结牢,再用临时顶撑把屋架顶高,然后把腐朽部分全部截去,采用好的木材进行更换,再加木夹板或钢夹板、螺栓加固。此外,当齿槽不合要求有缝隙,从而形成单齿受力易破坏,此时可用木块敲入齿槽缝隙填实。

当屋架端节点受剪范围内出现危险性的裂缝时,可采用局部加固,即在附近完好部位设木夹板,再用四根钢拉杆与设在端部抵承角钢连接。如有必要可用铁箍约束受剪面,使裂缝不能继续发展。

由于木材的干缩和变形可以造成屋架内的螺栓和钢拉杆松动,因而削弱了连接的受力,同时也破坏了各个螺栓之间的共同工作。钢拉杆的松动,减少了实际参与受力的根数,可能改变受力方式,导致变形增大。因此需要定期检查拧紧松动的螺栓和拉杆,特别是使用高含水率的木材,在结构完成后的头两年内及时做好这项维护工作。

如果屋架左右倾斜,程度严重时易使檩条脱头,进而发生坍塌。此时,应予以举正,檩条头子相互拖牢并适当增加支撑予以加固。

### 9.3.4 木柱加固

1）侧向弯曲的矫直与加固

木柱发生侧向弯曲后会在柱内引起附加弯曲应力,随着弯曲的发展,附加弯曲应力亦不断增加,最后导致结构破坏。因此,对侧向弯曲柱的加固,必须先对弯曲部分进行矫正,使柱回复到直线形状。然后,再增大侧向刚度(减小长细比),防止侧向弯曲的再度发生。

（1）对侧向弯曲不太严重的柱,如果为整料柱,可从柱的一侧增设刚度较大的方木,用螺栓与原柱绑紧。通过拧紧螺栓时产生的侧向力,来矫正原柱的弯曲,使加固后的柱回复平直并具有较大的刚度。如果为组合柱,可在肢杆间嵌入方木或在外侧增加方木提高刚度进行加固。

（2）对于侧向弯曲较严重的柱,如果直接用拧紧螺栓方法进行矫直有困难时,则可在部分卸荷情况下,先用千斤顶及刚度较大的短方木,对弯曲部分进行矫正。然后,再设置用以增强刚度的方木进行加固。

2）柱底腐朽的加固

木柱的腐朽多数发生在与混凝土或砌体直接接触的底部。可根据腐朽的程度,采取以下加固处理方法:

（1）轻度腐朽的,把腐朽的外表部分除去后,对柱底的完好部分涂刷防腐油膏,最后装上经防腐处理的加固用夹板和螺栓。

（2）柱底腐朽较重时,应将腐朽部分整段或局部锯掉后,再用相同截面的新材料进行接补或墩接,新材的应力等级不能低于旧木柱的应力等级。连接部分加设钢夹板或木夹板与连接螺栓。

（3）对于防潮及通风条件较差,或在易受撞击场所的木柱,可整段锯掉底部腐朽部分,用钢筋混凝土短柱进行替换。原有固定柱脚的钢夹板可用作钢筋混凝土短柱与老基座间的锚固连接件。

3）柱承载力不足的加固

木柱的承载力不足时，可以通过增加柱的截面尺寸，例如沿柱边增设扶壁柱。此外，也可以采用纤维增强复合材料环向包裹约束木柱，通过约束柱的侧向变形来提高其承载力。

### 9.3.5 木楼盖加固

1）端部的维修

木格栅或大木料在支承点易产生腐朽、蛀蚀等损坏。根据损坏的程度不同，主要可分为修补和接头子两种。

（1）修补梁头

支承点主要承受梁的剪力，头子处弯矩很小。如果腐朽损坏在梁头两侧，其深度不超过梁宽的1/2时，斩除腐朽部分，用木材镶平钉合。所用钉数的计算，可按最大剪力扣除保留完好面积所能承担的剪力进行计算。如果木梁保留完好面积计算后能承担全梁剪力，则修补木块所用铁钉仅为钉合所需，建议不少于100 mm长钉4只。如果损坏在梁的上下侧，深度不大于梁高的1/3，可将下口斩成标准斜口，用硬木块垫高做平，不需加固。

（2）接换梁头子

如果梁两侧损坏深度大于梁宽1/2，一般需接换梁头。如果梁上下侧损坏深度大于梁高的1/3，应经计算后夹接。如果损坏深度大于3/5，必须另行接换梁头。梁头如果中间被蛀空，可经计算后采用夹接方法进行加固。接换梁头时，应先将木梁临时支撑，然后锯掉其损坏部分，采用夹接（用两块木夹板夹接）或托接（用槽钢或其他材料托在下面）进行加固。

（3）钢箍绑扎

木格栅或大木料端头开裂损伤时，可以采用钢箍绑扎进行加固。

2）格栅跨中变形过大或损坏维修加固

格栅跨度过大或间距过大，造成格栅下挠严重，从而产生使用上的问题（如楼面过软，天棚开裂等），此时可在两根格栅之间增加一根格栅（木格栅或预制钢筋混凝土格栅），以减少原有格栅的荷载，增加楼板的刚度。

当格栅材质较差时，如节疤在木材受拉区。当楼板层长期受荷，格栅使用时间较长后易造成格栅断裂。在进行维修加固过程中，一般采取增加格栅（在原格栅边上加一根与原格栅相同截面的木梁）、调换格栅（拆除原格栅，换上新格栅，但这样做因新格栅较直，周围旧格栅仍有些弯曲，易造成楼面高低、软硬不一致）或绑夹原格栅（用与原格栅截面相同的木夹板或钢夹板绑夹原格栅损坏部分）。

### 9.3.6 支撑系统加固

1）纵向支撑

对纵向刚度不足，未按规定设置纵向支撑系统的木结构屋面，在进行维修加固时应按现行《木结构设计规范》中的规定，分别在有关屋架之间增设上弦横向水平支撑、下弦横向水平支撑、垂直支撑、纵向水平系杆等支撑杆件，用以加强屋盖的纵向刚度。

2）横向斜撑

对桁架平面内横向刚度不足的结构系统（常见于木柱与木屋架连接的结构），可在桁架两端分别设置木斜撑进行加固。增设横向斜撑后，除了增强结构系统的横向刚度外，对桁架承载能力的增加也有一定的作用。

总之,对于木结构构件的加固,除了上述木料墩接或更换、采用木夹板或钢夹板与螺栓等维修加固方法之外,使用合成树脂进行修补也是一种很好的做法。可分为浇铸、浸渗、嵌缝、涂抹或涂刷等。浇铸法就是采用合成树脂对木构件内部缺陷进行浇铸;浸渗法就是采用合成树脂对木构件进行浸渗,从而提高木材的力学性能;嵌缝就是采用合成树脂对木构件中出现的裂缝进行填充修补;涂抹或涂刷就是将合成树脂材料涂抹在木材表面,提高木构件的耐久性。

# 9.4　木结构加固方法试验研究简介

## 9.4.1　木梁加固

文献[4]对 4 根矩形截面(40 mm×80 mm)木梁进行了抗弯性能的试验研究,试件的净跨为 1 440 mm。其中 1 根为对比试件,另外 3 根采用 CFRP 布在梁底进行了不同方案的加固。试验研究结果表明,木梁的极限承载力提高幅度在 20%左右,而且会随着 CFRP 布的用量增加而增大,但不会线性增长;粘贴 CFRP 布能够提高木梁的刚度、减小挠度。此外,CFRP 布的 U 形箍等锚固、构造措施至关重要,能保证 CFRP 布与木梁协同工作,使 CFRP 布充分发挥作用。适当锚固、构造时,粘贴 CFRP 布能使木梁的延性有所提高;在加载过程中,局部会出现 CFRP 和木梁表面的剥裂破坏,此时会导致木梁的延性有所降低。

文献[5]对 CFRP 布加固破损木梁的抗弯性能进行了试验研究。鉴于找不到 1 组具有可比性的破损木梁,试验通过先在木梁受拉侧挖去一定截面高度的木材,然后用强力粘结剂在缺口中填补上相同材质木块,以模拟木梁的截面抗弯性能受损(如梁受潮腐蚀、虫蛀、木材的老化)。试验研究结果表明,粘贴 CFRP 布加固受损木梁能有效地恢复和提高截面的承载力、约束梁的变形发展以及提高梁的抗弯刚度;同时,加固梁的延性也得到显著的提高,加固后梁不会发生脆性破坏。

文献[6]对不同类型 FRP 加固水杉木和樟子松的受弯性能进行了试验研究。试验采用福建产的水杉木和东北产的樟子松,所用木材均用烘干窑干燥;FRP(CFRP 和 GFRP)为采用 FRP 布和胶粘剂(环氧树脂)经手糊成型的片材,FRP 与木材之间也用环氧树脂粘结。所用材料的力学性能见表 9-2 所示。

表 9-2　材料的物理力学性能

| 材料 | 密度(kg/m³) | 含水率/% | 抗拉强度/MPa | 抗压强度/MPa | 弹性模量/MPa |
|---|---|---|---|---|---|
| 水杉木 | 269 | 9.8 | 30.5 | 22.8 | 8 700 |
| 樟子松 | 436 | 10.8 | 31.6 | 27.0 | 9 000 |
| CFRP | — | — | 1 840 | — | 116 500 |
| GFRP | | | 720 | | 48 050 |
| 环氧树脂 | 1 500 | — | ≥30 | ≥70 | ≥1 500 |

该试验涉及 9 组共 27 根梁,其中 6 根为普通木梁,21 根为 FRP 加固木梁。具体的试件参数与试验结果见表 9-3 所示,其中 $\rho$ 为 FRP 与木梁截面的面积之比;$\eta$ 为 FRP 与木材的弹性模量之比。

各类试件的具体破坏过程及其破坏机理如下:①未加固木梁:如木梁 B1～B3、B10～

B12,持续加载直至受拉边缘木材纤维达到其极限拉应变而拉坏,表现为脆性的受拉破坏形式,破坏具有突然性。木材中所存在的自然及加工缺陷在受拉区易产生应力集中,这导致受拉区木材加速达到极限拉应变而破坏。②FRP用量偏少:如木梁 B13~B15、B22~B24,破坏首先发生在木梁受拉边木材或(和)FRP中,随即整个试件会达到极限承载力而破坏。偏少的 FRP 对受拉边木材的约束不大,不能有效地降低受拉木材缺陷的影响。③FRP用量适中:如木梁 B4~B9、B16~B18、B25~B27,破坏包括受压区屈服破坏和受拉区木材或(和)FRP 的拉坏。破坏由受拉区木材的拉坏和受压区木材的压屈共同引起。由于 FRP 比木材的极限拉应变大,因此 FRP 并无直接破坏,其破坏一般由木材拉坏导致应力集中而引起。④FRP用量偏大:如木梁 B19~B21,破坏主要表现为受压区木材压屈破坏,而 FRP 及受拉边木材没有破坏征兆。

基于试验研究与分析的结果,可得到以下几点结论:①经 FRP 加固后木梁的极限承载力和刚度均得到较大提高,FRP 加固试件的极限承载力比未加固试件提高了 17.7%~77.3%,刚度提高了 10.9%~105.0%;②木梁横截面应变沿梁高基本上呈线性分布;③FRP在木梁破坏时的拉应变比未加固木梁破坏时受拉边缘木材的拉应变有所提高,在FRP用量适中情况下,该提高幅度为 10%~30%,这也说明 FRP 的存在提高了木梁的延性。此外,该文献提出 FRP 在加固木梁的抗弯性能时,为了达到 FRP 用量适中的目的,建议 $0.05 \leqslant \rho\eta \leqslant 0.12$。

表 9-3　受弯试件参数与试验结果统计

| 编组 | 梁编号 | 木材 | FRP | 梁截面尺寸/mm | 净跨/mm | 加固率 $\rho$/% | $\rho\eta$ | 极限荷载/kN |
|---|---|---|---|---|---|---|---|---|
| 1 | B1、B2、B3 | 水杉木 | | 50×100 | 1 800 | | | 8.30 |
| 2 | B4、B5、B6 | 水杉木 | CFRP | 50×100 | 1 800 | 0.37 | 0.050 | 11.55 |
| 3 | B7、B8、B9 | 水杉木 | CFRP | 50×100 | 1 800 | 0.74 | 0.100 | 12.95 |
| 4 | B10、B11、B12 | 樟子松 | | 50×100 | 1 800 | | | 8.44 |
| 5 | B13、B14、B15 | 樟子松 | CFRP | 50×100 | 1 800 | 0.37 | 0.048 | 11.02 |
| 6 | B16、B17、B18 | 樟子松 | CFRP | 50×100 | 1 800 | 0.74 | 0.096 | 13.32 |
| 7 | B19、B20、B21 | 樟子松 | CFRP | 50×100 | 1 800 | 1.11 | 0.144 | 14.96 |
| 8 | B22、B23、B24 | 樟子松 | GFRP | 50×100 | 1 800 | 0.56 | 0.030 | 9.93 |
| 9 | B25、B26、B27 | 樟子松 | GFRP | 50×100 | 1 800 | 1.13 | 0.060 | 11.25 |

文献[7-8]在碳纤维布加固木梁抗弯性能的试验研究中发现,碳纤维布与木材的粘结应力在接近端部的部位较大,为了保证木梁和 FRP 之间良好的粘结,FRP 需要有足够的锚固长度。

文献[9]对内嵌 CFRP 筋维修加固老化损伤旧木梁进行了试验研究。试验木梁直接取自上海某风貌建筑改造项目中拆除的旧木梁,使用已近 90 年。旧木梁的截面尺寸为70 mm×200 mm×3 600 mm。试件共 10 根,编号为 B11~B20,其中试件 B11~B15 研究内嵌 CFRP 筋加固老化旧木梁;试件 B16~B20 研究旧木梁端部替换后内嵌 CFRP 筋连接的效果。其中 B11 为对比试件,试件 B12～B13 在受拉面分别内嵌 1 根和 2 根 CFRP 筋。试件 B14～B15 不仅在受拉面分别嵌入 1 根和 2 根 CFRP 筋,还在受拉面粘贴 1 层 CFRP 布并设置 4 个 CFRP 的 U 形箍以加强锚固。试件 B16～B17 在木梁纯弯区段更换木梁端部用结构胶粘结,并在连接区域内嵌 CFRP 筋,试件 B17 连接区域再用 1 层竖向 CFRP 布包裹。试件 B18～B19 在木梁靠近支座的弯剪区段更换木梁端部用结构胶粘结,并在连接区域内嵌 CFRP 筋,试件 B19 连接区域再用 1 层竖向 CFRP 布包裹。试件 B20 在木梁纯弯区段更换木梁端部用结构胶粘结,并在连接区域木梁角部粘贴角钢并用 1 层竖向 CFRP 条带包裹。其中试件 B18 存在明显的老化损伤和端部腐朽。木材为花旗松,试验测得其静曲强度为 75.3 MPa,弹性模量为 8 560 MPa,含水率为 13.1%;CFRP 筋的直径为 8.0 mm,抗拉强度为 1 800 MPa,弹性模量为 145 GPa;CFRP 布的厚度为 0.111 mm,抗拉强度为 4 400 MPa,弹性模量为 250 GPa。主要试验结果见表 9-4 所示,由此可见,内嵌 CFRP 筋加固老化损伤旧木梁和旧木梁腐朽端部替换后内嵌 CFRP 筋连接维修的效果较好,可用于历史木结构的维修加固工程。此外,该试验还发现,端部更换在纯弯区段加固试件的跨中截面变形不再符合平截面假定,而端部更换在弯剪区域加固试件的跨中截面变形仍符合平截面假定。

表 9-4　主要试验结果

| 编号 | 极限承载力 $P_u$/kN | 极限承载力 $P_u$ 提高幅度/% | 破坏类型 |
|---|---|---|---|
| B11 | 15.6 | — | 脆性弯曲破坏 |
| B12 | 23.8 | 52.6 | 延性受压破坏 |
| B13 | 19.8 | 26.9 | 局部撕裂破坏 |
| B14 | 43.0 | 175.6 | 延性受压破坏 |
| B15 | 43.3 | 177.6 | 延性受压破坏 |
| B16 | 26.0 | 66.7 | 脆性拉断破坏 |
| B17 | 33.8 | 116.7 | 延性受压破坏 |
| B18 | 16.1 | 3.2 | 局部撕裂破坏 |
| B19 | 43.8 | 180.8 | 延性受压破坏 |
| B20 | 57.4 | 267.9 | 延性受压破坏 |

文献[10]对玄武岩纤维布加固木梁的抗弯性能进行研究,共完成了 12 根矩形截面木梁的受弯试验,木材为产于福建的杉木,其中 3 根为对比梁,9 根为加固梁。梁的截面尺寸均为 80 mm×120 mm,净跨为 2 200 mm;木材的顺纹抗拉强度为 77.36 MPa,顺纹抗压强度为 36.03 MPa,弹性模量为 10 820 MPa。玄武岩纤维布(BFRP)的抗拉强度为 1 859.1 MPa,弹性模量为 97.8 MPa,极限拉应变为 1.9%。试验研究结果表明,单层 BFRP 加固木梁的抗弯极限承载力可提高 17%;两层 BFRP 的承载力提高幅度为 25%;三层 BFRP 的承载力提高幅度为 44%。

文献[11]对 GFRP 加固木梁的抗弯性能进行研究,共完成了 9 根矩形截面木梁的受弯试验,木材为产于福建的杉木,其中 3 根为对比梁,6 根为加固梁。梁的截面尺寸为 80 mm×120 mm,净跨为 2 200 mm;木材的顺纹抗拉强度为 77.36 MPa,顺纹抗压强度为

36.03 MPa，弹性模量为 10 820 MPa。GFRP 的抗拉强度为 2 634.0 MPa，弹性模量为 96.3 MPa，极限拉应变为 2.74%。试验研究结果表明，单层 GFRP 加固木梁的抗弯极限承载力可提高 31%；两层 GFRP 的承载力提高幅度为 45%。此外，GFRP 加固木梁的破坏类型可分为木材弯曲受拉破坏、木材弯曲受压破坏和木材开裂后的 GFRP 受拉破坏三种，其中前两种破坏类型较为常见。随着 GFRP 加固量的提高，GFRP 加固木梁的破坏形式将由弯曲受拉破坏转变为弯曲受压破坏。

文献[12]对粘贴 CFRP 板加固木梁的抗弯性能进行了试验研究。试验木梁规格均为 100 mm×200 mm×4 000 mm，试件共 7 根，其中 CB1～CB3 为未加固对比试件；试件 B92 在木梁底面粘贴 1 层 CFRP 板；试件 B93 在木梁底面粘贴 1 层 CFRP 板，并在两端采用 CFRP 布 U 形箍锚固；试件 B94 在木梁底面粘贴 1 层 CFRP 板，并采用 4 个 CFRP 布 U 形箍锚固；试件 B95 在木梁底面粘贴 2 层 CFRP 板，并采用 4 个 CFRP 布 U 形箍锚固。试件加固前对木梁底面进行表面处理，首先将底面刨平，然后用丙酮进行表面清洁处理，有裂缝处进行填缝处理。木材采用花旗松，静曲强度为 59.2 MPa，弹性模量为 6 620 MPa，密度为 430 kg/m³，含水率为 15.2%；选用的 CFRP 板厚度为 1.2 mm，其抗拉强度不小于 2 800 MPa，弹性模量不小于 165 GPa，断裂延伸率不小于 1.7%。主要试验结果汇总见表 9-5 所示，其中 $P_u$ 为极限荷载，$\Delta_u$ 为 $P_u$ 时跨中极限位移；CB 为 CB1～CB3 的平均值。由表 9-5 可知，粘贴 CFRP 板加固木梁的极限承载力有明显提高，平均提高 45.3%；极限位移也平均提高 22.2%；粘贴 CFRP 板加固木梁试件的初始弯曲刚度平均提高 15.8%。此外，该试验结果还表明，粘贴 CFRP 板加固木梁跨中应变随荷载增加仍符合平截面假定；在相同荷载作用下，加固木梁受拉边缘的 CFRP 板拉应变和受压边缘的压应变均略小于对比试件。

表 9-5　主要试验结果

| 编号 | $P_u$ /kN | $P_u$ 提高幅度 /% | $\Delta_u$ /mm | $\Delta_u$ 提高幅度 /% | 初始弯曲刚度 /(kN·mm⁻¹) | 刚度提高幅度 /% |
|---|---|---|---|---|---|---|
| CB | 30.3 | — | 66.5 | — | 0.57 | — |
| B92 | 46.8 | 54.5 | 76.5 | 15.0 | 0.68 | 19.5 |
| B93 | 45.3 | 49.5 | 76.8 | 15.5 | 0.67 | 17.5 |
| B94 | 34.5 | 13.9 | 72.8 | 9.5 | 0.59 | 3.6 |
| B95 | 49.5 | 63.4 | 98.9 | 48.7 | 0.70 | 22.7 |

文献[13]对碳-芳混杂纤维布加固矩形木梁（杉木和松木）进行了抗弯性能试验研究。试验研究结果表明，与未加固试件相比，木梁经碳-芳混杂纤维布加固后，其抗弯承载力和刚度均有一定程度的提高，抗弯承载力提高幅度在 18.1%～62.0%（松木）和 7.7%～29.7%（杉木）；刚度提高幅度在 13%～21%（松木）和 6%～10%（杉木）。此外，木梁截面应变沿高度方向的分布基本符合平截面假定。

文献[14]对新疆杨木采用钢板抗弯加固进行了试验研究。试验研究结果表明：①钢板加固木梁可以提高木梁的极限承载力，木梁的刚度也有所提高，同时铆钉固定钢板加固梁比螺栓固定钢板加固梁的效果要好；②加固梁和未加固梁的应变沿梁高度方向的分布基本符合平截面假定。

文献[15]对 36 根 FRP 加固木梁的受弯性能进行了研究,试件的设计参数包括 FRP 的层数、FRP 的类型(CFRP 和 GFRP)以及加固层的位置。试验研究结果表明,在木梁受拉区布置 FRP 可有效提高木梁的受弯承载力,受拉区粘贴 1 层 CFRP 可提高木梁受弯承载力 30.61%;在纯弯区横向布置 FRP 可增强木梁受压区的性能,也可有效地提高木梁的受弯承载力,提高的幅度与横向 FRP 层数有关,其中横向缠绕 2 层 GFRP,木梁承载力提高 9.05%;FRP 加固木梁的破坏表现为受压区木纤维褶皱失稳,受拉区木材和加固层被拉断,木梁的破坏形式与加固层层数及加固的方式有关。

文献[16]为研究内嵌 CFRP 筋/片加固木梁的受弯性能,制作 5 根底面中心内嵌 CFRP 筋加固试件,3 根侧面内嵌 CFRP 筋加固试件,6 根底面中心内嵌 CFRP 片加固试件以及 3 根未加固的对比试件,对其进行三分点静载试验。试验参数包括:CFRP 筋/片、内嵌位置(底面或侧面)、CFRP 筋/片数量(1 根或 2 根)、是否采用附加锚固措施(U 形铁钉或 CFRP 布 U 形箍)、底面是否粘贴 CFRP 布等。试验研究结果表明:①内嵌 CFRP 筋/片加固试件的受弯承载力较未加固试件明显提高,提高幅度为 14%～85%;②破坏位移也平均提高 32%;③内嵌 CFRP 筋加固试件的初始弯曲刚度均大于对比试件,而内嵌 CFRP 片加固试件由于底面开槽面积较大,其初始弯曲刚度未见提高;④内嵌 CFRP 筋加固试件的跨中截面应变随荷载增加仍基本符合平截面假定,而内嵌 CFRP 片加固木梁的跨中截面应变变化与平截面假定存在一定差距;⑤增加内嵌 CFRP 筋/片的数量及端部采用 U 形铁钉锚固措施对提高加固木梁承载力的作用不明显,但在加固木梁底面粘贴 1 层 CFRP 布可显著提高其加固效果。

文献[17]对螺丝连接钢板可逆抗弯加固木梁的受力性能进行了试验研究。试验木梁规格均为 100 mm×200 mm×4 000 mm,试件共有 11 根。其中,试件 CB1～CB3 为未加固对比试件;试件 B17 在木梁底面采用 $\phi$10 螺丝连接钢板,螺丝间距约 200 mm,梅花形布置;试件 B17-2 在木梁底面采用 $\phi$10 螺丝连接钢板,螺丝间距约 400 mm,梅花形布置,螺丝和钢板为试件 B17 重复使用。试件 B18 在木梁底面采用 $\phi$8 螺丝连接钢板,螺丝间距约 200 mm,梅花形布置;试件 B18-2 在木梁底面采用 $\phi$8 螺丝连接钢板,螺丝间距约 400 mm,每排 3 个,螺丝和钢板为试件 B18 重复使用。试件 B18-3 在木梁底面采用 $\phi$8 螺丝连接钢板,螺丝间距约 800 mm,每排 3 个,螺丝和钢板为试件 B18-2 重复使用。试件 B19 在木梁底面采用 $\phi$10 螺丝连接钢板,螺丝间距约 200 mm,每排 2 个;试件 B19-2 在木梁底面采用 $\phi$10 螺丝连接钢板,螺丝间距约 400 mm,每排 2 个,螺丝和钢板为试件 B19 重复使用;试件 B19-3 在木梁底面采用 $\phi$10 螺丝连接钢板,螺丝间距约 800 mm,每排 2 个,螺丝和钢板为试件 B19-2 重复使用。加固用钢板厚度均为 3 mm,宽度与木梁等宽为 100 mm。加固前钢板表面和木梁底面均不需要特别处理,钢板预先在螺丝位置打孔,所有螺丝采用扳手旋紧。木材选用花旗松,试验测得其静曲强度为 59.2 MPa,弹性模量为 6 620 MPa,密度为 430 kg/m³,含水率为 15.2%。试验选用六角木螺丝,规格分别为 $\phi$10 mm×80 mm 和 $\phi$8 mm×70 mm,螺丝所用材料为 Q235 钢,强度等级为 4.8 级。试验用钢板选用 Q235 钢,实测屈服强度的平均值为 340.3 MPa,极限强度的平均值为 458.8 MPa,弹性模量的平均值为 200 757 MPa。主要试验结果汇总于表 9-6,表中 $P_u$ 为极限承载力,$\Delta_u$ 为 $P_u$ 时跨中位移,CB 为 CB1～CB3 的平均值。由该表可以看出,采用螺丝连接钢板可逆加固可显著提高木梁的承载力,提高幅度为 16%～79%,提高幅度随螺丝间距增加而有所降低。除此之外,加固木梁的初始弯曲刚度也得到明显提高,提高幅度为 21%～38%。

表 9-6　主要试验结果

| 编号 | $P_u$/kN | $P_u$提高幅度/% | $\Delta_u$/mm | $\Delta_u$提高幅度/% | 破坏特征 |
|---|---|---|---|---|---|
| CB | 30.3 | — | 66.5 | — | 受拉边缘木节处破坏 |
| B17 | 54.3 | 79.2 | 71.1 | 6.9 | 受拉边缘木纤维断裂破坏 |
| B17-2 | 39.2 | 29.4 | 36.9 | −44.5 | 跨中受拉边缘木节断裂,受压边缘木节开裂 |
| B18 | 46.0 | 51.8 | 88.3 | 32.8 | 跨中受拉边缘木纤维断裂,受压区木节周边木纤维皱褶压溃,钢板局部屈服 |
| B18-2 | 48.6 | 60.4 | 47.2 | −29.0 | 加载点受拉边缘木节斜向裂缝,受压边缘木纤维压溃 |
| B18-3 | 35.1 | 15.8 | 58.3 | −12.3 | 纯弯区中间水平裂缝,受拉边缘局部木纤维断裂,受压边缘木纤维皱褶、压溃 |
| B19 | 48.4 | 59.7 | 71.1 | 6.9 | 跨中受拉边缘木纤维断裂 |
| B19-2 | 43.2 | 42.6 | 66.8 | 0.5 | 跨中受拉边缘木纤维断裂,局部钢板屈服,受压边缘木节周边木纤维轻度皱褶 |
| B19-3 | 48.1 | 58.7 | 71.7 | 7.8 | 加载点受拉边缘木纤维断裂,裂缝斜向发展,受压边缘木纤维皱褶、压溃 |

许清风等人[18]对粘贴钢板加固木梁的受弯性能进行了试验研究。试验木梁规格均为 100 mm×200 mm×4 000 mm,试件共有 8 根。其中,试件 CB1～CB3 为未加固对比试件;试件 B12 在木梁底面支座跨内粘贴 1 层 3 mm 厚钢板;试件 B13 在木梁底面支座跨内粘贴 1 层 5 mm 厚钢板,并在木梁底面中线位置通长布置 φ8@660 膨胀螺栓锚固;试件 B14 在木梁底面支座跨内粘贴 1 层 3 mm 厚钢板,并在木梁底面中线位置通长布置 φ8@660 膨胀螺栓锚固;试件 B15 在木梁底面支座跨内粘贴 1 层 3 mm 厚钢板,并布置 4 个 150 mm 宽的碳纤维布 U 形箍;试件 B16 在木梁底面支座跨内粘贴 2 层 3 mm 厚钢板,在木梁底面中线位置通长布置 φ8@660 膨胀螺栓,并布置 4 个 150 mm 宽的碳纤维布 U 形箍。所有钢板的宽度均与木梁等宽,为 100 mm。试验加固前对木梁底面进行表面处理,首先将底面刨平,然后用丙酮进行表面清洁处理,有裂缝处进行填缝处理。钢板加固前加固面用砂轮机进行打磨表面处理,去除锈斑等表面缺陷。木材为花旗松,试验测得静曲强度为 59.2 MPa,弹性模量为 6 620 MPa,含水率为 15.2%。钢板选用 Q235 钢,其平均屈服强度为 340.3 MPa,平均极限强度为 458.8 MPa。主要试验结果见表 9-7 所示,其中 $P_u$ 为极限荷载,$\Delta_u$ 为荷载下降至 85%$P_u$ 时跨中极限位移,CB 为 CB1～CB3 的平均值。由此表可见,粘贴钢板加固木梁后,其极限承载力有明显提高,其中采用螺栓对粘贴钢板进行锚固是提高加固效果的重要措施。此外,粘贴钢板加固木梁跨中截面应变随荷载增加基本符合平截面假定;在相同荷载作

用下,加固木梁边缘钢板拉应变和受压边缘压应变均明显小于对比试件。

表 9-7 主要试验结果

| 编号 | $P_u$/kN | $P_u$提高幅度/% | $\Delta_u$/mm | $\Delta_u$提高幅度/% | 试件特征 |
|---|---|---|---|---|---|
| CB | 30.3 | — | 67.9 | — | 对比试件 |
| B12 | 37.9 | 25.1 | 120.0 | 76.7 | 1层3mm钢板 |
| B13 | 73.0 | 141.0 | 90.1 | 32.7 | 1层5mm钢板+螺栓 |
| B14 | 49.6 | 63.7 | 78.8 | 16.1 | 1层3mm钢板+螺栓 |
| B15 | 33.0 | 8.9 | 95.0 | 39.9 | 1层3mm钢板+U形箍 |
| B16 | 48.2 | 59.1 | 162.0 | 138.6 | 2层3mm钢板+螺栓+U形箍 |

此外,许清风等人还对粘贴竹片加固木梁的抗弯承载力进行了试验研究,试验结果表明,粘贴竹片加固木梁的受弯承载力可提高48%~83%[19]。

文献[20]对CFRP布加固圆形木梁的抗弯性能进行了试验研究,共设计了8根圆形木梁,其中2根为对比梁,6根为加固梁。试件共分为两组,一组用于研究有裂缝梁的加固效果,裂缝长300mm,距梁顶部25mm,裂缝均用封口胶封堵;另一组用于研究有破损梁的加固效果,通过先在木梁受拉侧挖去一定截面高度的木材,然后用强力粘结剂在缺口中填补相同材质木块,以模拟木梁的截面抗弯性能受损情况。试验所用材料为俄罗斯樟子松,测得其顺纹抗拉强度为67.23MPa、顺纹抗压强度为30.56MPa、弯曲强度为48.25MPa,弹性模量为10.8GPa;所用CFRP布的抗拉强度大于3000MPa,弹性模量大于220GPa,厚度为0.30mm,伸长率为1.5%。试验梁的具体加固方案见表9-8所示。

表 9-8 试验加固方案

| 试件编号 | 破损方式 | 加固方式 | CFRP布层数 | 纯弯段环箍数 |
|---|---|---|---|---|
| A | 无 | 无 | 无 | 无 |
| B1 | 中间开缝 | 无 | 无 | 无 |
| B2 | 中间开缝 | 纵向贴CFRP布 | 1层 | 无 |
| B3 | 中间开缝 | 纵向贴CFRP布 | 2层 | 无 |
| C1 | 中部破损(1/2梁高) | 纵向贴CFRP布 | 1层 | 无 |
| C2 | 中部破损(1/2梁高) | 纵向贴CFRP布 | 2层 | 无 |
| C3 | 中部破损(1/4梁高) | 纵向贴CFRP布 | 1层 | 4个 |
| C4 | 中部破损(1/4梁高) | 纵向贴CFRP布 | 2层 | 4个 |

主要试验结果见表9-9所示。其中,试件C1破坏是由缺口补木处出现应力集中,CFRP布被木块剪断导致的;试件C3模拟破损的一端存在明显的木节缺陷。基于试验研究结果,可得到以下几点结论:①加固梁和未加固梁的应变沿截面高度方向的分布基本符合平截面假定。②CFRP布避免或延缓了木梁的受拉脆性破坏,降低了木材缺陷对木梁受弯性能的影响,充分利用了木材的抗压强度,其破坏模式由脆性受拉破坏转变为受压破坏;纯弯段的CFRP布环箍能保证CFRP与木梁协同工作,使CFRP布充分发挥作用。③受损木梁

加固后,其截面承载力、刚度等都有不同程度的提高。

表 9-9  主要试验结果

| 试件编号 | 极限荷载/kN | 提高幅度/% | 破坏类型 |
|---|---|---|---|
| A | 35.37 | — | 受拉破坏 |
| B1 | 27.27 | — | 受拉破坏 |
| B2 | 40.36 | 48.00 | 受压破坏 |
| B3 | 43.32 | 58.86 | 受压破坏 |
| C1 | 21.54 | | 受压破坏 |
| C2 | 25.32 | 17.55 | 受压破坏 |
| C3 | 27.00 | — | 受压破坏 |
| C4 | 40.70 | 50.70 | 受压破坏 |

文献[21]对我国西藏传统建筑木梁采用碳纤维布加固进行了试验研究。共选取 4 根西藏传统建筑古木梁进行试验,4 根木梁编号分别为 1、2、3、4,其中 1、3 号木梁取自桑耶寺,2、4 号木梁取自郎色林庄园。4 根木梁均有不同程度的破损,如受潮腐蚀、虫蛀、木材老化、裂隙等。考虑到试验的可操作性以及木材的离散性较大,选取 1、2 号梁加工为 4 个 120 mm×140 mm×2 000 mm 的标准试件(西藏传统建筑木梁截面尺寸大多在 160 mm×190 mm×2 700 mm),编号为 L1、L2、B1、B2;3、4 号梁不进行任何加工,以原尺寸进行试验,3 号梁编号 JL1,截面尺寸为 200 mm×200 mm×1 500 mm,4 号梁编号 JL2,截面尺寸为 160 mm×200 mm×1 500 mm。对 6 根木梁采用碳纤维布进行加固,在底部全跨顺纹满贴 1 层碳纤维布,侧面贴 U 形箍。U 形的数量为 6 个,宽度为 100 mm,沿梁全长均匀分布。试验研究结果表明:①粘贴碳纤维布加固后,由于木梁年代久远、腐朽严重,部分梁表层纤维的粘结能力小于碳纤维布与木梁之间的粘结能力,在受力过程中表层木纤维剥落使碳纤维布脱落而不能发挥作用;②旧木梁的加载破坏都始于老旧裂缝的延伸,众多裂缝发展延伸后将原旧木梁分割成数层,承载能力下降;③碳纤维布对木梁有一定的加固效果,但如果木梁破损过于严重,加固效果极其微弱,增加碳纤维布层数对加固效果影响不大;④旧损木梁破坏对碳纤维布的接触性影响很大,最薄弱处不一定位于梁底部,碳纤维布底部顺贴加固法效果不佳。因此,对于旧损木梁粘贴碳纤维布进行加固时,应加强横向约束等有效构造措施。

文献[22]对格构木梁的加固方法进行了试验研究,格构木梁指由上、下肢木梁通过木块组成的格构式组合截面木梁,其中木块通过螺栓连接。共进行了 10 根木梁的对比试验研究,其中 3 根为对比普通木梁,3 根为未加固格构木梁,4 根为加固格构木梁。研究结果表明:①未加固格构木梁的受弯承载力和初始弯曲刚度较普通木梁均略有降低。②底面粘贴 1 层碳纤维(CFRP)布加固格构木梁的受弯承载力较未加固格构木梁显著提高 54%,初始弯曲刚度提高 34%,极限位移显著提高 63%。空隙处采用结构胶或灌浆料填充的格构木梁的受弯承载力平均提高 30%,初始弯曲刚度显著提高 195%,极限位移则显著降低 54%。结构胶填充并在梁底面粘贴 1 层 CFRP 布的加固格构木梁受弯承载力显著提高 92%,初始弯曲刚度显著提高 251%,极限位移则降低 48%。③未加固格构木梁和粘贴 1 层 CFRP 布加固格构木梁的受拉肢和受压肢跨中应变变化分别保持平截面假定;其受压肢和受拉肢均为下侧受拉上侧受压,中间木垫块基本不受力。空隙采用结构胶填充的加固格构木梁跨中全截面应变变化基本保持平截面假定;其受压肢受压,受拉肢受拉,中间木垫块亦参与全截面受力。④格构木梁和加固格构木梁一般均发生脆性断裂破坏。在格构木梁空隙处填充灌浆料或结构胶可显著提高其初始弯曲刚度,但对提高承载力不显著;在格构木梁底面粘贴CFRP布可显著提高其承载力,但对提高初始弯曲刚度不明显。综合两种方法既可显著提高承载力,又可显著提高初始弯曲刚度。

文献[23]对粘贴竹板加固木梁的受弯性能进行了试验研究,试件木梁规格均为100 mm×200 mm×4 000 mm,共7根,编号分别为CB1~CB3和B1~B4。其中,试件CB1~CB3为未加固对比试件。试件B1在木梁底面粘贴1层5 mm厚、3 200 mm长横压竹板;试件B2在木梁底面粘贴1层5 mm厚、2 950 mm长侧压竹板;试件B3在木梁底面粘贴1层5 mm厚、3 200 mm长横压竹板和1层5 mm厚、2 950 mm长侧压竹板;试件B4在木梁底面粘贴1层20 mm厚、2 950 mm长侧压竹板。试件B3和B4在竹板端部分别用两个CFRP布口形箍进行端部锚固。试验选用花旗松,试验测得静曲强度为59.2 MPa,弹性模量为6 620 MPa,含水率为15.2%;5 mm厚横压竹板的抗拉强度平均值为101 MPa,弹性模量为9 236 MPa;5 mm厚侧压竹板的抗拉强度平均值为100 MPa,弹性模量为9 530 MPa。主要的试验结果见表9-10所示,其中$P_u$为极限荷载,$\Delta_u$为$P_u$时跨中极限位移,CB为对比试件平均值。基于试验结果与相关分析,可得到以下几点结论:①底面粘贴竹板加固后,木梁受弯承载力显著提高(幅度达71%~93%),比粘贴竹片加固时受弯承载力提高幅度有所增加;破坏位移也有所提高;初始弯曲刚度提高19%~107%;②粘贴竹板加固木梁达到正常使用极限状态挠度限值时的荷载较对比木梁平均提高60%,因而粘贴竹板加固对提高木梁正常使用极限状态下的承载力也有明显作用;③随着荷载的增加,粘贴竹板加固木梁跨中截面应变仍符合平截面假定。

表 9-10　主要试验结果

| 编号 | $P_u$/kN | $P_u$提高幅度/% | $\Delta_u$/mm | $\Delta_u$提高幅度/% |
|---|---|---|---|---|
| CB | 30.3 | — | 66.5 | — |
| B1 | 58.6 | 93 | 155.5 | 134 |
| B2 | 51.7 | 71 | 63.5 | —5 |
| B3 | 53.9 | 78 | 137.0 | 106 |
| B4 | 58.0 | 91 | 74.3 | 12 |

文献[24]对CFRP加固杉木和松木矩形截面木梁的抗弯性能进行了试验研究,试验研究结果表明:和未加固试件相比,木梁经CFRP加固后,其抗弯承载能力有一定程度的提高,抗弯承载力提高幅度在13.4%~35.2%(松木)和18.1%~28.6%(杉木)之间;刚度的提高幅度较小。此外,木梁截面沿高度方向的分布基本符合平截面假定。

文献[25]对碳纤维布加固木梁的抗剪性能进行了试验研究,试验研究结果表明:木梁剪切破坏通常为顺纹错动剪切破坏,顺纹错动剪切破坏具有很好的延性,而弯曲破坏是典型的脆性破坏。木梁支座及加载点附近的碳纤维布(竖向或斜向)直至破坏时也没有出现拉应变。

### 9.4.2 榫卯节点加固

文献[26]通过对两个严格按照宋代《营造法式》有关大木作要求制作的木构架模型及其分别用 CFRP 布和扁钢加固榫卯节点的构架模型在低周反复荷载作用下的抗震性能进行了试验研究。试验选用缩尺比为 1∶3.52 的二等材殿堂式构架的主要承重柱——檐柱的柱架模型,节点为抗拉、拔性能较好的燕尾榫榫卯结合,材料选用东北红松。首先制作相同的木构架两组(GJ-1、GJ-2)进行加载试验;试验后用 CFRP 布(厚度 0.167 mm)加固榫卯节点,对应的试件编号分别为 JGJ-1 和 JGJ-2;CFRP 布加固榫卯节点构架在试验后,再用扁钢(40 mm×3 mm,Q235)对节点进行加固,对应的构架编号分别为 JGJ-3 和 JGJ-4。试验研究结果表明,榫卯节点自身具有很好的延性和耗能能力,用 CFRP 布和扁钢加固后依然有良好延性和耗能性能;采用 CFRP 布和扁钢加固对榫卯节点的承载能力均有很大幅度的提高,试验中 CFRP 布加固榫卯节点承载力提高近 1 倍,扁钢加固榫卯节点承载力提高近 3 倍;节点加固后刚度增大,用 CFRP 布加固的节点刚度提高约 1 倍,用扁钢加固的节点刚度提高约 2 倍,所有节点都表现出随着节点转角的增大刚度不断退化的规律。

文献[27]通过比例为 1∶3.52 的古建木结构模型的振动台试验,研究了用 Q235 扁钢加固榫卯连接节点的加固性能及效果。基于试验研究与分析的结果,可以得到以下几点结论:①针对木结构古建筑的一种主要破坏形式——榫头脱卯或折断,该试验证明了采用 Q235 扁钢加固榫卯连接节点的有效性,加固后可提高构件的强度、刚度和整体性,有效阻止因榫卯拔脱而导致的结构坍塌。②加固前后结构自振频率变化不大,加固后节点约束刚度略有增强,但总体相当,并未改变榫卯连接的变刚度特性,符合刚度等效原则。③扁钢在输入地震激励小于 0.4 g 时,能够发挥积极作用,主要承担节点地震力。当地震激励大于 0.5 g 时,扁钢屈服进入塑性阶段,在强震作用下可以进入强化阶段。加固后阻尼比显著提高,并以扁钢的塑性变形耗能替代了以榫卯连接结构破坏为代价的耗能能力,从而有效地阻止了结构节点的破坏。

文献[28]为了探讨古建筑榫卯节点的有效抗震加固方法,提出一种钢构件加固方法。基于故宫太和殿某开间结构原型,制作了 1∶8 缩尺比例的木结构空间框架模型,考虑梁柱连接为燕尾榫形式,进行了低周反复加载试验。其中未加固构架试验进行了 3 组,加固构架试验进行了 2 组。该文献提出的加固件所选钢材为 Q235 钢,厚度为 3 mm,宽度为 50 mm,包括 1 个用于套住、固定梁的组件 a 和 1 个用于套住、固定柱的组件 b。组件 a 与组件 b 由连接件固定连接。试验研究结果表明,该文献中所提出的钢构件方法加固节点后,节点的拔榫量减小,刚度和承载力均明显提高,节点刚度退化不明显,且节点仍具有较好的耗能性能和变形能力,因此具有良好的加固效果。

文献[29]分别采用扒钉、CFRP 布和钢箍三种材料加固古建筑木构架榫卯节点,然后进行低周反复加载试验。模型参考故宫太和殿某开间实际尺寸及《清式营造则例》相关规定,选取抬梁式构架的承重檐柱和额枋制作,材料为东北红松,榫卯节点则选定为承重构架常采用的燕尾榫卯节点形式,采取 1∶8 缩尺比例模型。试验选取的扒钉长 150 mm,直径 6 mm,端部直钩长度为 50 mm;试验用 CFRP 布的厚度为 0.11 mm,弹性模量为 $2.35×10^5$ MPa,抗拉强度为 2 100 MPa;试验用钢箍为 Q235 钢,厚度为 3 mm,宽度为 50 mm。需要强调的是,该试验中所用钢箍由两部分组成,在具体加固时将钢箍 1 套在梁端,将钢箍 2 套在柱身,然后把两个钢箍的伸长部分置于梁端顶部位置,再用螺栓固定。试验研究结果表明:①榫卯

节点加固前后的 $M-\theta$ 滞回曲线均以 Z 形为主,反映了木构架水平侧移过程中榫头与卯口之间具有较强的摩擦性能和滑移性能;②榫卯节点加固前后均具有良好变形能力;③关于加固后的节点承载力与节点耗能能力,CFRP 相对最高,扒钉相对最低;④关于加固后的节点刚度退化,CFRP 布相对最大,扒钉相对最小;⑤关于加固后的节点延性,CFRP 布相对最大,钢箍相对最小;⑥对榫卯节点进行抗震加固时,建议扒钉用于小型木构架房屋,CFRP 布用于中小型木构架房屋,钢箍用于中大型木构架房屋。

## 参考文献

[1] (美)亚历山大·纽曼. 建筑物的结构修复:方法·细部·设计实例[M]. 惠云玲,郝挺宇,等译. 北京:中国建筑工业出版社,2008.

[2] 高大峰,赵鸿铁,薛建阳,等. 中国古代木构建筑抗震机理及抗震加固效果的试验研究[J]. 世界地震工程,2003,19(2):1-10.

[3] 手册编委会. 建筑结构试验检测技术与鉴定加固修复实用手册[M]. 北京:世图音像电子出版社,2002.

[4] 马建勋,蒋湘闽,胡平,等. 碳纤维布加固木梁抗弯性能的试验研究[J]. 工业建筑,2005,35(8):35-39.

[5] 祝金标,王柏生,等. 碳纤维布加固破损木梁的试验研究[J]. 工业建筑,2005,35(10):86-89.

[6] 杨会峰,刘伟庆,邵劲松,等. FRP 加固木梁的受弯性能研究[J]. 建筑材料学报,2008,11(5):591-597.

[7] 谢启芳,赵鸿铁,薛建阳,等. 碳纤维布加固木梁抗弯性能的试验研究[J]. 工业建筑,2007,37(7):104-107.

[8] 谢启芳,赵鸿铁,薛建阳,等. CFRP 布加固木梁界面粘结应力的试验研究和理论分析[J]. 工程力学,2008,25(7):229-234,240.

[9] 许清风,朱雷. 内嵌 CFRP 筋维修加固老化损伤旧木梁的试验研究[J]. 土木工程学报,2009,42(3):23-28.

[10] 王全凤,李飞,陈浩军,等. 玄武岩纤维布加固木梁抗弯性能的试验研究与有限元分析[J]. 工业建筑,2010,40(4):126-130.

[11] 王全凤,李飞,陈浩军,等. GFRP 加固木梁抗弯性能的试验研究与理论分析[J]. 建筑结构,2010,40(5):50-52,107.

[12] 李向民,许清风. 粘贴 CFRP 板加固木梁试验研究[J]. 建筑结构,2011,41(10):123-125,145.

[13] 淳庆,潘建伍,包兆鼎. 碳-芳混杂纤维布加固木梁抗弯性能试验研究[J]. 东南大学学报(自然科学版),2011,41(1):168-173.

[14] 申继红,赵文,李鹏,等. 钢板加固木梁的试验研究[J]. 四川建筑科学研究,2011,37(6):100-101.

[15] 邵劲松,刘伟庆,蒋桐,等. 纤维增强复合材料加固木梁受弯性能试验研究[J]. 工业建筑,2012,42(5):151-156.

[16] 许清风,朱雷,陈建飞,等. 内嵌 CFRP 筋/片加固木梁受弯性能试验研究[J]. 建筑结构学报,2012,33(8):149-156.

[17] 许清风,陈建飞,张富文,等. 螺丝连接钢板可逆抗弯加固木梁的试验研究[J]. 四川大学学报(工程科学版),2012,44(5):47-56.

[18] 许清风,朱雷,陈建飞,等. 粘贴钢板加固木梁试验研究[J]. 中南大学学报(自然科学版),2012,43(3):1153-1159.

[19] 许清风,陈建飞,李向民. 粘贴竹片加固木梁的研究[J]. 四川大学学报(工程科学版),2012,44(1):36-42.

[20] 欧阳煜,李游. CFRP 布加固圆形木梁抗弯性能的试验[J]. 上海大学学报(自然科学版),2012,18(5):

545-550.

[21] 邓传力,蒙乃庆,贾彬. 碳纤维布加固西藏传统建筑木梁的性能研究[J]. 四川建筑科学研究,2012,38(6):89-92.

[22] 朱雷,许清风,陈建飞. 格构木梁加固方法的研究[J]. 四川大学学报(工程科学版),2012,44(1):28-35.

[23] 李向民. 粘贴竹板抗弯加固木梁的试验研究[J]. 建筑结构,2013,43(6):95-98.

[24] 淳庆,潘建伍. CFRP加固杉木和松木矩形木梁受弯性能试验研究[J]. 工程抗震与加固改造,2013,35(5):83-88.

[25] 谢启芳,薛建阳,赵鸿铁,等. 碳纤维布加固木梁抗剪性能的试验研究[J]. 工业建筑,2012,42(6):88-91.

[26] 于业栓,薛建阳,赵鸿铁. 碳纤维布及扁钢加固古建筑榫卯节点抗震性能试验研究[J]. 世界地震工程,2008,24(3):112-117.

[27] 姚侃,赵鸿铁,薛建阳,等. 古建木结构榫卯连接的扁钢加固试验[J]. 哈尔滨工业大学学报,2009,41(10):220-224.

[28] 周乾,闫维明,周宏宇,等. 钢构件加固古建筑榫卯节点抗震试验[J]. 应用基础与工程科学学报,2012,20(6):1063-1071.

[29] 周乾,闫维明,纪金豹. 3种材料加固古建筑木构架榫卯节点的抗震性能[J]. 建筑材料学报,2013,16(4):649-656.

# 第10章 建筑物改造与地基基础加固

目前,我国正处在建筑行业发展的第二个阶段,即新建与既有建筑物的加固改造并重阶段。当既有建筑物的使用功能不能满足各种商业目的时,业主们通常需要对其进行不同程度的改造。这种现象在大中型城市的商业中心,以及经济高速发展的城镇尤为突出。既有建筑物进行增层扩建或大空间改造后,其所带来的经济收益往往高于将其推倒重建。同时,建筑物改造相对新建更加环保,符合可持续发展的战略方针。既有建筑物在进行增层扩建或大空间改造时,通常会伴随地基基础的加固处理。为此,本章对上述问题的主要方法进行介绍。

## 10.1 增层扩建改造

既有房屋增层扩建是一项对既有建筑进行改造、扩充、挖潜、加固等综合性的修建工作。增层改造设计通常是在保留原有建筑的特色和风貌条件下,进行新的建筑创作,要求在新旧结合、经济合理的前提下,满足新的功能标准和各项改善要求。在结构设计上,应根据原房屋类型、结构可靠度、使用功能等具体情况进行研究后,选定方案。必须妥善处理好新、旧两部分的有关技术问题,做到既安全可靠,又继续发挥了旧结构的作用;既体现出新旧结构协调相称,又满足了改造后使用功能上的需要[1]。

既有建筑物在进行增层改造之前应进行专门的技术鉴定,根据作用的实际荷载值以及构造的实际情况,对上部主体结构以及地基基础进行内力分析与验算。同时,根据原地基土层分布与土质类别情况,合理地考虑原地基承载力可能增长的情况,具体考虑条件与提高幅度详见第二章内容。只有通过对地基基础和上部主体结构各部位现状的调查和技术鉴定,才能得出既有房屋是否可以增层改造的综合性意见及可行性报告。

### 10.1.1 建筑物增层方法

既有建筑物增层的方法可分为直接增层、分离或相连接的外套增层、分离或相连接的室内增层及地下增层等[2]。

1) 直接增层法

直接增层指在既有房屋上直接增层的方法,可用于多层砌体结构、多层内框架砌体结构、底层框架—抗震墙砌体结构、多高层混凝土结构和钢结构。直接增层的墙、柱宜与原结构上下对应。直接增层时,由于受到既有竖向承重构件和地基基础承载力的限制,一般不宜增层太多,通常不宜超过三层[3]。

多层砌体结构的增层可采取下列措施:①当原结构的承载力和刚度满足增层改造的要求时,可不改变原结构体系;当不满足时,应对原结构进行改造加固。②非承重墙可改为承重墙,形成纵横墙共同承重的结构体系。③增设新的承重墙或柱承受增层荷载。④可采用外扩结构,增加结构整体的抗侧力刚度。

多层砌体结构直接增层应符合下列规定:①增层后的总高度、层数和建筑物最大高宽比应符合现行《建筑抗震设计规范》(GB 50011)的规定。②抗震设防地区多层砌体结构直接增层后,当抗震墙不满足规范要求时,应增设抗震墙或对原墙体进行加固。当原建筑物的楼梯间位于建筑物的端部或拐角处时,应采用钢筋网水泥砂浆面层或构造柱进行加固。③当多层砌体房屋的局部尺寸不符合规范要求时,可采取全部或局部堵实墙体洞口并与旧墙体可靠拉结、采用钢筋网水泥砂浆面层、加设混凝土框套或采用其他有效的加固措施。④当多层砌体房屋的圈梁设置不符合规范要求时,应增设外加圈梁、钢拉杆或采用其他有效的加固措施。⑤当多层砌体房屋构造柱的设置不满足规范要求时,应外加构造柱或采用其他有效的加固措施。

多层砌体顶部增加一层轻型钢框架建筑物时,应符合下列规定:①在地震区可按突出屋面结构计算地震作用效应;当采用底部剪力法计算时,地震作用效应增大系数可取 3。②增设的顶层轻型钢框架应设置可靠的支撑系统。③当原砌体房屋顶层屋盖采用预制板时,应增设厚度不小于 50 mm 的现浇叠合面层。现浇层中应配置直径 4~6 mm、间距不大于 200 mm 的钢筋网。在原屋顶圈梁上应增设截面尺寸不小于 240 mm×240 mm 的圈梁,新增圈梁与原圈梁之间应有可靠连接。

多层内框架和底部框架结构直接增层时,应符合下列规定:①直接增层后的建筑物总高度和层数、抗震横墙的最大间距,均应符合国家现行相关规范的要求。②底部框架中新增抗震墙,应沿纵、横两个方向均匀对称布置。第二层与底层侧向刚度的比值,在抗震设防烈度为 6 度、7 度时不应大于 2.5,8 度时不应大于 2.0,且均不应小于 1.0。③多层内框架房屋的直接增层,可根据需要在外墙设置钢筋混凝土外加柱(达到改变结构体系目的)。

多层混凝土框架结构的直接增层宜采用框架或框架—抗震墙结构。当需要增设新的抗震墙时,应采用混凝土墙或在柱间设置钢支撑,并与原框架的梁、柱或抗震墙有可靠连接。

采用外扩结构直接增层时,应符合下列规定:①当外扩结构与原结构连接形成新结构体系时,连接部分应满足传力要求。②外扩结构的基础应按新建工程基础设计,应防止对原地基基础造成不利影响,并且应与原建筑物的基础沉降一致。

2) 外套增层法

外套增层指在既有房屋外侧增设外套结构,如框架—剪力墙或框架等,使增层与改造后的荷载通过外套结构传递到基础、地基上的增层与改造方法。该方法适用于需改变既有房屋平面布置或改变使用功能要求时,原承重结构及地基基础难以承受过大的增层与改造后的荷载、用户搬迁困难、增层与改造施工不能停止房屋的使用。

外套增层的新旧结构可按下列三种处理方法:①既有建筑为砌体结构,增层部分为外套混凝土框架、框架—剪力墙结构或带筒体的框架—剪力墙结构等形式,新旧结构完全脱开。②新旧结构均为混凝土结构,新结构的竖向承重体系与原结构的竖向承重体系相互独立,但新结构利用原结构经改造后的水平抗侧刚度共同抵抗水平力。③新旧结构均为混凝土结构,其构件相互连接,组成新的结构体系。

新旧结构完全脱开时,两者之间的缝宽应满足抗震缝的要求。新旧结构竖向承重体系相互独立的结构,可加固原结构抗侧力构件或增加抗侧力构件(如剪力墙、井筒)等,并使外套结构柱在沉降稳定后与原结构在楼盖处用水平铰接连杆相连。此外,外套框架柱与基础应采用刚性连接,基础的变形应控制在允许范围内,并应采取有效措施限制基础的转动。

3) 室内及地下增层

当既有建筑的室内净空较高时,可在室内增层,即通常所说的夹层。对于分离式室内增层,可在室内另设独立框架承重增层体系或独立砌体承载增层体系。整体式室内增层可新设结构增层体系,并与原结构连成整体。在绝大多数情况下,增层体系优先选择钢结构。

采用分离式室内增层时,在新结构与原结构之间应留缝,缝内可用柔性材料填充。采用整体式室内增层时,应保证新旧结构的连接可靠,并应符合下列规定:①单层室内增层或多层砌体房屋室内楼盖进行拆旧换新改造时,室内纵、横墙与原结构墙体连接处应增设构造柱并用锚栓与原墙体连接,新增楼板处应加设圈梁。②混凝土单层厂房或钢结构单层厂房室内增层时,新增梁与原结构边柱宜采用铰接连接。③混凝土框架结构室内增层时,新增梁与原有边框架柱之间可采用刚接或半刚接,并应对原框架边柱结构进行二次叠合受力分析,将原柱中内力与新增结构引起的内力叠加进行截面验算。此外,室内增层时,新增结构的基础应与原结构基础和室内管沟基础等有效连接。

既有建筑无地下室或地下室空间不足时,可进行地下增层或地下室扩建。地下增层应考虑对原结构和相邻结构的影响。结合基础埋深及基础周边状况,可采取侧向支护、设新基础或加固地基基础和加固结构等措施。当验算建筑物周边墙体和内墙等构件时,应对地下增层引起的构件受力进行分析。

地下增层时,地下新增结构与原结构应可靠连接,并符合下列规定:①连接部位的混凝土表面应凿毛,其不平整度应为 10～20 mm,且应凿除旧混凝土的表面层和碳化层。②对凿毛后的混凝土用水清洗干净,表面不得有油污和混凝土松动渣块。③当采用植筋连接时,应符合相关规程中钢筋搭接长度和钢筋锚固长度的要求。④当新结构钢筋与旧结构钢筋焊接时,焊缝长度单面不应小于 10$d$,双面不应小于 5$d$。⑤在新加结构混凝土浇筑前,应保证新旧混凝土连接处的旧混凝土呈潮湿饱和状态。在浇筑混凝土前,应对界面涂刷素水泥浆或界面处理剂。

此外,在雨水较多和地下水位较高地区进行地下增层时,应采用结构外包防水和结构自身防水的双重防水措施。对新旧节点、阴阳角等特殊部位应增加防水附加层。对新旧结构不连接的部位应按伸缩缝或沉降缝做防水处理。

### 10.1.2 其他构造措施

1) 加强整体刚度的构造措施

为了保证新旧结构的整体性,应加强增层后房屋的整体刚度。根据实践经验,宜分别采用下面的构造措施:

(1) 设置钢筋混凝土圈梁

砖混结构增层部分,应层层设置钢筋混凝土圈梁。圈梁的作用主要包括:可使加层部分新增的荷载,比较均匀地传递到旧房;提高房屋整体的抗剪、抗拉强度;防止或减少增层后因地基不均匀沉降而引起的墙体裂缝;满足抗震设防的要求。

圈梁应沿外墙及内承重横墙设置,形成闭合状态,力求不被洞口截断。最好在旧墙体的顶部设上第一道;往上再在新加的每一楼层的门窗洞口的上口处,层层设置。圈梁断面宽度应同承重墙的厚度,高度不应小于 150 mm;纵向钢筋配置不少于 4$\phi$10。兼作门窗洞口过梁时,在跨越门窗洞口的部分,还不应小于按过梁计算要求的断面尺寸和配筋量。

(2) 加强新旧墙、柱的连接

在新旧砖墙、柱交接处,应将旧砌体墙拆成马牙槎形,冲洗干净后,再铺设砂浆砌筑,以保证较好的连接。必要时，外墙转角及内外墙交接处，采用配筋加强。一般可沿墙高每 500 mm 配置 2φ6 拉结钢筋，每边伸入墙内不少于 1 m。对于钢筋混凝土柱的上下新旧交接处，应凿开旧柱顶部，露出主筋，与接长的新柱纵筋焊接牢固；接头处 1 m 范围内箍筋间距宜加密；混凝土必须凿毛，冲洗干净，先浇铺与混凝土相同的净水泥砂浆一层，再浇筑混凝土。

（3）加固旧墙体上较大的洞口

如果旧墙体上洞口过多、过大，不仅影响了墙体的承载能力，而且削弱了房屋的整体刚度。设计时应通过调整使用性质和平面布置，对原有洞口无用的予以堵砌；可以减小的补砌予以减小。必须保留的洞口，宽度在 2 m 以上的，宜采用钢筋混凝土门形或口形刚架进行支撑加固。刚架的断面和配筋可根据增层后洞口处墙体应承受的荷载进行计算确定，同时柱内纵向钢筋不宜小于 4 根 12（Ⅱ级）。

（4）改善支承条件

在旧房屋底层设置卸荷作用的承重内墙或墙垛时，新增砌体与支承上部荷载的大梁之间应紧密贴合为整体，从而使得梁上荷载均匀地传递到新砌体上。此外，新增砌体需要设置新的基础。

2）增层时对既有房屋平屋顶处理措施

在既有房屋平屋顶上进行增层时，原屋顶改作为楼盖，除了需要将挑檐及屋面构造层拆除外，尚需要根据具体情况，分别采用以下处理措施：

（1）在原基层上按统一标高找平

对材料找坡的屋顶或按结构找坡而坡度较平、坡长又不大的屋顶，可在找坡、保温、防水层拆除后，按统一标高重新做找平层。

（2）在原基层上分段找平

对于结构找坡的坡度和坡长较大时，若原屋面板为预制楼板，宜尽可能顶升使得统一找平；若统一找平有困难时，可在保温、防水层拆除后，以室内隔墙为界，就基层高低之势，适当分段找平。

（3）新做结构层找平

当原屋盖梁、板承载力不能满足增层后楼盖结构使用的要求时，应尽量考虑采用结构加固的设计方案。当难以加固时，可将原屋盖梁、板拆除或保留，重新做楼盖结构层，并加以找平。

3）其他问题处理措施

（1）新旧基础间设置沉降缝

既有房屋增层又扩建时，必须注意妥善处理好这两部分新旧地基的沉降问题。一般情况下，既有房屋增层部分和扩建部分之间宜设置沉降缝，以避免这两部分由于地基沉降量不同而引起上部墙体或有关构件的开裂。

直接增层需要新设承重墙基础时，新基础的宽度应以新旧纵横墙基础能均匀下沉为前提，可按经验公式（10-1）确定新基础宽度[3]。

$$b' = \frac{F+G}{f_a} M \tag{10-1}$$

式（10-1）中：$b'$ 为新基础宽度（m）；$F+G$ 为作用的标准组合时单位基础长度上的线荷

载$(kN/m)$；$f_a$ 为修正后的地基承载力特征值$(kPa)$；$M$ 为增大系数，建议按 $M=E_{s2}/E_{s1}>1$ 取值；$E_{s1}$、$E_{s2}$ 分别为新旧基础下地基土的压缩模量。

外套结构的地基基础应按新建工程设计；施工时，应将新旧基础分开，互不干扰，并避免对既有建筑地基的扰动，而降低其承载力。对位于高水位深厚软土地基上建筑物的外套结构增层，由于增层结构荷载一般较大，常采用埋置较深的桩基础。在桩基础施工成孔时，易对原基础(尤其是浅埋基础)产生影响，引起基础附加下沉，造成既有建筑下沉或开裂等。因此，应根据工程的具体情况，选择合理的地基处理方法和基础加固施工方案。

（2）满足抗震要求

在抗震设防区，增层设计必须考虑房屋的抗震问题。增层后房屋高度增加了，与增层之前相比，重心升高，振幅加大，自振周期也长，易遭破坏。因此，对抗震来说增层是不利的。多层砖混结构房屋，增层后的总高度如超过现行《建筑抗震设计规范》(GB 50011)中规定的限值时，则不宜进行增层。对不超过高度限值的房屋，增层设计时，必须对新旧结合体按照抗震设计规范的规定，选定结构构造方案，并对有关部位进行强度验算、鉴定，采取必要的补强加固措施，以满足强度和抗震要求。

（3）减轻增层部分墙体及构件的自重

减轻增层部分墙体及构件的自重不仅有利于抗震，而且也减少了下部墙、柱结构及地基基础的内力设计值，从而减少了补强加固的工作量。同时，也充分挖掘了结构潜力，降低了造价。主要措施为尽量采用轻质材料与轻型结构，如墙体采用钢丝网架夹芯墙板、ALC 轻质隔墙；屋盖采用 EPS 彩钢隔热夹芯板；楼盖采用组合楼板、钢-木组合楼板；主框架可采用轻钢结构。

（4）上下管道要对位

设备管道，特别是废水、污水立管力求上下层要对位。不但节省管材，而且避免日后上下层用户之间可能产生的矛盾和争端。因此，增层宜与既有部分的改造相结合，要上下统筹考虑，最终给出合理的设计方案。

（5）重视增层改造后的建筑立面

在满足功能要求的前提下，立面外形力求整齐、统一、协调，并体现出原有建筑的风格。特别是涉及外墙体、构件的补强加固方案，必须结合立面设计进行综合考虑。最终，加固构件经过处理构成立面线条的组成部分，力求消除外形上简单的加固捆绑痕迹。

# 10.2 大空间改造

既有建筑物在进行功能改造时，往往会提出大空间的要求。为了实现这个目的，对于砖砌体结构采用托梁拆墙，对于混凝土框架结构采用托梁抽柱。下面针对这两个问题分别进行阐述。

## 10.2.1 托梁拆墙

在我国，砖砌体因具有取材广泛、造价低廉、易于施工且耐久性良好等优点得到了广泛的应用。但是，砖砌体(砖混)房屋属于砌体墙承重，从使用功能上来讲，其空间分隔不够灵活。近年来，随着我国经济的飞速发展和城市化改造的不断推进，对多层砖砌体结构房屋进行底部大空间改造越来越多。例如，临街的住宅、办公楼需要改造成为营业场所(较大的店面、超市等)；标准的客房或办公用房需要改造为大空间的会议室或教室等，这就需要拆除局部甚至大部分砖砌体承重墙。此时，为了保证结构的安全性和正常使用性，必须设置有效的托换结构,以实现上部荷载的有效传递。

目前,砖砌体结构进行底部大空间改造设置托换结构的常用方法主要有以下几种[4]:

(1)混凝土夹梁托换方案,该方案在拟拆除墙体两侧与二层楼板底设置钢筋混凝土夹梁,见图 10-1 所示。该方案的优点在于:计算理论较为成熟;能够保证托换结构的安全性;实践经验丰富。不足之处在于:新增加的混凝土夹梁尺寸较大,对建筑空间有所减少,特别是外墙的建筑外观影响较大;混凝土施工为湿作业,并且工期较长;需要支护模板。

图 10-1　混凝土夹梁托换拆墙

(2)钢-混凝土组合梁托换方案,该方案利用两个槽钢作为受拉部分,使原圈梁和新浇混凝土为受压翼缘,形成上部混凝土下部槽钢组合截面。通过在混凝土部分设置剪力连接件与槽钢焊接,达到混凝土与槽钢协同工作的目的。该方案的优点在于:可减轻结构的自重,基本不影响室内美观;施工时先施工组合梁,再拆除墙体,施工方便,且施工时不需做临时支撑。该方案的缺点在于:托梁端部支座另需加强,必须采取有效的构造措施和增设可靠的竖向受力构件以保证荷载传递。

(3)轻钢桁架托换方案,一般是在墙体的两侧设置两个平面桁架,桁架的上下弦及腹杆基本都采用角钢,以便在工厂或现场焊接。两个平面桁架通过穿过墙体水平灰缝的扁钢或角钢连接,与墙体形成受力体系,墙体及其上部作用的荷载通过水平的扁钢或角钢传至钢桁架托换梁,然后就可拆除梁下墙体。柱子也可以按照相同的方法改造成轻型格构式钢柱,或将原来的构造柱进行加固作为支承柱。轻型钢桁架托换梁具有不影响建筑正常使用的优点,且钢桁架可以在工厂预制、现场安装,大大缩短了施工周期。但是轻型钢桁架托换梁方案需要解决结构的防火问题和耐腐蚀问题,更为重要的是钢桁架与墙体之间的整体性较难把握,并且对建筑空间也有影响。

鉴于钢筋混凝土夹梁托换改造在实际工程中应用最为广泛,在此结合江苏省射阳县某实际工程进行探讨(图10-1)。该工程为四层砖混结构,为了满足其使用功能的改变,需将底部一层的部分横墙拆除改为框架(增加空间布置的灵活性)。大空间加固改造后的结构体系转变为底部框架—抗震墙砌体结构,上部二层至四层维持不变。对于此类砖混房屋的底部大空间改造,可以按照新建结构采用设计软件进行建模分析结构的内力。对于混凝土夹梁,在分析时可以将其合并为单个矩形截面梁,高度不变,宽度等于两个夹梁之和。需要重点注意的是,此类房屋改造后,第二层的侧向刚度与底层侧向刚度之间的比值会发生很大的变化,毕竟底层由原来的横墙改变为几根框架柱。根据我国现行《建筑抗震鉴定标准》(GB 50023)中的要求[5],砌体房屋的质量和刚度沿高度分布宜比较规则均匀。按照我国现行《建筑抗震设计规范》(GB 50011)中的强制性条文规定[6]:底层框架—抗震墙砌体房屋的纵横两个方向,第二层计入构造柱影响的侧向刚度与底层侧向刚度的比值,6度、7度时不应大于2.5,8度时不应大于2.0,且均不应小于1.0。如果层间刚度比不能满足规定时,需要增设抗震墙,或对底层仍保留的既有砌体墙采用钢筋混凝土面层进行加固。

在采用混凝土夹梁进行托换时,基础的受力形式也发生了很大的变化。原房屋为墙下条形基础,主要荷载形式近似为线性,改造后荷载形式转变为柱下集中作用力。因此,必须对基础进行加固,同时为了尽量不改变原地基的受力特性,较为理想的加固方式是采用柱下条形基础。此时,混凝土夹梁、基础梁以及梁端的支承柱形成一个钢筋混凝土封闭框。施工步骤如下:基础加固施工—支承防护—柱加固施工—夹梁加固施工—墙体拆除—支承拆除。该工程的条形基础梁与混凝土夹梁的施工图见图10-2与图10-3所示。

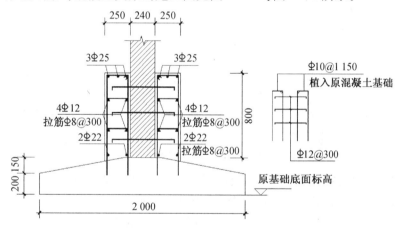

图10-2 条形基础梁施工图

除此之外,本书笔者提出了钢板-砖砌体组合结构/构件进行大空间托换改造技术。钢板-砖砌体组合结构/构件是一种相对比较新颖的结构形式,主要适用于既有砖混房屋的大空间托换改造,也适用于砖混房屋抗震加固中增设圈梁、构造柱以及砖混房屋震后受损的应急加固。钢板-砖砌体组合构件是由钢板、砖砌体、对拉螺栓与灌注型粘结材料组成,将钢板贴在砖砌体墙的表面,通过对拉螺栓的固定,以及内部砖砌体与粘结材料的侧向约束形成有效工作的整体[7]。对于组合承重构件,灌注粘结材料应选用灌注型结构胶;对于组合圈梁、构造柱等非承重构件,灌注粘结材料可选用水泥浆。在钢板-砖砌体组合构件中,钢板强度高、延性好,是承担外力作用的主体。砖砌体属于脆性材料,且抗压强度明显小于钢板,但考

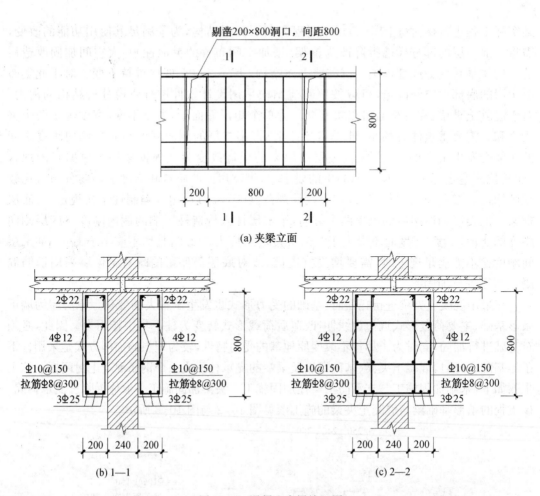

剔凿200×800洞口，间距800

1

2

800

200 | 800 | 200

1

2

(a) 夹梁立面

2Φ22    2Φ22

800

4Φ12    4Φ12

Φ10@150    Φ10@150
拉筋Φ8@300    拉筋Φ8@300
3Φ25    3Φ25

200 | 240 | 200

(b) 1—1

2Φ22    2Φ22

800

4Φ12    4Φ12

Φ10@150    Φ10@150
拉筋Φ8@300    拉筋Φ8@300
3Φ25    3Φ25

200 | 240 | 200

(c) 2—2

图 10-3　混凝土夹梁施工图

虑钢板的平面外抗弯刚度较小，可以将其近似地看作钢板的侧向刚性介质支承，此时，钢板仅可能发生单向局部屈曲，可以有效地提高其弹性临界屈曲应力[8]。对拉螺栓通过侧向约束可以改变钢板的边界条件，有效地延缓钢板发生局部屈曲；此外，组合梁中的对拉螺栓还起到传递部分上部墙体荷载的作用。灌注型粘结材料一方面能渗透到内部砖砌体增强砌体部分的抗压强度；另一方面也可以填充钢板与砖砌体之间的空隙，从而在钢板侧面产生侧向粘结力约束，阻止钢板向外发生屈曲，进一步地延缓钢板发生局部屈曲，提高其临界屈曲应力水平以及屈曲后的性能。此类组合结构综合了钢板和砖砌体两种材料的不同受力特点，具有施工便捷、无需临时支撑、工期短、安全可靠、截面小、几乎不影响建筑布局和外观以及充分利用局部残留墙体等优点。钢板可以结合墙体形状做成组合矩形、L形、T形，甚至十字形截面。近几年来，采用钢板-砖砌体组合结构/构件进行既有砖混房屋的加固改造越来越受到设计与科研人员的关注。

目前，该项技术已获得我国发明专利授权[9]，并已成功应用于国内多个实践项目[7, 10]。小到在承重墙上开个局部洞口，大到将砖混房屋的底层全部进行大空间改造，甚至整个砖混房屋的承重墙结构体系改变为框架结构都可以采用钢板-砖砌体组合进行加固实现，具体工程实例见图 1-12、图 10-4、图 10-5 所示。

图 10-4 底层局部大空间改造

图 10-5 三层砖砌体承重结构改造为组合框架

钢板-砖砌体组合结构的主要施工工艺如下：①将需要增设托换组合梁和组合柱的承重墙两侧粉刷层清除干净，然后用不低于 M5（通常用 M10）的水泥砂浆涂抹均匀，厚度在 5～10 mm，砂浆凝固前在表层做正交斜向 45°沟槽（宽度和深度可取 3 mm）。②把剪裁好的钢板固定在墙体两侧，采取对拉螺栓拧紧固定，且用电焊焊死螺帽防止松动。③拆除柱两侧墙体（局部受损断面用水泥砂浆或混凝土修补），并用钢板将柱子其余边焊接封闭。④使用压力设备，沿组合柱外侧钢板上预留的灌注孔灌注结构胶，填充钢板内侧沟槽和内部所有的空隙。⑤等组合柱内结构胶固化之后，开始拆除组合梁底部的墙体，并用钢板焊接封闭梁底；需要注意的是，当组合梁跨度较大（大于 5 m）时，底部钢板宜从中间向两端分段焊接，否则必须有可靠的安全措施。⑥梁、柱连接处钢板对接满焊形成框架，如果在 6 度以上抗震设防区，还需要对节点作加强处理。⑦用压力设备沿组合梁上预留的灌注孔灌注结构胶，填充钢板内侧沟槽和内部所有的空隙。⑧在钢板表面做防锈、防火保护层。另外，在施工过程中，局部范围内应先焊接后灌注结构胶，防止高温对结构胶性能产生不利影响。截至目前，笔者所在课题组已对钢板-砖砌体组合梁、组合墙梁、组合柱以及组合框架的受力性能进行了较为系统的试验研究与分析，相关试验研究简介见本章 10.5 节。

### 10.2.2 托梁抽柱

混凝土框架结构为了满足大空间的使用功能，需要抽去少数框架柱（图 1-13），这就导致原有结构的传力路径发生了变化，普遍做法是对原有框架梁进行增大截面、施加预应力形成转换梁。

实际工程中，绝大多数托梁抽柱的位置仅局限在顶层，或者连续几层直至顶层。也就是说，该工程在完成抽柱改造后，被加固框架梁的竖向挠度不会带来上一层的框架梁产生附加内力。如果转换梁上部还有框架柱时，由于转换梁受到上部柱传来的集中力作用，跨中位置会产生一定的竖向挠度,造成上一层框架梁的端部出现类似不均匀沉降的附加变形,直接造成原有框架梁两端的弯矩和剪力出现不同程度的增加。随着跨度和截面特性的不同,该附加变形引起的内力增幅不容忽视,当梁的设计安全储备不足时,必然造成一定的安全隐患。因此,采用增大截面法形成转换梁的抽柱改造设计除了达到自身的承载能力和正常使用极限状态要求外,更重要的是必须同时满足上部结构允许的变形。否则,整个抽柱扩跨改造设计会造成顾此失彼,结构的安全隐患依然存在。这里主要对此类附加变形造成的结构安全隐患进行阐述和分析。

1) 附加变形的形成

所谓的附加变形,在此仅指原结构设计时未考虑该部分的变形。为了阐明这个概念,针对图 10-6 所示的某四跨多层的单榀框架进行分析。在图 10-6 中,为了大空间改造的需要,拟将柱 $BD$ 截去。一旦柱 $BD$ 截去后,务必要对梁 $AC$ 采取措施进行加固,此外对于 $A$、$C$ 端点对应的下层柱以及基础也有可能需要进行不同程度的加固。最为理想的状态下,是在截柱前将柱 $BD$ 对应的负荷范围内的上部所有荷载进行卸除,然后通过施加一定的预应力,使得柱 $BD$ 被截除后,在正常使用荷载作用下 $B$ 点的竖向挠度变形几乎为零。否则,当经加固后的转换梁 $AC$ 在柱 $BE$ 的集中荷载作用下产生竖向挠度变形 $\Delta$,考虑到变形的协调性(鉴于柱轴向变形相对水平构件梁弯曲变形很小,近似忽略),点 $E$、$F$ 同样也会产生竖向变形 $\Delta$。针对拟截柱上部相关联的梁构件,在这个竖向变形 $\Delta$ 作用下,梁 $AC$ 在进行加固设计时需要进行合理的计算分析,其安全性可以得到保证。梁 $GE$、$EH$、$JF$ 和 $FK$ 两端的弯矩和剪力也发生不同程度的变化,例如仅考虑在竖向荷载作用的情况,当出现竖向变形 $\Delta$ 时,梁端 $G$、$H$、$J$ 和 $K$ 的弯矩、剪力均增大;梁端 $E$ 和 $F$ 的弯矩、剪力会减小或甚至变向(变向后的大小不排除超过原来值的可能性)。

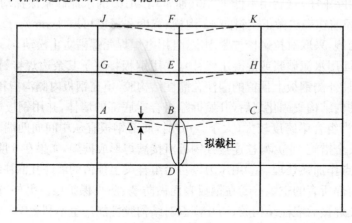

图 10-6 单榀框架截柱简图

从上述分析中可以看出,截去柱 $BD$ 后,基于安全分析考虑,梁 $AC$、$GH$ 和 $JK$ 均应进行必要的计算分析。此外,与点 $A$、$C$、$G$、$H$、$J$ 和 $K$ 相连的其余框架梁与柱子由于节点的弯矩平衡,也应进行截面复核,但相对而言不起控制作用。在日常的加固改造设计工作中,工程师们多数仅把工作的重点放在加固梁 $AC$ 以及下层的边柱和基础上去,而忽略了对梁 $GE$、$EH$、$JF$ 和 $FK$ 的计算分析。在实际改造工程中,由于施工条件的限制,如楼上正常营业导致荷载不能卸除、预应力筋张拉的操作受限等等,加固后的转换梁多数存在不同程度的挠度变形,因此考虑因转换梁挠度变形带来的附加变形是非常有必要的。此外,假如仅截去图 10-6 中的柱 EF，那么就不存在被加固梁的附加变形对上层柱的不利影响。

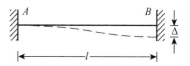

图 10-7　刚接杆端部单位位移

2）附加内力

为了更好地掌握该问题，这里仅从弹性分析的角度进行探讨，实际工程中应采用分析软件进行非线性高等分析。钢筋混凝土框架结构在设计分析时，计算模型假定梁、柱节点为刚性节点。在此基础上，结合结构力学中等截面直杆的位移方程（图 10-7），当杆件 B 端出现竖向位移 $\Delta$ 时，会引起 A、B 两端产生一定的附加内力。附加内力当中，主要考虑附加弯矩和附加剪力两项，其绝对值的大小见式（10-2）。

$$M_{AB} = M_{BA} = \frac{6EI\Delta}{l^2} \tag{10-2a}$$

$$V_{AB} = V_{BA} = \frac{12EI\Delta}{l^3} \tag{10-2b}$$

式（10-2）中：$E$ 为混凝土的弹性模量；$I$ 为梁截面的惯性矩，如果为现浇板时，应考虑其翼缘的贡献；$l$ 为梁的计算长度。

令梁的跨高比 $l/h = \beta$；梁的截面面积为 $A_b$。则式（10-2）可以简化为式（10-3）。

$$M_{AB} = M_{BA} = \frac{E\Delta\alpha A_b}{2\beta^2} \tag{10-3a}$$

$$V_{AB} = V_{BA} = \frac{E\Delta\alpha b}{\beta^3} \tag{10-3b}$$

式（10-3）中：$\alpha$ 为考虑梁受压区现浇板翼缘的放大系数，中间梁取值为 2.0；边梁取值为 1.5；$b$ 为梁的截面宽度。

假定某框架柱网由 6.0 m 改造为 12.0 m，梁的截面尺寸为 250 mm×500 mm，混凝土强度等级为 C30、弹性模量为 $3.0 \times 10^4$ MPa。根据现行《混凝土结构设计规范》中关于受弯构件挠度变形的限值[11]，12.0 m 跨（使用上对挠度有较高要求）的允许变形为计算跨度的 1/400 即 30 mm。令其为中间框架梁，则在不同附加变形情况下，产生的附加弯矩和剪力值见表 10-1 所示。

表 10-1　附加内力计算结果

| 附加内力 | 附加变形/mm | | | | | |
| --- | --- | --- | --- | --- | --- | --- |
| | 1 | 3 | 5 | 10 | 20 | 30 |
| 弯矩/(kN·m) | 26 | 78 | 130 | 260 | 521 | 781 |
| 剪力/kN | 9 | 26 | 43 | 87 | 174 | 260 |

如果该框架梁按照经济配筋率考虑，负弯矩配筋率 1.2% 左右，正弯矩配筋率 0.8% 左右；梁端箍筋按 φ8@100/200 配置。则框架梁端部的极限抗弯承载能力为 120 kN·m（梁底受拉）和 180 kN·m（梁顶受拉），抗剪承载能力为 239 kN。从表 10-1 和上述计算结果对比可以看出，即使转换梁的挠度变形控制在 3 mm 即跨度的 1/2 000 范围内，附加弯矩与框架梁的极限抗弯承载力的比值 65% 和 43%；附加剪力对应的比值为 11%。由此可以发现，

附加弯矩引起的弯矩较大，附加剪力增幅相对较小，但仍不能忽略。上述附加内力特别是弯矩的增幅，很容易超过原有结构的安全储备；当附加变形引起的附加内力达到一定程度后，混凝土构件便会出现弯曲、剪切裂缝。因此，对于类似上述框架结构进行抽柱扩跨改造分析时，在不对其上层框架梁、柱进行加固的前提下，控制转换梁的挠度变形在特定的范围内应成为控制目标，而不再是其承载能力和正常使用情况下的允许挠度变形。

根据式(10-3)，基于附加变形得到的梁端弯矩增幅和剪力增幅是相等，结合图 10-6 中的分析，综合考虑上部梁($GE$、$EH$、$JF$ 和 $FK$)原有的内力，附加变形引起的弯矩和剪力所造成的不利影响主要由梁端 $G$、$H$、$J$ 和 $K$ 点的控制截面加以限制。主要原因在于，附加变形引起的附加弯矩与剪力与原梁设计时的分析内力包络图在 $G$、$H$、$J$ 和 $K$ 点处通常是同号的，在点 $E$、$F$ 处是异号的。

3) 附加变形的控制措施

框架结构抽柱扩跨后，转换梁对应位置上部梁端的附加变形主要由于转换梁的挠度变形引起上部所托柱发生了竖向位移。因此，针对附加变形的控制措施，主要就是有效地控制转换梁的挠度变形，其主要手段是通过选取合适的截面尺寸、施加合理的预应力度加以控制。

## 10.3　地基基础加固

依据我国现行《建筑地基基础设计规范》[12]，当轴心荷载作用时，基础底面的压力计算应符合式(10-4)。

$$p_k = \frac{F_k + G_k}{A} \leqslant f_a \tag{10-4}$$

式(10-4)中：$p_k$ 相应于作用的标准组合时，基础底面处的平均压力值(kPa)；$F_k$ 相应于作用的标准组合时，上部结构传至基础顶面的竖向力值(kN)；$G_k$ 为基础自重和基础上的土重(kN)；$A$ 为基础底面面积($m^2$)；$f_a$ 为修正后的地基承载力特征值。

式(10-1)是地基设计分析中最简单的一个公式，但是通过这个公式，可以得到地基基础加固的本质所在。无论是建筑物增层改造、设计或施工缺陷以及不正当使用等因素，如果使得式(10-1)不再成立时，则地基基础存在安全隐患，势必会威胁到整个上部主体结构的安全性或正常使用性。此时，为了确保建筑物的安全性或恢复其正常的使用功能，必须采取相应的加固处理措施。针对式(10-4)来看，加固的目的就是使得该公式重新成立，为此可以通过以下几个途径来实现：①降低上部结构传至基础顶面的竖向力 $F_k$；②增大基础底面面积 $A$；③提高地基承载力特征值 $f_a$。

地基承载力加固设计时，应考虑地基土经过长期压密后地基承载力可以提高的有利贡献，但必须注意其适用范围。也就是说，不是所有的地基土经过长期压密后，其承载力都可以得到提升。此外，既有建筑地基基础进行加固时，应分析评价由于施工扰动所产生的对既有建筑物附加变形的影响。由于既有建筑物在长期使用下，变形已处于稳定状态，对地基基础进行加固时，必然要改变已有的受力状态，通过加固处理会使新旧地基基础受力重新分配。首先应对既有建筑原有受力体系进行分析，然后根据加固的措施重新考虑加固后的受力体系。通常可借助于计算机对各种过程进行模拟，而且能对各种工况进行计算分析，对复杂的受力体系有定量的、较全面的了解。

下面基于文献[3]、[13]对地基基础加固的方法进行阐述。

### 10.3.1　基础补强注浆加固方法

注浆加固是指用压送设备把水泥浆或环氧树脂等浆液压入原基础的裂缝内或破损处的加固方法。基础补强注浆加固适用于因不均匀沉降、冻胀或其他原因引起的基础裂损的加固。基础补强注浆加固法的特点是：施工方便,可以加强基础的刚度与整体性。但是,注浆的压力一定要控制,压力不足会造成基础裂缝不能充满;压力过高会造成基础裂缝加大。实际施工时应进行试验性补强注浆,结合原基础材料强度和粘结强度,确定注浆施工参数。

基础补强注浆加固施工应符合下列规定:①在原基础裂损处钻孔,注浆管直径可为25 mm,钻孔与水平面的倾角不应小于30°(以免钻孔困难),钻孔孔径不应小于注浆管的直径,钻孔孔距可为 0.5~1.0 m。②浆液材料可采用水泥浆或改性环氧树脂等,注浆压力可取 0.1~0.3 MPa。如果浆液不下沉,可逐渐加大压力至 0.6 MPa,浆液在 10~15 min 内不再下沉,可停止注浆。③对单独基础每边钻孔不应少于 2 个;对条形基础应沿基础纵向分段施工,每段长度可取 1.5~2.0 m。

封闭注浆孔时,对于混凝土基础,采用的水泥砂浆强度不应低于基础混凝土强度;对于砌体基础,水泥砂浆强度不应低于原基础砂浆强度。

### 10.3.2　扩大基础加固方法

扩大基础加固包括加大基础底面积法、加深基础法和抬墙梁法等。此外,在加大基础底面积时往往对基础的厚度也进行增加,基础加厚可使原基础的刚度及承载力都得到提高。

加大基础底面积法适用于当既有建筑物荷载增加、地基承载力或基础底面积尺寸不满足设计要求,且基础埋置较浅,基础具有扩大条件时的加固,可采用混凝土套或钢筋混凝土套扩大基础底面积。设计时,应采取有效措施,保证新、旧基础的连接牢固和变形协调。扩大基础底面积加固的特点是:经济,加强基础刚度与整体性,减少基底压力,减少基础不均匀沉降。

加大基础底面积法的设计和施工,应符合下列规定:①当基础承受偏心受压荷载时,可采用不对称加宽基础(单面加宽);当承受中心受压荷载时,可采用对称加宽基础(双面或四面加宽)。②在灌注混凝土之前,应将原基础凿毛和刷洗干净,涂刷一层高强度等级水泥浆或混凝土界面剂,增加新、老混凝土基础的粘结力。③对基础加宽部分,地基上应铺设厚度和材料与原基础垫层相同的夯实垫层。④当采用混凝土套加固时,基础每边加宽后的外形尺寸应符合现行国家规范《建筑地基基础设计规范》(GB 50007)中有关无筋扩展基础或刚性基础台阶宽高比允许值的规定,沿基础高度隔一定距离设置锚固钢筋(剪力销),使加固的新浇筑混凝土与原有基础混凝土紧密结合成整体。⑤当采用钢筋混凝土套加固时,基础加宽部分的主筋应与原基础内主筋焊接连接。⑥对条形基础加宽时,应按长度 1.5~2.0 m 划分单独区段,并采用分批、分段、间隔施工的方法。绝不能在基础全长上挖成连续的坑槽或使坑槽内地基土暴露过久而使原基础产生或加剧不均匀沉降。

当采用混凝土或钢筋混凝土套加大基础底面积尚不能满足地基承载力和变形等的设计要求时,可将原独立基础改成条形基础;将原条形基础改成十字交叉条形基础或筏形基础;将原筏形基础改成箱形基础。

加深基础法是直接在基础下挖槽坑,再在坑内浇筑混凝土,以增大原基础的埋置深度,使基础直接支承在较好的持力层上,用以满足设计对地基承载力和变形的要求。其使用范围必须在浅层有较好的持力层,不然会因采用人工挖坑而费工费时又不经济;另外,场地的地下水位必须较低才合适,不然人工挖土时会造成邻近土的流失,即使采取相应的降水或排水措施,在施工上也会带来困难,而降水也会导致对既有建筑产生附加不均匀沉降的隐患。加深基础法加固的特点是:经济,有效减少基础沉降,不得连续或集中施工,可以是间断墩式也可以是连续墩式。设计时,应考虑原基础能否满足施工要求,必要时,应进行基础加固。

所浇筑的混凝土墩可以是间断的或连续的,主要取决于被托换的既有建筑的荷载大小和墩下地基土的承载能力及其变形性能。鉴于施工是采用挖槽坑的方法,所以国外对基础加深法称为坑式托换(pit underpinning);也因在坑内要浇筑混凝土,故国外对这种施工方法也有称墩式托换(pier underpinning)。

基础加深的施工,应按下列步骤进行:①先在贴近既有建筑基础的一侧分批、分段、间隔开挖长约 1.2 m、宽约 0.9 m 的竖坑,对坑壁不能直立的砂土或软弱地基,应进行坑壁支护,竖坑底面埋深应大于原基础底面埋深 1.5 m。②在原基础底面下,沿横向开挖与基础同宽,且深度达到设计持力层深度的基坑。③基础下的坑体,应采用现浇混凝土灌注,并在距原基础底面下 200 mm 处停止灌注,待养护一天后,用掺入膨胀剂和速凝剂的干稠水泥砂浆填入基底空隙,并挤实填筑的砂浆。

当基础为承重的砖石砌体、钢筋混凝土基础梁时,墙基应跨越两墩之间,如原基础强度不能满足两墩间的跨越,应在坑间设置过梁。对较大的柱基用基础加深法加固时,应将柱基面积划分为几个单元进行加固,一次加固不宜超过基础总面积的 20%,施工顺序应先从角端处开始。

抬墙梁法指采用预制的钢筋混凝土梁或钢梁,穿过原房屋基础梁下,置于基础两侧预先做好的钢筋混凝土桩或墩上。抬墙梁的平面布置应避开一层门窗洞口,不能避开时,应对抬墙梁上的门窗洞口采取加强措施,并应验算梁支承处砖墙的局部承压强度。抬墙梁法类似于结构的"托梁换柱法",因此在采用这种方法时,必须掌握结构的形式和结构荷载的分布,合理地设置梁下桩的位置,同时还要考虑桩与原基础的受力及变形协调。

### 10.3.3 锚杆静压桩加固方法

锚杆静压桩法适用于淤泥、淤泥质土、黏性土、粉土、人工填土、湿陷性黄土等地基加固。锚杆静压桩是锚杆和静压桩结合形成的桩基施工工艺(图 10-8)。它是通过在基础上埋设锚杆固定压桩架,以既有建筑的自重荷载作为压桩反力,用千斤顶将桩段从基础中预留或开凿的压桩孔内逐段压入土中,再将桩与基础连接在一起,从而达到提高基础承载力和控制沉降的目的。

图 10-8  锚杆静压桩施工现场

锚杆静压桩设计,应符合下列规定:

（1）锚杆静压桩的单桩竖向承载力可通过单桩载荷试验确定；当无试验资料时，可按地区经验确定，也可按国家现行规范《建筑地基基础设计规范》(GB 50007)和《建筑桩基技术规范》(JGJ 94)有关规定估算。

（2）压桩孔应布置在墙体的内外两侧或柱子四周。设计桩数应由上部结构荷载及单桩竖向承载力计算确定；施工时，压桩力不得大于该加固部分的结构自重荷载。压桩孔可预留，或在扩大基础上由人工或机械开凿，压桩孔的截面形状，可做成上小下大的截头锥形，压桩孔洞口的底板、板面应设保护附加钢筋，其孔口每边不宜小于桩截面边长的50～100 mm。

（3）当既有建筑物基础承载力和刚度不满足压桩要求时，应对基础进行加固补强，或采用新浇筑钢筋混凝土挑梁或抬梁作为压桩承台。

（4）桩身制作除应满足现行《建筑桩基技术规范》(JGJ 94)的规定外，尚应符合下列规定：桩身可采用钢筋混凝土桩、钢管桩、预制管桩、型钢等；钢筋混凝土桩宜采用方形，其边长宜为200～350 mm；钢管桩直径宜为100～600 mm，壁厚宜为5～10 mm；预制管桩直径宜为400～600 mm，壁厚不宜小于10 mm；每段桩节长度，应根据施工净空高度及机具条件确定，每段桩节长度宜为1.0～3.0 m；钢筋混凝土桩的主筋配置应按计算确定，且应满足最小配筋率要求。当方桩截面边长为200 mm时，配筋不宜少于4Φ10(Ⅱ级)；当边长为250 mm时，配筋不宜少于4Φ12(Ⅱ级)；当边长为300 mm时，配筋不宜少于4Φ14(Ⅱ级)；当边长为350 mm时，配筋不宜少于4Φ16(Ⅱ级)；抗拔桩主筋由计算确定；钢筋宜选用HRB335级以上，桩身混凝土强度等级不应小于C30；当单桩承载力设计值大于1 500 kN时，宜选用直径不小于400 mm的钢管桩；当桩身承受拉应力时，桩节的连接应采用焊接接头；其他情况下，桩节的连接可采用硫磺胶泥或其他方式连接。当采用硫磺胶泥接头连接时，桩节两端连接处，应设置焊接钢筋网片，一端应预埋插筋，另一端应预留插筋孔和吊装孔；当采用焊接接头时，桩节的两端应设置预埋连接件。

（5）原基础承台除应满足承载力要求外，尚应符合下列规定：承台周边至边桩的净距不宜小于300 mm；承台厚度不宜小于400 mm；桩顶嵌入承台内长度宜为50～100 mm；当桩承受拉力或有特殊要求时，应在桩顶四周增设锚固筋，锚固筋伸入承台内的锚固长度，应满足钢筋锚固要求；压桩孔内应采用混凝土强度等级为C30或不低于基础强度等级的微膨胀早强混凝土浇筑密实；当原基础厚度小于350 mm时，压桩孔应采用2Φ(Ⅱ级)16钢筋交叉焊接于锚杆上，并应在浇筑压桩孔混凝土时，在桩孔顶面以上浇筑柱帽，厚度不得小于150 mm。

### 10.3.4　树根桩加固方法

树根桩适用于淤泥、淤泥质土、黏性土、粉土、砂土、碎石土及人工填土等地基加固。树根桩也称为微型桩或小桩，对既有建筑物的修复、增层、地下铁道的穿越以及增加边坡稳定性等托换加固都可应用，其适用性非常广泛。

树根桩设计，应符合下列规定：①树根桩的直径宜为150～400 mm，桩长不宜超过30 m，桩的布置可采用直桩或网状结构斜桩。②树根桩的单桩竖向承载力可通过单桩载荷试验确定；当无资料时，也可按现行国家相关规范进行估算。③桩身混凝土强度等级不应小于C20；混凝土细石骨料粒径宜为10～25 mm；钢筋笼外径宜小于设计桩径的40～60 mm；主筋直径宜为12～18 mm；箍筋直径宜为6～8 mm，间距宜为150～250 mm；主筋不得少于3根；桩承受压力作用时，主筋长度不得小于桩长的2/3；桩承受拉力作用时，桩身应通长配筋；对直径小于200 mm的树根桩，宜注入水泥砂浆，砂粒粒径不宜大于0.5 mm。④有经验地区,可用钢管代替树根桩中的钢筋笼,并采用压力注浆提高承载力。⑤树根桩设计时,应对既有建筑的基础进行承载力的验算。当基础不满足承载力要求时,应对原基础进行加固或增设新的桩承台。⑥网状结构树根桩设计时,可将桩及周围土体视作整体结构进行整体验算,并应对网状结构中的单根树根桩进行内力分析和计算。⑦网状结构树根桩的整体稳定性计算,可采用假定滑动面不通过网状结构树根桩的加固体进行计算,有地区经验时,可按圆弧滑动法,考虑树根桩的抗滑力进行计算。

树根桩施工时,钢筋笼宜整根吊放。当分节吊放时,节间钢筋搭接焊缝采用双面焊时,搭接长度不得小于 5 倍钢筋直径;采用单面焊时,搭接长度不得小于 10 倍钢筋直径。注浆管应直插到孔底,需二次注浆的树根桩应插两根注浆管,施工时,应缩短吊放和焊接时间。当采用碎石和细石填料时,填料应经清洗,投入量不应小于计算桩孔体积的 90%;填灌时,应同时采用注浆管注水清孔。注浆材料可采用水泥浆、水泥砂浆或细石混凝土,当采用碎石填灌时,注浆应采用水泥浆。当采用一次注浆时,泵的最大工作压力不应低于 1.5 MPa。注浆时,起始注浆压力不应小于 1.0 MPa,待浆液经注浆管从孔底压出后,注浆压力可调整为 0.1～0.3 MPa,浆液泛出孔口时,应停止注浆。当采用二次注浆时,泵的最大工作压力不宜低于 4.0 MPa,且待第一次注浆的浆液初凝时,方可进行第二次注浆。浆液的初凝时间根据水泥品种和外加剂掺量确定,且宜为 45～100 min。第二次注浆压力宜为 1.0～3.0 MPa,二次注浆不宜采用水泥砂浆和细石混凝土。

### 10.3.5 坑式静压桩加固方法

坑式静压桩适用于淤泥、淤泥质土、黏性土、粉土、湿陷性黄土和人工填土且地下水位较低的地基加固。坑式静压桩是采用既有建筑自重做反力,用千斤顶将桩段逐段压入土中的施工方法。千斤顶上的反力梁可利用原有基础下的基础梁或基础板,对无基础梁或基础板的既有建筑,则可将底层墙体加固后再进行坑式静压桩施工。这种对既有建筑地基的加固方法,国外称为压入桩(jacked piles)。当地基土中含有较多的大块石、坚硬黏性土或密实的砂土夹层时,由于桩压入时难度较大,需要根据现场试验确定其适用与否。

坑式静压桩设计时,应符合下列规定:①坑式静压桩的单桩承载力,可按现行《建筑地基基础设计规范》(GB 50007)的有关规定估算。②桩身可采用直径为 100～600 mm 的开口钢管,或边长为 150～350 mm 的预制钢筋混凝土方桩,每节桩长可按既有建筑基础下坑的净空高度和千斤顶的行程确定。③钢管桩管内应满灌混凝土,桩管外宜做防腐处理,桩段之间的连接宜用焊接连接;钢筋混凝土预制桩,上、下桩节之间宜用预埋插筋并采用硫磺胶泥接桩,或采用上、下桩节预埋铁件焊接成桩。④桩的平面布置,应根据既有建筑的墙体和基础形式及荷载大小确定,可采用一字形、三角形、正方形或梅花形等布置方式,应避开门窗等墙体薄弱部位,且应设置在结构受力节点位置。⑤当既有建筑基础承载力不能满足压桩反力时,应对原基础进行加固,增设钢筋混凝土地梁、型钢梁或钢筋混凝土垫块,加强基础结构的承载力和刚度。

### 10.3.6 注浆加固方法

注浆加固适用于砂土、粉土、黏性土和人工填土等地基加固。注浆加固(grouting)也称为灌浆法,是指利用液压、气压或电化学原理,通过注浆管把浆液注入地层中,浆液以填充、渗透和挤密等方式,将土颗粒或岩石裂隙中的水分和空气排除后占据其位置,经一定时间后,浆液将原来松散的土粒或裂隙胶结成一个整体,形成一个结构新、强度大、防水性能高和化学稳定性良好的"结石体"。

注浆加固的应用范围有：①提高地基土的承载力、减少地基变形和不均匀变形。②进行托换技术，用于古建筑的地基加固。③用于纠倾和抬升建筑。④用于减少地铁施工时的地面沉降，限制地下水的流动和控制施工现场土体的位移等。

注浆加固的效果与注浆材料、地基土性质、地下水性质关系密切，应通过现场试验确定加固效果、施工参数、注浆材料配比、外加剂等，有经验的地区应结合工程经验进行设计。注浆加固设计依据加固目的，应满足土的强度、渗透性、抗剪强度等要求，加固后的地基满足均匀性要求。

注浆按工艺性质分类可分为单液注浆和双液注浆。单液注浆适合于凝固时间长，双液注浆适合于凝固时间短。在有地下水流动的情况下，不应采用单液水泥浆，而应采用双液注浆，及时凝结，以免流失。

按浆液在土中流动的方式，可将注浆法分为三类：

1）渗透注浆

浆液在很小的压力下，克服地下水压、土粒孔隙间的阻力和本身流动的阻力，渗入土体的天然孔隙，并与土粒骨架产生固化反应，在土层结构基本不受扰动和破坏的情况下达到加固的目的。渗透注浆适用于渗透系数 $k>10^{-4}$ cm/s 的砂性土。

2）劈裂注浆

当土的渗透系数 $k<10^{-4}$ cm/s 时，应采用劈裂注浆。在劈裂注浆中，注浆管出口的浆液对周围地层施加了附加压应力，使土体产生剪切裂缝，浆液则沿裂缝面劈裂。当周围土体是非匀质体时，浆液首先劈入强度最低的部分土体。当浆液的劈裂压力增大到一定程度时，再劈入另一部分强度较高的部分土体，这样劈入土体中的浆液便形成了加固土体的网络或骨架。从实际加固地基的开挖情况来看，浆液的劈裂途径有竖向的、斜向的和水平向的。竖向劈裂是由土体受到扰动而产生的竖向裂缝；斜向的和水平向的劈裂是浆液沿软弱的或夹砂的土层劈裂而形成的。

3）压密注浆

压密注浆是指通过钻孔在土中灌入极浓的浆液，在注浆点使土体压密，在注浆管端部附近形成"浆泡"，当浆泡的直径较小时，灌浆压力基本上沿钻孔的径向扩展。随着浆泡尺寸的逐渐增大，便产生较大的上抬力而使地面抬动。浆泡的形状一般为球形或圆柱形。浆泡的最后尺寸取决于土的密度、湿度、力学条件、地表约束条件、灌浆压力和注浆速率等因素。离浆泡界面 0.3～2.0 m 内的土体都能受到明显的加密。评价浆液稠度的指标通常是浆液的坍落度。如采用水泥砂浆浆液，则坍落度一般为 25～75 mm，注浆压力为 1.0～7.0 MPa。当坍落度较小时，注浆压力可取上限值。

渗透、劈裂和压密一般都会在注浆过程中同时出现。由于土层的上部压力小，下部压力大，浆液就有向上抬高的趋势。灌注深度大，上抬不明显，而灌注深度小，则上抬较多，甚至溢到地面上来，此时可用多孔间歇注浆法。也就是让一定数量的浆液灌注入上层孔隙大的土中后，暂停工作让浆液凝固，这样就可把上抬的通道堵死；或者加快浆液的凝固时间，使浆液（双液）出注浆管就凝固。

注浆加固设计，应符合下列规定：①劈裂注浆加固地基的浆液材料可选用以水泥为主剂的悬浊液，或选用水泥和水玻璃的双液型混合液。防渗堵漏注浆的浆液可选用水玻璃、水玻璃与水泥的混合液或化学浆液，不宜采用对环境有污染的化学浆液。对有地下水流动的地基土层加固,不宜采用单液水泥浆,宜采用双液注浆或其他初凝时间短的速凝配方。压密注浆可选用低坍落度的水泥砂浆,并应设置排水通道。②注浆孔间距应根据现场试验确定,宜为 1.2～2.0 m;注浆孔可布置在基础内、外侧或基础内,基础内注浆后,应采取措施对基础进行封孔。③浆液的初凝时间,应根据地基土质条件和注浆目的确定,砂土地基中宜为 5～20 min,黏性土地基中宜为 1～2 h。④注浆量和注浆有效范围的初步设计,可按经验公式。施工图设计前,应通过现场注浆试验确定。在黏性土地基中,浆液注入率宜为15%～20%。注浆点上的覆盖土厚度不应小于 2.0 m,否则较难避免在注浆初期产生"冒浆"现象。⑤劈裂注浆的注浆压力,在砂土中宜为 0.2～0.5 MPa,在黏性土中宜为 0.2～0.3 MPa;对压密注浆,水泥砂浆浆液坍落度宜为 25～75 mm,注浆压力宜为1.0～7.0 MPa。当采用水泥-水玻璃双液快凝浆液时,注浆压力不应大于 1.0 MPa。

注浆加固施工时,注浆孔的孔径宜为 70～110 mm,垂直度偏差不应大于 1%。注浆用水泥的强度等级不宜小于 32.5 级;注浆时可掺用粉煤灰,掺入量可为水泥重量的20%～50%。注浆顺序应根据地基土质条件、现场环境、周边排水条件及注浆目的等确定,并应符合下列规定:①注浆应采用先外围后内部的跳孔间隔的注浆施工,不得采用单向推进的压注方式;②对有地下水流动的土层注浆,应自水头高的一端开始注浆;③对注浆范围以外有边界约束条件时,可采用从边界约束远侧往近侧推进的注浆方式,深度方向宜由下向上进行注浆;④对渗透系数相近的土层注浆,应先注浆封顶,再由下至上进行注浆。既有建筑地基注浆时,应对既有建筑及其邻近建筑、地下管线和地面的沉降、倾斜、位移和裂缝进行监测,且应采用多孔间隔注浆和缩短浆液凝固时间等技术措施,减少既有建筑基础、地下管线和地面因注浆而产生的附加沉降。

### 10.3.7　石灰桩加固方法

石灰桩适用于加固地下水位以下的黏性土、粉土、松散粉细砂、淤泥、淤泥质土、杂填土或饱和黄土等地基加固,对重要工程或地质条件复杂而又缺乏经验的地区,施工前,应通过现场试验确定其适用性。石灰桩是由生石灰和粉煤灰(火山灰或其他掺合料)组成的加固体。石灰桩对环境具有一定的污染,在使用时应充分论证对环境要求的可行性和必要性。

石灰桩对软弱土的加固作用主要有以下几个方面:

(1) 成孔挤密:其挤密作用与土的性质有关。在杂填土中,由于其粗颗粒较多,故挤密效果较好;黏性土中,渗透系数小的,挤密效果较差。

(2) 吸水作用:实践证明,1 kg 纯氧化钙消化成为熟石灰可吸水 0.32 kg。对石灰桩桩体,在一般压力下吸水量为桩体体积的 65%～70%。根据石灰桩吸水总量等于桩间土降低的水总量,可得出软土含水量的降低值。

(3) 膨胀挤密:生石灰具有吸水膨胀作用,在压力 50～100 kPa 时,膨胀量为 20%～30%,膨胀的结果使桩周土挤密。

(4) 发热脱水:1 kg 氧化钙在水化时可产生 280 kcal(1 cal＝4.184 J)热量,桩身温度可达200～300℃,使土产生一定的气化脱水,从而导致土中含水量下降、孔隙比减小、土颗粒靠拢挤密,在所加固区的地下水位也有一定的下降,并促使某些化学反应形成,如水化硅酸钙的形成。

(5) 离子交换:软土中钠离子与石灰中的钙离子发生置换,改善了桩间土的性质,并在石灰桩表层形成一个强度很高的硬层。

以上这些作用,使桩间土的强度提高、对饱和粉土和粉细砂还改善了其抗液化性能。

（6）置换作用:软土为强度较高的石灰桩所代替,从而增加了复合地基承载力,其复合地基承载力的大小,取决于桩身强度与置换率大小。

石灰桩加固设计,应符合下列规定:①石灰桩桩身材料宜采用生石灰和粉煤灰(火山灰或其他掺合料)。生石灰中氧化钙含量不得低于 70%,含粉量不得超过 10%,最大块径不得大于 50 mm。②石灰桩的配合比(体积比)宜为生石灰:粉煤灰＝1:1、1:1.5 或 1:2。为了提高桩身强度,可掺入适量水泥、砂或石屑。③石灰桩桩径应由成孔机具确定,目前使用的桩管常用直径有 325 mm 和 425 mm 两种;用人工洛阳铲成孔的一般为 200～300 mm,机动洛阳铲成孔的直径可达 400～600 mm。桩距宜为 2.5～3.5 倍桩径,桩的布置可按三角形或正方形布置。石灰桩地基处理的范围应比基础的宽度加宽 1 排至 2 排桩,且不小于加固深度的一半。石灰桩桩长应由加固目的和地基土质等决定。④成桩时,石灰桩材料的干密度 $\rho_d$ 不应小于 1.1 t/m³,石灰桩每延米灌灰量可按式(10-5)估算。⑤在石灰桩顶部宜铺设 200～300 mm 厚的石屑或碎石垫层。⑥复合地基承载力和变形计算,应符合现行《建筑地基处理技术规范》(JGJ 79)的有关规定。

$$q = \eta_c \frac{\pi d^2}{4} \tag{10-5}$$

式(10-5)中:$q$ 为石灰桩每延米灌灰量(m³/m);$\eta_c$ 为充盈系数,可取 1.4～1.8,振动管外投料成桩取高值,螺旋钻成桩取低值;$d$ 为设计桩径(m)。

### 10.3.8 其他地基加固方法

1) 旋喷桩加固

旋喷桩适用于处理淤泥、淤泥质土、黏性土、粉土、砂土、黄土、素填土和碎石土等地基。对于砾石粒径过大,含量过多及淤泥、淤泥质土有大量纤维质的腐殖土等,应通过现场试验确定其适用性。旋喷桩是利用钻机钻进至土层的预定位置后,以高压设备通过带有喷嘴的注浆管使浆液以 20～40 MPa 的高压射流从喷嘴中喷射出来,冲击破坏土体,同时钻杆以一定速度渐渐向上提升,使浆液与土粒强制搅拌混合,浆液凝固后,在土中形成固结加固体。固结加固体形状与喷射流移动方向有关。一般分为旋转喷射(简称旋喷)、定向喷射(简称定喷)和摆动喷射(简称摆喷)三种形式。托换加固中一般采用旋转喷射,即旋喷桩。当前,高压喷射注浆法的基本工艺类型有:单管法、二重管法、三重管法和多重管法等四种方法。

旋喷固结体的直径大小与土的种类和密度程度有较密切的关系。对黏性土地基加固,单管旋喷注浆加固体直径一般为 0.3～0.8 m;三重管旋喷注浆加固体直径可达 0.7～1.8 m;二重管旋喷注浆加固体直径介于上述两者之间。多重管旋喷直径为 2.0～4.0 m。一般在黏性土和黄土中的固结体,其抗压强度可达 5～10 MPa,砂类土和砂砾层中的固结体其抗压强度可达 8～20 MPa。

2) 灰土挤密桩加固

灰土挤密桩适用于处理地下水位以上的粉土、黏性土、素填土、杂填土和湿陷性黄土等地基。灰土挤密桩是利用沉管、冲击或爆扩等方法在地基中挤土成孔,然后向孔内夯填灰土成桩。成桩时,通过成孔过程中的横向挤压作用,桩孔内的土被挤向周围,使桩间土得以挤密,然后将灰土分层填入桩孔内,并分层夯实到设计标高。

灰土挤密桩的特点是:经济,灵活性、机动性强,施工简单,施工作业面小等。灰土挤密桩法实施时一定要对称施工,不得使用生石灰与土拌合,应采用消解后的石灰,以防灰料膨胀不均匀造成基础拉裂。

3)水泥土搅拌桩加固

水泥土搅拌桩适用于处理正常固结的淤泥与淤泥质土、素填土、软-可塑黏性土、松散-中密粉细砂、稍密-中密粉土、松散-稍密中粗砂、饱和黄土等地基。水泥土搅拌桩是利用水泥作为固化剂,通过特制的搅拌机械,在地基深处将软土和固化剂强制搅拌,利用固化剂和软土之间所产生的一系列物理化学反应,使软土硬结成具有整体性、稳定性和一定强度的优质地基。

水泥土搅拌桩由于设备较大,一般不用于既有建筑物基础下的地基加固。在相邻建筑施工时,要考虑其挤土效应对相邻基础的影响。

4)硅化注浆与碱液注浆加固

硅化注浆可分双液硅化法和单液硅化法。当地基土为渗透系数大于 2.0 m/d 的粗颗粒土时,可采用双液硅化法(水玻璃和氯化钙);当地基的渗透系数为 0.1~2.0 m/d 的湿陷性黄土时,可采用单液硅化法(水玻璃);对自重湿陷性黄土,宜采用无压力单液硅化法。

碱液注浆适用于处理非自重湿陷性黄土地基。

5)人工挖孔混凝土灌注桩加固

人工挖孔混凝土灌注桩适用于地基变形过大或地基承载力不足等情况的基础托换加固。人工挖孔混凝土灌注桩的特点就是能够提供较大的承载能力,同时易于检查持力层的土质情况是否符合设计要求。缺点是施工作业面要求大,施工过程容易扰动周边的土,该方法应在保证安全的条件下实施。

旋喷桩、灰土挤密桩、水泥土搅拌桩、硅化注浆、碱液注浆的设计与施工应符合现行《建筑地基处理技术规范》(JGJ 79)的有关规定。人工挖孔混凝土灌注桩的设计与施工应符合现行《建筑桩基技术规范》(JGJ 94)[14]的有关规定。

# 10.4 纠倾加固

纠倾加固适用于整体倾斜值超过现行国家标准《建筑地基基础设计规范》(GB 50007)规定的允许值,且影响正常使用或安全的既有建筑纠倾。纠倾加固应根据工程实际情况,选择迫降纠倾或顶升纠倾的方法,复杂建筑纠倾可采用多种纠倾方法联合进行。

既有建筑纠倾加固设计前,应进行倾斜原因分析,对纠倾施工方案进行可行性论证,并对上部结构进行安全性评估。当上部结构不能满足纠倾施工安全性要求时,应对上部结构进行加固。当可能发生再度倾斜时,应确定地基加固的必要性,并提出加固方案。

建筑物纠倾加固设计应具备下列资料:①纠倾建筑物有关设计和施工资料;②建筑场地岩土工程勘察资料;③建筑物沉降观测资料;④建筑物倾斜现状及结构安全性评价;⑤纠倾施工过程结构安全性评价分析。

10.4.1 迫降纠倾方法

迫降纠倾是通过人工或机械的办法来调整地基土体固有的应力状态,使建筑物原来沉降较小侧的地基土土体应力增加,迫使土体产生新的竖向变形或侧向变形,使建筑物在短时间内沉降加剧,达到纠倾的目的。

迫降纠倾与建筑物特征、地质情况、采用的迫降方法等有关。因此,迫降的设计应围绕几个主要环节进行:选择合理的纠倾方法;编制详细的施工工艺;确定各个部位迫降量;设置监控系统;制订实施计划。根据选择的方法和编制的操作规程,做到有章可循,否则盲目施工往往失败或达不到预期的效果。由于纠倾施工会影响建筑物,因此对主体结构不应产生损伤和破坏,对非主体结构的裂损应为可修复范围,否则应在纠倾加固前先进行加固处理。纠倾后应防止出现再次倾斜的可能性,必要时应对地基基础进行加固处理。对于纠倾过程可能存在的结构裂损、局部破坏应有加固处理预案。

迫降纠倾应根据地质条件、工程对象及当地经验,采用掏土纠倾法(基底掏土纠倾法、井式纠倾法、钻孔取土纠倾法)、堆载纠倾法、降水纠倾法、地基加固纠倾法和浸水纠倾法等方法。如果采用单一纠倾方法时,其纠倾速率较小或无法满足纠倾要求,可结合掏土、降水、堆载等方法综合使用进行纠倾。迫降时应设置迫降监控系统。沉降观测点纵向布置每边不应少于 4 点,横向每边不应少于 2 点,相邻测点间距不应大于 6 m,且建筑物角点部位应设置倾斜值观测点。根据建筑物的结构类型和刚度确定纠倾速率,迫降速率不宜大于 5 mm/d,迫降接近终止时,应预留一定的沉降量,以防发生过纠现象。

基底掏土纠倾法是在基础底面以下进行掏挖土体,削弱基础下土体的承载面积迫使沉降,其特点是可在浅部进行处理,机具简单、操作方便;适用于匀质黏性土、粉土、填土、淤泥质土和砂土上的浅埋基础建筑物的纠倾。基底掏土纠倾法可分为人工掏土法或水冲掏土法。人工掏土法早在 20 世纪 60 年代初期就开始使用,已经处理了相当多的多层倾斜建筑。水冲掏土法则是 20 世纪 80 年代才开始应用研究,它主要利用压力水泵代替人工。该法直接在基础底面下操作,通过掏冲带出部分土体,因此对匀质土比较适用,施工时控制掏土槽的宽度及位置是非常重要的,也是掏土迫降效果好坏或成败的关键。当缺少地方经验时,应通过现场试验确定具体施工方法和施工参数,且应符合下列规定:①人工掏土法可选择分层掏土、室外开槽掏土、穿孔掏土等方法,掏土范围和沟槽位置、宽度、深度应根据建筑物迫降量、地基土性质、基础类型、上部结构荷载中心位置等,结合当地经验和现场试验综合确定。②掏挖时,应先从沉降量小的部位开始,逐渐过渡,依次掏挖。③当采用高压水冲掏土时,水冲压力、流量应根据土质条件通过现场试验确定,水冲压力宜为 1.0~3.0 MPa,流量宜为 40 L/min。④水冲过程中,掏土槽应逐渐加深,不得超宽。⑤当出现掏土过量,或纠倾速率超出控制值时,应立即停止掏土施工。当纠倾至设计控制值可能出现过纠现象时,应立即采用砾砂、细石或卵石进行回填,确保安全。

井式纠倾法是利用工作井(孔)在基础下一定深度范围内进行排土、冲土,一般包括人工挖孔、沉井两种;适用于黏性土、粉土、砂土、淤泥、淤泥质土或填土等地基上建筑物的纠倾。井壁有钢筋混凝土壁、混凝土孔壁。为了确保施工安全,对于软土或砂土地基应先试挖成井,方可大面积开挖井(孔)施工。井式纠倾法可分为两种:一种是通过挖井(孔)排土、抽水直接迫降,这种在沿海软土地区比较适用;另一种是通过井(孔)辐射孔进行射水掏冲土迫降,具体可视土质情况进行选择。井式纠倾施工,应符合下列规定:①取土工作井,可采用沉井或挖孔护壁等方式形成,具体应根据土质情况及当地经验确定,井壁宜采用钢筋混凝土,井的内径不宜小于 800 mm,井壁混凝土强度等级不得低于 C15。②井孔施工时,应观察土层的变化,防止流砂、涌土、塌孔、突陷等意外情况出现。施工前,应制定相应的防护措施。③井位应设置在建筑物沉降量较小的一侧,井位可布置在室内,井位数量、深度和间距应根据建筑物的倾斜情况、基础类型、场地环境和土层性质等综合确定。④当采用射水施工时,应在井壁上设置射水孔与回水孔,射水孔孔径宜为 150~200 mm,回水孔孔径宜为60 mm;

射水孔位置,应根据地基土质情况及纠倾量进行布置,回水孔宜在射水孔下方交错布置。⑤高压射水泵工作压力、流量,宜根据土层性质,通过现场试验确定。⑥纠倾达到设计要求后,工作井及射水孔均应回填,射水孔可采用生石灰和粉煤灰拌合物回填。

钻孔取土纠倾法是通过机械钻孔取土成孔,依靠钻孔所形成的临空面,使土体产生侧向变形形成淤孔,反复钻孔取土使建筑物下沉。钻孔取土纠倾法适用于淤泥、淤泥质土等软弱地基上建筑物的纠倾。钻孔取土纠倾施工应符合下列规定:①应根据建筑物不均匀沉降情况和土层性质,确定钻孔位置和取土顺序。②应根据建筑物的底面尺寸和附加应力的影响范围,确定钻孔的直径及深度,取土深度不应小于 3 m,钻孔直径不应小于 300 mm。③钻孔顶部 3 m 深度范围内,应设置套管或套筒,保护浅层土体不受扰动,防止地基出现局部变形过大。

堆载纠倾法适用于淤泥、淤泥质土和松散填土等软弱地基上体量较小且纠倾量不大的浅埋基础建筑物的纠倾。堆载纠倾法对大型工程项目一般不适用,此法常与其他方法联合使用。堆载纠倾施工,应符合下列规定:①应根据工程规模、基底附加压力的大小及土质条件,确定堆载纠倾施加的荷载量、荷载分布位置和分级加载速率。②应评价地基土的整体稳定,控制加载速率;施工过程中,应进行沉降观测。

降水纠倾法适用于渗透系数大于 0.864 m/d 的地基土层的浅埋基础建筑物的纠倾。例如图 10-9 所示的句容市某单层地下室停车库不均匀沉降引起倾斜的纠倾。设计施工前,应论证施工对周边建筑物及环境的影响,并采取必要的隔水措施。降水施工,应符合下列规定:①人工降水的井点布置、井深设计及施工方法,应按抽水试验或地区经验确定。②纠倾时,应根据建筑物的纠倾量来确定抽水量大小及水位下降深度,并应设置水位观测孔,随时记录所产生的水力坡降,并与沉降实测值比较,调整纠倾水位降深。③人工降水时,应采取措施防止对邻近建筑地基造成影响,且应在邻近建筑附近设置水位观测井和回灌井;降水对邻近建筑产生的附加沉降超过允许值时,可采取设置地下隔水墙等保护措施。④建筑物纠倾接近设计值时,应预留纠倾值的 1/10~1/12 作为滞后回倾值,并停止降水,防止建筑物过纠。

(a) 地下停车库顶面

(b) 周边人工抽水坑

图 10-9　句容市某单层地下停车库人工降水

加固纠倾法,实际上是对沉降大的部分采用地基托换补强,使其沉降减少;而沉降小的一侧仍继续下沉,这样慢慢地调整原来的差异沉降。使用该方法时,由于建筑物沉降未稳定,应对上部结构变形的适应能力进行评价,必要时应采取临时支撑或采取结构加固措施。地基加固纠倾法适用于淤泥、淤泥质土等软弱地基上沉降尚未稳定、整体刚度较好且倾斜量不大的既有建筑物的纠倾。应根据结构现况和地区经验确定适用性。地基加固纠倾施工应符合下列规定:①优先选择托换加固地基的方法。②先对建筑物沉降较大一侧的地基进行加固,使该侧的建筑物沉降减少;根据监测结果,再对建筑物沉降较小一侧的地基进行加固,迫使建筑物倾斜纠正,沉降稳定。③对注浆等可能增大地基变形的加固方法,应通过现场试验确定其适用性。

浸水纠倾法适用于湿陷性黄土地基上整体刚度较大的建筑物的纠倾。当缺少当地经验时,应通过现场试验,确定其适用性。浸水纠倾施工应符合下列规定:①根据建筑结构类型和场地条件,可选用注水孔、坑或槽等方式注水纠倾。注水孔、注水坑(槽)应布置在建筑物沉降量较小的一侧。②浸水纠倾前,应通过现场注水试验,确定渗透半径、浸水量与渗透速度的关系。当采用注水孔(坑)浸水时,应确定注水孔(坑)布置、孔径或坑的平面尺寸、孔(坑)深度、孔(坑)间距及注水量;当采用注水槽浸水时,应确定槽宽、槽深及分隔段的注水量;工程设计时,应明确水量控制和计量系统。③浸水纠倾前,应设置严密的监测系统及防护措施。应根据基础类型、地基土层参数、现场试验数据等估算注水后的后期纠倾值,防止过纠的发生,设置限位桩,对注水流入沉降较大一侧地基采取防护措施。④当浸水纠倾的速率过快时,应立即停止注水,并回填生石灰料(吸收水分)或采取其他有效的措施;当浸水纠倾速率较慢时,可与其他纠倾方法联合使用。

### 10.4.2 顶升纠倾方法

顶升纠倾是通过钢筋混凝土或砌体的结构托换加固技术,将建筑物的基础和上部结构沿某一特定的位置进行分离,采用钢筋混凝土进行加固、分段托换、形成全封闭的顶升托换梁(柱)体系。设置能够支承整个建筑物的若干个支承点,通过这些支承点的顶升设备的启动,使建筑物沿某一直线(点)作平面转动,即可使倾斜建筑物得到纠正,若大幅度调整各支承点的顶高量,即可提高建筑物的标高。顶升纠偏早期在福建、浙江、广东等省应用较多,目前在国内应用较为普遍。从理论上讲,顶升高度是没有限值的,但为了确保顶升的稳定性,现行《既有建筑地基基础加固技术规范》(JGJ 123)规定顶升纠倾最大顶升高度不宜超过800 mm。因为当一次顶升高度达到800 mm时,其顶升的建筑物整体稳定性存在较大风险。目前,国内虽然出现顶升2 400 mm的成功例子,但实际上也是分多次顶升施工的。

顶升纠倾适用于建筑物的整体沉降、不均匀沉降较大,以及倾斜建筑物基础为桩基础等不适合采用迫降方法的建筑物纠倾。顶升纠倾,可根据建筑物基础类型和纠倾要求,选用整体顶升纠倾、局部顶升纠倾。采用局部顶升纠倾,应进行顶升过程结构的内力分析,对结构产生的裂缝等损伤应采取加固措施。整体顶升也可应用于建筑物竖向抬升,提高其空间使用功能(图10-10)。

图 10-10 某单跨框架结构整体顶升

顶升纠倾的设计,应符合下列规定:①通过上部钢筋混凝土顶升梁与下部基础梁组成上、下受力梁系,中间采用千斤顶顶升(图 10-11),受力梁系平面上应连续闭合,且应进行承载力与变形等验算。②顶升梁应通过托换加固形成,顶升托换梁宜设置在地面以上500 mm位置,当基础梁埋深较大时,可在基础梁上增设钢筋混凝土千斤顶底座,并与基础连成整体。顶升梁、千斤顶、底座应形成稳固的整体。③对砌体结构建筑,可根据墙体线荷载分布布置顶升点,顶升点间距不宜大于 1.5 m,且应避开门窗洞及薄弱承重构件位置;对框架结构建筑,应根据柱荷载大小布置。④顶升量可根据建筑物的倾斜值、使用要求以及设计过倾量确定。纠倾后,倾斜值应符合现行《建筑地基基础设计规范》(GB 50007)的要求。

图 10-11　框架柱两侧的千斤顶

## 10.5　钢板-砖砌体组合结构/构件试验研究简介

### 10.5.1　钢板-砖砌体组合柱受压性能

为了掌握钢板-砖砌体组合柱的受力性能,共开展了两批试验研究,第一批为 4 根截面为 240 mm×350 mm、高度为 1 200 mm柱,考虑了钢板厚度、灌注粘结材料与初始偏心距的影响[15]。研究结果表明:灌注结构胶的组合柱受力性能明显优于灌注水泥浆的,极限状态破坏始于螺栓间钢板的局部屈曲失稳,随后内部砌体被压碎,并伴随着焊缝撕裂现象。

第二批为 6 根轴心受压柱,截面为 240 mm×370 mm,高度为 720 mm。考虑了钢板厚度、螺栓间距的影响,灌注粘结材料采用结构胶。部分柱的破坏形态见图 10-12 所示。

(a) 钢板厚度3 mm、螺栓间距300 mm　　　(b) 钢板厚度9.4 mm、螺栓间距300 mm

图 10-12　第二批柱的破坏形态

研究结果表明[16]:随着钢板厚度 $t$ 的增加、$L/t$($L$ 为螺栓竖向间距)的减小,钢板局部屈曲变形的程度相对降低;钢板出现可见屈曲变形时的荷载与极限荷载的比值在 70%～80% 之间,并且随着钢板厚度 $t$ 的增加与 $L/t$ 的降低,该比值趋于较大值;相同的钢板厚度,螺栓间距小的试件变形能力更大,整体延性相对更好;在有结构胶侧向粘结力作用下,钢板的局部屈曲变形发展受到一定的约束,当钢板厚度较薄时,采用应变片读数判断的钢板局部屈曲临界点与钢板发生可见屈曲变形时对应的荷载值并不同步,但随着钢板厚度的增加,两者之间能够保持一致;在钢板-砖砌体组合柱中,钢板与螺栓对核心砖砌体的横向约束作用在加载初期很小,当钢板发生可见屈曲变形之后,才发挥明显的作用。此外,当 $L/t$ 小于某个定值(70左右)后,螺栓间距对组合柱的可见屈曲荷载与极限荷载几乎没影响,即此时钢板的受力特性只与构件截面与材料本身有关。

为了确定钢板-砖砌体组合柱(灌注结构胶)中钢板发生可见屈曲变形时的钢板应力计算模型。依据上述试验中对应试件的可见屈曲变形荷载得到钢板应力,基于该数据进行非线性拟合分析,可以得到钢板应力 $\sigma_{vb}$ 的计算模型,即式(10-6);并且,当按式(10-6)计算得到的钢板应力超过钢材的屈服强度时,钢板应力应取值为屈服强度。

式(10-6)中 $X$ 按式(10-7)进行计算。考虑到对拉螺栓的布置主要影响矩形截面长边方向的钢板局部屈曲;同时,本试验研究中也存在短边方向钢板发生局部屈曲的情况。因此,关于 $X$ 的取值综合考虑了多种情况下的最不利情况。此外,该钢板应力的计算模型涵盖了焊接残余应力、钢板初始缺陷、黏结材料所产生的侧向粘结力约束、相邻焊接钢板的弹性约束等多种因素的影响。

$$\sigma_{vb} = -27.40 + 36.68X - 1.49X^2 + 0.02X^3 \tag{10-6}$$

$$X = \frac{1\,000}{\max\left(\dfrac{b_1}{t},\ \min\left(\dfrac{b_2}{t},\ \dfrac{L}{t}\right)\right)} \tag{10-7}$$

式(10-7)中: $b_1$ 为柱截面的宽度, $b_2$ 为柱截面的高度。

根据文献[17],砖砌体受压的应力-应变曲线计算模型取为式(10-8)。

$$\varepsilon = -\frac{1}{\xi\sqrt{f_m}}\ln\left(1 - \frac{\sigma}{f_m}\right) \tag{10-8}$$

式(10-8)中: $\varepsilon$ 为砖砌体应变; $\sigma$ 为砖砌体轴向压应力(MPa); $f_m$ 为砖砌体抗压强度的平均值(MPa); $\xi$ 为待定系数,考虑外围灌注结构胶对砖砌体的轴向刚度增强效果, $\xi$ 取 500。

依据试验中钢板横向应变与螺栓应变的发展特点,可以认为在钢板发生可见局部屈曲变形时,钢板与对拉螺栓所形成的对核心砖砌体的约束作用很小。为了计算简化,忽略砖砌体的外围约束作用。因此,钢板-砖砌体组合轴心受压柱在钢板发生可见局部屈曲变形时的承载力计算值 $P_{vb}^c$ 可以表达为两者之间的简单叠加,见式(10-9)。

$$P_{vb}^c = \sigma_{vb}A_s + \sigma A_m \tag{10-9}$$

$$\varepsilon = \frac{\sigma_{vb}}{E_s} \tag{10-10}$$

式(10-9)中: $A_s$ 为钢板的截面面积; $\sigma$ 按式(10-8)、式(10-10)进行计算; $A_m$ 为核心砖砌体的截面面积; $E_s$ 为钢板的弹性模量。

### 10.5.2 钢板-砖砌体的正拉粘结强度

为了确定钢板-砖砌体组合构件中钢板的侧向粘结应力,共进行了 7 组钢板-结构胶-砖砌体界面正拉粘结强度的试验研究[18]。试件是在本课题组已完成的钢板-砖砌体组合构件上直接取样进行,砖砌体上涂抹 8 mm 厚 1:3 砂浆层,制作详图见图 10-13 所示。

在该试验研究中,砖块的抗压强度为 15.38 MPa,砂浆的抗压强度为 9.17 MPa;结构胶为修补裂缝的灌注型结构胶,其拉伸强度为57.9 MPa,拉伸弹性模量为 2 723 MPa,压缩强

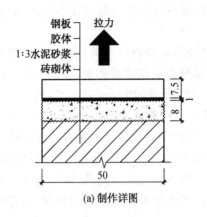

钢板
胶体
1:3水泥砂浆
砖砌体

拉力

50

(a) 制作详图

(b) 完成实物

图 10-13　钢板-结构胶-砖砌体界面正拉试件

图 10-14　试件破坏形态

度为 122 MPa。构件的粘结破坏形态与破坏特征见图 10-14 与表 10-2 所示。其中,破坏深度是指从标准块下表面开始计算的深度;灌缝胶的胶体厚度约为 1 mm,砂浆层厚度为 8 mm。

基于该项试验研究,可以初步得到如下结论:①钢板-结构胶-砖砌体界面的粘结应力位于 0.45～0.90 MPa,平均值为 0.62 MPa;②钢板-结构胶-砖砌体界面的破坏形态有三种模式,分别为砖砌体的断裂、钢板-结构胶界面剥离以及上述两种形式的混合模式。

表 10-2　试件破坏特征

| 试件编号 | 破坏形态 | 破坏深度/mm | 破坏时极限强度/MPa |
| --- | --- | --- | --- |
| S-M1 | 标准块与结构胶剥离 | 0 | 0.47 |
| S-M2 | 砖砌体断裂 | 13.3 | 0.45 |
| S-M3 | 砖砌体断裂与砂浆粘结混合 | 9(70%的面积为砂浆) | 0.89 |
| S-M4 | 砖砌体断裂与砂浆粘结混合 | 11.25(40%的面积为砂浆) | 0.59 |
| S-M5 | 砖砌体断裂 | 24 | 0.86 |
| S-M6 | 标准块与结构胶剥离 | 0 | 0.60 |
| S-M7 | 标准块与结构胶剥离 | 0 | 0.45 |

### 10.5.3　钢板-砖砌体组合梁受弯性能

为了掌握钢板-砖砌体组合梁受弯的受力性能,共制作了 4 根截面为 240 mm×350 mm、净跨为 2 000 mm 的组合梁。考虑了钢板厚度、有无底板、灌注粘结材料的影响[15]。研究结果表明:灌注结构胶的组合柱受力性能明显优于灌注水泥浆的,极限状态破坏始于受压区螺栓间钢板的局部屈曲失稳,随后内部砌体被压碎。组合梁受弯的加载装置与破坏形式见图10-15所示。此外,在施工过程中,对于无底板状态的组合梁,其承载力较低、极限状态时砌体可能下移。因此,在组合梁的施工过程中,应全程监测梁的变形,跨度大于5 m时尤为慎重,必要时采取可靠的安全保障措施。

(a) 加载装置　　　　　　　　(b) 钢板与砌体脱开、空鼓

(c) 侧板局部屈曲　　　　　　　(d) 砌体下移

图 10-15　组合梁受弯的加载装置与破坏形式

组合梁的抗弯承载力,从实际情况来分析,应该由钢板截面和内部的砖砌体截面共同承担;钢板可提供拉与压应力,砖砌体主要提供压应力。但是,考虑到分析的对象是对应于钢板发生临界局部屈曲时的构件承载力。此时,钢板作为主要受力部分尚未退出工作,砖砌体部分提供的受压承载力较小。另外,钢板在临界屈曲变形之前对内部填充物的侧向约束也非常有限[19-20]。因此,在进行钢板发生临界局部屈曲时所对应的抗弯承载力计算分析时可忽略砖砌体部分的抗压承载力贡献。

钢板-砖砌体组合梁在跨中纯弯矩作用区,外包钢板的应力分布在其屈曲或屈服前符合平截面假定[15]。顶部受压区的钢板弹性临界屈曲应力起控制作用,依据材料力学的基本知识和钢板在此类边界条件下的弹性临界屈曲应力计算方法,可以得到弯矩 M 的计算式(10-11)[21]。

$$\frac{My_1}{I_b} \leqslant \frac{0.4\pi^2 E}{\left(\dfrac{a}{t}\right)^2}\lambda \qquad (10\text{-}11)$$

式(10-11)中:$I_b$ 为 U 形组合钢板的截面惯性矩;$y_1$ 为侧板顶部到中心轴的距离;$E$ 为钢板的弹性模量;$a$ 为对拉螺栓连线与侧板顶部交接处水平距离;$t$ 为钢板厚度,对于没有底板的情况,计算更为简单,在此不再赘述;$\lambda$ 为综合考虑初始变形缺陷、焊接残余应力、粘结材料侧向约束以及钢板非弹性状态影响的工程系数,该系数可偏安全地取值为 2.0。

### 10.5.4　钢板-砖砌体组合墙梁受集中荷载

目前,关于墙梁的研究主要集中在均布荷载作用下[22-23]。但是,在既有砖混房屋的大空间改造过程中,经常会遇到图10-16所示情况,即组合墙梁上部受到窗间墙传来的集中荷载。为了掌握钢板-砖砌体组合墙梁在集中荷载作用下的受力性能,以及与本课题组已完成的普通钢板-砖砌体组合梁进行对比分析,总共设计了5片组合墙梁[24]。试件总长取值为2 200 mm,支座间距为2 000 mm,墙体厚度为240 mm。试件顶部采用两点加载的模式,两加载点之间距离为700 mm,加载点和邻近支座间距为650 mm。考虑了托梁高跨比、托梁上部墙体高跨比以及钢板厚度的影响。

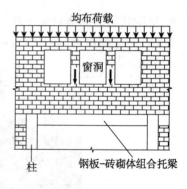

图 10-16　组合墙梁上集中荷载

研究结果表明:①钢板-砖砌体组合墙梁的破坏始于加载点和支座连线部分的砌体,在加载的过程中,托梁中的钢板出现不同程度的空鼓,甚至明显可见的局部屈曲,组合墙梁的极限状态由上部砌体的破坏控制。②钢板-砖砌体组合墙梁中的上部墙体破坏裂缝形态可以分为以下几种:斜拉破坏、斜压破坏、劈裂破坏和混合破坏(含有斜压、斜拉与局部受压破坏),破坏形式见图10-17所示,其破坏形式与上部墙体的高跨比、托梁的高跨比密切相关。③钢板-砖砌体组合墙梁的承载能力主要影响因素涉及上部墙体的高跨比、托梁的高跨比和钢板的厚度,组合托梁中的钢板沿截面高度的应变分布符合平截面假定。④钢板-砖砌体组合墙梁中上部墙体与托梁之间的组合作用随着上部墙体的高度合理增加而加强,其空鼓荷载与极限荷载都得到相应的提高,但是当上部墙体高跨比过大时,其空鼓荷载仍有较大幅度提高,但极限荷载会因过早地发生上部墙体的劈裂破坏而降低;此外,当上部墙体的高跨比 $h_w/l_0 \leqslant 0.25$ 时,墙体与托梁之间的组合作用不明显,建议上部墙体合理的高跨比应满足式(10-12)($D_1$ 为集中荷载作用点到支座的水平距离),否则必须采取有效措施防止劈裂破坏。⑤钢板-砖砌体组合墙梁在受力全过程中,跨中的挠度和荷载关系基本上分为两个阶段:第一阶段挠度与荷载基本呈线性关系,挠度发展较为缓慢;第二阶段为墙体开裂破坏,墙梁的整体性下降,刚度减小,挠度发展加快。⑥钢板-砖砌体组合墙梁的刚度完全满足其正常使用的要求。⑦当钢板-砖砌体组合墙梁中的托梁抗弯刚度过大时,不利于组合作用的充分发挥。

$$0.25 < \frac{h_w}{l_0} \leqslant \frac{D_1 \tan 55°}{l_0} \tag{10-12}$$

(a) 斜拉破坏　　　　　　　(b) 斜压破坏　　　　　　　(c) 劈裂破坏

图10-17　组合墙梁中砖砌体墙的破坏形式

### 10.5.5 钢板-砖砌体组合框架抗震性能

鉴于该技术在进行砖混房屋底部大空间改造时，部分承重墙体被拆除，上部结构形式变为底层局部钢板-砖砌体组合框架、上部砖砌体墙。此时，在抗震设防区需要对钢板-砖砌体组合框架进行重点设计，防止原承重墙体拆除后（抗侧刚度受到影响）引起薄弱部位。为了完善钢板-砖砌体组合框架在抗震设防区的设计方法，有必要对组合框架在地震作用下的受力性能开展研究。为此，参考一个实际工程，综合考虑了模型与工况的相似比、试验装置的加载能力、场地条件等因素，制作了两榀几何尺寸相同的缩尺单层单跨组合框架进行低周往复荷载试验[25]；组合梁、柱的截面尺寸均为 120 mm×240 mm。考虑了两种不同的竖向压应力水平，分别为 0.1 与 0.2，压应力水平按照竖向荷载与柱截面钢板屈服强度承载力之比计算。组合框架的加载装置与破坏状态见图 10-18 所示。

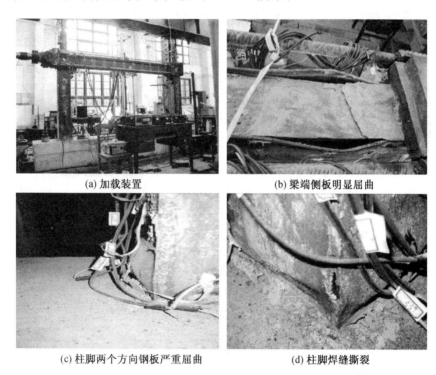

(a) 加载装置          (b) 梁端侧板明显屈曲

(c) 柱脚两个方向钢板严重屈曲          (d) 柱脚焊缝撕裂

图 10-18　组合框架的加载装置与破坏状态

研究结果表明：①钢板-砖砌体组合框架在侧向力作用下，首先发生梁端钢板的弹性局部屈曲、砌体破碎，形成"软化区域"，然后到柱脚发生弹塑性局部屈曲，最后柱脚的焊缝撕裂、砌体破碎；在钢板和砖砌体组合的抗侧力体系中，钢板部分为主要受力部件，砌体通过约束钢板变形对组合框架的承载力和刚度有一定的提高作用。②钢板-砖砌体组合结构的截面刚度计算可考虑砌体的贡献系数取值 0.2，组合框架侧向刚度的计算可按弹性方法确定；钢板-砖砌体组合框架在低竖向压应力水平下，其水平荷载-位移滞回曲线饱满，没有出现捏缩现象，表现出很好的变形与耗能能力。③在竖向压应力水平不超过 0.2 时，其对刚度退化、承载力影响不大，但对强度退化、延性与耗能有较明显的影响。④组合框架的位移与层间转角延性系数均大于 3。

### 10.5.6 钢板-砖砌体组合梁受剪性能

为了掌握钢板-砖砌体组合梁的受剪性能，共制作了 6 根截面为 240 mm×400 mm、净跨为 1 400 mm 的组合梁,考虑了钢板厚度、对拉螺栓间距的影响[26]。试验的加载装置与破坏形态见图 10-19 所示。

研究结果表明:①组合梁受剪的破坏形式主要为弯剪段螺栓之间钢板的屈曲失稳破坏,最终破坏的发生极为突然,构件的抗剪延性较差。②螺栓的位置对局部屈曲的失稳破坏形态起决定性作用,一旦螺栓位置确定了梁的破坏形态,缩小螺栓间距对提高梁的抗剪承载力效果不明显,在间距及位置合理的情况下,该区段钢板受压可进入塑性屈服后再发生局部屈曲。③钢板厚度是影响抗剪承载力的关键因素,峰值承载力大致与钢板厚度呈线性关系,而边界约束条件则是影响构件延性的关键因素。此外,通过与该组合梁的抗弯承载力进行对比分析,可以发现钢板-砖砌体组合梁在相同对拉螺栓布置时,其抗剪破坏基本滞后于抗弯破坏,因此在加固设计时应主要验算跨中的抗弯承载力。

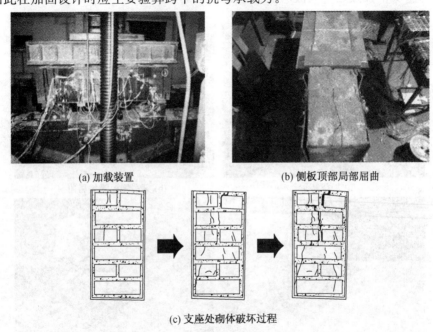

(a) 加载装置　　　　　　　　　(b) 侧板顶部局部屈曲

(c) 支座处砌体破坏过程

图 10-19　组合梁抗剪的加载装置与破坏状态

### 10.5.7　钢板-砖砌体组合梁受扭性能

在实际工程中,经常会遇到部分混凝土次梁支承在钢板-砖砌体组合梁上,尤其是当组合梁为边梁时,混凝土次梁的支座力会产生较大的扭矩。为了掌握钢板-砖砌体组合梁的受扭性能,共制作了 6 根截面为 240 mm×400 mm、长度为 2 800 mm 的组合梁[27]。考虑了钢板厚度、对拉螺栓间距与次梁连接处是否有盖板的影响。试验的加载装置与破坏形态见图 10-20 所示。

研究结果表明:①钢板-砖砌体组合梁的破坏主要集中在梁端部和加载点附近,梁端部破坏表现为砖砌体的破坏;加载点附近破坏主要表现为螺栓断裂、钢板脱开破坏、焊缝撕裂等,其余部位并未发生明显破坏。在实际工程加固设计中,对主次梁交接处要加强处理,比如增设加劲肋。②组合梁抗扭的极限承载力与钢板的厚度、设置盖板有关,其中增大钢板厚度提高其抗扭承载力的效率较低,而设置盖板则可以较好地提高其抗扭承载力。③选择适中的钢板厚度并通过设置盖板来提高承载力,既可以节省费用又能充分利用材料性能,螺栓间距参数在小到一定范围后对组合梁抗扭的极限承载力影响不大。

(a) 加载装置

(b) 侧板脱开

(c) 盖板焊缝撕裂

(d) 砖砌体开裂

图 10-20　组合梁受扭的加载装置与破坏状态

### 10.5.8　钢板-砖砌体组合异形柱受压性能

鉴于实际工程中砖砌体纵横墙之间相互联系,钢板-砖砌体组合异形柱出现的可能性更大。为了研究钢板-砖砌体组合异形柱在轴心、偏心荷载作用下的受压性能,共完成了 6 根 L 形、T 形截面组合柱的轴心受压试验和 6 根 L 形、T 形截面组合柱的偏心受压试验[28]。基于本课题组早期完成的研究结果,钢板-砖砌体组合柱破坏时钢板屈曲变形过大,屈曲处砌体被压碎,砌体横向变形增大,使得外包钢板在拐角强约束区的连接焊缝过早地撕裂,并导致试件刚度瞬间衰减。为此,该批试件中钢板采用冷弯成形(图 10-21)所示,并将外包钢板的连接焊缝位置调整在侧板弱约束区的中部。试件的截面尺寸见图 10-22 所示,部分试件的破坏形态见图 10-23、图 10-24 所示。

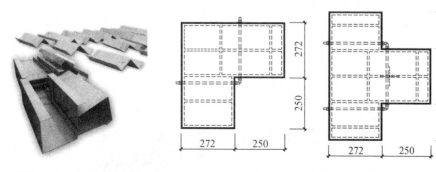

图 10-21　冷弯成形钢板　　　　图 10-22　异形柱截面尺寸

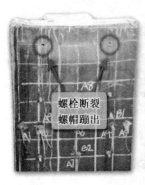

图 10-23　对拉螺栓断裂　　　　　　　图 10-24　偏心受压试件的典型破坏形态

基于试验研究结果,可以得到的主要结论如下:钢板-砖砌体组合异形柱的受力性能良好,试件主要的破坏形态为钢板的局部屈曲。外包钢板的角部采用冷弯成形,将焊缝移到侧边的中部可以起到很好的效果,避免焊缝质量对构件受力性能的影响。相对于矩形截面组合柱而言,钢板-砖砌体组合异形柱中的对拉螺栓受力明显增大,试验中多次发生对拉螺栓断裂(图 10-23)。因此,在钢板-砖砌体组合异形柱的加固设计时,应适当提高对拉螺栓的直径,建议不小于 M16。

### 10.5.9　钢板-砖砌体组合异形柱抗震性能

为了研究钢板-砖砌体组合异形柱的抗震性能,共制作了 4 个 L 形截面与 4 个 T 形截面的组合异形柱进行持荷下的低周往复荷载试验[29],考虑了对拉螺栓间距与竖向荷载水平的影响。外包钢板同样在截面角部采用冷弯成形,连接焊缝位置调整在截面侧板弱约束区的中部,试件截面尺寸同图 10-22 所示。

基于试验研究结果,可以得到的主要结论如下:对于 L 形截面组合柱,试验结束后发现底部钢板屈曲变形严重,最底端对拉螺栓崩断,焊缝撕裂破坏。对于 T 形截面组合柱,进入位移加载阶段后,对拉螺栓开始断裂,并且有些构件发出巨大声响,其中三个构件在 1 倍 Δ 时能够观察到钢板出现明显局部屈曲变形;位移加载持续增加后,由于螺栓断裂过多,构件由上至下呈胀开状,构件顶部变形严重(图 10-25),尤其在阴角处,因此钢板-砖砌体组合异形柱的塑性铰(明显屈曲变形)总是出现在固定端与最下排螺栓之间的范围。如果最下排对拉螺栓断裂,钢板局部屈曲的范围会继续向上延伸。

此外,基于图 10-26、图 10-27 的滞回曲线,可以直观地看到 L 形截面钢板-砖砌体组合异形柱的延性与耗能能力要明显好于 T 形截面组合异形柱。

图 10-25　试件局部破坏形态

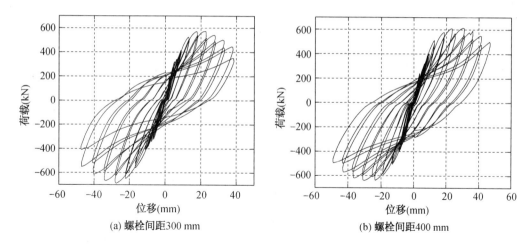

(a) 螺栓间距300 mm

(b) 螺栓间距400 mm

图 10-26　部分 L 形构件滞回曲线

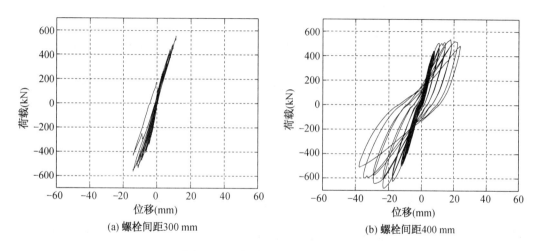

(a) 螺栓间距300 mm

(b) 螺栓间距400 mm

图 10-27　部分 T 形构件滞回曲线

# 参考文献

［1］手册编委会.建筑结构试验检测技术与鉴定加固修复实用手册［M］.北京:世图音像电子出版社,2002.

［2］CECS 225—2007.建筑物移位纠倾增层改造技术规范［S］.北京:中国计划出版社,2008.

［3］JGJ 123—2012.既有建筑地基基础加固技术规范［S］.北京:中国建筑工业出版社,2012.

［4］章钢雷.钢板-既有砖砌体组合框架低周反复荷载下抗震性能研究［D］.南京:东南大学,2012.

［5］GB 50023—2009.建筑抗震鉴定标准［S］.北京:中国建筑工业出版社,2009.

［6］GB 50011—2010.建筑抗震设计规范［S］.北京:中国建筑工业出版社,2010.

［7］敬登虎,曹双寅,郭华忠.钢板-砖砌体组合结构托换改造技术及应用［J］.土木工程学报,2009,42(5):55-60.

［8］Siede P. Compressive buckling of a long simply supported plate on an elastic foundation［J］. Journal of the Aeronautical Science, 1958,6:382-394.

［9］敬登虎,郭华忠,曹双寅.钢板-砌体组合受力建筑构件及其生产方法:中国,200910035259.9［P］.

2010-03-17.

[10] 郭华忠,敬登虎.钢板-砖砌体组合结构在砖混房屋大空间改造中的应用[J].工程抗震与加固改造, 2009,31(5):130-133.

[11] GB 50010—2010.混凝土结构设计规范[S].北京:中国建筑工业出版社,2010.

[12] GB 50007—2011.建筑地基基础设计规范[S].北京:中国建筑工业出版社,2011.

[13] JGJ 79—2012.建筑地基处理技术规范[S].北京:中国建筑工业出版社,2013.

[14] JGJ 94—2008.建筑桩基技术规范[S].北京:中国建筑工业出版社,2008.

[15] 敬登虎,曹双寅,石磊,等.钢板-砖砌体组合梁、柱静载下性能试验研究[J].土木工程学报,2010,43 (6):48-56.

[16] 敬登虎,曹双寅,陈玉立.钢板-砖砌体组合短柱轴心受压性能试验研究与理论分析[J].建筑结构学 报,2014,35(2):119-127.

[17] 施楚贤.砌体结构理论与设计[M].2版.北京:中国建筑工业出版社,2003.

[18] Jing D H, Pan Y X, Chen Y L. Axial behaviour of MFT stub columns with binding bolts and epoxy adhesive [J]. Journal of Constructional Steel Research, 2013,86(7):115-127.

[19] Schneider S P. Axially loaded concrete-filled steel tubes[J]. Journal of Structural Engineering, 1998, 124(10): 1125-1138.

[20] Sakino K, Nakahara H, Morino S, et al. Behaviour of centrally loaded concrete-filled steel-tube short columns[J]. Journal of Structural Engineering, 2004, 130(2): 180-188.

[21] 敬登虎,曹双寅.钢板-砖砌体组合梁抗弯屈曲承载力计算[J].扬州大学学报(自然科学版),2011,14 (S1):84-87.

[22] Hardy S J, Al-Salka M A. Composite action between steel lintels and masonry walls [J]. Structural Engineering Review, 1995, 7(2): 75-82.

[23] Hossain M M, Rahman M A, All S S. Parametric study of composite action between brickwall and supporting beam [J]. Journal of Civil Engineering, 2000, CE 28(1):51-67.

[24] 敬登虎,曹双寅,吴婷.钢板-砖砌体组合墙梁的试验研究与分析[J].土木建筑与环境工程,2012,34 (5):33-41.

[25] 敬登虎,曹双寅,章钢雷.钢板-砖砌体组合框架抗震性能试验研究[J].建筑结构学报,2012,33(11): 91-98.

[26] 王铮.钢板-砖砌体组合梁受剪性能的试验研究[D].南京:东南大学,2013.

[27] 敬登虎,曹双寅,潘勇.钢板-砖砌体组合梁弯剪扭复合受力性能试验研究[J].建筑结构,2013,43 (19):19-24.

[28] 杨金鑫.钢板-砖砌体组合异形柱受压性能试验与理论研究[D].南京:东南大学,2014.

[29] 吕巍.钢板-砖砌体组合异形柱抗震性能研究[D].南京:东南大学,2014.

# 第11章 地下室上浮事故案例分析

## 11.1 引言

地下室上浮是指地下室主体结构因为地下水的浮力作用而产生向上移动。此类工程的基础形式一般为钢筋混凝土箱型基础或梁板式筏形基础,使得地下水包围的部分形成封闭的空间。抗浮设计一般采用抗拔桩、锚杆、配重抗浮(即结构自重和上部覆土)等措施。当设计或施工存在问题时,例如设计时未考虑地下水的浮力,没有设置抗拔桩;施工过程中,地下室顶部的覆土配重不足,此时恰逢降雨或其他原因使得地下水位升高,很容易导致地下室发生上浮。鉴于地下室主体结构的竖向抗侧刚度不均匀,一旦地下室发生上浮,基本上都属于非均匀上浮,从而在地下室主体结构构件(严重时影响范围可能会继续向上扩散)中产生附加内力,例如柱的轴力、梁端弯矩和剪力等。这部分附加内力在原设计时是没有考虑的,当其超过原结构的安全储备时,必定发生结构构件损伤与倾斜,进而影响整个结构的使用性甚至安全性。

对于地下室上浮工程事故,首先必须开展主体结构的安全性鉴定工作,从而为后续的处理措施提供科学依据。此类工程鉴定工作的主要内容包括:①对地下室主体结构中的梁、板、柱等构件的变形、裂缝损伤进行全面检查、检测;②综合现场检查、检测结果,依据国家相关技术标准和研究成果,对地下室的主体结构安全性进行分析、鉴定,并提出相应的处理建议。需要强调的是,地下室上浮问题的关键在于其不均匀上浮,因此在现场检查过程中,必须准确地得到底板、顶板的多点标高。此外,在提出具体处理措施时,在不影响房屋的使用功能前提下,应控制相邻构件的附加变形在允许的范围内。

## 11.2 事故案例介绍

常州市某地下室建筑物是该小区的地下停车库,总共两层,顶部设计为覆土花坛,建筑面积约 11 210 m²。地下室的主体结构为钢筋混凝土框架结构;四周为封闭混凝土墙体;基础形式采用钢筋混凝土梁板式筏形基础,并布置一定数量的抗拔桩。2008 年 6 月,该地下室主体结构施工完毕,但是上部花坛的覆土尚未布置,且也未采取任何其他配重措施。地下室的状况见图 11-1 所示,其结构平面布置示意图见本章附件一。

(a) 地下室顶部　　　　　　　　　　(b) 地下室内部

图 11-1　地下室状况

6月9日，由于地下水位过高（正值雨季），该地下室底板、楼面板、顶板在轴线5～15/G～Q区域出现上拱，最高起拱为485 mm。该范围内所涉及的梁、板、柱出现了不同程度的裂缝损伤，随后相关单位于6月11日在地下室底板上用电动金刚钻孔机钻孔"消压"。根据6月12日上午和下午两次对地下室顶板和负一层楼面板的标高测量，当时标高已经基本恢复到原来的设计标高，框架梁、板、柱上的裂缝宽度也得到明显的减小。

## 11.3 结构损伤调查与检测

为了掌握工程事故的现状，技术鉴定单位于2009年4月1～2日派专业技术人员赴现场进行详细地调查和相关检测，具体结果陈述如下：

### 11.3.1 地下室二层结构损伤

地下室二层梁、墙构件具有明显损伤的位置达到31处，部分位置的具体损伤描述见表11-1所示；地下室二层柱构件具有明显损伤的位置达到46处，部分位置的具体损伤描述见表11-2所示；地下室二层顶板的裂缝分布见本章附件二。部分地下室结构损伤照片见图11-2所示。

表11-1　地下室二层梁、墙损伤现状描述

| 序号 | 位置 | 损伤现状描述 |
|---|---|---|
| 1 | N/15-16 | 靠近16轴一侧梁底水平裂缝，最大宽度0.3 mm |
| 2 | 4/Q-P | 靠近Q轴一侧水平裂缝，最大宽度0.5 mm |
| 3 | 2/Q-P | 靠近Q轴一侧梁底水平裂缝，最大宽度0.2 mm |
| 4 | 7/G-F | 靠近G轴一侧角部斜裂缝，最大宽度0.35 mm |
| 5 | G/11-(1/11) | 靠近1/11轴一侧梁底角部水平裂缝，最大宽度0.35 mm |
| 6 | G/11-(1/11) | 靠近11轴一侧八字形斜裂缝，最大宽度0.25 mm |
| 7 | 7/J-H | 靠近J轴一侧梁底水平裂缝，最大宽度2.0 mm；梁底根部混凝土酥裂脱落，箍筋外露 |
| 8 | J/11-(1/11) | 靠近(1/11)轴一侧梁底、梁侧竖向裂缝，上小下大，最大宽度0.6 mm |
| 9 | (2/H)/11-(1/11) | 靠近(1/11)轴一侧梁底及梁两侧竖向裂缝，上小下大，最大宽度0.5 mm |
| 10 | (1/H)/11-(1/11) | 靠近(1/11)轴一侧梁底及梁两侧竖向裂缝，上小下大，最大宽度0.5 mm |
| 11 | (1/11)-12/K | 梁底的墙顶部混凝土斜裂缝、竖向裂缝，最大宽度2.0 mm，局部混凝土脱落 |
| 12 | 11/L-M | 靠近L轴一侧梁底水平裂缝，最大宽度0.3 mm |
| 13 | 5/M-N | 靠近M轴一侧梁底裂缝，最大宽度0.4 mm，梁底脱皮 |
| 14 | 11/Q-P | 靠近Q轴一侧梁底与柱交界处出现水平裂缝，梁侧支座边裂缝，最大宽度1.0 mm |
| 15 | (2/10)/Q-P | 靠近Q轴一侧梁支座下墙底起皮裂缝，最大宽度1.0 mm |
| 16 | 10/Q-P | 靠近Q轴一侧梁底、梁侧支座处裂缝，上小下大，最大宽度0.7 mm |
| 17 | (2/10)/Q-P | 靠近Q轴一侧梁底、梁侧支座处裂缝，上小下大，最大宽度0.9 mm |
| 18 | (2/6)Q-P | 靠近Q轴一侧梁侧三面贯穿斜裂缝，上小下大，最大宽度1.2 mm |

表 11-2　地下室二层柱损伤现状描述

| 序号 | 位置 | 损伤现状描述 |
|---|---|---|
| 1 | 4/Q | 柱顶水平裂缝,最大宽度 0.1 mm |
| 2 | 2/Q | 柱顶水平裂缝,最大宽度 0.1 mm |
| 3 | 7/G | 柱顶角部竖向裂缝,局部混凝土脱落,最大宽度 0.35 mm;柱根部混凝土酥裂,最大宽度 0.5 mm |
| 4 | 8/G | 柱顶角部竖向裂缝,局部混凝土脱落,最大宽度 0.35 mm;柱根部混凝土酥裂,最大宽度 0.5 mm |
| 5 | 10/G | 柱顶多条短斜裂缝、竖向裂缝,最大宽度 1.2 mm |
| 6 | 11/H | 柱顶多条水平裂缝、竖向裂缝,最大宽度 0.7 mm;梁下柱角混凝土爆裂 |
| 7 | 10/H | 柱根角部局部混凝土脱落;柱根部竖向、斜裂缝,最大宽度 0.6 mm |
| 8 | 9/H | 柱顶斜裂缝,最大宽度 0.4 mm |
| 9 | 8/H | 柱顶竖向裂缝,角部混凝土酥裂,最大宽度 0.7 mm |
| 10 | 7/H | 柱顶节点混凝土明显脱落;柱顶梁间角部混凝土完全脱落,钢筋外露;柱根部混凝土酥裂严重 |
| 11 | 7/J | 柱顶节点混凝土明显脱落;柱顶梁间角部混凝土完全脱落,钢筋外露;柱根部混凝土酥裂严重 |
| 12 | 10/J | 柱根部混凝土酥裂脱落,箍筋外露;柱顶部角部多条竖向裂缝、斜裂缝,最大宽度 1.0 mm |
| 13 | 6/P | 柱顶水平裂缝,最大宽度 0.6 mm,压酥裂缝,最大宽度 0.8 mm,局部混凝土脱落;柱根部水平裂缝,最大宽度 2.0 mm,局部混凝土脱落,钢筋外露 |
| 14 | 7/P | 柱顶部水平裂缝、竖向裂缝、压酥裂缝,最大宽度 1.0 mm;柱根部竖向裂缝,最大宽度 1.5 mm,水平裂缝,最大宽度 2.0 mm,局部混凝土压酥 |
| 15 | 8/P | 柱顶部水平裂缝、竖向裂缝,最大宽度 1.0 mm,局部混凝土脱落,钢筋外露;柱根部混凝土酥裂,水平裂缝,最大宽度 0.5 mm,斜裂缝最大宽度 0.1 mm |
| 16 | 9/P | 柱顶角部混凝土压碎,钢筋弯曲;柱根部水平裂缝,最大宽度 2 mm,斜裂缝,最大宽度 0.5 mm |
| 17 | 10/P | 柱根部局部混凝土压酥,水平裂缝最大宽度 1.0 mm,斜裂缝最大宽度 0.2 mm;柱顶部竖向裂缝,最大裂缝 1.8 mm,混凝土酥裂 |
| 18 | 11/P | 柱顶部水平裂缝、角部竖向裂缝,最大宽度 1.5 mm;柱根部水平裂缝,最大宽度 0.8 mm |

调查、检测的结果表明,该层混凝土梁的损伤主要集中在梁的两个端部、紧靠柱边,损伤类型主要分为以下几种:①梁底部有与轴线方向垂直的水平裂缝;②梁底以及两个侧面有贯穿的斜裂缝或竖向裂缝;③梁底混凝土外层压酥脱落、箍筋外露或混凝土起皮;④仅梁侧面或角部有裂缝。混凝土梁的裂缝宽度基本在 0.2～1.2 mm 之间,极个别裂缝宽度达到 2.0 mm。

混凝土墙的损伤主要集中在梁端部支承处,损伤类型主要分为以下几种:①墙顶部有竖向、斜向裂缝,局部混凝土脱落;②墙体顶部出现水平裂缝或混凝土受压外层起皮脱落。混凝土墙的裂缝宽度基本在 0.5～2.0 mm 之间。

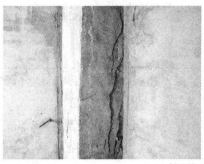

(a) 柱顶部混凝土裂缝

(b) 柱顶混凝土脱落、钢筋外露

(c) 柱子根部混凝土酥裂、起皮

(d) 柱顶部混凝土水平、竖向裂缝

图 11-2-1 部分地下室结构损伤现状(一)

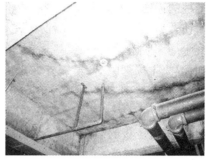

(e) 混凝土板底裂缝

(f) 柱根部混凝土酥裂、局部脱落

(g) 柱顶部、根部混凝土脱落且钢筋弯曲

(h) 柱根部混凝土斜裂缝、局部脱落

图 11-2-2　部分地下室结构损伤现状(二)

混凝土柱的损伤主要集中在柱的顶部和根部,少数柱身有轻微的水平、斜向裂缝。柱顶部和根部损伤类型主要分为以下几种:①柱顶有水平裂缝;②柱顶角部出现竖向、斜向裂缝,严重时混凝土局部脱落、钢筋外露甚至弯曲;③柱根部有水平裂缝;④柱根部出现竖向、斜向裂缝,严重时混凝土局部脱落、箍筋外露。混凝土柱的裂缝宽度基本在 0.05～1.2 mm 之间,极个别裂缝宽度达到 1.8～2.5 mm。

混凝土板裂缝的最大宽度主要在 0.1～0.3 mm 之间,极少数板的裂缝宽度达到 0.5 mm。此外,混凝土板的裂缝分布形态多样。

### 11.3.2 地下室一层结构损伤

地下室一层梁、墙的具体损伤描述见表 11-3 所示;地下室一层柱构件具有明显损伤的位置达到 57 处,部分位置的具体损伤描述见表 11-4 所示;地下室一层顶板的裂缝分布见本章附件二。部分地下室结构损伤照片见图11-2。

检查、检测的结果表明,该层混凝土梁的损伤主要集中在梁的两个端部、紧靠柱边,损伤类型主要分为以下几种:①梁底部有与轴线方向垂直的水平裂缝;②梁顶部出现裂缝;③梁底出现贯通侧面的裂缝。混凝土梁的裂缝宽度基本在 0.2～0.5 mm 之间,极个别裂缝宽度达到 1.5 mm,最严重的为 2.5～4.0 mm。

混凝土墙的损伤主要位于梁端部支承处,其裂缝宽度达到 2.5～3.0 mm,破损比较严重。

混凝土柱的损伤主要集中在柱的顶部和根部,少数柱身有轻微的水平裂缝。柱顶部和根部损伤类型主要分为以下几种:①柱顶有水平裂缝;②柱顶角部出现竖向、斜向裂缝,严重时混凝土局部脱落、钢筋外露甚至弯曲;③柱根部有水平裂缝或角部有竖向裂缝;④柱根局部混凝土压碎、脱落、疏松(主要出现在角部),严重时钢筋外露、弯曲。混凝土柱的裂缝宽度基本在 0.1～1.2 mm 之间,极个别破损严重的裂缝宽度达到 5.0 mm。

混凝土板裂缝的最大宽度主要在 0.1～0.3 mm 之间,极少数板的裂缝宽度达到 0.4 mm。此外,混凝土板上的裂缝分布同样形态多样。

**表 11-3 地下室一层梁、墙损伤现状描述**

| 序号 | 位置 | 损伤现状描述 |
|---|---|---|
| 1 | 9/Q-P | 靠近 Q 轴一侧的梁底出现水平裂缝,最大宽度 0.4 mm |
| 2 | 10/Q-P | 靠近 Q 轴一侧梁底出现贯通裂缝,最大宽度 0.4 mm |
| 3 | 10/P-N | 靠近 P 轴一侧梁底裂缝,最大宽度 0.3 mm |
| 4 | N/10-11 | 靠近 10 轴一侧梁底出现水平裂缝,最大宽度 0.45 mm |
| 5 | 11/G-H | 靠近 H 轴一侧梁底出现水平裂缝,最大宽度 0.2 mm |
| 6 | G/11-(1/11) | 靠近(1/11)轴一侧梁底出现裂缝,最大宽度 0.4 mm |
| 7 | H/11-(1/11) | 靠近(1/11)轴一侧梁顶部出现裂缝,最大宽度 1.2 mm |

| 序号 | 位置 | 损伤现状描述 |
|---|---|---|
| 8 | J/11-(1/11) | 靠近(1/11)轴一侧梁底出现水平裂缝,最大宽度 0.4 mm |
| 9 | (1/11)J-K | 靠近 K 轴一侧梁底出现裂缝,最大宽度 1.5 mm |
| 10 | K/(1/11)-12 | 靠近(1/11)轴一侧梁底及梁底墙出现裂缝,宽度 2.5~4 mm,损伤较严重 |
| 11 | 11/Q-P | 靠近 Q 轴一侧梁底出现裂缝,最大宽度 0.5 mm |
| 12 | 14/Q-P | 靠近 Q 轴一侧梁底出现水平裂缝,最大宽度 0.4 mm |
| 13 | Q/(1/11)-12 | 靠近(1/11)轴一侧梁底出现裂缝,最大宽度 0.4 mm |
| 14 | 8/P-N | 靠近 N 轴一侧梁底出现裂缝,最大宽度 0.15 mm |
| 15 | 2/Q-P | 靠近 Q 轴一侧梁底出现水平裂缝,最大宽度 0.15 mm |
| 16 | 3/Q-P | 靠近 Q 轴一侧梁底出现水平裂缝,最大宽度 0.2 mm |

表 11-4  地下室一层柱损伤现状描述

| 序号 | 位置 | 损伤现状描述 |
|---|---|---|
| 1 | 5/Q | 柱顶水平裂缝,最大宽度 0.4 mm;柱身水平裂缝,最大宽度 0.15 mm |
| 2 | 5/N | 柱根部混凝土局部脱落,并出现水平裂缝,最大裂缝宽度 0.5 mm |
| 3 | 6/M | 柱顶角部裂缝、混凝土压酥裂缝,最大宽度 0.8 mm;柱顶局部混凝土脱落 |
| 4 | 6/L | 柱顶角部裂缝、混凝土压酥裂缝、水平裂缝,最大宽度 1.2 mm |
| 5 | 7/H | 柱顶角部混凝土压酥裂缝,局部松动,并有水平裂缝,最大宽度 1.2 mm |
| 6 | 8/Q | 柱顶水平裂缝、斜裂缝,最大宽度 0.2 mm |
| 7 | 8/P | 柱根部混凝土压碎,局部混凝土脱落,钢筋外露、弯曲;柱顶水平裂缝,最大宽度 0.5 mm。柱破坏严重 |
| 8 | 8/N | 柱顶水平压酥裂缝,最大裂缝 0.6 mm |
| 9 | 8/H | 柱顶角部斜裂缝,最大宽度 1.0 mm |
| 10 | 9/P | 柱顶角部裂缝、水平裂缝,最大宽度 0.5 mm;柱根部混凝土压酥松动,最大裂缝宽度 5 mm。柱破坏较严重 |
| 11 | 10/H | 柱顶水平裂缝、竖向裂缝,最大宽度 0.35 mm;柱顶角部竖向裂缝,最大宽度 1.0 mm;柱根部水平裂缝,角部局部混凝土松动 |
| 12 | 11/G | 柱顶水平裂缝,最大宽度 0.3 mm |

| 序号 | 位置 | 损伤现状描述 |
|------|------|------|
| 13 | 11/H | 柱顶水平裂缝、角部裂缝,最大裂缝 0.8 mm;柱根角部裂缝 0.6 mm |
| 14 | 11/M | 柱顶水平裂缝,最大宽度 0.3 mm |
| 15 | 11/P | 柱顶水平裂缝,最大宽度 0.4 mm;柱顶角部裂缝,最大宽度 0.8 mm |
| 16 | 11/Q | 柱顶水平裂缝、角部水平裂缝,最大宽度 0.5 mm |
| 17 | 12/L | 柱顶混凝土局部起皮脱落,角部竖向裂缝,最大宽度 1.0 mm |
| 18 | 3/Q | 柱顶出现水平裂缝,最大宽度 0.2 mm |

### 11.3.3 地下室柱的倾斜

对地下室两层的柱倾斜进行了测量,具体的倾斜测量值见本章附件三。地下室二层柱的最大倾斜量为 17 mm,对应的倾斜率约 0.57%;地下室一层柱的最大倾斜量为 27 mm,对应的倾斜率约 0.90%。

### 11.3.4 地下室底板标高差

对受委托范围的地下室一、二层底板现状的相对标高进行了测量,详细测量结果见本章附件四。根据测量结果,目前地下室二层底板相邻柱间标高差最大值为 97 mm,大约 78%的柱间相邻标高差控制在 30 mm 以内;地下室一层底板相邻柱间标高差最大值为 55 mm,大约 84%的柱间相邻标高差控制在 30 mm 以内。

## 11.4  上浮影响及安全现状分析与评估

依据施工单位提供的资料,该地下室因地下水浮力作用,导致地下室底板、楼面板、顶板在局部范围上拱达到 485 mm。根据地下室的整体变形特征,当时地下室的相邻柱间必然存在较大的标高差,从而造成梁、柱节点附近产生较大的附加内力和变形。最终,梁端、柱顶部与根部出现目前的损伤状态。此外,梁、柱的变形间接地使得板构件出现不同形态的裂缝损伤。

根据《民用建筑可靠性鉴定标准》中第 4.2.4 条与 6.3.5 条的规定,当混凝土柱的层间位移大于 $H_i/350$($H_i$ 为第 $i$ 层层间高度)时,结构的安全性不符合本标准的安全性要求,显著影响承载能力,应采取措施。结合现场的检查、检测记录,地下室二层约 35%的柱、一层约 27%的柱倾斜超过了 $H_i/350$。考虑到地下室结构的特殊性(侧向有土体约束),以及本工程的特点。目前地下室柱子的倾斜尚不构成结构的安全隐患。

根据现场的检查、检测记录,地下室两层底板相邻柱间仍然存在较大的标高差(不均匀沉降差)。依据《建筑地基基础设计规范》中对框架结构的允许相邻柱间沉降差(0.002L,L 为相邻柱基的中心距离,单位为 mm)。例如,对于地下室中的主要柱网 8 400 mm,则其允许沉降差为 16.8 mm(关于相邻柱允许沉降差的确定,也可通过有限元数值模拟分析得到更精确的值)。针对地下室两层的钢筋混凝土柱标高进行统计,总共约 43%的相邻柱间沉降差不满足要求。因此,目前相邻柱间较大的沉降差仍然产生过大的附加内力,给既有结构构件带来安全隐患。

根据《民用建筑可靠性鉴定标准》中第 4.2.5 条的规定,正常湿度环境下,混凝土主要构件的裂缝宽度大于 0.5 mm;与土壤直接接触构件的裂缝宽度大于 0.4 mm 后,裂缝损伤显著影响构件承载能力,应采取措施进行加固。结合地下室的检查、检测结果,地下室一层至二层的顶板裂缝损伤尚不显著影响承载能力;地下室大多数梁、柱以及墙体的损伤已显著影响承载能力,存在安全隐患,应采取或必须采取措施。

此外,考虑到混凝土构件的耐久性,根据《民用建筑可靠性鉴定标准》中第 5.2.4 条的规定,对于梁的裂缝宽度大于 0.2 mm,墙、柱、地下室二层顶板的裂缝宽度大于 0.25 mm 的建议采取措施进行封闭处理;对于地下室一层顶板,以及与土体直接接触构件的裂缝宽度大于 0.15 mm 的建议采取措施进行封闭处理。

## 11.5　结论与处理建议

综合上述调查、检测以及安全现状分析与评估的结果,可以给出如下鉴定结论与处理建议。

### 11.5.1　鉴定结论

(1) 考虑到地下室结构的特殊性,目前地下室柱子的倾斜尚不构成结构的安全隐患。

(2) 地下室两层总共约 43% 的相邻柱间沉降差较大,超出允许值,产生较大的附加内力,存在安全隐患。

(3) 地下室大多数梁、柱以及墙体的损伤已显著影响或严重影响承载能力,存在安全隐患。

(4) 其余混凝土构件的裂缝损伤虽然不构成安全隐患,但考虑到构件的耐久性,应采取措施进行封闭。如若考虑到防水功能,则混凝土构件出现的所有裂缝均应按防水要求进行处理。

### 11.5.2　处理建议

综合上述分析以及该工程的特点,给出以下处理建议:

(1) 对于相邻柱间沉降差不满足要求的,可以结合后期地下室顶部覆土加载情况以及抗拔桩的加固进行整体处理。

(2) 对于混凝土构件上的裂缝,依据第六章中的裂缝处理方法:当裂缝宽度 ≤0.2 mm 时,采用表面封闭法进行处理,修补胶液可采用专用的灌缝结构胶;当裂缝宽度 ≥0.2 mm 时,采用压力注浆法进行修补,注浆料可采用高强灌浆料或专业的灌缝结构胶。对于需要特别防护的部位,在裂缝修补完毕后,尚应在混凝土表面粘贴一层碳纤维复合材料。此外,对于抗渗透要求较高的构件,如与土体直接接触的外围墙体,也可采用水泥基渗透结晶型防水材料进行裂缝修补。

(3) 对梁、柱、墙体存在混凝土压碎或压酥造成局部脱落的应采用高一个强度等级的微膨胀混凝土或高强灌浆料进行局部置换。

(4) 对于地下二层柱 7/H、7/J、9/P,地下一层梁 K/(1/11)-12,以及地下一层柱 7/N、8/P、9/P(损伤比较严重的构件),除了采用上述裂缝处理和局部置换后,还需要在相应梁柱节点、柱根部采用外包型钢进行加固处理。

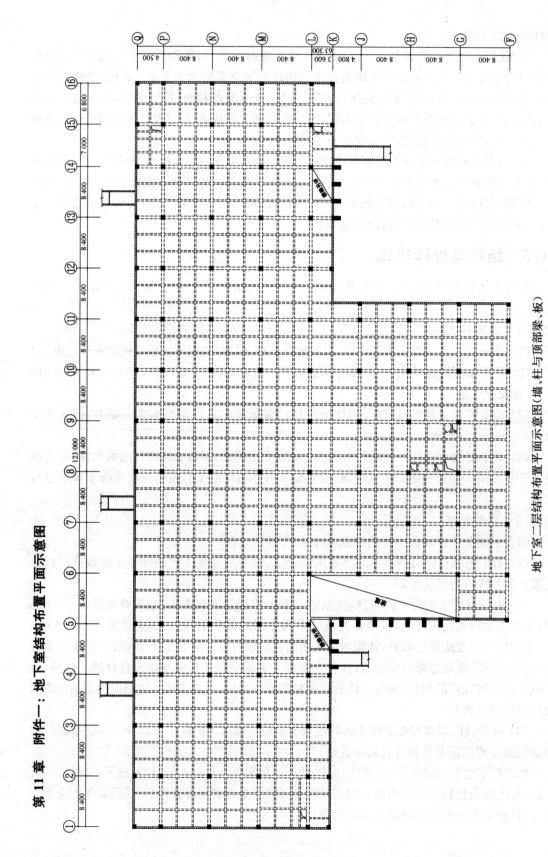

地下至一层结构布置平面示意图（墙、柱与顶部梁、板）

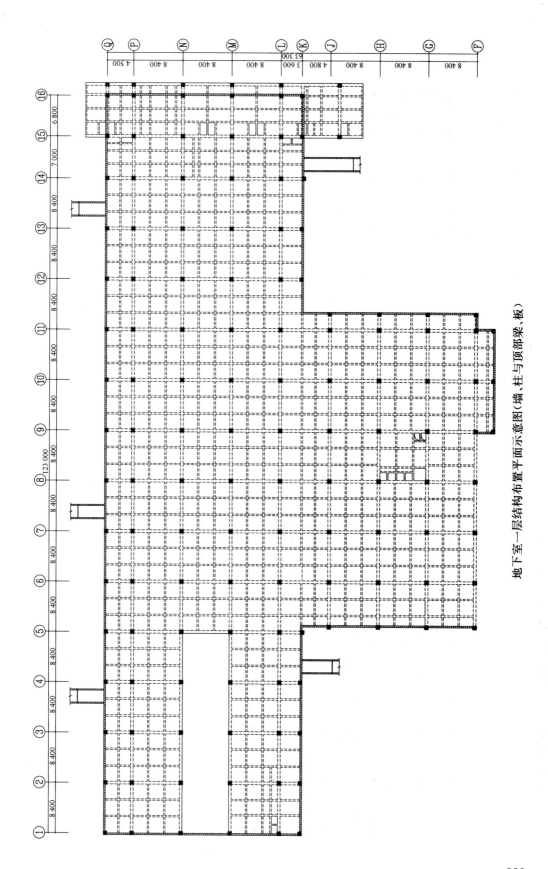

地下室一层结构布置平面示意图（墙、柱与顶部梁、板）

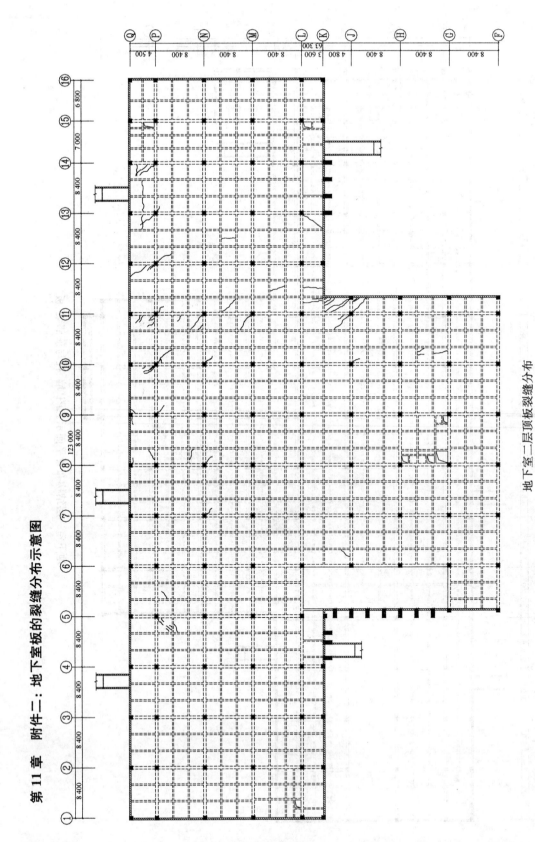

地下室二层顶板裂缝分布

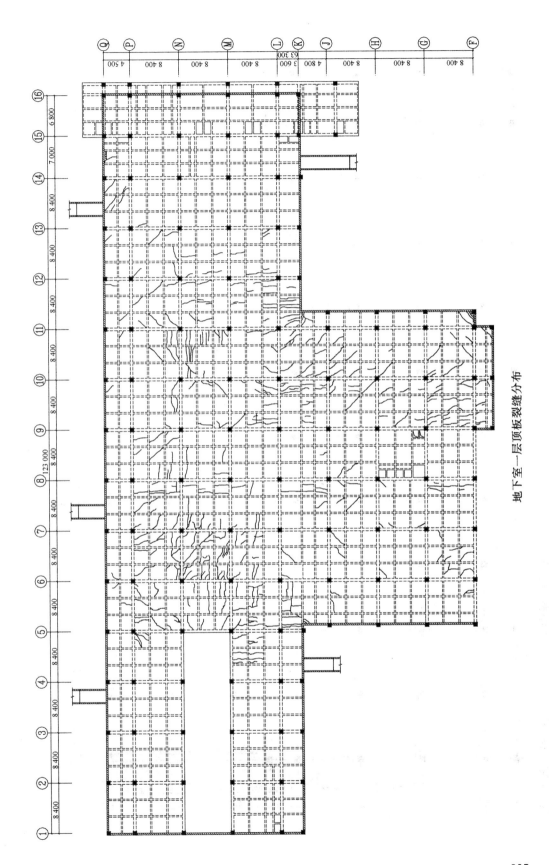

地下室一层顶板裂缝分布

第 11 章 附件三：地下室柱的倾斜测量值

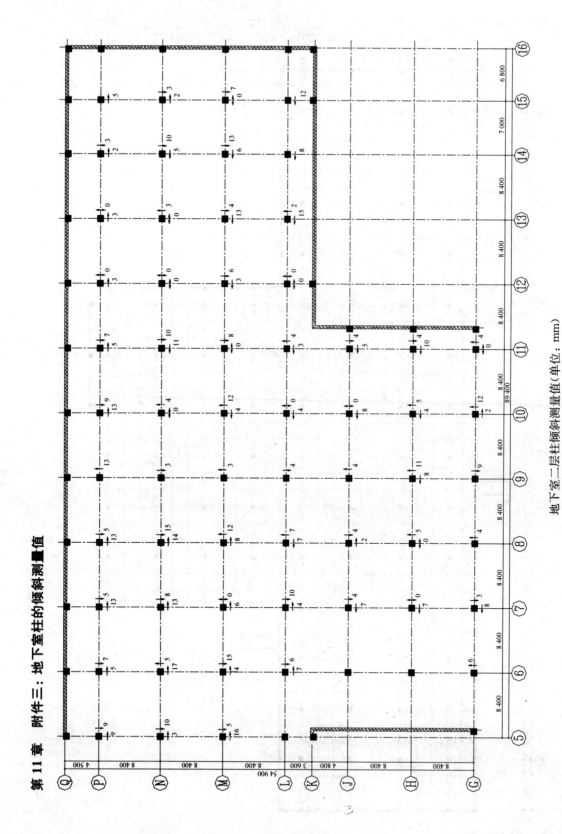

地下室二层柱(倾斜测量值(单位：mm)

— 396 —

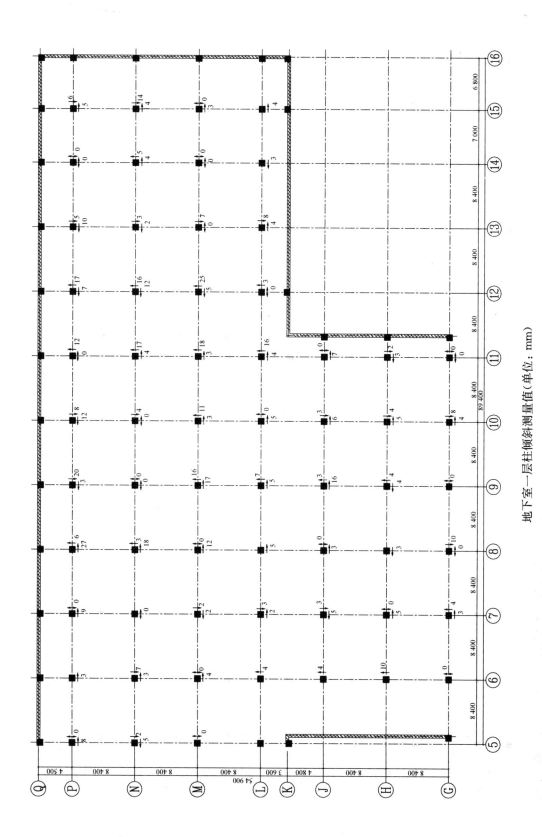

地下室一层柱倾斜测量值（单位：mm）

地下室二层地坪标高实测示意图（单位：m）

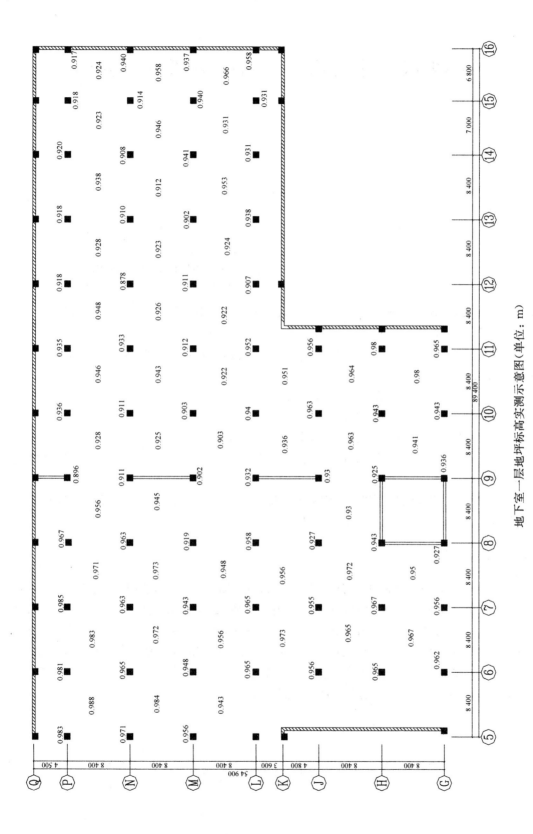

地下室一层地坪标高实测示意图（单位：m）

# 第 12 章　建筑增层可行性分析案例介绍

## 12.1　引言

建筑物增层改造是一项对既有建筑进行改造、扩充、加固等综合性的修建工作。目前，对于一般不满足建筑使用功能的既有建筑物，尤其是在建筑用地面积不可以变动的情况下，可采取的方案包括拆除按照新方案重新修建与增层改造。

既有建筑物在进行增层改造之前应进行专门的技术鉴定，根据作用的实际荷载以及构造的实际情况，对上部主体结构以及地基基础进行内力分析与验算。同时，根据原地基土层分布与土质类别情况，合理地考虑原地基承载力可能增长的情况。一般鉴定工作的主要内容涉及以下几个方面：

① 房屋的结构布置和结构构件的现状检测、检查，主要包括结构体系、结构布置、结构构件截面尺寸等。

② 房屋的使用环境及结构上的作用调查。

③ 相关结构材料强度抽样检测。

④ 房屋结构损伤现状全面检查，包括裂缝、变形、倾斜、老化等损伤。

⑤ 依据现场检查、检测结果和国家相关技术标准，对既有主体结构现状进行安全性与抗震鉴定。

⑥ 通过对地基基础和上部主体结构各部位现状的调查和技术鉴定，得到既有房屋是否可以增层改造的综合性意见与可行性报告。

## 12.2　工程概况

马鞍山市某办公综合楼建于 1985 年至 1986 年，属于三层（局部四层）砖混结构房屋。该办公综合楼的总建筑面积约为 850 m²，其现状见图 12-1 所示。在 2012 年，该办公综合楼的产权单位计划将其建筑使用功能改造为连锁酒店，且为了提升酒店的接待规模，需要对其进行局部增层。增层之后，该建筑物由局部四层变成全部四层。根据产权单位的介绍，该建筑物是由当地的正规设计院设计，也通过正规的建筑施工单位施工，并投入正常使用等。但是，关于该办公综合楼的图纸资料目前全部遗失。

北立面　　　　　　　　　　　　西南角

南立面　　　　　　　　　　　　一层室内

二层室内　　　　　　　　　　　三层室内

三层屋面　　　　　　　　　　　四层室内

图 12-1　办公综合楼现状

## 12.3 现状检查、检测

技术鉴定单位的技术人员于 2012 年 7 月 4 日赴现场,对该办公综合楼进行了检查与检测,现将结果汇总如下。

### 12.3.1 结构布置和构件信息检查

鉴于产权单位未能提供任何图纸或相关资料。因此,技术人员首先需要对该房屋进行较为详细地测绘,具体的结构平面布置示意图见本章附件,一层至四层的层高分别为 3.3 m、3.3 m、3.3 m 与 3.5 m。

1) 墙体截面尺寸

该房屋的竖向承重构件主要为红砖与混合砂浆砌筑的 240 mm 墙体,底层位于门厅位置处的个别墙体厚度为 370 mm。此外,三层(5)-(10)/(C)-(E)区域,窗间墙位置设置了 240 mm×370 mm 的砖柱。

2) 混凝土构件截面尺寸

该房屋的水平承重构件主要为钢筋混凝土现浇梁与楼面板(屋面板),对混凝土梁的截面尺寸进行了测量,具体的检测结果见本章附件。此外,对于混凝土板的厚度,采用取芯机随机抽取点进行了钻孔实测。抽检结果表明现浇楼板的高度为 85~90 mm,同时现浇楼板上的建筑层厚度为 30~50 mm。

3) 混凝土构件配筋情况

该房屋的部分主要承重混凝土构件的箍筋间距抽检结果见表 12-1 所示。此外,采用局部凿除的方法抽检部分主要承重混凝土构件的钢筋直径。结果表明:屋面梁的底部配置有 4 根直径为 20 mm 的Ⅱ级螺纹钢,箍筋为直径 6 mm 的Ⅰ级光圆钢筋;表 12-1 中被检测楼板的底部钢筋为直径 6 mm 或 8 mm 的Ⅰ级光圆钢筋,顶部负弯矩钢筋为直径 10 mm 的Ⅰ级光圆钢筋。

**表 12-1　混凝土构件箍筋间距检查结果**

| 序号 | 构件名称及位置 | 实测数据/mm | | | | | | 最大间距 | 最小间距 | 平均间距 |
|---|---|---|---|---|---|---|---|---|---|---|
| | | 1 | 2 | 3 | 4 | 5 | 6 | | | |
| 1 | 二层板 (8)-(9)/(D)-(E) | 110 | 170 | 145 | 140 | 95 | 95 | 170 | 95 | 126 |
| | | 185 | 120 | 160 | 165 | 160 | 200 | 200 | 120 | 165 |
| 2 | 二层板 (4)-(5)/(B)-(D) | 205 | 200 | 170 | 215 | 180 | 185 | 215 | 170 | 193 |
| | | 120 | 115 | 115 | 130 | 110 | 120 | 130 | 110 | 118 |
| 3 | 三层板 (5)-(6)/(D)-(E) | 135 | 140 | 100 | 120 | 145 | 135 | 145 | 100 | 129 |
| | | 160 | 165 | 200 | 170 | 160 | 150 | 200 | 150 | 168 |
| 4 | 三层板 (4)-(5)/(B)-(D) | 195 | 180 | 180 | 220 | 180 | 185 | 220 | 180 | 190 |
| | | 135 | 110 | 115 | 120 | 110 | 95 | 135 | 95 | 114 |
| 5 | 四层屋面板 (6)-(7)/(D)-(E) | 160 | 140 | 130 | 130 | 150 | 150 | 160 | 130 | 143 |
| | | 170 | 200 | 190 | 180 | 190 | 200 | 200 | 170 | 188 |
| 6 | 五层屋面板 (4)-(5)/(B)-(D) | 195 | 230 | 237 | 232 | 234 | 230 | 237 | 195 | 226 |
| | | 90 | 115 | 127 | 118 | 70 | 108 | 127 | 70 | 105 |
| 7 | 四层屋面梁 (6)/(D)-(E) | 200 | 190 | 170 | 110 | 150 | 200 | 200 | 110 | 170 |

### 12.3.2 使用环境与作用调查

目前,该房屋的使用环境属于一般的民用建筑,尚未发现不良环境因素。该房屋现在的使用功能为一般的办公综合楼。根据现状条件,可以判断局部房间有过改造,但作用荷载尚无明显改变。

### 12.3.3 材料强度抽样检测

采用钻芯法对主体结构中梁、板的混凝土强度进行了抽样检测,混凝土强度代表值检测结果见表12-2所示。

**表12-2　混凝土强度代表值检测结果**

| 序号 | 构件位置及编号 | 抗压荷载/kN | 平均直径/mm | 平均高度/mm | 抗压强度/MPa | 强度代表值/MPa |
|------|----------------|-------------|-------------|-------------|--------------|----------------|
| 1 | 屋面梁(9)/(B)-(E) | 138.0 | 74.0 | 74 | 32.1 | 32.1 |
| 2 | | 142.9 | 74.0 | 74 | 33.2 | |
| 3 | 屋面梁(7)/(B)-(E) | 140.7 | 74.0 | 75 | 32.7 | 32.7 |
| 4 | | 152.9 | 74.0 | 74 | 35.6 | |
| 5 | 二层板(4)-(5)/(B)-(D) | 143.7 | 74.0 | 74 | 33.4 | — |
| 6 | | — | — | — | — | |
| 7 | 四层板(4)-(5)/(B)-(D) | 128.5 | 74.0 | 74 | 29.9 | |
| 8 | | — | — | — | — | |

采用贯入法检测了砖砌体墙中混合砂浆的抗压强度,检测结果见表12-3所示。此外,采用回弹法检测了砖块的抗压强度,检测结果见表12-4所示。

**表12-3　混合砂浆抗压强度检测结果**

| 序号 | 工程部位 | 砂浆品种 | 贯入深度平均值/mm | 砂浆抗压强度换算值/MPa | 砂浆抗压强度推定值/MPa |
|------|----------|----------|-------------------|------------------------|------------------------|
| 1 | 一层墙(4)/(D)-(E) | 混合砂浆 | 9.44 | 1.2 | 1.2 |
| 2 | 一层墙(5)/(A)-(B) | 混合砂浆 | 9.59 | 1.2 | 1.2 |
| 3 | 一层墙(C)/(8)-(9) | 混合砂浆 | 9.09 | 1.3 | 1.3 |
| 4 | 二层墙(4)/(A)-(B) | 混合砂浆 | 10.44 | 1.0 | 1.0 |
| 5 | 二层墙(C)/(6)-(7) | 混合砂浆 | 10.14 | 1.0 | 1.0 |
| 6 | 三层墙(5)/(D)-(E) | 混合砂浆 | 9.74 | 1.1 | 1.1 |
| 7 | 三层墙(10)/(D)-(E) | 混合砂浆 | 8.79 | 1.4 | 1.4 |

**表12-4　砖块抗压强度检测结果**

| 序号 | 工程部位 | 平均回弹值 | 抗压强度换算值 | 强度推定等级 |
|------|----------|------------|----------------|--------------|
| 1 | 一层墙(C)/(8)-(9) | 39.8 | 16.95 | MU15 |
| 2 | 二层墙(4)/(A)-(B) | 40.8 | 17.90 | MU15 |
| 3 | 二层墙(10)/(D)-(E) | 41.4 | 18.51 | MU15 |

### 12.3.4 房屋结构损伤情况

经过现场检查,该房屋的上部主体结构总体上较好,未见构件的异常挠曲变形与结构主体的倾斜等。关于局部构件的损伤情况陈述如下:

一层至三层的(C)/(9)-(10)、(E)/(9)-(10)墙体上窗洞上角靠近西侧有明显的贯穿斜裂缝;同时,三层靠近西侧山墙附近的墙体顶部有较为明显的水平裂缝。一层(E)/(9)-(10)、(10)/(D)-(E)靠近西南角窗台高度处墙体上有明显的水平裂缝,裂缝宽度最大达到1.0 mm。

屋面梁(6)/(D)-(E)底部局部混凝土存在明显的空洞,主要受力钢筋外露,并有轻微的锈蚀,未见混凝土保护层脱落。

三层在(6)/(D)-(E)、(7)/(D)-(E)、(8)/(D)-(E)、(9)/(D)-(E)轴线上,楼面负弯矩处出现明显的可见裂缝,裂缝宽度最大达到0.8 mm。

除此之外,位于(4)-(5)/(D)-(E)、(8)-(10)/(C)-(E)区域的屋面有渗水迹象。

上述的部分损伤现状见图12-2所示。

(a) 轴线(E)/(9)~(10)窗洞角部贯穿斜裂缝

(b) 西南角墙体窗台高度处水平裂缝　　　(c) 屋面梁(6)/(D)~(E)底部钢筋外露

图12-2 损伤现状

### 12.3.5 抗震构造措施核查

根据《建筑工程抗震设防分类标准》中第3.0.2条款,马鞍山市某办公综合楼属于标准设防类。根据《建筑抗震设计规范》中附录A的规定,该房屋所在区域的抗震设防烈度为6度,设计基本地震加速度值为0.05 g,抗震分组为第一组。

根据《建筑抗震鉴定标准》中1.0.4、1.0.5条款规定,该建筑物的后续使用年限可按30年。本报告按后续使用年限为30年(A类建筑)进行抗震鉴定,即应按现行《建筑抗震鉴定标准》中的5.2节进行抗震构造核查,具体结果见表12-5所示。由此表可知,该房屋上部主体结构中的抗震构造措施符合《建筑抗震鉴定标准》中 5.2.1～5.2.9 的各项规定。

表 12-5　上部主体结构抗震构造措施核查结果

| 检查项目 | | 实际情况 | 鉴定结果 |
|---|---|---|---|
| 5.2.1 | 高度 | 13.9 m,小于 24 m | 满足要求 |
| | 层数 | 四层,小于八层 | 满足要求 |
| 5.2.2 | 抗震横墙最大间距 | 5 m,小于 15 m | 满足要求 |
| | 房屋的高宽比 | 1.3,小于 2.2 | 满足要求 |
| | 跨度不小于 6 m 的大梁,不宜由独立砖柱支承 | 跨度大于 6 m 的大梁由非独立砖柱支承 | 满足要求 |
| 5.2.3 | 砖强度等级 | MU15 | 满足要求 |
| | 砂浆强度等级 | 不低于 M1 | 满足要求 |
| 5.2.4 5.2.5 | 房屋的整体性连接 | 平面闭合,纵横墙交接处有可靠连接 | 满足要求 |
| 5.2.6 5.2.8 | 易局部倒塌的部件及其连接 | 悬挑构件有足够的稳定性,女儿墙高度小于 0.9 m | 满足要求 |
| 5.2.7 | 楼梯间的墙体等 | 承载能力有安全储备 | 满足要求 |
| 5.2.9 | 房屋的抗震承载力简化验算 | 小于表 5.2.9-1 限值 | 满足要求 |

# 12.4　现状安全性和抗震鉴定

## 12.4.1　既有主体结构安全性评价

1)上部承重结构

一层至三层上部墙体靠近西侧出现可见裂缝,根据《民用建筑可靠性鉴定标准》中的 4.4.6 条款,以及该房屋与周边环境的特点,上述墙体裂缝损伤尚不显著影响承载能力($b_u$ 级)。

屋面梁(6)/(D)-(E)底部存在混凝土缺陷,根据《民用建筑可靠性鉴定标准》中的 4.2.2、4.2.6 条款,上述缺陷尚不显著影响承载能力($b_u$ 级)。三层楼面(6)/(D)-(E)、(7)/(D)-(E)、(8)/(D)-(E)、(9)/(D)-(E)负弯矩处存在裂缝损伤,根据《民用建筑可靠性鉴定标准》中的 4.2.5 条款,该裂缝损伤显著影响承载能力($c_u$ 级)。

采用 PKPM 设计软件中的砌体结构模块,根据上述现场检测得到的信息建立该房屋的计算模型。计算结果表明:一层部分墙体、二层极个别墙体的安全性等级为 $d_u$ 级(严重影响承载能力);(5)-(10)/(C)-(E)区域屋面板的安全性等级为 $d_u$ 级(严重影响承载能力);屋面梁(6)/(D)-(E)、(7)/(D)-(E)、(8)/(D)-(E)、(9)/(D)-(E)的安全性等级为 $d_u$ 级(严重影响承载能力)。

根据《民用建筑可靠性鉴定标准》中的 4.1.5 条款,该房屋的其余构件工作正常,未发现明显损坏,同时构件受力明确、在目标使用年限内仍具有足够的耐久性能等。因此,上部主体结构中其余构件的安全鉴定评级为 $a_u$ 级。

因此,根据《民用建筑可靠性鉴定标准》中的 6.3.2 至 6.3.6 条款,上部承重结构的安全性鉴定评级为 $C_u$ 级。

2) 地基基础

鉴于上部主体结构中靠近西侧砌体墙有裂缝损伤,但是该裂缝目前尚无发展迹象;根据《民用建筑可靠性鉴定标准》中的 6.2.4 条,地基基础的安全性鉴定评级可评为 $B_u$ 级。

综合上述分析,该房屋的安全性评级为 $C_{su}$ 级,即安全性不符合《民用建筑可靠性鉴定标准》中的要求,显著影响整体承载。

### 12.4.2 既有主体结构抗震鉴定

依据《建筑抗震鉴定标准》中 1.0.5 条第 1 款的规定,该房屋应采用《建筑抗震鉴定标准》规定的 A 类建筑抗震鉴定方法。此外,依据《建筑抗震鉴定标准》中 4.2.2 条规定,本工程可不进行地基基础的抗震鉴定。

根据表 12-5 可知,该房屋上部主体结构中的抗震构造措施符合《建筑抗震鉴定标准》中 5.2.1~5.2.9 的各项规定,可评为综合抗震能力满足抗震鉴定要求。

因此,该房屋的主体结构满足 A 类建筑抗震鉴定要求。

## 12.5 加层改造可行性分析

### 12.5.1 增层改造后的参数变化

根据委托单位的要求,马鞍山市某办公综合楼(5)-(10)/(C)-(E)区域拟增加一层;同时,底层(1)-(5)/(A)-(E)区域进行大空间改造(拆墙托换)。

该房屋改造后的总高度基本未变。改造后的使用功能定为宾馆,相对于原设计(1985 年左右),楼面的使用荷载由 1.5 kN/m² 变更为 2.0 kN/m²。同时,既有楼面的装修荷载可能增大,增层区域竖向荷载增加,屋面反梁的楼面改造也使得该区域的恒载增加。此外,局部区域的大空间改造使得竖向构件的传力路径发生了明显的变化,随之相应的上部构件或地基基础受力发生了明显变化。

### 12.5.2 建模计算

为了对该房屋增层与改造后可能存在的问题进行分析,采用 PKPM 设计软件对该建筑物增层与改造后的内力与变形进行建模计算。在建模的过程中,既有部分所有构件的几何尺寸采用现场检测得到的尺寸;对于增层部分,参照对应区域的二层进行常规布置(新增外墙采用砖砌体墙,新增内墙采用 ALC 轻质隔墙);对于底层(1)-(5)/(A)-(E)区域的大空间改造部分,采用钢筋混凝土夹梁进行托换,并在托梁的端部设置钢筋混凝土柱。

楼面的活荷载标准值按照现行《建筑结构荷载规范》进行取值。混凝土强度等级近似取 C30;新增部分砌块强度等级为 MU15,混合砂浆的强度等级为 M7.5。

1) 既有梁、板

计算结果表明:既有屋面(5)-(10)/(C)-(E)范围内梁、板的承载能力不足,存在安全隐患,需要采取措施进行加固。此外,上述存在损伤的三层楼面也应采取措施进行加固。

2) 既有墙体

计算结果表明:一、二层部分墙体的承载能力不足,存在安全隐患,需要采取措施进行加固。

3）既有地基基础

根据上述计算分析结果,(5)-(10)/(C)-(E)区域在增层前后,墙体下条形基础的线荷载增幅为10%~50%之间。鉴于委托单位未能提供任何地质勘察资料,因此对于地基部分依据《建筑物移位纠倾增层改造技术规范》中的7.6.2条款执行,即沉降稳定的建筑物直接增层时,其地基承载力特征值可适当提高。鉴于该建筑物到目前为止已使用约27年,地基承载力提高系数可按1.32考虑;同时参考相关资料,地基无可液化土层。综上所述,在(5)-(10)/(C)-(E)区域增层后,部分地基的承载能力不能满足要求,应采取措施进行加固。对于基础部分,在实施地基加固时,如果基础属于刚性扩展基础,则无需采取措施,否则也应采取适当措施进行加固。

此外,对于局部大空间改造部分,由于原来的片状承重墙体局部改造为底部钢筋混凝土框架,必须对原来的基础进行加固处理。

### 12.5.3 增层可行性分析

根据上述分析的结果,马鞍山市某办公综合楼在增层与改造之后,既有上部主体结构中的部分梁、板与墙体承载能力不足需要进行加固,需要增设部分托换梁与钢筋混凝土柱,同时部分地基需要进行加固、少数基础也应进行加固。

针对上述存在的安全隐患与加固问题,可采用钢筋网水泥砂浆面层加固既有墙体,采用增大截面、外粘型钢或粘贴纤维增强复合材料等方法加固混凝土梁、板,采用增大基础截面形式或增设柱下条形基础等方法加固地基基础,也可以采用改变结构体系等方法进行加固。考虑到既有建筑物属于整体的维修改造,上述所提加固措施的可操作性很高。因此,对既有主体结构中存在安全隐患的上部构件与地基基础进行加固,从技术的可操作性角度而言是完全可行的。此外,对于增层与改造的经济性,产权单位基于最终工程的总预算再进行评价。

# 12.6 结论与处理建议

综合上述现场检查、检测,安全性与抗震性鉴定,以及增层与改造的可行性分析,可以得到如下结论与建议:

（1）马鞍山市某办公综合楼的安全性评级为 $C_{su}$ 级,即安全性不符合《民用建筑可靠性鉴定标准》中的要求,显著影响整体承载。

（2）马鞍山市某办公综合楼满足 A 类建筑抗震鉴定要求。

（3）对马鞍山市某办公综合楼进行增层与改造在技术的可操作性上是可行的。

（4）结合本工程的特点与第七、十章中所述的加固方法,提出如下加固建议:采用钢筋网水泥砂浆面层加固既有墙体;承载力不足的混凝土梁、板可采用增大截面法、外粘型钢或粘贴纤维增强复合材料等方法进行加固;承载力不足的地基基础可采用增大基础截面形式或增设柱下条形基础等方法加固,也可以采用改变结构体系等方法进行整体加固。同时,对于本报告中所涉及的局部损伤,虽然尚不显著影响承载能力,但是对构件的耐久性或者房屋的使用性能有所影响,建议采取一定的措施进行修补。

第 12 章 附件：结构平面布置示意图

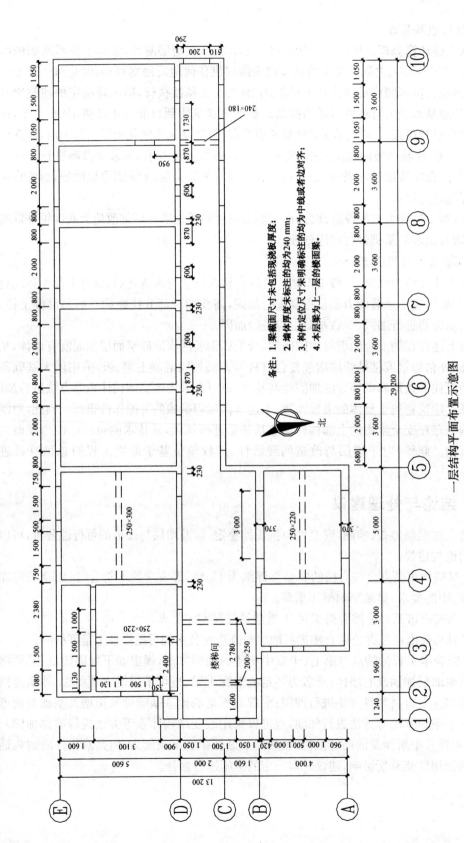

一层结构平面布置示意图

备注：1. 梁截面尺寸未包括现浇板厚度；
2. 墙体厚度未标注的均为为240 mm；
3. 构件定位尺寸未明确标注的均为为中线或者边对齐；
4. 本层梁为上一层的楼面梁。

北

— 408 —

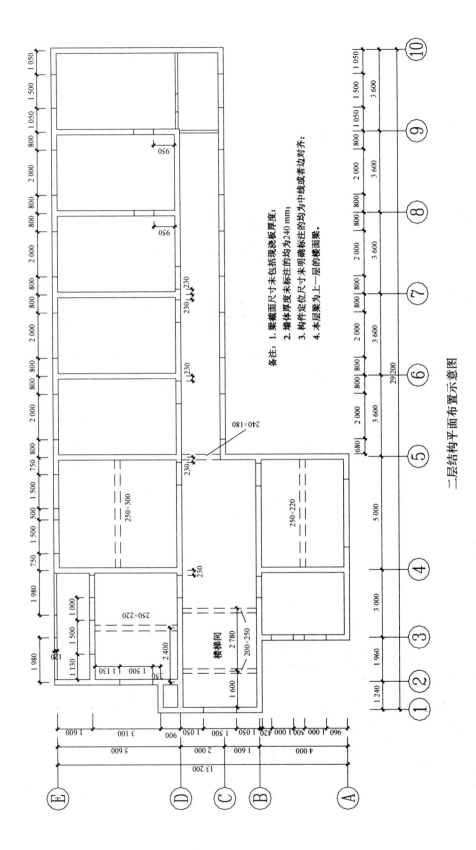

二层结构平面布置示意图

备注：1.梁截面尺寸未包括现浇板厚度；
2.墙体厚度未标注的均为240 mm；
3.构件定位尺寸未明确标注的均为中线或者边对齐；
4.本层梁为上一层的楼面梁。

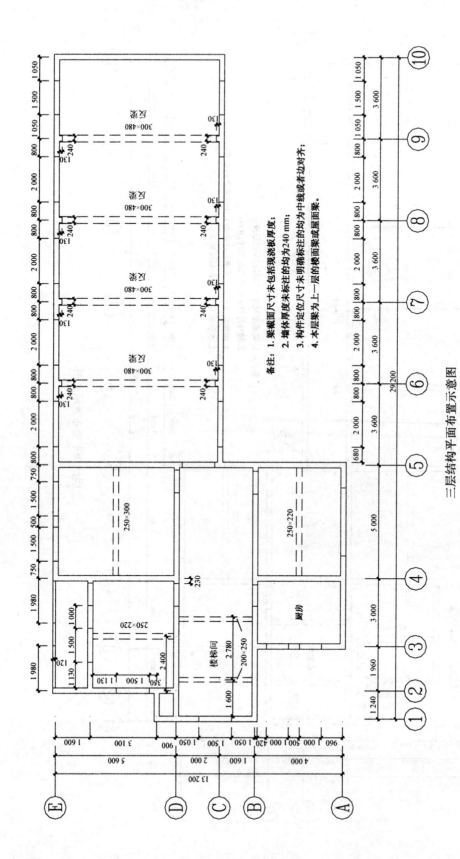

三层结构平面布置示意图

备注：1. 梁截面尺寸未包括现浇板厚度；
2. 墙体厚度未标注的均为240 mm；
3. 构件定位尺寸未明确标注的均为中线或者边对齐；
4. 本层梁为至上一层的楼面梁或屋面梁。

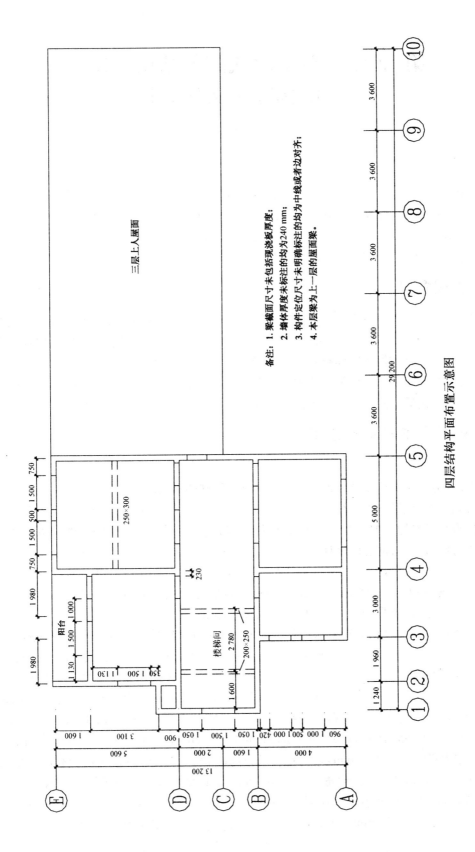

四层结构平面布置示意图

备注：1. 梁截面尺寸末未包括现浇板厚度；
2. 墙体厚度未标注的均为240 mm；
3. 构件定位尺寸末明确标注的均为中线或者边对齐；
4. 本层梁为上一层的屋面梁。

三层上人屋面

楼梯间

阳台

# 第13章  单层门式刚架结构厂房
## 结构鉴定实例分析

## 13.1  引言

根据第2章的介绍,工业厂房的鉴定项目有95%以上是以解决安全性问题为主并注重适用性和耐久性问题。本鉴定案例是主体结构在使用过程中出现较严重的变形问题,对此进行安全性分析。同民用建筑物的鉴定工作内容相似,工业厂房的鉴定工作同样涉及主体结构的损伤检查、安全性分析、鉴定结论与处理建议等。

## 13.2  工程概况

南京某公司915库房属于单层门式刚架结构,长168 m、宽60 m(柱网平面布置图见本章附件),建筑面积约10 000 m²。该厂房于2008年5月竣工并投入使用,在使用过程中由于地面过于集中地堆载散装固体材料于(B)轴线,导致钢柱基出现不均匀沉降,从而使得上部钢结构主体出现较严重的变形。业主单位在发现问题之后,马上联系施工单位,施工单位随后也采取了一定的加固措施。该工程有正规的设计与施工单位,相关图纸资料齐全。

## 13.3  相关图纸与资料查阅

### 13.3.1  原设计图纸

根据委托方提供的原设计图纸,经过查阅,可以得到的相关设计信息陈述如下。

该建筑物的安全等级为二级,设计使用年限为50年;建筑场地类别为Ⅲ类;抗震设防烈度为7度,设计基本地震加速度为0.10 g,设计地震分组为第一组;建筑物抗震设防类别为丙类,抗震等级为三级;钢结构设计采用中国建筑科学研究院开发的STS软件;基本风压:0.40 kN/m²,屋面活荷载:0.30 kN/m²(用于刚架)和0.50 kN/m²(用于檩条),基本雪压:0.65 kN/m²;刚架柱、梁的材质采用Q345B钢;屋面系统的支撑、柱间支撑、压杆、刚性系杆采用Q235B,拉条、檩条采用Q235A,檩条为热镀锌檩条。

主体结构为双坡门式刚架轻型钢结构。根据中间柱的设置不同,本工程所采用的刚架形式具体可分成三种:(1)、(22)轴线刚架(GJ-1)为多跨,跨中设有摇摆柱,且设有八个抗风柱;(3)、(5)、(7)、(9)、(11)、(12)、(14)、(16)、(18)、(20)轴线刚架(GJ-2)为两跨,跨中设有摇摆柱;(2)、(4)、(6)、(8)、(10)、(13)、(15)、(17)、(19)、(21)轴线刚架(GJ-3)为单跨,跨度为60 m。其中,边柱为工字形变截面钢柱,截面尺寸为(400～900)mm×240 mm×6 mm×12 mm;抗风柱为工字形钢柱,截面尺寸为350 mm×200 mm×6 mm×8 mm;摇摆柱为箱形钢柱,截面尺寸为250 mm×250 mm×12 mm×12 mm。门式刚架边柱和中柱的高度分别为9 050 mm和10 550 mm(不含斜梁高900～1 100 mm)。钢梁截面对称,取(A)～(B)段30 m,从(A)轴开始,尺寸分别为:0～6 m, H(1 000～900)mm×220 mm×8 mm×12 mm; 6.0～12.5 m, H900 mm×220 mm×6 mm×10 mm; 12.5～23.5 m, H900 mm×220 mm×

6 mm×10 mm；23.5～30.0 m，H(900～1 100)mm×220 mm×8 mm×14 mm。

屋面采用 468 型单层镀铝锌彩钢板(0.53BHP)，坡度为 1/20 结构找坡；沿厂房纵向布有檩条，间距约为 1 800 mm，型号为 LT2，截面尺寸 C250 mm×60 mm×20 mm×2.5 mm；每隔一道檩条设置隔撑，尺寸为∟50×5 角钢。横向跨中设置通长角钢∟40×4，将中柱联系起来，并设置水平系杆。在(1)～(2)轴、(8)～(9)轴、(14)～(15)轴、(21)～(22)轴处，屋面设有水平支撑，将相邻两跨联系起来。屋面为有组织排水，天沟为 3.0 mm 厚钢板天沟。

墙面在标高 1.200 m 以上采用单层镀铝锌彩钢板(0.53BHP)，以下为砖砌体墙。在标高 1.200 m、2.650 m、4.100 m、5.550 m、7.000 m 和 8.400 m 处均设置有墙面檩条，尺寸为 C200 mm×60 mm×20 mm×2.5 mm，并在标高 4.100 m、5.550 m 处设有角隔撑。

### 13.3.2 后期加固图纸

根据委托方提供的后期加固图纸，采用了锚杆静压桩对地基基础进行了加固。锚杆静压桩的承台是在原有柱下独立基础上进行了加宽和加厚加固。

### 13.3.3 沉降观测

根据委托方提供的 915 库房基础沉降观测记录，选取 7～10 月份的实测数据进行整理、比较。

根据已有的测量数据(截止 2008 年 10 月 8 号)，目前钢柱基础沉降量最大的达到 491 mm，绝大部分钢柱的基础沉降量在 121 mm 以上，部分基础的沉降速度大于 2 mm/月，部分柱的具体数据见表 13-1 所示；钢柱纵向之间的不均匀沉降差最大达到了 75 mm，具体数据见表 13-2 所示；钢柱横向之间的不均匀沉降差最大达到了 274 mm，具体数据见表 13-3 所示。

表 13-1　钢柱基础沉降

| 序号 | 位置 | 实际测量数/mm | | | | | | | |
|---|---|---|---|---|---|---|---|---|---|
| | | 7月累计 | 沉降/月 | 8月累计 | 沉降/月 | 9月累计 | 沉降/月 | 10月累计 | 沉降/月 |
| 1 | (A)/(3) | 213 | — | 217 | 4 | 215 | −2 | 215 | 0 |
| 2 | (A)/(4) | 213 | — | 215 | 2 | 217 | 2 | 219 | 2 |
| 3 | (A)/(5) | 217 | — | 216 | −1 | 217 | 1 | 219 | 2 |
| 4 | (A)/(8) | 210 | — | 207 | −3 | 207 | 0 | 207 | 0 |
| 5 | (A)/(17) | 263 | — | 260 | −3 | 260 | 0 | 260 | 0 |
| 6 | (A)/(18) | 260 | — | 259 | −1 | 255 | −4 | 259 | 4 |
| 7 | (A)/(19) | 258 | — | 257 | −1 | 253 | −4 | 256 | 3 |
| 8 | (A)/(20) | 237 | — | 240 | 3 | 239 | −1 | 239 | 0 |
| 9 | (B)/(11) | 393 | — | 401 | 11 | 401 | 0 | 402 | 1 |
| 10 | (B)/(12) | 436 | — | 438 | 2 | 440 | 2 | 441 | 1 |
| 11 | (B)/(14) | 492 | — | 489 | −3 | 489 | 0 | 491 | 2 |
| 12 | (B)/(16) | 487 | — | 476 | −11 | 476 | 0 | 480 | 4 |
| 13 | (B)/(18) | 492 | — | 483 | −9 | 484 | 1 | 484 | 0 |
| 14 | (B)/(20) | 426 | — | 409 | −17 | 408 | −1 | 409 | 1 |
| 15 | (C)/(17) | 196 | — | 191 | −5 | 199 | 8 | 201 | 2 |
| 16 | (C)/(18) | 202 | — | 201 | −1 | 209 | 8 | 210 | 1 |
| 17 | (C)/(19) | 193 | — | 191 | −2 | 200 | 9 | 199 | −1 |
| 18 | (C)/(20) | 196 | — | 198 | 2 | 204 | 6 | 206 | 2 |

表 13-2 钢柱纵向之间的不均匀沉降差(2008 年 10 月 8 日)

| 序号 | 位置 | 沉降差/mm | 序号 | 位置 | 沉降差/mm |
|---|---|---|---|---|---|
| 1 | (A)/(1) | 12 | 21 | (B)/(14) | 11 |
| 2 | (A)/(2) | 43 | 22 | (B)/(16) | 4 |
| 3 | (A)/(3) | 4 | 23 | (B)/(18) | 75 |
| 4 | (A)/(4) | 0 | 24 | (B)/(20) | — |
| 5 | (A)/(5) | 25 | 25 | (C)/(1) | 14 |
| 6 | (A)/(6) | 3 | 26 | (C)/(2) | 19 |
| 7 | (A)/(7) | 16 | 27 | (C)/(3) | 2 |
| 8 | (A)/(8) | — | 28 | (C)/(4) | 7 |
| 9 | (A)/(17) | 1 | 29 | (C)/(5) | 10 |
| 10 | (A)/(18) | 3 | 30 | (C)/(6) | 1 |
| 11 | (A)/(19) | 17 | 31 | (C)/(7) | 13 |
| 12 | (A)/(20) | 49 | 32 | (C)/(8) | 13 |
| 13 | (A)/(21) | 50 | 33 | (C)/(9) | 18 |
| 14 | (A)/(22) | — | 34 | (C)/(10) | — |
| 15 | (B)/(3) | 18 | 35 | (C)/(17) | 9 |
| 16 | (B)/(5) | 6 | 36 | (C)/(18) | 11 |
| 17 | (B)/(7) | 43 | 37 | (C)/(19) | 7 |
| 18 | (B)/(9) | 72 | 38 | (C)/(20) | 45 |
| 19 | (B)/(11) | 39 | 39 | (C)/(21) | 29 |
| 20 | (B)/(12) | 50 | 40 | (C)/(22) | |
| 21 | (B)/(14) | | | | |

表 13-3　钢柱横向之间的不均匀沉降差(2008 年 10 月 8 日)

| 序号 | 位置 | 沉降差/mm | 序号 | 位置 | 沉降差/mm |
|---|---|---|---|---|---|
| 1 | (1)/(A)、(C) | 38 | 11 | (8)/(A)、(C) | 53 |
| 2 | (2)/(A)、(C) | 36 | 12 | (9)/(B)、(C) | 163 |
| 3 | (3)/(A)、(B) | 96 | 13 | (17)/(A)、(C) | 59 |
| 4 | (3)/(B)、(C) | 156 | 14 | (18)/(A)、(B) | 225 |
| 5 | (4)/(A)、(C) | 62 | 15 | (18)/(B)、(C) | 274 |
| 6 | (5)/(A)、(B) | 74 | 16 | (19)/(A)、(C) | 57 |
| 7 | (5)/(B)、(C) | 143 | 17 | (20)/(A)、(B) | 170 |
| 8 | (6)/(A)、(C) | 54 | 18 | (20)/(B)、(C) | 203 |
| 9 | (7)/(A)、(B) | 96 | 19 | (21)/(A)、(C) | 29 |
| 10 | (7)/(B)、(C) | 146 | 20 | (22)/(A)、(C) | 8 |

## 13.4　现状检查、检测

技术鉴定单位的技术人员于 2008 年 10 月 26 日至 27 日两次赴现场进行了详细的检查、检测,下面是主要结果陈述。

### 13.4.1　变形、倾斜

从检测情况来看,在库房的第(6)～(7)轴处开有大门,该处地面从(A)轴向(C)轴逐渐下降。

根据现场的检测数据,库房的钢柱在纵向大部分沿(1)轴向(22)轴方向倾斜,其中,柱(16)/(A)顶部的侧移最大,达到了 38 mm。钢柱在横向则大部分沿(C)轴倾向于(A)轴,其中,柱(18)/(B)顶部的侧移最大,达到了 44 mm。部分柱的具体数据见表 13-4～表 13-6 所示,测量日期为 2008 年 10 月 26 日至 27 日。

表 13-4　(A)轴线柱倾斜实测数据

| 序号 | 位置 | 实际测量数/mm | 高度/mm | 方向 | 倾斜率/‰ |
|---|---|---|---|---|---|
| 1 | (A)/(1) | 22 | 7 600 | 南 | 2.895 |
| 2 |  | 10 | 8 000 | 西 | 1.250 |
| 3 | (A)/(6) | 16 | 7 600 | 南 | 2.105 |
| 4 |  | 38 | 8 000 | 东 | 4.750 |
| 5 | (A)/(8) | 21 | 7 600 | 南 | 2.763 |
| 6 |  | 26 | 8 000 | 东 | 3.250 |
| 7 | (A)/(10) | 20 | 7 600 | 南 | 2.632 |
| 8 |  | 11 | 8 000 | 东 | 1.375 |

| 序号 | 位置 | 实际测量数/mm | 高度/mm | 方向 | 倾斜率/‰ |
|------|------|---------------|---------|------|----------|
| 9 | (A)/(11) | 23 | 7 600 | 南 | 3.026 |
| 10 | | 10 | 8 000 | 东 | 1.250 |
| 11 | (A)/(13) | 36 | 7 600 | 南 | 4.737 |
| 12 | | 0 | 8 000 | 无 | 0.000 |
| 13 | (A)/(14) | 34 | 7 600 | 南 | 4.474 |
| 14 | | 23 | 8 000 | 东 | 2.875 |
| 15 | (A)/(16) | 18 | 7 600 | 南 | 2.368 |
| 16 | | 38 | 8 000 | 东 | 4.750 |
| 17 | (A)/(18) | 21 | 7 600 | 南 | 2.763 |
| 18 | | 0 | 8 000 | 无 | 0.000 |
| 19 | (A)/(19) | 31 | 7 600 | 南 | 4.079 |
| 20 | | 13 | 8 000 | 西 | 1.625 |

表 13-5　(B)轴线柱倾斜实测数据

| 序号 | 位置 | 实际测量数/mm | 高度/mm | 方向 | 倾斜率/‰ |
|------|------|---------------|---------|------|----------|
| 1 | (B)/(1) | 28 | 8 100 | 南 | 3.457 |
| 2 | | 10 | 8 100 | 东 | 1.235 |
| 3 | (B)/(3) | 9 | 8 100 | 南 | 1.111 |
| 4 | | 31 | 8 100 | 东 | 3.827 |
| 5 | (B)/(5) | 7 | 8 100 | 南 | 0.864 |
| 6 | | 37 | 8 100 | 东 | 4.568 |
| 7 | (B)/(11) | 32 | 8 100 | 南 | 3.951 |
| 8 | | 22 | 8 100 | 东 | 2.716 |
| 9 | (B)/(12) | 30 | 8 100 | 南 | 3.704 |
| 10 | | 0 | 8 100 | 无 | 0.000 |
| 11 | (B)/(14) | 43 | 8 100 | 南 | 5.309 |
| 12 | | 13 | 8 100 | 东 | 1.605 |
| 13 | (B)/(18) | 44 | 8 100 | 南 | 5.432 |
| 14 | | 12 | 8 100 | 西 | 1.481 |
| 15 | (B)/(20) | 27 | 8 100 | 南 | 3.333 |
| 16 | | 4 | 8 100 | 西 | 0.494 |

表 13-6　　(C)轴线柱倾斜实测数据

| 序号 | 位置 | 实际测量数/mm | 高度/mm | 方向 | 倾斜率/‰ |
|---|---|---|---|---|---|
| 1 | (C)/(1) | 22 | 7 600 | 南 | 2.895 |
| 2 | | 8 | 8 000 | 西 | 1.000 |
| 3 | (C)/(3) | 0 | 7 600 | 无 | 0.000 |
| 4 | | 32 | 8 000 | 西 | 4.000 |
| 5 | (C)/(6) | 9 | 7 600 | 南 | 1.184 |
| 6 | | 26 | 8 000 | 东 | 3.250 |
| 7 | (C)/(9) | 10 | 7 600 | 北 | 1.316 |
| 8 | | 20 | 8 000 | 东 | 2.500 |
| 9 | (C)/(11) | 21 | 7 600 | 南 | 2.763 |
| 10 | | 13 | 8 000 | 西 | 1.625 |
| 11 | (C)/(13) | 20 | 7 600 | 南 | 2.632 |
| 12 | | 5 | 8 000 | 西 | 0.625 |
| 13 | (C)/(14) | 20 | 7 600 | 南 | 2.632 |
| 14 | | 0 | 8 000 | 无 | 0.000 |
| 15 | (C)/(16) | 15 | 7 600 | 南 | 1.974 |
| 16 | | 25 | 8 000 | 西 | 3.125 |
| 17 | (C)/(18) | 21 | 7 600 | 南 | 2.763 |
| 18 | | 30 | 8 000 | 西 | 3.750 |
| 19 | (C)/(19) | 37 | 7 600 | 南 | 4.868 |
| 20 | | 31 | 8 000 | 西 | 3.875 |
| 21 | (C)/(21) | 26 | 7 600 | 南 | 3.421 |
| 22 | | 22 | 8 000 | 西 | 2.750 |

### 13.4.2　损伤和结构完整性

沿(A)轴:(1)~(2)轴的原柱间拉杆(柔性支撑杆)已被替换;(3)~(4)轴间墙角处有水平裂缝,下层墙檩条锈蚀严重;(5)~(6)轴间距墙边 90 mm 的地面出现裂缝,墙根处也出现裂缝;(4)轴和(6)轴处的柱基础下沉,与周围地面裂开;(13)轴柱边出现粉刷层破损;(20)轴处墙体沿钢柱底出现竖直裂缝;(21)~(22)轴处墙体出现斜裂缝,该处柱间拉杆端部的螺栓断裂。

沿(C)轴:(1)~(2)轴的原柱间拉杆已被替换;(2)~(3)轴下层墙面出现水平裂缝;(4)轴处的柱边墙体出现竖直裂缝;(5)~(6)轴处的墙体出现较宽的斜裂缝;(7)~(8)轴处的墙体出现"八"字形裂缝;(9)~(10)轴处的墙底地面出现沿墙的裂缝;(10)~(11)轴处出现斜裂缝;(9)、(10)、(11)轴处三个柱子的柱基础出现下沉;(13)~(14)轴处墙体出现斜裂缝;(15)~(16)轴处墙体出现斜裂缝,宽度大约为 0.2 mm;(17)~(18)轴的墙体出现斜裂缝,宽度大约为 0.1 mm;(21)轴处的柱基础出现下沉;(21)~(22)轴的柱间拉杆端部的螺栓断裂。

其他部位:沿(22)/(1/A)~(2/A)轴处下层墙檩条锈蚀;(17)/(1/B)~(2/B)、(16)/(1/B)~(2/B)、(11)/(3/A)~(4/A)、(10)/(A)~(1/A)、(6)/(B)~(1/B)和(5)/(A)~

(1/A)轴处隅撑脱落,原因为隅撑上部连接螺栓被剪断;(5)/(4/A)～(B)轴处钢柱连接螺栓底部的缝隙较大;(1)轴(A)～(1/A)处墙体上部出现裂缝,(1/A)～(2/A)处出现斜裂缝,且最下层墙檩条锈蚀严重。

上述的部分现状照片见图13-1所示。

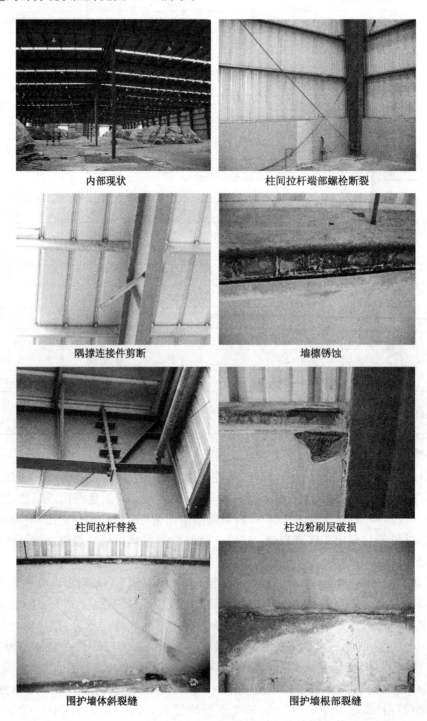

内部现状        柱间拉杆端部螺栓断裂

隔撑连接件剪断       墙檩锈蚀

柱间拉杆替换       柱边粉刷层破损

围护墙体斜裂缝       围护墙根部裂缝

图 13-1 915 库房部分现状

## 13.5 主体结构安全性计算分析

本工程中的变截面刚架按平面结构分析内力,采用 PKPM 设计软件中的 STS 模块对原库房进行了承载能力复核。复核计算时荷载取值如下:恒载标准值为 0.20 kN/m²;活载标准值为 0.65 kN/m²;风荷载标准值为 0.40 kN/m²;其余情况同原设计情况。计算结果表明,原设计主体结构符合现行规范要求。GJ-1 的斜梁端部最大弯矩为 109.2 kN·m,轴压力为 13 kN,斜梁跨中的最大弯矩为 463.1 kN·m,轴压力为 8 kN,中间支座的最大弯矩为 708.9 kN·m、轴压力为 6 kN;边柱小头截面的轴压力为 92 kN;最大剪力为 119 kN。GJ-2、GJ-3 的斜梁端部最大弯矩为 408.3 kN·m,轴压力为 51 kN,斜梁跨中的最大弯矩为 535.9 kN·m、轴压力为 33 kN,中间支座的最大弯矩为 919.9 kN·m、轴压力为 37 kN;边柱小头截面的轴压力为 158 kN;最大剪力为 151 kN。

采用 SAP2 000 分析软件对门式刚架现已测得的柱基础不均匀沉降带来的附加内力进行建模计算(图 13-2 为 GJ-2 模型),基础不均匀沉降值按委托方提供的 2008 年 10 月 8 日(最近的一次)测得的数据。鉴于门式刚架的横向为其主要受力方向,因此仅涉及横向不均匀沉降引起的内力附加值。计算结果表明,由于基础的不均匀沉降带来的刚架附加内力相对设计内力值增幅较大。具体的附加内力陈述如下:

图 13-2 GJ-2 分析模型

(1)轴线即 GJ-1 斜梁端部最大弯矩为 432.0 kN·m、轴拉力为 187.8 kN;边柱小头截面的轴拉力为 652.2 kN;最大剪力为123.4 kN。

(22)轴线即 GJ-1 端部最大弯矩为 101.0 kN·m、轴拉力为 175.7 kN;边柱小头截面的轴拉力为 590.2 kN;最大剪力为 25.9 kN。

(3)轴线即 GJ-2 斜梁端部最大弯矩为 176.7 kN·m、轴压力为 20.2 kN;边柱小头截面的轴压力为 14.4 kN;中间支座的弯矩反向有利,最大剪力为 19.5 kN。

(5)轴线即 GJ-2 斜梁端部最大弯矩为 152.2 kN·m、轴压力为 17.4 kN;边柱小头截面的轴压力为12.4 kN;中间支座的弯矩反向有利,最大剪力为 16.8 kN。

(7)轴线即 GJ-2 斜梁端部最大弯矩为 169.7 kN·m、轴压力为 19.4 kN;边柱小头截面的轴压力为 13.8 kN;中间支座的弯矩反向有利,最大剪力为 18.8 kN。

(18)轴线即 GJ-2 斜梁端部最大弯矩为349.8 kN·m、轴压力为 40.0 kN;边柱小头截面的轴压力为 28.3 kN;中间支座的弯矩反向有利,最大剪力为 38.6 kN。

(20)轴线即 GJ-2 斜梁端部最大弯矩为 261.5 kN·m、轴压力为 29.9 kN;边柱小头截面的轴压力为 21.2 kN;中间支座的弯矩反向有利,最大剪力为28.9 kN。

(4)轴线即 GJ-3 斜梁端部最大弯矩为 166.8 kN·m、轴压力为 19.1 kN;边柱小头截面的轴压力为 13.9 kN;中间支座的弯矩反向有利,最大剪力为 18.4 kN。

(6)轴线即 GJ-3 斜梁端部最大弯矩为 179.9 kN·m、轴压力为 20.6 kN;边柱小头截面的轴压力为15.0 kN;中间支座的弯矩反向有利,最大剪力为 19.9 kN。

(8)轴线即 GJ-3 斜梁端部最大弯矩为189.4 kN·m、轴压力为 21.7 kN;边柱小头截面的轴压力为 15.8 kN;中间支座的弯矩反向有利,最大剪力为 20.9 kN。

(17)轴线即 GJ-3 斜梁端部最大弯矩为 367.8 kN·m,轴压力为 42.0 kN;边柱小头截面的轴压力为 30.4 kN;中间支座的弯矩反向有利,最大剪力为 40.6 kN。

(19)轴线即 GJ-3 斜梁端部最大弯矩为 321.0 kN·m,轴压力为 36.7 kN;边柱小头截面的轴压力为 26.6 kN;中间支座的弯矩反向有利,最大剪力为 35.4 kN。

综合上述主要受力构件的设计内力以及柱基础现有(2008 年 10 月 8 日实测的大部分柱)不均匀沉降带来的附加内力,考虑其最不利组合。变截面柱按刚架在平面内、外的稳定性进行计算;斜梁在平面内按压弯构件计算强度,在平面外按压弯构件计算稳定。计算结果表明(1)、(22)轴线的 GJ-1 符合现行规范的安全要求。(2)~(21)轴线的部分刚架最大应力陈述如下:

(3)轴线即 GJ-2 的变截面柱最大应力为 229.3 MPa,斜梁最大应力为 190.2 MPa;

(5)轴线即 GJ-2 的变截面柱最大应力为 219.6 MPa,斜梁最大应力为 181.2 MPa;

(7)轴线即 GJ-2 的变截面柱最大应力为 226.6 MPa,斜梁最大应力为 187.6 MPa;

(18)轴线即 GJ-2 的变截面柱最大应力为 297.9 MPa,斜梁最大应力为 253.7 MPa;

(20)轴线即 GJ-2 的变截面柱最大应力为 262.9 MPa,斜梁最大应力为 221.3 MPa;

(4)轴线即 GJ-3 的变截面柱最大应力为 225.0 MPa,斜梁最大应力为 186.6 MPa;

(6)轴线即 GJ-3 的变截面柱最大应力为 230.3 MPa,斜梁最大应力为 191.4 MPa;

(8)轴线即 GJ-3 的变截面柱最大应力为 234.2 MPa,斜梁最大应力为 194.8 MPa;

(17)轴线即 GJ-3 的变截面柱最大应力为 306.3 MPa,斜梁最大应力为 260.3 MPa;

(19)轴线即 GJ-3 的变截面柱最大应力为 287.3 MPa,斜梁最大应力为 243.1 MPa。

鉴于本库房中钢材 Q345B 的抗拉、压、弯强度设计值为 310 MPa,因此 (17)、(18)轴线柱的应力比最大,分别高达 0.99、0.96,比较接近设计值。

## 13.6  现状安全性鉴定

根据委托方提供的沉降观测资料,部分地基的沉降速度大于 2 mm/月。根据《建筑地基基础设计规范》中的 5.3.4 条,本库房的地基变形允许值应根据上部结构对地基变形的适应能力和使用上的要求确定;依据主体结构安全性计算分析结果,现有地基基础的不均匀沉降已引起上部少数刚架的应力临近规范设计允许值。综合考虑后,根据《工业厂房可靠性鉴定标准》中的 4.2.2 条,地基基础存在安全隐患应采取适当的措施加固。

根据主体结构安全性计算分析结果,结合《工业厂房可靠性鉴定标准》中的 4.4.3 条,已计算部分的刚架承载能力满足国家现行标准规范要求,不必采取措施。但是,根据 2008 年 10 月 26 日至 27 日对 915 库房 110 个钢柱的倾斜测量结果,约 32% 的钢柱倾斜率不小于 2.5‰,超过《工业厂房可靠性鉴定标准》中的 4.4.4 条相关规定。综合考虑后,上部刚架局部存在安全隐患应采取适当的措施加固。

根据现场检查结果,部分隅撑脱落。由于隅撑的设置直接影响构件计算分析时平面外的计算长度,可能会导致原本处于安全的构件处于安全隐患。因此,对于脱落的隅撑应进行恢复。

鉴于门式刚架属于平面结构,它们在纵向构件、支撑和围护结构的联系下形成空间的稳定体系;结构只有组成空间稳定整体,才能承担各种荷载和其他外在效应。因此,检查中发现的柱间拉杆端部螺栓被剪断后降低了库房的空间整体性,即存在安全隐患,应采取措施进行恢复。

其余相关部分现有的损伤缺陷尚不影响主体结构的安全性,但考虑到结构的使用性和耐久性,应采取措施进行修复。

## 13.7 鉴定结论与处理建议

### 13.7.1 鉴定结论

根据上述的相关图纸资料调查、现场检查与检测、主体结构计算以及现状评价,经综合考虑分析,915库结构安全现状鉴定结论如下:

(1)地基基础由于沉降速度、沉降变形较大,存在安全隐患,应采取适当的措施进行加固处理。

(2)上部结构约32%的钢柱倾斜率不小于2.5‰,存在安全隐患,应采取适当的措施进行加固处理。

(3)隅撑脱落改变了构件的平面外计算长度、柱间拉杆上的螺栓剪断,均使得原结构存在安全隐患,应采取措施进行恢复。

### 13.7.2 处理建议

针对915库房结构现状存在的安全隐患,提出如下处理建议:

(1)对沉降速度没有趋于稳定的地基基础进行加固,可以采用第10章中的锚杆静压桩或其他有效加固方法,确保其不均匀沉降速度连续2个月小于2 mm/月。

(2)对柱基础的不均匀沉降差进行有效控制,由于委托方提供的基础沉降观测资料没有包括所有的柱子,并且部分柱基础还未趋于稳定;因此,现有的计算结果不能说明未参与计算或将来继续沉降的刚架达到安全要求;根据上述已有刚架附加内力的计算结果:按现有(B)轴线钢柱沉降大于(A)、(C)轴线钢柱沉降的特点,当刚架斜梁两端沉降差最终(趋于稳定后)能控制在≤281 mm,则对于刚架可以不采取加固措施,否则必须采取措施。

(3)如果刚架需要进行处理,可以通过调整柱基础的不均匀沉降差,例如增加(B)轴线钢柱的高度,或者通过增大截面法、粘贴纤维增强复合材料或其他有效方法直接加固刚架中钢构件本身。

(4)对于倾斜率不小于2.5‰的钢柱应进行纠偏,使得纠偏后的钢柱倾斜率满足《钢结构工程施工质量验收规范》。

第 13 章　附件：915 库房柱网平面布置图

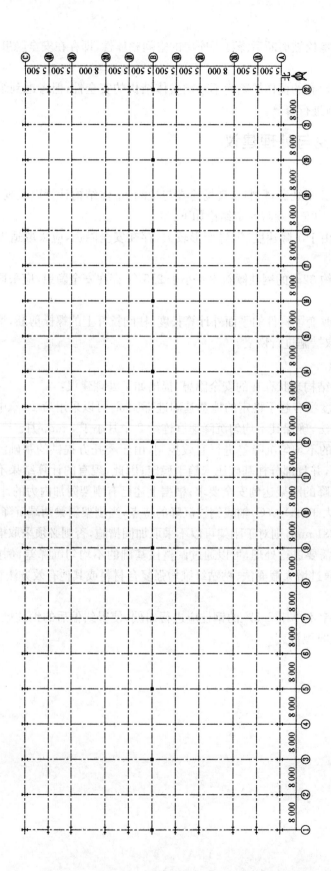

# 第14章　历史建筑现状鉴定与保护实例分析

## 14.1　引言

在中国悠久的历史文化中,历史建筑(或古建筑)占其重要组成部分。中国的历史建筑不仅是我国现代建筑设计的借鉴,也对全世界产生了积极的影响,尤其是东南亚一带,成为举世瞩目的文化遗产。

中国的历史建筑主要以木结构为主,砖、瓦、石为辅而发展起来的。从建筑外观上来看,每个建筑都是由屋顶、柱子、门窗、墙面和基座组成。其中,斗拱在中国的历史建筑中尤为重要,在进行此类建筑的鉴定工作中必须加以重视。中国的历史建筑(民国以前)在材料的选择上偏爱木材,并以木构架结构为主,墙壁只起隔断作用并不承受上部屋顶的重量。这样的结构方式由立柱、横梁等主要构件组成,各构件之间通过榫卯连接,组成了富有弹性的框架,有利于耗能减震。最常见的木构架形式有两种:①穿斗式,是用穿枋把柱子串联起来,形成一榀榀房架,檩条直接搁置在柱头上;在沿檩条方向,再用斗枋把柱子串联起来,从而形成一个整体框架。这种木构架形式在我国南方地区的民居和较小的殿堂楼阁广泛应用。②抬梁式,是在立柱上架梁,梁上安柱,柱上又抬梁的结构方式,也称为叠梁式。这种木构架形式在宫殿、庙宇、寺院等大型建筑中普遍采用,更为皇家建筑物所选。

历史建筑物在进行鉴定时,重点应放在木构架上。现场的检查、检测应包括木材的含水率、木构件的腐朽程度、干缩裂缝与木构架的倾斜等。此外,目前关于古建筑的鉴定工作尚无专门的鉴定标准可以依据。因此,技术人员应参考现有的相关设计规范与标准等进行综合评定。

## 14.2　工程概况

北山寺位于泰州市海陵区扬州路 68 号肉联厂内,始建于唐宝历元年(公元 825 年),后屡有兴圮。至清代光绪年间,已成为泰州规模仅次于光孝寺的佛教八大丛林之一。现存的大殿为明代天启年间重修,歇山重檐,五踩斗拱,系泰州现存为数不多的有确切纪年的明代大型官式古建筑之一,历史意义重大。该大殿于清代乾隆、咸丰年间,以及中华民国三十一年均作过不同程度的修缮。1986 年 6 月,该寺公布为原泰州市第一批文物保护单位,2002年 10 月与卓锡泉合并公布为江苏省第五批文物保护单位。

北山寺的大殿自明代天启年间重修后一直使用至今,历经了几百年的风霜洗礼,在使用的过程中未得到有效的保护和维修;再加上 2007 年的强降雨、2008 年的大雪以及其他因素,目前北山寺大殿的南面西侧屋面已坍塌,墙壁倾圮,大殿屋面多处渗漏,东侧山墙也出现砖瓦坍塌。截止鉴定工作开展之前,相关图纸与资料全无。

## 14.3　现场检查、检测

技术鉴定单位的技术人员于 2009 年 2 月 27 日至 28 日赴现场进行详细检查和相关检

测,下面是具体结果陈述。

### 14.3.1 建筑结构组成

北山寺大殿坐北朝南,共有五个面阔即6个木构架组成,呈东西对称状,通面阔为22 060 mm,通进深为15 980 mm。大殿的平面布置示意图见图14-1所示,南、北立面外貌见图14-2所示。大殿的主要承重结构为大木构架,木材属于杉木,木构架属于抬梁式,其具体组成见图14-3所示。

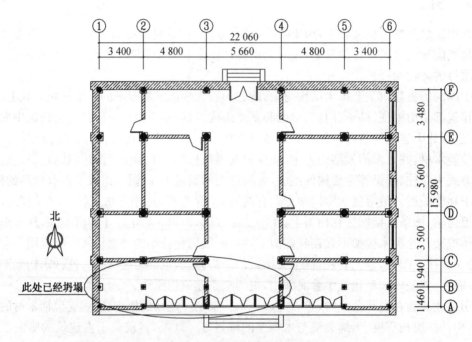

图14-1 平面布置示意图

(a) 南立面      (b) 北立面

图14-2 北山寺大殿南、北立面

该建筑共有36根木柱组成,针对每根木柱的底部进行了直径的测量,其中廊柱的直径为240~260 mm;檐柱以及山檐金柱的直径约为400 mm;金柱的直径约为520 mm,其余部分梁、枋以及檩的几何尺寸见图14-4所示。

大殿的东、西、北侧以及南面的局部为青砖砌筑的外墙,墙厚约650 mm左右。其中,两端山墙对应柱的位置设有墙垛,尺寸为150 mm×740 mm。

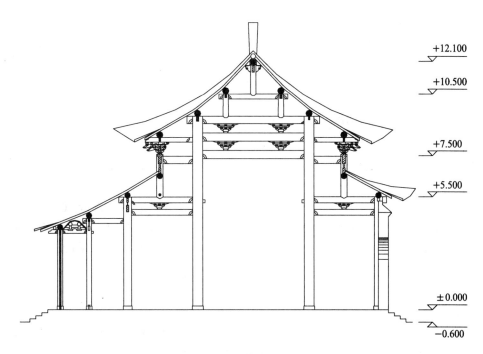

图 14-3 木构架的组成

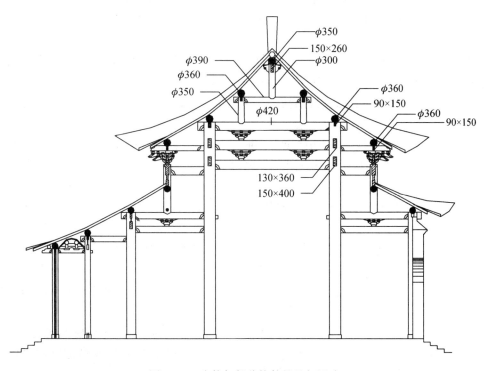

图 14-4 木构架部分构件的几何尺寸

屋面主要由木檩、板椽、青瓦等组成,多处出现渗漏迹象。目前,(1)～(6)/(A)～(C)区域的西侧基本垮塌。

### 14.3.2　木柱检查

柱子是大木结构中的重要构件,主要功能是用来支承梁架。由于北山寺年代久远,木柱受干湿影响有干缩裂缝、腐朽现象。尤其是包在墙内的木柱,由于缺乏防潮措施,柱根普遍腐朽,导致其承载力下降。关于木柱损伤(包括变形、干缩裂缝、腐朽、虫蛀等)的具体检查结果陈述如下:

檐柱(1)/(C)受潮腐朽严重,曾采用铁箍加固过。

檐柱(1)/(F)包在砖墙内部,现场无法检测。

檐柱(2)/(C)根部腐朽严重,深度达 50 mm;柱身上部有纵向干缩裂缝,宽度达 30 mm;柱身曾经加固过。

金柱(2)/(D)下部约 2 m 高范围内受潮、腐朽以及虫蛀严重,腐朽深度 50~60 mm。

金柱(2)/(E)中下部表层轻度腐朽,深度达 20 mm;柱上部卯口处有纵向干缩裂缝,顶部腐朽严重,深度达 30 mm;柱根部有轻度下沉,柱的北侧增设有扶柱进行加固。

檐柱(3)/(C)有纵向干缩裂缝,上部最大宽度达到 30 mm;柱身受潮,上部卯口处有损坏。

金柱(3)/(D)有纵向干缩裂缝,宽度达 8 mm,深度达 40 mm。

金柱(3)/(E)根部因早期腐朽严重存在明显下沉,目前根部砌筑有高度为 1 050 mm 的外包墩台,柱的南北侧均增设有扶柱进行加固;柱身底部约 1/3 柱高范围内有纵向干缩裂缝,宽度达 27 mm,贯穿柱心;顶部虫蛀较严重,底部 2 m 高度范围柱心糟空。

檐柱(3)/(F)有纵向干缩裂缝;柱身有轻度腐朽,包在外砖墙内的部分受潮。

廊柱(4)/(A)有纵向干缩裂缝,宽度达 25 mm,深度约柱径的 1/3;柱身腐朽严重。

廊柱(4)/(C)有纵向干缩裂缝,柱身受潮较严重,存在严重的腐朽;柱身曾经采用墩接进行加固过,且柱根部有虫蛀迹象。

金柱(4)/(D)外面受潮,表层轻度腐朽,深度达 60 mm;柱身有纵向干缩裂缝,宽度达到 15 mm。

金柱(4)/(E)根部因早期腐朽严重存在明显下沉,目前根部砌筑有高度为 1 050 mm 的外包墩台,柱的南北侧均增设有扶柱进行加固;柱身中度腐朽,深度达 80 mm;顶部腐朽、干缩裂缝严重。

檐柱(4)/(F)半包在外砖墙内,室内部分外包板条;柱身底部约 1.5 m 高度内腐朽严重。

廊柱(5)/(A)表面轻度腐朽;柱身纵向干缩裂缝多条,根部受潮。

廊柱(5)/(B)受潮严重,存在腐朽、柱心糟空。

檐柱(5)/(C)侧面有两条明显的纵向干缩裂缝,宽度达 10 mm,深度 5~10 mm;柱根部表层轻度腐朽,柱身曾经加固过。

金柱(5)/(D)西侧有纵向干缩裂缝,宽度达 15 mm,深度达 140 mm;柱根北侧约 1.0 m 高有纵向干缩裂缝,宽度达 5 mm,深度 5~10 mm;柱身底部约 1.7 m 高范围内表层轻度腐朽。

金柱(5)/(E)有纵向干缩裂缝,宽度约 2 mm;柱子的根部受潮,底部约 0.8 m 高度范围内表层轻度腐朽;柱根部有轻度下沉,柱的北侧增设有扶柱进行加固;柱顶部腐朽、干缩裂缝严重,且曾经加固过。

廊柱(6)/(B)腐朽、柱心糟空严重;柱身有纵向干缩裂缝多条,宽度 30~50 mm。
檐柱(6)/(C)有纵向干缩裂缝,宽度达 30 mm,深度达 150 mm;底部的柱心糟空。
建筑北面檐柱(2)/(F)、(3)/(F)、(4)/(F)、(5)/(F)的南侧均设有加固扶柱。
上述现状的部分照片见图 14-5 所示。

檐柱 (1)/(C)　　　　　　　　檐柱 (2)/(C)

金柱 (2)/(D)　　　　　　　　金柱 (2)/(E)

金柱 (3)/(D)　　　　　　　　金柱 (3)/(E)

廊柱 (4)/(C)　　　　　　　　金柱 (4)/(D)

图 14-5-1　部分木柱现状(一)

金柱(4)/(E)

檐柱(4)/(F)

图14-5-2 部分木柱现状(二)

### 14.3.3 木构架检查

木构架的组成构件主要是通过榫卯结合的,节点比较松弛;年代久远,木构架出现干缩裂缝、歪闪、拔榫、滚动等现象。除此之外,屋面的雨水渗漏以及其他不利因素,会造成组成构件的腐朽、虫蛀等损伤。关于木构架损伤的具体检查结果陈述如下:

整个建筑(1)~(6)/(A)~(D)部分向南倾斜且有下沉迹象,金柱上部连接处出现拔榫,间隙特征为上宽下窄,上部宽达28 mm,下部宽17 mm,梁高约370 mm;此外,(1)~(6)/(C)~(D)区域绝大部分的斗拱上部向南倾斜,脱开间隙最大宽度达15 mm。

整个建筑(1)~(6)/(E)~(F)区域下沉100 mm左右,使得抱头梁、穿插枋与金柱连接处出现拔榫,最大间隙达到60 mm。该区间屋面板椽搭接处滑动、脱开。木檩(E)/(4)~(5)跨中腐朽,深度达50 mm;穿插枋(4)/(E)~(F)与金柱连处端部腐朽,深度达30 mm。(1)~(6)/(E)~(F)区域的斗拱存在扭闪,最大间隙宽度达10 mm。由于金柱(2)/(E)、(3)/(E)、(4)/(E)与(5)/(E)均存在下沉迹象,并且下沉量依次为金柱(3)/(E)>金柱(4)/(E)>金柱(2)/(E)>金柱(5)/(E),造成金柱(4)/(E)上的檩条上翘。

木构架(2)/(C)~(F)整体向东倾斜,五架梁上两瓜柱顶出现拔榫,间隙达20 mm;瓜柱出现干缩裂缝,宽度达14 mm,深度达85 mm;三架梁近1/3断面腐朽,其上部瓜柱与脊檩连接处拔榫,间隙达25 mm。金柱(2)/(D)、(2)/(E)顶部与梁、枋连接处出现拔榫,间隙40~70 mm。檐柱(2)/(C)顶部与梁、枋连接处出现拔榫,宽度达60 mm。金柱(2)/(E)顶部与穿插枋(2)/(E)~(F)的连接处,穿插枋端头腐朽严重;随梁枋(E)/(2)~(3)(檩下方)腐朽严重,损失截面约1/2。

木构架(3)/(C)~(F)中的五架梁干缩裂缝宽度达18 mm;金柱(3)/(E)顶部与梁、枋连接处拔榫,最大间隙达80 mm。与金柱(3)/(E)连接的穿插枋(3)/(E)~(F)损坏严重;金柱(3)/(E)顶部檩与随梁枋脱开;五架梁南侧瓜柱顶节点处有松动,脱开间隙达60 mm,且有干缩裂缝,深度达180 mm,宽度达17 mm;北侧瓜柱采用铁箍加固过;脊瓜柱与屋顶随梁枋连接处拔榫,间隙达18 mm;五架梁出现干缩裂缝,最大宽度达17 mm,深度达100 mm。檐柱(3)/(C)顶部与梁、枋连接处干缩裂缝严重,最大宽度达45 mm,并且出现拔榫。

木构架(4)/(C)~(F)最下方木枋有明显干缩裂缝,最大宽度达30 mm。金柱(4)/(D)顶部与梁、枋连接处拔榫,最大间隙达30 mm。金柱(4)/(E)顶部与梁、枋连接处拔榫,间隙25~45 mm;顶部檩存在腐朽、干缩裂缝;纵向木枋之间增设短木柱支承加固。

木构架(5)/(C)～(F)中的三架梁中部由于雨水渗漏而腐朽,严重程度达整个截面的1/3;三架梁上面的瓜柱靠外墙侧同样腐朽严重;五架梁出现干缩裂缝,宽度达 11 mm,深度达 80 mm;五架梁上面的瓜柱也有干缩裂缝,宽度达 11 mm,深度达 75 mm,且曾用铁箍加固过;五架梁与金柱(5)/(E)连接处干缩裂缝严重,宽度达 10 mm,现用小木柱支承加固;金柱(5)/(D)与抱头梁(5)/(C)～(D)连接处有干缩裂缝,宽度达 20 mm;金柱(5)/(E)顶部与枋(E)/(4)～(5)连接处拔榫,最大间隙达 50 mm;除此之外,木构架(5)/(C)～(F)整体向东倾斜,连接处出现拔榫,间隙特征为上宽下窄,上部宽达 37 mm,下部宽 25 mm,梁高约360 mm。

屋面(D)/(2)～(3)与脊檩之间的木檩腐朽,深度达 18 mm;并且出现干缩裂缝,宽度达21 mm,深度达 90 mm。

(2)～(3)/(D)～(E)区域的北侧屋面出现渗水。

屋面(E)/(2)～(3)处渗水,木檩腐朽,深度达 80 mm;木檩下面的木枋轻度腐朽,少数板椽屋面渗水、腐朽。

檩(E)/(3)～(4)下面的两个随梁枋与金柱(3)/(E)连接处拔榫,最大间隙达 45 mm,其中一个随梁枋腐朽严重;位于轴线(E)/(3)～(4)北侧的金步外檩近 1/3 长度腐朽,深度达20 mm;(E)/(3)～(4)与脊檩之间的木檩干缩裂缝严重,宽度达 25 mm,深度达 100 mm。

屋面(D)/(3)～(4)范围渗水,木檩腐朽,深度达 25 mm,且出现干缩裂缝,宽度有3 mm。

屋面(D)/(4)～(5)范围轻度渗水,木檩腐朽,深度达 25 mm。

(5)～(6)/(D)～(E)区域屋面木檩由于渗水发生腐朽,严重程度达整个截面的2/3。

上述现状的部分照片见图 14-6 所示。

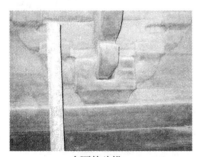

南面的斗拱

北面的斗拱

(2)/(C)～(F)五架梁上瓜柱拔榫

(2)/(C)～(F)上瓜柱与脊檩拔榫

图 14-6-1　部分木构架现状(一)

金柱(2)/(E)顶部连接处拔榫

檐柱(2)/(C)顶部连接处拔榫

(3)/(C)~(F)上瓜柱用铁箍加固

檐柱(3)/(C)顶部连接处干缩裂缝、拔榫

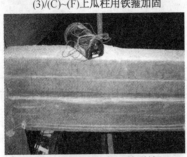
(4)/(C)~(F)底部木枋干缩裂缝

金柱(4)/(D)顶部连接处拔榫

(4)/(C)~(F)北侧明显下沉

(5)/(C)~(F)三架梁渗水腐朽

(5)/(C)~(F)脊瓜柱渗水腐朽

(5)/(C)~(F)五架梁干缩裂缝

图 14-6-2  部分木构架现状(二)

(5)/(C)~(F)五架梁上瓜柱干缩裂缝

金柱(5)/(E)顶部小木柱加固

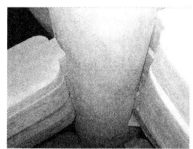
檐柱(5)/(C)顶部连接处拔榫

木檩干缩裂缝

屋面局部渗水

屋面局部渗水、木檩糟朽

图 14-6-3　部分木构架现状(三)

### 14.3.4　木柱的倾斜

对北山寺大殿主体结构中木柱的倾斜进行了测量,采取的方法为吊线锤。具体的倾斜测量数据详见表 14-1 所示,其倾斜量的平面示意图见图 14-7 所示。

表 14-1　北山寺大殿木柱倾斜测量汇总

| 序号 | 部位 | 数据 | | | |
|---|---|---|---|---|---|
| | | 倾斜数据/mm | 观测高度/mm | 倾斜方向 | 倾斜率/‰ |
| 1 | 金柱(2)/(E) | 65 | 9 000 | 向东 | 7.2 |
| 2 | 金柱(3)/(E) | 70 | 9 000 | 向东 | 7.8 |
| 3 | 金柱(3)/(E) | 35 | 9 000 | 向南 | 3.9 |
| 4 | 金柱(4)/(E) | 35 | 9 000 | 向东 | 3.9 |
| 5 | 金柱(4)/(E) | 65 | 9 000 | 向南 | 7.2 |

| 序号 | 部位 | 数据 | | | |
|---|---|---|---|---|---|
| | | 倾斜数据/mm | 观测高度/mm | 倾斜方向 | 倾斜率/‰ |
| 6 | 金柱(5)/(E) | 165 | 10 500 | 向东 | 15.7 |
| 7 | 金柱(5)/(E) | 75 | 10 500 | 向南 | 7.1 |
| 8 | 金柱(2)/(D) | 10 | 9 000 | 向北 | 1.1 |
| 9 | 金柱(2)/(D) | 45 | 9 000 | 向东 | 5.0 |
| 10 | 金柱(3)/(D) | 68 | 9 000 | 向东 | 7.6 |
| 11 | 金柱(3)/(D) | 100 | 9 000 | 向南 | 11.1 |
| 12 | 金柱(4)/(D) | 60 | 9 000 | 向东 | 6.7 |
| 13 | 金柱(4)/(D) | 50 | 9 000 | 向南 | 5.6 |
| 14 | 金柱(5)/(D) | 10 | 10 500 | 向东 | 1.0 |
| 15 | 金柱(5)/(D) | 35 | 10 500 | 向南 | 3.3 |

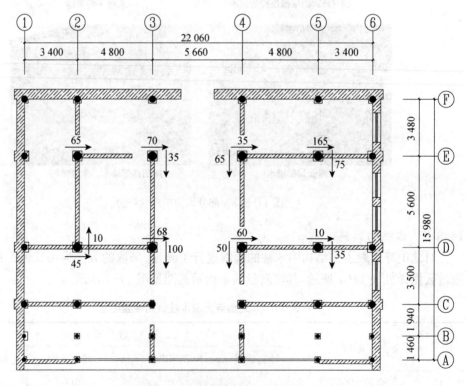

图 14-7　木柱倾斜量的平面示意

### 14.3.5　木构件的含水率

对北山寺大殿主体结构中木构件(柱、梁、檩和枋)的含水率,现场随机抽取部分采用电子湿度仪(型号 XSD-1B)对其表层的含水率进行了现场测量。2009 年 2 月 28 日上午抽检测试的结果详见表14-2所示。

表14-2 北山寺大殿木构件含水率测量汇总表

| 位置 | 含水率/% | 位置 | 含水率/% |
|---|---|---|---|
| 檐柱(1)/(C) | 16 | 檐柱(6)/(F) | 20 |
| 金柱(1)/(D) | 24 | 枋(D)/(1)～(2) | 25 |
| 金柱(1)/(E) | 20 | 枋(E)/(1)～(2) | 20 |
| 金柱(2)/(D) | 18 | 梁(2)/(C)～(D) | 25 |
| 金柱(2)/(E) | 10 | 梁(2)/(D)～(E) | 18 |
| 金柱(3)/(D) | 18 | 梁(2)/(E)～(F) | 20 |
| 金柱(3)/(E) | 24 | 檩(D)/(2)～(3) | 18 |
| 檐柱(4)/(A) | >35 | 檩(E)/(2)～(3) | 25 |
| 檐柱(4)/(B) | 35 | 梁(3)/(C)～(D) | 22 |
| 檐柱(4)/(C) | 20 | 梁(3)/(D)～(E) | 20 |
| 金柱(4)/(D) | 16 | 梁(3)/(E)～(F) | 27 |
| 金柱(4)/(E) | 35 | 檩(D)/(3)～(4) | 27 |
| 檐柱(4)/(F) | 20 | 檩(E)/(3)～(4) | >35 |
| 檐柱(5)/(A) | >35 | 梁(4)/(C)～(D) | 24 |
| 檐柱(5)/(B) | >35 | 梁(4)/(D)～(E) | 17 |
| 檐柱(5)/(C) | 17 | 梁(4)/(E)～(F) | 18 |
| 金柱(5)/(D) | 21 | 檩(D)/(4)～(5) | 17 |
| 金柱(5)/(E) | 16 | 檩(E)/(4)～(5) | 22 |
| 檐柱(5)/(F) | 21 | 枋(F)/(4)～(5) | 20 |
| 廊柱(6)/(A) | >35 | 梁(5)/(C)～(D) | 25 |
| 廊柱(6)/(B) | 27 | 梁(5)/(D)～(E) | 20 |
| 檐柱(6)/(C) | 21 | 梁(5)/(E)～(F) | 27 |
| 金柱(6)/(D) | 20 | 枋(D)/(5)～(6) | 20 |
| 金柱(6)/(E) | 19 | 枋(E)/(5)～(6) | 25 |

14.3.6 其他

整个建筑屋面的板椽、青瓦等有一定程度损坏,且多处造成雨水渗漏。屋面北侧青瓦大部分滑动,部分损坏;屋面南侧青瓦相对较好。

北面外围砖墙的西部有三处洞口,洞口最大高度约900 mm,宽度约500 mm;该段墙体上有一小门洞,过梁为木梁。西北角纵、横墙连接处局部有竖向脱开缝,宽度达20 mm。(F)/(3)～(4)段外围砖墙原为砖拱门洞,现状为木过梁的矩形门洞,木过梁的厚度约50 mm。

## 14.4 结构安全性分析与评估

根据《古建筑木结构维护与加固技术规范》(GB 50165—92)中第 4.1.5 条的规定,对木柱,当表层腐朽面积超过原截面面积的 20%,或者柱脚于柱础间的实际抵承面积与柱脚处的原截面面积之比小于 60% 时,承重木柱存在残损点。根据检查的结果,约 60% 的木柱损伤情况超过规范要求,即存在安全隐患,必须采取措施进行处理。主要涉及如下木柱(不包括已经垮塌的部分):檐柱(1)/(C)、金柱(2)/(D)、金柱(2)/(E)、金柱(3)/(E)、廊柱(4)/(A)、廊柱(4)/(C)、金柱(4)/(D)、金柱(4)/(E)、廊柱(5)/(B)、金柱(5)/(E)、廊柱(6)/(B)、檐柱(6)/(C)、檐柱(2)/(F)、檐柱(3)/(F)、檐柱(4)/(F)、檐柱(5)/(F)。

根据《古建筑木结构维护与加固技术规范》(GB 50165—92)中第 4.1.6 条的规定,对木梁(檩)、枋,当表层腐朽面积超过原截面面积的 12.5%,或者梁端出现腐朽以及梁心槽朽时,承重木梁(檩)、枋存在残损点。根据检查的结果,大约有 17 处的梁(檩)、枋损伤情况超过规范要求,即存在安全隐患,必须采取措施进行处理。主要涉及如下梁(檩)、枋(不包括已经垮塌的部分):木檩(E)/(4)~(5)、穿插枋(4)/(E)~(F)、木构架(2)/(C)~(F)中的三架梁、穿插枋(2)/(E)~(F)、随梁枋(E)/(2)~(3)、穿插枋(3)/(E)~(F)、金柱(4)/(E)顶部的木檩、木构架(5)/(C)~(F)中的三架梁及其上面的脊瓜柱、屋面(D)/(2)~(3)与脊檩之间的木檩、木檩(E)/(2)~(3)及其下方的木枋、随梁枋(E)/(3)~(4)、位于轴线(E)/(3)~(4)北侧的金步外檩、(E)/(3)~(4)与脊檩之间的木檩、木檩(D)/(3)~(4)、木檩(D)/(4)~(5)、(5)~(6)/(D)~(E)区域的木檩。

根据《古建筑木结构维护与加固技术规范》(GB 50165—92)中第 4.1.7 条的规定,木构架整体平面外倾斜大于高度的 1/240 或 60 mm,则木构架存在残损点。鉴于本工程中木构架整体的倾斜测量,现场实际情况很难得到。因此,以表 14-1 中金柱的测量结果来判定。根据检测结果,中间 5 榀木构件的倾斜值均超过了规范的要求,即存在安全隐患。因此,必须采取措施对木构架进行打牮拨正。

根据《古建筑木结构维护与加固技术规范》(GB 50165—92)中第 4.1.8 条的规定,整攒斗拱明显变形或错位,则视斗拱存在残损点。根据检查的结果,整个建筑的(1)~(6)/(A)~(D)、(1)~(6)/(E)~(F)区域的斗拱存在倾斜、扭闪,存在安全隐患,必须采取措施进行处理。

木材含水率过高会削弱木构件的刚度使其变形增大,木构件的耐久性将会降低,严重缩短其使用年限。《古建筑木结构维护与加固技术规范》(GB 50165—92)中 6.3.4 条的规定,木材表层 20 mm 深处的含水率不应大于 16%。根据 2009 年 2 月 28 日检测的结果,约 92% 的木构件含水率超过了 16%,绝大多数在 20% 以上,极少数超过了 35%,不满足规范的要求,对木构件的使用性能和耐久性能有影响。

现场检查还发现部分木柱、梁、枋以及檩上出现较为明显的干缩裂缝,其中木柱的干缩裂缝宽度为 5~30 mm、深度一般为 5~150 mm,极少数深度贯穿柱心;其余木构件的干缩裂缝宽度为 10~45 mm、深度为 75~180 mm。这些干缩裂缝的危害主要对剪切面,对受承重木柱的抗压、承重木梁的受弯承载力影响不大。但是根据《古建筑木结构维护与加固技术规范》(GB 50165—92)中 6.6.1、6.7.2 条的规定,应采取措施进行处理。

整个建筑的(1)~(6)/(A)~(D)、(1)~(6)/(E)~(F)区域均存在下沉迹象,使得(D)、

(E)轴线间的榫卯连接以及屋面板椽搭接等出现损伤。根据《古建筑木结构维护与加固技术规范》(GB 50165—92)中第4.1.7条的规定,该建筑中已出现的榫卯连接损伤尚不构成残损点。

## 14.5 鉴定结论与加固修缮建议

综合上述现场检查、检测以及安全性分析评估的结果,可以给出如下鉴定结论与处理建议。

### 14.5.1 鉴定结论

(1) 泰州市北山寺大殿的南、北向存在下沉迹象,主体木构架均存在倾斜,节点处榫卯连接出现拔榫和斗拱损伤,结构的整体性下降,存在安全隐患。

(2) 屋面多处雨水渗漏,柱根部受潮以及木柱包在墙内,使得多数木柱、梁(檩)与枋发生腐朽,约60%的木柱以及约17处的梁(檩)、枋损伤情况超过规范要求,存在安全隐患。

(3) 整个建筑中约92%的木构件表层含水率超过16%,不满足规范的要求,影响其使用性能和耐久性能。

(4) 部分木柱、梁(檩)以及枋上出现较为明显的干缩裂缝,对构件的受力性能有一定的影响,应采取措施进行处理。

### 14.5.2 加固修缮建议

综合上述分析以及北山寺大殿安全隐患出现的位置和特点,给出以下加固修缮建议:

(1) 北山寺的(1)~(6)/(A)~(D)、(1)~(6)/(E)~(F)区域屋面进行大修。

(2) 北山寺的(1)~(6)/(D)~(E)区域进行打牮拨正。

(3) 对存在安全隐患以及鉴定结论中需要处理的木构件应优先考虑维修加固,具体实施时有难度的可采取替换。

(4) 在屋面大修和打牮拨正时,如发现其余木构件存在腐朽、虫蛀等损伤时,应采取维修加固或替换措施。

(5) 具体的加固方法基于《古建筑木结构维护与加固技术规范》(GB 50165—92)以及前面第9章的内容,可采取如下措施:

① 木柱

a. 腐朽和虫蛀的处理

对于腐朽和虫蛀严重的柱可采用更换或墩接的方法处理。当腐朽部位自柱底面向上未超过柱高的1/4时可采用墩接方法。先剔除腐朽部分,再根据剩余部分选择"巴掌榫"或"抄手榫"式样,榫头长度一般为400~500 mm,保证严密对缝,并在两端加设铁箍,铁箍应嵌入木柱内。当不符合墩接条件时,可考虑更换或者采用型钢连接件。

对于轻微腐朽和虫蛀的柱,可将腐朽部分剔除后,用干燥木材依原样和原始尺寸修补整齐,并用耐水胶粘剂粘接。如果是周围剔补,尚需要加设钢箍2~3道。

b. 裂缝处理

对于裂缝损伤不严重的柱,可采取下列方法修补。当裂缝宽度小于3 mm时,可在柱的油饰或断白过程中,用腻子勾抹密实;当裂缝宽度在3~30 mm之间时,用木条嵌补,并用耐水性胶粘剂粘牢;当裂缝宽度大于30 mm时,除了同上处理外,尚需在开裂段内加铁箍不少于2道,间距不大于500 mm,铁箍嵌入柱内,其外皮与柱外皮平齐。

当裂缝深度大于截面尺寸的 1/3 或裂缝处于关键受力部位、裂缝损伤严重时,需采用下列加固方法或更换:裂缝内压力注入结构胶,当宽度大于 10 mm 时可先嵌入木条;裂缝段加钢箍,中心间距不宜大于 500 mm。

② 木梁、枋

a. 腐朽和虫蛀的处理

对于腐朽和虫蛀严重的梁、枋,可考虑更换或型钢加固;对于轻微腐朽的梁、枋,可将腐朽部分剔除后,用干燥木材依原样和原始尺寸修补整齐,用耐水胶粘剂粘接,并用钢箍或螺栓紧固。

b. 裂缝的处理

当裂缝深度大于截面尺寸的 1/4 或裂缝处于关键受力部位、裂缝损伤严重时,需采用下列方法加固或更换。裂缝内压力注入结构胶,当宽度大于 10 mm 时可先嵌入木条;裂缝段加钢箍或缠绕碳纤维布,中心间距不宜大于 500 mm。

当裂缝损伤不严重时,可采用嵌补方法修整,先用木条和耐水性胶粘剂将缝隙粘结严实,再用两道以上钢箍或碳纤维布箍紧。

③ 榫卯连接

a. 卯口处理

当柱卯口完整、仅在卯口附近出现干缩裂缝时,可对裂缝进行压力注胶,并在卯口两端缠绕碳纤维布或钢箍;如果卯口出现明显的腐朽、缺损,则应局部替换或外加连接件。

b. 榫头处理

当榫头无腐朽、缺损,仅出现裂缝时,可对裂缝进行压力注胶,恢复其整体性,施工条件许可时,可用碳纤维布或钢箍进行缠绕;当榫头已腐朽、缺损时,可在梁、枋端部开卯口,用新制的硬木榫头嵌入卯口内。新制榫头与原构件用结构胶粘结并用螺栓箍紧,嵌接范围内用钢箍或碳纤维布箍紧。

④ 其他修复建议

a. 构件的加固、维修工作应在上架前进行,并对处理质量进行逐个检查。

b. 做好构件的防腐和防虫工作,宜采用浸注法。柱的重点部分是柱脚和柱头榫卯节点处;梁、枋的重点部位是榫头和埋入墙内的构件端部。

c. 为增强结构的整体性,榫卯内宜进行注胶处理,并根据需要适当增设附加连接件。

# 第 15 章　建筑物火灾鉴定案例分析

## 15.1　引言

近几年来,火灾事故的数量不容忽视。火灾除了造成一定的生命和财产损失之外,其对建筑物主体结构的损伤也是非常严重的。当建筑物遭受火灾后,业主单位除了关注火灾引起的原因之外,更加关注灾后建筑物是否可以继续投入使用,以及灾后建筑物该如何进行维修与加固。因此,火灾后建筑材料的残余强度、火灾后构件的损伤程度等在火灾后的鉴定工作中尤其重要。

## 15.2　工程概况

张家港某公司主体车间包括原纸仓库、流水线、成品堆放以及成型车间。该主体车间为单层多跨厂房且无吊车设施,建筑面积有 60 895.26 m²,柱网平面布置图见图 15-1 所示,设计于2003 年。主体车间的结构形式为钢筋混凝土排架结构,跨度为 24 m(共 10 跨),柱间距为9.0 m(伸缩缝处为 8.4 m),柱高为 9.5 m,柱截面为矩形,混凝土强度等级为 C25;屋盖系统为轻钢屋面,钢梁采用的是变截面连续梁、简支梁,屋面为彩钢板;四周围护系统为砖墙。

2007 年 2 月 20 日,该公司主体车间发生火灾。根据该公司相关人员的介绍,主体车间的起火时间为上午 10 点左右,发现火情后并立即报警,7~8 min 后消防车赶到,并采用喷水的方法于 12 点半将火势控制。主体车间内的燃烧物主要是纸张与包装原材料等易燃物,燃烧物的分布情况详见图 15-2 所示。其中,原纸仓库的堆放高度有 5.0 m,流水线、半成品、成型车间以及成品区域燃烧物的堆放高度均不高于 2.0 m。正因如此,原纸仓库处灾情最为严重,屋盖系统完全坍塌;成型车间和流水线附近位置也发生局部屋盖系统塌陷和坍塌。

## 15.3　现场检查、检测

技术鉴定人员于 2007 年 2 月 26 日和 3 月 6 日两次到达现场,通过初步调查发现多处屋盖发生不同程度的塌陷甚至彻底倒塌;混凝土排架柱存在倾斜、混凝土脱落等损伤;围护墙体有倾斜等现象。车间内堆放的产品和原纸绝大多数被烧毁,厂房烧毁后的局部现状详见图 15-3 所示。主体车间的具体检查、检测结果陈述如下:

1) 屋盖系统

轴线 1~31/l~u、1~10/g~l、11~15/b~f、16~21/b~f、1~31/N~S、1~2/J~N以及 15~20/J~N 区间的屋盖发生不同程度的塌陷甚至彻底塌落。局部倒塌情况详见图15-3 所示。

钢梁经高温后出现不同程度的变形,主要包括:基本完好、轻微变形、严重变形、严重扭曲变形和塌落。该车间钢梁的变形状态见图 15-4 所示,部分钢梁的检查结果详见表15-1 所示。

除此之外,屋面钢檩条因高温烧灼同样存在弯曲损伤变形。

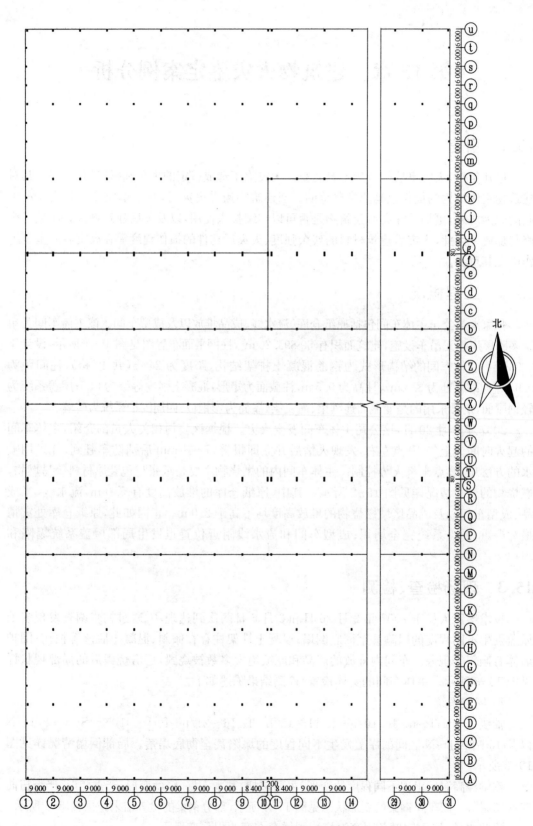

图 15-1  主体车间柱网平面布置图

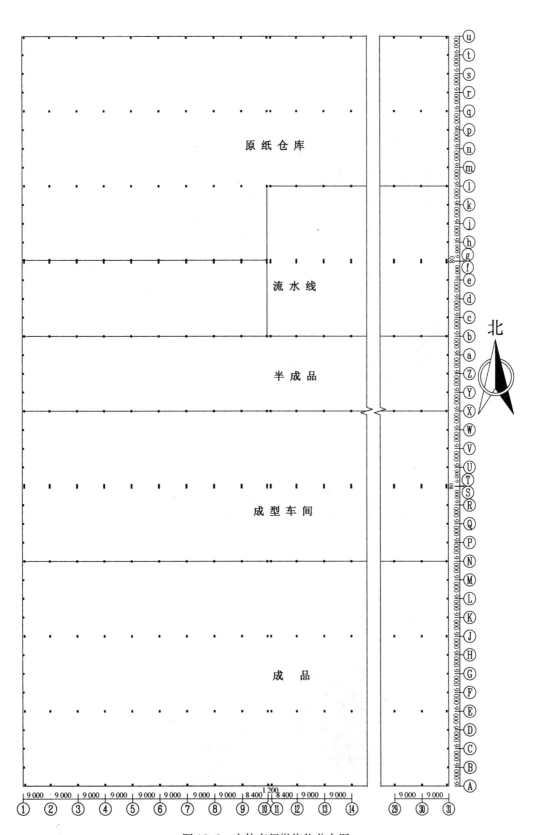

图 15-2　主体车间燃烧物分布图

图 15-3　车间烧毁后的局部现状

严重变形　　　　　　　　　　　严重扭曲变形

轻微变形

图 15-4　钢梁变形状态

表 15-1　钢梁现场检测结果

| 序号 | 位置 | 钢梁损伤情况 | 序号 | 位置 | 钢梁损伤情况 |
|---|---|---|---|---|---|
| 1 | 1/A～E | 基本完好 | 21 | 17/A～E | 轻微变形 |
| 2 | 1/E～J | 基本完好 | 22 | 17/E～J | 轻微变形 |
| 3 | 2/A～E | 基本完好 | 23 | 18/A～E | 轻微变形 |
| 4 | 2/E～J | 基本完好 | 24 | 18/E～J | 轻微变形 |
| 5 | 3/A～E | 基本完好 | 25 | 19/A～E | 轻微变形 |
| 6 | 3/E～J | 基本完好 | 26 | 19/E～J | 轻微变形 |
| 7 | 4/A～E | 基本完好 | 27 | 20/A～E | 基本完好 |
| 8 | 4/E～J | 轻微变形 | 28 | 20/E～J | 轻微变形 |
| 9 | 9/N～S | 严重扭曲变形 | 29 | 25/N～S | 塌落 |
| 10 | 10/J～N | 轻微变形 | 30 | 26/J～N | 严重变形 |
| 11 | 10/N～S | 严重扭曲变形 | 31 | 26/N～S | 塌落 |
| 12 | 11/J～N | 轻微变形 | 32 | 27/J～N | 轻微变形 |
| 13 | 11/N～S | 塌落 | 33 | 27/N～S | 塌落 |
| 14 | 12/J～N | 轻微变形 | 34 | 28/J～N | 轻微变形 |
| 15 | 12/N～S | 严重扭曲变形 | 35 | 28/N～S | 塌落 |
| 16 | 13/J～N | 轻微变形 | 36 | 29/J～N | 严重变形 |
| 17 | 16/q～u | 塌落 | 37 | 30/l～q | 塌落 |
| 18 | 17/l～q | 塌落 | 38 | 30/q～u | 塌落 |
| 19 | 17/q～u | 塌落 | 39 | 31/l～q | 塌落 |
| 20 | 18/l～q | 塌落 | 40 | 31/q～u | 塌落 |

2) 排架柱

根据现场检查结果,火灾后排架柱的混凝土烧伤程度主要可以分为以下三种类型:①整体完好,柱表面没有出现裂缝损伤,混凝土表层颜色同常温保持一致,个别构件表面会出现因烟熏黑现象;②轻微损伤,柱表面出现细微裂缝,混凝土表层颜色呈稍泛白或灰白;③严重损伤,柱表面裂缝明显,混凝土局部疏松且出现掉角。除混凝土自身遭火灼伤外,部分排架柱发生倾斜,甚至倒塌,倾斜明显的柱子根部发生严重损坏。部分混凝土排架柱的现状详见图 15-5 与表 15-2 所示。

由于屋盖系统倒塌,钢梁塌落时牛腿预埋件的钢筋被拉出,部分排架柱的牛腿处混凝土产生严重破损;其余牛腿没有破损是因为钢梁脱落时牛腿预埋件的锚固钢筋被剪断。牛腿损伤状态详见图 15-6 所示。

另外,由于排架柱的过分倾斜以及倒塌,排架柱的部分纵向钢筋混凝土连梁出现了不同程度的损坏。具体损坏状态详见图 15-7 所示。

柱16/J

柱17/A

柱6/E

柱10/f、10/g

柱13/b

柱15/S、15/T

柱25/q

柱10/q

图 15-5　部分混凝土排架柱现状

牛腿破损

钢筋被拔出

钢筋被剪断

图 15-6　排架柱牛腿损伤状态

图 15-7　连梁损坏现状

根据火灾现场的实际情况,随机抽检了部分排架柱的混凝土碳化深度。具体碳化深度实测结果详见表 15-2 所示,表中未加特别说明处,表明碳化深度实测位置离地坪高度为 1 500 mm 左右。

表 15-2　混凝土排架柱的现场检测结果

| 序号 | 位置 | 实测碳化深度/mm | 混凝土外观 | | 是否倾斜或倒塌 |
| --- | --- | --- | --- | --- | --- |
| | | | 外表颜色 | 破损状况 | |
| 1 | A/4 | 18;16.8;15.3 | 同常温 | 离地 400 mm、500 mm、1 300 mm 处北侧出现明显水平裂缝 | — |
| 2 | A/19 | 14.5;14.0 | 稍泛白 | 细微裂缝、少 | — |
| 3 | J/15 | 15.2;16.0;14.0 | 同常温 | 无 | 北斜 70 mm |
| 4 | S/5 | 11.5;13.5;15.7 | 暗红 | 裂缝明显、多,掉皮 | 向南倾斜 |
| 5 | S/9 | 18.2;15.7;16.1 8.5(柱中部) | 暗红 | 裂缝明显、多,掉角 | 向南倾斜 |
| 6 | S/13 | 11.5;13.6;15.2 | 灰白 | 裂缝细微、多 | 向南倾斜 |
| 7 | S/17 | 15.5;17.2;15.9 | 同常温 | 根部北面水平裂缝 | 向南倾斜 |
| 8 | b/5 | 10.5;9.7;10.5 | 同常温 | 根部南面出现水平裂缝 | 向北倾斜 |
| 9 | b/10 | 10.6;10.4;11.5 | 稍泛白 | 根部南面出现水平裂缝 | 向北倾斜 |
| 10 | b/16 | 16.2;13.5;15.0;9 (柱中部) | 稍泛白 | 根部南面出现水平裂缝 | 向北倾斜 |
| 11 | g/5 | 24.0;23.5;22.0 | 灰白 | 裂缝细微、多 | 向北倾斜 |
| 12 | f/11 | — | 灰白 | 裂缝细微、多 根部北面水平裂缝 | 向南倾斜 |
| 13 | f/18 | — | 稍泛白 | 根部北面出现水平裂缝 | 向南倾斜 |
| 14 | q/10 | | 暗红 | 裂缝明显,掉角,疏松明显 | 向南倾斜 |
| 15 | q/30 | 10.0;12.0;12.5 | 暗红 | 裂缝明显,掉角,疏松 | — |
| 16 | u/15 | 12.0;15.0 | 稍泛白 | 裂缝细微、少 | — |
| 17 | u/19 | 11.7;12.0;12.5 | 稍泛白 | 裂缝细微、少 | — |
| 18 | 1/C | — | 同常温 | 离地 1 300～2 000 mm 处东侧出现多条明显水平裂缝 | — |

注:排架柱高度为 9.5 m;南斜、北斜数值为柱顶倾斜量;柱子根部仅相对地坪而言,非基础顶面。

3）围护墙体

位于厂房东侧的 31/E~J、31/l~q 处出现砖墙体明显的向外倾斜，并有受拉裂缝损伤；西侧的 1/E~U 处同样出现砖墙体向外倾斜，且局部出现墙体被拉裂的损伤，具体损伤状态详见图 15-8 所示。此外，北侧围护墙体因消防及时救火，墙体被人为地开了很多洞口，损伤面积较大。

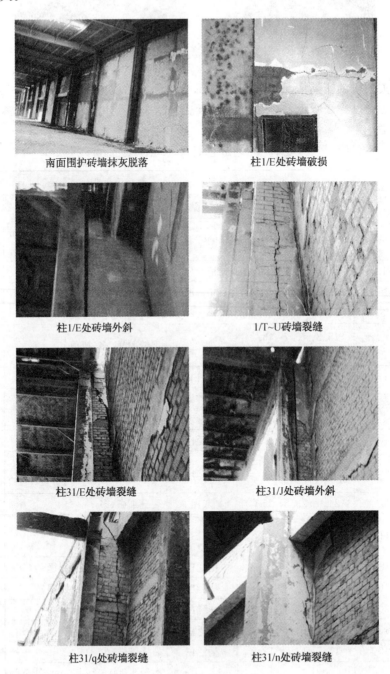

南面围护砖墙抹灰脱落　　　　　　柱1/E处砖墙破损

柱1/E处砖墙外斜　　　　　　1/T~U砖墙裂缝

柱31/E处砖墙裂缝　　　　　　柱31/J处砖墙外斜

柱31/q处砖墙裂缝　　　　　　柱31/n处砖墙裂缝

图 15-8　部分围护墙体损伤现状

4）基础

因现场的特殊情况,未对基础进行开挖检查。但是,根据柱根部的现状,基础没有发现有明显的损伤迹象。

## 15.4 灾后受损程度评价

### 15.4.1 火灾温度的判定

为了对主体车间火灾受损程度进行科学的评判,首先必须明确火灾时的温度范围。目前,用于火灾温度的判定方法常有:通过火灾燃烧时间的判断来推算、构件的烧损外观特征等方法来进行综合判断。

由于火灾过程中的主要燃烧物为纸张,火灾发展符合一般规律,即经过火灾成长期、旺盛期、衰减熄灭期。升温特点基本符合国际标准化组织(ISO 834)建议的建筑构件抗火试验曲线。根据委托方提供的被燃物着火时间,按照公式(5-1)推算,火灾当时的最高温度在675～1 050℃范围内。

根据第五章中的表5-10所示,结合现场混凝土排架柱表面的烧灼现状和颜色(表15-2),推断当时火灾造成混凝土构件表面最高温度在800℃左右。

此外,根据现场钢梁高温后的变形状况(表15-1),对照表5-4可以判定,火灾时钢构件遭遇的最高温度应略高于750℃。

### 15.4.2 火灾后材料的残余强度

主体车间的承重构件在火灾后降至常温,此时材料的残余强度是评估结构的灾后损伤程度的主要依据,对判定结构的安全性和制定加固方案有重大影响。

现场排架柱碳化深度的实测结果表明,只有极少数柱的碳化深度到达钢筋表面;绝大多数柱遭火灾灼伤的深度小于保护层的厚度。根据第五章中表5-10和表15-2的现场检查结果,以及已有的混凝土不同温度作用后试验研究得到的抗压强度计算式:

$$f_c(T) = f_c \qquad (0℃ < T \leqslant 400℃)$$
$$f_c(T) = (1.6 - 0.001\,5T)f_c \quad (400℃ < T \leqslant 800℃)$$

式中:$f_c(T)$为不同温度灼烧后混凝土的抗压强度;$f_c$为常温下混凝土的抗压强度;$T$为温度(℃)。

由此可知,当温度小于等于400℃时,其对混凝土的抗压强度基本没有影响;当温度达到500℃时,抗压强度下降到原来的85%。当温度达到700℃时,抗压强度下降到原来的55%。

根据已有的普通钢材高温后力学性能试验研究成果,不同温度作用后钢材的屈服强度关系式如下所示:

$$f_y(T) = f_y\left[1 - 6.4 \times 10^{-6}\left(\frac{T-20}{100}\right)^5\right] \quad (T \leqslant 1\,000℃)$$

式中:$f_y(T)$为不同温度灼烧后钢材的屈服强度;$f_y$为常温下钢材的屈服强度;$T$为温度(℃)。

由此可知,当钢材经受400℃高温后,材料的屈服强度基本不变;当温度达到750℃后,材料的屈服强度下降到原来的87%;当温度达到1 000℃后,仅为原来的42%。至于弹性模量,当钢材经历 200～1 000℃高温后,其值与常温下基本保持一致。

### 15.4.3　主体结构受损的综合评价

1) 屋盖系统

钢材经受高温时,一方面受热膨胀,另一方面当温度超过蓝脆热点(400℃)过后,材料强度开始明显下降。膨胀变形的结果使得两端产生推力;钢材的强度下降,直接导致钢梁承载能力不足,屋面塌陷甚至塌落,最终会导致两端支座内移。

该厂房屋盖为轻钢屋面,受到温度的影响,钢构件发生不同程度的损伤。对已发生塌落、严重扭曲或严重变形的钢梁,由于火灾过程中经受高于 750℃高温烧灼,高温过后的残余屈服强度下降为原来的 42%～87%,不应继续使用且存在安全隐患;对于火灾时因低于 400℃的温度应力或材性降低原因造成的轻微挠度变形钢梁,高温后的残余屈服强度和弹性模量基本不变,进行纠正后可以继续使用。

2) 混凝土排架柱

混凝土排架柱火灾后的总体受损状态可以分为两大类:①高温灼烧导致混凝土抗压强度降低;②由于钢梁塌陷引起的附加水平力,造成柱发生倾斜,严重的在柱根部受拉区产生水平裂缝或受压区被压碎,更为严重的就是排架柱完全倒在地。

对于遭火烧灼的混凝土柱,根据上述分析,低于 400℃的混凝土排架柱,混凝土强度基本无明显损失,可以继续使用;对于温度达到 500℃以上的柱,混凝土强度均存在不同程度的降低,存在安全隐患。

对于附加力引起的损伤柱,无论倾斜还是根部受损情况,都将会大幅度地降低柱子的承载能力,存在安全隐患。

3) 围护墙体

轻钢屋面受热之后发生膨胀变形,从而产生一定的推力。由于围护墙体是依附在外围柱的外侧,仅靠构造拉接,当墙顶的水平推力大于其自身的抗侧能力之后,墙体就会发生向外倾斜。当倾斜变形受到约束后,就可能在连接处出现裂缝损伤。

现场调查结构显示,围护墙体东侧 31/E～J、31/l～q 以及西侧 1/E～U 处出现明显的向外倾斜,且局部存在砖墙拉裂损伤,存在安全隐患。北面围护墙体人为地破坏严重,同样存在安全隐患。

4) 基础

根据委托方提供的图纸资料,主体车间厂房的基础埋置深度为±0.000 以下 1.2 m。鉴于混凝土地面、土壤自身的隔热效果,基础不存在因火烧灼的损伤。

鉴于现场特殊情况,基础不能开挖明查。根据倾斜或倒掉柱破损主要发生在±0.000 以上的特点,考虑到混凝土地坪以及回填土的抗侧贡献,此时柱倾斜、破损原因主要是下面抗弯承载能力不足。因此,火灾后的基础基本保持完好,可以继续投入使用。

## 15.5　鉴定结论与处理建议

关于张家港某公司主体车间火灾后的受损程度,通过现场考察与检查、检测,以及综合评价,可以给出如下鉴定结论和处理建议:

(1) 位于轴线 1～31/l～u、1～10/g～l、11～15/b～f、16～21/b～f、1～31/N～S、1～2/J～N 以及 15～20/J～N 区间的屋盖发生不同程度的塌陷甚至彻底塌落,其余位置的

钢梁、檩条也存在不同程度的变形损伤。对已发生塌落、严重扭曲或严重变形的钢梁，不应继续使用且存在安全隐患；对于轻微挠度变形钢梁，进行纠正后可以继续使用。

（2）排架柱因火烧灼，混凝土发生不同程度的损伤。对于混凝土颜色同常温或稍泛白，或外表出现少量细微裂缝的，其抗压强度基本无明显损失，可以继续使用；对于颜色为灰白或暗红，或掉角、混凝土疏松的，混凝土抗压强度存在不同程度的降低，会导致构件的安全性下降，建议采用增大截面法或外包型钢法进行加固。

（3）因附加水平力产生倾斜、严重损伤甚至倒掉的排架柱存在安全隐患。考虑到倾斜纠偏的成本以及整体效果，建议对倾斜、严重损伤甚至倒掉的排架柱进行拆除，然后按照原设计图纸重新进行恢复。

（4）部分排架柱的牛腿，由于屋盖系统倒塌时的影响，存在较为严重的破损，应采取有效的加固补强措施，如置换法、外包纤维增强复合材料等有效加固方法。

（5）东侧 31/E～J、31/l～q 以及西侧 1/E～U 处围护墙体出现明显的向外倾斜，且局部存在砖墙拉裂损伤，存在安全隐患；北面围护墙体人为地破坏严重，存在安全隐患。建议对损坏的围护砖墙进行拆除，然后按照原设计图纸重新进行恢复。

（6）火灾后的基础基本保持完好，可以继续投入使用。

# 第16章 结构腐蚀受损鉴定案例分析

## 16.1 引言

化工厂房中的混凝土结构受到酸、碱、盐等介质的侵蚀,混凝土容易受到腐蚀;同时,钢筋也容易中性化,甚至发生锈蚀。对于此类建筑物的鉴定,需要掌握腐蚀介质的属性,明确腐蚀介质的影响范围、对既有构件的损伤程度以及对材料力学性能的影响。只有在充分了解上述内容之后,才能够对受损结构构件给出科学、合理的处理建议。

## 16.2 工程概况

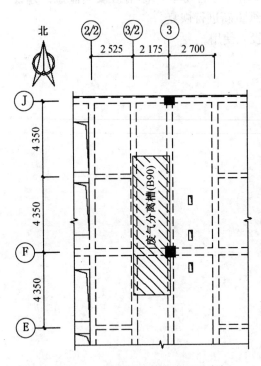

图16-1 屋面局部结构布置及废气
分离槽(B90)位置

某化工厂装置楼位于南京市某个厂区内,其设计于1991年,并于1992年完工。装置楼主体结构形式为钢筋混凝土框架,楼板为现浇混凝土板。在屋面轴线(3/2)~(3)/(E)~(J)区域,放置有废气分离槽(B90),屋面局部结构布置及废气分离槽(B90)位置详见图16-1所示。废气分离槽内存储物含有酸性废水,在使用过程中,废气分离槽外边缘局部区域出现严重的混凝土腐蚀损伤。

查询委托单位提供的图纸资料,废气分离槽区域的混凝土标号为250,相当于现行《混凝土结构设计规范》中混凝土强度等级C23。废气分离槽正下方的楼板厚度为120 mm,板底受力钢筋是直径为12 mm的Ⅱ级钢筋、间距是110 mm;废气分离槽东、西两侧楼板的厚度为100 mm;废气分离槽南、北两侧楼板的厚度为120 mm。

根据该化工厂的相关人员介绍,该装置楼于1992年投入生产。早期废气分离槽采用防腐砖砌筑,壁厚为150 mm;后来因发现废气分离槽存在废水外渗(具体发现时间不详),便于2000年改为不锈钢槽代替。废气分离槽(含内部物质)总重约15 t,内部物质主要为游离酸、游离醇以及水蒸气等。其中,游离酸包括苯酐、顺酐,且浓度较高;游离醇包括丙二醇、乙二醇。主要酸性腐蚀介质为苯酐、顺酐。

## 16.3 现场检查、检测

技术鉴定单位的技术人员于2007年6月20日到达现场,针对委托的内容并结合现场实际情况进行详细的检查和检测,下面是具体结果的陈述。

### 16.3.1　混凝土腐蚀

根据现场外观检查,废气分离槽(长、宽、高分别为 7 800 mm、2 185 mm、1 550 mm)外边缘的东、南、北侧局部混凝土面层均有明显的腐蚀损伤,其中东、南侧腐蚀最为严重。东、南两侧局部严重腐蚀区具体位置见图 16-2 中的 A 点和 B 点。A 点被腐蚀的混凝土成"豆腐渣"酥松状,用铲刀可以轻松挖开,清理掉酥松状混凝土后,混凝土外观腐蚀坑平面尺寸为 210 mm×1 000 mm,坑深最大值为 300 mm。B 点被腐蚀的混凝土也成"豆腐渣"酥松状,用铲刀可以轻松挖开,清理掉酥松状混凝土后,混凝土外观腐蚀坑平面尺寸为 200 mm×1 005 mm,坑深最大值为 300 mm。A、B 两点严重腐蚀区现状详见图 16-3、图 16-4 所示。

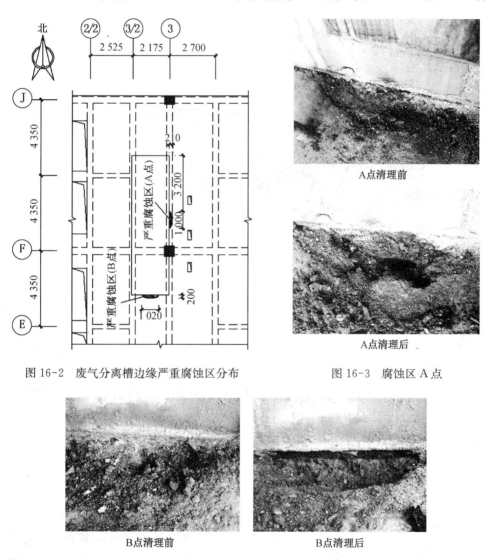

图 16-2　废气分离槽边缘严重腐蚀区分布　　　图 16-3　腐蚀区 A 点

图 16-4　腐蚀区 B 点

废气分离槽北侧现状详见图 16-5 所示,混凝土层有明显腐蚀迹象。靠近东北角附近的混凝土面层因腐蚀、雨水冲刷,混凝土中水泥石部分已流失,混凝土中的石子完全外露。

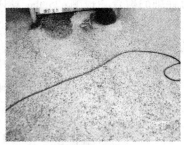

分离槽北侧             混凝土中石子外露

图 16-5    废水分离槽北侧现状腐蚀现状

废气分离槽西侧屋面混凝土腐蚀损伤相对最轻,凿去混凝土面层,可见混凝土表面因酸性腐蚀颜色呈灰白色。具体混凝土外观详见图 16-6(b)所示。

(a) 废水渗流              (b) 混凝土灰白

图 16-6    废水渗流、混凝土灰白

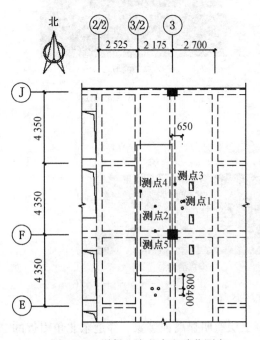

图 16-7    混凝土取芯点和碳化测点

为了更好地了解酸性废溶液对混凝土的腐蚀深度以及对混凝土强度的影响,考虑到结构布置的实际情况,分别离腐蚀最为严重的 A、B 两点附近屋面板钻取直径为 70 mm 的混凝土芯样 5 个,具体布点位置详见图 16-7 所示(○表示混凝土取芯点;●表示混凝土炭化测点)。从抽取的芯样可以看出,位于废气分离槽附近局部屋面层总厚度约 420 mm,取芯结果表明从上至下为细石混凝土、防水层、砂浆找平层、珍珠岩保温层、轻质陶粒混凝土和钢筋混凝土结构层。其中,轻质陶粒混凝土部分的厚度为 200 mm。钢筋混凝土结构层厚度,东侧两个芯样分别为 105 mm、110 mm;南侧三个芯样分别为 90 mm、85 mm、90 mm。对取出芯样的陶粒混凝土采用酚酞试剂检测,发现其板底端混凝土呈碱性,尚没有被酸性介质中和。具体情况详见图16-8所示。

混凝土芯样

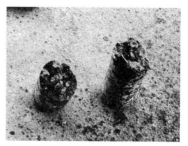
陶粒混凝土滴酚酞变色

图 16-8　混凝土取芯

此外,在对 B 点严重腐蚀区采取铲刀清理到底部时,发现坑底有溶液积聚。当 B 点附近芯样取出后,沿取芯孔内壁发现大量溶液渗流,详见图 16-6(a)所示。随后发现 B 点腐蚀坑内的溶液消失。对于 A 点严重腐蚀区附近钻取芯样时,同样发生上述情况。大约 1 h 后,现场 5 个芯样孔内壁便不存在渗流现象。由此可以推断,废气分离槽附近的屋面层仍聚集一定量的废水。

### 16.3.2　结构现状

根据委托方提供的装置楼设计图纸资料,现状结构布置与图纸一致。但是,依据上述混凝土取芯结果,取芯点位置的钢筋混凝土屋面板的厚度均小于原设计图纸的设计值。对应东侧、南侧位置的取芯点,原设计厚度分别为 100 mm 和 120 mm。

### 16.3.3　混凝土碳化

为了检测废气分离槽底部室内混凝土梁、板混凝土受腐蚀或炭化程度,采用酚酞试剂进行混凝土碳化深度检测。现场碳化深度测点布置详见图 16-7 所示,具体实测值见表 16-1 所示。值得注意的是,现场随机抽检结果表明梁的混凝土保护层厚度最小值为 15 mm,板的混凝土保护层厚度最小值为 5 mm。

表 16-1　混凝土碳化现场实测值　　　　　　　　　　　　　　　　（mm）

| 测点 | 混凝土板 | | 混凝土梁 | | |
|---|---|---|---|---|---|
| | 1 | 2 | 3 | 4 | 5 |
| 实测值 | 15 | 3；7 | 21；18；25 | 11；15 | 21；14 |

### 16.3.4　钢筋锈蚀

根据钻取混凝土芯样上碰到的钢筋外观,屋面板结构层中的钢筋没有明显的锈蚀迹象。此外,废气分离槽位置的钢筋混凝土梁底钢筋通过局部点凿开观察,钢筋的外观颜色尚好(详见图 16-9),也未见明显的锈蚀迹象。

但是,根据表 16-1 的实测结果,可知钢筋混凝土梁、板中钢筋的有效钝化膜接近或已遭到破坏。

### 16.3.5　混凝土强度

根据现场钻取的混凝土芯样,取 4 个有效芯样进行抗压试验,混凝土的实测强度推定值分别为 31.7 MPa 和 34.3 MPa。

### 16.3.6 其他

根据废气分离槽位置混凝土梁、板底部外观检查结果,未发现因钢筋锈蚀引起的混凝土裂缝和面层锈迹等异常现象。但是,个别管道与屋面连接处有渗漏痕迹。具体混凝土梁、板底现状详见图16-9所示。

梁底　　　　　　　　　　　板底

图 16-9　梁、板底部外观

## 16.4　混凝土构件酸性腐蚀分析

根据上述检查、检测结果,废气分离槽位置局部屋面因早期分离槽渗漏废水以及后期面层内部长期积聚废水,致使混凝土遭受不同程度的腐蚀。其中,局部区域混凝土腐蚀非常严重,混凝土呈酥松状。但依据钻取混凝土芯样以及采用酚酞试剂检测的结果,目前酸性废水侵蚀的深度未达到屋面板结构层的钢筋混凝土。

根据随机抽检试样的结果,梁、板内的受力钢筋未见明显锈蚀迹象。但是,根据混凝土碳化检测结果,混凝土梁、板的保护层混凝土已经中性化,部分丧失保护内部钢筋防锈的功能。鉴于化工厂房特定的使用环境,此类混凝土构件的耐久性存在缺陷。

## 16.5　结构安全性复核计算

对废气分离槽位置的结构单元进行结构安全性复核计算,混凝土强度采用原设计要求和实测结果的低值,其余技术参数如钢筋强度、截面尺寸等参照委托方提供的竣工图。计算软件采用PKPM系列软件中的SATWE-8计算模块进行复核计算。计算结果表明:混凝土梁、板的承载能力能够满足现行规范要求。

## 16.6　鉴定结论与处理建议

### 16.6.1　鉴定结论

关于某化工厂装置楼屋面局部结构酸性腐蚀的受损程度,通过现场详细的检查、检测、分析以及复核计算,针对目前现状可以得到如下鉴定结论:

(1)废气分离槽位置局部屋面因早期分离槽渗漏废水以及后期面层内部长期积聚废水,致使混凝土遭受不同程度腐蚀。其中,局部区域混凝土腐蚀非常严重,混凝土呈现"豆腐渣"酥松状。

(2)酸性废水侵蚀深度尚未达到屋面板结构层的钢筋混凝土。

(3)梁、板内的受力钢筋未见明显锈蚀迹象,但是混凝土梁、板的保护层混凝土中性化深度已经达到或接近钢筋位置,混凝土构件的耐久性存在缺陷。

(4)基于检测结果和设计图纸资料,废气分离槽位置结构单元(现状)承载能力符合现行规范要求。

### 16.6.2 处理建议

基于上述鉴定结论和现场实际情况,提出如下处理建议:

(1)采取有效措施彻底清理装置楼废气分离槽位置附近局部屋面层内积聚的废水。

(2)对于废气分离槽周边屋面板上部的受损构造层进行凿除,然后按照第四章中所述的方法与注意事项重新浇筑具备较高防腐能力的混凝土;此外,室内该区域的混凝土梁、板采取防腐涂料粉刷并进行封闭处理。

(3)混凝土构件的防腐处理应作定期维护。

# 第17章 房屋垮塌事故案例分析

## 17.1 引言

房屋发生垮塌(多数为局部垮塌)属于非常严重的工程事故,本书的第 1 章已经介绍了近些年来几个比较典型的垮塌事故。房屋发生垮塌的原因可能有很多方面,包括是否正确设计与施工,是否正常投入使用。下面以两个砖混房屋的局部垮塌事故为例进行分析,并从中吸取教训,认识到设计、施工与正常使用的重要性。

## 17.2 非正常使用引起局部垮塌

### 17.2.1 事故概况

2011 年 7 月 21 日 4 时 30 分许,我国某市某小区一栋六层砖混结构住宅楼的一侧发生垮塌(图 17-1)。根据相关信息来源,楼体垮塌部分共有 5 户居民,在该房屋局部发生垮塌时,靠近垮塌山墙的附近有施工痕迹(图 17-2)。此外,倒塌现场的照片显示,底层仍残留的山墙有明显的倾斜迹象。

图 17-1 倒塌现场

图 17-2 墙体附近有施工痕迹

**17.2.2　原因分析**

根据图 17-1 所示的倒塌现场,可以看出垮塌部分采用预制混凝土空心楼板,并且是横墙承重。此外,还可以发现 5～6 层的内纵向非承重隔墙在倒塌之前是存在的;3～4 层的内纵向非承重隔墙在倒塌之前是没有的;2 层的内纵向非承重隔墙是否存在不能确定,此处被倒塌的废墟覆盖。从图 17-1 的外立面照片还可以推断,1 层的内纵向非承重隔墙没有的可能性极大。

之所以选择该倒塌事故作为本章案例,主要原因在于这种事故出现的概率较大。在这里,问题的核心是住户在装修改造过程中,为了得到更加理想的空间布置效果,通常会把所谓的非承重隔墙给拿掉,并认为这样做对结构的安全性没有什么影响。通过该住宅楼的局部垮塌事故,需要强调的是,所谓的非承重隔墙虽然不是主要的竖向承重构件,但是隔墙对承重墙的拉结作用会直接改变承重墙的计算边界条件,即改变墙体的计算高度。一旦拆除隔墙,承重墙体的计算高度将增大,随之其高厚比也增大,墙体的稳定性影响系数降低;严重时墙体的安全性必然存在问题。此时,承重墙体的外围一旦出现施工等扰动,尤其是处于偏心受压状态的山墙更容易受影响,从而发生局部的垮塌事故。

为了更直观地得到非承重隔墙的拉结作用对承重墙体的影响,下面以图 17-3 所示的一个例题进行阐述。在图 17-3 中,所有墙体的厚度均为 240 mm,层高为 3 500 mm,楼盖采用的是预制混凝土空心楼板,横墙承重方案;砌筑砂浆的强度等级为 M7.5;预制楼板支承在承重墙体(1)/(A)～(C)上的偏心距为 60 mm。下来通过计算对比分析下,非承重隔墙(B)/(1)～(2)拆除前后对承重墙(1)/(A)～(C)的影响系数 $\varphi$ 的变化。

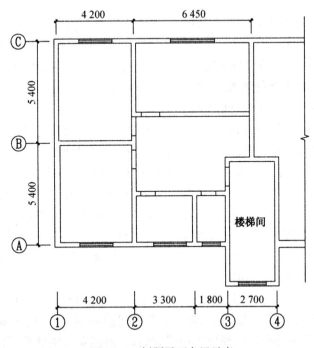

图 17-3　例题平面布置示意

1) 拆除(B)/(1)～(2)之前
墙体的计算高度:

$H_0 = 0.4s + 0.2H = 0.4 \times 5\,400 + 0.2 \times 3\,500 = 2\,860$ mm，$h = 240$ mm；$\alpha = 0.001\,5$。

$\beta = H_0/h = 11.92$，依据现行《砌体结构设计规范》(GB 50003—2011)中的计算方法，即式(17-1)和式(17-2)，可以得到影响系数 $\varphi$ 等于 0.362。

$$\varphi_0 = \frac{1}{1 + \alpha\beta^2} \tag{17-1}$$

$$\varphi = \frac{1}{1 + 12\left[\dfrac{e}{h} + \sqrt{\dfrac{1}{12}\left(\dfrac{1}{\varphi_0} - 1\right)}\right]^2} \tag{17-2}$$

2) 拆除(B)/(1)～(2)之后

墙体的计算高度 $H_0 = 1.0H = 1.0 \times 3\,500 = 3\,500$ mm，$h = 240$ mm；$\alpha = 0.001\,5$。

$\beta = H_0/h = 14.58$，依据现行《砌体结构设计规范》(GB 50003—2011)中式(17-1)和(17-2)，此时得到的影响系数 $\varphi$ 等于 0.328，为拆除(B)/(1)～(2)之前的 90.6%。

### 17.2.3　启示与教训

综上所述，住户对砖混结构房屋中非承重隔墙的重要性必须加以重视，切勿以为非承重隔墙没有直接支承上部的竖向荷载，其在装修改造过程中便可以随意地拆除。此外，非承重隔墙对于水平抗侧力也有较大的贡献，这里就不再进行讨论了。

## 17.3　设计与施工问题引起局部垮塌

### 17.3.1　事故概况

某大学教学楼为砖墙承重的混合结构，楼盖为现浇钢筋混凝土结构。当主体结构已全部完工，在施工进入装修阶段，教学楼局部突然倒塌，当场压死十余人，损失惨重[1]。该工程由正规大设计院设计，施工单位是市属的大建筑公司。教学楼倒塌部分为地上五层、地下一层，跨度为 14.5 m，现浇钢筋混凝土主梁 300 mm × 1 200 mm，间距 5.4 m；次梁跨度 5.4 m，断面 180 mm × 450 mm，间距 2.4～3.1 m，现浇混凝土板厚 80 mm。大梁支承于 490 mm × 2 000 mm 的砖柱(窗间墙)上。首层砌体设计采用砖的强度等级为 MU10，砂浆为 M10。施工中对砖的质量进行检验，发现不足 MU10，因而与设计洽商，将部分砖柱改为加芯混凝土组合柱，加芯混凝土断面为 260 mm × 1 000 mm，配有少量钢筋：纵筋 6φ10，箍筋 φ6@300，每隔 10 皮砖左右，设 φ4 拉筋一道。支承大梁的梁垫为整浇混凝土，与窗间墙等宽，与大梁同高，并与大梁同时浇筑。经初步检查，设计按原规范进行，并无错误；施工管理基本上按常规，混凝土浇筑符合质量要求；就是砌体部分砌筑质量稍差，尤其是加芯混凝土部分，不够密实。根据现场情况分析，认为是三层窗间墙的组合砌体首先破坏而引起其他构件连锁反应，导致结构全段倒塌。

事故发生后，建设部主管部门曾邀请多方专家，包括从设计院、科研所、高校、施工单位等来的专家进行分析与会商。当时提出发生事故的可能原因有：①由于地基不均匀沉降引起的；②由于房间跨度大、隔墙少，墙体失稳引起的；③砌体砌筑质量差，强度不足；④由于大跨度主梁支承在墙上，计算上按简支，而实际上有约束弯矩，从而引起墙体倒塌。专家各陈己见，一时难以下结论。但是，从现场调查可以得到以下几点大家都认同的看法：①无论从沉降资料看，还是从倒塌后挖开墙基检查，可以排除因地基破坏引起房屋倒塌的可能性；

②可以判断大梁下组合砖柱首先破坏而引起房屋倒塌的可能性较大。

## 17.3.2 原因分析

为了弄清倒塌的真正原因,清华大学进行了缩尺模型试验。试验的主要目的是检验计算简图是否合理。结构力学中简化的理想化支座,一种为铰接,另一种为刚接,但实际情况绝不会是理想化的铰接或刚接支座,应根据具体构造和结构情况而定。该试验通过测试约束弯矩、变形分布等,以确定原设计房屋中大梁支座构造是更接近铰接还是更接近刚接。

试验模型采用两层 1∶2 缩尺模型,即模型中各尺寸取实际尺寸的 1/2,见图 17-4 所示。模型墙厚 370 mm,以便于砌筑,大梁配筋率与实际结构相等,梁端支承部分构造也与实际结构相同。因为实际结构为五层,为了模拟上层传来的荷载,在墙顶施加轴力 N,同时顶层两个砖墙用两根 22 号槽钢相连;大梁上按次梁传力位置施加荷载 4 个,用千斤顶逐步施加荷载。

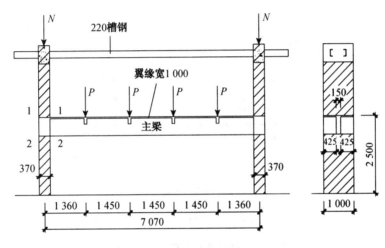

图 17-4　试验模型

主要试验结果与分析如下:①墙体的水平位移曲线及纵向应变分布图形见图 17-5(a)、图 17-5(b)所示。墙体的横向水平位移在上、下两层的方向相反,这与框架的变形是基本一致的。墙体首层的反弯点位置就在层高 1/3 位置处附近。②梁端上下的砖墙截面应变分布见图 17-5(c)所示。根据这个应变分布图可以计算得到 1-1、2-2 截面的弯矩 $M_k^1$ 和 $M_k^2$,分别为 10 kN·m 和 11.6 kN·m,两者相加为 21.6 kN·m,与按框架算得的梁端弯矩 23 kN·m 比较,相差仅 6%。③梁的挠度分布及测得的支座截面转动情况见于图 17-5(d)和表17-1,试验值与按框架计算结果比较接近。④如按简支梁理论,则梁中应无反弯点,但实测结果显示出反弯点(图 17-5(e))。在图 17-5(e)中,点 $Q_1 \sim Q_4$ 距柱中心线均在 1 000 mm 左右,这与框架梁的计算结果非常接近。⑤试验中还测得了跨中截面各高度的应变值。依据实测的混凝土应变及钢筋应变,可反算出跨中弯矩为 24 kN·m,这一值与按框架理论求得的弯矩值很接近。

此外,依据表 17-1 的比较结果,这样构造的节点非常接近于刚接,而与铰接的假定相差甚远。将原设计(按简支梁计算)的内力与按框架进行分析的内力相比,相差很大。从试验结果判断,在下层窗间墙上端截面处,其弯矩值很大,而轴力则大致相当。由此可见,按简支梁计算所得内力来验算窗间墙的承载力是严重不安全的。这一分析与倒塌过程调研所得的结论比较一致。

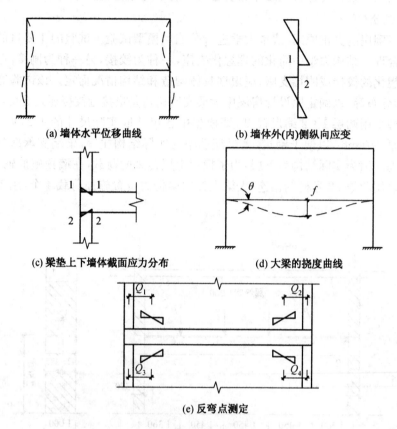

(a) 墙体水平位移曲线　　　　(b) 墙体外(内)侧纵向应变

(c) 梁垫上下墙体截面应力分布　　　　(d) 大梁的挠度曲线

(e) 反弯点测定

图 17-5　主要试验结果

**表 17-1　试验结果与理论计算比较**

| | 墙体 1-1 截面弯矩 $M_k^1$ /(kN·m) | 墙体 2-2 截面弯矩 $M_k^2$ /(kN·m) | 梁跨中弯矩 /(kN·m) | 梁跨中挠度 /mm | 梁支座截面转角 /″ | 梁反弯点位置 /mm |
|---|---|---|---|---|---|---|
| 试验值 | 10 | 11.6 | 24 | 1.3 | 72 | 1 000 |
| 按组合框架计算 (相差%) | 9.5 (+5%) | 13.5 (−16%) | 28 (−16%) | 1.5 (−15%) | 94 (−29%) | 960 (+4%) |
| 按简支梁计算 (相差%) | 0 | 23 (+98%) | 51 (−113%) | 3.4 (−240%) | 320 (−340%) | 0 |

### 17.3.3　启示与教训

根据该倒塌事故,应该从中吸取的教训如下:

(1) 一般情况下大梁支承于砖墙上,可以假定作为简支梁进行内力分析。但是,对于跨度超过 10 m 的空旷房屋,采用这种方案应该慎重,在设计及施工管理方面应从严。此外,根据这一假定计算内力时,应在构造上做成能实现铰接(梁端可有微小转动)的条件,不应将梁端做成更近于刚接的构造(如梁垫与梁现浇,且与梁同高、大致与窗间墙同厚同宽)。比较好的做法是将梁垫预制好,置于大梁底下,梁垫不宜做成与窗间墙体大致同宽、同厚,应小一些。如局部承压不足则宜扩大墙体截面,如加厚、加垛等。

(2)遇到空旷房屋,可按框架结构计算内力来复核墙体承载力,如墙体不足以承担由此而引起的约束弯矩,建议采用钢筋混凝土框架结构,或将窗间墙改为加垛的 T 形截面。

(3)尽量避免采用砖砌体包混凝土的夹心组合砖柱、砖墙。因为混凝土包于砖砌体内,一般是先砌砖、后浇混凝土芯。砖砌体往往较薄,工人担心砌体变形歪斜,很难充分振捣,因而很难保证混凝土浇筑密实。砌体与混凝土会形成"两张皮",不能共同受力。如果砖浇水不足,则新注入混凝土脱水很快,易于形成疏松结构,不能使混凝土起骨架作用。对于偏心受力墙体,混凝土在中间,也不能充分发挥作用。砌体四面外包,一旦混凝土出现质量问题,也难以检查出来,故应尽量不用。如采用组合柱来提高承载力,则宜使混凝土至少有一边无砖砌体,使之外露,以便拆模后检查浇筑质量。

## 参考文献

[1] 江见鲸,王元清,龚晓南,等.建筑工程事故分析与处理[M].北京:中国建筑工业出版社,2004:44-49.